世界地図が語る12の歴史物語

A History of the World in Twelve Maps

ジェリー・ブロトン【著】
西澤正明【訳】

basilico

1. 最古の世界地図：イラク南部シッパルの遺跡から出土した古代バビロニアの地図。紀元前 700-500 年頃。

2. アブラハム・オルテリウス：『世界の舞台』（1570 年）の口絵。

3. ギリシャ語で書かれたプトレマイオスの『地理学』の最古の複製の一つに描かれた世界地図（13 世紀）。© 2012 Biblioteca Apostolica Vaticana (Urb. gr. 82, ff. 60v-61r)

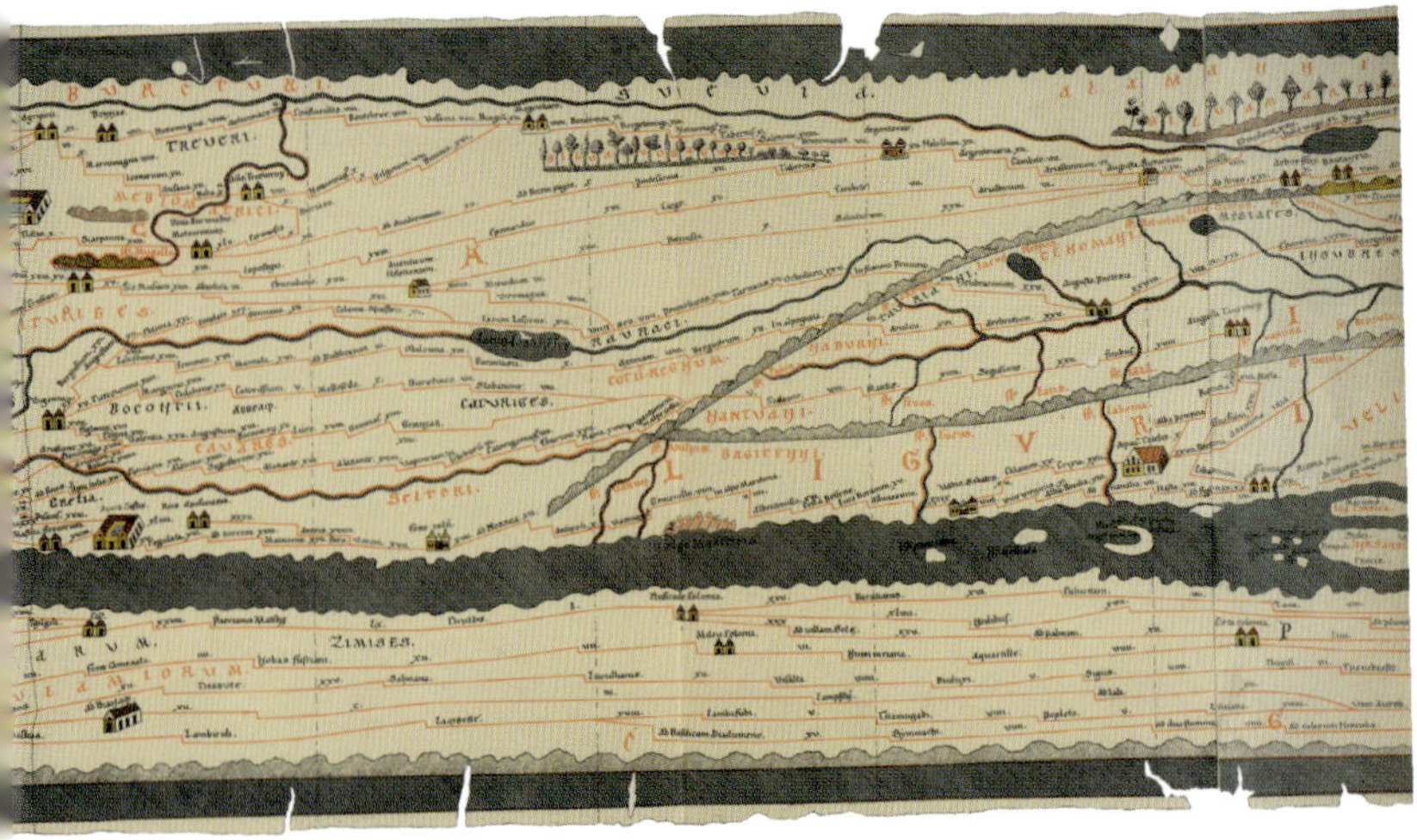
TREVERI
ZIMISES

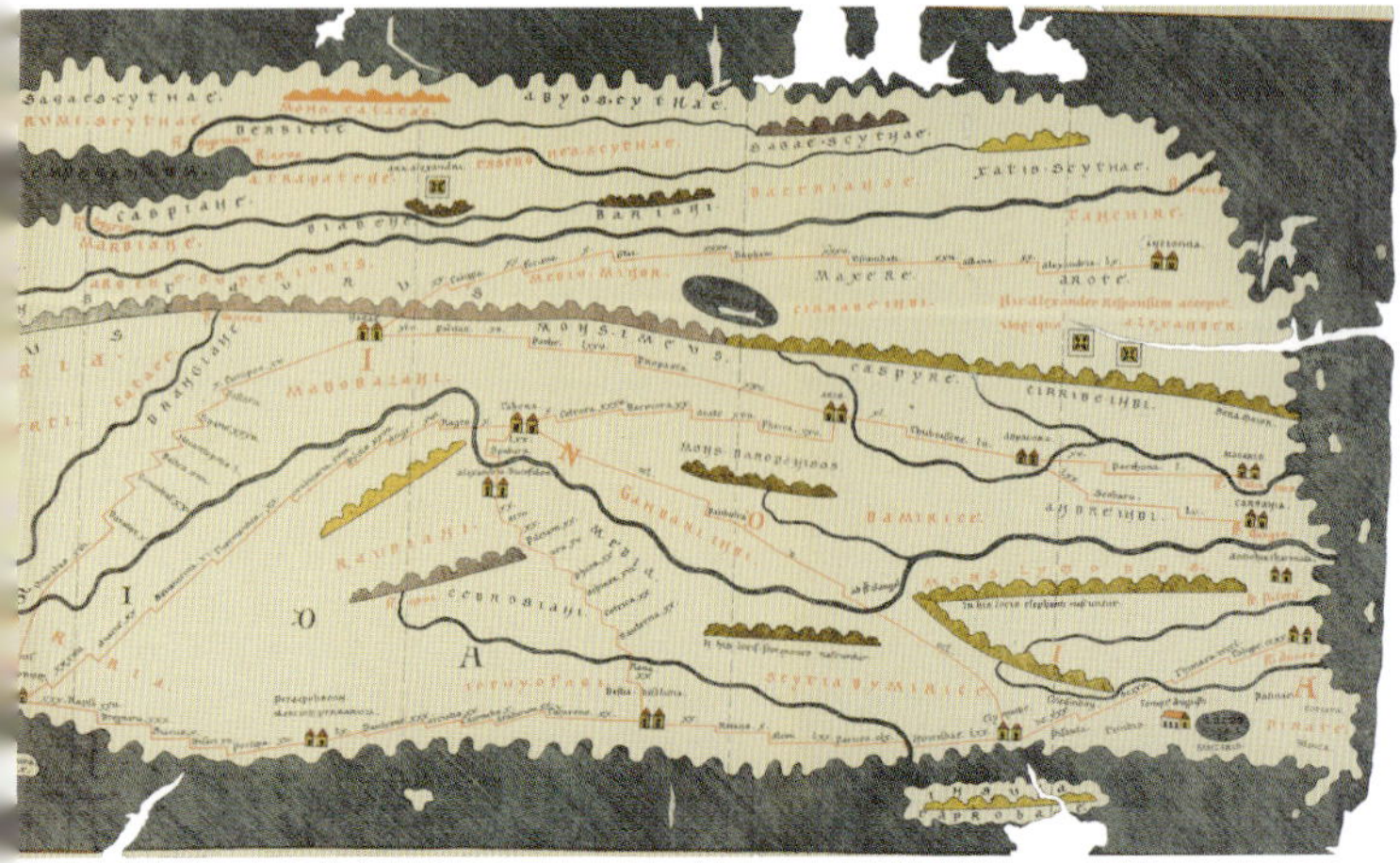
CASPYRE

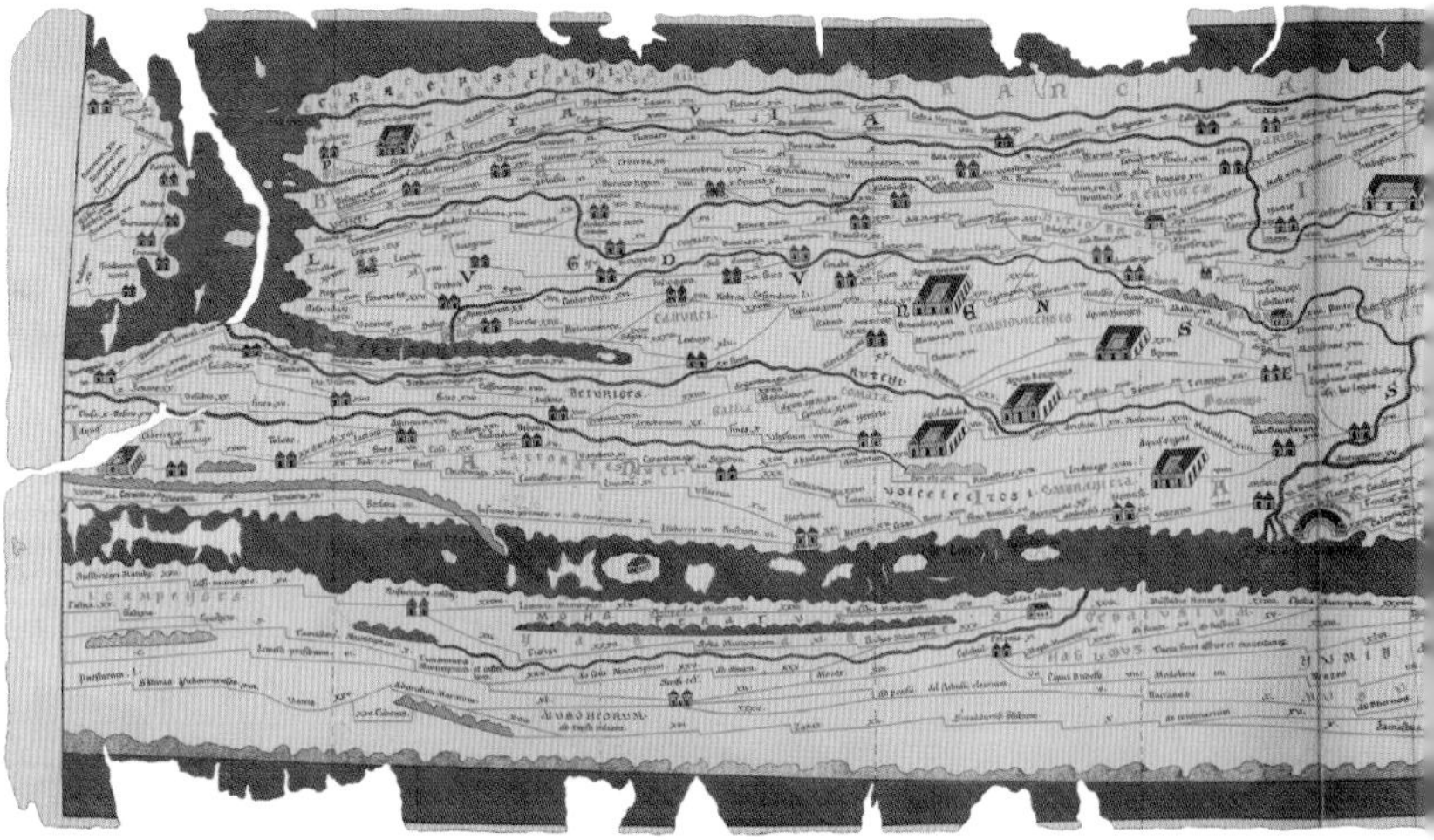

4a. 19世紀に作られたポイティンガー図（1300年頃）の複製。底辺に沿って（左から右へ）イングランド、フランス、アルプス山脈、北アフリカが描かれている。

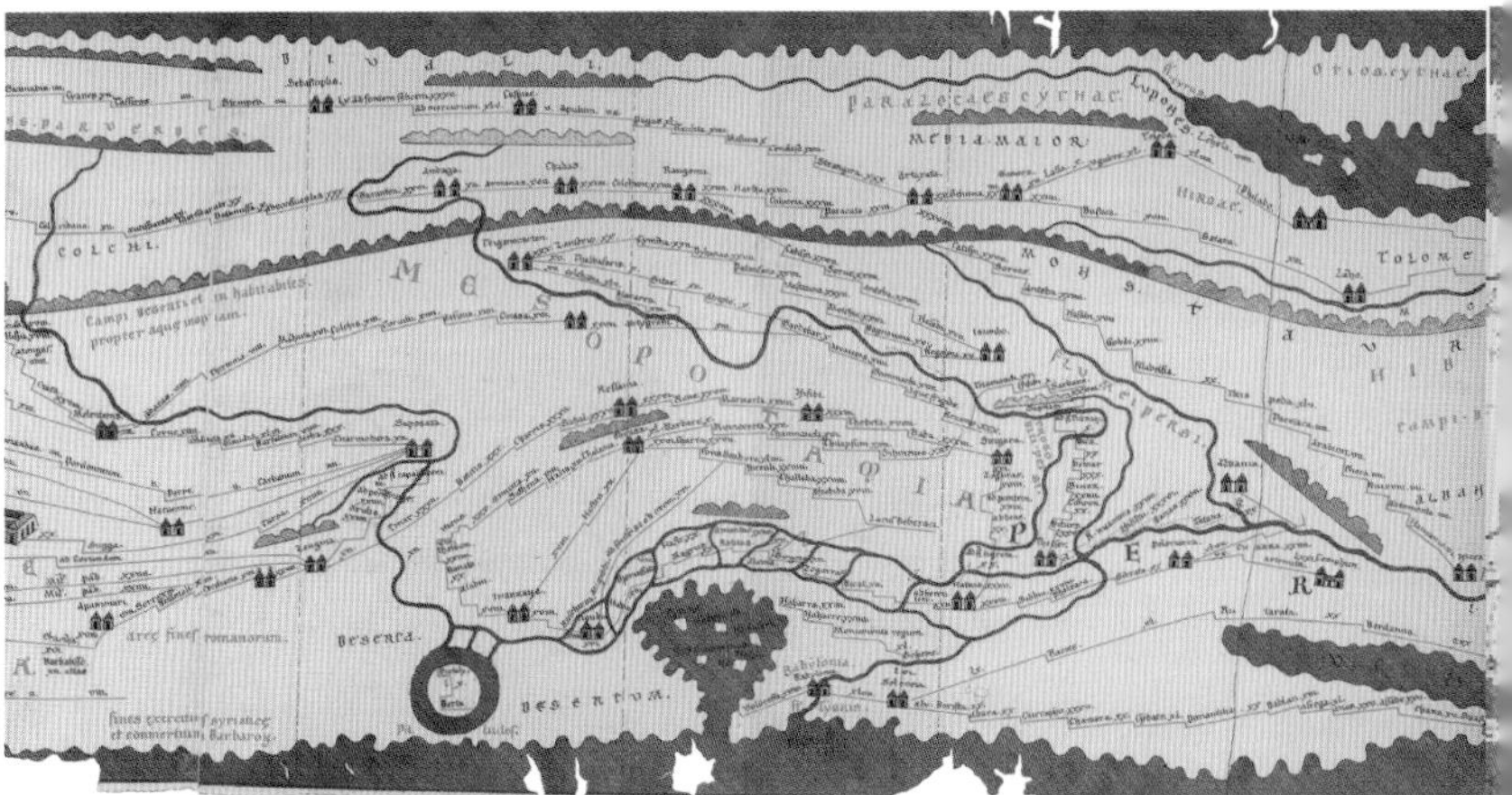

4b. ポイティンガー図によるローマ帝国の東端：イラン、イラク、インドおよび朝鮮まで描かれている。

5. シチリア王ルッジェーロ二世の大法官府で作業する 12 世紀のギリシャ語、アラビア語およびラテン語の写本筆記者。

6. アル＝イドリーシーの『慰みの書』（1154 年）の複製（16 世紀）に描かれた円形の世界地図。ラテン語圏とアラビア語圏の地理学の知識が集約されている。

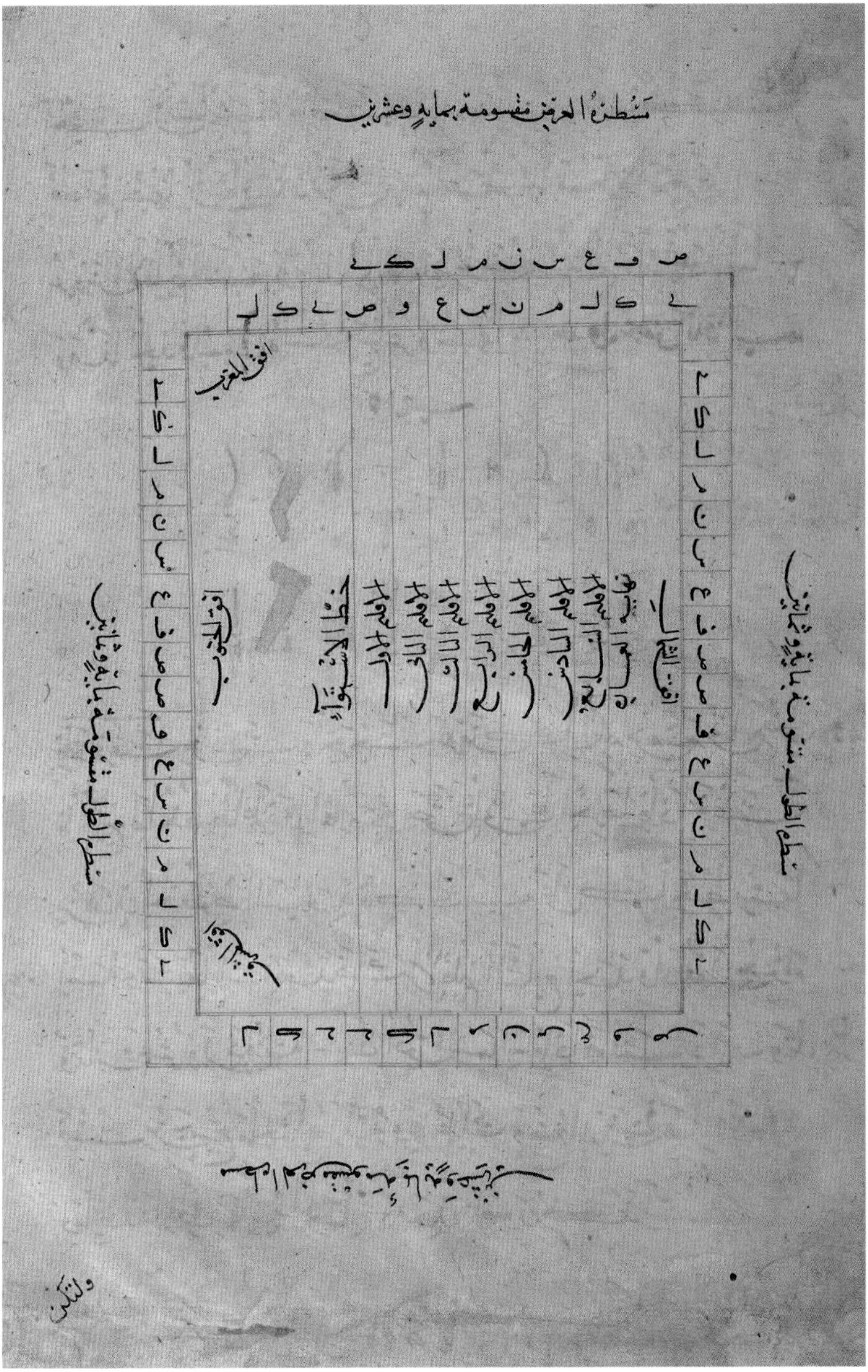

7.『居住世界の果てまでの七つの気候の驚異』と題されたスフラーブの世界地図（10世紀）。地球上の七つの気候帯が模式的に示されている。

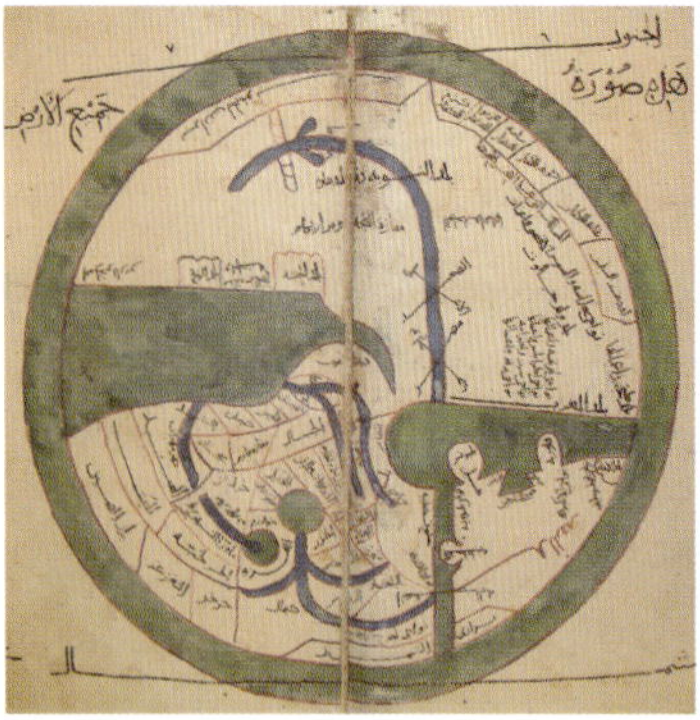

8. イブン・ハウカルの世界地図（1086 年）。南を上にして描かれている。

9.『好奇心の書』（作者不詳）に登場する円形世界地図。アル＝イドリーシーの『慰みの書』の世界地図とほとんど同じように描かれている。

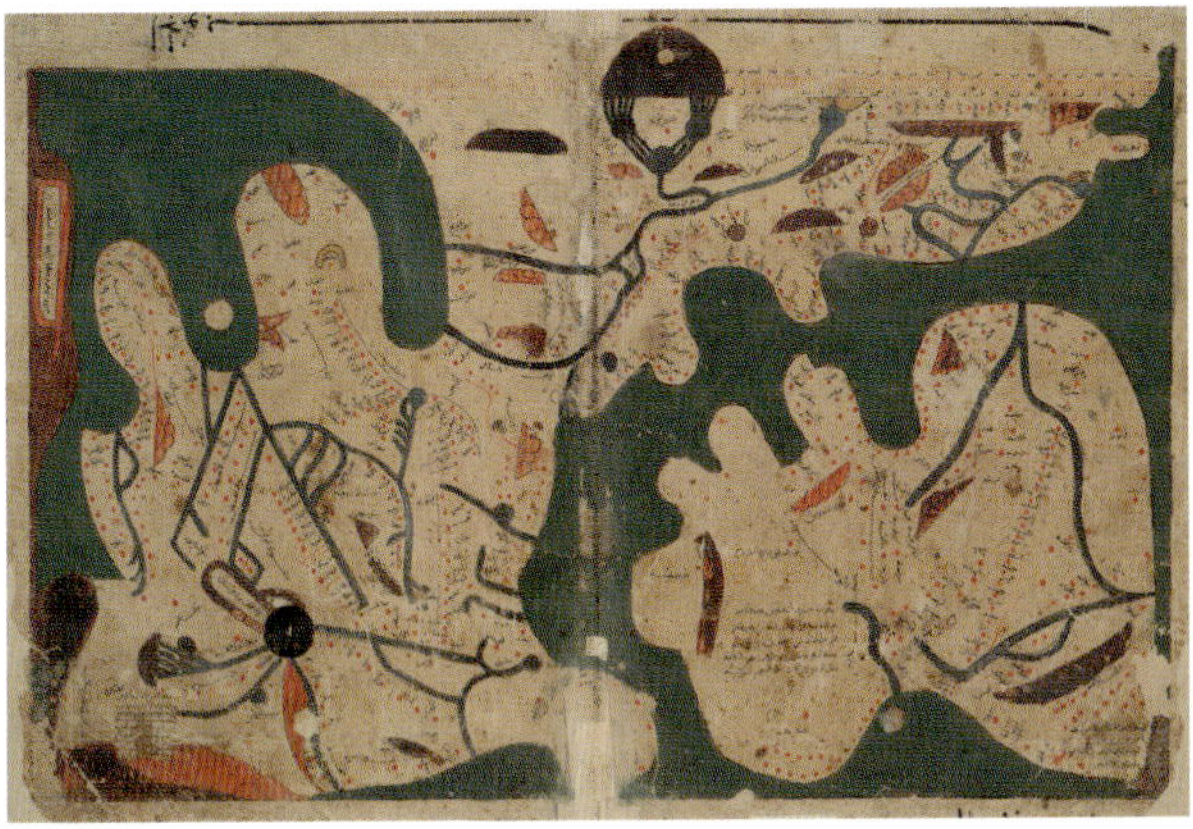

10.『好奇心の書』の複製（13世紀）に描かれた独特の矩形世界地図。上側が南で、縮尺バーも描かれている。

11. アル＝イドリーシーの『慰みの書』に描かれた70点の地域図をつなぎ合わせて再構成した世界地図。

12a. ヘレフォードの世界図（マッパムンディ）（1300 年頃）。東を上にして描かれている。

12b. 人々を天国と地獄へ導く天使を脇に従えたキリスト。

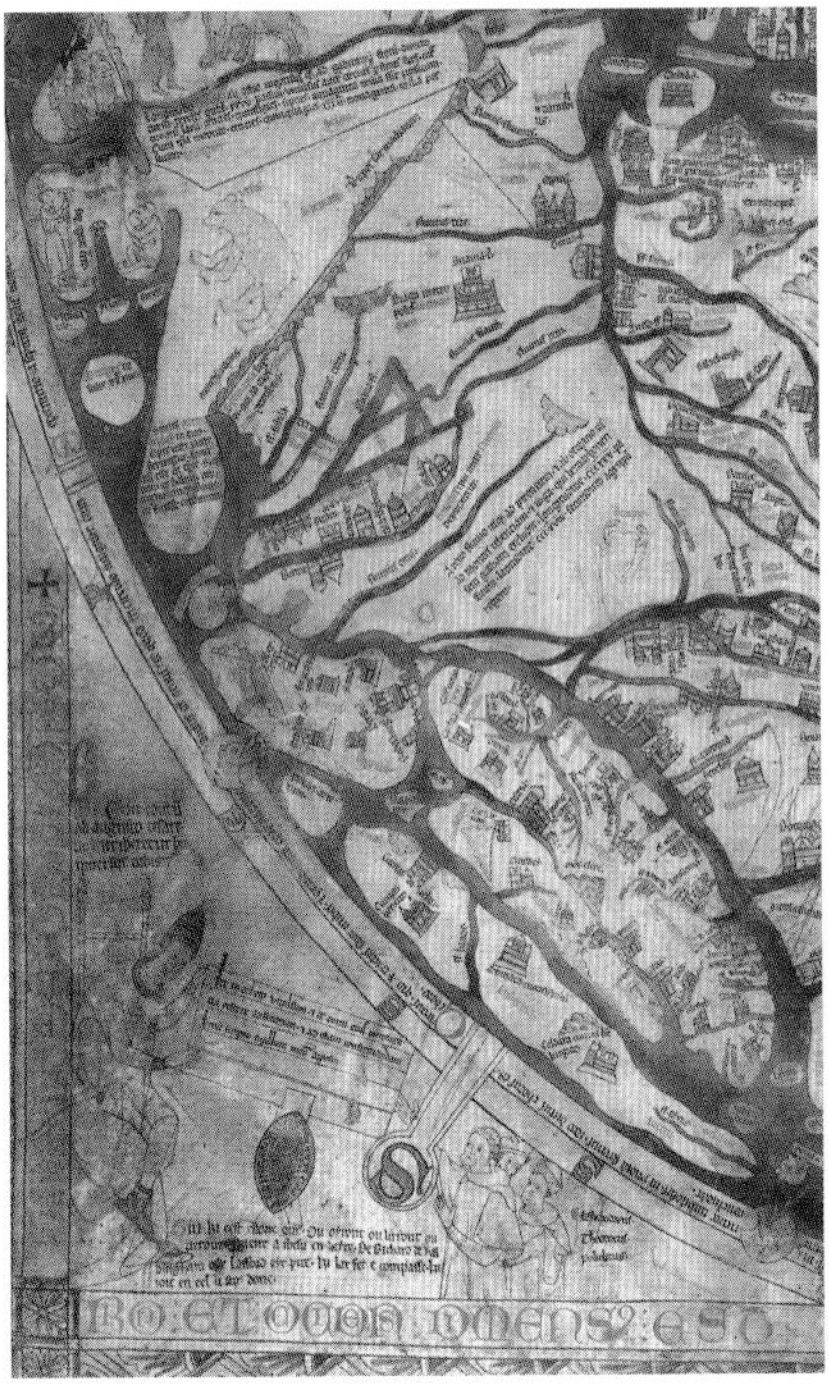

12c. 地球を測量するため測量官を送り出すローマ皇帝アウグストゥス・カエサル。カエサルと向かい合う位置にはブリテン諸島が見える。

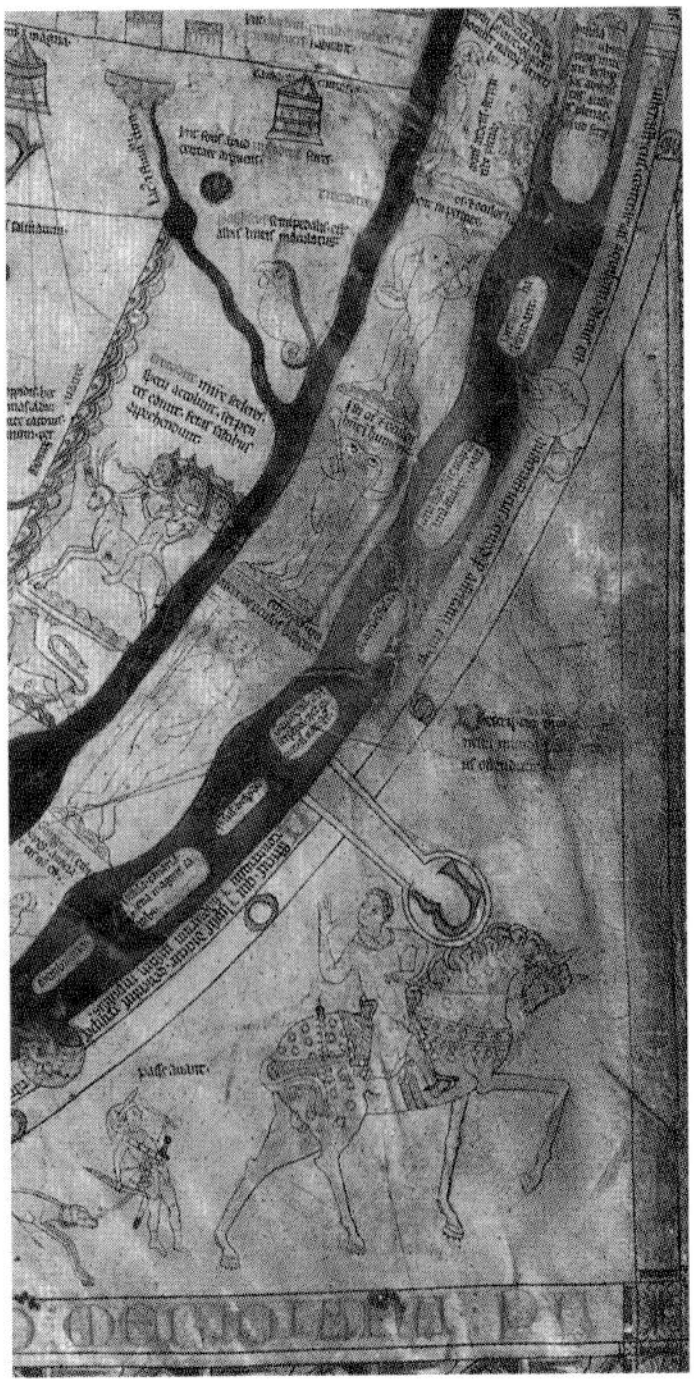

12d. 馬上の人物はアフリカと「奇怪な」人種を見上げている。その脇には「お進みください」と記されている。

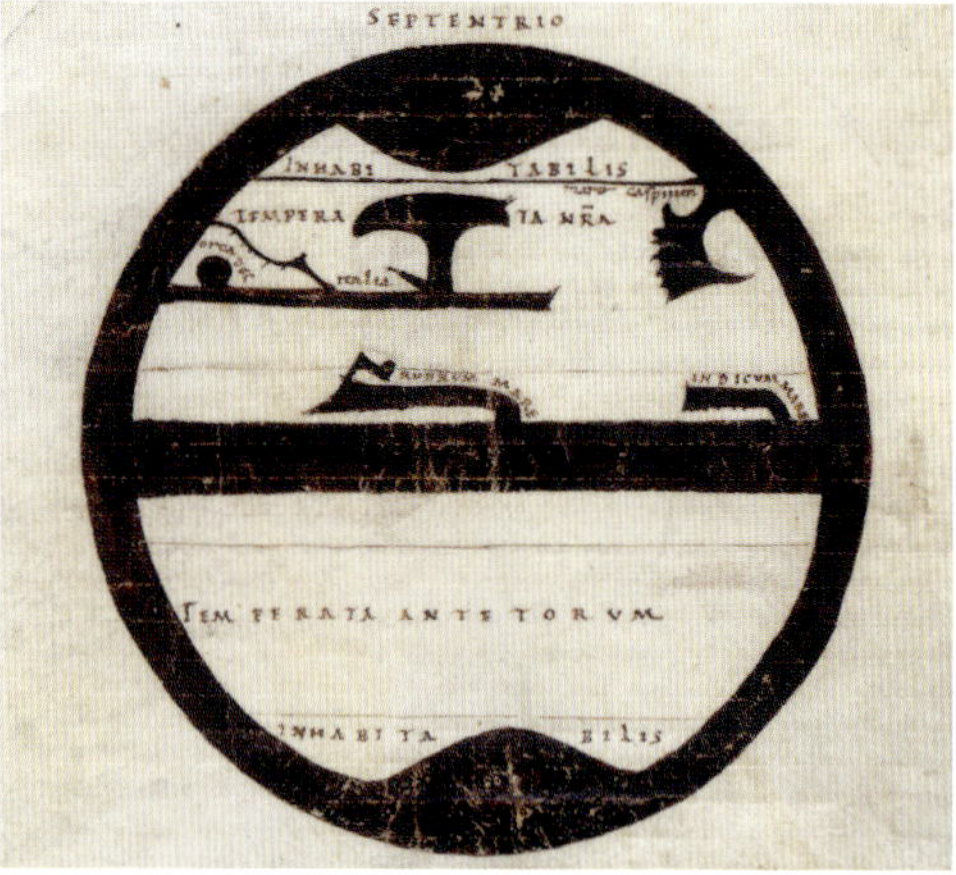

13. マクロビウスの『スキピオの夢註解』（9世紀）に描かれている気候帯地図。地球は温度によって極寒帯から「灼熱」帯までに区分されている。

14. イシドールの『語源』に描かれた12世紀の世界地図。直径わずか26センチメートルほどの大きさだが、ヘレフォードの世界図（マッパムンディ）に酷似している。

15. 英国最古の世界図（マッパムンディ）と言われる「ソウレイ図」（1190 年頃）。ヨークシャー州のシトー派修道院で発見された。

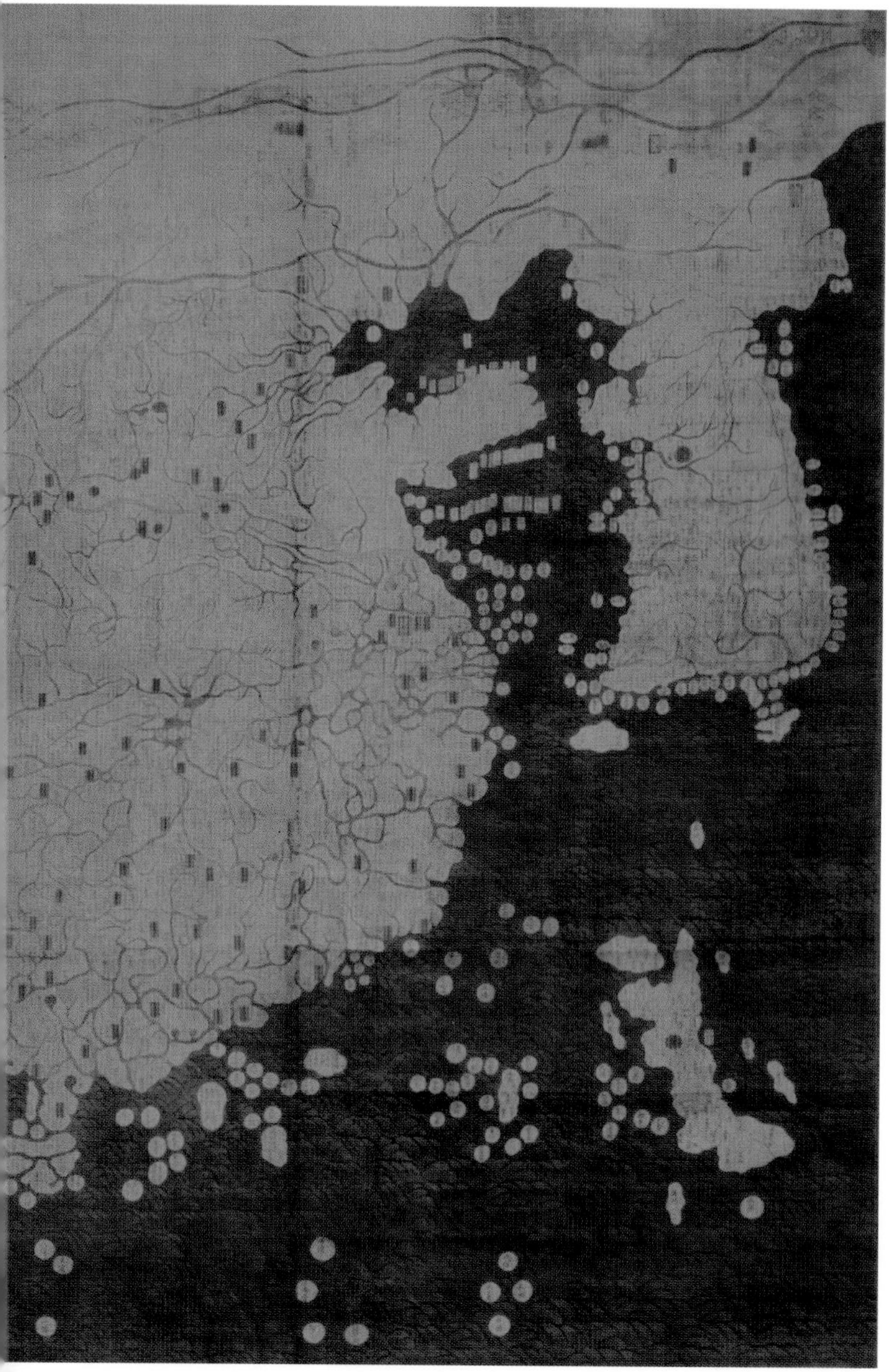

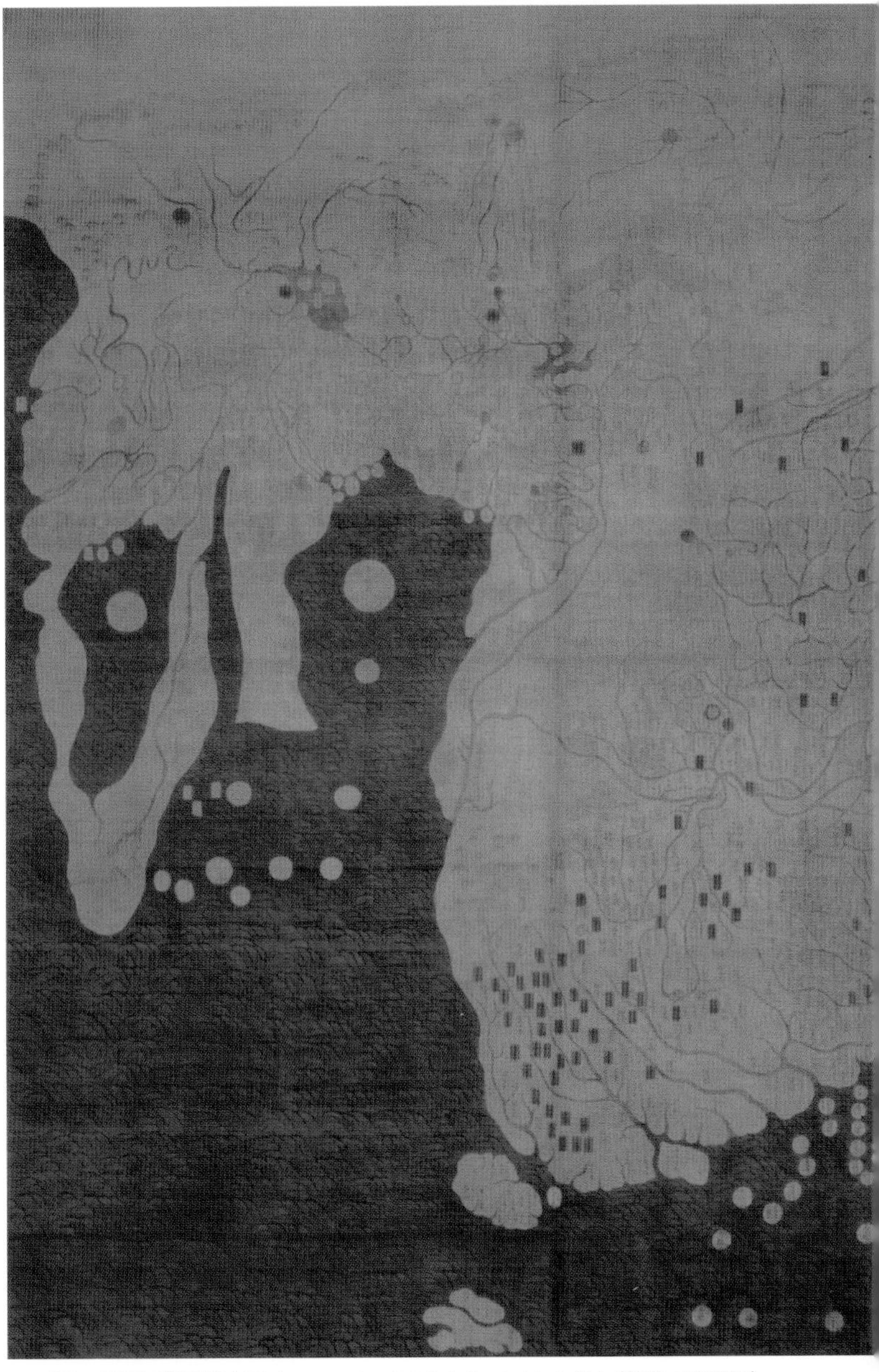

16.「混一疆理歴代国都之図（こんいつきょうりれきだいこくとのず）」（略称：彊理図）（1470 年）。朝鮮半島からヨーロッパまでが描かれた最古の東アジア地図である。

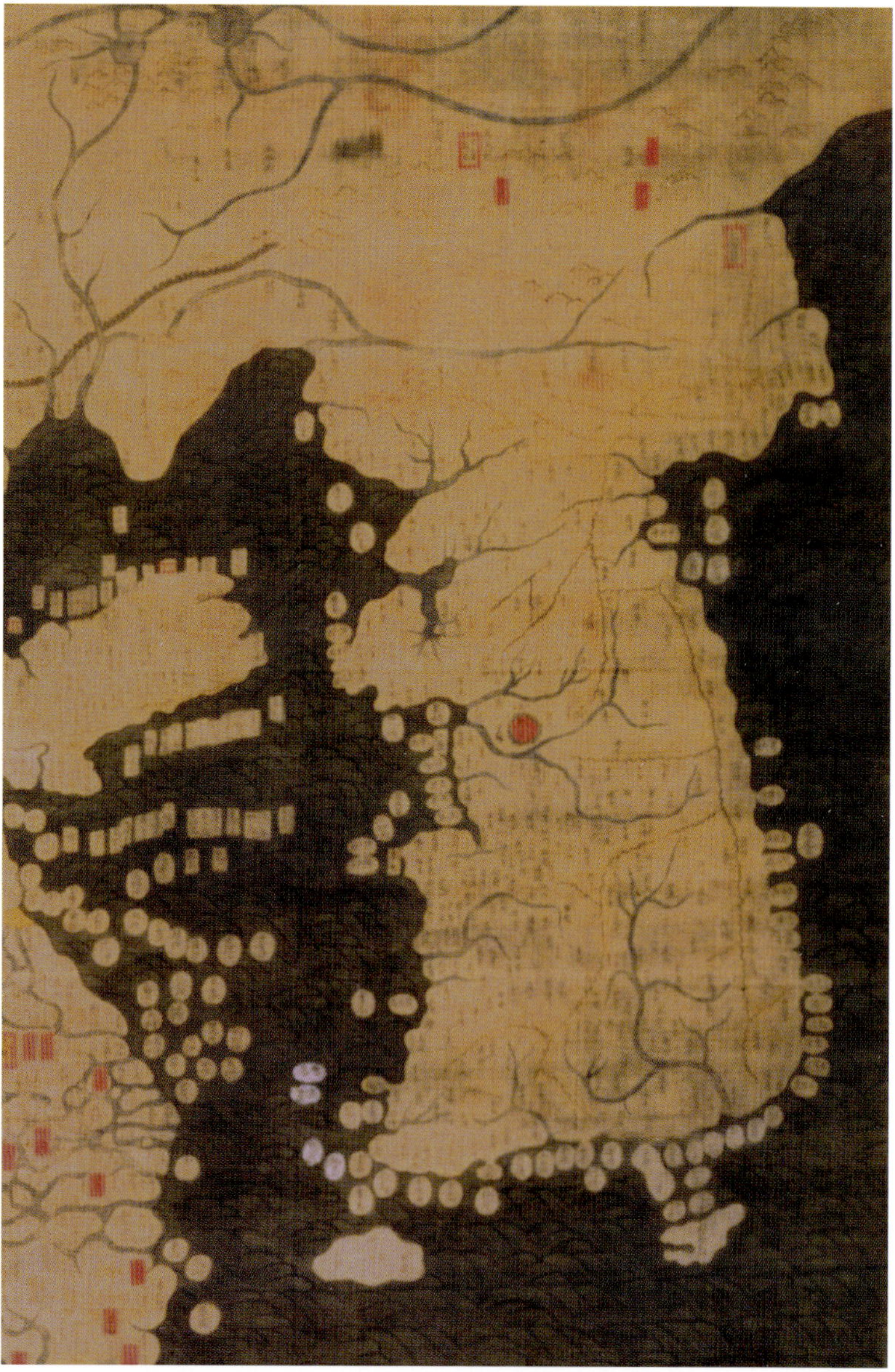

17. 彊理図の朝鮮半島付近の拡大図。主要な行政都市や軍事拠点が描かれている。

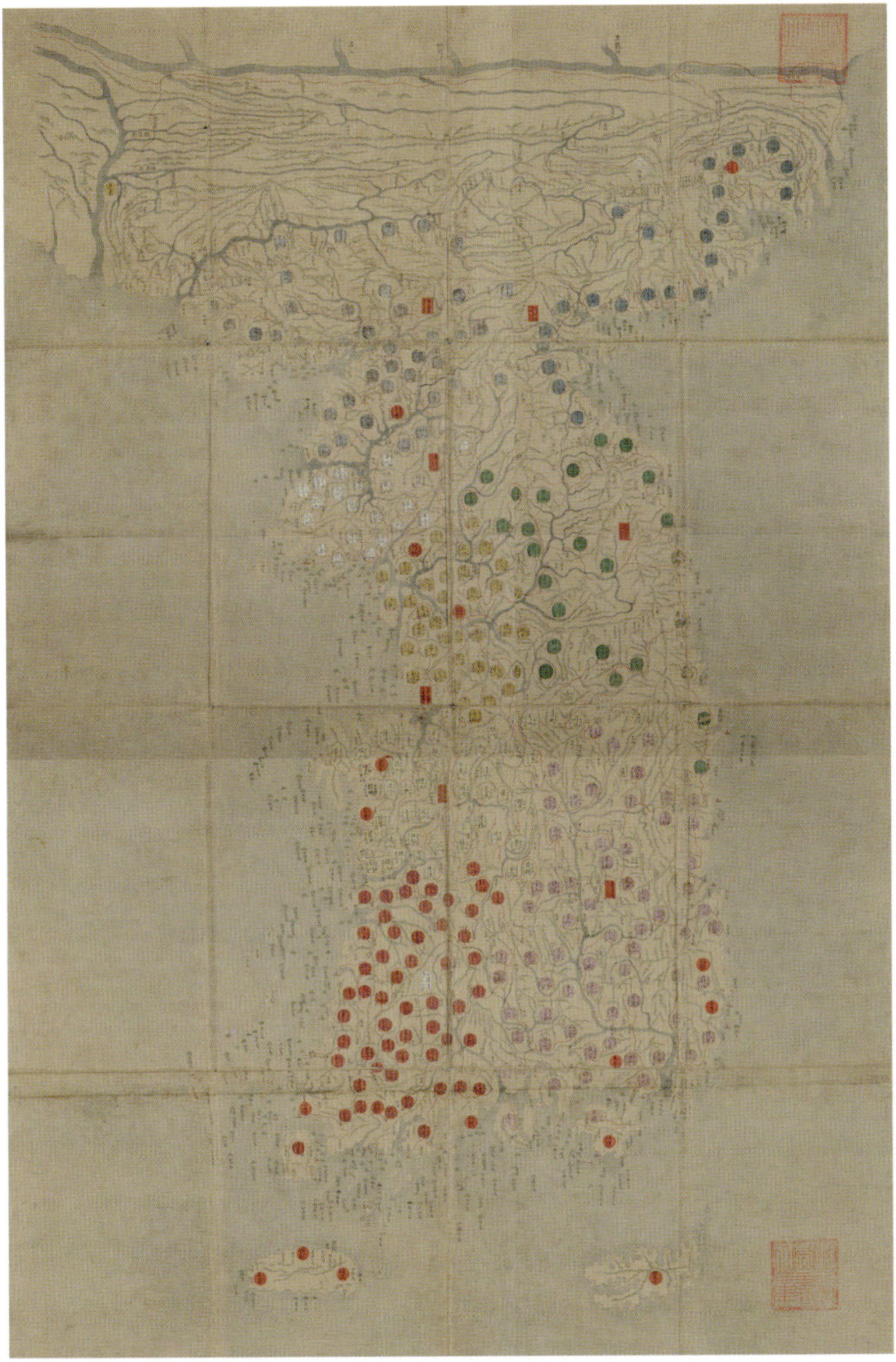

18. 鄭陟（チョン・チョク）（1390-1475 年）によって作られた朝鮮の公式地図の複製。風水の影響が色濃く表われている地図で、河川（青で表示）と山脈（緑で表示）を流れる「宇宙のエネルギー」が色分けされている。行政区分である各道は異なる色で塗り分けられている。

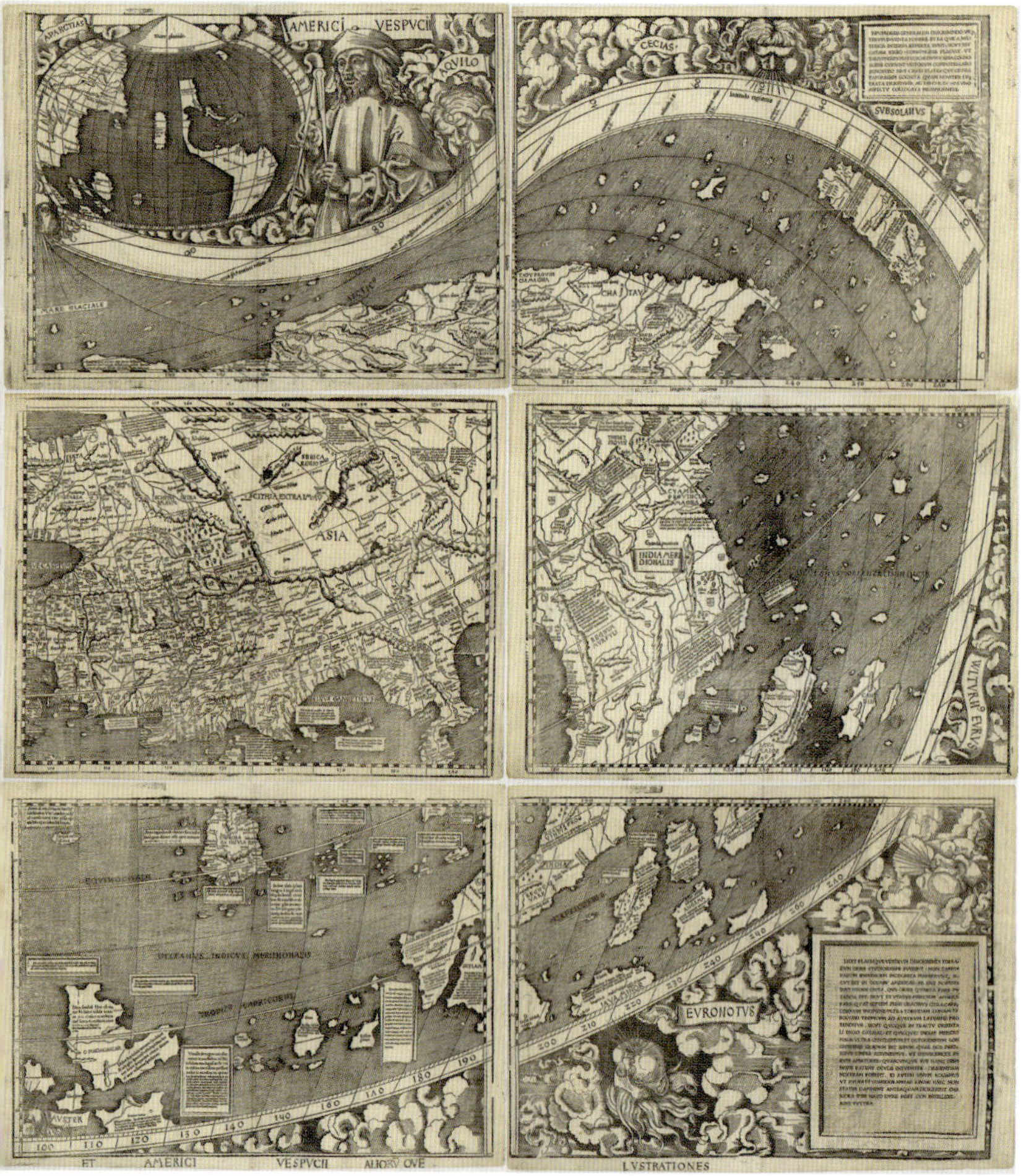

AMERICI VESPVCII
AQVILO
CECIAS
SVBSOLANVS
MARE GLACIALE
ASIA
INDIA MERIDIONALIS
EVRONOTVS
AVSTER
ET AMERICI VESPVCII ALIORV QVE
LVSTRATIONES

19.「アメリカの出生証明書」と言われるマルティン・ヴァルトゼーミュラーの世界全図（1507年）。アメリカはこの地図によって初めて、西半球から分離された独立の大陸としてその名が記された。米国議会図書館は 2003 年、この地図を 1000 万ドルで購入した。

20. 当時の新発見が記されているニコロ・カヴェリの世界地図（1504-5年頃）。世界図（マップムンディ）の伝統を踏襲してエルサレムが中心に配置されている。

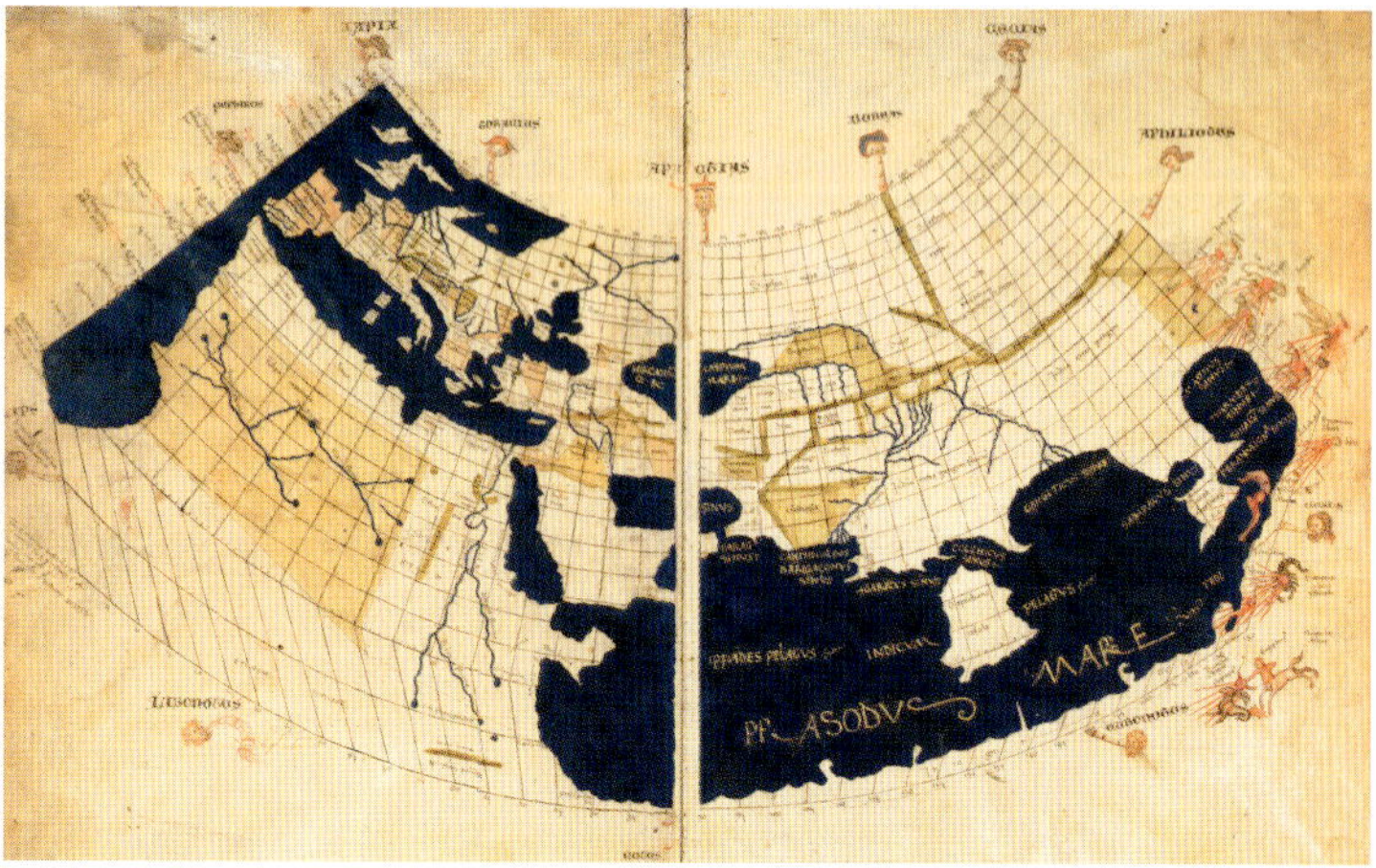

21. プトレマイオスの『地理学』のラテン語版（15世紀初期）に描かれた最も古い世界地図。ヨーロッパ・ルネサンスにおける古典「再発見」の一環として、ラテン語訳が行われた。
© 2012 Biblioteca Apostolica Vaticana (Cod. VAT. Lat. 5698)

22. 心変わりか？ ヴァルトゼーミュラーは 1513 年にプトレマイオスの『地理学』の新版を出版したが、そこに描かれた地図では「アメリカ」が「未知の土地（テラ・インコグニタ）」に置き換えられていた。

HYDROGRAPHORVM TRADITIONEM
ASIA
MARE INDICVM
Sinus magnus
India superior
Cathaya
Scithia intra Imaū
Taprobana
Iaua maior
Iaua minor
Madagascar
Calicut
Cochim
Sin9 gangetic9
Sin9 Persi.
Persia
Tartaria
India intra
Mallaqua
Seilā
Pentā
Balor regio
Tangut puin.
Quinsay ciuit.
Māgi puin.
Ciamba puin.
Murfuli regnū
Moabar regnū
Regnū Lac
Marchircanū
Parthia
Hircania
serica regio
Indus fl.
Ganges fl.
Oxia fl.
Caraçan
Ocardo fl.
Auracithis regio

23.「アメリカ」と記されたヴァルトゼーミュラーの作とされる世界地図だが、（ヘンリー・N・スティーブンスによれば）1506年に製作されたという。これが新大陸をアメリカと名づけた最初の地図なのか？

24. ヘンリクス・マルテルスの世界地図（1489 年頃）。喜望峰の発見により、プトレマイオスの世界地図の限界が打破された。

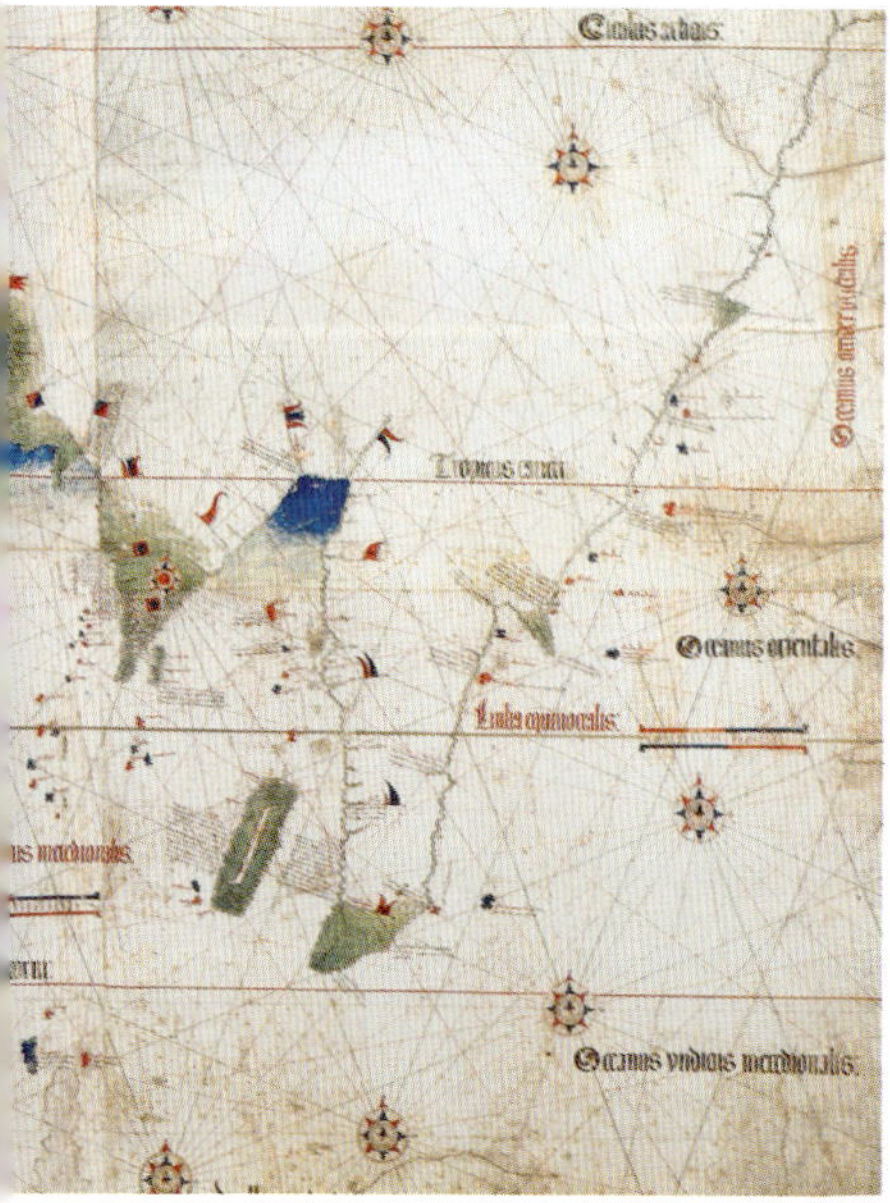

25. カンティーノ平面天球図（1502 年）。ポルトガルに商業的利益をもたらした航路発見の秘密を探ろうとした、イタリアのスパイによってリスボンから盗み出された。

26. マルティン・ベハイムによって作られた世界最古の地球儀（1492 年）。地球の大きさが過小に見積もられていたことが、コロンブスやマゼランを西回り航海へと駆り立てる結果となった。

27. アントニオ・ピガフェッタのモルッカ諸島の地図（1521 年）。香辛料に恵まれた島々での自身の直接体験に基づいて製作された。

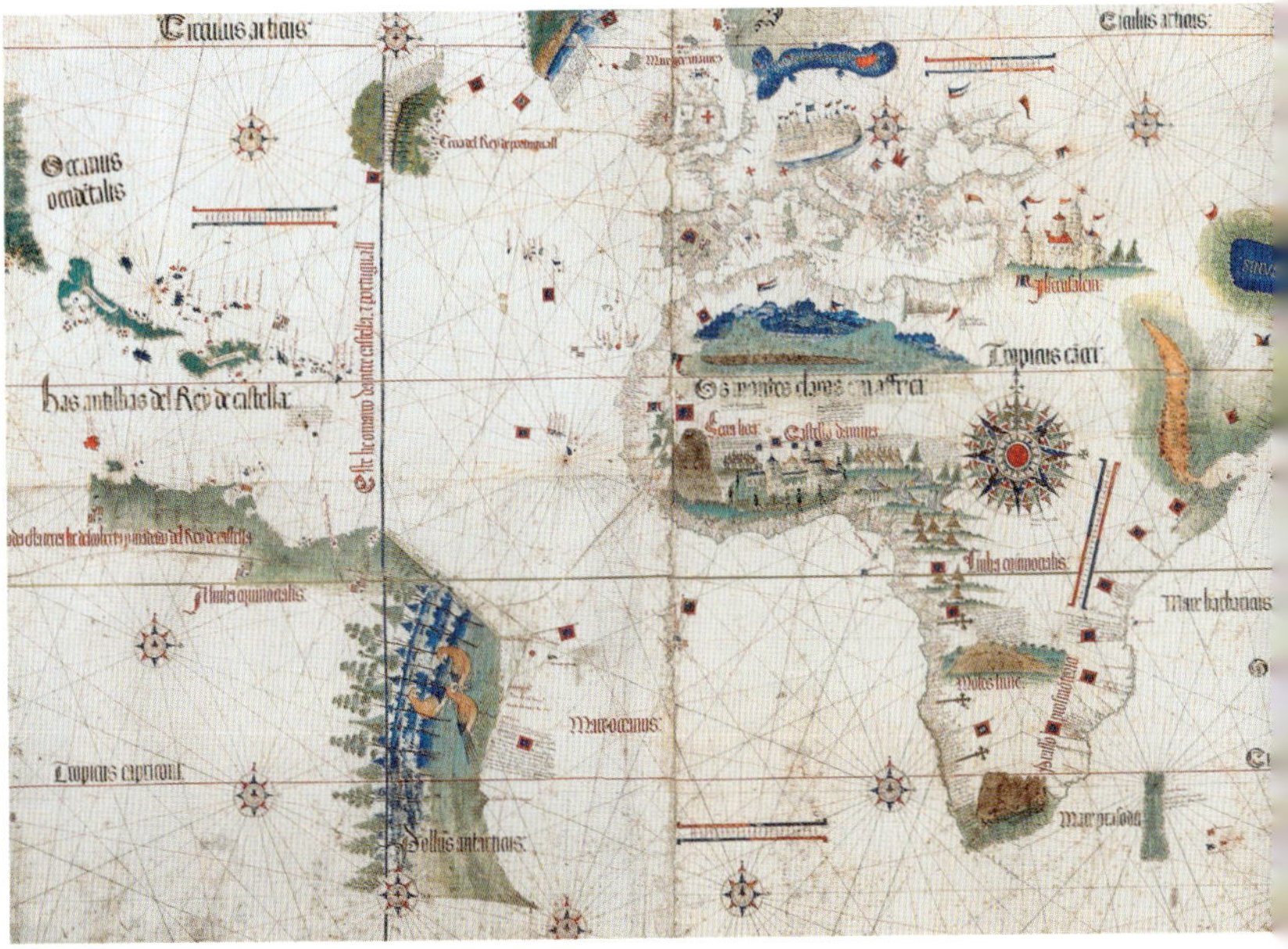

28. ヌーノ・ガルシアによるモルッカ諸島の海図（1522 年頃）。スマトラを通って赤道と交わる赤い垂直線はトルデシリャス条約（1494 年）で合意した境界線で、モルッカ諸島はこの境界線の東側、すなわちカスティーリャ王国側の半球に帰属することが示されている。

29.『ユピテルとユノに庇護された地球』(1525年)と題されたベルナールト・ファン・オルレイの見事なタペストリ。ポルトガル国王ジョアン三世とハプスブルグ家から嫁いだ王妃カタリナが描かれ、地球の上には国王の海洋帝国が拡がっている。

AFRICA
ETIOPIA
INDIA

MARE INDICVM

30. ディオゴ・リベイロの世界地図(1525年)。モルッカ諸島(地図の左右両端に描かれている)に対するカスティーリャ王国の主張を支持する一連の地図のうち最初のもの。北アメリカの海岸線が新たに描かれている。

31. リベイロが三番目に製作した最も大きな世界地図(1529年)。モルッカ諸島(ここでも、地図の左右両端に描かれている)は、優れた技巧を凝らして製作された地図のカスティーリャ王国側の半球に位置している。

32. ゲラルドゥス・メルカトルが製作した聖地の地図（1538 年）。ルター派の地図製作者による地図と驚くほど似ている。

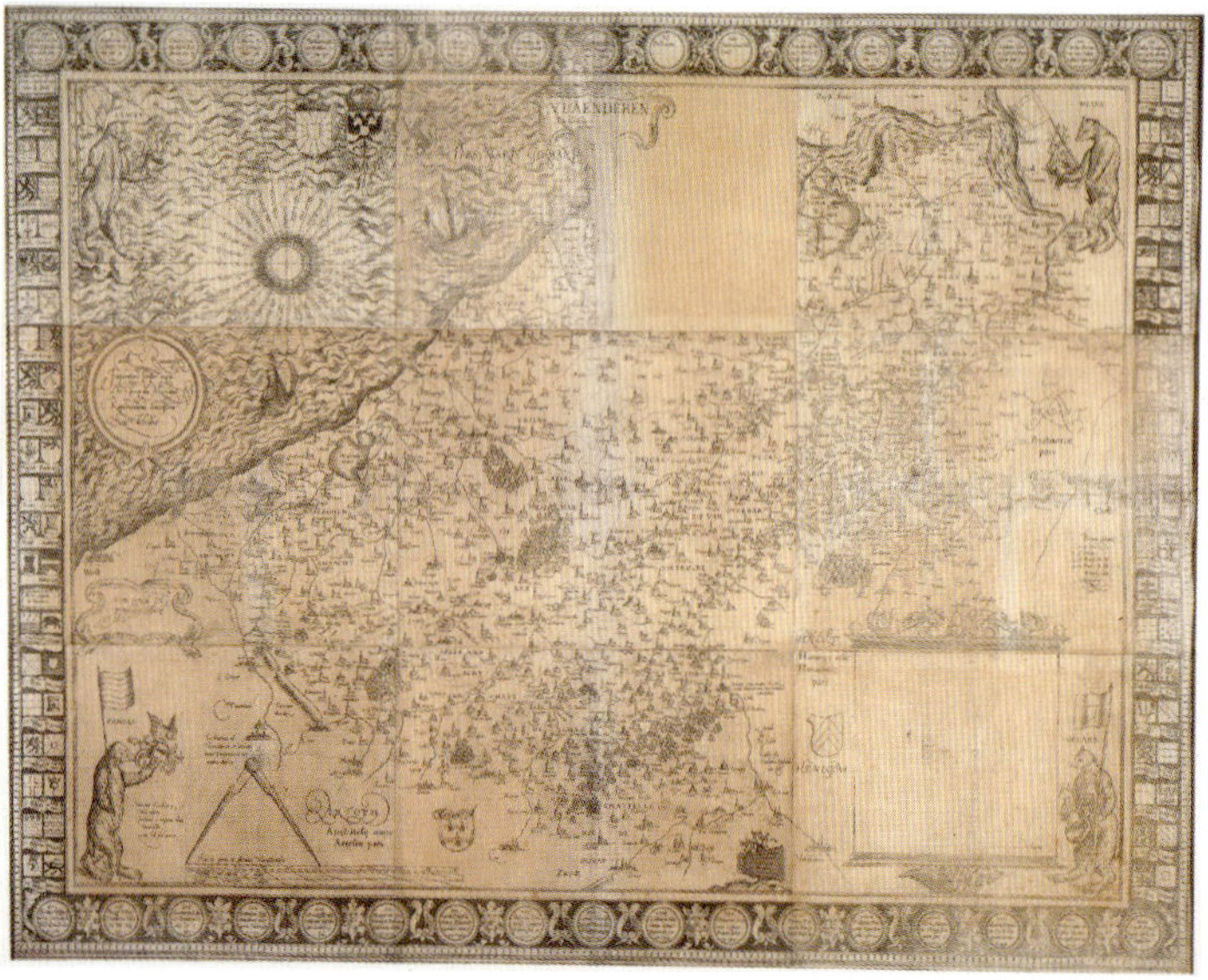

33. ゲラルドゥス・メルカトルによる未完成のフランドル地方の壁掛け地図（1539-40 年）。1540 年のハプスブルグ家によるヘント占領を押し留めるための手段として急遽製作されたため、未完の部分が残っている。

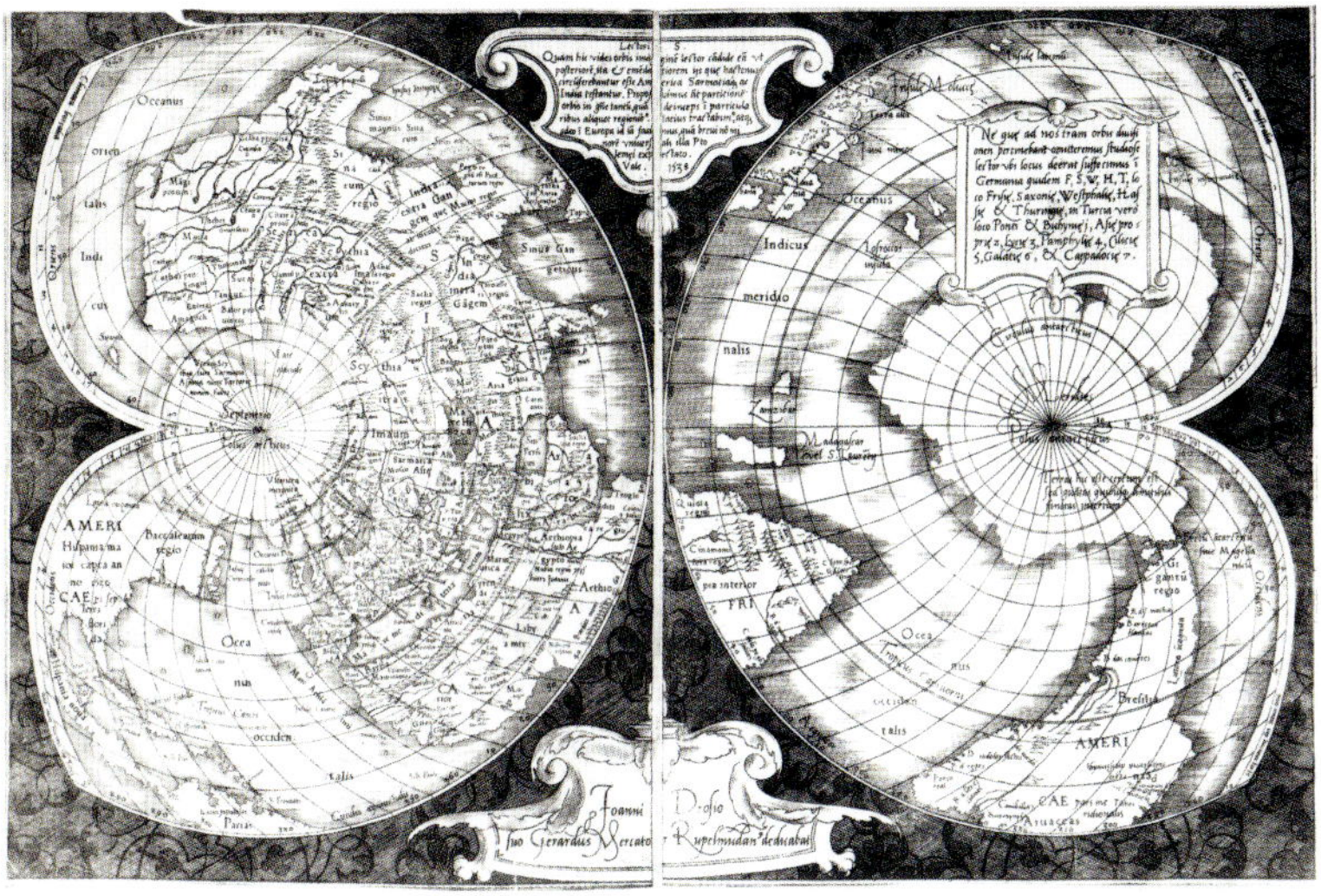

34. メルカトルが初めて製作を試みた世界地図（1538 年）。二重心臓形投影図法は、当時メルカトルが用いることができた数多くの投影図法の一つにすぎなかった。

35. メルカトルによる複製の元となったオロンス・フィネの二重心臓形世界地図（1531 年）。神秘哲学や宗教改革を支持したフィネや他の多くの地図製作者たちは、好んでこの投影図法を選択した。

E DESCRIPTIO AD VSVM NA
accommodata

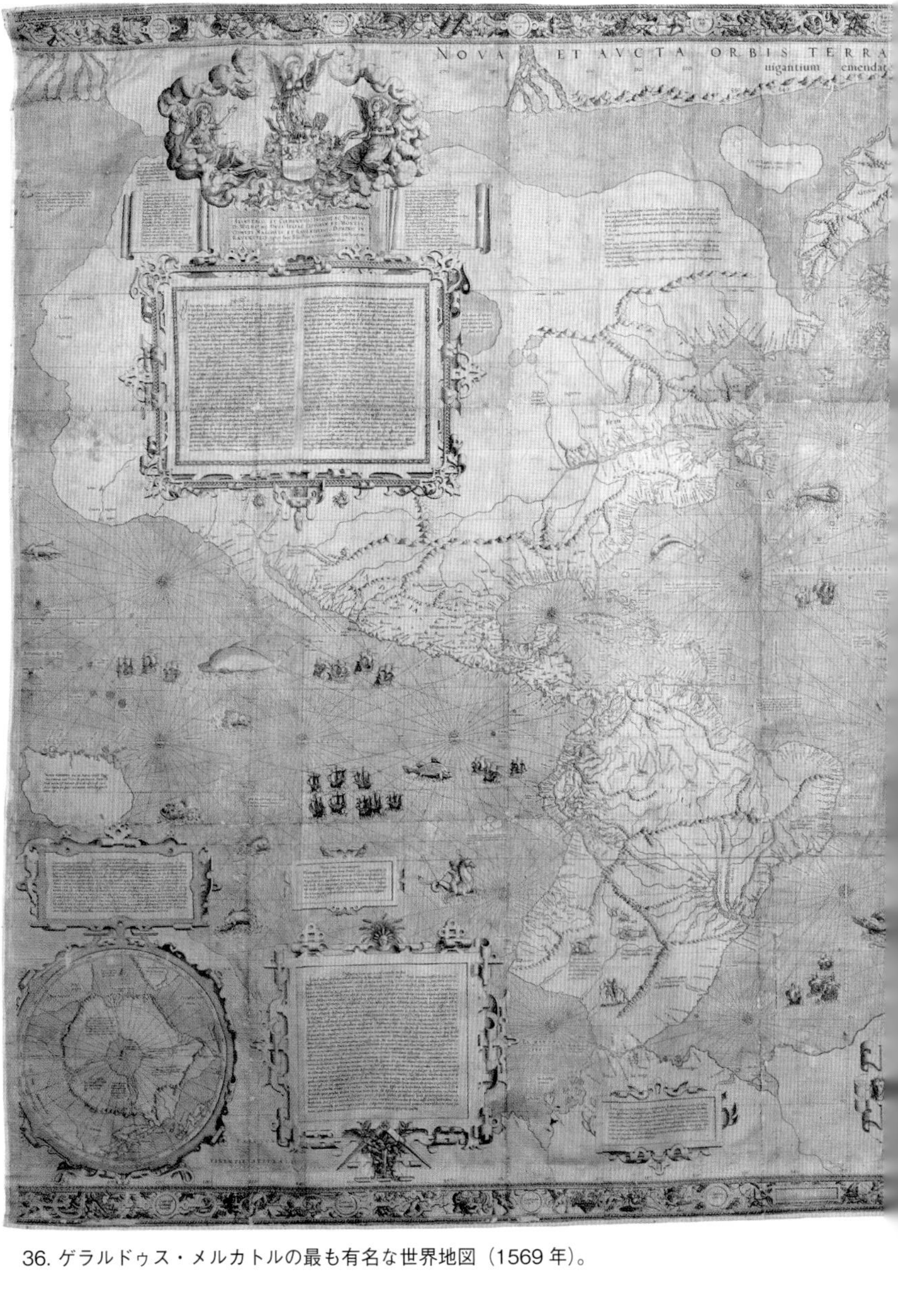

36. ゲラルドゥス・メルカトルの最も有名な世界地図（1569 年）。

37. アムステルダム市庁舎の床に埋め込まれた三点の半球図（1655 年）。ヨアン・ブラウの世界地図（1648 年）に基づいて製作された。

38. ヨアン・ブラウの『大地図帳』（1662 年）の口絵。

39. ペトルス・プランシウスによるモルッカ諸島の地図（1592 年）。オランダがこの地域での交易品として興味を抱いたナツメグ、クローブ、白檀などが最前面に描かれている。

RVM ORBIS TABVLA.

40. オランダ共和国の独立を祝い、世界を目指す東インド会社の野心的な試みをたたえるために製作されたヨアン・ブラウの世界地図（1648年）。この地図はまた、地動説を支持する最初の世界地図でもあった。地図のタイトルの下、二つの半球が交わる位置の上には、太陽の周囲を回る地球を示した太陽系が描かれ、「コペルニクスの仮説」と記されている。

41. ヨハネス・フェルメールの『兵士と笑う女』(1657 年頃)。壁にはベルケンローデのオランダとフリースラントの地図(1620 年)が掛けられている。

42. メルカトルの死後に出版された地図帳(1613 年)に挿入されたゲラルドゥス・メルカトルとヨドクス・ホンディウスのポートレート。

43. ウィレム・ブラウの地図帳（1635 年）で公表された印刷によるインドの地図。

44. ヘッセル・ゲルリッツの手書きによるインドの地図(1632 年)。ブラウはゲルリッツの死後、この地図を単純に複製して自身の名を書き加えた。

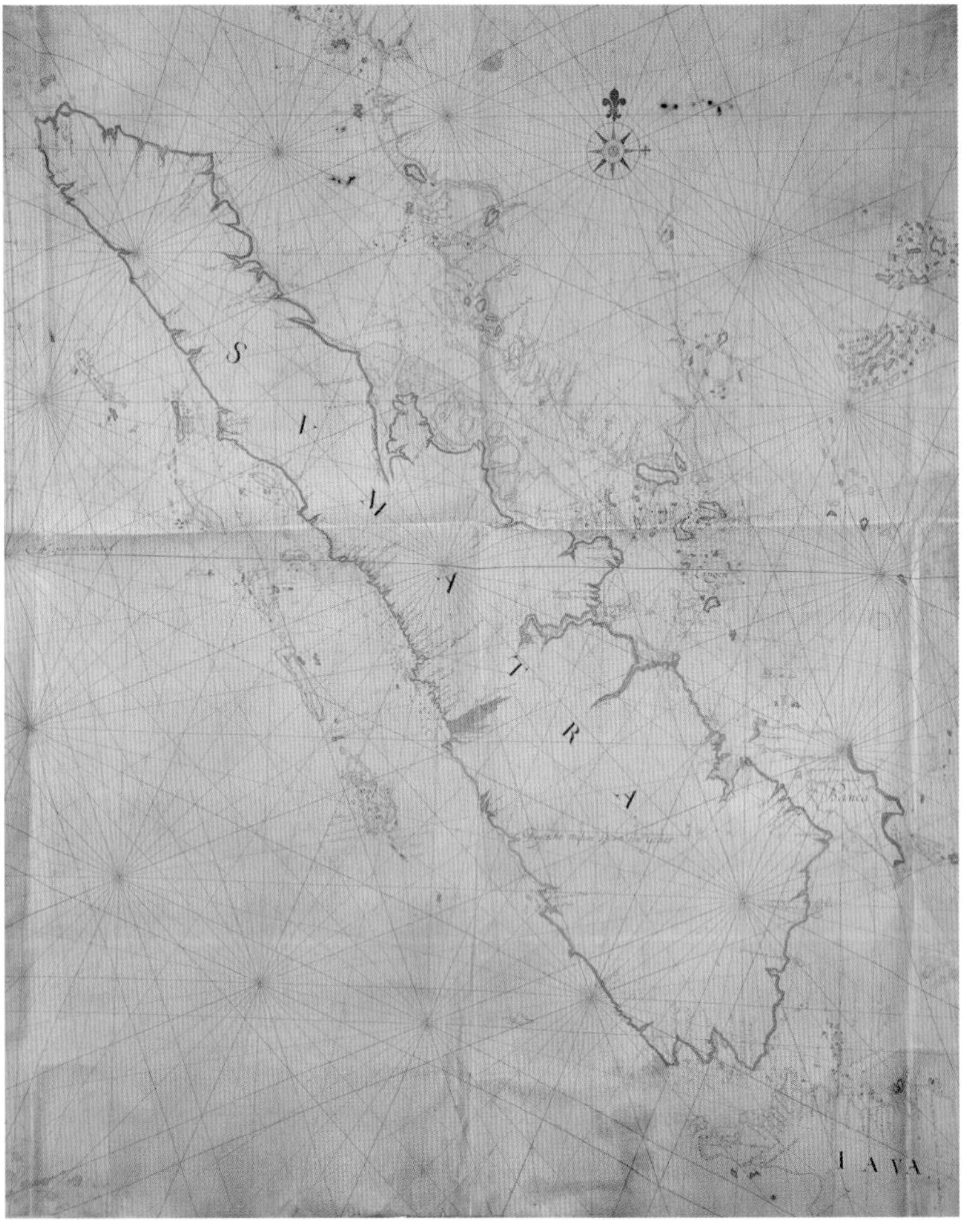

45. 航海士に支給されたオランダ東インド会社の一般的な海図。ヨアン・ブラウの手書きによるスマトラとマラッカ海峡の海図（1653 年）。

46.『大地図帳』（1664 年版）に描かれたヨアン・ブラウの世界地図。伝統と新機軸を組み合わせ、プトレマイオス（左上）の古典主義とコペルニクス（右上）の技術革新を対比している。メルカトル図法ではなく、あえて二半球図を採用しているが、擬人化した惑星（上部）を太陽から近い順に正しく配置することで、コペルニクスの地動説を支持している。

ORDRE DU ROY PREMIERE FEUILLE
ORD
Fe 1.re
Louvres
Dammartin
Marchemorel
Gonnesse
Tremblay
Villepinte
Compans
Nantouillet
Charny
Claye
Charmentre
St. Denis
Canton de St. Denis
Le Bourget
Pantin
Bondy
Chelles
Lagny
Dampmart
Paris
Canton de Paris
Charonne
Vincennes
Charenton
Villiers
Champigny
Beaubourg
Croissy
Ferrieres
Pontault
La Queue
Boissy
Tournan
Rungis
Orly
Villeneuve
Ablon
Montgeron
Brie Comte Robert
Chaulmes
Perpendiculaire
Corbeil
Lieusaint
Champdeuil
Courcouronne
SUD
1756.

47. セザール＝フランソワ・カッシニ・ドゥ・テュリによる最初のフランスの地図（1756年）。
パリとその近郊が描かれている。

MER DU NORD
MER MEDITERRANEE

48. ルイ・カピタンによるフランスの地図（1790 年）。数十年に及ぶカッシニ測量に基づく地図で、新しいフランスの県や地区の境界が初めて示された。宗教勢力や貴族勢力によって形成された古い地域区分は、フランス革命によって中央政府のニーズに対応する整然とした県に置き換えられた。

49. 大英帝国のアフリカにおける測量の限界を示すトーマス・ホールディッチ大佐のアフリカ地図（1901 年）。赤は三角測量を用いて測量された領域を示し、青は「詳細に測量された」領域を示している。大きな灰色の領域を含むその他の大部分は「未探検」の領域である。

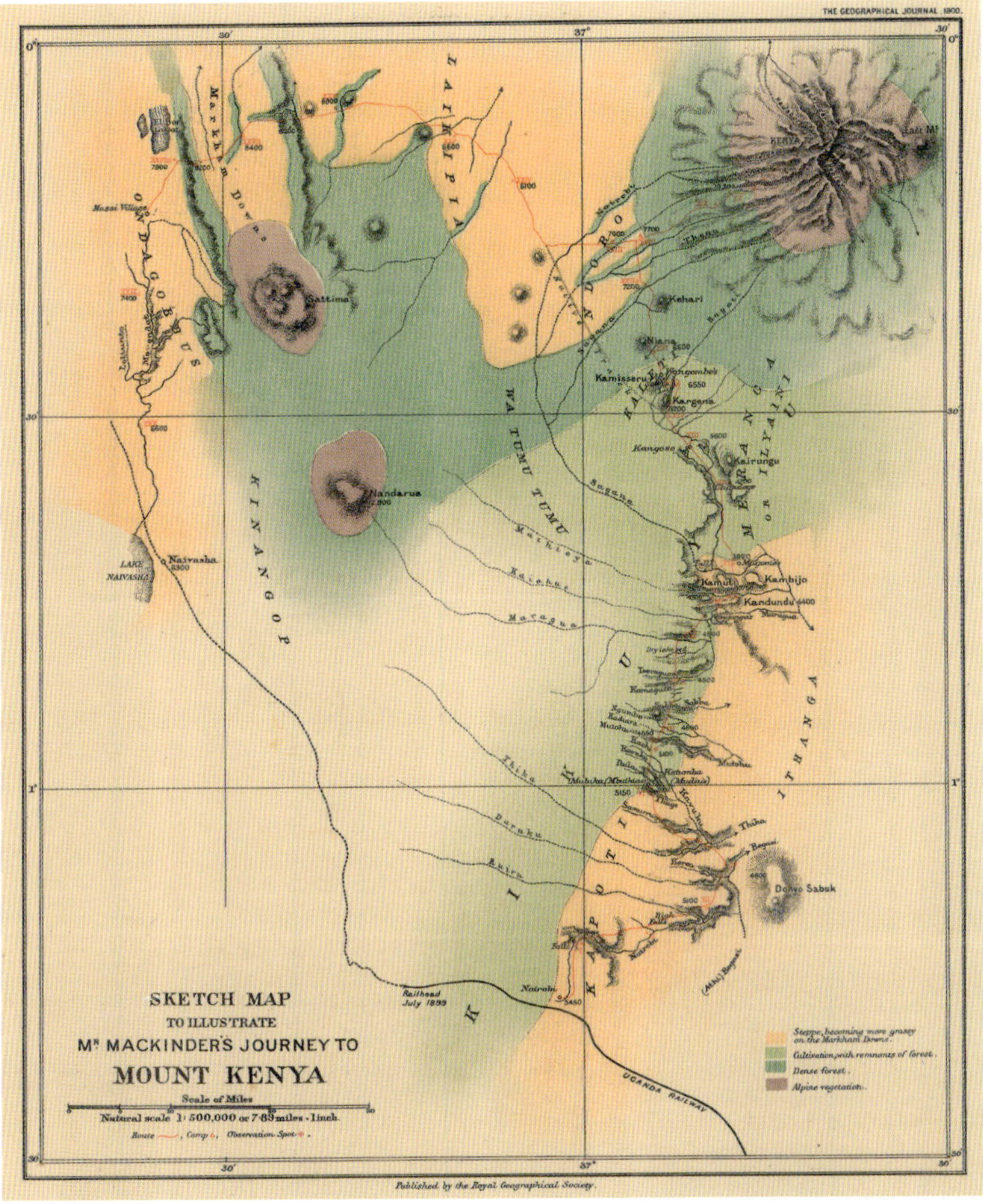

50. ハルフォード・マッキンダーが登頂したケニヤ山付近の地図（1900 年）。赤い線は地図下方のナイロビからケニヤ山山頂までの登頂ルートを示す。西側には王立地理学会会長にちなんで命名されたマーカム・ダウンズが描かれている。

51. アポロ 17 号の乗組員によって初めて撮影された地球全体の写真（1972 年）。脆弱な「青い地球」の象徴的な画像は環境運動を巻き起こした。

52. 仮想世界：グーグルアースのホームページ（2012 年）。

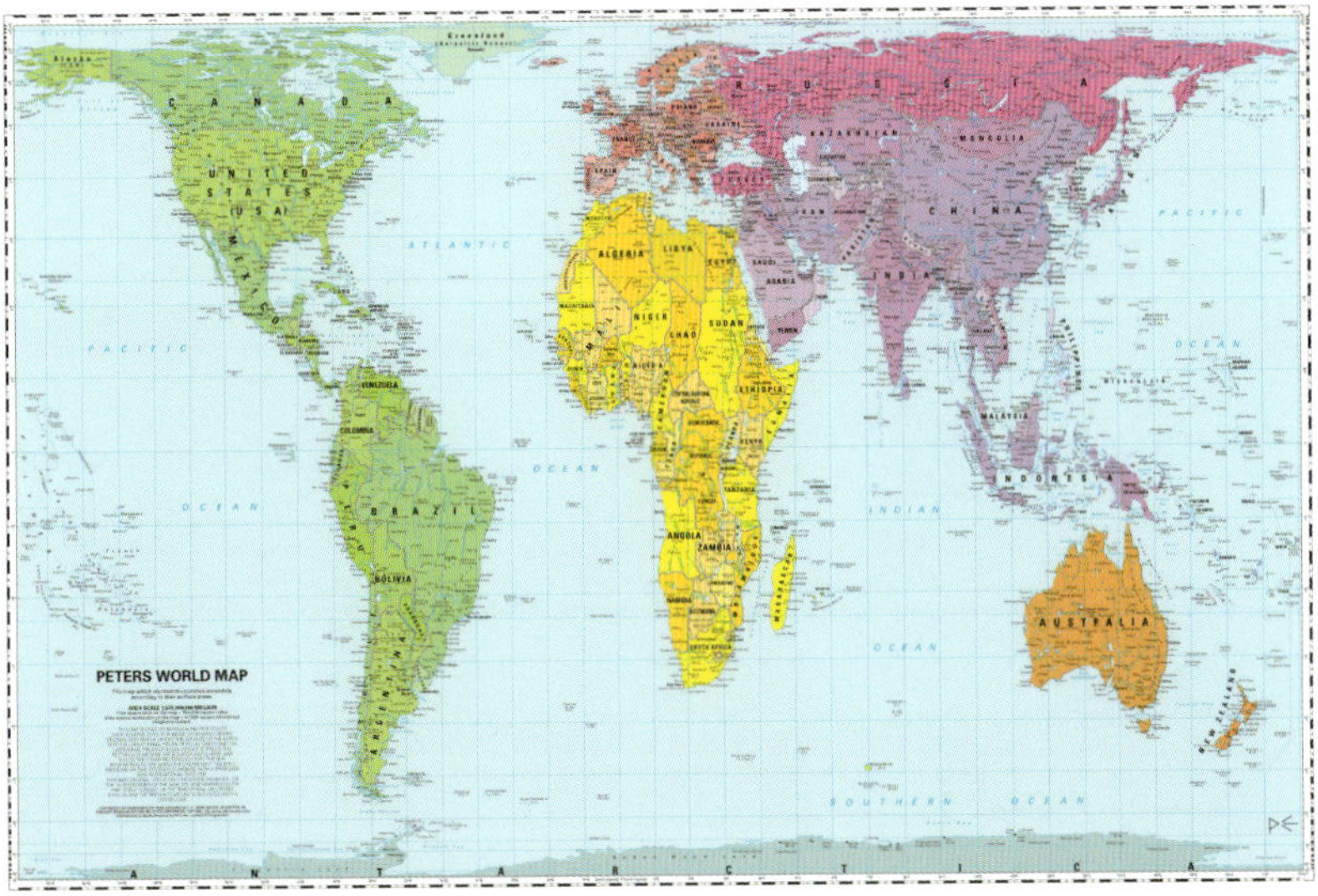

53. 平等な世界とは？ゴール正射図法で描かれたアルノ・ペータースの世界地図（1973 年）。

54. 地理空間視覚化の初期の例：チャールズ・イームズとレイ・イームズ夫妻によって製作された短編映画『パワーズ・オブ・テン』のスチール写真。この映画はコンピュータエンジニアの間で熱狂的に支持された（訳注：最初は 1968 年に白黒版で製作され、1977 年にカラー版が製作された）。

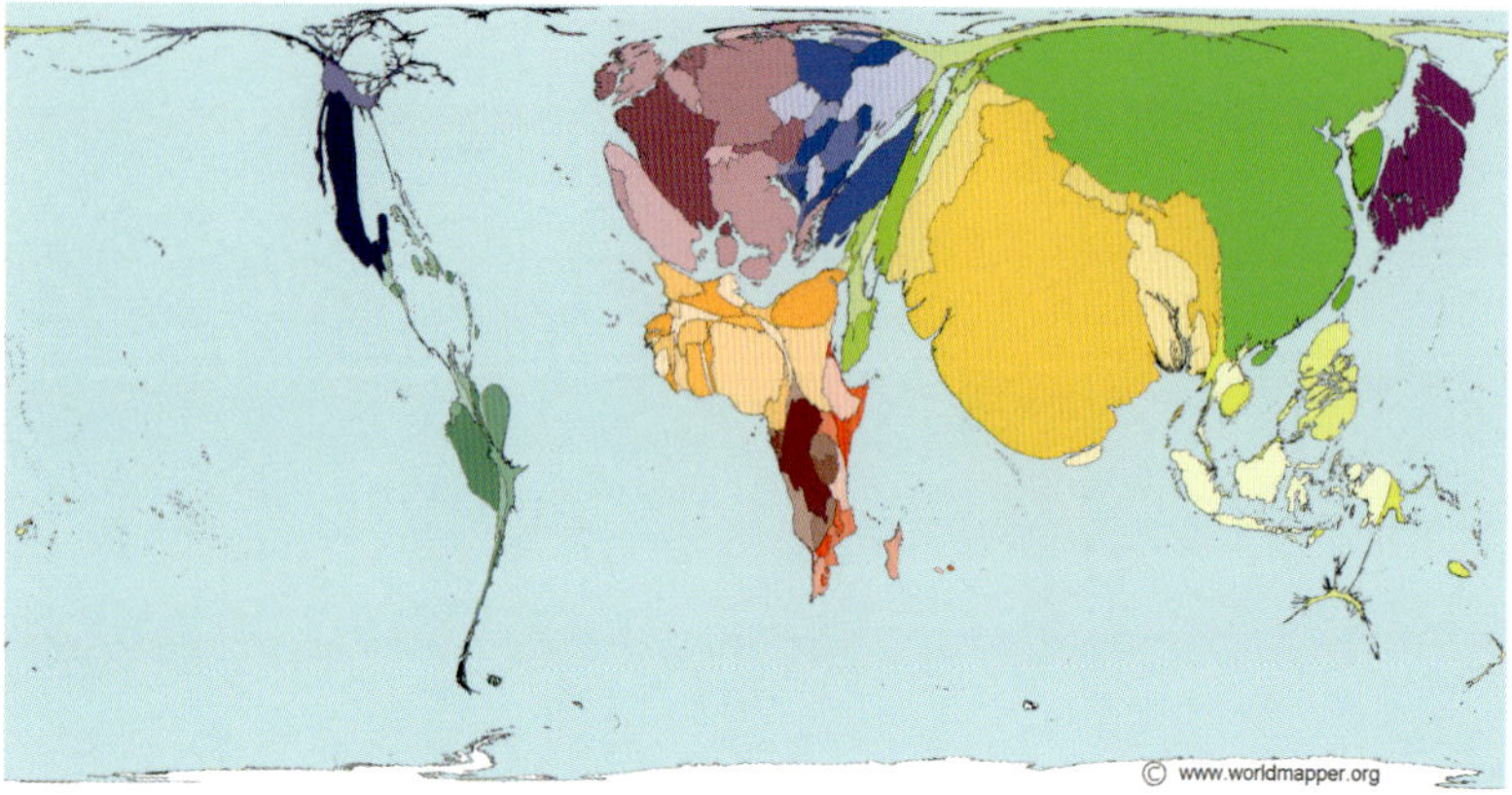

55. 西暦 1500 年の世界の人口分布を示す統計地図（2008 年）。世界の画像がますます身近なものになるにつれて、地理学的な投影図法に関する議論よりも、人口統計学的な問題がより重要になりつつある。

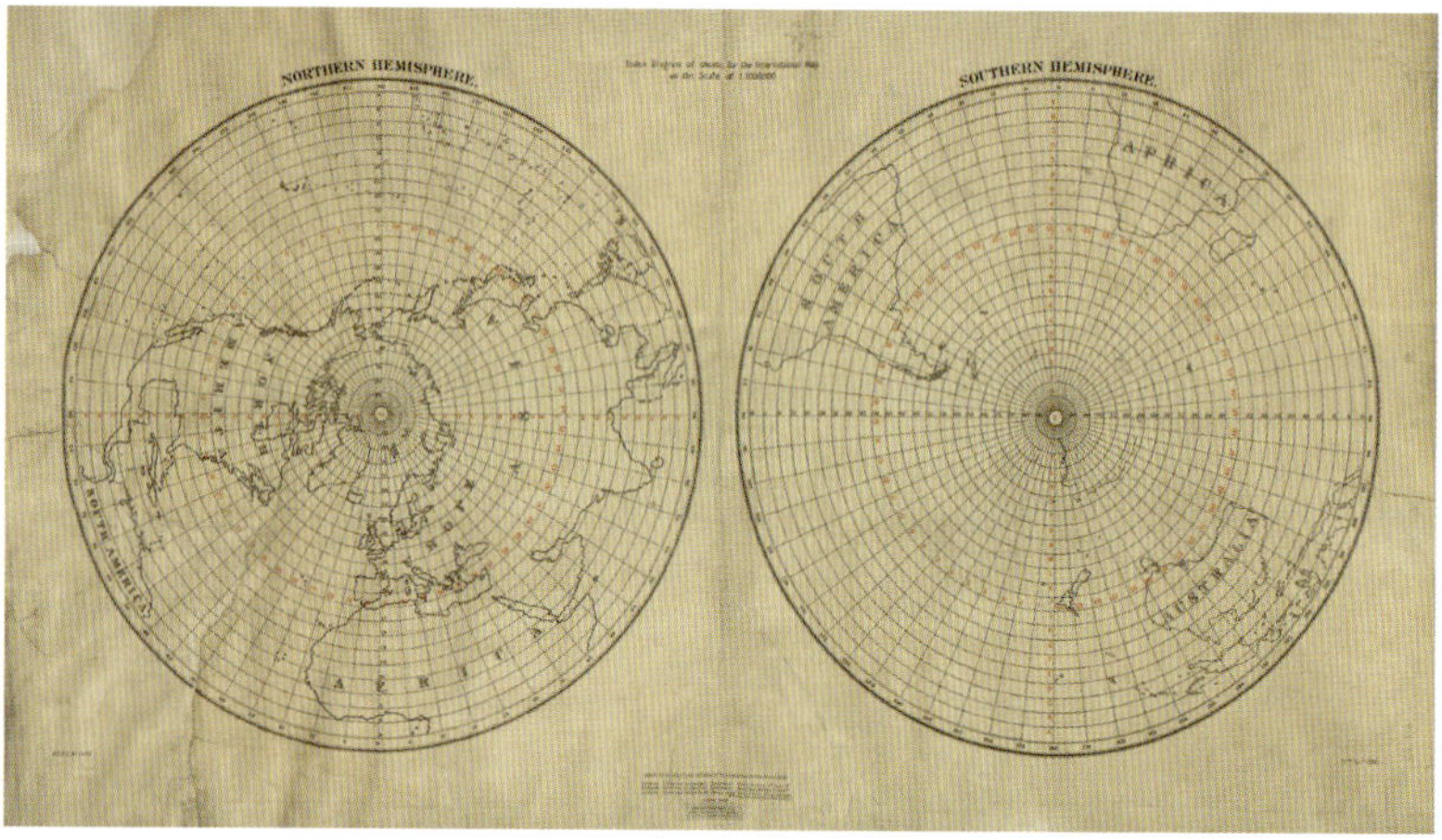

56. 提案された縮尺 100 万分の 1 の国際図（IMW）の索引図（1909 年）。

世界地図が語る12の歴史物語

妻、シャーロットに

目次

序章

シッパル（現イラク南部、テル・アブ・ハッバ遺跡）　紀元前六世紀

一八八一年、イラクの考古学者ホルムズド・ラッサムは、古代バビロニア都市シッパルの遺跡（現在はバグダード郊外南西部のテル・アブ・ハッバ遺跡として知られる）から、楔形文字が刻まれた二五〇〇年前の粘土板小片を発見した。この粘土板はラッサムが一年半にわたり発掘した七万点にも及ぶ出土品の一つで、ロンドンの大英博物館に向けて船積みされたものであった。ラッサムの任務は、楔形文字解読に取り組んでいた英国の古代アッシリア研究グループに触発されたもので、聖書に記されたノアの洪水[1]を歴史的に説明しうると期待される粘土板を発見することにあった。当初は、より印象的で完璧な出土品が優先されたため、この粘土板は見すごされていた。理由の一端はラッサムにあった。彼は楔形文字を読むことができず、その重要性に気づかなかったのである。粘土板の真価が認められたのは、その内容の解読に成功した一九世紀末のことであった。現在、この粘土板は「古代バビロニアの世界地図」として大英博物館で公開されており、人類史上初の世界地図として知られている。

ラッサムが発見した粘土板は、上空から地球を見下ろし、世界全体を鳥瞰図的に描写している。地図は二つの同心円からなり、その内側にはいくつかの円、長方形、曲線が一見乱雑に描かれており、円の中心には

原始的なコンパスで描くときに出来たと思われる孔が残っている。外側の円の周囲には八個の三角形が等間隔で配置されているが、判読できるのは五個だけである（訳注：周囲の三角形の数については七個とする説もある）。刻まれている楔形文字のテキストを解読すると、粘土板は地図であることがわかる（カラー口絵1）。

外側の円は「にがい河」と記された塩の海で、人々が住む世界を取り囲む大洋を表わしている。内側の円の中では、中心孔を通る最も顕著に湾曲した長方形がユーフラティス川を表わしており、「山」と記された北側の半円形から流れ出て、「海峡」および「湿地」と記された南側の水平な長方形で終わる。ユーフラティス川を二分する長方形には「バビロン」と記されており、スーサ（イラク南部）、ビト・ヤキン（カルデア地区、ラッサムの出身地に近い）、ハッバン（古代カッシート族発祥の地）、ウラルトゥ（アルメニア）、デール、アッシリアなどの都市や地域に囲まれている。大洋を表わす外側の円から放射状に延びる三角形には「ナグー」と記されており、これは「地域」または「州」と訳すことができる。これらに沿って、距離を示す暗号のような記述（「太陽が昇らない地まで六リーグ」など）[2]や、カメレオン、アイベックス、ゼブー、猿、ダチョウ、ライオン、狼などの外来動物の名が刻まれている。これらは地図に記されていない空間であり、円で描かれたバビロニア人の世界の果てを越えた、謎に満ちた遠隔の地となっている。

粘土板の上部と裏面に刻まれた楔形文字から、これが単なる地球表面の地図以上のものであることがわかる。これはバビロニア人の住む世界であると同時に、彼らの宇宙観を具現化した包括的な概念図なのだ。興味をかき立てられるのは、バビロニアの神マルドゥクとティアマトによる戦いの創世神話の部分である。バビロニアの神話によれば、粘土板に記された「堕落した神々」に対するマルドゥクの勝利によって、天と地、人類と言語の礎がもたらされ、あらゆるものがバビロンに集められ、「静まることのない海の上」に創造された。大地の土くれから生まれた粘土板は、マルドゥクが成し遂げた神話の世界の偉業、すなわち、大海原の原始の混沌から始まった地球の創世、その後の人類文明の功績を具体的に表現したものである。

この粘土板が作られた状況は明らかになっていない。粘土板の裏面から、書記官は古代都市ボルシッパ（ビルス・ニムルド）からシッパル南部あたりで「イア・ベール・イリィ」と呼ばれていた者の末裔であることまでは特定されているが、誰のためになぜ作られたのかは謎である。だが少なくとも、これは人間がこの世界をどのように理解していたのかを示す最も基本的な製作物の一つであり、広大で際限がないと思われていた既知の世界に、ある種の秩序と構造をもたらすものであると言えるだろう。世界の起源に関する象徴的な神話を記録するだけでなく、粘土板の地図は実際の地球を抽象化して示している。粘土板の地図は、地球を円、三角形、長方形および点によって類別し、バビロンを中心に据えた世界像の中で神話の記述と図像を結びつけることによって理解する。宇宙の彼方から地球を眺めるという夢が実現する八〇〇〇年以上も前に、バビロニア人の世界地図は見る者に上空から世界を俯瞰する機会を与え、地球創世時の神の視点を提示したのである。

　相当な旅好きの現代人でも、訪ねたいと思う場所は、地球の総面積五億一〇〇〇万平方キロメートルから見ればほんのわずかにすぎないだろう。古代の世界では、近距離の旅ですらまれで、困難を伴う行為であった。一般的に旅は望むべくして行われたものではなく、不安に満ちたものであったに違いない。[3]そうだとするならば、わずか一二×八センチメートルの粘土板の上に世界を再現したのは魔法のようでもあり、その世界の大きさを「知る」ことは、畏れ多いことであったに違いない。粘土板は、ここに世界がありバビロンこそが世界なのだ、と語っている。自らをバビロンの一部とみなした人々にとって、それは心強いメッセージであった。そのような人々にとっても、またそうでない人々にとっても、バビロニアの力と領土に関する粘土板の説明は疑う余地のないものであった。このバビロニアの粘土板などによって伝承されてきたある種の地理学情報が、神秘主義エリート層あるいは支配エリート層の守ってきたものであったとしても驚くにはあたらない。本書を通じて読み解いていくように、呪術師、学者、支配者、宗教指導者に代わって、世界地図はその製作者と所有者に対して神秘的かつ魔術的権威を付与してきたのである。このような人々が創世の秘密と人類の限界を理解していたならば、予測もできないほど極めて多様な形で、この地球上の世界を支配する方法を知っていたに違いない。

バビロニアの世界地図は、既知の世界全体を描こうとした最初の試みではあるが、人類の地図作りの例としては比較的遅い時期のものと言える。平面に風景を描いた先史時代アートの最も初期の例は、岩や粘土板に刻まれたもので、バビロニアの世界地図より二万五〇〇〇年以上も古く、紀元前三万年の旧石器時代後期にまで遡る。このような初期の陰刻の年代や意味について考古学者は様々に論じているが、人の姿、家畜囲い、基本的な住居の区画、狩猟場の様子、山河なども描かれているようである。これらは実際には象徴的な記号であり、永遠に解読不能な神話や神聖な宇宙を表わすものであったとしても、その多くは驚くほど簡素で、事物の空間配置を示そうとした抽象的で幾何学的な表現と間違われてもおかしくはない。今日の考古学者たちは、このような初期の岩絵の断片に「地図」という言葉をあてはめることについては、一九世紀の先人たちよりも慎重になっている。しかし、先史時代の岩絵がいつ頃出現したのかを明確に特定することは、乳幼児が周囲の環境から自身を空間的に認識するようになるのはいつか、と定義することと同様に無益なようである。[4]

地図に対する強い欲求は、人間の根源的かつ普遍的な本能である。[5] 地図がないとしたら、私たちはどこにいることになるのであろうか。言うまでもなく「道に迷った」状態となるのだが、地図はある場所から別の場所への移動方法だけでなく、多くの問いに対する答えを与えてくれる。幼少期から現時点まで、私たちは情報を空間的に処理することによって、現実の世界との関係の中で自らを理解している。このような活動を心理学者は「認知マッピング」と呼ぶが、個々人が茫漠とした恐ろしい不可知の「外界」との関係において、自らを空間的に識別し定義する過程であり、空間環境に関する情報を獲得し、整理して思い出す精神的機能でもある。[6]このようなマッピングは人間特有の機能ではない。動物もまた、マッピングを活用している。犬や狼が縄張り内で行う匂いのマーキング、あるいは巣を起点として花蜜の位置を定義する蜜蜂の「尻振りダンス」[7]などがそれにあたる。しかしながら、マッピングを地図製作へと決定的に飛躍させることができたのは人間だけであった。[8]四万年以上前に登場した普遍性のある図形によるコミュニケーション手段によって、人間は束の間の情報を普遍的で再現性のある形態に変える能力を身につけたのである。

では、地図とは何なのか。英語のマップ（map）およびその派生語は、スペイン語、ポルトガル語、ポーランド語などの様々な近代ヨーロッパ言語で使用されているが、テーブルクロスやナプキンを意味するラテン語のマッパ（mappa）に由来する。地図を意味するフランス語のカルト（carte）の語源は別のラテン語カルタ（carta）で、これは地図を意味するイタリア語のカルタ（carta）およびロシア語のカルタ（karta）の語源でもある。公文書を意味することもあるが、その場合はギリシャ語のパピルス（papyrus）に由来する。地図を意味する古代ギリシャ語のピナクス（pinax）は別種のものを意味する。ピナクスは木、金属または石でできた平板で、この上には文字や図が描画または彫刻されている。アラビア語はこの語をより視覚的に捉え、「図形」と訳されるスーラ（sūrah）と「絵画」と訳されるナクシャ（naqshah）という二つの語を使用するが、中国語では絵または図を意味する同様の語「図《トゥ》」をあてている。[9]map（またはmappa）という語が英語に加えられたのは一六世紀のことであるが、その時代から一九九〇年代までの間に同じ意味を有するものとして提唱された語は三〇〇を超える。[10]

現在では、学者たちはJ・B・ハーレーとデビッド・ウッドワードの編集による『地図学の歴史《ヒストリー・オブ・カルトグラフィ》』（複数巻からなる書籍で一九八七年から刊行中）に記されている定義を採用することが多い。第一巻の序文で、ハーレーとウッドワードは「マップとは、人間の世界における物、概念、状態、過程、または事象に関する空間的な理解を促進するグラフィック表現である[11]」と定義している。この定義は（本書全体を通じて適用されるが）、「当然のことながら、天体図の製作や仮想的な宇宙誌学《コスモグラフィ》の地図にも拡大適用される」もので、この語の持つ限定的な幾何学的定義から地図を解放する。地球と天空の分析によって宇宙を記述する宇宙誌学を含めることで、ハーレーとウッドワードの地図の定義に従って、私たちはバビロニアの世界地図のような古代の人工物を宇宙図や世界地図として見ることができるのである。

自己中心的な地図の認識も地図を創造する科学も、どちらかと言えば最近考え出されたものである。何千年にもわたり様々な文化によって「地図」と呼ばれるものが岩から紙に至るまで様々な媒体の上に作られてきたが、それを作った人々は、地図の製作が公文書の記述、絵の描画、図の線描や印刻などと別の範疇に属するものとは考えていなかったのである。地図と私たちの言う地理学との関係はさらに理解しがたい。ギリシャ人が地理学を地球（gē）の図画的（graphein）研究として定義して以来、地図製作はその中で重要な位置を占めてきた。しかし、知的専門分野としての地理学は、西洋では一九世紀まで職業としても学術的研究の対象としても、正式なものとはなっていなかったのである。

地図の驚くべき力と普遍的な魅力の多くは、このような布、平板、絵画または印刷物など様々な形態の地図の中に存在する。地図は物理的な対象物であると同時にグラフィカルな文書でもあるため、読むものであると同時に見るものでもある。文章なしでは地図を理解することはできないが、視覚的な要素がない地図は単なる地名の羅列にすぎない。地図は芸術的な創作手法を利用して、究極の想像力によって不可知の対象物（世界）を描き出すが、同時に科学的な原理に基づいて幾何学的な線と形状で地球を抽象化する。ハーレーとウッドワードの定義によれば、地図の最大の関心事は空間である。地図があればこの世の事象についての空間的な理解が得られるが、本書で見ていくように、閲覧者はこれらの事象が順次どのように展開していくのかについても注目することになるため、多くの場合、時間についての理解も得られる。言うまでもなく、私たちは地図を視覚的に捉えているが、これらをひとつながりの様々な物語として読むこともできる。

物語の糸はすべて、本書の主題である世界地図として交わる。「地図」は捉えどころがなく移ろいやすい特質を有しているが、「世界」の概念についても同様である。「世界」は人間が作った社会的な概念である。地球上のすべての物理的空間を指しているが、文化や個人の「世界観」を構成する理念や信条の集合体をも意味する。有史以来、多く文化にとって、地図は「世界」の概念すべてを表現する格好の媒体であった。世界地図に含まれる中心部、境界およびその他諸々の付帯領域は、このような「世界観」によって規定されるだけでなく、地図製作者による地球の自然観察によっても規定されるが、この観察は中立的で文化的な視点から行われるわけではない。本書で取り上げる一二の地図はすべて、世界全体の物理的空間に対する当時の視点を示すものであり、それを伝えようとする理念と信仰から生まれたものである。世界観は世界地図を生み出すが、生み出された世界地図はその文化の世界観を規定する。この共生の力はあたかも錬金術のようでもある。[12]

世界地図は地図製作者に対して、地域図の製作とは異なる課題と可能性を提示する。世界地図の縮尺では、ある地点から別の地点まで移動するための経路検索手段として地図を使おうと考える利用者はいない。地域図と世界地図の製作で最も重要な違いは認識の違いであり、世界地図の製作には重大な問題が提起される。地域図の場合とは異なり、地図製作者の眼で通観するだけでは、世界を理解することは決してできない。古代においても、鳥瞰図的な視点から小さな領域を俯瞰して基本的な要素に注目し、自然の景観や人工的な景観を配置することは可能であった。しかし、宇宙からの写真撮影術が登場するまでは、このような視点から地球全体を理解することは不可能であった。

この画期的な技術革新が登場するまでは、世界地図の製作者たちは、上空からの視点と自身の想像力に基づいて世界を詳細に描いたのである。天文学のおかげで彼らは太陽と星の運行を観測することが可能になり、地球の大きさと形状を推測することができた。このような観測に結びついたのが、主観的偏見や通俗神話や信仰に基づく想像から生まれた仮説であるが、本書で見ていくように、この仮説は実際にあらゆる世界地図に影響を及ぼすこととなる。人工衛星による画像が利用可能になったのは比較的最近のことで、これにより人々は地球が宇宙に浮いていると信じることができるようになったが、三〇〇〇年前にこのような見方をするには想像力が必要であった(宇宙からの写真も地図ではないため、第12章で指摘するように、オンラインマッピングと衛星画像の利用には一定の取り決めと操作が前提となる)。

認識を超えた課題と可能性は、本書で取り上げる地図をはじめ、あらゆる世界地図に影響を及ぼしており、バビロニアの世界地図にもその萌芽を見ることができる。優先すべき課題は抽象化である。地図はどのようなものであれ、提示しようとする物理的な空間の代替となるものである。地図は提示するものを構築し、一連の抽象的な記号や、輪郭と境界の始まり、中心部と周辺部によって、地球表面の無数の感覚的な多様性を体系化するのである。このような標識は、先史時代の岩絵の原初的な直線や、バビロンの粘土板に刻まれたような、しだいに規則的になる幾何学的形状に見ることができる。こうした線図が地球全体に適用されると、地図は世界を描写するだけでなく、想像力豊かに世界を演出する。何世紀にもわたり、世界を理解する唯一の方法は想像力を介するものであった。そして、世界地図は物理的に不可知の世界がどのように見えるのかを想像力豊かに示したのであった。地図製作者は世界を単に複製するのではなく、自身の視点で構築するのである。[13]

地図製作には想像力が必要とされるが、その行為を論理的に突き詰めていくならば、ポーランド生まれの米国人哲学者アルフレッド・コージブスキーが一九四〇年代に唱えた「地図は領土ではない」[14]という言葉に集約されることがわかる。言語とそれが意味する事物との関係のように、地図をその地図が表わしている領土によって構成することはできない。英国の文化人類学者グレゴリー・ベイトソンは、「紙の地図の上にあるのは、地図を作った人間の網膜に映し出されたものを表現したものにすぎない。問題を過去に戻したときに気づくのは果てしない退行であり、果てしない地図の連続である。領土がそこに入り込むことは決してない」[15]と述べている。地図は常にそれが示そうとする現実を管理する。地図は類推によって機能する。地図の上で道路は特定の記号で示され、それは道路そのものとは似ても似つかないモノであるが、閲覧者はその記号が道路を示すことを受け入れるようになる。地図は世界を模倣するのではなく、従来の標識を発展させる。私たちはその標識を実際には決して表示できないものの代わりとして受け入れるようになるのである。地図が描く領土を完全に表現できる唯一の地図は、十分に有効な冗長性がある縮尺一対一のものとなろう。実際に、縮尺の選択、すなわち地図の大きさとそれが示す空間との普遍的な関係を決定する比例配分法は、抽象化の問題と密接な関係があり、多くの作家にとって悲喜劇の宝庫となってきた。ルイス・キャロルの『シルヴィーとブルーノ・完結編』（一八九三年）では、空想の世界の登場人物マイン・ヘルが「我々は実際にこの国の地図を作ったのだ。縮尺を一マイルにつき一マイルとしてね」とうそぶく。その地図は役に立ったのかと尋ねられたマイン・ヘルは「地図を広げたことはない」と認め、「農夫が反対したのだ。農夫が言うには、地図は国中を覆うので日光を遮ってしまう。そこで我々はいまこの国自体を地図として使っているのだが、ほとんど問題ないと請け合うよ」[16]と答えるのである。この高慢な物語は、ホルヘ・ルイス・ボルヘスの『科学の厳密性について』（一九四六年）という短編の中で、ルイス・キャロルの説明をさらにシニカルなトーンで練り直すことによって、一段とエスカレートした内容に仕立てられている。ボルヘスは地図製作技術が精巧な水準に達した架空の帝国の物語を次のように書いている。

地図製作者養成カレッジは、帝国の大きさに等しく、一点一点が対応する帝国の地図を製作した。次世代の地図製作者たちは、地図製作学の研究にさほど熱を入れていなかったため、この大判の地図が無用の長物であると判断し、畏れ多くもこの地図を放棄して無情な太陽と冬の寒さに晒してしまった。西の砂漠にはズタズタになった地図の残骸が残り、動物や物乞いが住みついていた。いまや地理学の分野の遺物は国中どこを探しても見つからない。[17]

包括的な世界地図を作ろうとするときには省略と選択を行わざるを得ない、という地図製作者の永遠のジレンマと潜在的な傲慢さをボルヘスは理解していたのである。では、縮尺一対一の地図が叶わぬ夢ならば、世界地図がボルヘスの描く運命に翻弄されないようにするためには、地図製作者はどの程度の縮尺を選択すべきであろうか。本書で紹介する世界地図の多くはその答えを示しているが、地図製作者の選択した縮尺（あるいは地図に関するその他の基準）が絶対的なものとして広く受け入れられることはなかった。

　縮尺以上に厄介なのが視点の問題である。世界地図を描くときには、地図製作者はどのような仮想位置に立てばよいのであろうか。その答えは、既に見てきたように、地図製作者の生きた時代の世界観によって決まる。バビロニアの地図の場合には、バビロンは宇宙の中心、すなわち、歴史家ミルチャ・エリアーデが言うところの「世界軸《アクシス・ムンディ》」[18]に位置している。エリアーデによれば、古代社会は例外なく儀式と神話を利用し、「人が宇宙の中で自らの位置を意識し始めることを発見した」時点で、「境界状態」を作り出す。この発見は、神聖かつ慎重に境界が画定され秩序立った存在の領土と、未知の混沌としているがゆえに危険な異教の領土との絶対的な対比を作り出す。バビロニアの世界地図では、内側の環に囲まれた神聖な空間が、外側の三角形で定義された異教の空間と対比されるが、これは神聖な中心領域とは対照的な混沌とした未分化の地である。この視点からの空間の定位と構築は、神による創造を繰り返し、混沌の中から形を作り出し、地図製作者（とそのパトロン）を神と同格に位置づける。エリアーデは、このようなイメージは中心領域の創造に絡んでおり、ここには地上の世界と神の世界とを隔てる垂直の暗渠が設けられ、これによって人間の信仰と行為を構造化する、と主張している。バビロンの世界地図の中心孔は、一般的には地図の円形要素を描き出したコンパスによるものと考えられているが、むしろ現世と来世とをつなぐ経路なのかもしれない。
バビロンの世界地図で採用されているような視点は、自己中心的マッピングと呼ぶこともできる。本書で取り上げている世界地図の多くが示しているように、有史以来ほとんどの時代で、圧倒的大多数の地図はその地図を生み出した文化を中心に据えている。今日のオンラインマッピングでさえ、これを半ば後押ししているのはユーザーの欲求である。ユーザーはデジタルマップ上に他の場所よりも先に自分の住所を入力し、その場所を拡大表示することで、最初に自分自身の位置を確認することを望んでいる。これは自己再確認のための普遍的な行為であり、人間の存在など全く意に介していないであろう大きな世界に対して、私たち一人ひとりの位置を確認するのである。しかし、このような視点によって個人が文字どおり中心に据えられるのであれば、地図は一人ひとりを神の位置まで引き上げ、大空へ飛び出し神の視点から地球を見下ろすように誘う。一望の下に世界全体を探索し、静かに遠ざかり、飛べない人間が想像するしかなかったものを眺めることができるのである。[19] 地図の輝きはいつわりを隠し、この視点が現実のものであり、地上の束縛から解き放たれているかのような、束の間の錯覚を閲覧者に与える。そして地図の最も重要な特徴は、閲覧者の視点が内側と外側に同時に置かれるという点にある。地図の上で自らの位置を決めるとき、同時に閲覧者は超越的な瞑想の瞬間に、想像力豊かにその地点の上空に（そして外側に）飛翔し、時空を超えて、どこからともなくすべてを見通す。「私はどこにいるのか」という永遠の存在命題に対する答えを地図が閲覧者に提示するとしたならば、その答えは、魔法の分身によって閲覧者は同時に二つの場所に存在できる、ということになるであろう。[20]
世界地図に対して閲覧者の位置をどこに定義するかは、何世紀にもわたり地理学者が苦悩してきた問題である。ルネサンス期の地理学者にとって、一つの解決策は地図の閲覧者を劇場の観客になぞらえることであった。一五七〇年、フラマン人（訳注：ベルギーの北部・西部に暮らし、フラマン語を話す民族）地図製作者アブラハム・オルテリウスは、世界地図と「世界の舞台《テアトルム・オルビス・テラルム》」と題された地域図を添付した本を出版した（カラー口絵2）。オルテリウスは、ギリシャ語で「スペクタクルを見る場所」を意味する「劇場《テアトロン》」を題名に使用した。劇場の中（すなわち舞台の上）では、目の前に開かれた地図は、私たちが理解していると考える現実を独自な形で提示されるが、その現実に手を加えて提示するプロセスは極めて多様である。オルテリウスをはじめルネサンス期の他の多くの地図製作者にとって、地理学は「歴史の目」であり、記憶の劇場であった。それはオルテリウスが言うように、「目の前に地図が置かれると、私たちは起こった出来事や場所を、あたかもこの瞬間に存在するものとして見る」からである。地図は「鏡」のようなもので、「長く記憶に留まるようになればなるほど、私たちの中での印象は深くなる」のである。しかし、優れた劇作家が皆そうであるように、オルテリウスはこの「鏡」が創作の紆余曲折の過程であることを認めている。なぜなら、ある地図の上で「私たちは自己の裁量で良いと判断した場所で何かを改変し、また必要と思われる場合には、消去したものを特徴と位置を変えて別の場所に追加する」からである。[21]

　オルテリウスは、閲覧者が地図を見る位置は方位と密接な関係があり、自分の所在を確かめる場所になっていると述べている。厳密には方位は相対的な位置または方向を指すのが普通だが、現代では羅針盤上の点に対して相対的に固定された位置を指すようになっている。しかし、中国で羅針盤が発明される紀元二世紀よりはるか昔には、世界地図は東西南北の四つの基本的な方角のいずれか一つに従って方向づけされていた。最も重要な方向に基づく地図の方位決定は（本書で取り上げる一二種類の地図で見るように）文化によって異なるが、ある方向が他の方向よりも優れているとする純粋に地理学的な根拠はなく、世界地図では北を上にするという前提を現代の西洋地図が取り入れた理由も明らかにはなっていない。

西洋の地理学的伝統の中で、最終的には北が最も重要な方位として勝ち残ったわけであるが、当初はとりわけキリスト教にとって北がネガティブな意味合いを含んでいたこと（第2章参照）を考えるならば、その理由は完全には説明しきれていない。ギリシャ後期の地図や中世初期の航海図ポルトランは羅針盤を用いて描かれたものであるが、これによって東西軸に対する南北軸の航海上の優位性が確立されたものと思われる。しかし、仮にそうであったとしても、基本方位の最もシンプルな点としてなぜ南は採用されなかったのか、また実際にイスラムの地図製作者たちは、羅針盤の採用以降も長期間にわたり南を上にした地図をなぜ描き続けなかったのか、その理由はほとんど説明されていない。世界地図で北が最も重要な方位として最終的に確立された理由が何であれ、これ以降の章で示すように、ある方位の選択に説得力のある根拠は存在しない。

地図製作者が直面する問題の中でおそらく最も複雑な問題は投影の問題であろう。現代の地図製作者にとって、「投影」とは、体系的な数学的原理を使用して行う、地球などの三次元物体の平面上での二次元描画を指す。これは紀元二世紀に、地球を平面上に投影するため、緯度と経度の幾何学的直線の格子（経緯網と呼ぶ）を使用したギリシャの地理学者プトレマイオスにより、一つの方法として意識的に定式化されたものであった。これ以前には、バビロニアの地図のような例では、明確な投影（または縮尺）を用意して世界を構造的に表現することは行っていない（当然のことながら、形状や大きさについては文化的な仮説に基づいて、地理学的な世界像を投影している）。何世紀にもわたり、地球を平面に投影するため、円、正方形、長方形、楕円、ハート型、台形および他の様々な形状が使用されてきたが、いずれも特定の文化的信念に基づくものであった。ある者は球形の大地を想定したが、これに与しない者もいた。バビロンの地図では世界は平らな円盤として表現され、居住区域は海で囲まれ、その向こうは文字どおり形のない辺境となっている。中国初期の地図もまた地球を平らなものとする考えを容認しているようであるが、本書でのちほど見ていくように、これは中国人が宇宙の原理を規定するものとして正方形に対して特別に強い魅力を感じていたことに由来する。少なくとも紀元前四世紀までは、ギリシャ人は地球が球体であることを示し、平面上に投影された一連の円形地図を生み出した。

このような投影はすべて、球体の地球をどのようにして一枚の平らな絵柄に落とし込むかという、地理学と数学における普遍的な難問との苦闘の結果であった。地球が球形であることが科学的に証明されると、問題はさらに複雑さを増した。どのようにすれば正確に球体を平面上に投影することができるのだろうか。[22] その答えは、ドイツの数学者カール・フリードリッヒ・ガウスが一八二〇年代に射影に関する研究の中で最終的に証明したように、「不可能」であった。ガウスは湾曲した球体と平面はアイソメトリックではないことを示した。言い換えるならば、形状や角度を何ら歪めることなく固定縮尺を用いて、地球を地図の平面上に写像することは不可能だったのである。歪みについては本書の中で随時取り上げて検討することとする。[23] ガウスの洞察によって本質が明らかになったものの、「より優れた」正確度の高い投影法の探索だけは活発に行われた（ガウス自身も独自の投影法を提案している）。今日でも平面図には問題が隠されており、世界地図や地図帳では常に認識されているが、地図を構築する際の技術的な詳細の中では埋もれてしまう。

地図には多くの逆説が存在する。例えば、地図製作者は数千年にわたり地図を作り続けているが、地図に対する私たちの研究と理解はいまだ未熟なものにすぎない。ヨーロッパに学問の一分野としての地理学が登場したのは一九世紀のことで、地図を作る職業が確立され、「地図製作者《カルトグラファー》」という学術的な肩書で呼ばれるようになった時期と一致する。その結果、地理学はようやく最近になって、地図の歴史と様々な社会の中での役割について体系的に理解する試みを始めたばかりである。一九三五年、考古学を学んだロシアの海軍士官レオ・バグロー（一八八一―一九五七年）は、地図製作学の歴史を研究するための学術専門誌『イマゴ・ムンディ』を創刊し、一九四四年には、この分野での最初の包括的研究書である『地図製作学の歴史《ゲシヒテ・デア・カルトグラフィー》』を著した。[24] このとき以来、この分野の専門家によって出版されたこのテーマに関する通俗書はほんのわずかしかない。ハーレーとウッドワード（両氏ともこのプロジェクトの開始以降、悲劇的な死を遂げた）の編集による『地図学の歴史』も未完で、この先も数年は完成することはないであろう。地図製作学は訓練を必要とする学問分野で、その研究は一般的に他の様々な分野を学んだ学者（筆者もその一人）によって行われており、その将来は解釈を試みる対象となっている地図よりも不確実なものとなっている。

本書で紹介する物語は、何世代にもわたる地図製作者の精力的な努力にもかかわらず、科学的な地図製作学の究極的な主張はいまだ実現していないことを教えてくれる。科学の啓蒙の精神に基づいて行われた最初の大規模な国内測量は、第9章で述べる「カッシニ図」に結実したが、実際には未完となった。同様にして一九世紀末には世界地図が着想されたが、この物語については終章で述べるように、二〇世紀末近くになって放棄された。過去二世紀にわたる学術分野および職業領域としての地理学の発展には一貫性がなかったため、知的憶測に異議を唱えるのが比較的遅かったようである。近年、地理学者たちは地球の政治的区分に関与することに重大な危惧を抱いている。地図の客観性に対する信念は根底から見直すことが必要になっており、地図は支配的な権威・権力システムと密接な関係にあると認識されている。地図の製作は客観的な科学ではなく、写実主義者の努力によるものであり、現実を描画する特別な方法を目指している。自然主義、古典主義あるいはロマン主義と同じように、写実主義は世界を表現する様式の一つで、一九世紀ヨーロッパで写実主義小説が隆盛を極めると同時に、地図製作の客観性に対する要求が頂点に達したのも偶然の一致ではない。本書では、地図製作が科学的正確性および客観性を目指す厳然たる進歩に追随したことを論ずるのではなく、歴史の中のある時点で各種の文化に独自の世界観をもたらしたのは「進歩を拒んだ地図製作学」にあったことを論ずるつもりである。[25]

本書では、世界史における文化と時代の中から一二点の世界地図を取り上げ、認識や抽象化から縮尺、遠近法、方位および投影に至るまで、地図製作者が直面した問題の解決を試みた創造の過程を精査する。問題は変わらないが、これに対する反応は地図製作者独自の文化によって異なる。彼らを駆り立てたのは地理学であり、技術的かつ数学的なものであったが、同様に個人的、情緒的、宗教的、政治的および財政的なものであった。各地図は、そこに住む人々の世界に対する考え方を形にしたものか、世界史上のある時期に独自の世界観を具現化したものであり、多くの場合その両方によるものであった。本書の一二点の地図は特に重要な時期に作られたものであるが、その当時地図製作者たちは何をどのように提示するかについて大胆な決断を下している。新しい世界観を作る過程で彼らが目指したのは、世界がどのような様相を呈しているのかを閲覧者に説明することだけではなく、世界がなぜ存在するのかを理解させ、その中に閲覧者自身の所在を示すことでもあった。また各地図は、科学、政治、宗教および帝国から、ナショナリズム、貿易およびグローバル化に至るまで、製作の動機となると共に当時の世界を理解する契機となった特有の概念や問題点をも内包している。しかし、地図は必ずしもイデオロギー、意識や無意識だけで形作られるわけではない。地図の製作には完全とは言えないが情緒に訴える力も一役買っている。本書に示した例は、一二世紀のイスラム地図における知的交流の追求から、一九七三年に出版され物議をかもしたアルノ・ペータースの地図における寛容と平等のグローバルな概念まで、広い範囲に及ぶ。

本書は、地図製作史上の物語を包括的に捉えようとしているわけではないが、このテーマに関して広く流布している仮説に対してはいくつか問題提起をしたい。はじめに地図の歴史を紐解くが、これは西洋での動向に留まらない。バビロニアの世界地図からインドや中国やイスラムが果たした役割に至るまで、近代よりはるか以前の西洋以外の文化もこの物語に一役買っていることが、現在の研究から明らかになっている。第二の論点は、歴史的な世界地図の進化や発展に隠された意図はないという点である。精査した地図はどれも、地球の物理的な空間を様々な方法で認識する文化を創造するものであり、このような認識によって製作される地図には情報が付与される。そのため中世のヘレフォードの世界図《マッパムンディ》でもグーグルの地理空間アプリケーションでも、地図は使用者にも第三者にも理解しやすく論理的なものとなっている。これが第三の論点である。また、本書で語られる物語は連続したものではなく、しだいに正確になってゆく地理学データを絶え間なく蓄積していったものではなく、断絶や急展開が特徴となっている。

　地図は、その媒体やメッセージを問わず、描こうとする空間を常に想像力豊かに解釈している。コージブスキー、ベイトソンなどの著作家による現実の客観的表現としての地図の批判的「脱構築」は、地図を悪意に満ちたイデオロギーの道具のように見せかけ、それがどこで発見されたとしても、いつわりと欺瞞に満ちた陰謀の罠に取り込んでしまう。そうではなく、本書に示した地図は、一連の創意工夫に富んだ意見、創造的な提案、地図が作り出した世界への厳選されたガイドとして解釈されている。地図があれば、現実の世界でも未知の世界でも、私たちが決して訪れることのない土地を夢に描き、空想することができる。最も的確に地図をたとえていると思われる落書きが、ロンドンのパディントン駅近くの線路わきの壁にある。四五センチメートルほどの大きな文字で「遠方の地はどこか別の場所の心象風景として身近なところにある」と書かれている。この比喩は地図と同様に、あるところから別のところへ何かを運ぶことを意味する。地図は常にある場所の心象風景であり、想像力によって見る者を遠方の見知らぬ土地まで運び、手のひらほどの大きさの中にその道程を再現する。世界地図を参照するとき、遠方の地はいつでも紛れもなく手の届くところに位置しているのである。

　一七世紀の画家サミュエル・ファン・ホーホストラーテンも、「あの世からこの世を見通せる地図があるとしたらどれほど有用だろうか」と記している。[26] オスカー・ワイルドはホーホストラーテンの観念論的な感傷からさらに一歩踏み込んで、「ユートピアの描かれていない世界地図など一瞥の価値もない。なぜなら、人類が上陸することになる国を除外することになるからだ。人類はそこに上陸すると、あたりを見晴らし、より良い国を探し求めてまた航海に出るのだ」[27]という名言を残した。地図は、何を含め、何を除外するのかについて、絶えず選択を行っているが、ワイルドが別世界――すなわち知識を超越した新しい世界――の創造の可能性について夢想するのは、このような決断が下される瞬間である（これはSF作家が否応なしに地図に惹きつけられる理由の一つでもある）。オルテリウスが認めたように、どの地図も何かあるものを一つ示すが、結果的にそれ以外のものは示すことができない。また、世界をある方法で描くが、結果的にそれ以外の方法では描くことができないのだ。[28] このような決断は政治的に行われることもあるが、常に創造力に富んでいる。本書の中で地図製作者たちが示した、地上高く舞い上がり神の視点から地球を俯瞰する能力は、人間の想像力の高さを示すものであるが、その世界観はあまりにも強烈であったため、様々な政治的イデオロギーがそれぞれの目的のためにこれを利用することを模索した。

この名残は今日に至るまで議論の対象となっている。同時にしだいに主流になりつつあるデジタル・オンライン・マッピング・アプリケーションの一例として第12章で取り上げたグーグルアースに関しては現在も論争が絶えない。およそ二〇〇〇年にわたり地図は石、獣皮、紙の上に作られてきたが、一五世紀の印刷発明以降は全く知られていなかった方法でその姿を変えつつあり、世界と地図のデジタル化と仮想化が進むにつれ、従来の地図は陳腐化の脅威に晒されている。このような新しいアプリケーションはおそらく前例のない地図の「民主化」をもたらし、誰もが自由に地図を利用できるだけでなく、独自の地図を作ることすら可能にしている。しかし、多国籍企業の利益追求により、経済的要件によって規定され、政治的検閲に晒され、個人のプライバシーを意に介さない新しい世界のオンラインマップがもたらされる可能性が高いように思われる。オンラインマッピングの今後の動向を把握し、仮想オンライン世界地図が今日のような形態になった理由を理解したいと望む者は、既知の世界とその先の彼方を地図に表わそうとした最初のギリシャ人の試みにまで遡る、より長期的な視点を持つことが必要だ、という点も本書では指摘しておきたい。

世界は常に変化しており、地図も例外ではない。しかし、本書は世界を変えた地図に関する本ではない。ギリシャ時代からグーグルアースに至るまで、地図の本質は何かを意味のある形に変えることではない。代わりに、地図は論証と命題を提示する。地図は定義し、再現し、形成し、そして仲介する。地図はまた、いつもその目標を達成することができない。本書で取り上げた地図の多くは完成した時点で酷評され、あるいは直ちに別の地図に取って代わられた。また別の地図は当時から顧みられることがなかったか、それ以降に時代遅れあるいは「不正確」であるとして却下され、埋もれる結果となった。しかし、これらの地図はすべて、そこに空間がどのように位置づけられるのかを模索することによって行われた、世界の歴史を理解する試みの一つであったことを証明している。空間には歴史があり、地図を通して歴史を語る際に本書がその一助になれば幸いである。

第1章——科学

プトレマイオスの『地理学』　紀元一五〇年頃

エジプト、アレクサンドリア　紀元一五〇年頃

東から海路アレクサンドリアを目指すとき、古代の旅行者が水平線の彼方に最初に目にしたのは、アレクサンドリア港口に浮かぶ小島ファロスにそびえる巨大な石塔であった。高さ一〇〇メートルを超えるこの塔は、特徴に乏しいエジプトの海岸線沿いを航行する船乗りにとって格好の目印であった。昼間には頂上に置かれた鏡が船乗りたちを手招きし、夜間にはかがり火が水先案内人を岸まで導く役割を果たした。この塔は単なる航海の目印であっただけではなく、古代世界の大都市への到着を旅行者に告げるモニュメントでもあった。アレクサンドリアはその名の由来となったアレクサンダー大王によって、紀元前三三四年に建設された。彼の死後、アレクサンドリアはプトレマイオス朝（アレクサンダー大王の部下の一人の名にちなむ）の首都となり、三〇〇年以上にわたりエジプトを支配し、ギリシャの思想と文化を地中海と中東の隅々にまで広めた。[1] ファロスの石塔近くを滑るように航行し、紀元前三世紀の港に入ってくる旅行者たちは、クラミス（アレクサンダーや兵士たちが身に纏っていた長方形の毛織物のマントで、ギリシャ軍の伝統的なイメージを表わす）の形に区画された市街地に迎えられた。アレクサンドリアは、当時の他の文明世界と同様に、ギリシャ文化の影響下にあった古代世界の「中核」都市であった。それはエジプトの地に移植されたギリシャ

のポリス（都市国家）の典型例であった。

この都市の興隆は古代世界の政治地理学における決定的な転換を表わすものであった。アレクサンダーの軍事的征服により、ギリシャは小島のように点在する都市国家群から、地中海およびアジアに広がる王朝にまで発展した。プトレマイオス朝に見られたような帝国内での富と権力の集中は、軍事、技術、科学、貿易、芸術および文化に変化をもたらした。商行為、意見交換や相互学習など、人々の新しい交流の方法が生まれた。紀元前三三〇年頃から紀元前三〇年頃にかけて、アテネからインドまで広がり進化を続けたヘレニズム世界の中心に位置していたのがこのアレクサンドリアであった。西方からは遠くシチリア島や南イタリアにまで及ぶ地中海の大都市や港からの商人や貿易船を歓迎し、ローマの新興勢力との交易により富を蓄えた。北方からはアテネやギリシャの都市国家から文化的感化を受けた。東方からは偉大なるペルシャ王国の影響を受け入れ、南方からは肥沃なナイル川デルタ地帯の富とサハラ砂漠以南の世界の広大な交易ルートと古代王国を吸収した。[2]

人々と帝国と交易の交差路に位置する多くの大都市と同様に、アレクサンドリアも学問・学術の中核となった。アレクサンドリアを特徴づける偉大な記念碑の中で、アレクサンドリア図書館ほど西洋人の想像力を刺激するものはない。紀元前三〇〇年頃、プトレマイオス朝によって建設された最古の公立図書館の一つで、ギリシャ語で書かれたありとあらゆる文献の写本に加えて、他の古代言語とりわけヘブライ語の翻訳本を収集するように計画された。この図書館が所蔵していた多数の書物はパピルスに書かれた巻物で、すべてが目録化され参照可能になっていた。王宮の情報網の中心には、プトレマイオス朝によって建設された学術研究機関であるムセイオンがあった。博物館《ミュージアム》の語源にもなったムセイオンとは、元々は九女神《ミューズ》に捧げられた神殿で、学問・芸術の女神を礼拝する場所とされていた。ここに、宿泊施設を整え、年金を与え、そして何よりも図書館を自由に利用させることによって、多くの学者を招き研究にあたらせたのである。この誘いに応えて、当代一流の知識人がギリシャ中から集まり、このムセイオンと図書館での研究に従事した。アテネからは偉大な数学者ユークリッド（紀元前三二五―二六五年頃）が、リビアからは詩人カリマコス（紀元前三一〇―二四〇年頃）と天文学者エラトステネス（紀元前二七五―一九五年頃）が、シラクサからは数学者であり、物理学者・技術者でもあったアルキメデス（紀元前二八七―二一二年頃）がアレクサンドリアを訪れた。

アレクサンドリア図書館は、古代世界の知識を体系的に収集、分類、目録化することを試みた最初の図書館であった。プトレマイオス朝は法令を制定し、アレクサンドリアに入ってくるあらゆる書物を差し押さえ、図書館の写本筆記者に複製を命じた（原本ではなく写本のみが持ち主に返却されることもあった）。図書館が所蔵していた書物の点数については、過去の出典の記載が著しく矛盾するため推定が困難であるが、控えめに見積もっても一〇万点は下らないであろう。当時の知識人もその数を推測するのを諦め、「図書館の蔵書数と建設時期に関しては、誰もが覚えていることなので、いまさら私が語る必要もあるまい」[3]と記している（訳注：「当時の知識人」とは、二世紀頃のギリシャの散文作家アテナイオスのことで、この記述は『食卓の賢人たち』の中の一節）。この図書館はまさに、目録化された書物に記された古代世界全体が共有する膨大な記憶の集積所であった。科学史の表現を借りるならば、図書館は対象の範囲にある多様な情報を収集して処理するリソースを備えた施設であり、「海図、航程表および航路を共有して、自在に組み合わせることができた学術情報センター」で、学者はそこからさらに一般的な普遍の真理となる情報を紡ぎ出すことができたのである[4]。

近代的な地図製作法も、このような大規模な学術情報センターの一つから誕生したのである。紀元一五〇年頃、天文学者クラウディオス・プトレマイオスは、のちに『地理学』として知られるようになる、『地理学への手引』と題する著作を執筆した。かつての大図書館の遺跡の傍らで、プトレマイオスは既知の世界について記述したとされる文書を編纂したが、これがその後二〇〇〇年にわたり地図製作を特徴づけることになるのである。パピルスの巻物八巻にギリシャ語で書かれた『地理学』は、人の住む世界の大きさ、形状および範囲に関する数千年にわたるギリシャ人の思考体系を要約したものであった。プトレマイオスは、地理学者としての自らの仕事を「既知の世界を単一の連続体として、その本質と存在する状況を、境界および全体の輪郭に関連するもののみを考慮して示すこと」であると定義し、「湾、大都市、有力な民族や河川、また各種の注目すべき事物」を記載した。その方法はシンプルであった。「最初に調査しなければならないのは地球の形、大きさ、および周囲との位置関係である。これにより既知の部分の大きさと特徴について語ることが可能になる。また天球の緯線によりそれぞれの位置がわかる」と記している。[5]『地理学』は多くのものを同時に生み出している。それは、ヨーロッパ、アジアおよびアフリカにおける八〇〇〇カ所以上での経度・緯度の地理学的評価、地理学における天文学の役割の説明、世界地図および各地域図製作のための詳細な数学的指針、また、西洋地理学の伝統に地理学の普遍的な定義をもたらした論文などで、つまりは、古代社会によって着想された完璧な地図製作キットと言えよう。[6]

プトレマイオス以前にも以降にも、これだけの包括的な地球の評価と記述方法を提示した書物は存在しないであろう。そのプトレマイオスの『地理学』は完成後、一〇〇〇年もの間姿を消してしまう。プトレマイオス時代の原本は現存していないが、『地理学』は一三世紀に入りビザンティウムで地図と共に再び姿を現わす（カラー口絵3）。この地図はビザンツ帝国の写本筆記者によって描かれたものであるが、明らかにプトレマイオスの地球の記述と八〇〇〇カ所の位置の記述に基づくもので、プトレマイオスの目に映った二世紀のアレクサンドリアの古代社会が示されている。順に見ていくと、地中海、ヨーロッパ、北アフリカ、中東、アジアの一部は比較的なじみのある形に描かれている。アメリカ、オーストラリア地域、南アフリカ、極東はプトレマイオスにとって未知の存在であったため、いずれも記載されていない。太平洋、大西洋の大部分も同様に記載はない。インド洋は巨大な内海として描かれており、南アフリカは地図の下半分で右方向に回り込み、推測により描画されたと思われる東アジアのマレーシア半島に結合している。上部を北にして主要な地域の地名を配し、経緯網を使用して構築された地図であることがわかる。プラトンにまで遡る古代ギリシャの多くの先人たちと同様に、プトレマイオスは地球が丸いことを理解していた。経緯網を使用したのは、球形の地球を平面に投影する難しさに対処するためであった。プトレマイオスは長方形の地図を描く際には、「平面化した地表面上で確定する間隔が、可能な限り実際の間隔に近い比率になるよう、地球のイメージに近づけるための」経緯網が必要であることを認識していた。[7]

このことから、プトレマイオスの『地理学』を近代地図製作における最も初期の先駆的業績とみなしたい誘惑に駆られる。残念ながら、状況はそれほど単純ではない。『地理学』に添付された地図をプトレマイオス自身が描いたか否かについて、学術的見解は分かれているが、多くの歴史家は一三世紀のビザンツ写本にはプトレマイオスの記述を図解する最初の地図が含まれていると主張している。医学のような学問領域とは異なり、ギリシャの地理学には専門分野や「流派」は存在しなかった。古代ギリシャで地図が実用に供された記録は事実上皆無と言っても過言ではなく、プトレマイオスの『地理学』がこのように使用されたこともちろんない。

この本の重要性を理解するため、プトレマイオスの生い立ちをたどろうとしても無駄である。プトレマイオスの生涯についてはほとんど何も知られていない。自伝もなく、彫像もなく、同時代人による評価すら存在しない。彼の他の科学に関する著作もその多くは失われている。『地理学』でさえ、ローマ帝国の崩壊によって生じた空白を埋めるために登場したキリスト教社会とイスラム教社会の間で散逸した。初期のビザンツ写本には、プトレマイオスが最初に執筆して以来、どの程度原稿が改変されたのかに関するいくつかの手掛かりがある。私たちがプトレマイオスに関して知りうるわずかな事柄は、現存している彼自身の科学的業績と、はるかのちにビザンツの典籍に基づいて書かれたプトレマイオスに関する漠然とした解説によるものである。「プトレマイオス」という名は、おそらく彼が、生涯を通じてローマ帝国の統治下にあったプトレマイオス朝エジプトの出身者であり住民であったことを示している。また、「プトレマイオス」という名から、証明されているわけではないが、ギリシャ人の末裔であることが示唆される。「クラウディオス」という名は、彼がローマの市民権を有していたこと、彼の先祖がローマ皇帝クラウディウスによってこの名を与えられた可能性があることを示唆している。古代の科学研究における天体観測記録から、プトレマイオスは皇帝ハドリアヌスおよびマルクス・アウレリウスの在位中に活躍したこと、紀元一〇〇年頃の生まれで紀元一七〇年以降に没したことが推測される。[8] プトレマイオスの生涯についてわかっているのはこれだけである。

　プトレマイオスが『地理学』を著した事実とはある意味で矛盾している。この書が地図製作史の中で最も影響力のあるものであることはおそらく間違いないが、既に述べたように、地図が含まれていたかどうかも定かではない。著者プトレマイオスは数学者であり天文学者でもあったが、自身を地理学者であるとは考えていなかったようで、彼の生涯についてはほとんど空白のままである。プトレマイオスはヘレニズム末期の偉大なる学問都市の一つに住んでいたが、当時その権威と影響力は既に頂点をすぎて、衰えはじめていた。プトレマイオス朝は紀元前三〇年にローマに打倒されたため、かつての偉大な図書館はしだいに衰退し、散り散りになりつつあった。しかし、プトレマイオスは幸運であった。ヘレニズム世界が栄華を極めた時代から徐々に衰退し始めていたことが、地理学と地図製作に関する本の執筆にとっては有利に作用した。アレクサンドリア図書館が「人類の記憶」を構築した後にすべてを失っていたとしていたら、プトレマイオスの『地理学』は人類の記憶の重要な部分を残そうとしたに違いない。しかし、そのような書物を書くとなれば、一〇〇〇年近くにわたるギリシャのありとあらゆる文芸、哲学および科学の思索に没頭しなければならなかったであろう。

　古代ギリシャには「地理学」という言葉はなかったが、少なくとも紀元前三世紀頃から古代ギリシャ人は、私たちが「地図」と呼ぶものを「ピナクス（pinax）」と呼んでいた。他の用語でしばしば使われたのが「ペリオドス・ゲース（periodos gēs）」で、直訳すると「地球周回」（この表現はその後、地理学に関する多数の著作で使われるようになる）を意味する。これらの用語はどちらも最終的にはラテン語の「mappa」に取って代わられるが、古代ギリシャ後期には、「大地」を意味する名詞「gē」が「描くまたは書く」を意味する動詞「グラフェイン（graphein）」と結びつくことによって、「地理学：ジオグラフィ（geography）」という語が形成された。[9]これらの用語には、ギリシャ人の地図や地理学の扱い方に関する洞察が込められている。「ピナクス」は図像や言葉が刻まれる物理的な媒体であり、「ペリオドス・ゲース」は物理的な動作、具体的には円を描くように地球を「周回」することを意味する。「ジオグラフィ」の語源はまた、視覚的な（描画による）動作と言語的な（書面による）記述の双方があることを示唆している。これらの用語はいずれも紀元前三世紀から徐々に使われ始めたが、神話《ミュトス》、歴史《ヒストリア》、自然科学《フィジオロジア》などのより理解しやすいギリシャの学問分野の中に組み込まれていた。

そもそもギリシャの地理学は、具体的な必要性から生まれたものではなく、宇宙の起源や創世に関する哲学的かつ科学的思索から生まれたものであった。ギリシャの歴史家で自称地理学者のストラボン（紀元前六四年—紀元二一年頃）は、キリスト誕生の頃、一七巻からなる『地理書』を執筆したが、その起源については、「地理学の科学は哲学者の関心事であった」と述べている。ストラボンによれば、地理学を実践するのに必要な知識は、「人間と神の双方に関する事柄を研究した者のみに与えられる」ものであった。[10]ギリシャ人にとって地図と地理学は、物事の条理に対するより幅広い思索的な問いかけであり、宇宙の起源と宇宙の中における人類の位置づけを文章と図版で説明することであった。

ギリシャ地理学と呼ばれることになる学問に対して最初の評価が現われるのは、ストラボンが「最初の地理学者」と呼んだ詩人ホメロスの作品の中である。その叙事詩イリアスの成立は通例、紀元前八世紀とされ

図1　アキレスの楯（青銅製）　ジョン・フラックスマン作（1824年）

ている。第一八巻の終わりで、ギリシャとトロイアとの戦争が最高潮に達するとき、ギリシャの戦士アキレスの母テティスは、火の神ヘパイストスに対してトロイアの敵ヘクトールと戦うための鎧を息子に授けてくれるよう懇願する。ヘパイストスがアキレスに授けた武具の一つである「巨大で強力な楯」についてのホメロスの描写は、最も初期の「造形芸術描写《エクフラシス》」の一例と言える。しかし、これは宇宙の「地図」とみなすこともできる。すなわち、ギリシャの地理学者が「世界の図像《コスモ・ミメーマ》」と呼ぶ、[11] ギリシャ人の宇宙を論理的かつ象徴的に描いたもので、この例では五層の同心円で構成されている。その中心には「大地と空と海、疲弊することのない太陽と満ちる月、天上を覆う全星座」が刻まれている。外側に向かって、楯には「死を免れない人間の究極的な二つの都市」が描かれている。一つは平和な都市、もう一つは戦争の都市である。耕作、収穫および醸造の習わしを示す農耕生活。「真っすぐな角の牛」「白い毛を生やした羊」の牧歌的世界。最後は堅固に作られた楯の周縁に沿って大河のように流れる大海が描かれている。[12]

　ホメロスによるアキレスの楯の描写は、地図や地理学のように現代の読者に直接訴えかけることはないが、この二つの用語に関するギリシャ人の定義はそうではないことを示唆している。厳密に言うならば、ホメロスは「geo-graphy」――地球の図式的な説明――すなわち、この例では宇宙の起源と人間の居場所を象徴的に表わすものを提示しているのである。また、ホメロスの描写は、「ピナクス」または「ペリオドス・ゲース」としてギリシャ人の地図の定義にもこだわっている。すなわち、この楯は言葉が刻まれた物理的な物体であると同時に、おそらくは果てしない世界の境界を定める「大河のように流れる大海」によって取り囲まれた地球一周を表わすものでもある。ギリシャの後世の評者は、ホメロスの描写を単なる地理学としてではなく、創世の物語そのもの、すなわち宇宙の起源を示唆するものと見ている。火の神ヘパイストスは、創世の基本要素を表わしており、円形の楯の構成は球形の宇宙形成の寓意となっている。楯の四種の金属（金、銀、青銅および錫）は四大元素（訳注：古代ギリシャでは世界は空気・火・土・水の四つからなるとされる）を表わしており、一方、五つの層は地球の五つのゾーンに対応している。[13]

アキレスの楯はまた、宇宙の起源であると同時に、地平線から見上げ、空を注視する誰にとっても既知の世界であるように描写されている。地球は平らな円板で、周囲を海に囲まれ、頭上には空と星があり、太陽は東から昇り、月は西に沈む。これが「オイクメネ」（ギリシャ語で「人の住む世界」の意）の形と範囲である。その語源は「家」または「居住空間」を意味するギリシャ語の「オイコス（oikos）」であった。この言葉が語っているように、既知の世界に対する古代ギリシャ人の認識は、多くの古代社会と同様で、本源的に自己中心的なもので、肉体および持続的な内的空間から外へ向かって発散されていた。世界は肉体と共に始まり、炉辺によって定義され、地平線で終わった。その向こうは果てしない混沌であった。

ギリシャ人にとって、地理学は宇宙の起源の理解と密接なつながりがあった。なぜなら、地球（Gē）の起源を理解することは創世を理解することを意味したからである。ホメロスや『神統記』（紀元前七〇〇年頃）

を書いたヘシオドスなどの詩人には自明のことだが、創世の始まりはカオス（混沌）であった。この形のない塊から、タルタロス（地の底の仄暗い奈落に住む原始の神）、エロス（愛と生殖の神）、そして最も重要なガイア（大地を擬人化した女神）が生まれた。カオスとガイアは二人の子、ニックス（夜）とウラヌス（空）を産んだ。その後、ウラヌスと結婚したガイアは、一二人の巨神タイタンを産む。オケアノス、ヒュペリオン、コイオス、クロノス、ヤペトス、クレイオスの六人の息子と、ムネモシュネ、フォイベ、レア、テテュス、ティア、テミスの六人の娘であるが、その後、ゼウス率いるオリンポスの神々に敗北する。キリスト教の伝統とは異なり、古代ギリシャにおける人間の創造は矛盾に満ちており、しばしば神々の戦いと隣り合わせにある。ホメロスは人間の創造について明確な説明をしていないが、これとは対照的にヘシオドスは、人類は巨神クロノスによって創造されたと述べているが、その理由はほとんど説明されていない。別の伝承では、人間の創造は巨神プロメテウスによるが、プロメテウスは人間に「火」、すなわち自我意識の精神を与えたことによりゼウスの怒りを招く。ヘシオドスらによる創世神話の別の伝承では、人間の神格性ははっきりと否定され、人間は土塊すなわち大地から生まれたとされている。[14]

古代ギリシャの創世神話における人類誕生の曖昧模糊とした説明と好対照をなしたのが、自然主義者による「物事の条理」に関する科学的な説明であった。これは紀元前六世紀頃に、イオニア人の都市国家ミレトス（現在のトルコ）で、創世を説明する明確な科学的論拠を提示する思想家グループの中に現われ始めたものであった。ミレトスは地理的な位置に恵まれていたため、紀元前一八〇〇年まで遡るバビロニア人の創世と星々の天体観測に関する理論の成果を吸収することが可能であった。この理論では、本書の冒頭で見た粘土板のように、大地は海に囲まれ、バビロンは中心付近に位置していた。紀元三世紀の伝記作家ディオゲネス・ラエルティオスによれば、ミレトスの哲学者アナクシマンドロス（紀元前六一〇―五四六年頃）は「陸と海の輪郭を初めて描き、最初の地理学的地図《ジオグラフィコン・ピナーカ》を出版した」[15]という。

プトレマイオス以前に地理学を論じたギリシャの多くの著述家たちと同様に、アナクシマンドロスの著作や地図についてはほとんど何も残っていないため、ギリシャの地理学について理路整然とした物語を構築しようとすると、後世のギリシャの著述家、いわゆる学説誌家による記憶の再構築や調査報告に頼らざるを得ない。プルターク、ヒッパルコスやディオゲネス・ラエルティオスなども学説誌家として活躍し、古代の著述家の生涯や主要な学説を記録に残している。しかし、『地理書』を書いたストラボンをはじめ、地理学を扱ったその後の著述家の意義を評価することは多くの場合難しい。そもそも、現在まで残っているということ自体が、その影響力に何らかの偏りがあったことの証しにほかならない。しかしながら、ギリシャのほとんどすべての著述家が指摘しているように、アナクシマンドロスはいわゆる「物事の条理」について説得力のある説明を提示した最初の思想家であった。アナクシマンドロスは、始まりは永遠に続く無限、すなわち「アペイロン（apeiron）」であったと主張して、ヘシオドスを起源とするカオスを別の形で説明した。無限は何らかの形で「種子」を排出し、それは次に炎となり、「木の樹皮のように地球のまわりを取り囲む大気になった」[16]。地球が形作られるにつれて、周囲を包んでいた「炎」は分断されて、（順に）惑星、星、月および太陽の「環」になった。これらの環は地球のまわりを取り囲んだが、個々の天体は地球から「通気口」を通してのみ見ることのできる円形の物体であった。アナクシマンドロスは、人の命は太古の蒸気から生まれたと主張した（一説では人類はイバラの皮から生まれ、また別の説では魚から進化したとされる）。宇宙と人間の創世に関する自然主義的な解釈として、この説は神と神話を下地として初期の説明のうえに大いなる発展を遂げたが、とりわけ独創的と言えるのはこの宇宙の起源の中での地球の位置に関するアナクシマンドロスの説明であった。学説誌家によれば、アナクシマンドロスは「地球は中空に浮かび、何物にも支配されない。（宇宙の外周部分の）あらゆる点からほぼ等距離にあるため所定の位置に留まっている。その形状は円筒形で、深さは直径の三分の一である」と説いた[17]。この宇宙の起源から実際の宇宙を研究する新しい宇宙論《コスモロジー》が誕生した。地球が水または空気の中に浮かんでいるとするバビロニア人および古代ギリシャ人の信念を放棄して、アナクシマンドロスは純粋に幾何学的かつ数学的な宇宙論《コスモロジー》を導入したが、その中で地球は対称性のある宇宙の中心に位置し、完全な均衡を保っていた。これは、科学的に論じられた地球を中心とする宇宙の概念としては、おそらく最古のものであろう。

　創世の物理的な起源に関するアナクシマンドロスの主張は合理的で、その後のギリシャの形而上学的思索のすべてを規定することとなった。ギリシャの地理学に対しても彼の影響は甚大であった。アナクシマンドロスの世界地図に関する説明は何も残っていないが、学説誌家はその概念がどのようなものだったのかを次のように説明している。地球は丸い太鼓のような形で、周囲には天体の環がまわっている。太鼓の一方の側は人の住まない世界で、もう一方は「オイクメネ」で、周囲を大海に取り囲まれている。その中心に描かれるのはアナクシマンドロスの故郷ミレトスか、世界の「臍《へそ》」を意味する「オムファロス（omphalos）」の石である。近年、これがデルフォイのアポロン神殿であったことが立証されたが、後世のギリシャの地図の多くはこの地からの相対的な位置で示されることになる。アナクシマンドロスの説明は様々な記述資料によって補足されたものと思われる。例えば、オデュッセイアとアルゴ探検隊の神話の旅は、地中海をめぐる航海記《ペリプルス》であり、黒海、イタリアおよび東地中海の古代の植民地領域を説明するものとなっている。[18] 結果として生まれた地図はおそらく、地中海、黒海およびナイル川によって隔てられた広大な島として描かれたヨーロッパ、アジアおよびリビア（すなわちアフリカ）の基本的な輪郭を含んでいたものと思われる。

　アナクシマンドロスの地図をもとに、後世の著述家たちは地理学に磨きをかけ、さらに発展させたが、彼の説得力のある宇宙論《コスモロジー》と比肩しうるものはほとんどなかった。ミレトスの政治家兼歴史家であったヘカタイオス（活躍期、紀元前五〇〇年頃）は初めて、世界地図が添付された『世界周遊記《ペリオドス・ゲース》』と題する明確な地理学の著作を執筆した。地図は失われその内容は断片しか残されていないが、ヘカタイオスがアナクシマンドロスの初期の地理学に基づいてどこまで構築したかはある程度わかっている。『世界周遊記』にはヨーロッパ、アジアそしてリビアについて記されている。既知の世界の最西端、ヘラクレスの柱（すなわち、ジブラルタル海峡）から始まり、東回りに地中海を移動し、黒海、スキタイ、ペルシャ、インド、スーダンを経由して、モロッコの大西洋岸までが記されている。地理学の執筆だけでなく、ヘカタイオスはイオニアの反乱（紀元前五〇〇—四九三年頃）にも関与していたが、イオニア人のいくつかの都市国家はペルシャの支配者に対して反旗を翻したものの失敗に終わった。

ヘカタイオスの地図は、地球の形状を（ホメロスの言う）円板または（アナクシマンドロスの言う）円筒とする考え方に縛られていた。ハリカルナッソス生まれの歴史家ヘロドトス（紀元前四八四—四二五年頃）は、ギリシャにおける最初にして最後の最も偉大なる歴史家であったが、このような神話と数学的仮説に基づく地図を執拗に攻撃した。ヘロドトスは大著『歴史』の第四巻の中で、ペルシャの力とスキタイの既知の世界の北限に関する議論を中断して、ヘカタイオスのような地理学者を厳しく非難している。「完全に円形の地球のまわりを大海が川のように流れ、アジアとヨーロッパを同じ大きさに示すような地図製作者が多数いるが、彼らの不条理には笑いを禁じえない[19]」と記している。ヘロドトスは諸国を遊歴した歴史家であったため、ホメロスの神話やアナクシマンドロスの科学に基づく地理学の調和に関わっている時間はほとんどなかったのである。ヘロドトスは、世界をヨーロッパ、アジアおよびリビア（アフリカ）に分けるヘカタイオスの三分割論を再三取り上げ、当時の民族、帝国および領土を丹念に列挙してこう結論している。「リビア、アジア、そしてヨーロッパを地図に表わす方法には驚かずにはいられない。これら三大陸は実際に、その大きさが著しく異なっている。これらを比べた場合、私の考えでは、ヨーロッパは他の二大陸をつなぎ合わせた長さがあるが、その幅は同じではない[20]」と。ヘロドトスは、人の住む世界が完全に海に囲まれているという仮説を棄却し、実際には一つである大陸に、「エウロパ」（ゼウスに誘拐されたフェニキア王女）、「アシアー」

（プロメテウスの妻、ただし別の伝承ではトラキア王コティスの息子）、「リビュエ」（ユピテルの息子エパポスの娘）という明確に区別される三人の女性名を与えなければならなかったのはなぜかという問題を提起した。[21]ヘロドトスは、ヘカタイオスが書いた平らな円板状の世界地図の地理学や名称（今日まで残っているものはないが）には、ほとんど興味を抱かなかった。ヘロドトスにしてみれば、このような抽象的な理想化は、実際の旅行や個人的な体験で置き換えれば済んだのである。

ヘロドトスは、世界を定義し、ときにはそれを分割する地図製作法について、数世紀にわたり問題を提起してきた。科学、とりわけ地理学の客観性に対する要求は、正確な世界地図を作るのに十分なのであろうか。あるいは、既知の世界についてより包括的な地図を製作するには、矛盾に満ちて信憑性に欠けることの多い旅行者の報告に頼るべきなのであろうか。このような対比の行き着く先は、地図作りは科学なのか芸術なのか、そもそも空間的なものなのか時間的なものなのか、視覚的作業なのか執筆作業なのかを問うことであった。ギリシャの地図製作は数学的かつ天文学的な計算に基づいていたが、ヘロドトスは、より包括的な世界地図を作る際に、旅行者によって集められた生データを収集し、評価し、組み込む方法について問題を提起した。

ヘロドトスが懸念していたように、地球の本質に関わる数学的かつ哲学的疑問を追求し続けた同時代人の間で、直ちに共感が得られることはほとんどなかった。宇宙の幾何学的対称性に対するアナクシマンドロスの信念は、ピタゴラス（活躍期、紀元前五三〇年頃）とその弟子、さらにはパルメニデス（活躍期、紀元前四八〇年頃）によって深められた。パルメニデスは論理的な思考をさらに一歩進めて、宇宙が球形ならば地球も球形であることを示唆していた。地球が球形であると述べた最初の記録は、ソクラテスの最期の日に関するプラトンの有名な対話篇『パイドン』（紀元前三八〇年頃）の最後の方に登場する。この対話篇は霊魂の不滅とイデアの形相《けいそう》の理論に関するプラトンの考えを哲学的に説明したものとしてよく知られているが、処刑を前にして、ソクラテスは、死後の高潔な魂によって目撃されるものとして、彼自身が「地球の中の驚くべき領域」と呼ぶイメージを提示する。「地球が丸く、天の中心に位置しているならば、空気は不要であり、落下を防ぐための力も不要である。天空があらゆる方向に一様であり、地球そのものが均衡していることと相まって、十分にこれを支えることができると確信している[22]」とソクラテスは述べる。プラトンが描く比類なき地球像はさらに続く。ソクラテスの説明によれば、居住可能な領域は地表面の一部で、人間はいくつかの窪地に住み、そこは「形や大きさが異なるが、その中を水と霧と空気が一体となって流れている。そして、大地そのものは清浄な環境に囲まれた純粋物として天空に位置し、天空内には星々も配置されている」という。ソクラテスは、「我々の地球」は「真の地球」の貧しく「腐敗した」複製であり、イデアの世界は不滅の霊魂にしか見えない、と説いている[23]。最後にソクラテスは、地球の超越性について非凡な論を展開する中で、自らの死を予期し、自らの説明のとおりに天空に舞い上がり、球形の世界を見下ろすのである。

まず第一に、真の地球を上空から見下ろしたならば、あたかも様々な色の一二片の皮を縫い合わせた球のようで、その色は画家が使う色見本のようだと言われている。地球全体はこのような色からなり、実際にはより明るくより純粋な色で構成されている。ある部分は紫色でその美しさは驚嘆に値する。また別の部分は金色に輝き、白い部分は白亜や雪よりも白い。同じように大地はその他の色からなり、実際にはこれまで見たこともないほど多数の美しい色で構成されているのだ[24]。

霊的な超越の瞬間に不滅の霊魂が目撃する、球形に光輝く理想の世界像の比類なき光景は、その後の様々な地球の地理学的な想像物、とりわけ救世や霊的な優位性に関するキリスト教の伝統の中に取り込まれてゆく。これはまた、『ティマイオス』で述べられているように、デミウルゴスすなわち「造物主」による世界の創世に関するプラトンの信念を特徴づけることとなる。この地球像は、形相の理論および霊魂の不滅に関するプラトンの主張の中核をなすものである。世界の形相を理解することができるのは不滅の霊魂だけである。しかし、不滅ではない人間の知性と想像力でも、画家、地図製作者あるいは数学者の姿を借りることで、稚拙な再現ではあるが、この世界の神、神聖な条理を描くことができる。ただし、数学者であっても提示できるのはイデアの地球のおぼろげな近似でしかない。プラトンの一二片の皮からなる球のたとえは、球に最も近い立体であるピタゴラスの一二面体の理論を参考にしたものである。プラトンの描いた世界像は――上空から地球全体を見ることが実現する宇宙旅行時代の二〇〇〇年以上も前に――多くの地理学者にとって難解ではあるが、彼らを惹きつけてやまないイデアを立証することになるのである。

より広範な創世の状況の中で地球が定義されたため、古代ギリシャの思想家たちは、天球と地球との関係について、地球の形状や範囲の計測にどのように天球を役立てることができるのかを思索し始めたのである。プラトンの弟子の一人、クニドスの数学者兼天文学者エウドクソス（紀元前四〇八―三五五年頃）は、地球の中心を通る軸のまわりに回転する同心円の天球モデルを考案した。エウドクソスは知力を働かせて地球の圏外へ飛び出し、外側から内側を覗き込んだ天球を描き、神のような視点から星々と地球を眺めることによって、時間と空間を超越した宇宙（と中心に位置する地球）を想像した。これによりエウドクソスは天球と地球の運動をプロットすることが可能になり、（星々が循環しているように見える空間まで地軸を延長して描くことによって形成される）赤道や回帰線などの主要な天球の環がどのように地表面と交差するのかを示すことができた。

エウドクソスの地球を中心とする宇宙は、天球図製作の大きな成果であった。エウドクソスは擬人化した黄道十二宮（獣帯《ゾディアック》）を構築したが、これはその後の天球図製作と占星術のすべてを方向づけることとなる。その名残は北回帰線（tropic of Cancer［カニ座］）や南回帰線（tropic of Capricorn［ヤギ座］）などの用語としていまも地理学の中に残っている。エウドクソスは天文学の計算を行っただけでなく、既に散逸してしまったが『地球周遊記』を執筆し、その中で地球の全周を四〇万スタディア（ギリシャの測定方法は難しいことで知られるが、一スタディオン［スタディアの単数形］は一頭の農耕獣が耕す畝の長さとして定義され、その値は一四八〜一八五メートルと推定されている）[25]と算定したと言われている（訳注：スタディオンについては様々な定義があり、太陽の端が地平線から姿を現わしてから完全に地平線から離れるまでの間に人が歩く距離を一スタディオンとした、とも言われている）。アナクシマンドロスやプラトンの哲学的思索に天球と地球の経験則的観測を加えたことで、エウドクソスの計算は古代の様々な哲学者たちに大きな影響を与えた。アリストテレス（紀元前三八四—三二二年）も、この成果が既知の世界に対する自身の認識に多大な影響を及ぼしたことを認めている。

アリストテレスの著作には地球の形状や大きさに関する詳細な説明を含むものがある。宇宙誌学に関する著作である『天体論』や『気象論』もこれに該当するが、どちらも紀元前三五〇年頃に書かれたものである。『天体論』でアリストテレスは、大地が球であるとする確かな証拠を提示している。アリストテレスはアナクシマンドロスの宇宙創世論に基づいて、地球は「その質量が中心から等距離の場所に存在する」ため球形であると信じていたのである。さらに「視覚的な証拠によっても裏づけられる」として、「私たちが目にする月食の（円弧状の）影の部分を他にどのようにして説明できるのか」と問いかけている。また、地球が丸くないとしたら、「南北に少し位置を変えるだけで、地平線の見え方が明らかに変わるのはなぜか」とも記している[26]。

『気象論』ではこの議論をさらに深く掘り下げている。アリストテレスは、気象とは「自然に発生するありとあらゆる現象」で、「星々の運動とほぼ隣接する境界領域で起こる」地球に最も近い現象と定義した[27]。この本には、彗星、流星、地震、雷および雷光に関する難解な説明が書かれているが、それは地球を中心とする宇宙の形と意味を明らかにしようとした、アリストテレスの試みの一環であった。『気象論』の第二巻で、アリストテレスは人の住む世界について述べている。「地球の表面には二つの居住可能領域があり、一つは私たちの住んでいる上の極（北極）へ向かう領域で、もう一つは対極、すなわち南極に向かう領域である。この二つの領域は太鼓形になっている」という。アリストテレスは、丸い平らな円板として「オイクメネ」を示す「現在の世界地図」は、哲学的な理由からも経験則的な理由からも「不合理」であると結論した。

理論上の計算によれば、気候に関する限り、南北方向の幅には限界があるが、大地を一周する方向には連続的な帯として広がっている。なぜなら、温度に大きな違いをもたらすのは経度の差ではなく、緯度の差だからである。……また、海路および陸路の旅から私たちが知り得た事実からも、大地の長さは幅よりもかなり大きいという結論を確認することができる。現在提供しうる正確な情報によれば、海路や陸路の旅程を合算すると、ヘラクレスの柱からインドまでの距離はエチオピアからマイオティス湖（黒海に隣接するアゾフ海）およびスキタイの最も遠い部分までの距離を超えており、その比率は五対三よりも大きい。さらに私たちは、人の住む世界から隣接する人の住まない領域までの範囲をすべて把握している。一方は低温のため、他方は高温のため居住することができない。これに対してインドおよびヘラクレスの柱の向こうでは、大海が人の住む世界を分断し、地球を一周して連続する陸地帯の形成を阻んでいる。[28]

アリストテレスの地球は五つの気候帯（ギリシャ語ではクリマータ（klimata）：「坂」または「傾き」を意味する）に分けられている。すなわち、二つの極地帯と、赤道の上下いずれかの側にあり居住可能な二つの温帯と、猛暑のため居住不可能な赤道沿いに周回する中心帯の五つである。これはパルメニデスによって提唱されたクリマータの概念を形にしたもので、気候の民族誌学の確立へ向けた最初の一歩となった[29]。アリストテレスによれば、「気温」あるいは太陽光線の「傾き」は、赤道を離れて北へ向かうほど低くなる。したがって、赤道の耐えがたい猛暑や北極圏の凍るような「極寒」では、人の生命を維持することはおそらく不可能で、北と南の「温」帯のみが居住可能な領域であった。経験を重視するアリストテレスの信念や、既知の世界の東西方向の長さと南北方向の幅を定義する際の経験的事実の思想はヘロドトスにも歓迎されたであろう。アリストテレスの最も有名な弟子であったアレクサンダー大王による、バルカン半島からインドまでの軍事征服（紀元前三三五―三二三年）からもわかるように、これは既知の世界の範囲を大幅に拡大したのであった。プトレマイオスがのちに執筆する著作と共に、アリストテレスの地球に関する説明は、一〇〇〇年以上にわたり地理学の主流となるのである。

アリストテレスの『気象論』は、既知の世界に関する古代ギリシャの理論的考察の頂点をなすものである。感覚を信頼することと実地観測の重要性に対するアリストテレスの信念は、アナクシマンドロスやプラトンの宇宙論からの決別であったが、アリストテレス以前のギリシャ地理学が全く論理的でなかったわけではない。ペルシャに対するイオニアの反乱まで遡ると、（多くの場合回顧的ではあるが）地図の実用に関する文献が散見される。ヘロドトスは、ミレトスのアリスタゴラスがペルシャ軍に対抗するため、スパルタ王クレオメネスから軍事的援助を求めた逸話について記しているが、アリスタゴラスは「クレオメネスとの会談に、すべての川や海、諸国の相対的な位置関係を示す、青銅に刻まれた世界地図を持参した」という。その地図はリディア、フリギア、カッパドキア、キプロス、アルメニアおよび「アジア全体」の詳細な地理を描いたもので、アナクシマンドロスの時代の地図よりもはるか遠くまで描かれていたようである。また、この地図には、紀元前一九〇〇年代に戦闘馬車を走らせるために設計され、交易や交流も可能にした、バビロンから放射状に延びる開墾路であるバビロニア「王国の道」も含まれていた[30]。この地図に従えばスパルタ軍が海を越えて移動しなければならない距離があまりにも遠いことが明らかになったため、アリスタゴラスはクレオメネスの軍事的支援を得ることに失敗するが、この逸話は地図の政治的および軍事的有用性を示す最も初期の一例であった。

より身近な例を挙げるならば、紀元前五世紀のアリストファネスの喜劇『雲』には、ストレプシアデスという名のアテネの老市民と学生との会話の描写がある。学生はアリストファネスに「あそこに世界地図があります。わかりますか。これがアテネです」と語りかける。ストレプシアデスは信じようとはせず、「馬鹿なこと言うな、民衆裁判所が一個もないではないか」と滑稽な受け答えをする。学生が敵国であるスパルタの位置を指差すと、ストレプシアデスはこう答えたという。「近すぎるぞ。もっと遠くに移したほうが賢明だぞ」と。こうした例は、ギリシャでは紀元前五世紀頃から地図が実用的な公共物として、戦争や説得の術として使用されていたことを暗に示している。このような地図は、真鍮板、石、板、あるいは地面などに極めて詳細に刻まれたもので、地理学的能力の高さを示すものであった。ただし、これらはエリート層の所有物であった。アリストファネスは、一般人が地図表現の精巧性に無知であったことを風刺しているが、聴衆が地図は領土を示すものにすぎず、居心地が悪くなるほど敵国が近くにある場合でもその国を簡単に動かすことはできない、と理解していることを前提にしないと、アリストファネスのジョークは機能しない。

これが紀元前四世紀のギリシャ地理学の状況であった。アレクサンダー大王の軍事的征服は、地図製作を遠方の地に関する直接的な経験と文書による記録に基づいた、より記述的な方向へ推進したが、地図製作はプトレマイオスの『地理学』の執筆によって頂点を極めることとなる。アレクサンダー大王の遠征は、既知の世界に関するギリシャ人の知識を広めた方法としてのみ意義があったわけではない。師であったアリストテレスから経験的観測の重要性を学んだアレクサンダー大王は、多数の学者を任命し、訪れた地の植物、動物、文化、歴史、地理に関するデータを収集させ、また、敵軍の日々の進行に関する報告書を書くように命じた。アリストテレスやその先人たちの理論的な知識とアレクサンダー大王の軍事行動による直接的な観察と発見を結びつけたことにより、大王の死後、ヘレニズム期の地図製作の方法は変わることになる。

古代ギリシャの地図製作は宇宙の起源と幾何学に重点を置いていたのに対して、ヘレニズム期の地図製作法は、私たちの視点から見た場合、地球の地図化に一層科学的と思われるアプローチを盛り込んだのである。アレクサンダー大王の同時代人であるマッシリア（マルセイユ）のピュテアスは、ヨーロッパの西と北の海岸線を探検し、イベリア、フランス、イングランド、そしておそらくはバルト海沿岸まで旅をしている。彼の航海によって人の住む世界の北限であるトゥーレ（アイスランド、オークニー諸島あるいはグリーンランドなど諸説がある）の位置が確定され、天の極（地軸を延長して天球と交わる点）の正確な位置も確定された。しかし、おそらく地理学上最も重要なことは、ピュテアスが各地の緯度と夏至の日の昼間の長さとの関係をしっかりと確立し、さらに地球をちょうど一周する緯度の平行線を投影したことであろう。[31] ほぼ同時期に、アリストテレスの弟子であるメッシナのディカイアルコス（活躍期、紀元前三二六─二九六年頃）は、最も古くから知られていた緯度および経度の計算と共に、人の住む世界の大きさをより精巧にしたモデルを作成した。ディカイアルコスは著書『世界周遊記』（現存していない）の中で、既知の世界の長さと幅の比率が三対二であると述べることによってアリストテレスの説の精度を高めた。また、ジブラルタル海峡、シチリア島、ロードス島、さらにインドを通り、西から東に向かって平行な線を引くことによって、北緯約三六度で原始的な緯度計算を行った。この平行線に直交するように、ロードス島を通り北から南に延びる子午線が描かれた。

人の住む世界は完全な円形というよりも、しだいに不完全な四角形の様相を呈し始めてきた。バビロニア人と古代ギリシャ人の既知の世界に関する哲学的かつ幾何学的な認識では、人の住む世界は理想的で、理論上球形であり、一定の円形の境界（大洋）によって区切られた限定的な空間であると考えられていた。境界はその中心によって決まるものであり、中心の位置（バビロン、またはデルファイ）によって世界を形成す

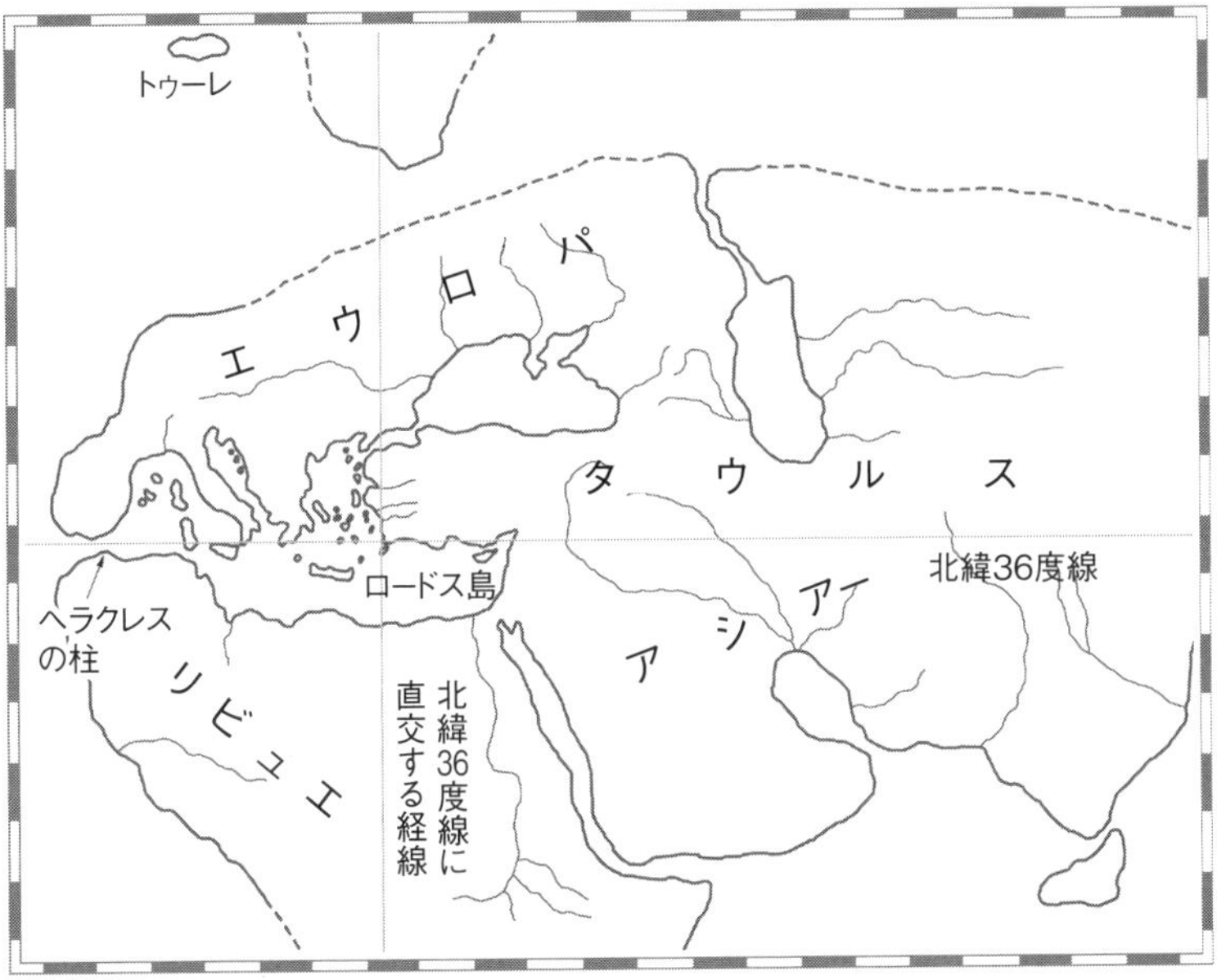

図2　ディカイアルコスの世界地図（紀元前三世紀）を再現したもの

る自己の文化が定義された。初期の理想的な対称性は、長方形の内部に刻まれた不規則な四角形に取って代わられる。幾何学と信念に基づく正確な円の中心は姿を消し、これに代わって、原始的な緯線と経線が互いに他を二等分する位置にあるという単純な理由から、ロードス島のような場所を起点として計算が行われる。このような転換は、地図製作の役割に対する考え方を暗黙のうちに変えていく。人の住む世界について記した著作のタイトルは変わり始め、『大洋について』や『港について』などのタイトルが従来の『地球一周』に取って代わるようになるのである。徐々に増えていく地理学の情報によって、緩やかではあるが、居住可能な矩形の領域の大きさは変化し、拡大を続けていくが、もはや幾何学的な円形によって領域が区切られることはなくなっている。地理学と天体や地球の観測を一つに融合したことにより、ヘレニズム世界の思想家たちは、緯度の計算、既知の世界の距離の推定、あるいは特定の都市や地域の位置などに関する、新たな情報を追加していく共同作業に着手することが可能になったのである。この共同作業の精神と共に、地図を知識の集積場、情報の百科事典的な編集物、あるいは古代の歴史家が名づけた「あらゆる事物の巨大な在庫目録」[32]とみなす新しい考え方が生まれたのである。地理学の著作は、創世、天文学、民族誌学、歴史、植物学あるいは自然界に関連する他のあらゆる学問分野を網羅しうる。クリスチャン・ジェイコブが主張したように、「地図は人の住む世界に関する知識を保管するための道具になる」[33]のである。

文化が知識を収集し、蓄積を開始するときにはいつでも、知識がどのような形態で入ってきてもそれを安全に収納する物理的な場所が必要となる。ヘレニズム世界ではこの収納場所がアレクサンドリア図書館であったことを考えるならば、プトレマイオス以前にギリシャの地理学をまとめ上げた人物が最初期の図書館長の一人であったのも偶然の一致ではない。リビア生まれのギリシャ人エラトステネス（紀元前二七五―一九四年頃）はアテネで学問を修めたが、プトレマイオス三世の招きを受けてアレクサンドリアへ渡り、王の息子の家庭教師兼王立図書館の責任者として働き始める。この間、エラトステネスは、のちに大きな影響を与えた二冊の本『地球の計測』と『地理学』（どちらも現存していない）を執筆した。前者は私たちが現在使っている地理学という用語を最初に使用した著作で、さらには、人の住む世界の地図に地理学的な投影をプロットする方法について最初に記述した著作でもある。[34]

エラトステネスの偉大な業績は、天体観測を実用的な知識に結びつけた地球の全周の計算方法を発明したことであった。エラトステネスは古代の日時計であるグノモンを使用して、アレクサンドリアから南に推定五〇〇〇スタディアの距離にあるシエナ、現在のアスワンで一連の観測を行った。彼は、夏至の日の正午に太陽光による影がなくなることから、太陽が真上に来ることに気づいた。エラトステネスはアレクサンドリアでも同じ計算を行い、同時刻にグノモンの角度を測定して、その値が円の五〇分の一であると算出した。アレクサンドリアとシエナが同一の経線上にあると仮定して、五〇〇〇スタディアが地球の円周の五〇分の一に相当すると計算した。二つの数値を掛け合わせて、エラトステネスは地球の円周が二五万二〇〇〇スタディアであると推定した。エラトステネスが計算に使用した一スタディオンの正確な値は不明であるが、最終的な測定値はおそらく三万九〇〇〇〜四万九〇〇〇キロメートルの間になったものと思われる（多くの学者が後者の数字に近いと考えている）[35]。赤道で測定した実際の地球の円周が四万七五キロメートルであることを考えるならば、エラトステネスの計算は驚くほど正確であった。

エラトステネスの計算は誤った仮定に基づいてはいたが——例えば、アレクサンドリアとシエナは正確には同一経線上になかった——これによって地球の経線に沿った円周を計算し、「オイクメネ」の長さと幅を求めることができた。ストラボンは著書『地理書』の中で、エラトステネスは世界地図の描画方法に関する問題点に正面から取り組んだ、と述べている。世界に関する自らの知識から描いた都市と同じように、エラトステネスは古代ギリシャのクラミスのように先端がしだいに細くなる矩形の世界を想像した。ディカイアルコスの地図に基づいて、エラトステネスはジブラルタル海峡からシチリア島とロードス島を通り、インドとトーラス山脈（エラトステネスはこれをはるか東に配置した）まで延びる緯線を投影した。そしてこの緯線に直交するように、北のトゥーレから南のメロエ（エチオピア）まで延びる経線が、ロードス島で緯線を二分する。ディカイアルコスの推定値の精度をさらに高め、エラトステネスは「オイクメネ」の東西の距離を七万八〇〇〇スタディア、南北の幅を三万八〇〇〇スタディアと算出した。したがって、当時考えられていた世界の範囲は南北の幅の約二倍だったことになる。この推定は誤りではあったが、その考え方は非常に興味深い。エラトステネスの計算が正しかったとすると、「オイクメネ」はイベリア半島の西岸からヘレニズム世界の東の果てとされていたインドまでではなく、さらにはるか東方の東経一三八度を越える現在の韓国付近にまで広がっていたことになるのである。驚くのは地球全体をどのように想像していたかで、ストラボンによれば、エラトステネスは地球が「端と端が合わさった完全な円を形成している。そのため、広大な大西洋によって阻まれることがなければ、同一の緯線に沿ってイベリア半島からインドまで航海することができる」[36]と主張していたという。地球の大きさや東回りの範囲に関する推定には誤りがあったが、この主張はルネサンス期のコロンブスやマゼランなどの探検家に多大な影響を及ぼすことになる。

地球の大きさを計算し、原始的な緯線と経線の格子を作成し、エラトステネスが最後に行った重要な地理学的発明は「オイクメネ」を「スプラギデス（sphragides）」（土地の区画を指定する「封印」や「印鑑」を意味する行政用語に由来する）と呼ぶ地理学的な形状に分割することであった[37]。エラトステネスは様々な領域の大きさや形を不規則な四角形に適合させることを試み、インドを菱形で、東ペルシャを平行四辺形で描いた。この方法は時代に逆行するようであるが、実世界に哲学、天文学および地理学を投影する最も一般的なギリシャの伝統と調和して生き残ったのである。アレクサンドリア図書館長としてエラトステネスの前任者であったギリシャの数学者ユークリッド（活躍期、紀元前三〇〇年頃）の影響があったことも間違いない。

全一三巻からなる数学の大著『原論』の中で、ユークリッドは幾何学と数学の「構成要素」となる先験的な原理を確立している。数論や幾何学の基本原則を説明することで、ユークリッドはエラトステネスのような思想家に、これ以上単純化できない数学的真理や宇宙の実体に基づいて、任意の（そしてすべての）事物がどのように動作するのかを理解できるようにしたのである。点（大きさを有しない）、線（幅のない長さ）および面（長さと幅のみを有する）の定義から始めて、ユークリッドは平面幾何学と立体幾何学の原理へと進んでいった。ここではいまでも中学校で習う一連の真理を基本としている。三角形の内角の和が一八〇度であることや、任意の直角三角形で斜辺を一辺とする正方形の面積が、直角を挟む他の二つの辺をそれぞれ一辺とする正方形の面積の和に等しくなる、というピタゴラスの定理がその例にあたる。ユークリッドの原理は自然の基本法則によって形成される世界を幾何学として確立した。ユークリッドはこの題材に関する古代ギリシャ人の考え方を『原論』にまとめたが、アインシュタインの相対性理論や非ユークリッド幾何学が構築されるまで、ほぼ二〇〇〇年にわたり存続することになる空間の概念を確立したのである。ユークリッドにとって、空間とは何も存在しない、均質かつ平坦で、あらゆる方向に一様なもので、円、三角形、平行線、垂直線などに分割することができる。このような空間の概念が地図製作に与えた影響は極めて重大であった。地球上の空間を計算によって三角形や四角形に換算するエラトステネスの方法は、当初は明らかにかなり扱いにくいものであったが、その後の地図製作者たちは経験に基づいて、新しい方法で完全に地理学的データを処理できるようになった。理論的に地球上の空間はすべて、普遍性のある幾何学的原理に従って測定し、定義することが可能で、世界を表わす線と点の数学的な格子によって作られたフレームの上に投影することができた。したがって、ユークリッド幾何学はエラトステネス以降のギリシャの地理学をすべて形作るだけでなく、二〇世紀まで西洋の地理学的伝統をも形成することになるのである。

エラトステネスの天文学的および地理学的計算に対するヘレニズム文化の反応は、紀元前三～二世紀における世界の政治的な転換によって方向づけられた。ポエニ戦争とマケドニア戦争での勝利を含む共和制ローマの興隆は、ヘレニズム帝国の衰退とアレクサンドリアにおけるプトレマイオス朝の最終的な崩壊の前兆であった。地図製作史上の大きな謎の一つは、共和制ローマあるいは帝政ローマ時代の世界地図がほとんど現存していないことである。石または青銅製の地籍図（すなわち土地測量地図）、フロアモザイク、技術図面、地勢図などの形態で残されているローマ時代の地図製作学の限られた痕跡から推測するのは危険ではあるが、旅程表の記録や道路地図からはヘレニズム世界の地理学では抽象的な事柄には比較的興味が薄かったことがうかがえる。その代わりに、ローマ人は軍事作戦、植民地化、土地分割、技術や建築といったより実用的な地図の利用を好んだのである。[38]

しかしながら、理論的かつ抽象的なヘレニズムの地図作りの伝統と、実用的かつ組織的なローマの地理学との間にあった見かけ上の区分けはある意味で実体のないもので、特に紀元前二世紀以降、両者は交わり融合した。アレクサンドリアの卓越した文化に対抗することによって、ヘレニズム世界には学問の中心が他にも誕生した。紀元前一五〇年まで、拡大を続けるローマと同盟関係にあったアッタロス朝は、首都ペルガモンにプトレマイオス朝のアレクサンドリア図書館に次ぐ規模の図書館を建設し、マロスの著名な哲学者であり地理学者であったクラテスに管理させた。ストラボンによれば、クラテスは人が住む四つの大陸を対称に配置した地球儀を作成したという（現存せず）。四大陸は、赤道にまたがって東から西へ、また大西洋を通って北から南へ流れる広漠とした大海によって区切られていた。北半球には「オイクメネ」と西方の「ペリオイコイ（perioikoi：「周辺居住民」の意）」があり、南半球には「アントイコイ（antoikoi：「反対居住民」の意）」と「アンチポデス（antipodes：「倒立歩行住民」の意）」があったという[39]。クラテスの地球儀は、既に確立されていたギリシャ地理学の伝統に、共和制ローマの民族誌学の発展と、アンチポデスの地理学を正式に認めて組合せた点が興味深く、ルネサンス期に行われた「第四の世界」発見の航海を後押しするものとなった。

しかし、誰もがエラトステネスの考えを受け入れたわけではない。ニケーアの天文学者ヒッパルコス（紀元前一九〇―一二〇年頃）はロードス島で一連の著作を執筆したが、これには『エラトステネスへの反論』と題する三冊の本も含まれており、その中でヒッパルコスは地図を描く際に先人が用いた天体観測について批判している。ストラボンによれば「ヒッパルコスは、素人であろうと学者であろうと、天体や日食・月食の観測なくして、地理学の必須知識を得ることは不可能であることを示した」[40]という。ヒッパルコスは八五〇個を超える恒星の詳細な観測によって、エラトステネスの緯度計算が不正確であったことを指摘した。しかも、日食や月食の詳細な比較観測を行わずとも、東西間（経線間）の距離測定の問題点を認識することができたのである。これは一八世紀に入り、クロノメーターを利用して正確な海上時間を測定しなければ満足な解決が得られない問題であったが、ヒッパルコスは最古の星表で緯度と経度を計算する基本的な方法を示したのであった。

ただし、エラトステネスに論戦を挑んだ者が常に正しかったわけではない。シリアの数学者、哲学者兼歴史家のポシドニウス（紀元前一三五―五〇年頃）は、最も影響力のあった復古主義的な地理学者の一人であった。ロードス島で学校を主宰するかたわら、ポシドニウスはポンペイウスやキケロなどの著名なローマ人と親交を結び、ヘレニズム地理学の様々な要素を精査し、改良を加える数編の著作（現存せず）を執筆した。地球を一周する気候帯の数をアリストテレスが五つとしたのに対して、ポシドニウスは七つの気候帯を提唱した。その根拠は天体観測と民族誌学的観察に基づくものであったが、そこにはローマが直近に征服した領域であるスペイン、フランス、ドイツに住む人々から得た最も詳細な情報も含まれていた。さらに議論を呼んだのは、地球の円周を計算するエラトステネスの方法にポシドニウスが問題を提起したことであった。ポシドニウスは、自らの故郷と定めたロードス島から、同一経線上にあるとしたアレクサンドリアまでの距離を三七五〇スタディアと推定した（一スタディオンがどのような値であれ、これは相当な過小評価であった）。次にりゅうこつ座のカノープスの南中高度を測定し、ロードス島ではちょうど地平線上であったのに対して、アレクサンドリアでは七・五度、すなわち円周の四八分の一であるとした。三七五〇スタディアに四八を掛け合わせて、ポシドニウスは地球の円周を一八万スタディアと推定した。残念ながら、ロードス島とアレクサンドリア間の距離の計算に加えて、二地点間の傾斜角の推定値も誤りであった。ポシドニウスの計算によって地球の大きさはかなり過小評価されたが、この計算には驚くほど普遍性があったことがのちに立証される。

歴史的には、ポシドニウスはヘレニズムとローマの地図製作の伝統が一体となった時期を示している。これは、紀元七―一八年に書かれたストラボンの『地理書』の中では最も重要な出来事の一つであった。全一七巻からなるストラボンの『地理書』はほぼそのまま現存しているが、その中では、ローマ帝国が地中海の覇権を制し、ヘレニズム世界が長い衰退の道をたどったため、プトレマイオス以前の地理学と地図製作は明晰さを欠く状態にあったことが要約されている。ストラボンはポントス（現在のトルコ）の生まれで、教養面ではヘレニズム文化の影響を受けたが、政治的にはローマの帝国主義の影響を受けて育った。ストラボンはおおむねエラトステネスの計算に従ったものの、「オイクメネ」の大きさを過小に見積もり、緯線の範囲を三万スタディア、経線の範囲を七万スタディアとした。ストラボンはまた、少なくとも直径三メートルの「地球儀」を作るよう推奨して、地球を平面投影する際の問題を回避した。しかし、これも不可能だとわかると、「私たちは想像力を働かせることによって、平面上の視点から見た形や大きさを、緯線と経線が直交するグリッド上に移すことができるため、円を表わすために直線を描く場合でもわずかの違いしか生じない」[41]として、平面の地図を描くことを認めた。

ストラボンの『地理書』は、政治家や軍の指揮官の活動にとって地理学が有用であると称賛する一方で、それを学ぶ過程では哲学、幾何学、天文学が重要であることを認識している。ストラボンによれば、天文学や哲学から、経済学、民族誌学、さらにはストラボンが「地球史」と呼ぶ学問に至るまで、「地理学の学習には百科事典的な知識が必要である」という。ローマ人の発想に基づいているため、ストラボンの考える地理学は、極めて政治色の強い人文地理学であり、人間が地球を利用するためのものであった。地理学は、支配者による統治効果を高めることができたため、政治活動に有利な実践的知識であった。ストラボンの言葉を借りるならば、「政治哲学が主として支配者を扱うものであり、地理学が支配者の要求に応えるものであるならば、地理学は政治学以上の価値があるように思われる」[42]ということになる。ストラボンは地図製作者ではなかったが、彼の著作からヘレニズム地理学とローマ地理学との間には大きな違いがあることがわかる。ヘレニズム世界は、地理学を既知の世界の「オイクメネ（oikoumenē：居住空間）」に関する哲学的かつ幾何学的学問として確立した。これに対してローマ人は、地理学を「オルビス・テラルム（orbis terrarum：「大地の環」、転じて「世界」の意）」を理解するための実用的な道具として捉えた。皇帝アウグストゥスの時代以降、「インペリウム・オルビス・テラルム（imperium orbis terrarum：「世界の帝国」の意）[43]」はローマ帝国と同一の広がりを有する空間とみなされるようになった。地理学と帝政との最も大胆な融合の一つとして、「オルビス・テラルム」は世界とローマ帝国を同時に意味するようになったのである。

プトレマイオスの『地理学』を一読しただけでは、学問や政治の世界に直ちに認識しうる変化があったかどうかはわからない。紀元前三〇年のアウグストゥスのエジプト征服以降、アレクサンドリアは帝政ローマ政権下の時代にあったが、この天文学者が一〇〇〇年に及ぶギリシャの地図製作の伝統の全盛期にあたって何かを執筆していたという証拠は乏しい。ローマの地理学が彼の著作に何らかの影響を与えたという痕跡もほとんどない。アレクサンドリア図書館のプトレマイオスの著作にもそのような記載はなく、この図書館自体も、多くの書籍や建物が失われた紀元前四八年の火災以降は、二世紀中頃までエラトステネスの栄光の前では影が薄い。しかし、プトレマイオスの著作は、ヘレニズムの高度な学問研究における不朽の科学論文として読まれ、周囲の世界の変化に全く影響されていない。プトレマイオスは揺るぎない地理学の伝統を継承し、天文学における信頼性を確立し、ストラボンの『地理書』やヒッパルコスの『エラトステネスへの反論』と同じように、先人に対する反論に多くの時間を費やす著作を執筆した。

プトレマイオスは既に天文学に関する記念碑的な著作を完成させていた。それは、『アルマゲスト』として知られることになる、全一三巻にまとめられた数理天文学の大著であった。これにより、最も包括的な天動説のモデルが完成し、ニコラス・コペルニクスの地動説『天球の回転について』（一五四三年）によって異議が唱えられるまで、一五〇〇年以上にわたり支持されることとなる。プトレマイオスの宇宙論は、プラトン的思考や神の創造による天体の概念からの明らかな決別を意味した。『アルマゲスト』は、因果律の力学によって形成された天動説に対するアリストテレス的思考を発展させたものである。プトレマイオスは、球形の静止した大地が天球の中心に位置し、天球は一日一回東から西へ回転していると主張した。太陽、月、惑星もこの天球の運行に従うが、恒星とは異なる運動を行う。また、プトレマイオスは惑星を一覧にして記載しているが、地球から近い順に月、水星、金星、太陽、火星、木星、土星とした。ヒッパルコスの天体観測とユークリッドの幾何学の原理を展開して、プトレマイオスは四八星座に配置された一〇二二個の恒星目録を作成した。彼は天球の構造を説明し、三角法（特に弦）を利用して、日食・月食、太陽赤緯、惑星の見かけ上の不規則な動きや逆行、地球から見た恒星の運行などを理解し、正確に予測した。[44]

ヒッパルコスや多くのギリシャの先人たちと同様に、プトレマイオスは「星と人間との間には親和性があり、魂は天空の一部である[45]」と信じていた。しかし、このような精神的な主張からも、より実践的な宇宙研究の方法が生まれている。恒星の運行をより正確に測定すればするほど、地球の大きさと形もより精密に計算できるのである。『アルマゲスト』の第二巻では、天文学的データを収集することで地球の緯線をより正確に測定できることを説明し、プトレマイオスは次のように述べている。

準備段階でいまだ欠けているのは、各地域の主要都市での天文現象を計算するための経線・緯線上の位置の決定である。ただし、この情報の設定は個々の地図製作プロジェクトの核心に関わっているため、我々はこの分野で相当に十分な成果を残している人々の研究に従い、各都市が経線に沿って赤道からどれだけ緯度が離れているのかを、また赤道上でその都市を通る経線がアレクサンドリアを通る経線から東西に何度離れているのかを記録して、独自にこの情報を提示するつもりである。これは我々が（天体の）位置に対応する時間を確定した経線に関する情報だからである。[46]

『アルマゲスト』は紀元一四七年以降、ほどなくして書かれたようである。『アルマゲスト』に記録された天体観測に基づく「個々の地図製作プロジェクト」に対するニーズは、プトレマイオスのその後の著作の執筆に拍車をかける結果となった。この書では、大規模な天体観測の成果が補足の一覧表として公開されており、これから主要都市の位置を求めることができる。『アルマゲスト』を完成させた後、占星術、光学および力学に関する著作の執筆と並行して、プトレマイオスは全八巻からなる第二の大著『地理学』を完成させたのである。

完成した著作が、主要都市の地理座標を確定した一覧表に留まらないことは明白であった。プトレマイオスは、自分自身と仲介者がデータ収集するのではなく、アレクサンドリアで入手可能であったあらゆる文献を照合し比較する方法を選択した。彼は旅人の話の重要性を強調したが、その不確実性についても警告している。『地理学』では、優れた地理学者や歴史家が主張するように、「手にしている最新の報告におおむね従うこと」が必要であると認識されていた。報告には語源や歴史研究の資料も含まれていた。例えば、ローマ人著述家の著書『年代記』（紀元一〇九年頃）の北ヨーロッパの記述や、紅海やインド洋の各地までの商人のための手引であった『エリュトラー海周航記』（作者不詳、一世紀頃）などの出典不明の航海記《ペリプルス》がその一例である。『地理学』に引用された最も重要な著述家はティルスのマリヌスで、その著作は現存していないが、プトレマイオスによれば「同時代でこのテーマを扱った最後の著述家」[47]と考えられている。『地理学』の第一巻では地理学のテーマと人の住む世界の地図の描き方について述べている。第二巻から第七巻は各地の地理座標を確定した表で、都市やその他の地点のデータ数は八〇〇〇を超え、西のアイルランドとブリテン島に始まり、東に向かってドイツ、イタリア、ギリシャ、北アフリカ、小アジア、ペルシャ、そして最後はインドまで、すべて緯度と経度に従って掲載されている。第八巻では、オイクメネを二六点の地域図に分割する方法を示した。ビザンツ初期に再現された地図付きの『地理学』の写本、およびその後の多くの世界地図では、ヨーロッパは一〇点、アフリカ（当時の呼び方は「リビア」）は四点、アジアは一二点の地域図で描かれた。

プトレマイオスの表に含まれる豊富な地理情報は、地理学研究の学問的伝統だけではなく、天文学的計算や旅人の証言記録も含んでいた。『地理学』の冒頭部分で、プトレマイオスは「このような手順の第一歩は、体系的な調査であり、科学的な訓練を受けたのちに各国を旅した人々の報告から得られた最大限の知識を組み立てることであり、調査と報告は測量の一部であり、天体観測の一部であること」を明らかにした。このような「体系的な調査」が可能となったのは、アレクサンドリア図書館の『目録《ピナケス》』を参照できたためであった。これは対象、著者、書名に従って索引づけされた世界初の図書目録で、シエネのカリマコスによって紀元前二五〇年頃に作成された。『地理学』はフィールド調査を行わない「書斎派の知識人」[48]によって編纂された最初の膨大なデータバンクであり、世界の様々な地理学データが加工された巨大な書庫《アーカイブ》となっている。

プトレマイオスには、宇宙の起源について推測することや、曖昧であり変化するオイクメネの境界線について、地理学的にも政治的にも確定を試みる意図はなかったのである。『地理学』は冒頭の記述で、地理学とは「世界の既知の部分すべてを、広い意味でつながっている部分と共に描き、模倣することである」と普遍的に定義し、その方向性を示したのである。プトレマイオスは、地理学とは既知の世界（現在では地球全体と書くべきだが）を包括的に図解することであると考えたが、その一方でローマ人の最大の関心事であった土地の調査を、「地勢図」あるいは地域図製作として肯定した。地勢図では「風景描写」の技能が要求されるのに対して、「世界地図製作では、線や標識によって純粋に（地形の）位置や全体構成を示すことが可能なため、このような技能は一切必要としない」[49]とプトレマイオスは述べている。プトレマイオスは、この二つの地理学的アプローチを対比するために具体的な比喩を用いて、「顔全体のポートレートの作成にたとえるならば、地勢図は耳や眼を図解する際の部分的な印象であるのに対して、世界地図の目指すところは全体像である」と考えていた。

プトレマイオスは方法論を確立したことで、世界地図を描くための独自の地理学的投影法を提示する前に、ティルスのマリヌスの方法を詳細に批評することによって、地球の大きさや緯度・経度について議論を進めている。プトレマイオスの計算で最も重要な側面の一つとなるのが、人の住む世界であるオイクメネと地球の大きさとの関係であった。エラトステネスとヒッパルコスの計算を修正するにあたって、プトレマイオスは（すべてを六〇の単位で測定したバビロンの六〇進法に基づいて）地球の円周を三六〇度に分割し、一度の長さを五〇〇スタディアと推定した。これによって地球の円周はポシドニウスと同じ値の一八万スタディアとなった。これは間違いなく過小評価しすぎであり、実際の地球の円周の一八パーセントを超える程度の値で、一スタディオンの長さにもよるがおそらく一万キロメートル程度にしかならない。しかし、エラトステネスなどの先人たちが想像したよりも地球が小さいと信じていたとしても、プトレマイオスは人の住む世界の大きさを多くの人々が信じていたよりも大きいと主張したのである。彼の考えるオイクメネは、幸福諸島（カナリア諸島）を通る子午線から始まり、カチガラ（現在のベトナムのハノイ付近と考えられている）に至るまで、東西一七七度を超える円弧上に拡がっており、プトレマイオスはその距離を七万二〇〇〇スタディアと推定した。南北の幅は東西の長さの半分を超える程度で、北緯六三度のトゥーレから南緯一六度の「アジシンバ」（現在のチャド）の領域までの七九度の範囲で、距離は四万スタディア弱と推定された。[50]

　このような測定値からは当然のごとく、プトレマイオスがどのようにして緯度と経度を計算することができたのかという疑問が湧いてくる。プトレマイオスは所定の場所における夏至の日の天体観測の結果に基づいて緯度を計算したのである。夏至の日でも昼間の時間が一二時間である緯度〇度の赤道を起点として、昼間の長さが一五分間ずつ増えるように地図上に緯線の間隔を設定し、昼間の長さが一五時間三〇分に達したところで昼間の長さの増分を三〇分間に切り替え、さらにオイクメネの限界に達するまで緯度の設定を続け、夏至の日の昼間の時間が二〇時間となるトゥーレの緯度を推定した。夏至の日の太陽の南中高度観測に基づくヒッパルコスの計算に加えて、この測定方法を活用して、プトレマイオスは独自の緯度一覧表を作成した。

ただし、彼の観測方法は比較的単純ではあったが、その結果の多くは（アレクサンドリアも含めて）不正確であった。

経度の計算はさらに困難であることが判明した。プトレマイオスは、経度を決定する唯一の方法は、東西の経線間の距離を空間的に測定するのではなく、太陽を時計のように利用して時間によって測定することである、と考えていた。同一経線上のすべての地点で、太陽が子午線面と交差するときに正午になるとしたのである。プトレマイオスはそこで、最西端の地点である幸福諸島で経度の計算を開始し、東に五度移動するごとに、すなわち赤道上の時間で二〇分間経過するごとに経線を引き、一二時間の隔たりを一八〇度とした。プトレマイオスの測定値は不正確ではあったが、その方法は一貫性のあるデータをもたらす初めての体系的な方法で、これにより後世の地図製作者たちは人の住む世界に対して緯線と経線の格子、すなわち空間的な計算ではなく時間的な計算によって構成される経緯網を投影することが可能になったのである。私たちは地図製作を空間的に表示する科学として捉えがちであるが、プトレマイオスは空間によってではなく、時間によって測定される世界を提案していたのである。[51]

『地理学』第一巻の巻末で、プトレマイオスはマリヌスの方法から離れて、もう一つの地理学的革新について説明している。それは、平面上に球形の地球を表示するように設計された一連の数学的投影法である。プトレマイオスは、球体が「地球の形状をそのまま近似している」と認識していたが、地球の上での移動を記録するためには、球体は巨大なものでなければならず、いかなる場合でも「全体の形状を一目で把握する」ことは不可能であると指摘している。その代わりに、プトレマイオスは地球表面全体を一目で見るための架空の表示方法を開発し、「平面上に地図を描くことでこのような困難を完全に消し去る」ことを提案している。しかしながら、プトレマイオスはこの方法にも問題点があり、「平面化した地表面上で確定する間隔が、可能な限り実際の間隔に近い比率になるように、地球のイメージに似せるための何らかの方法が必要」であることを認識していた。[52]プトレマイオスはここで、これ以降地図製作者が直面する大きな課題を封じ込めるのである。

マリヌスは四角形すなわち「直交する」地図の投影を作成することで問題の解決を試みた。プトレマイオスによれば、これは「緯線および経線の円を表わす線をすべて直線にし、経線を互いに平行にする」ものであった。しかし、地理学者が想像した緯線および経線からなる幾何学網を球形の地球に投影した場合には、これらは実際には長さの異なる円になっている。マリヌスは北緯三六度のロードス島を通る最も重要な緯線に沿って行った測定値を優先することでこの影響を無視し、この線から南北に外れるに従って増す歪みを容認した。中心を外れる地球の空間の表示を認めたが、定義可能な中心から外側に向かって精度は低下し、余白に向かって移動するにつれて表示空間が減少するため、最後には絶対的な歪みを引き起こす。プトレマイオスは優れたユークリッド幾何学者と同じように、地球の空間が均質で方向的に一様であることを望んだため、直ちにマリヌスの投影法を放棄した。しかし、プトレマイオスも円形の地図を四角形に投影することはできず、妥協が必要であることを認めていた。

プトレマイオスはここでも明確にユークリッドを意識して、幾何学と天文学に解を求めた。宇宙空間から地球の中心軸方向を眺め、地表面に緯線と経線が幾何学的に描かれている様子を想像するのだと、記している。経線は「(地球または視点を)端から端まで回転してみても、直線とみなすことができ、各経線は(視点とは)正反対の点を経由し、その面は視野の頂点を通る」と述べている。これとは対照的に、緯線は「南に進むにつれて膨らんでいく明確な同心円」に見える。この観察に基づいて、プトレマイオスは第一の投影法を提案した。経線は北極の先の仮想点で収束する直線として描かれたが、緯線は同じ仮想点を中心とする半径の異なる円弧として描かれた。次に、赤道とトゥーレに沿って配置される緯線に注目して、プトレマイオスは相対的な比率だけでなく、緯線のより正確な推定長を維持することができた。この方法はすべての緯線に沿って一定の歪み率で描画できるわけではないが、地図上のほとんどの点で一貫性のある角度相関を維持し、以前の投影法よりも優れた配置モデルを提示することができた。

これは、地球を平面に投影するために考案された、最も有力で普遍的な方法であった。単純な円錐図法の例であったが、プトレマイオスの円錐はもう一つの馴染み深い形にも似ている。それはプトレマイオス朝のアレクサンドリア市街の形であり、エラトステネスにオイクメネの地図を想起させたマケドニアのクラミスの形であった。プトレマイオスの投影図は、単純ではあるが独創的な世界地図を描画し、その中に地理学データを取り込む方法を実現した。簡単な幾何学を利用して、プトレマイオスは「平行四辺形の中に平面を作り」、振り子式定規を利用してその中に点や直線を連続的に描いていく方法を記している。基本的な幾何学的輪郭を確定した後、地図製作者はこの定規を使用して、北極の先の仮想点を中心とする円の半径を計測する。赤道からトゥーレの緯線まで緯度の段階的な変化に合わせて定規に印がつけられる。一八〇度の範囲を一時間間隔で分割した赤道に沿って自由に振ることができるように定規の位置を仮想点に合わせることで、プトレマイオスの経度・緯度座標一覧表を参照して白地図上に任意の場所を配置して印をつけることが可能になる。赤道に沿って記載されている所定の経線まで単純に定規を振り、「定規の目盛を利用して、必要に応じて一例ごとに指示された経度位置に到達する」[53]ことができる。このような地図上での地理的な輪郭はさほど重要ではなかった。地図を特徴づけたのは輪郭ではなく、プトレマイオスの経度・緯度座標によって確定された一連の点であった。言うまでもなく点はユークリッド幾何学を定義する第一の原理である。点には長さも幅もなく、分割することもできない。正確に地図を投影するため、プトレマイオスはユークリッド幾何学の基本に立ち返ったのである。

この第一の投影図には欠点があり、地球上の緯線は赤道の南では長さが減少していくのに対して、プトレマイオスの投影図に頼った場合には長さが増大してしまう。プトレマイオスは、赤道で経線を鋭角に交差さ

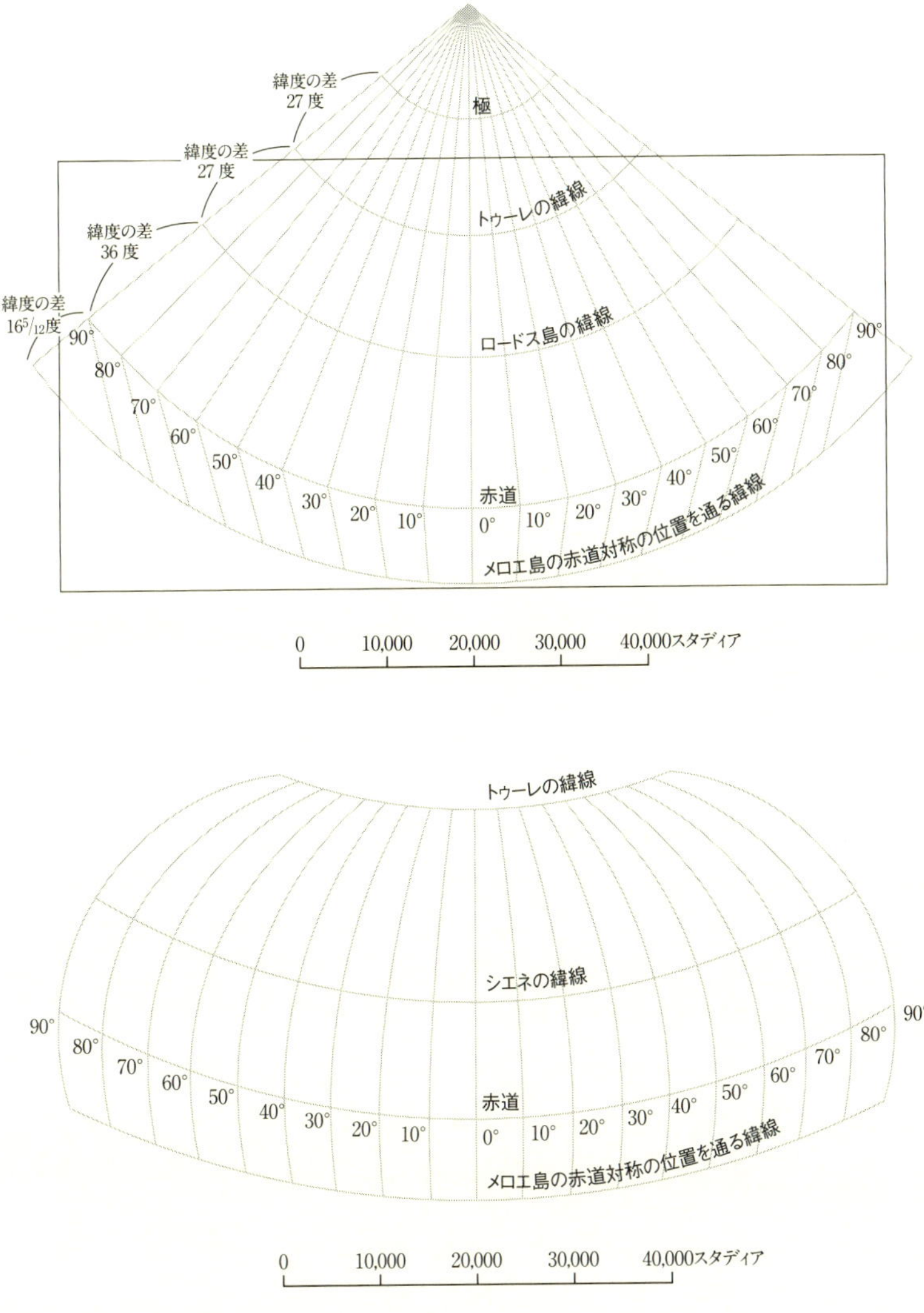

図3　プトレマイオスの第１投影図および第２投影図

せることでこの問題を解決したため、実質的に投影図の一貫性に反することとなった。これによって投影図の外観はクラミスのような形状となったが、理想的とは言い難いものであった。プトレマイオスは、オイクメネを南緯一六度までとしていたため、これは小さな欠点にすぎないと考えていたが、数世紀後に旅行者がアフリカ周航を開始すると、これは重大な問題を引き起こすことになるのである。しかしながら、プトレマイオスが当初から認識していたように、第一の投影図はやはり経線を直線的に投影したもので、宇宙空間からの地球の部分透視図にしか対応していない。緯線と同様に経線は地球の　まわりの円弧をたどり、その幾何学的実態は平面的な地図上で曲線を維持しなければならない。そこで、プトレマイオスは第二の投影図を提唱した。「地球上の経線に似せて経線を描くことで、平面上により近似した形でかつ同等の比率でオイクメネの地図を作ることができる」[54]とプトレマイオスは記している。緯線と経線は湾曲した円弧で表示されているため、また、(赤道とトゥーレを通る緯線だけが正しい比率であった第一の投影図とは異なり)ほぼすべての緯線が正しい比率で描かれているため、プトレマイオスによれば、この投影は「第一の投影図よりも優れている」という。ここで使われる三角法は第一の投影図よりも複雑であったが、中心子午線に沿って一様な比率を保持するには、まだ問題が残されていた。また、湾曲した経線は振り子式定規を用いても描くことができなかったため、第二の投影法に基づく地図の構築はより一層難しくなることをプトレマイオスは認識していた。

二種類の地図投影法について詳細に述べた後、プトレマイオスは極めて楽観的な見方で『地理学』の第一巻を締めくくっている。第二の投影図が好ましいが、プトレマイオスは「この図は地図製作の容易さという点では第一の投影図に劣る」と評価したうえで、後世の地理学者に対して、「容易であるという理由で扱いやすい投影図に魅力を感じる者もいるために、二つの方法について記載」しておくよう勧めている。彼の助言は、一三世紀以降に『地理学』が復刻される際にも学者や地図製作者に影響を及ぼすことになる。

プトレマイオス以前の人々は、万物の創造を説明する宇宙の起源を理解するために地理学を利用した。プトレマイオスは『地理学』の中でこのような探求に背を向けたのである。彼の著作に神話が登場することはなく、政治的な境界線や民族誌学についてもほとんど記されていない。その代わりに、アレクサンドリアにおける学問の普遍的な二つの原理であるユークリッド幾何学とカリマコスの書誌学的分類方法に、地理学の原点を見出すのである。プトレマイオスの革新性は、広く認められている数学的原理に従って既知の世界を地図化する再現性のある方法を確立した点にある。彼の地図投影法により、ユークリッド幾何学の基本を理解していれば、誰でも世界地図を製作することが可能となる。アレクサンドリア図書館の『目録《ピナケス》』から作られたプトレマイオスの革新的な経度・緯度一覧表により、オイクメネ全体の配置座標が確定した。この一覧表のおかげで、地図製作者は地図上に既知の場所を極めて簡単に描くことができるようになり、また、オイクメネ上に明確な境界線を描かないことで、プトレマイオスは後世の地図製作者に対して世界地図上にさらに多くの点を記すように促したのである。

　地理学的資料や天文学的資料を収集する際に、プトレマイオスが主張した客観性や厳密性は幻想であったことは言うまでもない。二世紀には長距離の測定精度は極めて悪く、天体観測も制限のある扱いにくい機器による信頼度の低いものであった。また、位置に関するプトレマイオスのデータの多くは、ギリシャ人が「風聞《アコエ》」と呼んだもの、すなわち一部の商人の体験談や、何世紀にもわたって伝えられてきた天文学者の観測記録や作者不詳の旅行記に基づくものであった。プトレマイオス自身、また彼の同時代人もオイクメネの限界の先にも他の世界があることを理解していたが、彼の投影図もまた地球の半分、経度一八〇度の範囲にある人の住む世界の表面に限られていた[55]。これは様々な意味で、将来の推測や投影を刺激することとなった。地図製作のための方法論的な道具を用意することによって、プトレマイオスは他の者が経度・緯度一覧表の改訂や場所の再配置を行う余地を残したのである。地域図や地勢図の製作は芸術であったが、世界地図の製作は科学であった。新しい情報が登場すれば、ある領域の輪郭やある場所の位置は変更可能であったが、ある種の普遍的な数学的原理に従って地図の表面に点を記す方法は変わらないとプトレマイオスは信じていた。

地図製作におけるプトレマイオスの重要性を評価する際には一つの謎が残されている。『地理学』全体を通して、本文中にはこの地図を明確に参照している箇所がどこにもないのである。既にわかっているように、現存する最古のテキストは、最初に書かれてから一〇〇〇年以上も経た一三世紀後半にビザンツで見つかったものである。これらの初期のテキストには世界地図（おもに第一の投影に基づく）が含まれていたが、これらの地図がプトレマイオスのオリジナルの図解を複製したものか、プトレマイオスの書き残した指示に従ってビザンツ時代に付加されたものかは明らかではない。プトレマイオスがオリジナルの『地理学』で図解のための地図を描いたか否かという疑問は、長年にわたり地図製作史学者を二分してきた。現在の学術的な見解は、プトレマイオスは地図を描いたかもしれないが、このような地図はオリジナルの『地理学』には含まれていなかった、とする考えに傾いている。[56] ギリシャ・ローマ時代の地理学に関する著作に地図が含まれていた例は極めて少なく、皇帝アウグストゥスの親友アグリッパによって紀元一世紀初めにローマの回廊《ポルティコ》の壁に展示された地図の例のように、地図は公共の場所に掲示するのがより一般的であった。[57]

地図がなかった理由は『地理学』の元の形態にあったと考えることも可能である。『地理学』はおそらく煤煙から作られた黒色絵具のインクで書かれたもので、ナイル川デルタ地帯に生い茂る植物から作られたパピルスの巻物に記録された。この時代のパピルスの巻物はほとんどが、平均三四〇センチメートルの長さのシートをつなぎ合わせたものであった。しかしながら、その巻物の高さはわずか三〇センチメートルにすぎなかった。[58] このサイズは、インド、スリランカおよび中国からイベリアやブリテン島に至るまでの世界を示す紀元四世紀のローマ時代の地図を一二～三世紀に複製した、いわゆる「ポイティンガー図」などのローマ時代の旅程表に適したものであった。このような旅程表は地上の空間に沿った直線的な移動を記したもので、幅、起伏や縮尺の概念はほとんどない一次元表現になっていたが、これは主として記録媒体の制限によるものであった。「ポイティンガー図」は六メートルを超える長さの羊皮紙の巻物に記されているが、幅はわずか三三センチメートルしかないため、明らかに横方向に変形して作られている（カラー口絵4a、4b）。このようなサイズでは、常識的にはあり得ない縮小や変形を行わずに、プトレマイオスが世界地図や地域図を再現することは事実上不可能であった。プトレマイオスは解決策として本とは別に地図を描くか（仮にそうだとしたとしても、なにも現存していないが）、『地理学』の最後の翻訳者による説明にあるように、「言葉や数値で地図を符号化する」[59]ことを決めたのである。これが事実であったならば、プトレマイオスの方法は地理学的データと数学的な方法を提供し、それ以外は後世に委ねるものであったことになる。

パーシー・シェリーの詩の中で、「全知全能の神よ、我が造りしものを見よ、そして絶望せよ！」と叫んだのはエジプト王オジマンディアスであった。皇帝の権力の傲慢さについて詠んだシェリーの詩の中では、オジマンディアスの像の遺跡以外には、暴君の王国の痕跡や光輝く記念碑は何一つ残っていない。同じように現在、プトレマイオス朝とエジプトに対する支配の痕跡の多くは消え去り、アレクサンドリア港の海面下に没してしまった。アレクサンドリア図書館は消え去って久しく、蔵書の多くは略奪されるか破壊された。この損失は以来今日に至るまで西洋人の脳裏に刻み込まれており、歴史家たちは自らの思想信条を問わず、この破壊に関しては長い年月にわたり、古代ローマ人やキリスト教徒からイスラム教徒に至るまで、あらゆる人々を非難し続けてきた。これはいまでも際限のない可能性を秘めた空想の記憶であり、憶測や神話の源泉であり、学問と文化の発展の可能性でもあり、また、どのような帝国にも存在する創造と破壊の衝動に関わる教訓ともなっている。[60]

しかし、アレクサンドリア図書館の「偉業」の一部は生き残り受け継がれてきた。プトレマイオスの『地理学』もその一つである。プトレマイオスの周囲では様々な事態が発生したにもかかわらず、驚くべきことに彼の著作に手がつけられることはなく、地図や記念碑よりも普遍的な形で思想を伝えたいという彼の思いは裏切られることになるのである。『地理学』は、偶然であるにせよ意図したものであるにせよ、地理学データをデジタルで伝達する可能性を示した最初の書籍であった。信頼性の低い図形的なアナログ要素を再現することで地理学情報を記述するのではなく、現存している『地理学』の写本では、プトレマイオスの投影図を描くのに欠かせない居住世界のあらゆる場所の座標から幾何学に至るまで、個別の不連続な数字や形状の記号を用いて、その描画方法を伝えたのである。この最初の原始的なデジタル地理学は、エラトステネスとユークリッドを経てアナクシマンドロスの時代まで遡る、ギリシャの天体観測と数学的考察の伝統を根拠として、相互に連結された一連の点、線および円弧に基づいて創造されたものである。プトレマイオスは、普遍的で抽象的な幾何学の原理と天文学と緯度および経度の計測によって、既知の世界に網を掛け、これを定義した。プトレマイオスの偉大な業績の一つは、地球を縦横に通過する一連の地理学的直線、すなわち両極、赤道および南北の回帰線が、地球の表面への人工的な幾何学的投影ではなく、あたかも現実のものであるかのように、その後のあらゆる世代に対して「注目すべきもの」とした点にあった。

プトレマイオスの科学的な方法は、無限の多様性に対して驚異の念を抱きつつも、「あるがままの」世界の混沌とした多様性に幾何学的秩序を重ね合わせることによって、世界を理解しうるものにすることを目指したのであった。プトレマイオスの先見性は、地球の幾何学的測定に関する『地理学』の最初の主張の一つとして銘記されているが、ルネサンス以降、有人宇宙飛行の時代に至るまで、あらゆる世代の地理学者を刺激することになるのである。

これらは最も崇高にして最も美しい知的探求に属するものである。天空自体の物理的な特性と地球の自然に関する人間の理解を数学によって提示するのである。天空は我々のまわりを回転しているように見えるため、また、実際の地球は巨大で我々の周囲に広がっているわけでもないため、全体はおろか一部であっても一人の人間が調べることは不可能だからである。[61]

第2章――交流

アル＝イドリーシー　一一五四年

シチリア島パレルモ　一一五四年二月

一一五四年二月二七日、「シチリア王にして、アプーリア公国、カープア侯国の王でもあった」ルッジェーロ二世は、王都パレルモの中心に建つノルマン宮殿で、五八歳の生涯を閉じた。ルッジェーロ二世はパレルモ大聖堂の南の側廊に丁重に葬られたが、ここは二四年前、一一三〇年の降誕祭《クリスマス》には戴冠式が行われた場所でもあった。彼の死により、中世の偉大なる多文化共生《コンビベンシア》（スペイン語で、一つの法の下でのキリスト教徒、イスラム教徒およびユダヤ教徒の平和的共存を意味する）の一つと言われたシチリア島のたぐいまれなる統治の時代は、終わりを告げた。

ノルマンディーのコタンタン半島に起源を発するオートヴィル朝の血筋をひくルッジェーロとその祖先は、一一世紀末にヨーロッパ、アフリカ、中東にまで及んだ一連の華々しいノルマン人の遠征を指揮した。ビザンツ帝国がペルシャに続いてアラブのイスラム教徒からの挑発を受けて、その権威が失墜したため、ノルマン人は中世のキリスト教世界の混乱に乗じて、直ちに南イタリアの一部、シチリア島、マルタ島および北アフリカでの支配を確立した。彼らはイングランドまで遠征し、また、一〇九五年に始まった第一回十字軍遠征時には（現在のトルコとシリアにまたがる）アンティオキア公国を建国した。[1]

また、軍事遠征の各段階で、ノルマン人は（軍事遠征の成功の度合いにもよるが）征服した地の文化を吸収した。一〇七二年、ルッジェーロ二世の父、ルッジェーロ一世はパレルモを攻略し、自らがシチリア伯となることで、一〇〇年以上にわたったアラブ人によるシチリア島の支配は終わりを告げた。アラブ人支配以前には、シチリア島は最初ギリシャによって統治され、次いでローマに、その後はビザンツ帝国によって統治されていた。地中海全体の中で最も文化的に多様で、戦略的に重要な島の一つを支配したノルマン人が残したものは、文化遺産であった。ルッジェーロ二世は一一三〇年に王位に就くと、中世の世界で最も高度に組織化され文化的な活力に満ちた王国の一つとして、いち早くシチリアの基礎を築いたイスラム教徒とユダヤ教徒に対して政治的な和解と宗教的な寛容の政策を目指した。ルッジェーロ二世の王国はおもに、ギリシャ語、ラテン語およびアラビア語の写本筆記者を擁する大法官府によって治められた（カラー口絵5）。王室は三カ国語で詩篇を作り、礼拝ではアラビア語の聖歌が響いたと伝えられている。

ルッジェーロ二世の死はこのような時代の終焉を意味した。一一五四年の葬儀に参列した会葬者の中で、誰よりもルッジェーロ二世の死を悼んだのは近しい友人の一人でもあった、アル＝シャリーフ・アル＝イドリーシーであった。ルッジェーロ二世の死の数週間前、アル＝イドリーシーは一一四〇年代にルッジェーロの命を受けて以来、十数年にわたり執筆を続けてきた地理概説書をついに完成させたところであった。この書は既知の世界の概要を包括的に記し、七〇点に及ぶ世界の地域図（カラー口絵11）と小版ではあるが美しく彩飾された一点の世界地図（カラー口絵6）によって図解したものであった。

これはアラビア語による著作で、序文によれば一一五四年の一月に完成したもので、『世界各地を深く知ることを望む者の慰みの書』と題されていた。ルッジェーロ二世とアル＝イドリーシーは非常に近しい関係にあったため、『世界各地を深く知ることを望む者の慰みの書』（以降、『慰みの書』）は『ルッジェーロの書』とも呼ばれた。地図や地図製作者の支援にこれほどまでに個人的な興味を示した君主はまれである。イドリーシーの著作はそもそも、ルッジェーロ二世が王国の文化的野望を実現するために製作を命じたもので、完成からわずか数週間で亡き王の記念碑的遺産となってしまったが、在位中に建設された王宮や大聖堂とならび立つものであった。しかしながら、パトロンの死により、アル＝イドリーシーと完成したばかりの著作の前途は不確かなものとなってしまった。[2]

それでも、広範囲に及ぶ地理学について詳細に記述する労を厭わなかったことにより、『慰みの書』は中世地理学における偉大な著作の一つとなり、プトレマイオスの『地理学』以降に編纂された人の住む世界に関する最も精緻な記述の一つとなったのである。アル＝イドリーシーの書と添付の地図は、ギリシャ人、キリスト教徒ならびにイスラム教徒の科学、地理学、旅の伝統を生かしたもので、信仰の異なる者同士の文化的思想と意見交換に基づいて、複合的な視点を生み出した。キリスト教とイスラム教が友好的な意見交換の中で相互に学んだとするならば、イドリーシーの著作を両者間の関係改善の産物とみなしてもおかしくはないであろう。しかしながら、一二世紀のノルマン人支配下のシチリア島では、ルッジェーロ二世やアル＝イドリーシーの野心は戦略的であり、かつ暫定的なものであった。ルッジェーロ政権下ではイスラム教徒に認められた権利は限定的で、ノルマン人は引き続きイスラム教徒に対抗して東の聖地を目指す十字軍の支援を続けた。イスラム教では神学上の観点から、既知の世界は「イスラムの家《ダール・アル＝イスラム》」とすべての非イスラム教徒が住む「戦争の家《ダール・アル＝ハルブ》」に二分されていた。モハメッドの神の啓示が広く認められるまでは、両家の間は絶えず戦争状態にあった。

しかし、すべての非イスラムが同じであったわけではない。キリスト教徒とユダヤ教徒は、礼拝のための標準聖典（キリスト教のバイブル、ユダヤ教のトーラーおよびイスラム教のコーラン）に記載され明確化された信仰を順守する「啓典の民《アフル・アル＝キターブ》」とみなされた。唯一神に対する信仰は、これら三宗教の間で広範囲に及ぶ文化的な対立を引き起こしたが、いずれの宗教も他の宗教に対する神学的な優位性を主張したため、多くの場合に衝突が発生し、対話や多様性ではなく改宗や闘争によって特徴づけられることとなった。[3] 協議や討論も行われてはいたが、アル＝イドリーシーの『慰みの書』が登場したのは、対抗意識の強い交流の真っただ中であった。

アル＝イドリーシーとルッジェーロ二世との関係や地図製作の物語は、東のイスラム教徒と西のキリスト教徒との対等の立場での出会いの物語ではない。それどころか、この物語から当時の世界では地政学的な格差が拡大し始めていたことがわかる。また、王家の対立や宗教的区分から裏づけられたのは、「イスラム教徒」や「キリスト教徒」というレッテルが流動的な区分けであり、教義に対する絶対的な信仰ではなく、分派や改宗や棄教がその特徴であったこともわかっている。物語はその後地中海世界を背景に展開したが、そこではイスラム教徒のカリフの影響力が増すにつれて、ビザンツ帝国は衰退の道をたどっていった。また、分割され相対的に重要度の低下したラテン語圏のキリスト教は板挟みの状態に陥り、残された政治的な自治と支配の行使を試みたが、その多くは失敗に終わった。

現存しているアル＝イドリーシーの『慰みの書』の手書き写本は一〇点だけで、最古の写本は一三〇〇年代に、最も新しいものは一六世紀に作られている。プトレマイオスの『地理学』の場合もそうであるが、私たちが手にしている本と地図は原書の執筆から数百年後に作られた写本である。ボドリアン図書館のポーコックコレクションの一つで、一五五三年出版と記された最も保存状態のよい『慰みの書』の手書き写本には、単純ではあるが美しい円形の世界地図が添付されており、アル＝イドリーシーが一二世紀中頃に世界をどのように表現したのかがわかる。この地図で最も驚くのは、南を上にして描かれている点である。

「オリエンテーション（方位）」という語があるが、これは日の出の方角である東を意味するラテン語の「オリエンス」を語幹としている。ほとんどすべての古代文明で、日の出（東）と日の入（西）の観測による東西軸と、北極星または真昼の太陽の位置から測定される南北軸に基づいて、位置を知る技術があったことが記されている。[4] このような方位は方向を示すと同時に、象徴的かつ神聖なものでもあった。多神論的な太陽崇拝の文化では、東（オリエンス）は再生や生命を象徴する方角として崇められ、南はこれに続く位置づけにあった。西が衰退や死に関連していたのも容易に理解できることで、北は暗黒や邪悪に関連していた。ユダヤ・キリスト教の伝統は、教会だけでなく地図をも地上の楽園とみなされていた東に向けることによって、このような連想を発展させてきた。これとは対照的に、西は死の運命を連想させるもので、十字架に磔にされたキリストが面していた方向でもあった。北は邪悪と悪魔の権力の印であり、多くの場合、破門者や非キリスト教徒が埋葬される際に頭を向ける方角であった。[5] 次の章で触れるが、一五世紀までキリスト教徒の世界図《マッパムンディ》は、ほとんどすべてが東を上にして描かれていた。

アル＝イドリーシーのようなイスラム人や地図製作者は、地球上のどの場所に居ようとも、信者は神聖なメッカの方角に祈りを捧げるというコーランの教えにより、基本となる方向に対しては強い興味を示し、東に対しては伝統的に崇敬の念を抱いていた。メッカとカーバ神殿までの方向（キブラと呼ばれる「神聖な方角」）と距離を知ることが、中世における最も複雑かつ精巧な地図と図表計算への創造意欲をかきたてたのである。[6] 七、八世紀に急速に拡大したイスラム教に改宗した共同体の多くはメッカの真北に位置していたため、彼らは真南をキブラ（礼拝の方向）とみなすようになった。その結果、アル＝イドリーシーの地図を含め、イスラム教徒の世界地図の多くは南を上にして描かれたのである。これはまた、ペルシャで制圧されたゾロアスター教共同体の伝統とも見事な連続性を示しているが、ここでも南は神聖な方角とみなされていた。

西を上にして地図を描く文化的伝統は事実上皆無だが、これは例えば「西方に行く」という表現が死を意味するように、この方角がほぼ普遍的に日没や暗黒や死の象徴に関連しているためである。最後の基本的な方向である北はビザンツの世界地図では上に配置されたが、これにはさらに複雑な系統がある。中国では北は神聖な方角として重要なものとされていた。南からは皇帝の広大な領土を横切って、陽光と温かな風が運び込まれるため、南は皇帝が臣下を見下ろす方角となった。服従の位置から皇帝を見上げるときには、誰もが結果的に北を向くこととなる。語源的に、中国語の「背」は「北」と同義であるが、これは皇帝の背中が北に面していたためである。中国の世界地図が初めから近代的に見えるのは、このようにして方位が決められたからでもある。様々な古代メソポタミア社会におけるグノーシス主義的二元論の信仰でも、北を神聖な方角として称賛し、北極星を光と啓示の源とみなしており、古代バビロニアの世界地図が北を上にして作られているのもおそらくはそのためと思われる。

アル＝イドリーシーの世界地図では、基準となる四つの方角は、コーランの一節に感化されて描いた燃え立つ黄金の光輪のような地図枠のすぐ外に記されている。地図自体はギリシャの「オイクメネ」を受け継いだ世界を示している。地中海と北アフリカは詳細に示されているが、クラゲの形をした山脈は中央アフリカの川の支流と共に空想的に描かれたものである。「月の山」と名づけられたこの山脈が、ナイル川の源流と信じられていた。エジプト、インド、チベット、中国はすべてアラビア語で表記され、カスピ海、モロッコ、スペイン、イタリア、イングランドも同様に表記されている。この地図は周航可能なアフリカを示した点でプトレマイオス図と一線を画すものであるが、南アフリカと東南アジアに関しては従来どおりの曖昧な理解のままで、地球全体は周回する海によって取り囲まれている。

この世界地図が奇妙に感じられるのは、おそらく書物の内容とかみ合っていないからであろう。『慰みの書』の他の地図や本文に記載されている豊富な人文地理学と対比して、この世界地図は純粋に物理的な地形を表わしているにすぎない。地表面上には都市もなく、人類の営みの結果を認識しうる痕跡もほとんどない（神話の巨人ゴグとマゴグを寄せつけないため、アレクサンダー大王によってコーカサス山脈に築かれた伝説の関所はその例外で、地図の左手下方に描かれている）。『慰みの書』の中の各地の刺激的な記述と地理学的な世界地図との明らかな矛盾は、ルッジェーロ二世がアル＝イドリーシーを雇う際に、三〇〇年の歴史を有するイスラムの伝統的な地図製作の成果を望んだことを考慮しなければ理解できない。

「イスラムの地図」というのはある意味で誤った名称である。七世紀末のアラビア半島でのイスラムの興隆ののちに、地理学の伝統と地図製作学の実践は徐々に融合していったが、あまりにも局所的かつ政治的で、民族的に多様であったため、地図製作の統合（同程度のことはギリシャの地図やキリスト教の地図についても言えたのだが）と呼ぶには値しないものであった。初期のイスラム教の言語で、「地図」を定義する限定的な名詞を有する言語は一つもなかった。ギリシャ語やラテン語では、今日私たちが地図と呼ぶものを表わすのに数々の用語が使用された。その中には、「スーラ（sūrah）」（「形状」または「図形」を意味する）、「ラスム（rasm）」や「タルシーム（tarsīm）」（「描画」）、「ナクシュ（naqsh）」や「ナクシャ（naqshah）」（「絵画」）などが含まれていた。[7] バイブルと同様に、コーランが地図製作者にとって直接的に役立っているということはほとんどない。コーランの中には、興味をそそられる多数の隠喩はあるものの、大宇宙の中で地球の大きさと形状について明確に説明した明確な宇宙論は存在しない。空は地球の上に広がる天蓋として説明されており、山々によって所定の位置に支えられ、太陽と月によって照らし出されている。神は「天空に七つの領域を創造し、地球にも同数の領域を作った」が、このような世界の具体的な大きさについては説明されていない。[8] 水に囲まれた明確な円板状の地球への言及、地中海および障壁で分離されたアラビア海の記述は、古代バビロニアの宇宙論に依拠したものと思われ、一方、「濁水の泉に没する太陽」という隠喩は、ギリシャ人から継承した概念で、大西洋を認識していたことを示唆している。[9]

イスラム世界に明確な形での地図製作の習慣が認められるようになったのは、アッバース朝がバグダードをイスラム帝国の中心として位置づけるようになった八世紀末のことであった。アッバース朝第二代カリフとなるアル＝マンスールによる帝都バグダードの創建（紀元七五〇年）は、六六一年以降、ダマスクスから支配を行ってきたウマイヤ朝との激戦の頂点で勝利したことを意味した。権力の中心が東へ移動したことによって、イスラム文化は大きな変化に晒された。イスラムの権威の基盤であった初期のアラブ民族は影をひそめ、アッバース朝はペルシャ、インド、さらには中国の伝統的な科学・芸術と密接に関わるようになり、結果的にイスラムによるキリスト教、ギリシャおよびヘブライの宇宙観の最初の理解を補うこととなった。同時に、アル＝アンダルスに築かれたライバルの後ウマイヤ朝がしだいに隆盛を極めたことによって、イスラム帝国のラテン語圏文化との接点は縮小し、関係は悪化した。バグダードへの移行によって、イスラムの権力と権威は当時の他の帝国よりも効率的に中央集権化された。カリフは全権を掌握するようになり、部族同盟は絶対君主制の中に吸収され、大臣《ディワン》を監視する宰相《ヴェズィール》が任命され、役人や政治家の生活のあらゆる側面が管理されることとなった。アッバース朝のカリフが領土を地理学的に記述する命令を出すようになったのも当然のことであった。[10]

　バグダードで最初に記録されている世界地図製作の命令は、「知恵の館《バイト・アル＝ヒクマ》」と呼ばれた学術研究機関を支援したアッバース朝第七代カリフ、アル＝マムーン（八一三―八三三年）の在位中に出されたものであった。当時の人々からはパトロンにちなんでアル＝マムーンの地図と呼ばれたが、その地図は現存していない。しかし、この地図を見た者の記録がいくつか残されており、アル＝マムーンの王宮で繰り広げられた知的交流のレベルに関する驚くべき内容が記されている。その中にはプトレマイオスの『地理学』に関する広範な知識も含まれていた。アラビアの歴史家兼旅行家のアル＝マスーディ（九五六年没）は、この地図を見たときの称賛を込めて、「アル＝マムーンが当代屈指の学者グループに命じて作らせた地図は、天球、星々、陸地と海、居住領域と非居住領域、人々の定住地、都市などを含む全世界を示すものであった」と述懐している。彼は、「この地図は過去のいかなる地図よりも、また、プトレマイオスの『地理学』やマリヌスの『地理書』などよりも優れたものであった」と結論している。[11] 西方ラテン世界が、その後さらに四〇〇年にわたりプトレマイオスの『地理学』を無視しつづけ、マリヌスの写本を完全に紛失したのに対して、アル＝マムーンの王宮は自らの世界地図に（天文学や光学に関するその他の多くの著作と同様に）プトレマイオスの著作の内容を盛り込むことに余念がなかった。

バグダードの王宮はギリシャ語文献の研究に何ら制限を設けることはなかった。アル＝マムーンの世界地図は、縦方向の気候帯（ギリシャ語では「クリマータ」、アラビア語では「アクアーリーム」または「イクリーム」と訳されている）に関するプトレマイオスの考え方を採用して、既知の世界を七つの領域に分割した、とアル＝マスーディは述べているが、この伝統はアル＝イドリーシーの地理学的思考を形成することになるのである。プトレマイオスのクリマータの概念はアリストテレスに基づくものであったが、アル＝マムーンの学者たちは地図を製作するにあたって、世界を七つの「領域《キシュヴァル》」に分割するペルシャの考え方に依拠して、このモデルに修正を加えた。さらにこれは、古代バビロニアやインドの宇宙誌学的な世界観に由来するもので、世界の中心には蓮の花弁で囲まれた主要な区域があり、通常は神聖な領域や首都を表わすものとなっている。[12]この体系では結果的にバグダードは四番目の中心領域に配置され、周囲領域は北から南まで六つの地域に分類された。バグダードとイラクは明示的に地図の中央に配置されているわけではないが、地球の中心に位置するものとみなされており、そこでは地理や天文と気候風土が絶妙にバランスされた中に、気候や自然の美から人の知性に至るまで「あらゆる事物の中庸」を見出すことができる。[13]

ここから一体何が導かれるのかは残念ながら不明である。アル＝マムーン王宮が製作した地図も世界史の中で失われた多くの地図の一つであるが、初期のイスラム世界では最も重要なものであったかもしれない。おそらくそれは、宇宙も地球も共に球形であるとする、最も一般的なイスラムの宇宙論的信念を反映する円形の地図であっただろう。ただし、この地図がプトレマイオスやマリヌスの考え方を取り入れていたとしたら、長方形であった可能性や、プトレマイオスの二つの投影法のどちらかに基づいてモデル化されていた可能性もある。

この地図がどのような形状のものであったかを解く手掛かりの一つは、かなりのちに作られた『居住世界の果てまでの七つの気候の驚異』と題された写本の図面にあるが、これは一〇世紀前半に、イラクのスフラーブというほとんど無名の学者によって書かれたものであった（カラー口絵7）。この著作は世界地図の描画方法についてアラビア語で書かれた最初の包括的な説明の一つであり、アル＝マムーンの地図がどのようなものであったかについて興味深く洞察しているだけでなく、居住世界に関する初期のイスラムの概念についての貴重な情報源ともなっている。スフラーブの著作の図には、自然地理学的な特徴が欠如しているが、既知の世界をプロットする長方形の枠が設けられている。スフラーブの書は熱心な地図製作者に世界地図の製作方法を助言する、「幅は長さの半分に設定せよ」という記述から始まる。続いて、経度と緯度を表わす地図の境界線に「四つの縮尺」を追加する。ただし、彼の主たる興味の対象は、「七つの気候の緯度にあり、地球の赤道から北極に向かって計数を開始すること」にあった。[14] プトレマイオス図と同じように、スフラーブの気候帯は添付の最大日照時間の表によって決定された。その結果は、南緯二〇度（左側に表示）から始まり北緯八〇度（右側に表示）まで続く七つの気候帯を、北が閲覧者（図の下端）に面するように描いた図になっている。興味深いことに、スフラーブは南を上にして世界地図を描くことを前提にしている。スフラーブの座標は明らかにプトレマイオス的であるが（実際にはプトレマイオス図の居住世界の経度範囲を拡張しているが）、直交する線で描かれた長方形の上への投影はマリヌスの地図に近いものになっている。スフラーブはまた、アル＝マムーンの「知恵の館」のメンバーの一人でもあったアル＝フワーリズミーの『地球の姿《スーラット・アル＝アード》』の座標を実質的に再現し、カリフの世界地図が長方形であったこと、ならびに一般的なイスラム教徒の信仰に即して南を上にしていたことも示した。

カリフの任命した学者がのちに地球の大きさの計算を改訂したことによって、地球の地図化はさらなる進歩を遂げたが、スフラーブの図はアル＝マムーンの地図の形状と向きの可能性についてある洞察を示している。伝えられているところによれば、「地球の大きさを知りたい」[15]というカリフの願いに応じて、地球の円周を測定したエラトステネスの有名な試みを再現するべく、パルミラとラッカで太陽の南中高度を測定するため測量士がシリア砂漠に派遣された。測量士たちの多くは、経線の一度の長さは五六・六七アラビアマイルであると結論した。一アラビアマイルが現在の一・二二六マイルに等しいとして計算すると、この推定値は四万キロメートルに変換される。この等価換算が正しいとすると、アル＝マムーンの測量士たちは、赤道で測定した地球の正確な円周を誤差一〇〇キロメートルの範囲内で測定したことになる。地球の円周をわずか二万九〇〇〇キロメートルと大幅に過小評価したプトレマイオスの結果と比較すると、この結果はなおさら驚きに値する。

現存する「知恵の館」のあらゆる証拠から、世界地図の発展はギリシャの学問研究に負うところが大きく、南を上にして気候区分に基づく地図を製作したインド・ペルシャの様式を多数取り入れたことがわかる。アル＝フワーリズミーなどの学者は、プトレマイオスの理論を応用して「地球の姿」という一般的な名称の世界地図のジャンルを確立したが、プトレマイオスの『地理学』がギリシャ語からアラビア語に翻訳されたのはほんの一部で、しかも間違いだらけであった。アル＝フワーリズミーと彼の弟子たちはもっぱらプトレマイオスの経度・緯度一覧表に注目して、多くの誤りや欠落を改善した。彼らは地中海をさらに正確に測定し、インド洋を現在目にしているように太平洋へ流れ込むように描いたため、陸地に囲まれることはなかった。しかし、彼らは地球を経緯網の上に投影するプトレマイオスの方法と明確に関連づけることはしなかったが、スフラーブの図によってもたらされたのは、プトレマイオスが厳しく批判したマリヌスの長方形の投影を改良したものにすぎなかった。地球を大陸に分割することも、特に初期のイスラム教徒の学者の興味をそそることはなかった。イスラムのカリフはむしろ別の切り口で地図製作を行ったのである。

この地図製作における変化の最初の徴候がどのようなものであったかは、バグダードとサーマッラーの駅逓長官であったイブン・フルダーズベ（八二〇―九一一年頃）の著作で明らかになっている。八四六年頃、イブン・フルダーズベは『諸道と諸国の書』と題された最初の著作を執筆した。彼の著作は地図を含んではいなかったものの、率直にプトレマイオス図を認め、既知の世界の姿に関するイスラム世界の地理学的認識の変化を記している。「地球の姿」の流儀とは対照的に、『諸道と諸国の書』は、「イスラムの家《ダール・アル＝イスラム》」の諸国を経由して行われる交易の動向、巡礼や郵便、ならびに中央集権化された権力の下での帝国の拡大にイブン・フルダーズベが関与していたことを裏づけている。この書は、「戦争の家《ダール・アル＝ハルブ》」と呼ばれた非イスラム統治領域にはほとんど興味を示しておらず、ギリシャの「オイクメネ」について言及した形跡は事実上皆無である。その代わりに、イスラム世界の隅々までの距離の測定に加えて、郵便や巡礼のためのルートについて集中的に記述している。中国への海路が記述されているが、それ以外ではイブン・フルダーズベの興味の対象はイスラム世界と直接関わりのある地になっている。[16]

　九世紀末までに、イスラム世界は二つの異なる地政学的方向に引き寄せられてきたことがわかった。バグダードのアッバース朝の下での中央集権化と同時に、居住世界全体への急速なイスラムの拡大は必然的に分裂と離脱をもたらした。アル＝アンダルスのウマイヤ朝の興隆と共に対立は最も明確な形となったが、ファーティマ朝、セルジューク・トルコ、ムラービト朝などの一〇世紀の王朝はすべて、アッバース朝の優越性に対して異議を唱え始めた世襲国家であった。アル＝イドリーシーが『慰みの書』の編纂を行っていた頃には、「イスラムの家《ダール・アル＝イスラム》」は少なくとも一五の分離国家で構成されていた。[17] 各々は名目上イスラム国家ではあったが、その多くはバグダードに公然と敵対し、あるいはバグダードの政治的・神学的支配を意に介さなかった。このような中央集権化された権威の分散は明らかに地図製作の結果によるものであり、中でも最も特筆すべきことは、ギリシャの伝統がさらに衰退し、イブン・フルダーズベによって提言された諸道と諸国の記述に対する興味が高まったことである。イスラム教世界のさらなる拡大を理解するためには、このことがますます重要になってきている。その結果、世界地図の製作方法はこれまでとは明らかに異なるようになり、もはやバグダードのアッバース朝が中心に据えられることはなくなり、イスラム信仰の聖地であるメッカとカーバを含むアラビア半島が世界の中心として中央に配置されるようになった。

この地図製作の流儀は、イラン北東部に生まれた学者アブー・ザイド・アーマド・イブン・サール・アル＝バルヒー（九三四年没）の名にちなんでバルヒー学派と称されている。生涯の大部分をバグダードですごし、『気候の図説』と題された地図の注釈書シリーズを執筆したことを除いて、アル＝バルヒーの生い立ちやキャリアに関してはほとんど何も知られておらず、その著作も現存していない。しかしながら、アル＝バルヒーの業績がその後多くの学者に与えた影響は、彼らの生み出した地域図や世界地図の中にはっきりと見ることができる。

バルヒー学派の流儀は、詳細な地理学的旅程を編集したイブン・フルダーズベの例に依拠したものであったが、決定的に異なるのは彼らが地図を添付したことであった。弟子の一人は、アル＝バルヒーは「著書の中では主として地図によって地球を表現することを目指した」[18]と記している。また、地図が重要であったことから、現代の地図帳に極めて類似したフォーマットが開発された。ある評論家はこれを「イスラムの地図帳」[19]と呼んでいる。アル＝バルヒーの弟子たちは世界地図を含む論文を書き上げているが、これに先立って地中海、インド洋、カスピ海の地図を、さらには一〇世紀当時のイスラム帝国の領土を示す一七点の地域図まで製作している。これらの地域図は投影法も縮尺も使用していない長方形の地図であるが、各地点間には一日の旅程を単位として測定した距離が記されている。これとは対照的に世界地図は円形であるが、ここでも彼らは緯度、経度、縮尺あるいは投影法には関心を示していない。幾何学的に輪郭を描くということもなく、陸地やその特徴は直線、円、半円、四角形、および一定の曲線を用いて描かれている。ギリシャ語の気候帯《クリマータ》は、地域《イクリーム》によって置き換えられており、これは、ギリシャの伝統的な考え方がイスラムの「領土」の概念にどこまで吸収されたかを表わすものとなっている。地図もまた、イスラム世界の描画に限定されており、非イスラム世界である「戦争の家《ダール・アル＝ハルブ》」にはほとんど関心がなく、全く描かれていない場合もある。地域図も世界地図も、ほぼすべての地図が南を上にして描かれている。

バルヒー学派の中でも最も洗練された実践家の一人がイブン・ハウカル（ヒジュラ暦三六七年／西暦九七七年頃没）であった。イラク生まれのイブン・ハウカルは、ペルシャ、トルキスタン、北アフリカを隈なくめぐり歩いた。イブン・フルダーズベが『諸道と諸国の書』で知られているように、イブン・ハウカルは『地球の姿』を書いたことでよく知られており、近代のイスラム地理学に至るまで多くの著作がこの書に依拠している。

解説書の説明に地域図を添えただけでなく、イブン・ハウカルは世界地理に関するバルヒー学派の認識を実証する最初の例として世界地図も描いているが（カラー口絵8）、投影法や気候については割愛しており、もっぱらイスラム世界の記述に重点を置いている。プトレマイオス図の基本要素は認識されていたものの、地図は南を上にして描かれている。世界は周囲を海に囲まれていて、まだ見ぬ地球の裏側は水だけで構成される非居住世界であると理解されていた。居住可能な世界はおおまかに三つに分割されている。上半分を占める最大の大陸アフリカ、左下隅を占めるアジア、右下隅に押し込められたヨーロッパの三つである。アフリカで最も目につく特徴はナイル川で、東アフリカを抜けて向きを変え、「月の山脈」にあると考えられている水源に至る。エジプト、エチオピアおよび北アフリカのイスラム国家群には明確に地名が記載されているのに対して、ヨーロッパで目につくのはスペイン、イタリアとコンスタンチノープルしかない。アラビア、紅海、ペルシャ湾を含めて、アジアがかなり詳細に表示され、独立した行政地域に細分化されているのも驚くにはあたらない。さらに東に進みイスラムの影響が弱まるにつれて、地理の表現は概略的になる。中国もインドも描かれてはいるが、その輪郭は完全に概念的なものとなっている。また、古代ギリシャからその名が伝承されてきたタプロバネ（現在のスリランカ）は描かれることもなく、実際にインド洋から島という島は取り除かれている。これは、イスラムによって支配され、その行政的および商業的な関心事に基づいて形作られた新しい世界地図なのである。

イブン・ハウカルの世界地図からは、諸国を地図に描き、信仰の地と交易路に重点を置く地理学が優位に立つようになったことがわかる。バルヒー学派の地図製作者たちにとって、イスラム国家間の境界を画定することが絶対的な必須要件となったのである。バグダードの権力が政治的にも神学的にも弱まってくると、バルヒー学派の地図製作者たちは地図の中心からカリフの首都を外し、メッカを世界の中心に据えたが、これは地理学的な意味でのイスラム化の決定的瞬間であった。地図製作者たちが最初に行ったのは、イスラム世界の詳細な自然地理学を提供することであったが、プトレマイオス以来、このような地図化の試みが成功した例は限られていた。アル＝イドリーシーの地図製作にこのような重大な影響を与えたのは、ギリシャの幾何学からイスラムの特徴的な自然地理学への移行であった。

本書では様々な地図製作者が登場するが、アル＝シャリーフ・アル＝イドリーシーほど傑出した家柄の地図製作者はいない。イスラムでは、「シャリーフ」（「高貴な」あるいは「著名な」の意）という語は、預言者ムハンマド（モハメット）の娘ファーティマを介してその血統に連なる末裔であることを意味する。また、アル＝イドリーシーはその名が示唆するように、七八六年にイベリア半島に最初のイスラム国家を築き、九世紀の初めから終わりまでモロッコの大部分を支配した強力なシーア派のイドリース朝の出身で、その家系は七世紀後半のダマスクスにおけるウマイヤ朝の成立まで遡ることができる。七五〇年、アッバース朝に対して敗北を喫したのち、イドリース家を含むウマイヤ朝の残党はダマスクスを捨ててイベリア半島と北アフリカに逃れ、コルドバに後ウマイヤ朝を築いた。新しいカリフはイベリア半島のほとんどを征服し、九八五年には内紛の圧力によって衰退したイドリース朝を吸収した。アル＝イドリーシーの直系の先祖は、現在のマラガ周辺の領域を支配していたハムード朝の一族であった。アル＝イドリーシーは一一〇〇年、北アフリカ北端のセウタに生まれたが、この頃までにはアル＝イドリーシーの一族は攻撃的な王朝とその信仰上の派閥争いに何度も翻弄されていたものと思われる。

アル＝イドリーシーの生涯について残されている記録はまばらで、相反するものも多い。出生地についてはスペイン、モロッコあるいはシチリア島とする説まであり議論は尽きないが、様々な証拠からコルドバで教育をうけたことが示唆されている。八世紀から一〇世紀にかけて、後ウマイヤ朝の首都として栄華を極めたコルドバは、世界最大の都市の一つで、人口は三〇万人を超えていたものと推定されている。七八六年には世界第三の大きさを誇るモスクが建設されたコルドバは、ヨーロッパ最古の大学とも言われる教育機関発祥の地として、イスラムの哲学者イブン・ルシュド（アヴェロエス）、ユダヤ教指導者にして哲学者・物理学者でもあったモーシェ・ベン・マイモーン（マイモニデス）[20]などの偉人を輩出した。コルドバもまた、バグダードのアッバース朝の知的な競争相手となるべく（もはや政治的な競争相手ではなく）、イスラム教徒、キリスト教徒およびユダヤ教徒の学者に比較的自由を与えた初期の多文化共生《コンビベンシア》の例であった。

当時のイスラムの評論家によれば、コルドバは「終始一貫して叡智の発祥の地となり、国の中心に位置して科学の源泉となり、イスラムのモスクを備えた最高指導者《イマーム》の居所となり、適切な議論の場となり、様々な思考の実りの庭[21]」となったのである。これは、後ウマイヤ朝が四〇〇を超えるモスクと、九〇〇カ所の公衆浴場と、二七の無償の学校を開設し、バグダードやカイロの膨大な書物の収集に対抗して四〇万冊の蔵書を誇る王立図書館を建設したことからもよくわかる。コルドバの学校と大学は、イスラム法学の研究と実践のためのセンターであると同時に、科学の他に医学や天文学から地理学、文学、言語学（活況を呈した古代ギリシャ語からアラビア語への翻訳産業を含む）に至るまで、様々な科目について教育を行った。

アル＝イドリーシーは『慰みの書』の中で、三〇年以上も前に自らが学び育ったコルドバの街を「アル＝アンダルス（現在のアンダルシア）で最も美しい宝石」[22]と表現している。しかし、アル＝イドリーシーがコルドバを訪れた頃には、後ウマイヤ朝は遠い過去の記憶となっており、一〇三一年には崩壊し、最終的には一〇九一年にベルベル人のムラービト朝にとって代わられた。彼がコルドバで学問を始めた頃には、ムラービト朝はコルドバ市民に全く信頼されていなかったが、キリスト教徒による国土回復運動《レコンキスタ》で高まる南進の脅威に直面して、ムラービト朝は救済のための唯一の希望となった。アル＝イドリーシーはコルドバがもたらした多文化的な学問を吸収する一方で、自らを取り巻くイスラム世界の政治地理学が急変しうることも学んだのである。

コルドバを去るというアル＝イドリーシーの決断は賢明であった。ムラービト朝の居住者とカスティーリャのキリスト教軍の南進に挟まれて、この都市の先行きは暗いものに見えたに違いない（一二三六年、カスティーリャ軍に占領された）。一一三〇年代までアル＝イドリーシーは各地を転々と移動した。小アジア、フランス、イングランド、モロッコ、またコルドバ以外のアル＝アンダルスの土地も隈なく旅した。一一三八年頃シチリア島を訪れたが、その理由を説明する記録は残っていない。ルッジェーロ二世がアル＝イドリーシーに興味を抱いたのは、知的動機ではなくむしろ政治的動機によるものだったのかもしれない。在位中、ノルマン王は北アフリカの海岸線の一部（トリポリを含む）を併合し、イスラム出身の傀儡支配者を配置した。アル＝イドリーシーのような傑出したイスラム教徒の貴族を登用しうることが王の興味を惹いたのかもしれない[23]。事実、オートヴィル朝にはハムード朝の血族を庇護した記録が残されている。最後のハムード朝支配者であるムハンマド・イブン・アブドゥッラーが一〇五八年にマラガを放棄したとき、ルッジェーロ二世の父でシチリア伯であったルッジェーロ一世によってシチリア島に隠れ家を与えられた[24]。一四世紀、ダマスクス出身の学者アル＝サファディー（一二九七―一三六二年）は、ルッジェーロ二世がアル＝イドリーシーを庇護した理由の一端を次のように記している。

フランク人の王でありシチリア伯でもあったルッジェーロは、学識のある哲学者を好んだ。北アフリカからアル＝シャリーフ・アル＝イドリーシーを連れてきたのも彼であった。……アル＝イドリーシーが到着すると、ルッジェーロは仰々しく最大級の歓待で迎えた。……ルッジェーロは、アル＝イドリーシーに対してシチリアに留まるよう懇願し、「あなたはカリフの家系の出だ。イスラム教徒の支配下にいたならば探し出されて殺されるだろうが、私と共にいれば身の安全は保障される」と説得した。アル＝イドリーシーが王の申し出を受け入れると、彼には十分な暮らしができるだけの収入が約束された。アル＝イドリーシーはいつものようにラバにまたがり王を訪ねたが、彼が到着するとルッジェーロは立ち上がり、自ら進んで彼を出迎え、二人並んでその場に腰を下ろした。[25]

これは、約二〇〇年後に書かれた、二人の最初の出会いに関して残されている唯一のエピソードである。賢明にして慈悲深いパトロンと寡黙で謙虚な家臣との関係が、時を越えて描かれている。しかし、このエピソードからは、ルッジェーロ二世が政治と学問を融合する慧眼の士であったことや、アル＝イドリーシー一族が王の宗旨替えを目論んでいたことに既に気付いていたこともわかる。この二人は全く異なる理由から、当時では表向きは眉をひそめるような行為であったが、他文化の習慣や儀式を受け入れることを学んだのであった。二人は共に、故国からは数百キロメートルも離れた異国の地の異邦人であった。また、宗教に対するアプローチも正統派とはかけ離れたものであった。

パレルモに到着したアル＝イドリーシーが会った支配者ルッジェーロは、自らの信仰に対して常に愛憎半ばする感情を抱いており、自らの名において行った政治的主張に対しても疑念を感じていた。ノルマン人は、一一世紀半ば以降、ビザンツ支配下にあった南イタリアの一部とシチリア島の領有権を主張した。キリスト教世界のほぼすべての権力者から絶えず異議申し立てがあったにもかかわらず、これらの領域内での既得権益により、カラブリア、アプーリア、レッジョおよびブリンディジをすべて支配した。歴代教皇は当然のことながら、ローマの南に位置する国々のノルマン人による統治に疑念を抱いていた。一方、ドイツのホーエンシュタウフェン朝もイタリアの領有を主張し、領土に侵入してくるオートヴィル朝に対して異議を唱えた。コンスタンチノープルのビザンツ皇帝でさえ、シチリア島に対する従来からの利権がオートヴィル朝によって侵害されたとして怒りを露わにし、ルッジェーロ二世を「暴君」として非難したのである[26]。

武力で立ち向かっても、ルッジェーロ二世は一筋縄ではいかない相手であった。一一二八年、アル＝イドリーシーがパレルモに到着する直前に、アプーリアに対するルッジェーロ二世の主張を拒絶した教皇ホノリウス二世は、破門の大勅書を発布して、ルッジェーロ二世に対する討伐を十字軍に促す事態にまで発展した。しかし、これが失敗に終わると、ホノリウス二世の立場は弱くなり、不本意ながらルッジェーロ二世のイタリア領有を是認することに同意したのである。一一三〇年二月にホノリウス二世が死去すると、後継教皇をめぐる分裂から起こった混乱に乗じて、ルッジェーロ二世はローマを基盤とするアナクレトゥス二世を支持し、後継争いのライバルであったインノケンティウス二世に対抗した。ルッジェーロ二世の軍事的支援を確保するため、政治的に弱体化していたアナクレトゥス二世は、一一三〇年後半にはルッジェーロ二世にシチリア王の称号を授与する大勅書を発布した。しかし、一一三八年にはルッジェーロ二世の王国は新たな危機に陥る。教皇アナクレトゥス二世が死去したため、ルッジェーロ二世のシチリア島統治に敵意を抱いていたドイツの支配者たちの支援を背景に、インノケンティウス二世が教皇を継承したのである。ルッジェーロ二世は、情け容赦なく敵対する新教皇と対峙することとなる。翌年インノケンティウス二世はルッジェーロ二世を再度破門したが、その後の戦いでルッジェーロ軍に捕らえられてしまう。インノケンティウス二世は、ルッジェーロ二世の統治権を認め、シチリア島の支配に関する将来の問題からは手を引くという屈辱を味わったのである。[27]

ルッジェーロ二世の支配に反対する小競り合いは一一四〇年代まで続いた。教皇との対立は回避されたものの、ルッジェーロ二世は依然として自分を排除しようとするビザンツやドイツの支配者による攻撃に直面していたが、このような攻撃が成功することはなかった。その後、シチリア王国が比較的安定した統治の時代に入ると、イスラム教徒の家臣たちを『慰みの書』作成の作業に参加させ始めた。

アル＝イドリーシーはパレルモでの生活にも慣れ、イスラム教徒としても学者としても広範囲に及ぶ伝統的な知識を身につけていた。古代ローマ時代以来、シチリア島は富と繁栄に関して確固たる評価を築いてきた。プトレマイオスの時代のアレクサンドリアのように、地中海の文化と伝統の間で、経済的な影響力と政治的重要性を不動のものにしたのである。シチリア島はローマとコンスタンチノープルの間を旅する政治指導者たちにとっては中継地であり、その港は地中海の彼方から様々な信仰を持った商人たちを歓迎した。また、キリスト教とイスラム教のどちらの巡礼者にとっても、安全な避難場所としての役割を果たした。メッカへの巡礼のために船出したスペインのイスラム教徒は、聖地を目指すヨーロッパのキリスト教徒と同じように、しばしばシチリア島の港に立ち寄ったのである。一一八三年、バレンシアからシチリア島を経由して、メッカへ旅したスペインのイスラム教徒イブン・ジュバイルは、「この島の繁栄は筆舌に尽くしがたい。文化の成熟度、実りの豊かさ、暮らしの満足度の点においてスペイン（アル＝アンダルス）の姉妹都市と言っても過言ではなく、様々な産物とありとあらゆる種類の果実が豊富に溢れている」と記している。イスラム教徒コミュニティとキリスト教支配者との平和的な共存に関する記述の中で、イブン・ジュバイルは満足げにコーランの一節を引用し、「キリスト教徒はイスラム教徒を十分にもてなし、『彼らを自らの友として扱った』（コーラン第二〇章第四一節）が、年二回支払わなければならない税金を課した」と記している。彼は、ノルマン王宮の「華麗な宮殿と優雅な庭園」に驚嘆し、「イスラム教徒の王と同じような方法」で立法・行政を行い、王室の権威を行使したと結んでいる。[28]

このような文化的遺産の融合によって、ルッジェーロ二世が王となった一一三〇年には、シチリア島は学術の中心としての地位を不動のものにしたのである。サレルノは、ルッジェーロ二世によってイタリアにおける帝国の一部として併合される以前から、ギリシャやアラビアの医学をラテン語圏の隅々まで普及させた中核都市として既にその名を知られていた。ルッジェーロ二世の大法官府はラテン語、ギリシャ語、アラビア語で公文書を作成していたが、相応の資格を有する学者が常に確保されていたため、このような文書を三言語間で翻訳し、配布する伝統を広く継続することができたのである。ギリシャの外交官でカターニャの副司教であったヘンリクス・アリスティッポスは、シチリア島滞在中にアリストテレスの『気象論』をギリシャ語からラテン語に翻訳し、また、プラトンの対話篇『パイドン』の最初のラテン語訳を完成した。彼はまた、コンスタンチノープルからシチリア島にプトレマイオスの『アルマゲスト』のギリシャ語写本を持ち帰る役割も担っていたが、この写本はプトレマイオスの天文学に関する著作の最初のラテン語翻訳のための底本として使われていたものであった。[29]ルッジェーロ二世は、一一四〇年頃コンスタンチノープルからパレルモに逃れてきたギリシャ人神学者ネイロス・ドクソパトレースも庇護し、「キリスト教教会世界の歴史地理学」とも評される「総主教座の序列と等級」に関する親ビザンツ的な稿本を書くように命じた。[30]アラビア語に関しては、ルッジェーロ二世は自らの政治・文化の業績を賛美する詩を書かせるために、少なくとも六名の詩人のパトロンとなった。[31]

パレルモには多言語文化があり、広範囲に及ぶ知識の継承が推奨されていたため、パレルモは、ルッジェーロ二世がアル＝イドリーシーに託そうとしていた野心的な事業を完成させるための理想的な場所となった。『慰みの書』の序文で、アル＝イドリーシーは王から託された任務の発端について記している。政治地理学の調査を最初に着想したのも当然、ルッジェーロ二世であった。

王は自国の領土を隅々まで正確には調べ、的確な知識によってこれを把握することを望まれた。また、国境や陸・海路についても知っておくべきであると考えられた。特に気候に関しては、種々の情報源の示す内容が一致し、特定の国の気候について記した既存の記録や、複数の著者によって確定された七つの気候帯に属する他の土地や領域の知識と比較することにより、国境や陸・海路の属する気候帯や海と湾の特徴について理解することを望まれた。

これは、プトレマイオス表ならびにその後ローマ人によって行われた調査（その後消失）によって、居住世界全体で八〇〇〇カ所以上の地点が特定されたのちに提案された、自然地理学の最も野心的な研究であった。このようなプロジェクトを実行するため、ローマ人は自分たちの広大な帝国を活用できただけでなく、ギリシャ語の地理学文献も比較的自由に入手することができたのである。ルッジェーロ二世の小さな王国にはこのような調査を完遂するための財源も人材も不足していたが、収集されたギリシャ語、アラビア語、ラテン語の膨大な文献を利用することができた。アル＝イドリーシーは二つの主要な文献に注目した。それは、プトレマイオスの『地理学』（ギリシャ語の原書とアラビア語訳が入手可能であった）と初期のキリスト教神学者パウルス・オロシウスの著作であった。アル＝イドリーシーと同様に、オロシウスはイベリア半島に生まれ、北アフリカと聖地を旅した遊歴学者で、その著書『異教徒に抗する歴史』（四一六―一七年）では、地理学的視点によるキリスト教の興隆に関する歴史について記している。

地理学の過去、現在および将来像を是が非でも統合することを目指して、王はプトレマイオスやオロシウスの知識と、アル＝イドリーシーを中心とする宮廷学者たちの地理学の知識とを一つにまとめ上げ、さらに居住世界の隅々まで旅した者たちの旅行記で補足するという新たな任務を課したのである。

宮廷学者らは共同で研究を進めたが、王が前述の著作で知り得た以上の知識を（他の学者から）得ることはなかった。王はまた、この問題に関して宮廷学者たちを各地へ送り出し、世界中を遊歴してその地を訪れるさらに多くの学者たちから、一人ずつあるいはまとめて意見を収集するように命じたが、意見の一致を見ることはなかった。しかしながら、意見が一致した点に関してはその情報を受け入れ、一致しなかった点に関しては却下した。[32]

その後長年にわたり、ルッジェーロ二世の学者たちは綿密な情報照合の作業を行った。特定の事柄について意見が一致した場合には、その結果が大きな製図板に加えられ、巨大な世界地図はゆっくりと姿を現わし始めた。

王は、学者たちの意見が一致した経度と緯度（および各地点間の測定値）の精度を確かめることを望まれた。そのため、王は製図板を手元まで運ばせ、学者たちの判断に忠実に従い、前述の著作に記載されていた項目を一つずつ鉄製の道具で描いたのである。[33]

このような作業の最初の成果はプトレマイオス流の地名索引ではなく、銀製の巨大な円形世界地図であった。アル＝イドリーシーは、ルッジェーロ二世が次のように命じたと記している。

円板は、一一二ディルハムを一ラトルとして、四〇〇ラトルの純銀で製作するものとした（訳注：一ディルハムは二・九七グラム相当とされているが、正確な値ではない。一ラトルは一三〇ディルハムに換算されることもある。いずれにしろ、総量で百数十キログラムの純銀で製作されたものと思われる）。円板が用意されると、その上には七つの気候帯とそれぞれの土地と領域、海岸線と後背地、湾と海、水路と川の位置、居住地と非居住地が刻まれ、頻繁に利用される道路に沿って、実測された距離、確定された海里数、あるいは信憑性の高い測定値が記され、また、製図板の上に記載された説明に従って既知の港も描かれた。[34]

このたぐいまれな銀製の世界地図も製図板も現存していないが、地図の完成後、ルッジェーロ二世は「このような外観となるに至った経緯を説明し、土地や諸国の状況に関して見逃していたものを補足する本の執筆」を命じたと、アル＝イドリーシーは記している。この本には、諸国の優れた物産やそれぞれの属する七つの気候帯、さらにはそこに居住する人々の習慣、風貌、衣服や言語などが記されるのである。この書は『世界中を旅することを望む者の慰みの書』と呼ばれることとなり、一一五四年の一月上旬、ヒジュラ暦では五四八年のシャワワールの月に完成した。[35]

完成された本はルッジェーロ二世の地理学に対する野心的な遺作となった。今日この書のページを繰るならば、王がアル＝イドリーシーの助けを必要とした理由は明白であろう。プトレマイオスやオロシウスなどのギリシャおよびラテン世界の地理学の原典を活用しただけでなく、この書には、アル＝イドリーシーがこのプロジェクトにもたらした第三の重要な伝統、すなわち三〇〇年以上にわたるアラビア地理学の学識が盛り込まれているのである。『慰みの書』は、古代地中海におけるギリシャ、ラテンおよびアラビアの学問の伝統を、既知の世界で一つに統合することを目論んだ最初の本格的な試みであった。

必ずしも天文学や宇宙誌学を学んでいない者にも理解できるように、アル＝イドリーシーは地球の起源に関する説明にはほとんど時間を費やしていない。地球が球形であるとは断言せずに、全周をかなり正確に三万七〇〇〇キロメートルと推定し、「卵の中の黄身のように宇宙の中で安定している」と述べている。序文の中で特に革新的なことは述べておらず、基準となるギリシャやイスラムの権威から外れることもなかったが、ルッジェーロ二世の協力者たちによって収集された多様な情報を編集する王の方法は過去に例を見ないものであった。プトレマイオス図を利用して、アル＝イドリーシーはこの書の残りの部分を東から西へ延びる七つの気候帯に割りあてた。第一の気候帯は赤道に沿って、アフリカから朝鮮まで延びるものであった。「この第一の気候帯は、『影の海』とも呼ばれる『西の海』の西から始まるが、何があるのかは誰にもわからない。この海には、プトレマイオスが経度・緯度計算の基点とした幸福諸島と呼ばれる二つの島がある」[36]とアル＝イドリーシーは記している。最後の七番目の気候帯は現在のスカンジナビア半島とシベリアに及んでいる。アル＝イドリーシーの最も大胆な革新は、各気候帯を一〇に細分化したことであった。これにより世界は七〇個の四角形の領域で構成されることとなった。すべてをつなぎ合わせた地図は、儀式で使うにしても大きすぎたのである。アル＝イドリーシーはこのように地図を統一的に管理することを意識していたわけではなかったが、この細分化は世界全体を地理学的に示す新しい方法となった。『慰みの書』には、各領域の説明に七〇枚の地域図が添付されていたため、一読しただけでその領域を思い浮かべることができたのである。

アル＝イドリーシーは序文で、世界をこのように分割するに至った動機について記しているが、これは、地図が地理学的記述を補完し強化しうるものであることを、近代以前に示した最も詳細な説明の一つとなっている。

> そして我々が、各地域図の中に、街や地区や領域の区分に属するものを入れ込んだことによって、地域図を見る者は、これまでは到達不可能な経路に阻まれていたものや、人々の気質の違いによって

伝えられることがなかったものを知ることができるようになるであろう。したがって、この地域図を見ることによって情報の訂正も可能となる。これらの地域図の総数は七〇点としたが、人が居住するという観点から、酷暑と水不足によって南限となる領域と極寒よって北限となる領域については除外している。

この説明は、これまでは遠く、危険を伴うため訪れることすら想像できなかった土地を、視覚化して見る者の前に提示する地図の能力を示している。しかし、アル゠イドリーシーはまた、地域図が情報までも提供できることを理解していたのである。自然地理学を記述することの重要性を繰り返し説いたのち、彼は次のように述べている。

さて、閲覧者がこれらの地図と国々の説明に注目するならば、正しい説明と申し分のない外観を見ることはできるが、それにもまして、閲覧者が知りたいのは、諸国の説明や人々の風貌、衣装や装飾品、実際の経路とそこまでの距離、旅行者が目撃し、諸国を遊歴した作家が記し、語り部が語った各地の素晴らしい事物であるのは言うまでもない。そこで、我々は各地図のあとには、本書に欠くべからざる適切な情報をすべて盛り込んだ。

この地図製作の威力と限界に関する雄弁な記述は、「外観」を作ることの重要性、あるいは、プトレマイオスが記したような居住世界に対する地理学的序列を認識しているが、「遊歴作家」によってもたらされた「風聞《アコエ》」の問題についても暗に譲歩している。旅行者の報告は、ルッジェーロ二世が望んだ詳細な人文地理学にとって、不可欠なものであったことは間違いないが、どのようにしてこれらの報告を検証し、「語り部による確認」を行うことができたのだろうか。アル＝イドリーシーにとって、地図の基本的な幾何学は疑う余地のないもので、最も経験豊富な旅行者によってもたらされた部分的な説明とは異なり、確実な再現が可能であった。

アル＝イドリーシーは、この時代よりも一五〇〇年以上も昔にヘロドトスが指摘した同じ問題で行き詰まったのであった。彼の解決策は、古代世界や初期のイスラム文明から継承されてきた地図製作の伝統に逆行するもので、居住世界の各地の現実を描く際に非科学的な方法を採用したのである。この方法は、中世世界における最も網羅的で詳細な地理学的記述の一つを作り出すものであったが、信奉されている政治的イデオロギーが地図製作における世界像について語り始めると、無視され、却下される恐れもあった。

アル＝マムーン王宮からイブン・ハウカルに至るまで、過去の歴史的な地図製作に対して、アル＝イドリーシーが採った方法は込み入っている。これはその方法の出所についてほとんど何も語られていないためであり、また、この時代の写本文化の中にあって、知識の流通や交換には多くの問題点があったためでもある。彼の業績を評価する際には、私たちは『慰みの書』（添付の地図も含め）の後世の伝写本に頼ることとなる。彼の教育や初期のキャリアはイスラム世界の西の果てにおけるものであったため、コルドバやシチリア島で彼の元に届く原典がどの言語によるものであったのか判断は難しくなる。アル＝マスーディのような先人の影響について沈黙しているように見えるのは、単なる認識不足によるものなのだろうか。あるいはあまり知られていない学問的対立やイデオロギー的な対立を表わしているのであろうか。私たちには知る由もない。しかし、彼が引き合いに出している原典を地図や地理学的記述と共につなぎ合わせるならば、彼が成し遂げようとしたことについて何らかの推測を提示することは可能である。

アル＝イドリーシーは『慰みの書』の序文で、数ある原典の中でもプトレマイオス、パウルス・オロシウス、イブン・フルダーズベ、イブン・ハウカルの著作を大いに活用したと述べている。[37] このような人物が列挙されたことは意味深い。ギリシャ人一名、キリスト教徒二名、イスラム教徒二名で、一人は官僚出身だが他は諸国を遊歴した旅行者ばかりである。アル＝イドリーシーの著作を読み、添付の地図を見る限り、特定の原典に偏りすぎているということはないようである。彼はあらゆる原典を参考にしているが、自らの結論を下すことでこれらの原典の限界を暗黙のうちに認めているのである。地球の形状、一周の長さ、赤道の様相についての理論的な理解に関してはイブン・フルダーズベを参考にしているが、気候帯の記述や描画、さらにその延長上にある地域図の寸法に関してはプトレマイオスに戻るのである。

七〇の領域を記述する説明文と地図を裏づける際には、アル＝イドリーシーはプトレマイオスの原典からイスラム教徒の原典まで隈なく目を通し、多くの場合、自身の地図上の位置と一致しない場所について記述し、その配置について評価を行っている。各地図上に記された地点間の経路と距離に関する記述では、例えば、「メッカからヤスリブとも呼ばれたメディナまで、最も便利な経路で六日間の旅程」のように記されているが、これは四一五キロメートルに相当する。経路を決定するにあたっては、アル＝イドリーシーがプトレマイオスからイブン・フルダーズベに戻って、詳細に検討したことがわかる。これに関しては先人の行政実務上の記録を利用したのである。

サブラから淡水の泉がある逗留地メイレイまで、二七キロメートル。
その地から少数のアラブ人が住むメディナの住民の集会場であるチャイダーまで、一九キロメートル。
チャイダーからメディナまで、一一キロメートル。[38]

メッカを示す地図には、聖地としての重要性を示すような記号は記載されておらず、それに伴う説明もない。「メッカは古い街でその起源は一夜にして失われた。イスラム教世界の各地から人々が集まることで有名で、かつ栄えている」とアル＝イドリーシーは記している。カーバ神殿についてもその記述は淡々としたもので、「伝承によれば、カーバ神殿は石と粘土で造られたアダムの住居で、ノアの大洪水で破壊されたが、神の命によりアブラハムとイシュマエルが再建するまでは廃墟のままであった」[39]と記されている。これは、エルサレムを世界の神聖な中心とする現代のキリスト教徒の世界図《マッパムンディ》（次章で詳しく述べる）による聖なる地理学でもなければ、バルヒー学派のメッカを中心とした地図製作法でもない。それどころかこれが提示しているのは、驚きと奇跡に満ちた現実世界の博物学的な記述であり、基盤となる神の創造の行為に対する明確な信仰はほとんど存在しない。

アル＝イドリーシーがカリフの首都バグダードに注目したときも、彼の説明はメッカの場合と同様に控えめで、「この大都市は、アル＝マンスールによってチグリス川西岸に建設されたもので、周囲の領地は友人や従者に分配された」[40]となっている。これとは全く対照的に、キリスト教世界の大都市については称賛の言葉が詳細に綴られている。ローマについては、古典的建造物、繁栄を極めた市場、美しい広場、サンピエトロ寺院をはじめとして一二〇〇を超える教会を賛美する言葉と共に、「キリスト教の屋台骨的な存在の都市であり、大都市の中でも第一の都市」として記されている。アル＝イドリーシーは教皇についても記している。「教皇はいかなる王の権力をも超越する存在で、すべての王は教皇を神に等しい存在として崇敬の念を抱いている。教皇は正義をもって統治し、暴君を罰し、貧しく弱い者を守り、不正を抑制した。教皇の権力はキリスト教会のあらゆる王の権力を超えるもので、教皇の布告には何人も異を唱えることはできない」[41]としている。アル＝イドリーシーがルッジェーロ二世を満足させるために、意図的にキリスト教を持ちあげイスラム教を軽視したのだとしても、ルッジェーロ二世が望むような教皇の権威の説明にはほど遠い。

ただし、エルサレムに関するアル＝イドリーシーの説明からは、地理学に対する微妙な混合主義《シンクレティック》的な視点がアル＝イドリーシーの著作から始まったものであることがわかる。彼は、ユダヤ教徒、キリスト教徒およびイスラム教徒が相互に絡み合ったこの都市の神学上の歴史を年代順に記録し、繰り返しキリストを「主メサイア」と呼び、降誕から十字架刑までの生涯を地理学的に記述している。神殿の丘《テンプル・マウント》、すなわちイスラムの高貴な聖域《ノーブル・サンクチュアリ》に関する特筆すべき一節の中で、アル＝イドリーシーは次のように記している。

ダビデの子ソロモンによって建てられた聖なる住まいで、ユダヤ人が力を持っていた時代の巡礼の地でもあった。この神殿は、イスラム教徒がこの地を訪れた時代に、ユダヤ人から奪い取ったもので、ユダヤ人は退去させられた。イスラム教徒の支配権の下でこの神殿は拡張され、今日イスラム教徒にはマスジド・アル＝アクサーの名で知られるモスクとなっている。世界中にこれを超える規模のモスクは存在しないが、アンダルシア地方コルドバの大モスクだけは例外で、報告によれば、このモスクの屋根はマスジド・アル＝アクサーの屋根よりも大きい。[42]

ここはユダヤ教では最も神聖な地で、イスラム教ではメッカ、メディナに次ぐ第三の聖地で、空飛ぶ馬によるメッカからエルサレムまでの預言者の空想の旅にちなんで「最果てのモスク」と呼ばれたが、その後まもなくイスラム教徒のキブラ（礼拝の方向）とされた。しかし、モスクのある大建造物に関する記述の中で、アル＝イドリーシーは、一一〇四年に「キリスト教徒が武力によって奪取して以来、本書執筆の時点までキリスト教徒によって支配されたままである」として、読者の注意を喚起している。アル＝イドリーシーは、自らの経歴の中で一つの宗教が支配的であったことはなく、『慰みの書』の中では自身がイスラム教徒であることを述べているが、一つの知的伝統や宗教的伝統に留まらなければならないという思いはなかったようである。

『慰みの書』では、世界地図上のルッジェーロ二世の領地は明らかに誇張されている。シチリア島は「真珠の中の真珠」と表現され、地中海の他のどの島よりも大きく描かれ、島の支配者は「荘厳な帝権と高貴な主権」を有する者として賛美されている[43]。ただし、これは政治的要求の産物であり、自己中心的な地図製作の典型例であり、アル＝イドリーシーが王国の配置と主権を誇張した理由でもあった。より基本的な段階では、『慰みの書』の中ではプトレマイオスの幾何学もバルヒー学派の地図製作における神聖な地理学も優先されているわけではない。アル＝イドリーシーのどの地図にも縮尺や一貫した距離の測定値は記載されていない。イブン・ハウカルの地図とは対照的に、アル＝イドリーシーの地図には、イスラム世界の言葉で特定の都市、国、大陸の限界、境界あるいは終端を意味する「ハッド」は描かれていない[44]。このプロジェクトが長年にわたり継続的に支援されてきたことから、政治地理学としてルッジェーロ二世がこのプロジェクトに満足していたことがわかるが、アル＝イドリーシーにとって『慰みの書』は明らかに別のものであった。それは、啓発、娯楽に関する学術的な作品のための洗練された文化的な追求であった。教養《アダブ》を有する者、すなわち教養人《アディーブ》は、あらゆる事柄について何かを知ろうとして、表現のための最良の手段として提示された百科事典的な地理書を探し求めるのである[45]。

アル＝イドリーシーの『慰みの書』を生み出した、大言壮語の共生の精神、多文化交流、物や概念や信仰の伝達は一時的な現象であった。ルッジェーロ二世の人生の終焉が近づいていることが明らかになり始めると、アル＝イドリーシーの地理学的成果は取り残され、キリスト教徒とイスラム教徒との間で二極分化が拡大する結果となったが、多言語が使われるキリスト教徒の宮廷であっても、イスラム教徒の地図製作者にそれ以外の余地は残されていなかったのである。一一四七年、アル＝イドリーシーが『慰みの書』の編集にあたっていたとき、ルッジェーロ二世は、エルサレムからイスラム教徒を駆逐するという究極的な目標を掲げて、第二回十字軍計画を熱狂的に支援していた。これまでどおり抜け目なく、ルッジェーロ二世は自身の政治的大義を押し進めるため、十字軍への参加を利用することを目論んでいた。しかし、これはまた、深まりつつあった二つの信仰の対立を回避することがますます困難になりつつある、と理解していたことを示す当時の兆候でもあった。

一一五四年にルッジェーロ二世が死去すると、王位は息子であるグリエルモ一世に継承された。グリエルモ一世は、父親であるルッジェーロ二世の熱心な学問の支援を継承したが、政治的な洞察力に欠けていた。グリエルモ一世の在位当時の同時代人によれば、「即位後わずかのうちに、平穏な時代は終わりを告げ」、シチリア王国はまもなく崩壊し、派閥による血なまぐさい対立の時代に入ったのである。[46] アル＝イドリーシーは若かりし頃コルドバへ逃れたように、一つの時代が終わったことを悟り、シチリア島に最後の別れを告げて、北アフリカのおそらくはセウタに戻り、一一六五年この地で六五歳の生涯を閉じた。彼の旅立ちは、高まりつつあったノルマン人に対するイスラム教徒の反乱と時期が重なっていた。ルッジェーロ二世の甥フリードリヒ・バルバロッサは、神聖ローマ帝国皇帝にしてシチリア王（在位一一九八―一二五〇年）であったが、島のイスラム教徒コミュニティに対しては全く異なる対応策を採り、彼らを国外追放した。彼はまた第六回十字軍を率いて聖戦を再開し、一二二九年にはエルサレム王として戴冠し、遠征の最後を飾った。皇帝が死のときを迎えるまでには、シチリア島に残ったイスラム教徒たちは流浪の民となるか奴隷として売られていった。ノルマン人のシチリア島における多文化共生《コンビベンシア》の実験は苦い結末を迎え、イスラム教徒はシチリア島から一掃される結果となった。[47]

一二世紀末の地中海世界の文化的境界線の移動と、ノルマン人がかつて作り上げた友好的な知的交流の風潮は、アル＝イドリーシーの地理学遺産が限定的なものであったことを意味した。『慰みの書』のような難しい大著をシチリア島からイスラム世界へ送り出すことは容易ではなく、仮にできたとしても多くのイスラム教徒学者たちがアル＝イドリーシーを背教者とみなしたことは想像に難くない。やや時代が下ると、イスラムの著述家たちはアル＝イドリーシーの著書や地図の複製を活用し始めているが、北アフリカの著名な学者イブン・ハルドゥーン（一三三二―一四〇六年）もその一人であった。彼の記念碑的な著作『歴史序説』は、「世界の耕作地に見られる山、海、および川」[48]を記述するにあたって、アル＝イドリーシー図とプトレマイオス図を比較している。もしこの引用がなかったならば、アル＝イドリーシーの著作の流通は北アフリカの学者グループに限定されていたであろう。『慰みの書』のラテン語要約版は一五九二年にローマで出版されたが、それまでは歴史的奇書とみなされており、イスラム世界の地理学における後進性の例として却下されていた。

二〇世紀末になり、学者たちがイスラム世界の地図製作法の意義を再考し始めたことにより、アル＝イドリーシーの名声は徐々に回復しつつあった。アル＝イドシーリーの地図製作の重要性、とりわけ円形世界地図の意義は、最近の驚くべき発見がなかったとしたならば、増大し続けていたかもしれない。二〇〇二年六月、オックスフォード大学ボドリアン図書館の東洋コレクション部門は、アラビア地理学の発達に新たな手掛かりを与えると同時に、アル＝イドリーシーの世界地図に関する従来の仮説に問題を提起するアラビア語の写本を入手した。この写本は、著者による政治および王朝に関わる参考文献に基づくならば、その起源は一一世紀まで時代を遡ることができるが、一三世紀初頭におそらくエジプトで複製されたものであった。著者は不明であるが、その書名は興味深いことに、アル＝イドリーシーの『慰みの書』と同様に類型化されたものであることがわかった。

『科学の好奇心と驚異の世界に関する書』（以降、『好奇心の書』）と題されたこの著作は三五章からなり、宇宙と地球についてアラビア語で記されている。この著作に関して特筆すべきことは、インド洋、地中海、カスピ海、ナイル川、ユーフラティス川、チグリス川、オクサス川、インダス川などが描かれた、少なくとも一六点の地図が添付されていることである。地図にはキプロス島、北アフリカ、およびシチリア島も描かれている。最初の章には二点の世界地図も描かれている。一点は長方形でもう一点は円形であるが、いずれも驚くほど独創的である。長方形の地図は既知のイスラム地図とは全く様相を異にした、南を上にした極めて模式的な地図で、世界は事実上二つの大陸で構成されている（カラー口絵10）。ヨーロッパは右側に位置し、アジアは左側の果てしないアフリカに結合している。アラビア半島は特に突出しており、メッカは黄金の馬蹄形状に描かれている。この地図には、平面上に世界地図を投影するスフラーブの方法に著しく類似した縮尺バーが含まれている。縮尺バーは地図上部の右から左へ延び、東アフリカ沿岸付近で終わっている。写本筆記者が経緯網を理解していないことは明白であるが（数字の振り方が誤っている）、この経緯網によって、これまでは不明であったイスラムの世界地図における距離測定や縮尺適用の技術水準を推測することができる。[49]

円形地図は見慣れた形状のもので、少なくとも六点存在するアル＝イドリーシーの『慰みの書』の写本に挿入されている世界地図とほぼ同一である（カラー口絵9）。『好奇心の書』の地図は『慰みの書』よりも一世紀以上時代を遡るため、アル＝イドリーシーの創作によるとする従来の見解は根底から覆されてしまった。この地図が『慰みの書』に登場する理由の説明には二つの可能性がある。一つは、出典に対する認識がないままこの地図を複製し、自らの著作に含めたとする可能性である。もう一つは、より興味深い推測であるが、後世の写本筆記者が『慰みの書』に対する補足になると考え、『好奇心の書』の地図を勝手につけ加えた可能性が考えられる。アル＝イドリーシーが世界地図について全く言及していないこと、また、地球の姿を純粋に物理的に提示することが『慰みの書』の興味の対象となっている各地の人文地理学とかみ合っていないことを考えると、後者の理由による可能性が高い。真実がどうあれ、『好奇心の書』の発見によって、中世イスラム世界における地図の流通や地理学に関する知識の交流は、これまで歴史家たちが考えていたよりもかなり早い時期から、より広範囲にわたって行われていたことが明らかになってきた。中世の地図製作に関する私たちの理解は進化し続けている。

『好奇心の書』における円形地図の存在は、アル＝イドリーシーの地理学における業績に対する見方を変えるものである。居住世界の地域図製作における彼の方法は、近代以前の世界における非数学的地図製作法の偉大な実例の一つであり、キリスト教徒とイスラム教徒との間の交流のみならず、ギリシャ人とユダヤ人との交流の産物でもあった。当時の慣習は現代的な意味においては客観的には見えないが、彼らは空間を一様に地図化し、当時の多くの地図に特徴的に見られた宗教的誇張には比較的縛られないことで、ある種のリアリズムを追求したのである。アル＝イドリーシーの地域図や街、都市、コミュニティ、日用品、交易路、居住世界の隅々までの道程に関する彼の説明は、キリスト教世界およびイスラム教世界の地図製作の要素を統合する試みを反映しているにもかかわらず、宗教的な宇宙の起源や普遍的な統治権に対する主張を認めることには気が進まなかったようである。

プトレマイオスと同様に、アル＝イドリーシーはルッジェーロ二世のような野心的な支援者が望んだ事業として、また、知的作業として世界地図の製作に魅力を感じていたのである。しかし、彼の胸を躍らせたのは地域図の無限の可能性のようで、七〇点すべての地域図を一つの世界地図にまとめることには反対であった。それは、このような地図の製作は何らかの信仰に基づいて行われるという問題を避けることができないからであった。しだいに、地球の物理的な多様性に関する疑問を地図に表わすことは、地中海においては後世の宮廷や支配者、キリスト教徒やイスラム教徒にとって容認しがたいものとなったのである。一三世紀までには、キリスト教徒もイスラム教徒もアル＝イドリーシー図から目を背け、それぞれの神学上の信仰を無条件で支援する地図を要求するようになるのである。地理学的な革新があったにもかかわらず、キリスト教徒もイスラム教徒もアル＝イドリーシーの地図を評価することはなく、地理学的な記述が宗教的信仰に優ることはなかった。

第3章——信仰

ヘレフォードの世界図《マッパムンディ》　一三〇〇年頃

イタリア、オルヴィエート　一二八二年

一二八二年八月二三日、ヘレフォード司教トマス・カンティループは、イタリアのオルヴィエートにほど近いフェレンテでその生涯を閉じた。前イングランド大法官にしてオックスフォード大学総長、ロンドンおよびヨークの司祭、また国王エドワード一世の私的な助言者でもあったカンティループは、一三世紀のイングランド教会において最も強い影響力を有する人物の一人であった。そのカンティループが、カンタベリー大司教ジョン・ペッカムとの熾烈な論争に巻き込まれたのは、生涯最後の年であった。当時、聖職禄（教会の役職に付随する所領や資産）を複数有する、聖職兼務《プルーラリズム》と呼ばれる慣習があったが、有力な男爵の家系に生まれたカンティループは、この高位聖職者の既得権の揺るぎない信奉者であった。これに対してペッカムは、規律の欠如、常習的欠勤や異端神学の教えとみなされる行為と同様に、聖職兼務を声高に非難した。一二七九年に大司教に任命されると、ペッカムはカンティループを含む高位聖職者に対して、このような慣習を一掃することを明言した。ペッカムは新しい教会権威の代表であった。ペッカムは一二一五年にローマで開催された第四ラテラン公会議で宣言された布告を断固として支持したが、この公会議では、支配エリート層の権力を強化することによって、キリスト教の教義を正式承認することが望まれた。また、信者たちに教義の

基本的な内容を広めるため、支配エリート層の権限が引き上げられた。[1] ペッカムはこのような改革を熱烈に支持し、多くの司教が享受してきた権限と特権を崩す過程では、司教区に対する管轄権を拡大した。

ペッカムが特に配慮したのは、聖職兼務問題の議論にウェールズの聖職者を参加させることであった。これは宗教的な問題であると同時に政治的な問題でもあった。一二七〇年代から八〇年代にかけて、国王エドワードはウェールズの独立支配者たちの領地をイングランドに併合することを目論んでいたため、長期にわたり熾烈な紛争状態にあった。イングランドとウェールズの境界領域に位置するヘレフォード司教区は、イングランドの政治的権威と教会権威が及ぶ範囲の限界であったが、ペッカムは自身の改革によってヘレフォード司教区が堅持されることを切望していた。カンティループは政治的問題に関してはエドワード国王への忠誠を示したが、当時のイングランド教会に深く根づいていた聖職兼務やその他の慣習に異議を唱えるペッカムの考えには同意しなかった。一二八二年二月、ランベス宮殿において大司教が突然カンティループを破門したことによって、問題は重大な局面を迎えた。屈辱を受けた司教はフランスへ亡命し、一二八二年三月には、ペッカムによる破門に対する反論を教皇マルティヌス四世に直訴するためローマを目指していた。[2]

一二八二年のひと夏かけて、カンティループは教皇に謁見し、破門に対する申し立てを行った。しかし、問題が解決することはなく、イングランドへ向けて旅立った八月頃には、カンティループの健康状態は悪化し始めていた。フェレンテで亡くなるとすぐに、カンティループの心臓は切除され、遺骨を分離するため遺体は釜茹でにされた。遺体はオルヴィエートの教会に埋葬され、心臓と遺骨はイングランドに送り返された。しかし、一二八三年初めまで、ペッカムはカンティループの遺骨をヘレフォードに埋葬することを許可しなかった。カンティループの弟子であり、後継のヘレフォード司教であったリチャード・スウィンフィールドの尽力により、一二八七年、前司教の遺骨は最終的に大聖堂に埋葬された。カンティループの墓は、寓話に登場する野獣の上に立つ衛兵たちの像によって飾られているが、これは天国の庭に安らかに眠るカンティループを守り、罪業と戦う教会戦士のイメージである。[3]

当初この祭壇はスウィンフィールドが自らの師を列聖するためのものであったが、彼はカンティループの墓を国中の信者の巡礼地にまで高めたのである。一二八七年から一三一二年までの間に、精神病や四肢障害の治癒に始まり、溺死と思われた子どもの奇跡的な蘇生、従者が誤って踏みつけてしまった騎士のお気に入りの鷹の復活、盗賊に舌を切られたが話せるまでに回復したドンカスター出身の男の話など、カンティループの墓にまつわる「奇跡」は五〇〇件以上に及んだという。ローマ教皇庁への嘆願を繰り返し行った末、一三二〇年、ついにカンティループは宗教改革前に聖職者としての地位の回復が認められた最後のイングランド人となった。カンティループの経歴と教会権威の問題をめぐるペッカムとの対立の物語は、一三世紀イングランドのカトリック教会における信仰の変遷を内包している。しかし今日、カンティループの最終的な安息の地は、ヘレフォード大聖堂の北の翼廊で目にすることができる台座であることはほとんど忘れ去られている。この大聖堂への世俗的な巡礼に訪れる旅行者のほとんどは、カンティループの墓の脇をすり抜け、最も有名な歴史遺産であるヘレフォードの世界図《マッパムンディ》を収蔵するために設計された教会裏の近代的な別館へと向かう。

マッパムンディのマッパはラテン語でテーブルクロスやナプキンを意味し、ムンディは世界を意味する。八世紀末以降のキリスト教西方ラテン世界で発展したマッパムンディは、必ずしも具体的な世界地図を意味したわけではなく、文書による地理学的記述を表わすこともあった。したがって、この時代の世界地図がすべてマッパムンディと呼ばれたわけではない。デスクリプティオ（「説明」の意）、ピクチュラ（「絵」の意）、エストリエ（「歴史」の意）、タブラ（「ボード」の意）などの用語が使われることもあり、ヘレフォード図の場合にはエストリエ（「歴史」の意）と呼ばれることもあった。[4] 当時は地理学が明確な学問分野の一つとして認識されていなかったように、現在私たちが地図と呼んでいるものを説明する際に広く認知されていた名詞はラテン語にもヨーロッパ各国の自国語にも存在しなかったのである。しかしながら、およそ六〇〇年の間に、当時流布していた用語の中では、マッパムンディがキリスト教世界を記述および描写した内容を定義する際の最も一般的な用語となったのである。現存する一一〇〇点のマッパムンディの大部分は写本の中に挿入されたわずか数センチメートルの大きさのもので、スペインの神学者であったセビリアのイシドール（五六〇―六三六年頃）、四世紀末の著述家マクロビウス、五世紀のキリスト教思想家パウルス・オロシウスなど、当時最も影響力のあった思想家の著作内容を図解するためのものであった。ヘレフォードのマッパムンディは他に類を見ない、地図製作史上最も重要な地図の一つであり、八〇〇年近くにわたり原型を保ったまま残っているものとしては最大のものである。これは一三世紀のキリスト教徒の目に映った百科事典的な世界像で、中世キリスト教世界における信仰を、神学、宇宙論、哲学、政治、歴史、動物学、民族誌学などの視点から捉えて描写したものと言える。これは現存する中世地図としては最大級のものであるが、不可解な部分もある。正確な製作時期が不明なだけでなく、大聖堂の中での実際的な役割も、イングランドとウェールズの境界に位置する小さな門前町に存在する理由もわかっていない。

ヘレフォード大聖堂の別館に足を踏み入れ、マッパムンディを見た旅行者は、これを地図として意識するのではなく、何よりもその異質な外観に驚かされるのである。家の切妻壁のような形をしたその地図は、得体の知れない生き物のように揺れて波打つ。高さ一・五九メートル、幅一・三四メートルで、巨大な動物の一枚の皮で作られている（カラー口絵12a）。地図の頂点を形成する頸部から地図の中心部を通る脊椎に至るまで、動物の形状はいまでも容易に想像できる。一見すると、この地図は頭蓋骨、あるいは血管や臓器が剥き出しになった死体の断面のようでもあり、別の視点から見ると奇妙に反り返った動物のようでもある。プトレマイオス図やイドリーシー図に見られた格子や線は描かれていない。その代わりに、この地図は有機的な霊気のようなものを発散し、驚きで満たされると同時に恐怖によって縁取られ、混沌として充満する世界を具現化している。

羊皮紙の大部分を占めるのは、周囲を海に囲まれた一つの巨大な球形の中に描かれた世界の姿である。この地図の陸地の分布と地理学的な方位を眺めると、現代人の眼には奇異に映り困惑する。地球は地図上に金箔で飾られた「ヨーロッパ」「アジア」「アフリカ」の三つの部分に分けられている。[5] ヨーロッパとアフリカの表記が逆になっているが、これは一三世紀の地理学の知識の限界を意味するものかもしれない。現実に反して世界の図像を敢えて混乱させて提示する裏の意図がなかったのであれば、完成公開時には地図の筆記者は大恥をかいたに違いない。基本的な方位は地図の外側の環に、上部から時計回りにオリエンス（東、日の出）、メリディス（南、太陽の南中方向）、オクシデンス（西、日没）、セプテントリオ（北、語源はラテン語の七で、北の方角を知るために使われた大熊座の北斗七星を意味する）と記されている。アル＝イドリーシーの世界地図が南を上にしていたのに対して、ヘレフォードのマッパムンディは東を上に設定している。ただし、イドリーシー図と同様に、ヘレフォードのマッパムンディでも、アジアは円形全体のほぼ三分の二を占めている。南にあたる地図の右隅に位置するのがアフリカであるが、その南の半島は誤描されアジアと陸続きになっている。ヨーロッパは西にあたる左下隅に位置し、北側には現在のスカンジナビア半島を伴っている。アジアは残りの上の部分を占めている。

現代の地理学に従ってマッパムンディを再配置するためには、閲覧者は地図の頂点が右を向くように頭の中で九〇度回転しなければならないが、そのようにしてみても地形は見慣れたものとは程遠い。マッパムンディの前に立つ人々の多くは、一三世紀の重要な開拓地であるコンウェイやカナーボンなどと共に、ヘレフォードを探して自分の位置を確かめようとするが、ほとんど徒労に終わる。この街はワイ川と同様に地図上にあるものの、左下隅に押し込まれ「アングリア」と表記されたソーセージ形の島の上にあることがかろうじて認識できるだけである。現代人にはどこまでがブリテン諸島なのかはっきりしないが、その地名研究から地域と国のアイデンティティに関わる極めて今日的な問題が現在まで続いていることがわかる。ヘレフォードの北東にはアングリアと赤く記されているが、さらに南には同じ島が「ブリテン島《ブリタニア・インスーラ》」と表記されている。ウェールズはイングランドから糸でぶら下がっているように見え、一方、アイルランドは邪悪なワニのように地図の辺縁から浮き上がり、ほとんど二つに分かれているように見える。北には、スコットランドがイングランドから完全に分離しているように描かれている。

狭い円弧状の海を越えて「ヨーロッパ」に渡ると、状況はより不明確になる。大陸も陸地を蛇行する水路によって裂かれた角状の楔形をして、かろうじて識別できるだけで、おもにこれを特徴づけているのは山脈、交易路、信仰の聖地、パリなどの主要都市である。興味深いことにパリの部分には切り傷や引っかき傷があるが、おそらくは、長年の反仏感情によるものであろう。ローマは「世界の頂点」として美しく描かれている。地図の基底部には、最西端の地としてギリシャ神話の英雄ヘラクレスが二本の柱を立てたとされる島があり、「ジブラルタル岩とアチョ山はヘラクレスの柱と信じられている」という説明が添えられている。左に隣接するスペイン本土のすぐ上にはコルドバとバレンシアが位置し、「ヨーロッパ最果ての地」という説明が書かれている。ヘラクレスの柱から地図の背骨部分を遡るように続く地中海には、古代の情報を寄せ集めた簡単な説明がつけられた島々が散在している。地図によれば、ミノルカ島は「投石器が最初に発見された」場所で、一方、サルデーニャ島は「人の足形に似ていることからギリシャ語で『サンダリオン（足跡）』と呼ばれる」と説明されている。最も目立つ島がアル＝イドリーシーの暮らしたシチリア島で、アフリカの海岸から離れているが、「無敵のカルタゴ」と記された城にすぐ隣接している。この島は大きな三角形で描かれており、三つの岬の間の正確な距離が示されている。シチリア島のすぐ上には、「迷宮《ラビリンス》：ダイダロス誕生の地」として有名なクレタ島がある。古代ギリシャ神話によれば、アテネの工匠ダイダロスは、クレタ島のミノス王の王妃パシパエが産み落とした怪物ミノタウロスを閉じ込めるため迷宮《ラビリンス》を作り上げたのである。クレタ島の上で地中海は二手に分かれている。右側ではナイル川が注ぎ込み、左側はアドリア海とエーゲ海へと続く。ロードス島と世界七不思議の一つである巨像《コロッソス》の遺跡を越えて進むと、地図はヘレスポント海峡（現在のダーダネルス海峡）、およびその直上に位置するビザンツ帝国の首都コンスタンチノープルに至る。その都市は多数の壁や見事な正確さで再現された砦と共に、斜透視図法で描かれている。

中心から遠ざかるにつれて、この地図と近代的な地理学の実態はしだいに解離していく。さらに地図の上方を見ていくと、定住地はさらにまばらになるが、地図の説明は詳細になり、奇妙な怪物や像が現われ始める。山猫は小アジアを闊歩し、「壁を透視し、黒い石の尿を排泄する」と言われている。ノアの方舟はさらに上方のアルメニアに位置しており、二頭の獰猛な動物がインドを越えて行き来している。その左側には虎が描かれている。右側には、顔は人間、身体は獅子、全身は血の色で、三列の歯、黄色い眼、サソリの尾を有し、風切り音のような鳴き声で威嚇する「マンティコラ」が描かれている。アジアの奥深くへ入っていくと、ギリシャ神話の金の羊毛、獅子の体と鷲の頭と翼を持つグリフィン、グロテスクな人食いの場面や、洞窟に住み「敵の頭蓋骨で杯を作る」という恐ろしいスキタイ人なども描かれている。地図の左肩の部分は既知の世界の果てで、ここには次のような説明が記されている。

ここには、耐えがたい極限の寒さ、居住民が「ビゾ」と呼ぶ山から絶えず吹きつける暴風など、想像を絶する様々な恐怖が存在する。ここには呪われたカインの末裔で、人肉を食し血をすする極めて野蛮な人々が住んでいる。神は、この野蛮な一族を封じ込めるためにアレクサンダー大王を遣わし、大王の目の前で地震を起こし、山々を動かして彼らの周囲を取り囲んだ。山がなかったところには、アレクサンダー大王が破壊できない頑強な壁を築き、彼らを封じ込めた。

この説明は、「野蛮人」であるゴク族とマゴグ族の起源に関する聖書の物語と古典が融合したものである。彼らは既知の世界の北の果てに散らばったノアの息子ヤペテの子孫であった。ヨハネの黙示録の預言によれば、最後の審判の日サタンはエルサレムに対して無益な戦いを挑み、地上の四方にいるゴグ族とマゴグ族を招集する（第二〇章八―九節）。旧約聖書とコーランに記されているアレクサンダー大王の功績に関する説明によれば、大王はコーカサス山脈に到着するとゴグとマゴグを関所に閉じ込めるため真鍮と鉄でできた門を築いた。この関所はアル＝イドリーシーの丸い世界地図上にも再現されている。これらの伝説による限り、キリスト教世界では文字通りの意味においても比喩的な意味においても、ゴグとマゴグは究極の野蛮人であった。

地図の右端に描かれたアジアを横断すると、地図上の想像の世界はやはり驚きと恐怖に満ちている。南東の領域には、ワニ、サイ、スフィンクス、一角獣、マンドレーク、ファウヌスが生息し、さらには「陽光が顔にあたらなくなるほど唇が突出した」極めて不運な種族が居住している。地図の右上隅の赤い爪の形をした進入路は紅海とペルシャ湾を描いたもので、スリランカ（古典の資料によれば「タファナ」または「タプロバネ」）が、インド南東岸沖ではなく、紅海とペルシャ湾の開口部に浮かんでいる。地図を下方にたどっていくと、アフリカ沿岸に沿って流れるおたまじゃくしの形をした川は、ナイル川上流（地図のさらに内陸に描かれているナイル川下流に合流する前に地下を流れるものと誤って理解されていた）を表わしている。

ナイル川の右側には異様に引き延ばされたアフリカが続き、北東岸にはヘスペルス山を除くと、右上隅（南エジプト）の聖アントニオ修道院まで、定住地はほとんどないと言ってよい。アフリカの描写は地理学的な実体からは著しくかけ離れているため、その役割はナイル川の源流を説明し、地図上ではゴグとマゴグとは正反対の位置にあたる最南端に住む「奇怪な」人種の世界を描くためのものでしかないように思われる。へスペルス山から南に移動すると、杖をついて互いに押しのけ合いながら裸で歩く「ガンギネス・エチオピア人」をはじめとして、風変わりな容貌で奇怪な行動をとる想像上の人種が地図の上に描かれている。地図に記載の解説によれば、「彼らには友情は存在しない」という。化け物というほどではないが、社会性はない。地図のさらに南には、四つ目の「マーミニ・エチオピア人」、「肩の上に眼と口がついた」名もなき一族、「胸部に眼と口がある」ブレミエ族、「赤ん坊を大蛇の前に晒すことで妻の貞操を試す」(大蛇は非嫡出子を殺してしまう)フィリ族、「歩かずに這って移動」しなければならない不幸を背負ったヒマントポッド族などが描かれている。

近代的な地図では赤道に相当する位置よりもさらに南に移動すると、そこに描かれる人種はさらに異様で奇怪な様相を呈してくる。髭面でターバンを着用しているものの乳房と男女両性器を備え、「両性具有で、あらゆる面で通常とは異なる」と記された人々。その上には「口が塞がれ」、ストローで液体を飲むことしかできない名前のない人物。その下には「一本足にもかかわらず極めて敏速に動き回り、大きな足の裏で作られる日影で身を守るスキアポデス、モノクリと呼ばれることもある」と記されている。この地図では、スキアポデスを一本足(足指が三本余計にある)とするだけでなく、一つ目としても描いている。最終的に、奇怪な人種の列挙は、「耳がなく左右の足の裏が向かい合っているアンバリ」が描かれたアフリカ東海岸で終わっている。

これは私たちが理解している近代的な意味での地図ではない。これは地理学ではなく神学によって定義された世界のイメージで、その場所は物理的な配置ではなく信仰に基づいて理解されたもので、領土として描くことよりも聖書の中の出来事に基づく当時の経路がより重要なものとなっている。地図の中央に位置するのはキリスト教信仰の中心エルサレムで、キリスト磔刑の地が街のやや上に、信仰を表わす巨大な歯車のような円形の壁で描かれている。地図の中心に記されているのは、旧約聖書エゼキエル書の神の言葉である。「ここがエルサレムである。私はこの地を万国の中心と定め、国々をそのまわりに配した」（『エゼキエル書』第五章五節）。アル＝イドリーシーが示したいくつもの宗教が重なり合ったこの街の地理学的記述は消え去り、残されているのはキリスト教的な視点からの記述だけである。

地理学ではなく神学上の観点でエルサレムから外へ向かう地形を追って、より明確な論理に基づいてその形状を見ていくことにする。アジアは旧約聖書に記述された場所と場面で網羅されている。エルサレムを取り囲むのはエフライム山、オリーブ山、ヨシャファトの谷で、さらに北にはバベルの塔と、バビロン、ソドムとゴモラの街が位置する。右側には、ヨセフの「穀物倉」（中世ヨーロッパではエジプトのピラミッドがこれにあたると解釈されていた）と、モーゼが神から十戒を授けられたシナイ山が描かれている。この地図にはまた、死海とヨルダン川を渡りさまよいエリコにたどりつくまで、ロトの妻が振り返ったため塩の柱となった地など、一連の伝説の地を経由する、出エジプト記の迷路のような道程まで記されている。

地理学、聖書、神話や古典に関する豊富で詳細な記述の中でも、閲覧者の視点は地図の最上端とそれが形作る神話の世界へと否応なく引き寄せられていく。最上端の位置には、円形の境界の直下にエデンの園がある。四本の川が流れ、周囲を城壁に囲まれた円形の島がアダムとイブの住んでいた地上の楽園で、秋の季節が描かれている。その南には、エデンの園から追放され、足下に広がる地上の世界をさまよい歩くように呪縛された男女が描かれている。この場面の直上には、人間の時間と空間の世俗的な枠を超えて、最後の審判に臨む復活したキリストが座している（カラー口絵12b）。キリストの近くには、約束された救世主であるキリストの状況を証明する磔刑の痕跡（不名誉と右胸の槍傷）について言及した、「見よ、私の証人よ」の記述がある。キリストの右隣（向かって左）では、「起て！汝らは永遠を享受するのだ」と叫びながら、天使が墓から救い出された魂を復活させている。キリストの左隣では、「起て！汝らは地獄にしつらえられた業火へ向かうのだ」と叫びながら炎の剣を振りかざす天使によって、呪われた人々が地獄の門へと導かれている。

二つの対照的な場面の間では、胸をはだけた聖母マリアが我が子を見上げている。マリアは「我が息子よ、あなたが受肉した我が胸と、あなたが聖母の乳を求めた乳房をご覧なさい」と語りかける。「私に救いの道を示して、私に尽くしてくれた人々に対してあなた自身が誓ったように、慈悲の心を持ちなさい」。このマリアの懇願はおそらく、あることを記憶に留めるために考えられたものであろう。このくだりは、群衆の中の一人の女がイエスに向かって「あなたを宿した母胎、あなたが吸われた乳房は、なんと恵まれているのでしょう」と呼びかけるルカの福音書のやりとりを想起させる。この地図を見た人々には、イエスが「いやむしろ、恵まれているのは神の言葉を聞いてそれを守る人たちである」(『ルカの福音書』第一一章二七—八節)と応えたことがわかっていたのであろう。彼らは、最後の審判が神の言葉の厳守に基づいていることを理解していたのである。

聖書における復活と審判の場面全体はマッパムンディの上端部に描かれているが、ここは現代の閲覧者が世界地図の注釈や説明を探す部分でもある。しかし、ヘレフォードのマッパムンディでは表題を書き記すのではなく、見る者にキリストの誕生と贖罪のドラマを視覚的なイメージとして提供している。世界は神によってどのように創造され、最後の審判ではどのように終焉を迎え、「新しい天と新しい地」(『ヨハネの黙示録』第二一章一節)がどのように創造されるのかを示している。これは象徴的な中心部分と奇怪な周辺領域が描かれた、宗教的な信仰に基づく地図で、およそ一〇〇〇年前に地球を幾何学的に投影して作られたプトレマイオス図や、ちょうど一〇〇年前にパレルモで作られたアル゠イドリーシーの世界地図とは似ても似つかぬものである。プトレマイオス図からヘレフォードのマッパムンディに至るまでの期間に、キリスト教は世界的な宗教として姿を現わし、独自の神学的イメージの中に新たな説得力のある世界の概念を作り上げたのである。ヘレフォードのマッパムンディは、科学ではなく主として信仰によって形作られた、野心的で新しい世界像の普遍的な例と言える。地理学的には全く馴染みのない地図と、現代人の眼には奇怪な民族誌と風変わりな地勢図のように見えるものの中に、古代ギリシャ・ローマ文明以来の発展と、キリスト教の隆盛と、地理学の導入には不本意であったものの八世紀からはその後五〇〇年間にわたり世界像を定義するものとしてマッパムンディを採用した宗教の足跡とをたどることができる。

ヘレフォード図は、地球とその起源に関するギリシャ・ローマ的な観念と、新しい一神教としてのキリスト教の信仰および世界を創造し人類に永遠の救済を約束した神性に対する信念との間での、数世紀に及ぶ対立と段階的な適応から生まれたマッパムンディの古典的な一例である。ギリシャとローマは「異教徒」の社会であり、キリスト教の創世の物語とは相容れないものとみなされていた。地球の形状とその範囲に関する地理学的な説明もギリシャとローマからもたらされたものであったが、聖書に記されている様々な（多くの場合あいまいで、矛盾することもあるが）神の言葉を理解するのに利用されてきた。その結果、使徒たちの死後、キリスト教徒の信仰の教義を定める責任を負っていた初期の教会教父たちは、知的な功績に関しては古代世界を称賛しつつも、その異教信仰に対しては厳しく罰することで、注意深く歩を進めなければならなかった。

しかしながら、キリスト教に地理学の知識を最初にもたらしたのはローマであった。初期のマッパムンディにおける最大の謎の一つは、その後のローマや初期キリスト教の地図製作の基礎となった失われた原図、すなわちローマの標準的な世界地図が存在していたことを繰り返し推測している点にある。ヘレフォードのマッパムンディでは、外側の五角形の枠の上端部左隅には、「世界の大陸の測量はユリウス・カエサルによって開始された」との説明書きがある。これは、紀元前四四年に地図の製作に関わる測量官を派遣することで、地球全体の調査を企てたユリウス・カエサルの決定に言及したもので、ニコドクス（東）、テオドクス（北）、ポリクリトゥス（南）、ディディマス（西）が派遣され、帰還後には世界地図がローマで公開されることになっていた。最初の三人については、地図の東、北および南の隅にそれぞれの説明が記されており、地図下端左隅には三人の人物の絵も描かれている。彼らの上方に座しているのはカエサルの養子である皇帝アウグストゥスであるが、ローマ教皇の三層法冠を着用し、「世界の隅々まで調べ、すべての大陸について元老院に報告せよ。この勅令を正式なものとするため、本文書に皇帝印を押捺する」と書かれた巻物を三人に差し出している（カラー口絵12c）。この場面には、「ルカの福音書には、『この世界の住民をすべて登録せよ、との勅命が皇帝アウグストゥスから出された』と記されている」という別の説明書きもついている。ジェイムズ国王欽定訳聖書では、この一節は「この世界のすべてに課税せよ」と訳されているが、その後の翻訳ではこのような解釈は行われていない。マッパムンディが言及しているのは、言うまでもなく地形図のことであって、人口調査に関することではない。[6]

ローマ人による調査と地図製作の科学的功績がいかなるものであったとしても、テルトゥリアヌス、聖キプリアヌス、聖ヒラリウス、聖アンブロジウスなどのラテン教父の多くは、このような技術革新にはほとんど興味を示さなかった。三世紀のキリスト教殉教者聖ダミアンは、「キリスト教徒が科学から何を得ようというのか」と主張して、このような研究を完全に否定した。[7]聖アウグスティヌス（三五四―四三〇年）や同時代人であった聖ヒエロニムス（三六〇―四二〇年頃）などの知的好奇心に満ちた教父たちは、やや異なる態度を示した。自然学《フィジカ》、創造された世界の古典的研究は、「神聖なるものの知識」として定義された智慧《サピエンシア》を理解するために必要である、というのがアウグスティヌスの認識であった。[8]アウグスティヌスによれば、「大地と天上と世界のその他の要素」についての知識がなければ、聖書を理解することも、優れたキリスト教徒になることもできないという。アウグスティヌスは、神の創造の理解を深めるためには、聖書の時代と歴史に加えて宇宙と地理学について研究すべきであると論じたのである。アウグスティヌスは自著『キリスト教の教え』の中で、地理学と歴史に関する研究について、これが人間から神への挑戦にならないよう、巧妙に言葉を選んでいる。「したがって、時間の秩序について語る者は、自らが時間を構築したのではない」と語り、さらに「土地の所在あるいは動植物や鉱物の性質を示す者は、人間が作り出したものを提示しているのではない。また、星々やその運行を実証する者は、自らが作り出したものを実証しているのではない」と示唆している。このような観察は神の創造の栄光を反映しただけのものだが、これによって、このような研究を行った者は「神の創造を学ぶこと、あるいは教えること」[9]ができたのであった。

聖ヒエロニムスはアウグスティヌスが提案した聖書に記された土地の一覧作成に着手した。現在ではヒエロニムスは、ヘブライ語とギリシャ語による初期の様々な版の聖書をラテン語に翻訳し、標準となるウルガタ聖書を作ったことでよく知られている。彼はまた、三九〇年頃『ヘブライ人の土地の所在と名称について』という著書を執筆している。単純に『土地の書《リーベル・ロコラム》』と呼ばれることも多いが、聖書に登場する土地の名をアルファベット順に解説した書物である。ヒエロニムスの書は、一世紀ほど前の教会教父エウセビオス（二六〇―三四〇年頃）の著作に基づくものであった。エウセビオスはキリスト教会の最初期の歴史を記したカエサリアの司教で、ビザンツ帝国の首都となったコンスタンチノープルを建設し、キリスト教に改宗した最初のローマ皇帝コンスタンティヌス一世の助言者でもあった。三三〇年頃、エウセビオスはギリシャ語の固有名詞集《オノマスティコン》（人名や地名からなる固有名詞の一覧）を完成させたが、これは聖書に登場する約一〇〇〇カ所の土地を一覧にした地理学辞書であった。ヒエロニムスはエウセビオスのテキストに訂正・更新を加え、「古代都市や遺跡の所在と名称を知っている者が、聖書の中の記述でも同じなのか、あるいは変更されたのかをより明確に調べられる」ように、聖書に登場する地名を集めた包括的なラテン語の地名辞典を作成した。[10]

エウセビオス、アウグスティヌス、ヒエロニムスは他の初期の教会教父と同様に、古代ローマ帝国の衰退と徐々に進むキリスト教化の狭間を生きた。三一二年頃の皇帝コンスタンティヌスの改宗は、キリスト教信仰に対する究極の公認措置ではあったが、キリスト教の導入は、古代ローマ帝国の軍事的・政治的な優位性の衰退、および帝国を西半分とコンスタンチノープルを帝都とする東半分に分割するコンスタンティヌスの決断を背景にして行われたことであった。「ローマは永遠ならず」とは何世紀にもわたり想像もできなかったが、四一〇年の西ゴート族のローマ侵入によって現実のものとなった。これによって教会教父にはさらなる問題が生じた。コンスタンティヌス帝の改宗まで、ローマ帝国は異教徒の地であり、弾圧の過去もあったが、四世紀末までにはキリスト教を国教として採用した。多くの人々は、帝国の政治的衰退は新たに採用された信仰と無関係ではないと懸念した。これに対してアウグスティヌスは、西ゴート族のローマ侵入を直接的な契機として書き上げた大著『神の国』で、神学的かつ理知的にして深淵な回答を提示したのである。アウグスティヌスは、ローマや異教徒の神と繁栄の追求に代表される「人間の地上の国」と、この世を仮住まいとする地上の巡礼者たちが天上の神の都に捧げた宗教的共同体である「神の永遠の国」を提示することで、ローマの状況を比喩的に説明した。アウグスティヌスにとって、ローマなどの古代都市や帝国（バビロンやペルシャ）は、神の国の究極の創造にとって必要欠くべからざる歴史的前兆だったのである。信仰と魂の救済に関するこの説明は、その後のキリスト教神学の中心となるのである。

キリスト教徒にとって、神の国は物理的な場所ではなく、むしろ精神的な共同体であるが、ヒエロニムスやアウグスティヌスなどの思想家は、地上の世界が聖書と矛盾しないよう、どのようにしてこれを視覚化したのであろうか。彼らは平らな地図の上にキリスト教世界をどのように表現したのであろうか。ヒエロニムスは『土地の書』で一つの対応を行った。一二世紀ベルギー南部トゥルネーで作られた写本には、ヒエロニムスの土地の目録を図解するように設計された、パレスチナとアジアの地域図が含まれている。ヒエロニムスのテキストとこれに付随する地図は、聖書に登場する地名の使い方やその地理学的な配置に関して、ヘレフォード図などのマッパムンディに影響を与えている。ヒエロニムスのパレスチナの地図では、エルサレムは中心に位置し、ダビデの塔が特徴的な円形の城壁で囲まれている。右側がエジプトで、ヘレフォードのマッ

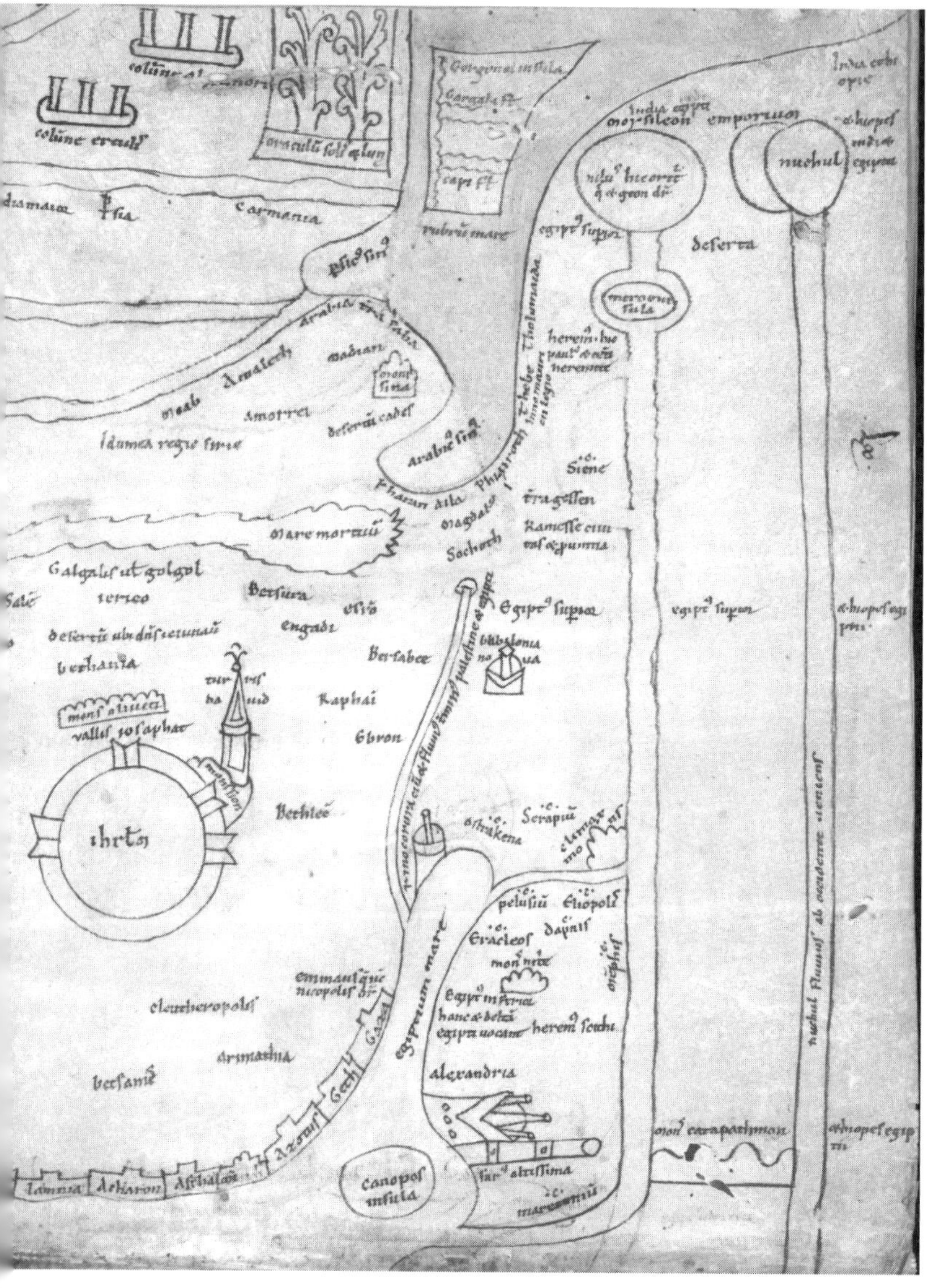

Carmania
rubru mare
deserta
Amorrei
mare mortuu
Siene
Sochoth
Bersabee
Ebron
Alexandria
Canopos
insula

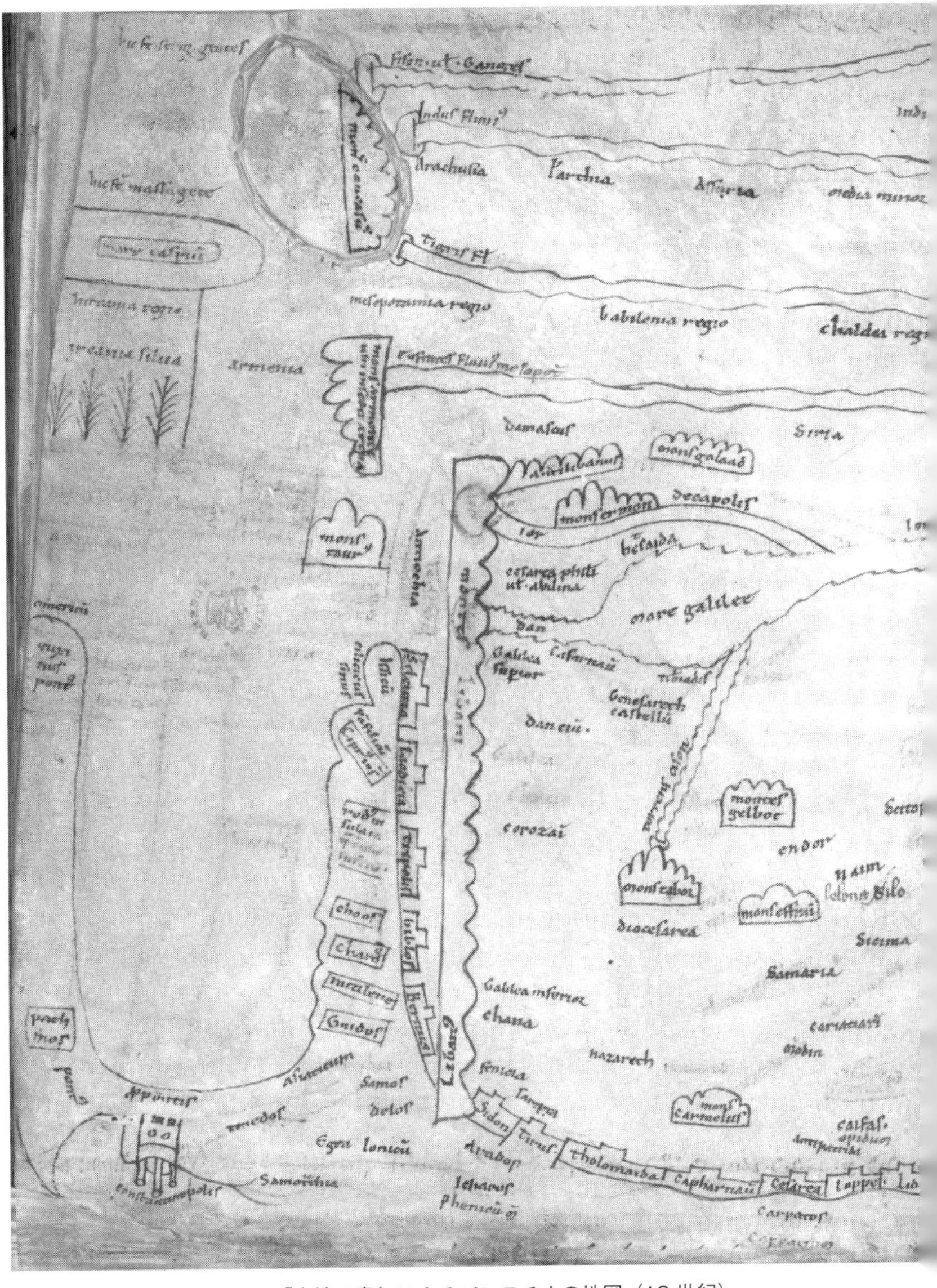

図４　聖ヒエロニムスの『土地の書』によるパレスチナの地図（12 世紀）

パムンディにも見られる二本のナイル川が流れている。エルサレムの上には、コーカサス山脈とノアの方舟が流れ着いたと記されているアルメニアから流れ落ちるガンジス川、インダス川、チグリス川とユーフラティス川が描かれているが、これはヘレフォード図でも再現されている。一九五個の地点の大部分が聖書に基づいて明示的に描かれた地図であるが、誤って伝えられたギリシャ・ローマ神話の影響もみられる。インドの地図の上端にはアレクサンダー大王の祭壇があり、その隣には東方滞在中に助言を求めた予言の木、すなわち「神託の」木が描かれている。

ヒエロニムスの地図は主として既知の世界の一部分に注目したものであった。しかし、地球の表面全体を示すことを要求した教会教父が用いた別の地図製作の流儀もあり、ヘレフォードのマッパムンディの形状に決定的な影響を与えたものと思われる。その一つがTO図と呼ばれるもので、周囲を海に囲まれたアジア、ヨーロッパ、アフリカの三大陸が円の中でT字形の構成となる。大陸はT字を形成する三つの水域によって分割されている。すなわち、ヨーロッパとアジアを隔てるドン川（通常、タナイス川と表記されている）、アフリカとアジアを隔てるナイル川、さらにヨーロッパとアフリカを隔てる地中海の三つである。ヘレフォード図をはじめとするほとんどのマッパムンディは、上部を東とするTO図の流儀を継承している。これらの地図の起源は不明である。ユダヤ人の間では、三つの大陸にノアの息子ヤペテ（ヨーロッパ）、セム（アジア）、ハム（アフリカ）を住まわせた、と信じられていることが一つの可能性として挙げられるが、具体的に知られているユダヤ人の伝承の例は存在しない。

現存する最古のTO図の例は九世紀のもので、古代ローマの歴史の写本の中で使用されている。サルスティウス（紀元前八六―三四年）やルカヌス（紀元三九―六五年）などの歴史家は、共和制ローマの終焉や帝国の隆盛をめぐる時代を左右した権力の戦いや軋轢を描いた歴史書の中で、地理学的な記述を利用した。『ユグルタ戦記』（紀元前四〇年）の中で、サルスティウスはヌミディア王ユグルタの共和制ローマに対する反

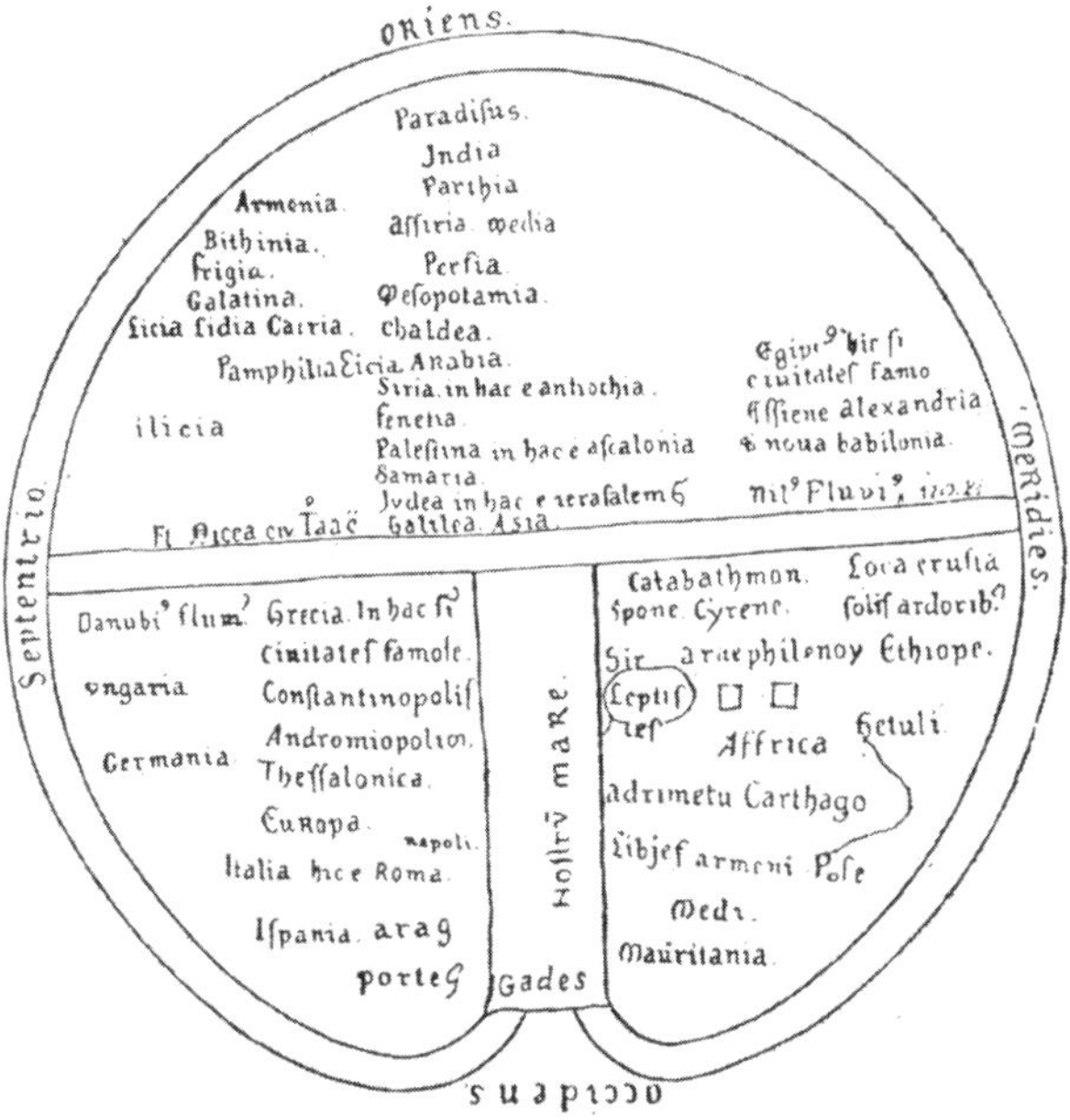

図５　サルスティウスの『ユグルタ戦記』のTO図（13世紀の写本）

乱(紀元前一一八—一〇五年)が失敗に終わったことを記している。サルスティウスは第一七章で物語の解説を中断して、「ここでアフリカの状況を簡単に説明しておく必要がある。我々が戦わなければならなかった、あるいは同盟を結ばなければならなかった国々について簡潔に説明しておく」と記している。地球の区分に関する論争について検討を行い、サルスティウスは「ほとんどの専門家はアフリカを第三の大陸と認識している」と続け、「アジアとヨーロッパのみを大陸とみなし、アフリカをヨーロッパに含める者は少ない」と認めている。サルスティウスはユグルタの反乱に関する解説に戻る前に、「アフリカの原住民、移住民、およびそこで起こった混血」の説明に二つの章を費やしている。[11] サルスティウスの地理学に関する引例は限られているが、今日私たちが人文地理学と呼ぶ内容、すなわち、人間が物理的環境とどのように交わり、それを形成するのかについての古典的な説明の一つが披露されている。この本とその地理学的内容は好評であったため、九世紀から一二世紀にかけて作られた写本が一〇六点現存するが、その半数以上にTO図が描かれている[12]。

教会教父に知られていた第二の地図製作の流儀は帯状地図で、ヘレフォードのマッパムンディには無形の影響を及ぼしている。世界地図を描くこの方法には、TO図をさらに遡り、アラビアの天文学を経てプトレマイオス、アリストテレス、プラトンおよび古代ギリシャの宇宙誌学者に至るより明確な系統がある。初期キリスト教の時代において最も大きな影響力を示したのが、五世紀の著述家マクロビウスとその著書『スキピオの夢註解[13]』であった。マクロビウスの生涯についてはほとんど何も知られていない。彼はギリシャ人であった可能性もあるが、アフリカ出身で北アフリカを治めたローマ帝国の行政官であった可能性が高い。マクロビウスの著作はキケロの『国家論』の結びの部分についての註解を示したもので、キケロの『国家論』自体はプラトンの『国家論』に対する回答であったが、ユートピアの概念を探るのではなく、キケロはローマの共和制を理想的な国家のモデルとして利用した。キケロの原文の大部分はその後散逸してしまったが、マクロビウスは「スキピオの夢」として知られる後半部分を継承し、天文学および地理学のテキストとして解釈した。

『スキピオの夢註解』の中で、マクロビウスは古典的な地球を中心とする図像について記述している。「地球は宇宙の真ん中に固定されており」、その周囲を七個の惑星球体が西から東へ回転している、と述べている。「地球は極寒と酷暑の領域と、極寒と酷暑の間の二つの温帯に分けられる。北端と南端は永遠の寒さで凍てついている。寒さによる麻痺が動植物の生命活動を抑制する。動物の生命は植物の生命を維持できる気候でのみ繁殖する」とマクロビウスは信じていた。「絶え間ない熱風によって焼け焦げた中央帯は、幅と長さにおいてより広範囲の領域を占めるが、灼熱のため人が住むことはできない」という。凍てつく極地と中央の熱帯の間には温帯があるが、「隣接帯の両極端な気候によって調節され、人類が生存できる自然環境があるのはこの気候帯だけ」である。マクロビウスは南側にも居住可能な温帯があると主張して、これをオーストラリア（この名の由来はラテン語の南風《アウステル》）と呼び、後の世に発見されることを期待している。マクロビウスは「そこには私たちの温帯と同じ気候があるはずだが、私たちはそこに住む人々から直接教えてもらうことはできない。なぜなら、両者の間には灼熱の熱帯が存在するため、各温帯に住む人々は互いに意思の疎通を図る機会が閉ざされているからである」[14]と記している。

TO図が、世界を明確な大陸に分割するありのままの輪郭を人間が描くことによって、人文地理学の単純化された図解を目論んだのに対して、マクロビウスが記した帯状地図は、自然地理学の認識、すなわち人間の住む場所が自然界によってどのように決定されるのかを提示しようとしたものであった（カラー口絵13）。キリスト教教父にとっては、どちらのモデルも神学的世界観に適合させるためには、ある程度の特殊化と操作が必要であった。帯状地図は、地球上の人間の居住地は主として物理的な環境によって決定されるとしたギリシャ人の考え方に基づくものであったため、特に扱いが厄介であった。これらの地図はまた、南半球に接触することのできない未知の人種を仮定した。この人種は神が創造したのか。そうであるならば、なぜ聖書にその記載がなかったのか。このような疑問は解決されず、この時代を通じて神学者たちを悩ませ続けた。

しかしながら、帯状地図のおかげで、キリスト教教父は、新しいキリスト教神学に対して一連の新プラトン主義哲学を主張することができた。マクロビウスなどの著述家はキリスト教教父に対して極めて重要な概念を提供したが、これはヘレフォードのマッパムンディにも見ることができる。それは神の超越性の信仰、すなわち、肉体の分離と霊的な洞察の瞬間の霊魂の昇天を信仰することであった。マクロビウスはキケロの「スキピオの夢」の説明を解釈し、「キケロが地球の詳細を重視したのは、人格者であれば地球はあまりにも小さな球でしかなく、名声を求めることは重要ではないと気づくべきだからである」[15]と論じている。教会教父にとって、この洞察は、キリストの復活――昇天における贖罪信仰との整合性を保ち、天上のキリストの全知全能の視点から見下ろした地上の些細な局所的対立を超越し、ヘレフォードのマッパムンディの上端に描かれた魂の救済の場面全体を提供するものであった。

この新プラトン主義的世界観は、パウルス・オロシウスなどの初期のキリスト教著述家によって展開されたもので、アル＝イドリーシーの『慰みの書』とヘレフォードのマッパムンディの製作者にとっては資料の一つであった。オロシウスの『異教徒に抗する歴史』は聖アウグスティヌスの勧めによって執筆されたもので、アウグスティヌスに献呈されている。アウグスティヌスの『神の国』と同様に、オロシウスの著書はローマの崩壊はキリスト教の興隆が原因であるとする考えに論駁するものであった。オロシウスは、「（ローマの）都市の建設に至る世界の建設」の歴史を教訓的な地理学から記し始めている。彼は読者に対して、「世界は私たちの祖先によって三つの部分に分けられたが、人類が住むこの世界そのものについて記すためには、私は人類と世界の対立を様々な観点から明らかにすることが必要であると考えている」と述べている。「戦争の場面や病気の脅威を描くときには、関係者がその時代の出来事だけでなく、その場所に関してもさらに容易に知識を得ることができる」[16]よう、このようなアプローチが必要だとオロシウスは主張している。

キリスト教徒にしてみれば、TO図は帯状地図よりも容易に受け入れることができ、外見が単純なこともあってキリスト教教父にとっても哲学的な問題が少なかったのである。ヘレフォードのマッパムンディと同様に、T字はしだいに磔刑のイメージに流用されるようになり、処刑の地であるエルサレムもこのデザインを利用して地図の中心に配置されるようになった。TO図のキリスト教化に最も関係の深い人物で、ヘレフォードのマッパムンディの製作に利用されたもう一つの重要な情報源となったのがセビリアのイシドールであった。セビリア大司教としての在任中（六〇〇―六三六年）、イシドールはキリスト教の信仰と教えを正式承認することを目的とした一連の教会会議で活躍した。今日では、イシドールは中世初期における最も重要な二つの百科事典的著作を執筆したことでよく知られているが、どちらもその後のキリスト教地理学に決定的な影響を及ぼした。六一二―一五年頃に書かれた『自然について』は、その書名が示唆するように、創世、時間と宇宙に始まり、気象学や神の霊感を受けた他の自然現象に至るまで、あらゆる事物の説明を試みたもので、イシドールの知的渇望の強さが感じられる。イシドールは「古代の著述家が記したものが何であれ、良いものであればカトリック教徒の著作に加える」という自らの考え方を強調している[17]。

また、イシドールの『語源』全二〇巻（六二二―三三年）には、古代の知識と聖書の知識を融合し、あらゆる知識の鍵を握るのは言語であると記されている。「名前の由来がわかると、その意味をより早く理解することができる。もっと端的に言うならば、語源の研究によってすべてがわかる」という。『語源』の第一四巻では、この方法を地理学の分野に展開して、キリスト教世界を詳細に記している。ヘレフォード図をはじめ、その後の多くのマッパムンディに影響を与えることになるが、イシドールは楽園の位置と共に世界の記述をアジアから始め、ヨーロッパ、アフリカを経由してしだいに西へ移動していく。古代の帯状地図の影響を認めつつ、「灼熱地帯があるためにいまだ知られていない[18]」が、予想される第四の大陸についても記している。この記述の中で、イシドールは地理学を説明するにあたって古典と聖書の語源を利用している。イシドールによれば、エウロパはリビアの王の娘であったことから、リビアはヨーロッパよりも古いはずで、アフリカはアブラハムの子孫エフェルにちなんで命名されており、アッシリアはセムの息子の名アッシュールに由来する[19]。イシドールにとって、あらゆる自然現象は神の創造を映し出すものであった。季節もキリスト教徒の信仰の移り変わりに従うもので、冬は苦難を、春は信仰の再生を意味する。太陽はキリストを表わし、月は教会を表わす。イシドールによれば、大熊座の北斗七星はキリスト教徒の七つの枢要徳を表わすものだという。

イシドールの著作の初期の写本にはＴＯ図が含まれているが、ほとんどは世界が三つの部分からなることを示す基本的なものにすぎない。しかし、一〇世紀からイシドールの研究成果を表わすより精巧な地図が描かれるようになり、六〇〇点以上が作られるまで、ほとんどの地図がエルサレムを中心に描いている。オロシウスやイシドールなどの著述家によって書かれた地理学の解説はすぐに、中世初期の必須教養科目とされた自由七科《セブン・リベラル・アーツ》の中に取り込まれていった。基本的な三教科である「三学《トリウィウム》」に含まれていたのは文法と修辞学と論理学であった。「四科《クワードリウィウム》」と呼ばれた他の四教科として、算術、幾何学、音楽、天文学が導入されたのは九世紀から一二世紀にかけてであったが、これによって地理学に対するキリスト教的アプローチが普及する素地が出来上がったのである。地理学そのものは学問分野として認められていなかったが、五世紀の異教徒の学者マルティアヌス・カペッラは、『文献学とメルクリウスの結婚』という作品の中で自由七科を擬人化し、地理学という言語を話す〝幾何学〟という人物を登場させている。この作品の中で〝幾何学〟は「私はしばしば地球を横断して測定を行っており、地球の形、大きさ、位置、範囲、面積などを計算し証明することができるため〝幾何学〟と呼ばれております」と前置きしてから、帯状に分けられる古典的な世界の説明に入っていく[20]。マルティアヌスの新機軸によって、幾何学あるいは四科の下に地理学という学術研究分野が設けられたのである。またこれにより、キリスト教学者は、マッパムンディの中に描かれた場所と事象について記述した、既知の世界の説明を書くことが可能になった。これらは文書によるマッパムンディで、聖書に登場する具体的な場所についての言及を理解する方法として、古典的な地理学の資料となった[21]。

　文書の形でマッパムンディを記述するこの新しい流儀は、地理学にキリスト教の創世の物語をもたらした。古代ギリシャ・ローマ時代の宗教は、創世、救済と贖罪の一連の事象について想像だにしなかっただけでなく、世界の始まりから終末に至るまでの説明も行わなかった。ヒエロニムスからイシドールに至るまでのキリスト教教父は、創世記に始まりヨハネの黙示録で終わる聖書の物語に従って現実の世界を理解した。この信仰によれば、時間・空間と個人との間の世俗的関係はすべて、物語の事象の縦糸に沿って連なっていたため、神の摂理に従い、始まりがあれば必然的に終わりもあった。このアプローチでは、人間と地上のあらゆる事象は神の計画の成就として予期されたものであった。聖書の解釈に対する教会教父のアプローチは、その後の歴史上の人物や事象と、広い意味での神の計画の成就との間を明確に区別している。例えば、旧約聖書に描かれているイサクの生贄の物語は、新約聖書のキリストの生贄を「前もって示した」ものといえる。前者は後者の事象を予測する形態であり、後者は前者を成就（すなわち正当化）している。両者の関係は、聖書の中に設定されているように、神の摂理の論理によるものとなっている。[22]

当時のこの新しいキリスト教哲学が地図に及ぼした影響は深刻であった。九世紀に入ると、図解と文書によるマッパムンディは、マクロビウスやイシドールなどの著者を説明する文章の中だけでなく、学校の教本、大学や修道院で使用される地理学の論文、叙事詩などの文学作品にも登場するようになり、政治的な目的あるいは説教で使用する目的で、修道院や教会などの公共の場所に掲示されるようになった。[23] 特定の場所の詳細な地理学的説明に加えて、帯状地図とTO図の二つの側面を融合した世界地図が登場した。これらはすべてキリスト教会の名のもとに行われたものであった。これらの地図には、旅行や探検に基づいてもたらされた新たな地理学的資料はほとんど何もなかった。その代わりに、キリスト教の創世、救済と贖罪の歴史を反映する古代の地域と聖書に登場する地域を地図の上に融合した。このようなマッパムンディの多くでは、閲覧者は地図上端に描かれた東のエデンの園から始まり、地図の枠の外で起こる時間の終焉、すなわち、最後の審判における永遠の現在で完結する西の果てに至るまで、聖書に記された出来事を垂直の時間軸でたどっていくことができたのである。

このような様々な流儀を反映して、ヘレフォードのマッパムンディと酷似した初期のマッパムンディの一つが、一一三〇年頃に作られたミュンヘンの「イシドール」世界図である。イシドールの『語源』の写本に挿入するために、一二世紀初めパリで作られたもので、地図の直径は二六センチメートルである。これは信者に公開されたものではなく、学者たちが個人的に読むための本であり、地図であったが、特筆すべきはヘレフォードのマッパムンディとの類似性である（カラー口絵14）。大陸の全体的な構成は極めて似通っており、どちらの地図も十二方位よって構成され、周囲には島が浮かんでいる。南アフリカの奇怪な人種もナイル川上流の同じ位置に、ほぼ同様の姿で描かれている。二つの地図は紅海の位置だけでなく、三角形のシチリア島を始めとする地中海のよく知られた島々についても一致している。ミュンヘン図はヘレフォード図よりもはるかに小さいため、エデンの園の詳細な描写や古典からの長文の引用はないが、アレクサンダー大王の遠征、ゴグとマゴグの地、ノアの方舟の所在、紅海渡渉の跡を記すなど、古典と聖書の資料を融合させている。ミュンヘンの「イシドール」のマッパムンディからは、キリスト教学者たちがしだいに古典や初期のキリスト教の典籍から離れていった様子がわかる。ミュンヘンのマッパムンディは『語源』の写本に描かれていたものであるが、その形や詳細についてイシドールの記述との共通点はほとんどない。その代わりに、発展しつつあったキリスト教世界の絵画の形と概要を総括したものを表わしている。

　ミュンヘンのマッパムンディはまた、キリスト教の教えにマッパムンディを活用する新たな手法の範例となった、サン＝ヴィクトルのフーゴー（一〇九六―一一四一年）[24]の思想に基づいている。フーゴーは、一二世紀において最も影響力のあった神学者の一人であり、アウグスティヌスの信奉者であったが、パリのサン＝ヴィクトル修道院の学校長の地位を利用して、『学習論《ディダスカリコン》』（一一三〇年頃）などの教育的著作を広めた。これはキリスト教の基本的な教えに関する教科書で、フーゴーは「すべてが理にかなった世界は、神の手によって書かれた書物のようなものである」[25]と記している。『マッパムンディ解説』（一一三〇―三五年頃）は、サン＝ヴィクトル修道院の学生への講義のために書かれたものと思われるが、この中でフーゴーはミュンヘンのマッパムンディに沿って地球と宗教について詳しく解説している。

　フーゴーの地理学における関心事は、神の創造をより深く理解することで、その詳細は『ノアの方舟の神秘について』（一一二八―二九年）に記されている。この論文の中でフーゴーは地球をノアの方舟にたとえて、サン＝ヴィクトル修道院の回廊の壁に描かれ、講義で使用されたと思われる宇宙の設計図について述べている。このマッパムンディは現存しないが、フーゴーの詳細な説明のおかげで、ある程度詳しく再現することができる。この絵は脇に天使を従えたキリストの肉体を描いたものであった。「主の栄光は、全地に満つ」(『イザヤ書』第六章三節)と呼び交わす天使に囲まれた神について明確に述べたイザヤの幻の中で、キリストは宇宙を抱きつつ、宇宙の体現者となるのである。キリストの口からは、創世の六日間を表わす六つの円が発せられている。中央に移動するにつれて、フーゴーのモデルでは黄道十二宮と一二カ月の呼び名、四つの主要な風向、四季が描かれ、最後に中央にはノアの方舟の寸法に従ってマッパムンディが描かれる。

非の打ちどころのない方舟は、各隅で長円に外接しており、中に含まれる円で囲まれた空間は地球を表わしている。この空間の中に世界地図が次のように描かれている。方舟の船首は東に面し、船尾は西に面している。……円と方舟の船首との間に形成された東向きの頂点は楽園である。……西に突き出した別の頂点は最後の審判で、選ばれし者が右に、堕落せし者が左に並んでいる。この頂点の北の隅は、呪われし者が背教の霊と共に投げ込まれる地獄である。[26]

ヘレフォードのマッパムンディと同様に、方舟になぞらえられたフーゴーの世界は時間の経過が上から下へと続く物語として読むことができる。その頂点には、地図の上端(東)と天地創造とエデンの園を監視する、文字どおりの神格が存在する。下へ(東から西へ)移動すると、地獄は北に位置し、アフリカは奇怪な人種と共に南に位置し、一方、最西端には最後の審判と世界の終末が描かれている。フーゴーにとって、方舟としての世界は教会の創設の前兆を意味している。方舟が大洪水の破壊からノアの家族を救ったように、キリストによって建てられた教会は、その信者を死と永遠の苦しみから守るのである。方舟はあらゆる宗教的知識の宝庫であり、部分的には書物、建物でもあり、「そこには世界の始まりから終末に至るまでの私たちの魂の救済に関する普遍的な成果で満ち溢れており、普遍的な教会の条件も含まれている。ここには、歴史的な出来事の物語も織り込まれており、秘跡の謎も含まれている」[27]。

この神秘的な神学の中にあるのが、キリスト教の時間と空間の一体化である。方舟という言葉が示し、語るのは、時間の始まりから終わりに至るまで続く、キリスト教の創世と魂の救済の完全な物語である。オロシウスやアウグスティヌスと同じように、フーゴーは東から始まり西に終わる時間の流れに基づくキリスト教の歴史を示したのである。フーゴーは「歴史的な出来事の連続の中で、空間的な配置順と時間的な順序はほぼ完全に一致しているものと思われる」と記している。さらに、「時間の流れの最初の部分で起こったことは東の方で起こったことであり、言わば空間としての世界の始まりの部分で起こったことになるであろう」と続けている。彼の信ずるところによれば、天地創造が始まったのは、ヘレフォードのマッパムンディに示されているように東方であった。しかし、大洪水ののちに、「最初の王国や世界の中心は西の領域、アッシリア人やカルデア人やメデス人の中に生まれた。その後、支配権はギリシャ人に移った。そして、世界の終わりが近づくにつれて、ローマ帝国の西半分では最高権力は凋落した」。この動きはフーゴーのマッパムンディでは、地図上端となる東の世界と時間の始まりから、下端となる西の予測される終末に至るまで垂直にたどることができる。

皇帝権力の東から西への移動は、個人の魂の救済と世界の終わりの前兆でもあった。すなわち、フーゴーが述べているように、「世界の終末に向かって時間が進むにつれて、事象の中心は西へと移動してきた。このことから、事象の経路は空間的には既に世界の果てまで到達しており、私たちは世界が終末に近いことを認識して差し支えない」のである[28]。自らの神学を定義するため繰り返し地理学に頼ってきたフーゴーにとって、マッパムンディはキリスト教の時間と空間を一体化するための手段だったのである。マッパムンディは聖書の中の時間と世界の終末を投影することができる空間であり、人類が最終的な魂の救済や破滅について描くことができる空間でもあった。フーゴーの見解は過激であり、奇抜なものに聞こえるかもしれないが、現存する五三点の手書き原稿と広範囲に及ぶ中世のマッパムンディ（ヘレフォード図も、フーゴーによるロードス島の「壮麗な円柱」や、ワニに乗ってナイル川を下る人々の記述に依拠している）に関する彼の研究の参考文献は、彼の著作が広く読まれ、信頼されていたことを示している。[29]

この長い歴史的な伝統の頂点に立つのがヘレフォードのマッパムンディである。ヘレフォード図と同時代に作られたマッパムンディは他にもあるが、その規模と詳細さにおいて比肩しうるものは存在しない。イングランドには初期のマッパムンディの実例がいくつもあったが、これらのテキストがどのように伝承され、互いに影響し合っていたのかについて、一貫性のある解釈や当時の解説は存在しない。しかしながら、これらのマッパムンディは地勢図的にも神学的にも極めて類似性が高い。ヨークシャー州のシトー会のソウレイ修道院の図書館で発見された「ソウレイ図」と呼ばれるマッパムンディは一一九〇年頃のもので、英国のマッパムンディとしては知りうるかぎり最古のものと考えられている。ミュンヘンの「イシドール」のマッパムンディと同様に小さな地図で、一二世紀の有名な地理学書を飾ったものであった（カラー口絵15）。小さいためエデンの園と最後の審判の描写には限界があるが、地図の四隅に描かれた天使はサン＝ヴィクトルのフーゴーの宇宙論に由来するもので、ヨハネの黙示録に登場する風を押しとどめる天使を表わしているものと思われる。[30] この地図の構造的特徴は、聖書についての言及や北の果ての奇怪な人種から、ほぼ一致するように配置された川や湾や海に至るまで、ヘレフォード図と酷似している。しかしながら、現存する当時の地図の中でもヘレフォードのマッパムンディは、古代から製作当時までに伝えられてきた地理学的かつ神学的な思考体系の数多くの断片を吸収している点、キリスト教とその信者の過去、現在および予測される未来を包括的な記述と視覚的な表現で伝えている点において、他に類を見ないものと言える。聖書、聖ヒエロニムス、オロシウス、マルティアヌス・カペッラ、イシドールの著作、さらには大プリニウスの『博物誌』（紀元七四―七九年）に記された「東方の驚異」からガイウス・ユリウス・ソリヌスの『奇異事物集成』（紀元三世紀）に至るまでの他の様々な出典が、この地図の一一〇〇カ所に刻まれて（直接的にあるいは暗示的に）再現されている。聖書からの直接的な引用に始まり、プリニウスによるアフリカ詳解の再現やイシドールが信じていた一角獣《ユニコーン》まで多岐にわたる。

また、キリスト教徒の巡礼についても記されている。北ヨーロッパでは、聖地への巡礼路は一二世紀には既に確立されていたが、このような巡礼路をたどることは個人の敬虔さを表わすものとみなされていた。ヘレフォードのマッパムンディにはキリスト教にとって最も重要な三つの巡礼地が記されている。エルサレム、ローマ、そして地図上で「聖ヤコブの聖地」[31]と認識されているサンチャゴ・デ・コンポステーラの三つである。いずれの地も目立つように赤く彩飾されており、各聖地への巡礼路には関連する街がすべて丹念に記録されている。また、マッパムンディは小アジアの隅々まで聖パウロの伝道の足跡をたどり、さらにこの地域の五三カ所（このうち一二カ所は当時の他の地図には記載されていない）の地名を記すことで、当時の聖地への巡礼を再現している。[32]

マッパムンディは、中世の巡礼路の案内図として使用するには大きすぎたが、信者たちに巡礼への関心を呼び起こし、巡礼の旅に出る人々の敬虔な行為を称賛し、キリスト教徒の現在の生活自体を巡礼にたとえるという、中世に広まった考え方を示す意図があったものと思われる。究極の目的地であり、真実の永遠の故郷である天国から見れば、地上の生活はそこへ至るための一時的な流浪の旅にすぎないことを、信者たちは訓戒や説教によって繰り返し思い知らされたのである。[33] 聖パウロのヘブライ人への手紙の中では、信者たちは「地上ではよそ者であり、仮住まいの者」（『ヘブライ人への手紙』第一一章一三節）であり、自らが生まれ、帰ることを望む場所である「故郷を探し求めている」者とみなされている。地上の生活は人間の心の巡礼の舞台であり、エデンの園からの追放と究極的な救世の希求や天上のエルサレムへの帰還との間に横たわる大きな歴史的深淵を、個人的なレベルで再現しているにすぎない。

ヘレフォードのマッパムンディの最も重要な特徴は、各々の場所が具体的なキリスト教の事象に関連し、互いに隣接しているという点にある。地理学的な空間ではなく、特定の場所に関連する宗教史によって形作られた地図である。この地図は信者に対して、天地創造、人間の堕落、キリストの生涯、黙示録を、キリスト教の歴史に沿って上から下まで垂直に展開する図像で示したもので、これによって信者は自らの魂の救済の可能性を理解することができた。ヘレフォードの信徒あるいはこの地を訪れる巡礼者たちは、神によって定められた時間の流れに沿って、マッパムンディを上から下へ読んで行くのである。エデンの園とアダムの追放に始まり、アジアの大帝国の発展、キリストの誕生とローマの勃興、そして地図の最西端のヘラクレスの柱に描かれた最後の審判の前兆で終わる。これらの重要な歴史的瞬間は地理学的な位置を介して特定され、ヘレフォードのマッパムンディ上では互いに等距離に配置されている。それぞれの位置は、地図の五角形の枠の頂点、すなわち地上の時間と空間の外側に示されている、神の啓示を予期する宗教的な物語の一つ先の段階にあたる。一般的なマッパムンディでも、ヘレフォードのマッパムンディでも、驚くのは人間の歴史をすべて一つの図に具現化し、同時に神の審判と個人の魂の救済を順序立てて説明できる点にある。

したがって、これは魂の救済を約束する地図であるが、同時にその崩壊自体も予示している。人間は、最後の審判を予期する地上の巡礼者である。地上も神によって創造されたが、それ自体は価値のない殻にすぎず、「先の天と地が消え去った」（『ヨハネの黙示録』第二一章一節）ときには、「新しい天と新しい地」に向けて最終的には使い捨てられる運命にある。マッパムンディは終末の予兆に基づいて作られたものであり、キリスト教の救済は俗人とその住む世界の消滅を前提としている。中世のキリスト教信仰では、現世においては来るべき死と来世への備えを積極的に放棄する厭世観《コンテンプトス・ムンディ》が蔓延していた。教皇インノケンティウス三世の厭世観に関する論文『人間の状態の悲惨について』（一一九六年頃）は、中世の写本が四〇〇点以上も現存している。[34] 地上の巡礼の結末は否応なく訪れる死と神の審判である、というメッセージは、宗教儀式を形作り、マッパムンディの中にも満ち溢れていた。このメッセージが生き生きと描写されたマッパムンディは、ヘレフォード図以外には見あたらない。上端に描かれた天国（または地獄）への到着（カラー口絵12b）が暗示しているが、ここでは最後の旅路へ向かう前にこの世に別れを告げている右下隅の馬上の人物（カラー口絵12d）に対して、地図の説明文にあるように、来世の永遠の存在となるよう「お進みください」と促しているのである。マッパムンディは最後の審判を伴う世界の表象の終わり、厭世観《コンテンプトス・ムンディ》の終着点、そして天と地の新しい世界の始まりを予示するものであった。この様式は一三世紀、ヘレフォードのマッパムンディによって頂点を極めた。一四世紀後半以降、この様式は衰退を始めるが、それは天国の新世界が発見されたからではなく、文字通り地上の世俗的な旅行者たちによって多数の新世界が発見されたためであった。

ヘレフォードのマッパムンディは様々な目的を達するように設計されていた。その一つは、創造、救済、および究極的な神による最後の審判の本質を説明するため、信者に対して神の創造した世界の驚異を提示することであった。また、東から西へ、すなわち時間の始まりから終末に向けて徐々に移動するにつれて、世界の歴史を投影することであり、巡礼の物理的かつ精神的な世界ならびに究極的な世界の終末を記述することでもあった。これはすべて、哲学的にして精神的な伝統によって構築されたもので、その歴史は初期のキリスト教教父を経てローマ時代まで遡ることができる。

地図の製作に関してはさらに実利的な側面があり、これによりトマス・カンティループの誕生から死までを遡ることができる。五角形の枠の左下隅では、アウグストゥス・カエサルの足元に、「この歴史を知る者——すなわちこの歴史の物語を聞き、読み、あるいは見た者——はすべて、これを製作して提示したホルディンガムまたはラフォードのリチャードに、神の哀れみと天国の喜びが与えられんことをイエスに祈ろう」という文言が書かれている。ここには、マッパムンディの製作者やヘレフォード大聖堂でのマッパムンディの活用法に関する手掛かりが隠されている。この地図の歴史に関与していたのは、実は近縁関係にある二人のリチャードであった。一人はホルディンガムならびにラフォードのリチャードと呼ばれ、ラフォード（現在のリンカンシャー州スリーフォード）の聖職禄を得ていただけでなく、一二七八年に亡くなるまでリンカン大聖堂の出納官でもあったリチャード・デ・ベロである。ラテン語系の姓「デ・ベロ」は彼の家系を示し、「ホルディンガム」は出身地を示しているが、一三世紀にはこのような別の姓を持つことはさほど珍しいことではなかった。

　もう一人は年少のリチャード・デ・ベロ（すなわち、リチャード・デ・ラ・バタイユ）であった。姓が示すように彼の家系はサセックス州バトルの出身であるが、リンカンシャー州には別の分家が住んでいたため、年少のリチャードは同名の年長者であるホルディンガムのリチャードの従弟と考えられる。リチャード・デ・ベロは一二九四年リンカンで聖職者となったが、その後ヘレフォードシャー州ノートンで受給聖職者に任命されたため、ソールズベリー、リッチフィールド、リンカンおよびヘレフォードで聖職位を得ることとなった。すなわち彼も聖職兼務を容認する聖職兼務者《プルーラリスト》で、一二七〇年代後半にリンカン大聖堂の司教区尚書係に就いたリチャード・スウィンフィールドと、スウィンフィールドの師でもあったトマス・カンティループという二人のパトロンと同様に、一連の非居住地の聖職禄を享受していたのである。リチャード・デ・ベロ、リチャード・スウィンフィールド、ヘレフォード司教カンティループはいずれも聖職兼務者《プルーラリスト》で、教会の聖職授与権のネットワークでつながっており、改革を標榜する大司教ジョン・ペッカムの反聖職兼務運動に反対したのも故なきことではないようである。一二七九年、ペッカムは、悪弊にあたるとした事柄の改革を唱えて、聖職禄の没収を始めとして、リンカン司教リチャード・グレーブズエンドに熾烈な攻撃を開始した。

スウィンフィールドがヘレフォードからリンカンに移り住んだのは、この教区の聖職禄を得ていたカンティループの指示によるもので、その目的は、聖職兼務者《プルーラリスト》を守り、カンティループとその支援者たちがカンタベリー大司教による干渉に異義を唱えることにあったようである。[35]

教会の権利をめぐる対立はすべて、マッパムンディの製作を目指した極めて世俗的な事情に関係している。マッパムンディは、リチャード・ホルディンガム（年長のリチャード・デ・ベロ）と地図の構成に関与した職人に指示を与えたリチャード・スウィンフィールド（年少のリチャード・デ・ベロ）の協力によって、ヘレフォードではなくリンカンで着想された可能性もある。彼らは、一三世紀イングランドにあっては規模の大きかった教会図書館に誰よりも自由に出入りできたため、国中の他の宗教施設に所蔵されていた同時代のマッパムンディを参照するだけでなく、地図の至るところに明確に描かれていた様々な古典や聖書の教訓を吸収することができた。二人の財産を合わせることで、地図製作を担う職人たちを雇うこともできたのであろう。職人たちの中には、最初に地図の図案を描き彩色を行った画家、表面を埋め尽くすように記された長く込み入ったテキストを写し取った写本筆記者、地図に表示される文章や鮮やかな彩飾に表面仕上げを施した専門の絵師たちも含まれていた。

マッパムンディは、カンティループとペッカムの論争や聖職兼務《プルーラリズム》に関して、神学的な支援を具体的に示しているわけではない。しかし、枠の部分に描かれた最後の場面は、カンティループの死の数年前に起こった別の論争に関して、司教支持を示唆しているように思われる。一二七七年、カンティループはマルベリン・ヒルズにおける司教の狩猟権を不当に使用したとしてグロスターのギルバート伯爵を告訴した。審判を要請された王室裁判所は司教を支持する判決を下し、伯爵の林務官には退去が通達され、カンティループとその従者は自由に狩猟することが許された。マッパムンディの右下隅の厭世的な場面には、きらびやかな馬具で飾られた馬と優雅に着飾った馬上の人物、さらに二頭の猟犬を連れて付き従う狩人が描かれている。狩人は馬上の人物に「お進みください」と促し、馬上の人物は振り返り了解したとばかりに手を挙げ、頭上に描かれた世界を見上げながら小走りに進んで行く（カラー口絵12d）。この場面は、時間と空間と地図の枠を超えて、地図の閲覧者を世俗の世界から天界へと誘う。だが、カンティループのグロスターでの争いをありのままに再現したものと見ることもできる。狩人はグロスターの人々を表わし、カンティループと思われる馬上の人物に「お進みください」と狩猟を認めているのである[36]。

カンティループとヘレフォードのマッパムンディを結びつける非常に興味深いシナリオがもう一つある。マッパムンディには物議をかもしたこの司教の列聖を支援する意図があったという。一二八〇年代初め、カンティループと大司教ペッカムとの確執は重大な局面を迎え、カンティループは破門されてイタリアへ逃れるが、一二八二年八月失意の中この世を去った。生前、カンティループを祀るマッパムンディを製作するような計画は微塵もなかった。しかし、カンティループの死によって、マッパムンディは彼を追悼し、世界中のキリスト教会の地図にヘレフォードの名を刻む絶好の機会となったのである。この計画はカンティループの弟子リチャード・スウィンフィールドなしには実現できなかったであろう。ヘレフォード司教としてカンティループの後を継いだのはスウィンフィールドであり、ここまで見てきたように、ペッカムの反対があったにもかかわらず、師を列聖し、大聖堂を世界的な巡礼の中心地にする運動を行ってきたのもスウィンフィールドであった。

巡礼地とするには何らかの「驚異」が必要であった。実体があり何度でも目にすることができる奇跡が望ましい。それが不可能な場合には、巡礼者を魅了し、崇敬の対象物を神聖化することができる「驚き」が必要であった。スウィンフィールドは直ちに、大聖堂の北側の翼廊に手の込んだ聖堂の建設に取りかかった。一二八七年の復活祭前の聖週間に、前司教の亡き骸はここに移送された。最新の考古学資料によれば、当初マッパムンディが掲げられていたのはカンティループの墓に隣接する壁面であったが、巡礼者の注目を集め、

図6　ジョン・カーターが描いたヘレフォード図を含む三連祭壇画のスケッチ（1780 年頃）

カンティループが高徳の聖人であったことが理解できるように、巡礼路、礼拝場所、崇敬の対象物が大聖堂全体にわたって入念に配置され、批評家が「カンティループの巡礼複合体」と呼ぶほど斬新かつ特筆すべき「驚異」であったことが示唆されている[37]。

一八世紀、骨董商ジョン・カーターが描いたヘレフォードのマッパムンディのスケッチによれば、元々の形は、おそらくスウィンフィールドの依頼により作られた、折り畳み式のサイドパネル付きの壮麗に飾られた三連祭壇画の中心の画像であった[38]。この特筆すべき新機軸は、絵画パネルを三連祭壇画にした西ヨーロッパでも最初期の例の一つで、初期イタリアルネサンスの巨匠チマブーエやジョットの絵画とほぼ同時代のものである。ジョン・カーターのスケッチによれば、受胎告知を示すヘレフォードの三連祭壇画の左パネルには大天使ガブリエルが、右パネルには聖母マリアが描かれ、中央のマッパムンディのパネルのメッセージが強調されている。揃った状態で見ると、三連祭壇画は、マッパムンディの頂点に提示されたキリストの再臨とは対照的に、受胎告知におけるキリストの来臨について巡礼者の熟考を促すものであった[39]。左右のパネルで生命の誕生を祝う一方で、中央のパネルには外縁に沿ってラテン語で死を意味する—MORS—の文字が綴られており、マッパムンディを眺める巡礼者たちは、死、世界の終末、来るべき「新しい天」と「新しい地」についての予測が示されていることを認識している。

ヘレフォードのマッパムンディを見た多くの巡礼者たちは、「あなたがたの魂がこの地上を旅立ち、天国を横切り、神にたどり着くまで星々を越えて進みますように」と祈った、一二世紀ベーズ修道院の無名のベネディクト会修道士によって提唱された、精神的な巡礼を目指す手法を共有したに違いない。無名の修道士はこう記している。「誰が私たちに鳩の翼を授けてくれるのでしょうか。私たちはこの地上のすべての王国を飛び越えて、東の空の彼方まで突き進んで行かなければなりません。書物で読み、ガラスを通しておぼろげに目にしたものを私たちの前におられる神の御顔の中に見出し、歓喜することができるように、誰が私たちを偉大なる王の街まで導いてくれるのでしょうか[40]」と。天上のエルサレムへ向かうこの想像の旅は、俗事によって妨げられることもあるが、天上から地球を見下すキリスト教的視座に転換されたマクロビウスの『スキピオの夢』をそのまま伝え、神を正視するとき、地上での人間の葛藤が取るに足らないものであることを理解するのである。

一八世紀後半のある時期に、ヘレフォードのマッパムンディはサイドパネルを失い、三連祭壇画ではなくなっている。現在では展示のために増築された建物の中に掲示され、世俗的な巡礼者である現代の旅行者の見学の対象となっている。マッパムンディが本来どこにあったとしても、移動を余儀なくされたため、私たち現代人はマッパムンディの本来の機能について誤って理解する結果となったのである。マッパムンディは信仰を公にする地図であるが、抽象的かつ普遍的な関係性や、カンティループとの間にあったと思われる現実的な独自の関係性をも明らかにしている。マッパムンディはまた、自ら消滅することを切望し、歓迎している、地図製作史上極めてまれな部類に属する地図と言える。地上の世界が終末を迎え、私たちの旅と遍歴が終わり告げ、魂の救済が目前に迫った最後の審判の瞬間を待ち望んでいる。ヘレフォードのマッパムンディは、地理学者や地図には全く不要となる時間と空間の終焉——すなわち永遠の現在を切望し祈るのである。

第4章——帝国

混一疆理歴代国都之図《こんいつきょうりれきだいこくとのず》　一四〇二年頃

中国北東部遼東半島　一三八九年

一三八九年、高麗の武将李成桂《イ・ソンゲ》（一三三五—一四〇八年）は兵を挙げ、中国と国境を接する遼東半島に遠征した。この遠征軍は建国まもない明王朝（一三六八—一六四四年）の軍を討伐するため高麗王朝が派遣したもので、李成桂はこの軍を指揮した。高麗王朝が李成桂に討伐を命じたのは、北に広がる広大な領土の併合を企てる明の脅威に憤慨したためであった。軍事的衝突が起こったならば、遼東半島はその後六世紀以上にわたり甚大な被害に見舞われたに違いないが、李成桂はこの戦いを回避した。李は明王朝を支持し、この強大な隣国に対する高麗王朝の政策には批判的で、兵を動員する決定には反対を唱えていた。明との国境を流れる鴨緑江河口の威化島《ウィファ》で、李は進軍を止め、重大な決断を下した。これより明ではなく高麗の禑王《ウワン》を討つべく進軍する、と宣言したのである。

李成桂はこのクーデターによって禑王と支配エリート層を打倒し、五〇〇年以上にわたる高麗王朝の朝鮮半島支配に終止符を打ったのであった。李成桂は太祖《テジョ》と名乗り朝鮮王朝を建国した。朝鮮王朝はその後五〇〇年にわたり朝鮮を治め、単一王朝としてはアジアの王国の中では最長の統治期間を記録することとなった。高麗の仏教的価値観は古代の部族的シャーマニズムの風習を駆逐したものの、やがて仏教寺院とその指導者たちは、土地を与えられ税を免除されることで富を蓄え、多くの支配エリート層でさえも容認できないほどの汚職や情実を生み出していった。九世紀頃から中国の支配王朝はしだいに仏教に対して批判的になり、代わりに儒教の復興を願い、仏教徒の精神主義への逃避ではなく、現実的な支配や官僚機構の重要性を強調した「新儒教主義」を支持するようになっていった。李成桂などの朝鮮人も新儒教主義を採用したため、朝鮮においても変化の流れは避けられないものとなった。

新儒教主義は古代中国の賢王による古典に依拠した社会改革や政治改革の綱領を支持した。高麗の社会を形成したシャーマニズムや仏教の原理とは反対に、朝鮮の新儒教主義は人間性の理解や社会秩序の維持には、積極的な公人としての生活が欠かせないことを説いた。深遠な学問よりも実践的な教えが好まれ、仏教が自己を啓発したのに対して、新儒教主義は個人を国家の管理の中に組み込んだのである。新しい朝鮮のエリート層に対して、精神的解放や現世の煩悩放棄を説く仏教徒のメッセージと新儒教主義の世俗的な見解との対比は、一三九〇年代から起こった社会改革や政治的革新の綱領を一掃するための説得力のある根拠を提示した。[1]

高麗王朝から朝鮮王朝への移行は、政治、法律、市民生活、官僚機構を改革することによって文化および社会を転換した、朝鮮の歴史における重要な時期とみなされている。権力は国王の掌中に集約され、王国の領土は新しい軍事的基盤の構築と連動していた。新儒教主義の信念に従って、官僚の権力は一元管理され、官吏試験が導入された。土地は国有化され、公平な課税制度が提案された。仏教は廃止されたも同然であった。[2]朝鮮の隆盛に欠かせなかったのが、帝国とその文化を広範囲にわたり地理学的に再編成することであった。一三六八年の明王朝の設立は、この領域でモンゴルの勢力が徐々に衰退する前兆となった。東には天下統一に向けて動き始めた日本があり、明と朝鮮の両王朝とは比較的平和な通商関係で繁栄の時代を築きつつあった。[3]

高麗王朝からの政権奪取を正当化するため、太祖帝と新儒教主義の助言者たちは、中国に古くから伝わる「天命」という概念を利用して、王朝の興隆と衰退を説明した。すなわち、支配を行うための道徳的権利は天の命令によってのみ与えられるとする考え方である。太祖帝に関する限り、この天命によって新しい支配者だけでなく、新しい首都も決定された。朝鮮王朝は松都《ソンド》（現在は北朝鮮の開城《ケソン》）から漢陽《ハンヤン》（現在は韓国のソウル）に遷都し、太祖帝はここに新たな宮殿として景福宮を造営した。新政権はまた、二つの新しい地図の製作を命じた。一つは地上図で、もう一つは天文図であった。「天象列次分野之図」と名づけられた天文図は、高さ二メートルを超える黒大理石の巨大なブロックに刻まれたもの（記念碑）で、景福宮に展示された。これは中国の星図に基づくもので、九世紀以降のイスラム世界との交流を通じて中国に伝えられたギリシャの黄道十二宮を中国名で再現した点が一風変わっている。不正確な点も多い（多くの星の配置が誤っている）が、この星図は一三九〇年代初めに太祖帝とお抱えの天文学者たちの眼に映った天体の配置を示したものである。これは、新王朝に対する天の新しい見方、宇宙における正当性を朝鮮王国に授ける方法を提示した地図であった。[4]

この星図は、新儒教主義改革者ならびに国務院の評議員補佐官であり、新しい朝鮮政権において最も高い地位にあった権近《クォン・クン》（一三五二—一四〇九年）率いる国王の天文学者チームによって、遅くとも一三九五年には完成されている。権近はこのときもう一つの地図、すなわち世界地図の製作に着手しており、この地図も一四〇二年までには完成したものと考えられている。元の地図は残っていないが、三点の写本が現存しており、いずれも現在日本国内にある。写本の一つは京都の龍谷大学図書館に所蔵されており、一四七〇年代または一四八〇年代末の作であることが近年明らかになったが、最初期のもので最も保存状態のよいものと考えられており、権近によって書かれた序文も含まれている。「混一疆理歴代国都之図《こんいつきょうりれきだいこくとのず》」と題された地図で、疆理図《きょうりず》と略称されている（カラー口絵16）。これは現存する東アジアの地図としては最古のもので、中国

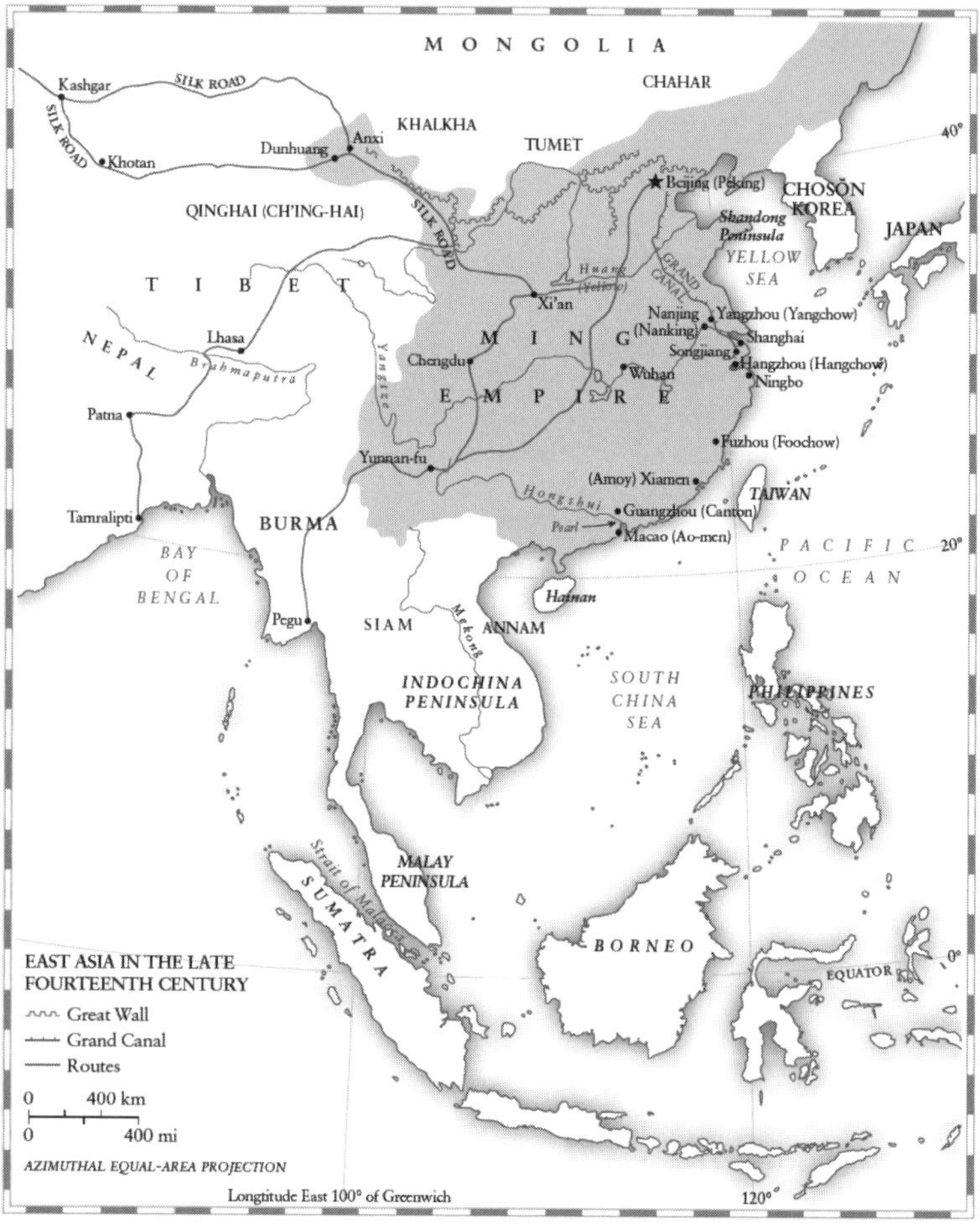

図7　14世紀末の南アジア地域の状況を示す地図

や日本の地図よりも古く、地図製作法に基づいて描かれた最初の朝鮮半島の地図であり、ヨーロッパまで描かれた最古のアジア地図でもある。[5]

疆理図は、絹布の上にきらびやかに光輝く色彩で描かれており、対象物を美しく印象的に見せている。海は暗緑黄色で、川は青く描かれている。山脈は鋸歯状の黒い線で記され、小島は円で表示されている。このような地形が濃い黄土色の地表を背景に浮かび上がっている。地図には、都市、山脈、川および主要な行政機関を示す漢字が墨で縦横に記されている。大きさは一六四×一七一センチメートルで、本来は棒に取りつけられ、上端から下端まで広げることができるもので、星図と同様に、おそらく景福宮などの重要な場所で仕切りや壁の上に掛けるように設計されたものと思われる。星図が新しい天の下に朝鮮王朝の位置を定めたように、疆理図は新しい大地の上に朝鮮王朝を配置したのである。[6]

第3章で見たように、キリスト教の地図は東を上にして、またイスラム教の地図の多くは南を上にして描かれているが、疆理図では北が上になるように配置されている。世界は一つの連続した大陸で、分離された大陸や環状の海は存在しない。地図の形状は長方形で、上部を占める陸地と共に、平らな地球を示しているように見える。地図の中央に位置するのは朝鮮ではなく中国で、大きく垂れ下がった大陸がインド東岸から東シナ海まで広がっている。中国はインド亜大陸を吸収するかのように突出しているため、中国の西岸は消えており、一方、インドネシア諸島やフィリピンは一連の小さな円形の島々に縮小され、地図の下方にひしめくように並べられている。地図上部の銘、その直下に記された中国の歴史上の首都一覧、これに続いて描かれた当時の中国の郡、県およびこれらを結ぶ交易路からも、中国の広範囲にわたる政治・文化の影響力の大きさをうかがい知ることができる。

地図上で中国の東に位置する二番目に大きな陸地が朝鮮で、小艦隊のように見える島々が取り囲んでいるが、これらは海軍基地である。アル＝イドリーシーが描いたシチリア島やホルディンガムのリチャードによるイングランドの描写と比較してみると、この地図の製作者が描いた自国の輪郭は現在の朝鮮の輪郭に極めて近いことが一目でわかる（カラー口絵17）。北の国境は平坦であるが、朝鮮は驚くほど詳細に描かれている。地図上では四二五個の位置が特定されているが、二九七個が郡、三八個が海軍基地、二四個が山、六個が州都の記載である。新しい朝鮮の首都である漢陽は赤い鋸歯状の円で記されている。[7]

地図の右下隅にはもう一つの強国日本が、実際よりも大きく南西にずれた位置に浮かんでいる。二又に分かれた先端部分は中国と朝鮮の方向を指しており、威嚇しているようにも見える。この脅威を埋め合わせるかのように、朝鮮と比較して日本は小さく描かれており、朝鮮が実際の三倍の大きさであるのに対して、日本は半分の大きさでしかない。日本列島の配置は時計回りに九〇度回転されており、西端の九州が北に位置するように描かれている。

現代人の眼から見てさらに驚くべきことは、中国から西の世界の描写である。スリランカは（インドの南東ではなく）西岸沖に巨大な姿を現わしている。アラビア半島の楔形ははっきりと識別可能で、紅海やアフリカ西岸も同様に確認できる。ポルトガル人の初航海によってアフリカ大陸が周航可能であることが発見される八〇年以上も前に、彊理図は全体の大きさは著しく過小評価したものの（アフリカ大陸は現在の中国の三倍以上の大きさがある）、いまではよく知られている南端の形を含めてかなり正確に表示している。さらに奇妙なのは、アフリカ大陸の中心に巨大な湖のようなものが描かれているが、サハラ砂漠を表わしていると考えることもできよう。アフリカ、ヨーロッパおよび中東の多くの場所には、アラビア語の地名が漢字で表記されており、比較的早い段階でイスラムの地図製作が伝播していたことがわかる（アル＝イドリーシーの地理学の知識では朝鮮が東の限界であった[8]）。

アフリカの上に描かれているヨーロッパにも同様に興味をそそられる。地中海は退化した器官のような形で描かれており、海の色で彩色されていないため紛らわしいが識別可能である。イベリア半島も識別できる。

アレクサンドリアには仏塔のようなものが描かれている。赤く記されている都市はコンスタンチノープルと思われる。ヨーロッパの領域内にはおよそ一〇〇カ所の地名が記されているが、翻訳が正しいかどうか検証を必要とするものも多い。例えば、ドイツについては「アレマニア」という表音に基づく中国語が記されている[9]（訳注：ドイツのラテン語表記は「ゲルマニア」（ゲルマン人の地）であるが、「アレマニア」はゲルマン人の一派である「アレマン人の地」を意味する）。地図の左端にはブリテン諸島と思われる小さな長方形があるが、最西端のアゾレス諸島である可能性が高い。これはおそらくプトレマイオスの見解が部分的に伝承されて再現されたためであろう。

アフリカやヨーロッパの名称や形状に関する知識もプトレマイオス図から継承したものであろうが、プトレマイオスの影響が及ぶのもここまでである。疆理図には経緯網、縮尺、明示的な方位は描かれていないが、南アジア地域がより詳細に描写されているのは当然であろう。プトレマイオス図では南アジアの位置は推測の域を出ず、地名も記されていない。ギリシャの文化的遺産を受け継いで、ヘレフォードやシチリア島で作られた中世のキリスト教やイスラム教の地図とは対照的に、疆理図は、朝鮮に根を下ろした質的に極めて異なる地図製作の流儀と、究極的にはより大きな宇宙の中に大地を位置づける中国の思想に依拠している。

社会的および文化的には共通点がなく、種々の競合する宗教的信仰や政治的世界を生み出したギリシャ・ローマ世界とは異なり、近代以前の東アジアは広範囲にわたり唯一の普遍的な帝国である中国によって形作られた。何世紀にもわたり中国は、間違いなく自国が正統な帝国権力の中心であり、文明世界の指導者を自認する皇帝によって統治されていると認識してきた。朝鮮のような衛星国家は大国である中国の枠組みの中では脇役で、中国の勢力範囲外の民族はおしなべて接点のない蛮族として退けられてきた。広大ではあったが比較的明確であった帝国の統治に必要だったのは、過去に構築された前近代的官僚機構の中で最も洗練されたものを作り上げ、維持することであった。中国は広大な帝国の国境に多額の維持費を費やしていたが、自国の政治的主権と地理学的な中心性は天賦のものであると考えていたため、中世末期のヨーロッパとは異なり、自国の外の世界にはほとんど関心を抱いていなかった。中国人の信仰を形成した仏教および儒教の文化的遺産は、ギリシャ・ローマ世界の崩壊以降、西洋で発達した書物の中のキリスト教やイスラム教の文化的遺産とは大きく異なっていた。キリスト教もイスラム教も普遍的宗教として、神の名においてその教えを世界中に広めなければならないと信じていたが、これは仏教や儒教とは全く相容れない考え方であった。[10]

中国における地図製作の伝統は、国境の画定と実際の国土保全に焦点をあてたものであったが、これは中国の官僚エリートが西洋の宗教社会よりもかなり早い段階で追い求めた目標でもあった。地図製作は、特定の宗教やイデオロギーのために国境を越えた想像上の地形を描くためのものではなく、インド洋を越える長距離の移動や海上遠征を可能にし、促進することを目的としたものでもなかった（一四三〇年代以降、明王朝は艦隊による海外遠征を取り止めている）。朝鮮も中国にならっている。紀元前一〇〇年頃からその当時まで、中国の従属国としての役割を果たしつつも、朝鮮の地図製作者たちの関心事は、政治的支配を行うための実用的な地図を、自国を統治するエリート層に提供することにあった。彊理図は極めて特別な観点から情報提供を行った地図であった。この地図は、朝鮮半島の特殊な自然地理学と、限りなく強大な隣国との関係性を示すことを最優先課題として作成された。

多くの地図は絵と文字との相互作用によって情報を提供するが、彊理図もその例外ではない。地図の下端には、権近によって書かれたこの地図の由来が、四八行にわたって記されている。

> 世界は極めて広大である。中央に位置する中国から極限に位置する四つの海まで、何千万里あるのか我々にはわからないが、数尺の大きさの紙片に圧縮して描いた地図では、正確な位置を表わすこと

は確かに困難である。一般的に、地図製作者が「作ったものが」冗漫すぎる、あるいは概略的すぎる理由はここにある。しかし、呉門《ウーモン》の李沢民《りたくみん》の「声教広被図」は詳細かつ包括的である。また、皇帝や王、国や首都の時系列表示に関しては、天台の僧侶清濬《せいしゅん》による「混一疆理図」が詳細かつ完璧である。建文四年（一四〇二年）、尚州《サンジュ》の左議政金士衡《キム・サヒョン》と丹陽《タンヤン》の右議政李茂《イ・ム》は、公務の合間を縫ってこれらの地図の比較研究を行い、これらを入念に照合して一つの地図にまとめ上げるよう李薈《イ・フェイ》に命じた。遼河《リャオ》の東岸領域および我が国の領土の範囲に関しては、李沢民の地図では途切れや省略が多かったため、李薈は我が国の地図に補足と拡張を行い、さらに日本の地図を追加し、丁寧に再構成して十分に称賛に値する全く新しい地図を作り上げた。これにより人は居ながらにして現実世界の姿を知ることができる。地図を見れば地上での実際の距離がわかり、行政府の事業に役立てることも可能である。二人の男がこの地図にどれだけの心血を注いだかは、この地図の規模と描画範囲の大きさから自明であろう。[11]

権近の序文には、『慰みの書』を完成させたアル＝イドリーシーの手法と共通するものがあるように思われる。すなわち、既知の世界の大きさと形状に関しては不確かな部分があり、より包括的な地図を作るためには、既に確立されている伝統的な地理学（アル＝イドリーシーの場合にはギリシャとイスラムの地理学、権近の場合には中国の伝統的地理学）を援用することが不可欠だったのである。その実現には専門家集団をはじめとして政治や行政の支援が重要となるが、これにより驚くほど素晴らしい成果がもたらされるのである。

この序文では、地図を理解するための相関する二つの要素が提起されている。第一の要素は地図製作の政治的背景であり、第二の要素は中国の地図製作の影響である。金士衡（一三四一―一四〇七年）と李茂（一四〇九年没）は、朝鮮王朝においては新儒教主義の助言者の中でも中核的存在であった。一四〇二年、二

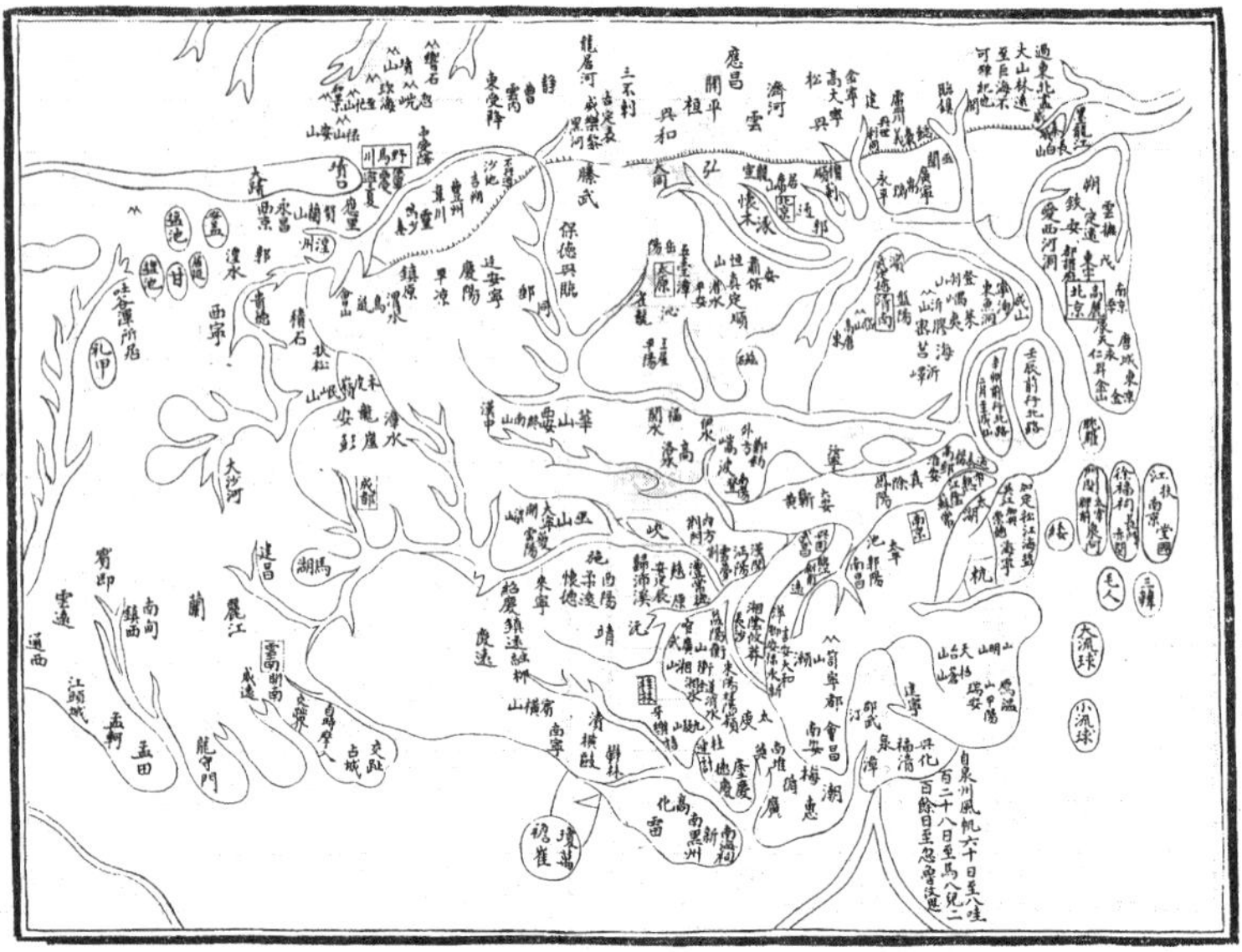

図８　葉盛の撰による『水東日記』（15 世紀中頃）に収められた清濬による中国地図の複製

人は彊理図が作られる数カ月前に、朝鮮の北の辺境での土地調査に参加したが、それ以前に外交上の職務で中国を訪れている。権近が挙げた中国の地図は、一三九九年の金士衡の中国訪問で入手したものと考えられる。彊理図は権近によれば一四〇二年に作られたもので、朝鮮王朝の建国との関係性はないが、隣国中国の建文帝の統治時代と関係している。建文帝（一三九八―一四〇二年在位）朱允炆《しゅいんぶん》は明王朝の第二代皇帝であるが、初代皇帝である洪武帝（一三六八―九八年在位）朱元璋《しゅげんしょう》の孫にあたる。仏教僧にして地図製作者であった清濬は洪武帝に近い助言者で、新政権の発足を宣言するために一三七二年に南京で行われた儀式を取り仕切っている。一五世紀に再現された清濬の混一彊理図からは、この地図が初期の中国王朝の地理と歴史に関する情報を提供するものであり、権近が記しているように、李薈がこれによって朝鮮の東側を補足して拡張し、西側のアラビア半島、アフリカおよびヨーロッパを付加したということがわかる。[12]李薈（一三五四―一四〇九年）は高麗王朝の高官であった。彼は太祖帝の命により一時的に国外追放されたが生き延び、一四〇二年には既に首都に戻り、地図製作に従事していた。彊理図の製作を開始する頃には、新政権の補佐官になっていたが、これはおそらく地図製作の専門知識を備えていたためであろう。[13]

洪武帝の後継者である建文帝朱允炆は、四年にわたる内乱（靖難の変：一三九九―一四〇二年）の末、永楽帝を名乗った朱棣《しゅてい》（建文帝の伯父にあたる）によって帝位を奪われた。[14]彊理図が完成する頃には建文帝は既に没していた。権近が言及していたのは朝鮮王朝ではなく明王朝であったことは明白であるが、中国の地図製作者李沢民が描いた朝鮮の「遼河の東岸領域」の境界を修正する必要があると指摘したときには、ここは当時の両国間の紛争において軍事的に最も慎重を要する地域となっていた。彊理図には、歴史的に紛争が絶えなかった隣国日本も描かれている。この地図の目指すところは明確で、一五世紀初頭の東アジアにおける政治的変化の中で新しい朝鮮王朝の位置づけを探ることにあった。

権近の序文からは中国と朝鮮との間で王朝政治の浮き沈みが想像されるが、それがどのようなものであろうとも、権近が地図作りの基盤として引き合いに出した中国の地図製作を称賛していたことは紛れもない事実である。李沢民と清濬は共に一四世紀前半に地図製作に携わっていたが、朝鮮の政治や地理学に及ぼした中国の影響はさらに昔に遡る。四世紀の初めに朝鮮が独立した王朝として登場して以来、朝鮮の支配者と学者はいずれも国政術、科学および文化に関しては、強大な隣国の文明を模倣してきた。しかし、これは決して純然たる受動的な関係性ではなかった。朝鮮は急場をしのぐため中国の文化的業績を利用してはいたが、中国からの政治的独立を主張し続けてきた。

中国では、地図と呼べるものは紀元前四世紀頃から見ることができる。しかし、長期間にわたり様々な場所で手書き地図を作成してきた前近代社会においては、数千年にわたる中国の地図製作の「伝統」について語ることは問題があり、時代錯誤的でもある。第一の問題は現存する出典の問題である。一〇世紀以前には比較的少数の地図しか残っていないため、中国の地図製作の発展について語ることはほとんど無意味である。記録は残っているものの地図が失われている場合には、その地図がどのようなものであったかを推測することは困難である。ごくわずかの地図に対しては極めて多数の解釈が存在する。現存する地図であっても、複製の信頼性や学術研究のための配布の問題や、幅広く流通させることを政治的に禁止したことなど、手作りの地図の流通と継承に関しては様々な問題に悩まされている。

さらに厄介なのは、「地図」が何を意味するのかという定義の問題である。ギリシャ、キリスト教社会およびイスラム教社会でもそうであったように、「地図」に対応する中国語は明確ではなく、広範囲にわたる意味と成果物を網羅している。前近代の中国では、「図」は一般的に西洋における「位置づけ」または「計画」と同義であるが、様々な媒体（石、真鍮、絹および紙）で作られた各種の絵、線図、グラフ、表などを意味することもある。「図」は言葉でもあり図像でもあるが、多くの場合、相互に補完し合うように、図形による視覚的表現と文章による説明（詩歌を含む）を組み合わせたものとなっている。一二世紀のある学者は、「図像（図）は縦糸であり、書き言葉（書）は横糸である。……図像なしで書き言葉を読むのは抑揚のない声を聞くようなものであり、書き言葉なしで図像を見るのは言葉を発しない人に会うようなものである」と述べている。[15]「図」と「書」の相互作用による感情の共鳴は、西洋の地図の定義にはなかったと言ってもよいものである。動詞の「図」は、計画、期待あるいは思索を意味する。「計画上の困難」と直訳されることもあるが、中国の国内外における多くの初期の地図製作活動の慣習を端的に表わす言葉でもある。[16]

古代ギリシャ語の「ピナクス」とは異なり、中国語の「図」は、最近の中国研究者が「行動の規範」と定義して論じているように、物理的な媒体ではなくむしろ動的な行為を意味する。[17]また、ギリシャ語の「世界周遊《ペリオドス・ゲース》」とは対照的に、広く行き渡っている宇宙誌学的な信念に密接に関連しているわけではない。ここで中国人は再び、ギリシャ人とは異なる手法を開発したのである。古代中国の神話には、創造の行為を司る神は登場しない。宗教的あるいは政治的にはほとんど認められていない宇宙の起源を用いて（ユダヤ・キリスト教およびイスラム教の伝統とは異なり）、中国人は大地とそこに住む人々の起源に関して、驚くべき多様な思考体系を発展させた。この多様な思考体系の中では、三つの流派の宇宙論が特に有力であった。

最も古いものが蓋天《がいてん》説であった。この理論では、天の円形ドームは菅《すげ》笠のように大地の上に覆いかぶさっていると考えられていた。地上は碁盤の目のように真四角に区切られ、四隅に向かって傾斜し、周回する大洋の縁を形成する。さらに多くの支持を集めたのが、紀元前四世紀頃に登場した渾天《こんてん》説であった。この理論では、天は中心に位置する大地のまわりを回っている（同心天球で構成されるとした古代ギリシャの宇宙誌学とこの理論が同時期に考え出されたことは興味深い）。渾天説の提唱者の一人、張衡《ちょうこう》（紀元七八―一三九年）は、「天は鶏の卵殻に似て形は矢尻のごとく丸く、大地は卵黄のように中心に位置する」[18]と主張した。最も極端な理論は暗示的な宣夜《せんや》説であった。後漢のある著述家によれば、「天は虚空で物質は何も存在していない。太陽、月、星々は虚空の中に自由に浮いた状態で動き、あるいは留まっている」[19]という。

これら三系統の理論は中国の天文学、宇宙論および宇宙誌学に繰り返し登場するものの、六世紀以降の公式の歴史記録では渾天説が主流とみなされてきた。しかし、この理論自体に曖昧な点がないわけではない。大地が天球の中心にある「卵黄」であるというこの理論のたとえは球形の世界を示唆しているものの、真四角の平らな大地が天球に囲まれているように描かれることが多い。ただし、この仮説も絶対的なものではない。中国の天文学では当時既に（天を球として表示する）天球儀を使用しており、現存する計算結果は詳細な観測に基づくもので、宇宙を表わすために球形の大地を仮定している。しかしながら、これらの理論を貫く基本的な考え方は、紀元前三世紀以降の数学の研究で初めて明らかにされ、いまもその記録は残っているが、「天円地方」（天は円形で、大地は方形である）という信念であった。[20]

この考え方は初期の中国文化に浸透した基本原理に基づいている。この原理は古代中国の「九方形」、す

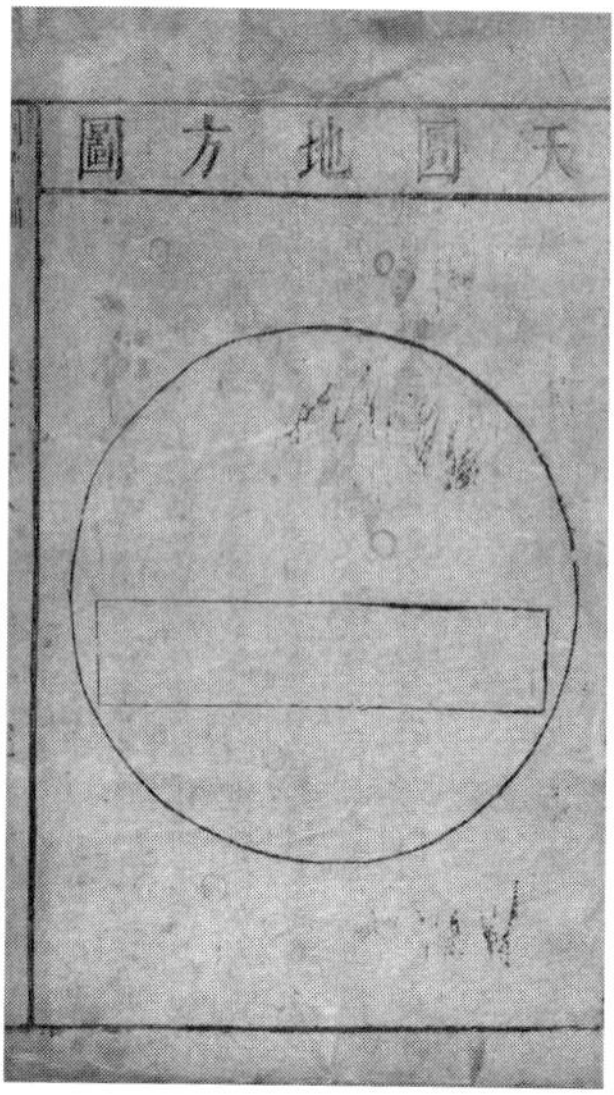

図9　章潢の『圖書編』（1613 年）に描かれた円形の天と方形の大地

なわち「偉大な世界秩序の発見または発明の一つ」[21]に従って地上の空間を構築したのである。九方形は九個の等しい正方形に分割され、三個×三個のマス目を構成する。その起源は明らかではないが、（方形の腹甲を覆う丸い甲羅を有する）亀甲の形を観察したことに由来するとしたものから、中国北部の広大な平原から空間を直線的に捉えて分割する方法を着想したとするものまで、様々な説が存在する。[22]ギリシャ人が完全な円を哲学的（および幾何学的）な理想とするのと全く対照的に、中国人は方形を称賛した。また九方形により、古代中国のあらゆる領域において、九という数字は中心に位置づけられる最も良い数となった。天には九個の領域があり、首都には九本の大路がある。人体には九つの部位、九つの開口部、九つの臓腑がある。死者の国には九本の井戸があり、黄河には九本の支流がある。

　このような区分は古代中国文化の最も重要かつ基本的な記述に由来するものであるが、これは『書経』の中の一編として紀元前五世紀から紀元前三世紀の間に編纂された、現存する中国最古の地理書とされる『禹貢《うこう》』に記されている。この書は、中国最古の夏王朝（紀元前二〇〇〇年頃）を建国した偉大なる伝説の聖王、禹について記したものである。禹は、大洪水ののちに、田畑を整理し河川の間に水路を設けることによって、世の中に秩序をもたらした、と言われている[23]。黄河盆地および揚子江盆地を手始めとして、「禹王は土地の区画を整理した。山脈に沿って森を活用し、木々を伐採した。さらに高山と大河の測量を行った[24]」という。領地は九つの行政区分（すなわち「州」）に画定され、九つの土地と九本の川の道程によって記述された。九つの行政区分は三行×三列に並んだ方形の土地で構成され、九つの方形の土地の一辺の長さは千里（一里は約四〇〇メートル）となっている[25]。

既知の世界の空間を三行×三列に配置するだけでなく、『禹貢』はまた、世界全体を五つの同心状の矩形領域に分割し、風向に基づいて四方向に向きを定めた構造図も示している。これは自己中心的な視点に立つ地理学の古典的な例である。文明は王族の領土を示す図像のちょうど中心に宿る。方形の各領域については、外へ向かうにつれてしだいに野蛮な状態へと移行する。属国の支配者に始まり、辺境の領主、「同盟関係にある」蛮族、そして最後は文明のない未開地に至るが、ここにはヨーロッパも含まれる。繰り返しになるが、古代中国の枠組みとギリシャ・ローマの枠組みとの対比には特筆すべきものがある。西洋の地域図もまた直線で構成されるが、緯度帯を基準としており、『禹貢』の場合のように象徴的な皇帝を中心として定義されたものではない[26]。

中国の地図製作者たちは、九方形とその形態が示す宇宙論的な世界観を、政治支配や実際の政策に利用することができた。象徴的なレベルでは、学者たちは円形と方形との関係から帝国を治める具体的な方法を提示した。秦王朝のある著述家は、「支配者が円形を握りしめ、家臣たちが方形を保持し、両者が入れ替わることがないとき、国は栄える[27]」と記している。行政の実務的なレベルでは、九方形から「井田制」と呼ばれる農地耕作制度が導入された。漢字の「井」は三行×三列のマス目に似ていることから、農地配分の基本として利用された。等しい大きさの農地が八家族に割りあてられ、中心に位置する九番目の農地は公田として共同耕作されることとなった。この秩序ある土地分割法は、社会的一体性と効果的な行政の基本要素とみなされた。儒学者孟子（紀元前四世紀）は「慈愛に満ちた政治は境界線の画定から始めなければならない」と唱えた。「暴君は境界線の決め方が常にずさんである。境界線が正しく画定されていれば、田畑の分割や俸給の調整は労せずして解決することができる」[28]とも説いている。

現存する記録では、最古の地図の記述は古代王朝の統治と行政の問題に関連したものであった。最も初期の文献の一つとして、地域国家が覇権を争っていた戦国時代（紀元前四〇三―紀元前二二一年頃）のものがある。『書経』の中では、周公が地図を頼りに、洛邑《らくゆう》（北京の南西八〇〇キロメートルに位置する現在の河南省洛陽）を周の首都に選んだことが記されている。

最初に黄河の北、黎水《れいすい》のほとりについて吉凶を占った。次に澗水《かんすい》の東岸と瀍水《てんすい》の西岸の領域を占ったが、神託には洛水《らくすい》の流域が現われた。さらに瀍水の東岸領域も占ってみたが、やはり神託に現われたのは洛水の流域であった。私は神託の地を示すため地図を持参して王のもとへ向かうよう使者に命じた。[29]

周公が選定した王朝の首都の候補地は、政治地理学と神託によって与えられたものであった。『禹貢』の見解に従って、周公は黄河盆地および揚子江盆地内で農業においても政治においても中核となりうる地域に注目した。周公の地図に実際に何が示されていたのかは不明だが、新たに征服した領土と古来の賢人による伝説的な地理学との一体化を目指して、周王朝の新しい首都の候補地選定に関する『禹貢』の見解を補足するため、地図が使われたことは明らかであった。

地図の図像学は、その後も中国王朝の政治的に重要な局面で様々な役割を果たしてきた。戦国時代は中国の統一を果たす秦王朝の登場によって紀元前二二一年に終焉を迎えた。秦王は中国統一前の紀元前二二七年に暗殺者に襲われたが、暗殺者の手には秦が欲した領土を描いた絹の地図で巻かれた短剣が握られていた。[30]この王朝は必ずしも安泰だったわけではない。紀元前三世紀の地図を調べたある学者は、秦に敵対する国々にこう助言した。「地図によれば、六カ国の領土は秦の領土の五倍以上もあります。この六カ国が力を合わせて西へ進み秦を討つならば、必ずや秦を倒すことができるでしょう[31]」と。

地図は、このように明確な政治的機能と象徴的機能を有すると同時に、王朝支配を円滑に行うための道具ともみなされていた。戦国時代、法家の思想家であった韓非子（紀元前二三三年没）は「法は地図と書物によって成文化され」、「行政府で管理され、民に公布される」と説いた。このような主張に対して、他の学者たちは懐疑的であった。儒学者荀子（紀元前二三〇年没）は、「国家の役人は、法と規則、度量衡、地図と書物を順守するものである。残念ながら彼らはその重要性に気づいていないが、敢えて軽んずることも偏重することもなく、これを順守している[32]」と述べている。

現存するこの時代の最古の地図の一つは青銅板に刻まれたもので、戦国時代の中山国《ちゅうざんこく》の支配者、嚳《さく》の王墓（紀元前四世紀末頃）から出土している。青銅板に刻まれた文字列の間に、いくつもの長方形や正方形の金銀が象嵌細工されたもので、一見したところほとんど地図には見えない。これは実のところ霊廟の設計図であり、中山国の王の葬儀儀礼について入念に計画された九つの原則に基づく地勢図を示している。青銅板の外側の長方形は、四個の正方形の建物の間に立つ二つの壁を表わしている。第三の長方形の中には盛り土があり、この上には王と王の家族の墓を覆うように配置された五つの生贄用の堂が設けられる。この霊廟図は、九つの行政区分や井田制における古典的な測量法を踏まえたもので、鳥瞰図的な視点から対象物を示す地図状の図版としては最古のものとなっている。青銅板には縮尺も示されており、尺（約二五センチメートル）と歩（約六尺）を単位として測定した寸法と距離が記されている。[33]

この地図がなぜ墓の中にあったのかはわかっていない。元来墓には、先祖に対する崇敬の念を伝えるため、神秘的な力が吹き込まれた貴重な品々が副葬されてきた。[34]死後の霊界に入るときに地図を副葬することで、中山国王の領土に対する支配を、比較的洗練された政治的統治の形で追悼することができたのであろう。

秦王朝も秦を倒した漢王朝（紀元前二〇六―紀元二二〇年）も、政治、行政、および軍事の集権化の加速に地図を活用した。漢王朝の領土を示す輿地図《よちず》は、近隣諸国（朝鮮など）との外交的な地図の交換を含め、軍事的勝利や属国の服従を確認する際の、儀式や記録のための道具として使われてきた。また一方で、皇帝統治の管理は輿地図によって浸透し始めていた。『周礼《しゅらい》』に従い、漢王朝の官僚機構には地図を政策決定の中心に据える理想的な体制がもたらされた。治水事業、課税、道路の画定と敷設、境界線紛争の解決、田畑の線引きや家畜への課税、人口分布の調査においてはもちろんのこと、行政官の執務を記録するためにも、封建国家とその組織における忠誠心を維持するためにも、地図は極めて重要であった。地図の重要性に対する庶民の認識が深まる中で、地理学に関する情報を絶えず皇帝に提供するため二名の行政官が任命された。二名の行政官は皇帝がどこへ行く場合にも必ず同行した。紛争が起こった場合には、調査役の行政官が地図の説明を行い、現地案内役の行政官が現地の記録の解読を行った。[35]

この時代から中国では地図が重視されるようになるが、その最たる例が裴秀《はいしゅう》（紀元二二三―七一年）である。裴秀は地図製作の六原則を確立したことで、中国のプトレマイオスと称されることも多い。晋王朝（紀元二六五―四二〇年）の初代皇帝の下で司空《しくう》に任命された裴秀は、『禹貢』を利用した古代の地理学研究を編纂し、『禹貢地域図』を作成したが、その後失われた。裴秀の手法は、『晋書』に記録されいまも残されているが、「古文書を厳密に調査し、あいまいなものは排除し、消滅してしまった古代の地名を可能な限り分類する」というものであった。その成果は『禹貢地域図』一八編となって、ときの皇帝に献上され、極秘の公文書館に保管された。地図の製作にあたって、裴秀は準則六体と呼ばれる六つの原則に従った。第一の原則は「分率」と呼ばれる縮尺の決定方法である。第二の原則は「準望」で、二方向の平行線が作る直角を表わす。第三の原則は「道里」、すなわち直角三角形の二辺を歩測する方法で、これによって二点間の距離を決定することができる。第四の原則は「高下」と呼ばれる高低の測定方法、第五の原則は「方邪」と呼ばれる直角と鋭角の測定方法、第六の原則は「迂直」と呼ばれる曲線と直線の測定方法となっている。[36]

西洋人から見ても、裴秀の六原則は、経緯網の必要性、標準的な縮尺の使用、基本的な幾何学的および算術的計算を用いた距離、高低および曲率の計算を重視する、近代の科学的地図製作法の基礎をもたらすものと思われた。これは当時のギリシャ人やローマ人が提供しえた技術と同等の優れた技術であったが、中国ではこれが明確に認識しうる近代的な地図製作法に発展することはなかった。その理由の一端は裴秀がこの種の地図製作に全く興味を示さなかったことにあった。裴秀の行った仕事は、科学的根拠に基づく研究である「考証」の初期の例で、過去を再現する文献研究を含んでおり、現在に対する指針として古文書に特別な注意を払っている。このような研究はまた、裴秀の地図製作の手法にも含まれている。裴秀は、自らの成果が「古文書の厳密な調査」に基づくものであり、作成した地図も直接的な地形測量によるものではなく、文献の解読に基づくものであったことを認識していた。裴秀と晋王朝にとってこの仕事は、古文書としての『禹貢』の権威に対して、新しく書き換えられた地理学を重ね合わせることであった。過去に対する崇敬と過去からの連続性を守るために、裴秀は新旧の方法を結合して、過去の姿を正当化すると同時に、王朝の連続性の図像表現（および文章表現）における現在の姿を筋の通ったものにしなければならなかったのである。[37]

この文献重視の伝統は極めて強力であったため、裴秀の後継者たちは自然地理学の視覚表現には限界があることを指摘している。唐の学者賈耽《かたん》（紀元七三〇―八〇五年）は「地図の上にこのようなものを完全に描くことはできない。信頼性を高めるためには記録に頼らなければならないからである[38]」と記している。裴秀が空間について何かを書くときには、文献重視の古典的な伝統が常につきまとっていたようである。「直角の格子の原則を正しく適用すると、直線と曲線、遠近によってすべてを私たちの前に提示することができる」[39]と裴秀は記している。これは裴秀の地図製作の新しい定量的な原則を正当化すると同時に、九方形に基づく王朝政府の文献重視の古典的な伝統を称賛している。

一三六八年の明王朝の登場以前に作られた地図と同様に、裴秀の地図も現存していない。現存している地図でよく知られているものに、宋王朝（九〇七－一二七六年）時代の一一三六年に禹王の伝説的な功績に基づいて作られた「禹跡図《うせきず》」がある。英国の科学史家ジョセフ・ニーダムは、禹跡図を「地図製作史上、この時代の文化における最も特筆すべき成果」と位置づけ、同時代のヨーロッパの世界図《マッパムンディ》を知る者は「中国の地図製作技術がどれほど西洋に先んじていたかを知って、驚かずにはいられないであろう」と述べている。[40]この地図は八〇センチメートル角の石碑に刻まれていたもので、この石碑は現在、陝西省《せんせいしょう》の首都西安の公立学校の中庭に建てられている。裴秀の地図製作の六原則に従って作られた禹跡図は、当初から極めて近代的な様相を呈していた。中国の輪郭の描写は多くの場合、驚くほど正確である。またこの地図は、裴秀が推奨しているように、縮尺を示すため格子を使用した中国で最初の地図であった。五〇〇〇個を超える正方形が描かれており、一辺の長さは一〇〇里（五〇キロメートル超）を表わす。このことから地図の縮尺は四五〇万分の一と推定される。ただし、この格子は西洋の経緯網と同じではない。経緯網が地球表面の他の部分との相対的な緯度と経度で位置をプロットするのに対して、中国の格子は平面に球形の地球を投影することは考慮しておらず、距離とその場所の面積の計算に役立つようになっているだけである。

石碑の反対側の面には、「華夷図《かいず》」と題された、中国と異国の領土を示す別の地図が刻まれている。この地図は禹跡図を補足するものに違いないが、どのようにして補足しているのであろうか。その範囲は禹跡図よりも広く、北東の万里の長城はもちろんのこと、九つの行政区分に含まれる川、湖、山など、五〇〇カ所

図 10　禹跡図（1136 年）

以上が地図上に記されている。また、帝国に国境を接する（朝鮮などの）「他国」が描かれており、地図の縁に沿って書き込まれた詳細な注には、これ以外に一〇〇を超える他国が列挙されている。しかし、この地図には禹跡図とは大きく異なる点もある。格子が描かれておらず、海岸線は極めてあいまいで誤っている箇所も（特に重要な遼東半島に）多く、その水系も不正確である。ここで何が起こっているのかを理解するためには、石碑の前面に戻り禹跡図を確認しなければならない。

　禹跡図の格子と同様にはっきりと、北には黄河、南には揚子江、そして両者の間には

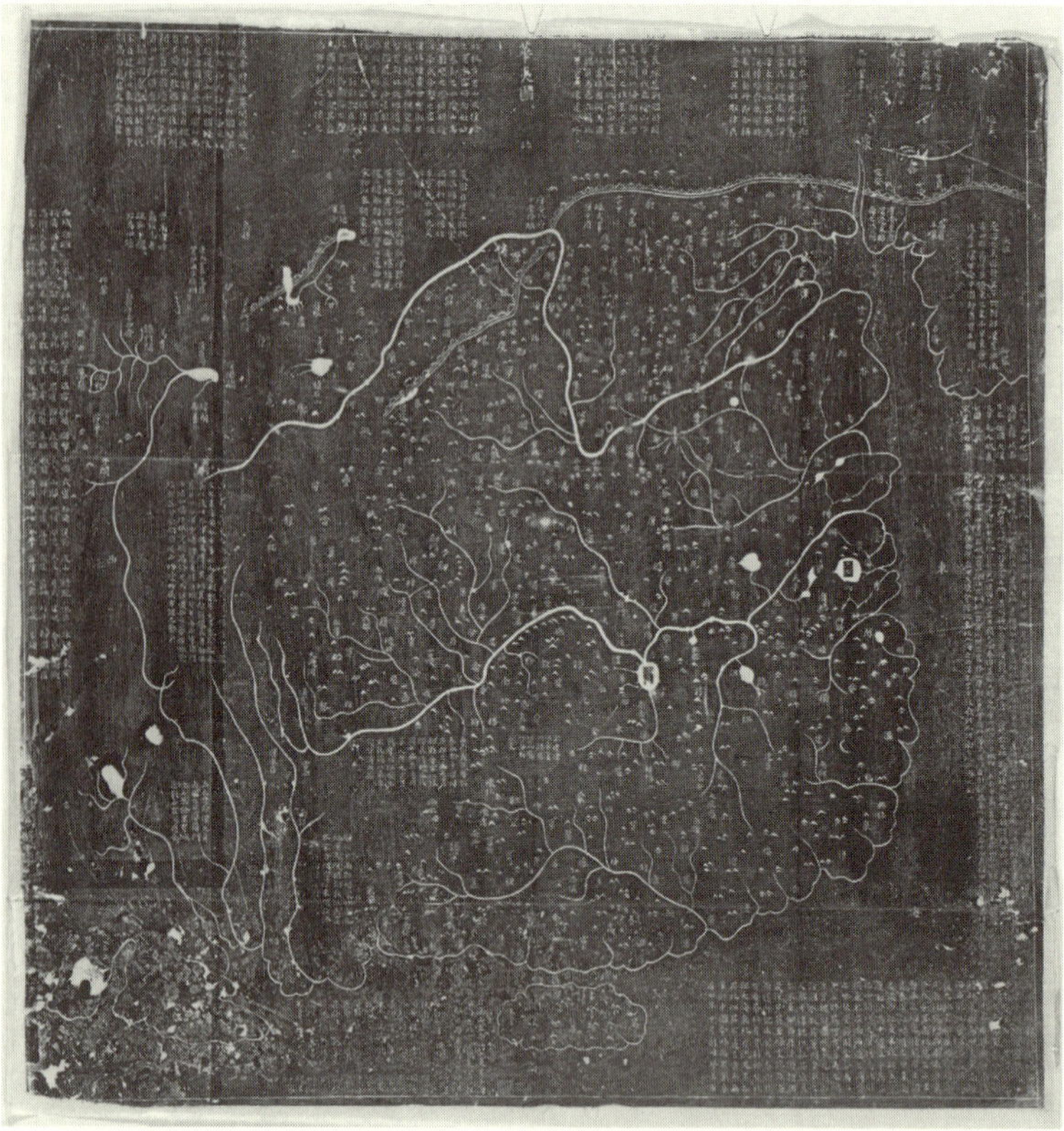

図 11　華夷図（1136 年）

淮《ホワイ》川の河川網が描かれている。地図の地名で中心となるのは山の名であるが、都市や行政区分の名称も含まれている。左上の説明書きからも、この地図にとって原典主義は定量測定と同様に重要であることがわかる。「山と川の名称は『禹貢』によるもので、郡と県の名称は過去と現在のもの、山と川の名称および地名は過去と現在のものである」[41]と書かれている。禹跡図は、伝説の時代と場所を記すことによって、当時の地理学を描いている。禹跡図は、『禹貢』の記述を基本として、山川によって画定される神話の中の統一中国の記述を参考にすることによって描かれている。例えば、一三世紀の学者は黄河が中国北西部の崑崙山脈を源流とすることを知っていたが、禹王は「積石」と呼ばれる場所から黄河の流れる方向に案内されたと伝えられている。禹跡図には、『禹貢』の地理学の記述が残されているが、その中には近年の中国人地図製作者が誤りであると指摘した場所も含まれている。

縮尺の使用を称賛し、新しい地理学データを取り込むのではなく、禹跡図は極めて明確な理由によって、神話の地理学と当時の場所を融合しているのである。一〇〇年以上にわたり、宋王朝は古代中国の国境を越えて軍事権および行政権を集約することを企ててきた。政治的に困難な時代であったにもかかわらず、あるいはそうであったがために、宋王朝は一時期並外れた文化・経済の改革を奨励し、初めての紙幣の発行、知識人官僚層（士大夫《しだいふ》）の大量採用、七世紀末の中国における印刷の発明以来最も革新的な木版活字印刷などを行っている。[42] しかし、一二世紀初頭には既に、宋王朝の北の領土は女真族の金王朝（北満州のツングース族の同盟国）によって侵略の脅威に晒されていた。一一二七年、黄河南岸の宋の首都開封《カイフォン》は金の攻撃によって陥落したため、宋は揚子江の南まで退却し、杭州を新しい首都とした。一一四一年、宋は領土のほぼ半分を割譲し、黄河と揚子江との間に国境線を引くことで、金と和平協定を結んだ。その後、一二世紀後半から一二七九年に王朝が崩壊するまで、宋の支配者や士大夫たちは、失った北の領土を取り戻し、古代の中華帝国を再構築することを夢見た。[43]

その夢が叶うことはなかったが、禹跡図にこのような統一の夢を見ることはできる。地図の上には女真の領土を示す国境はない。それどころか、『禹貢』に書かれた神話の世界の地理学は、女真が侵入してくる前の宋王朝の理想的な地理学と融合しているからである。宋は失われた領土と共に一体であることを示そうとしただけでなく、異国の支配者たちが貢物を捧げた禹王が作り上げた九つの州、すなわち統一中国の思想の正統な継承者であることを示そうとしたのである。このような統一の可能性を宋の民衆に確信させるため、明確な力だけを強調する地図の上に描かれた理想的な郷愁に満ちた空間からは、政治的な現実は排除されたのである。

禹跡図と華夷図は中華帝国の地図製作を象徴する二本の撚り糸で、撚り合わさることによって一つの物語を紡ぎ出すのである。禹跡図は、当時の政治的分裂にとらわれず、禹王が語る神話に登場する九つの州の統一によって明確にされた不朽の世界を投影している。華夷図も同じ理想に基づいて、帝国を「中央王国」すなわち中国《ジョングオ》と定義しているが、これは中央に位置する中国北部の州について言及したもので、南宋の激動期に切実に求められていた外国との関係に、中央の権力と権威を繰り返し利用したのである。西洋人から見れば二つの地図が地勢図的に不正確なことは明らかだが、『禹貢』のような古典に基づいて理想的な帝国の姿を投影することからすれば、それは些細な問題であった[44]。

漢詩には地図を題材にしたものもある。一〇〇〇年以上時代を遡ると、九世紀唐の詩人曹松《そうしょう》は唐と異国の領土に関する詩を詠んでいる。

地図の上に一筆加えるだけで国は小さくもなるが
地図を開き眺めていれば心穏やかになれる

中国は卓越した位置を占めている
この国境はいかなる星の下に定められたのであろうか[45]

唐代の状況であれば、地図を広げ中央に位置する統一中国王朝を眺めて想いを寄せるとき、湧き上がってくるのは安全が確保されている安堵感であろう。戦いにより分断された宋の南北の地図を題材にした漢詩では、その趣きは異なる。一二世紀後半の高名な詩人陸游《りくゆう》(一一二五―一二一〇年)は、哀悼を込めて詠んでいる。

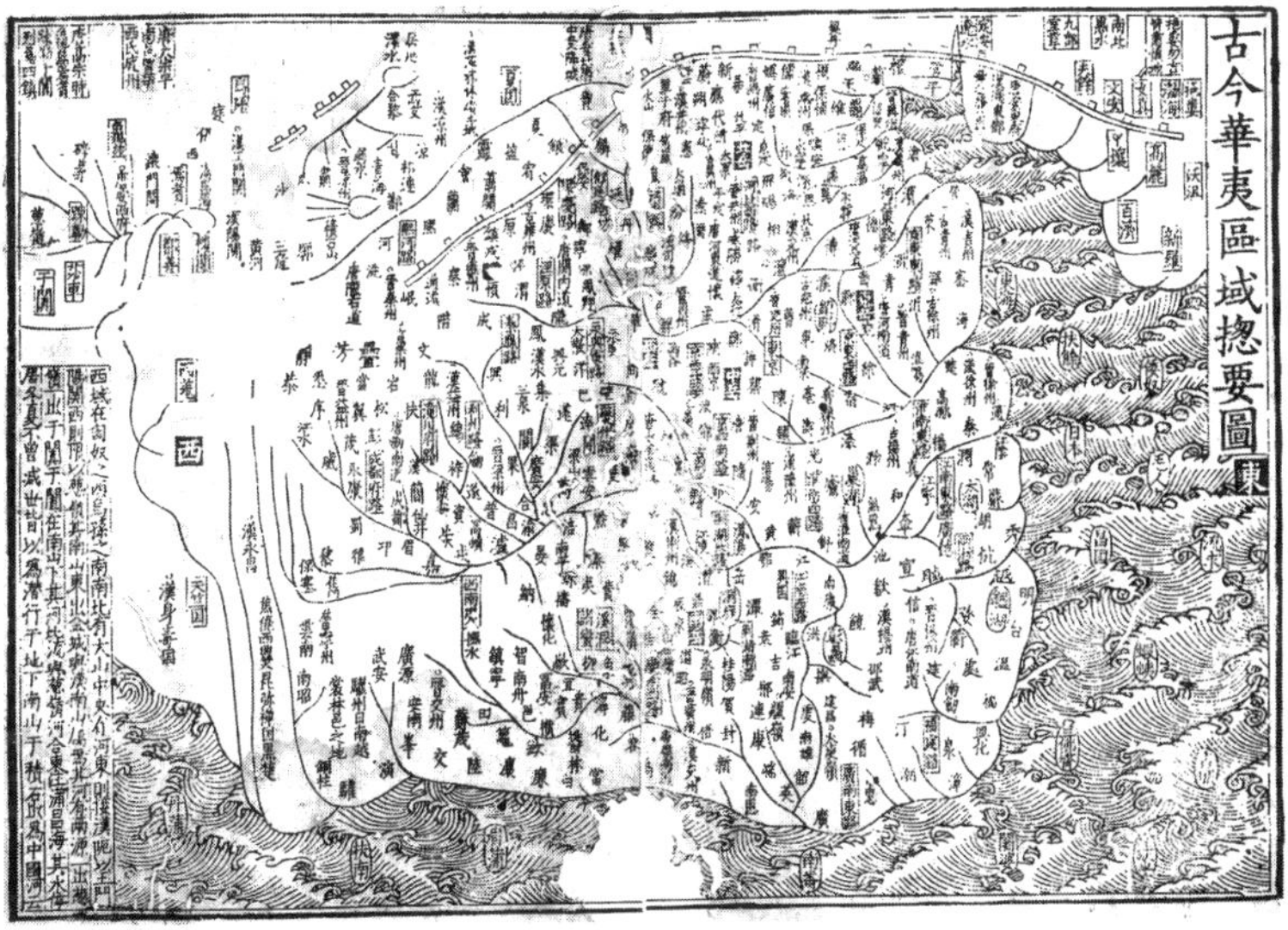

図 12　古今華夷区域総要図（1130 年頃）

七〇年生きながらえても、心は故国に残され
たままだ
はからずも地図を開いたとき、とめどなく涙
が溢れてきた[46]

ここでは、地図は領土を失った悲しみを呼び覚ますものとなっている。

宋の詩人によって取り上げられた地図は華夷図だけではない。木版印刷された同時代の地図で、現存するものとしては最古の部類に属する「古今華夷区《こきんかいく》域総要図《いきそうようず》」（一一三〇年頃）もその一つである。宋代に入ると官吏登用試験である科挙は全盛期を迎え、一一～一三世紀には受験者は四〇万人にも達したが、科挙受験には、行政のための実践的な地図の利用法を理解することが不可欠であった。そのため当時の印刷業者は直ちにこの新しい市場に資金を投じ、「全国調査」的な地図を作成した。この地図は六種類の異なる版が作られ、様々な印刷業者によって更新や改訂が行われたが、これは地図が一般化し、エリート層まで広まっていたことの証しであった。地図の説明文の中には「過去と現在の行政区分」、「北の蛮族」、「万里の長城」まで登場するが、この地図の政治的な機能については、書き記された説明文から探り出すことができる。しかし、これらの説明文に示されているように、これは当時の帝国の姿であると同時に過去の帝国の姿を示したものであった。石碑の地図と同様に、印刷されたこれらの地図は、変わることのない中国の山河から作り出された帝国の姿を想起させた。これらの地図は帝国の日々の行政運営にあたる学者や官吏によって使用されたものであるが、そこにはこの空間が永遠に続くものであるという強い信念が込められていた。

拡散し分断された中国の地図製作の歴史を通して彊理図を読むことは極めて難しい。しかしながら、この地図の原典を参照するならば、中国の地図製作法のある種の連続性をたどることが可能になる。それは場所の再現であり、文章で書かれた神話の世界の地理学に依拠することであった。ただし、当然のことながら、ここには朝鮮の思想が明確に反映されている。近代以前の世界においては他に類を見ないが、朝鮮では朝鮮半島の形をした通貨が使われたことがある。一一〇一年、朝鮮半島の領土とよく似た形の「銀瓶《ぎんべい》」を通貨とすることが公布された。[47] 山岳地帯によって形成された地理学的に明確な領域と、強大な軍事力を有する隣国の中国や日本に対する強迫観念とも言える懸念の中で、神話の精神性と政治的安定とを結びつける独自の地図製作の流儀が登場した。地図にあたる言葉「チド」は「大地の図」または「土地の絵」を意味するが、最初に記録に登場するのは七世紀初頭である。この時代の地図で現存するものは一つもないが、地図について記載された現存する文献はほとんどすべてが、既に述べた中国の地図の多くと同様に、行政機関や皇帝が使用するために作られたものであった。六二八年、高句麗王は唐に「封域図」（現存せず）を献上したが、これは属国が宗主国に対する敬意を表する際の典型例であった。[48]

朝鮮の地図製作法で同様に重要だったのが風水である。風水には、「気」（大地のエネルギー）の通り道である山や川と調和できるように、墓地、住居、僧院、さらには都市までも吉兆な場所に配置する方法が決められている。中国の九つの方形を利用する場合と同様に、風水にはユダヤ・キリスト教の伝統とは大きく異なる空間認識が存在する。仏教信仰の時代まで遡ると、風水は地上の景観を人体に見立てていた。「医師」である風水師は大地の脈拍を測り、特に重要な山河を血管に見立てて「大地を診察する」のである。中国の風景画における風水について、美術評論家ロジャー・ゲッパーは「特に田園地帯の自然は一つ一つが閉じられた世界であり、空間的にではなく共通の普遍的な力である『気』によって結びつけられた大きな織物の中で、おおむね孤立した小宇宙を形成している」[49]と記している。

山の尾根が地表面の七割を占める特徴的な形状の朝鮮半島では、中国以上に風水に基づく地図製作法が一般的であった[50]。風水師は、居住のための吉兆な領域は、宇宙の気が満ちている北の白頭山《ペクトゥ》と南の智異山《チリ》の間にあり、この山岳地帯から遠く離れるにつれて宇宙の力は減衰すると考えた。白頭山は半島の北東部に位置する火山であるが、神話の中では朝鮮の民族と自然の活力の源とされている。その重要性は李氏朝鮮の役人であった李詹《イ・チョム》によって、一四〇二年に書かれた朝鮮半島の風水解説でも強調されている。「（白頭山からの）中央高地は地形的にも地図上でもこれ以上南下できない点から海の中へ延びている。純粋な原始の物質がここで混ざり合い堆積する。このため山々は高く急峻になる」という。李詹にとって自然地理学の描写は、霊的な形勢風水（訳注：風水は地形判断を重視する「形勢派」と方位の吉凶を重視する「理気派《りき》」に大別される）を表現したものであった。さらに「原始の物質はこの地を流れて、かの地で固化し、山と川は分離された帯域を形成する」[51]と記されている。高麗王朝を創始した太祖王建《ワンゴン》（九三五―四三年在位）も政治支配の基盤として同様の風水を活用し、息子に対しては「南との地理的な調和は難しく、その地域の人々は調和の精神を失いやすい」と助言し、「このような人々が国事の運営に関与する場合には、混乱を引き起こし、王位を危うくすることがある。

用心せよ」[52]と警告している。朝鮮王朝の新儒教主義は、過去の高麗王朝と結びつく風水による区画割りに関しては、仏教徒（特に禅宗）の慣習とみなして慎重な姿勢を示したが、このような信仰は衰退したものの依然として（特に地方では）存続していた。李氏朝鮮の天文と風水を司る機関も、新しい首都である漢陽を区画割りして建設する際には、風水の信仰を利用した[53]。

鄭陟《チョン・チョク》（一三九〇―一四七五年）によって作られた朝鮮の一四六三年の公式地図（「東国地図」として知られている）の複製を除いて、初期の風水地図で現存しているものは一つもない。鄭陟は著名な形勢風水の専門家で、この地図は当時広く信奉されていた風水との関わりを反映している。地図全体は血管網のような川（青で表示）と山（緑で表示）が特徴的で、これらはすべて宇宙エネルギーの究極的な源である白頭山まで遡ることができる（カラー口絵18）。行政区分である各道は別々の色で塗り分けられ、重要な都市は小円で示されているため、閲覧者は周囲の川や山との関係から風水的に吉兆な区画割りを見極めることができる。しかしながら、この地図には風水の影響力だけではなく、朝鮮の国家安全保障の考え方も見え隠れしている。朝鮮の国境に関しては相当な地理学的知識があり、しかも白頭山の位置は風水的にも重要な領域であったにもかかわらず、この地図は国の北の辺境地帯をひどく圧縮している。風水と国家安全保障が朝鮮の地図製作者の最大の関心事となる中で、この地図が中国や女真などの北の侵略者たちの手にわたる場合に備えて（この時代に地図が外交的に流通していたことを考えると、その可能性はかなり高い）、北の国境は意図的に歪められたように見える[54]。

彊理図はこのような地図製作の様々な要素を、あるものは抑制し、他のものは重視することで、見事に融合している。彊理図の元となったのは、一四世紀半ばに清濬と李沢民によって作られた中国の地図であるが、これらは禹跡図と華夷図に代表される宋代の二つの慣習を統合した、古文書と歴史を重視する伝統的地図製作の産物であった。しかし、彊理図は興味深いことに、この種の地図の要素を選択的に借用している。縮尺付きの格子は利用しているものの、「異国の地」の描写はせず、古文書に基づく説明の中にのみ記載している。『禹貢』などに記されている神話の基礎となった物語を通して帝国の建て直しを図ってきた中国の伝統にならうことはせずに、疆理図は懸念からではなく、知的好奇心から中国の国境を越えた世界を自由に描いている。しかしながら、この地図の構成は、中国を中央に据えて、その文化的および政治的重要性を明確に認めている。また、格子は描かれていないが地図の形状は四角形で、中国の宇宙誌学における九進法の原理を遠回しに認めていたのである。

　中国からの影響は多数あるが、その中で最も特筆すべきことは北を上にして地図を描くことであろう。古代より朝鮮の墓地遺跡は東向きであったが、この考え方がモンゴル人やトルコ人に取り入れられると、その向きは北になった。しかし、第2章で見たように、古代中国の経書のしきたりでは、王または皇帝は臣下よりも高い位置から南面して立ち、北面して見上げる臣下を常に見下ろすことになっている。既に述べたように、中国語の（解剖学的な意味での）「背」は発音的にも図式的にも「北」と同義であるが、これは皇帝の背が常に北に向けられていることに由来する。また、「背诵」（「暗唱する」の意）という語句は発音的にも図式的にも「北」との関連がある。これは古典典籍を暗唱する学生が、教室の中に掲示されている典籍を見ないようにするため、教師に「背」を向けなければならないからである。方向を含む表現では、皇帝の視点に従って「左」は東を、「右」は西を示す。中国では羅針盤さえも南を指し示していた。羅針盤は「指南器」とも呼ばれるが、皇帝が不在の場合には、羅針盤の利用者が向かう方角は慣習的に南となっていたためである。南は暖かい風を運び、太陽が穀物を実らせる方角であったため、中国人が家や墓を建てる際の風水の区画割りにも影響する要素の一つでもあった。[55]

　朝鮮人も風水に執着したが、朝鮮の地図の描写に見られる風水の影響は驚くほど限定的である。朝鮮人にとって白頭山ほど重要な場所はないが、疆理図の上でも白頭山が目立つように表示されることはほとんどなく、現在の地図と比較してみると、南東から非常に遠く離れた位置に配置されている。朝鮮半島の主要な山脈は鋸歯状の線で簡略的に記されているだけで、朝鮮王国の東岸を背骨のように南下する山脈「白頭大幹《ベクトゥデガン》」は、松島《ソンド》や漢陽などの主要都市に向かう主動脈を伴っているが同様に簡略化されている。川は地表面を横切って流れる静脈のように、正確に描かれている。しかし、李詹の風水解説と比較してみると、この地図の国際的な視野の中では、形勢風水の伝統は急激に衰退したように見える。

権近は、政治的な視野が拡大する中で、地図の取り扱いには慎重を要すること、また、彼自身が一三九六―七年に行った外交任務が、新しい中朝関係の時代の中で疆理図製作の動機を見直す契機となったことを、明確に理解していた。一三八九年のクーデターの後、朝鮮の体制は、隣国の明に仕える「事大主義」の外交政策を長期的に維持することに躍起になっていた。一三九二年に即位する前に、李成桂は自らの行為を正当化するため、新王朝の名称について明の宮廷に助言を求める親書を洪武帝朱元璋に送っている（中国はかつての古朝鮮王国との関係から「朝鮮」の名称を好んだ）。しかし、一三九六年には、朝鮮の服従の意思を確認しようとしているさなか、明の宮廷は朝鮮からの「表箋《ひょうせん》」（外交文書）を「軽薄かつ無礼」であるとして非難して、外交使節団を拘束した。[56] これに端を発した外交危機は「表箋論争」と呼ばれているが、帝国と領土に関する古文書の解釈にまで及んだ。

表箋による侮辱に対する朱元璋の政治地理学的な公式見解は、その後の疆理図製作の大義名分とみなすこともできる。

> いまや朝鮮は王国となり、その王の意向により、我々とその統治に対してそれ相応の密接な関係を模索してきた。しかし、愚かで不忠な使節団は勝手に振る舞い、彼らが持参した文書は国印と皇帝の委任を要求したが、これは軽々に与えられるものではない。朝鮮は山に囲まれ、海によって遮られて

おり、習慣の異なる東の「夷」（野蛮な）民族の地となるべく天と地によって形作られてきた。もし私がこの使節団に国印を授け、委任統治を認め、臣下となるよう命じたならば、鬼神の眼にも強欲にすぎると映るのではないだろうか。いにしえの賢人にならっていたならば、確かに拘束という方法をとることはなかったかもしれない。[57]

許可を保留する表現は古典的な外交戦術の一つであるが、明の正当化は新儒教主義の皇帝の原理に基づくものである。朝鮮は山脈や海の向こうの「蛮族」の王国とみなされている。彼らの「習慣は異なっており」、おそらくは古代中国の郡県を越えたところに存在する。このような民族を中国皇帝の影響の及ぶ領域に含めるべきか、あるいは、このような主張がいにしえの賢人の見解に反するのかを皇帝は問いただしている。

表箋論争は権近の介入によってようやく解決された。八カ月の南京滞在の間に、権近は洪武帝と個人的な友好関係を築き、拘束されている使節団の解放と中朝外交関係の再構築のため交渉にあたった。二人は詩歌の交換まで行っており、洪武帝の御製詩と、これに対する権近の応製詩が今日まで伝わっている。詩の中の様式化された隠喩的な表現からは、互いの政治および領土の違いを認めるに至るように、両国間で錯綜する駆け引きが行われたことがわかる。

洪武帝の第一の詩は、一三八〇年代に高麗—明の緊張が高まった地であり、一三八九年に李成桂による重大な謀反の舞台となった鴨緑江の国境論争に焦点をあてたものであった。

鴨緑江

鴨緑江の澄んだ流れは古代の領地の境を示すものであり、
両国はいまや強硬な専制国家ではなく、互いを欺く時代は終わり、調和の時代を享受している

亡命者の受け入れを拒むことで王朝は数千年にわたり安定を保ち、
儀式と礼節を養うことで何世代にもわたり功徳がもたらされた
漢王朝の遠征は歴史記録の中で明らかにすることが可能で、
遼東半島への軍事行動の証拠も、残されている痕跡の検証を待つばかりである
汝の王のいたわりの思いは天命に届き、川の力は波を鎮めて我々を守り、誰も傷つくことはない[58]

宋代初期の地図と同様に、この地域における明の優越性を確認する際には、洪武帝の詩は古代からその当時まであてはまる。中国の古文書は、鴨緑江を中国の勢力が及ぶ範囲の限界としているが、同時にこの半島（暗に朝鮮を指す）に文明がもたらされたのは中国のおかげだと認めている。明に異を唱える高麗勢力を直前に追放し、高麗王朝の「亡命者」を匿《かくま》うことを拒否したことにより、この地域に調和と安定がもたらされた。しかし、洪武帝はまた権近に対して、直近の一三八〇年代末の紛争を含め、紀元前一〇九年の漢によるこの領域の征服まで遡って、遼東半島について中国の主張する「歴史的記録」を思い起こさせている。最終的に、鴨緑江は二つの王国の間で透明性のある自然の国境とみなされており、現在政治的な「波」は立っていない。

続いて「使経遼左」と題された詩では、洪武帝は鴨緑江の西側に移動し、半島を越えて明の領土に入ってくる外交団に想いをめぐらせている。この詩は平和な永遠の社会のイメージに満ちて、「中華（中国）の国境は天と地の果てまで広がり、幾年までも穀物は田畑に溢れ実りを迎える[59]」と結論している。権近の応製詩は追従的な調子で応えているが、鴨緑江や遼東半島などの政治的に慎重を要する領域についても言及している。「渡鴨緑」と題された詩の中で、権近は中国の影響力について語る洪武帝の過激な歴史見解には近寄らず、代わりに如才のない修辞学的な問いかけを行っている。

皇帝の美徳は、明王国と私たち李成桂の臣民との間には国境がないことをご存じだということです。そうであるならば、どこに境界線を引いて国を分けることができるのでしょうか。[60]

同様に権近は、「遼東半島越え」について語るときも、この領域の軍事的占領の悲惨な歴史には口を閉ざしている。もっぱら孔子の「諸国巡遊の旅」に焦点をあてて、「道は平原を抜けて果てしなく続くが、中原《ちゅうげん》で実りある成果を挙げるよう覚悟を決めた」[61]ことを詩に詠んでいる。

権近が詩による外交で述べたことは、朝鮮へ帰還してから完成された疆理図の上に表わされることとなった。権近の詩も地図も李氏朝鮮の仏教から新儒教主義への移行を反映している。中国は地図の中心である「中原」に配置されているが、ここは政治的な国境がない世界で、隣接する儒教の王国との間の地域的かつ文化的に密接な結びつきが重視されている。また、地図に名称が記されている川は三つだけだが、そのうちの一つが鴨緑江であることから、その政治的重要性は明らかである。表箋論争の解決には直接関連していない詩の中でも、権近は疆理図の上に表現されることになる地理学的な教訓について述べている。[62]また、日本に目を向けて、隣国の国境に侵入して略奪を行う日本人の悪意に満ちた背信行為についても述べている。権近は疆理図の序文で、新しい地図に日本を加えることの重要性を閲覧者に喚起しているが、そこでは日本列島の正しい向きや大きさは問題ではなかった。日本の相対的な脅威と外交的な接触の機会を踏まえると、近いということが問題だったのである。地図の上でも詩の中でも、日本への対応が首尾一貫していたことにより、倭寇に対する相互の懸念と将軍との外交接触の難しさという点で、権近は中朝間に共通の大義を確立することができた。

日本との関係では、朝鮮は隣国との和平を重んじる交隣政策を追求したが、これには儀式の原則である「礼」を通して「生来強情な」日本人を教育することが含まれていた。[63]権近が外交任務を成功させて帰国し、その後は自らの著作集である『陽村先生文集』の中でやや控え目に「疆理図の完成を嬉々として見守った」[64]と書いた頃には、既知の世界における朝鮮王朝の外交的および地理的な位置づけは、中国と日本との関係と同様に確立されていた。疆理図を見ることができた者にはそれが理解できたであろう。

一四〇二年に作られた疆理図の再構築を試みるとき、現存する最良の写本は龍谷大学が所蔵する一五世紀後半の写本である。龍谷大学の疆理図は、一四七九年から八五年頃の作であることが近年判明したが、一五世紀後半の朝鮮王朝の懸念を反映しているように思われる。この地図の地名研究からは、一四七九年の全羅《チョルラ》での海軍基地建設をはじめ、李氏朝鮮時代には民間や行政による新規事業がいくつも行われたことがわかる。これとは対照的に、遠く離れた世界の地理については更新を行った形跡はほとんどなく、当時もっと新しい地図が入手可能であったにもかかわらず、中国は一四世紀前半の元王朝の地図に記されていた姿がそのまま表示されている。したがって、龍谷大学所蔵の地図は、一四〇二年に作られその後行方がわからなくなった元の疆理図の単純な写本ではなく、朝鮮王朝の急激な変化を記録するため更新された可能性もある。一五世紀後半の写本筆記者は、世界のその他の部分はそのまま残すとしても、比較的新しい政府が押し進めていた民政と軍政については伝えたいと望んだのかもしれない[65]。

ひな形として一四〇二年の地図を選び、権近の序文を残していることから、一四七〇年代の政権の関心事は一五世紀初頭の関心事とほぼ同じであったことを龍谷大学の疆理図は示している。どちらの地図もその関心事は、より大きな世界の中での朝鮮王朝の（風水的な意味での）「地勢」であった。目まぐるしく変わる世界の中では、朝鮮王朝の望みが叶うかどうかは、中国や日本が何を望んでいるのかに基づいて検証する必要があった。ただし、地図の世界は比較的自由で、中国の原理を絶対的に順守する必要はなかったため、最初の地図の製作を担当した文官グループは東アジアの向こうの「蛮族」の地を描くことができた。中国人からは蛮族とみなされることも多かったが、朝鮮は一つの独立した国家として、「世界は極めて広い」ことを正しく認識し、たとえ地図の端であろうとも、自国の場所と歴史を何物にもとらわれることなく地図の上に記すことを望んだのである。

疆理図は西欧人の眼には矛盾して見えるかもしれない。この地図は、『好奇心の書』の中に描かれていた地図、またはヘレフォードの世界図《マッパムンディ》に匹敵する世界地図のようにも見える。また同時に、この地図を眺める西欧人は、物理的な空間を全く異なる方法で理解し構築する異文化によって作られた世界像を目のあたりにしている感覚にとらわれる。世界の概念はどの社会でも共通のものかもしれないが、社会が異なれば世界をどのように表現するかについての考え方も明確に異なる。しかしながら、疆理図とその前身となった中国の地図からわかることは、大きく異なる世界像もこれらを作った人々にとっては絶対的な整合性と機能性を有しているということである。疆理図は、世界最大の古代帝国の一つに対して地図製作法上の特別な配慮を行った地図であり、自国の物理的および政治的景観を朝鮮独自の認識によって形作った地図である。中国人も朝鮮人も過去の経験から、領土を正確に描くことよりも、構造的な関係性を効果的に描画することにこだわった地図を作り上げたのである。[66] 疆理図およびその写本は、大きな帝国の圏内に小さいながらも誇り高き王朝を配置する方法を提示していたのである。

第5章――発見
マルティン・ヴァルトゼーミュラーの世界全図　一五〇七年

ドイツ、ハンブルグ　一九九八年

フィリップ・D・バーデンと言えば英国で最も尊敬されている地図ディーラーの一人だが、『北アメリカの地図製作《マッピング・オブ・ノース・アメリカ》』という著書もありアメリカの地図学にも明るい。そんな彼のもとへ、ロンドンの古書ディーラーを通じて、ハンブルグの依頼人から古地図の鑑定依頼が舞い込んだのは、一九九八年夏のことであった。バーデンの経歴からすればこのような依頼は特に珍しいものではなかったが、彼の専門知識が急ぎ必要だが、機密保持契約書にサインするまでは当該地図の素性を明かすことはできないと告げられたことで、彼の好奇心は掻き立てられた。契約書にサインしたのちに交わされた電話でのやりとりは、「容易には忘れることができない」とバーデンは述懐している。

バーデンにもたらされた情報が尋常ではないことは、カリフォルニアのディズニーランドでの家族との休暇を中断してロンドンへ戻り、すぐさまハンブルグへ飛ぶことに同意したことからも、十分にうかがい知ることができた。ハンブルグで依頼人の代理人に会ったバーデンは、すぐに車で金融街へ案内された。とある銀行の会議室に通されると、バーデンの目の前には鑑定の依頼品が用意されていた。それはドイツの地図製作者マルティン・ヴァルトゼーミュラーの木版印刷による世界地図の唯一の現存品と言われるものであった。

『プトレマイオスの伝統とアメリゴ・ヴェスプッチらの航海に基づく世界全図』と題されたこの地図は一五〇七年に製作されたもので、アジアから分離された大陸を描き、「アメリカ」と名づけた最初の地図として広く認識されている。バーデンは長年にわたり古地図を扱ってきた経験があり、この地図が印刷されている紙の独特の質感から、「これは精巧に作られた贋作ではなく、正真正銘の本物である」と確信した。地図製作の歴史上最も重要（かつ貴重）なものを目のあたりにしていることを、バーデンは十分に認識していた。のちに彼はこの地図について、「アメリカの存在を記した印刷物としては、独立宣言と米国憲法に次いで最も重要なもので、アメリカの名が記された出生証明書であると信じている」[1]と記している（カラー口絵19）。

バーデンの依頼人は、経営していたコンピュータソフトウェア会社を売却したばかりのドイツの裕福な実業家で、所有者である南ドイツ、バーデン＝ヴュルテンベルク州ヴォルフエック城のヨハネス・ヴァルトブルク・ヴォルフエック伯爵から地図を購入することを検討していた。バーデンはこの地図の鑑定に四時間を費やし、依頼人への報告書を作成した。この地図が売りに出されていることが知れると、特に強い関心を示す別のバイヤーが名乗りを挙げた。米国議会図書館であった。これによってバーデンの最初の依頼人の熱は冷めてしまい、地図ではなく別の会社に投資する道を選んだという。ヴァルトゼーミュラーの地図は一〇〇〇万ドルの売却価格が提示されたため、世界で最も高価な地図として評価されることとなった。今度は図書館の代表がバーデンに別の質問を投げかけた。この地図は多くの人々が法外な価格をつけるだけの価値が本当にあるのだろうかと。当時バーデンは、提示価格に応じる用意がある依頼人が少なくとも二人いることを認めていたが、一九九九年の夏、購入に動いたのは米国議会図書館であった。契約書を作成するにあたり、図書館側は地図製作およびアメリカの歴史の観点から、この地図を取得することの重要性を次のように列挙した文書を作成した。

・この地図には、クリストファー・コロンブスが一四九二年に発見した新大陸を表わすために、マルティン・ヴァルトゼーミュラーが考案した「アメリカ」という名称が初めて使用されていること。
・この地図は、おそらく一五〇七年にマルティン・ヴァルトゼーミュラーによって作られた木版印刷の唯一の現存品であること。
・それまでは「未知の土地《テラ・インコグニタ》」と呼ばれていた新大陸に、マルティン・ヴァルトゼーミュラーが考案した「アメリカ」という名称が、歴史的なアイデンティティを与えていること。
・以上のことから、マルティン・ヴァルトゼーミュラーによる地図は、米国民の歴史にとって最も重要な資料となっていること。

作成された文書にはさらに、「この地図を米国議会図書館に売却する背景には、ドイツと合衆国の親善を深める目的もある」[2]とまで記されていた。

この地図が売却されるに至った経緯は二〇世紀の初めにまで遡る。一九〇〇年、ドイツのイエズス会の司祭であり、歴史と地理の教師でもあったジョセフ・フィッシャー神父は、ヴォルフエック城の書庫で、この地図の現存する唯一の複製を発見した。フィッシャーの発見によってアメリカの図書館や収集家たちが次々と購入に名乗りを挙げた。米国議会図書館もその一つで、一九一二年に地図の購入を申し入れたが、資金不足のため却下された。米国議会図書館はその後も半世紀以上にわたりこの地図を購入する努力を続けてきたが、コロンブスのアメリカ初上陸の五〇〇周年にあたる一九九二年まで、この地図のその後の命運を左右する事態が発生することはなかった。五〇〇周年を記念する祝典の一つとして、ワシントン・ナショナル・ギャラリー主催の「西暦一四九二年：大航海時代の美術」展が開催され、展覧会の目玉としてヴァルトゼーミュラー図が一般公開された。ヴァルトブルク・ヴォルフエック伯爵は当時地図の売却に強い関心を示していたため、米国議会図書館は名誉館長で『大発見　未知に挑んだ人間の歴史』を書いたピューリッツァー賞作家のダニエル・ブアスティンに、伯爵宛ての書簡を送るよう依頼した。ブアスティンは書簡の中で、「アメリカ大陸の名が記載された最初の地図として、この資料はヨーロッパとアメリカの継続的な関係の幕開けと、西洋文明の発展におけるヨーロッパの地図製作者の先駆的役割を示すものである」と記した。伯爵は爵位の継承以降、既にヴォルフエック城と家督を繁華な保養地とゴルフリゾートに転用していたため、ほとんど説得の必要もなかった。伯爵は直ちに米国議会図書館に対して、三五〇年以上にわたり一家が受け継いできた地図を売却する意思があることを伝えた。のちに受けたインタビューの中で伯爵は、貴族としての伝統を自覚したうえで現代の起業家精神に基づいて売却を決断したと語っている。しかし、伯爵と図書館側が取引合意に至るまでには、大きな政治的障壁を克服しなければならなかった。この地図はドイツ保護文化財の国家目録に登録されていたが、これまで同目録に登録されている品目に輸出許可が下りたことはなかった。一九九三年、米国議会図書館の代表は、歴史学者でもあった当時のヘルムート・コール首相に嘆願したが、この要請は断固として拒否された。

コール首相は一九九八年の連邦議会選挙でゲアハルト・シュレーダーに大敗を喫したが、これが米独の文化的関係の変化の兆しとなった。シュレーダー首相は、一九三三年にナチスによって廃止されて以来、初めてとなる文化大臣にミヒャエル・ナウマン博士を任命したが、これによって地図の将来は決せられることとなった。ナウマンは、米国内に持株会社を保有する多国籍出版社であるホルブリンク・グループの前発行人で、両国間の緊密な文化的連携や貿易については強力な推進者であった。ドイツ連邦政府との交渉を再開するにあたって、ナウマンは伯爵と米国議会図書館の双方を強く支援し、当時合併したばかりのダイムラー・クライスラー社が「ドイツとアメリカの友好関係をドラマチックに演出する絶好のパートナー」として地図購入の資金提供に興味を示すかもしれない、という助言まで行っている。一九九九年には、弁護士が売買契約書を作成する一方で、ほぼ一年にわたりナウマンはこの地図に公式の輸出許可を与えるためのお膳立てを巧みに行った。

一九九九年一〇月一三日、伯爵と米国議会図書館はヴァルトゼーミュラーの世界地図の売買契約書に署名した。価格は一〇〇〇万ドルで、図書館が当座支払うことができたのは手付金の五〇万ドルだけであった。契約では残額の支払いに二年間の猶予が認められていたが、それが叶わないときには地図を伯爵に返却するという屈辱的な状況に直面することになっていた。図書館は追加費用を補うため必死に資金調達を行った。彼らは『フォーブス400』の長者番付に載っている米国の個人資産家に相談を持ちかけ、さらにテキサスの実業家で前大統領候補のロス・ペロー、ヘンリー・キッシンジャー、ヘンリー・メロンなどの個人をはじめＡＯＬ《アメリカ・オンライン》やアメリカン・エキスプレスなどの企業に至るまでアプローチを試みた。図書館が多国籍企業から数百万ドルの寄付を募っている間にも、米国民からはつつましやかな支援が寄せられた。グレッグ・スナイダーもそのような一人で、「金持ちではありませんが、ヴァルトゼーミュラーの世界地図購入のため数百ドル寄付します」という電子メールを二〇〇〇年一〇月に送っている。しかしながら、資金を確保する当初の取り組みは予想外の結果に終わったため、図書館は別の方策を探った。内金払いとして蔵書の中から稀少本を提供する計画を断念した後、議会図書館は民間企業から確保された過去の補助金の先渡しとして、連邦議会委員会から五〇〇万ドルの資金を獲得したのである。委員会はこの資金の根拠として、一九三九年に議会が「クリストファー・コロンブスの遺骨の断片」を含む金と水晶からなる十字架「カスティーヨ・ロケット」に五万ドルを支払った、という珍しい先例があることを指摘した。資金の半分は少数の富裕な個人支援者から集められたものであるが、この中には高額の寄付を行った「ディスカバリーチャンネル」も含まれており、図書館側は「アトラス・オブ・ザ・ワールド」というシリーズ番組の製作に協力することで合意している。しかし、誰もがこの地図の購入を歓迎しているわけではなかった。ドイツの研究者クラウス・グラフ博士はオンライン記事の中で、「数少ない国の文化財の一つとして、公式の目録に挙げられている文化財を購入する行為はモラルに反する。米国議会図書館は後ろめたさを感じないのか」と批判している。地図の取得に関して、ニューヨーク・タイムズは、「米独の関係は近年急激に悪化しており、この地図に巨額の資金を投ずる議会の決定は、連邦政府が同時に進めている公立図書館の予算削減とは対照的である」と辛辣な論評を掲載した。[3]

二〇〇三年六月、米国議会図書館はこの地図の取得が最終的に完了したことを発表した。二〇〇三年六月二三日、一〇年を超える交渉の末に、ヴァルトゼーミュラーの世界地図は、トーマス・ジェファーソン・ビルディングにある米国議会図書館の所有物として初めて日の目を見たのである。この地図は、国命によりミシシッピ川から太平洋まで北アメリカの地図を体系的に描くため、一八〇三―〇六年に初めて派遣されたルイス・クラーク探検隊に関する展示の関連資料として、適切に展示されている。マルティン・ヴァルトゼーミュラーが初めてその名前と輪郭を地図に記した大陸の内側を、三〇〇年ほどの時を経て、九五〇万平方キロメートルにわたって調査する壮大な探検を敢行したのが、メリウェザー・ルイス、ウィリアム・クラークに率いられた探検隊であった。

米国議会図書館によるヴァルトゼーミュラーの地図の購入をめぐって発生した事態は、文化産業に従事する者にとっては珍しいことではない。大国同士の間での歴史的芸術品の取引をめぐる展開や解決策には、大きな外交、政治および経済の利害関係が関わってくることは避けられない。このケースでは、米国議会図書館が行ったヴァルトゼーミュラーの地図の購入と展示は、米国の自国の理解と世界における立場について多くのことを語っている。売買が完了したとき、米国議会図書館のウェブサイトには、この地図は「アメリカの出生証明書」であり、「西半球から分離された大陸と太平洋を描いた」最初の地図であるとして称賛する、バーデンの評価が引用された。バーデンは、「この地図はルネサンス初期としては並外れて質の高い印刷技術を示す好例で、大きく飛躍した印刷の知識を反映しており、新たに発見されたアメリカ大陸の認識を可能にし、さらには人類の世界に対する理解と認識を変え続けてきた」[4]と述べている。ヴァルトゼーミュラーの地図は、米国に多くの国民が切望するものをもたらした。それは米国の厳密な起源を証明するもので、通常であれば具体的な事象や記録に結びつけられるものであった。この事例では、ヴァルトゼーミュラーによってアメリカが単独の大陸であることが示され認識された一五〇七年が、アメリカ生誕の年となるのであった。

　ヴァルトゼーミュラーの地図によって、アメリカの出生が証明されると同時に、間違いなくヨーロッパ起源であることも確認された。伯爵に宛てたダニエル・ブアスティンの一九九二年の書簡が示唆していたように、この地図によってアメリカは、ルネサンスのドラマの中にアメリカ自体が深く関わっていたことも理解できたのである。ルネサンスは、ギリシャ・ローマの古代文明の価値の再発見を通じて、ヨーロッパ自体が自己変革を遂げ、一九世紀の偉大なる歴史家ヤーコプ・ブルクハルトの言う「世界と人間の発見」[5]につながった時期でもあった。この解釈に従うならば、古典的な過去の復興（フランス語の「ルネサンス」の文字通りの意味）は、西洋近代化の高まりを期待して急速に拡大する世界の中で、人間の位置づけを「明らかにする」と同時に、個々人について想いをめぐらせる新たな方法であったルネサンス期の人文主義の興隆と切り離して考えることはできない。実際に、この地図の右下隅に書かれている解説文も、このようなアプローチを肯定するもので、「多くの古代人の興味の的は世界の境界線を画定することであったが、彼らには世界の状況は何一つとしてわからないままであった。例えば、西には発見者にちなんで命名されたアメリカがあるが、いまでは世界の四番目の大陸であることがわかっている」[6]と記されている。この解説文は、新たに登場した合理的行動の近代性を確信しているようであり、この合理的行動は古典を利用するものの、近代ヨーロッパ人の自意識が形成されるにつれて、最終的には古典と決別するのである。この考え方は米国議会図書館のヴァルトゼーミュラーの地図に関する説明文にも一貫している。すなわち、ヴァルトゼーミュラーの地図は知識の点で大きな飛躍的前進を遂げており、印刷における革命的な新技術を活用し、さらにはこの世界だけでなく、そこにおける人間の位置づけについての理解をも変えてしまったという考え方である。この地図は、ヨーロッパにおけるルネサンスの神髄を示す資料とも言える。

ヨーロッパで過去に作られたヘレフォードの世界図《マッパムンディ》とは全く異なる世界観を示す地図である。二つの地図を隔てる二〇〇年の間には、世界全体の表現方法、その知的かつ実践的な創造、両者を説明するために使われる用語さえも変化してしまっている（ただし、マッパムンディは一七世紀に入ってからも作られ続け、最新の発見を示す新しい地図と共に提供されていた）。一二九〇年にはヘレフォードのマッパムンディは歴史を意味する「エストリエ」と呼ばれていたが、一五〇七年のヴァルトゼーミュラーの地図は、天と地について記述する科学である「宇宙誌学《コスモグラフィ》」の図像としてコスモグラフィアと呼ばれた。ヴァルトゼーミュラーの地図の登場によって、マッパムンディに見られた東を上に配置する描き方、頂点部分の宗教的な物語や奇怪な周辺領域は姿を消し、地図は北を上にした配置で、識別可能な海岸線と大陸が、科学的な経緯線や一連の古典的な装飾と共に描かれるようになった。プトレマイオスが推奨する北を上にする地図の配置と、北を基本的な方角として特別に扱う磁針方角を利用する航海術の発達とが一体化することによって、一五世後半および一六世紀前半のヨーロッパの世界地図の多くは、ヴァルトゼーミュラーの地図と同様に、しだいに東ではなく北を方角の起点とするようになっていった。どちらの地図も古典に学んでいることがわかるが、その方法は大きく異なっている。ヘレフォードのマッパムンディが天地創造の宗教的な理解を確かなものにするため、ローマ人や初期のキリスト教徒の著作に依拠しているのに対して、ヴァルトゼーミュラーの地図はさらにヘレニズム世界にまで遡り、地球と宇宙に関するプトレマイオスの幾何学的な認識にまで触れている。マッパムンディの頂点の部分にはキリストが描かれているのに対して、ヴァルトゼーミュラーの地図の上端には敬意を込めて古代の地理学者と当時の海洋探検家が描かれている。ヘレフォードのマッパムンディが他の地図から学ぶことに関しては、全くと言ってよいほど関心を示していないのに対して、ヴァルトゼーミュラーの地図は、そのすべてが過去の地図製作者たちが作った世界像に基づくものであることを明言している。一つは理論的かつ学術的なプトレマイオスの地図とその投影法であり、もう一つは実用的な航海地図《ポルトラン》、すなわち、一五世紀前半から同時代の航海士や海洋探検家たちが、ヨーロッパ沿岸から離れて航海する方法を試みた際に作り上げた航洋図である。

過去一〇〇年間以上にわたりヨーロッパ本土の東西および南に発見された土地を徐々に地図に記載することを始めたのは、ジェノバの地図製作者ニコロ・カヴェリ（あるいはカネリオ）によって一五〇四—五年に作られたいわゆるカヴェリ図などの海図であった（カラー口絵20）。カヴェリ図はマッパムンディの地理学の世界を踏襲し、中央アフリカの中心に小さな円形の世界像を配置したものであるが、これに加えて、陸地の見えない海を航行する航海士に方向や方位を示す航程線や羅針図《コンパスローズ》が網目状に精巧に描かれている。

この種の海図は少なくとも一二世紀から地中海の船乗りたちの間で使われてきたが、さらにこれを発展させたのは一五世紀にヨーロッパを遠く離れて航海した者たちで、この中には一四九二年八月以降、「新世界」アメリカへの航海を四回行ったクリストファー・コロンブスも含まれている。一四九八年の第三回航海では、八月五日にコロンブス隊の乗組員がベネズエラ海岸に上陸し、ヨーロッパ人が初めて西半球の大陸に足跡を残すこととなった。よく知られているように、コロンブス自身は新大陸を発見したとは考えていなかった。ヴァルトゼーミュラーの地図の正式名称と左下隅の解説文からわかるように、「新世界」の「発見者」としてのコロンブスの名は、すぐに別のイタリア人探検家の陰に隠れてしまい、大陸にはその探検家の名が永遠に残されることとなった。地図の解説文には次のように記されている。

様々な土地や島々の概要が描かれているが、この中には古代人が全く言及したことがなく、一四九七年から一五〇四年までの四回の外洋航海で発見されたものも含まれている。二回の航海はカスティーリャ王国のフェルナンドに、他の二回はポルトガル王国のマヌエルに命ぜられたもので、海洋探検家アメリゴ・ヴェスプッチを艦隊の士官の一人とした航海であった。これらの航海により、これまでは知られていなかった多くの土地が描かれることとなった。実際の正確な地理学上の知識を提供するため、これらはすべてきめ細かく地図上に記されている。[7]

ヴァルトゼーミュラーの地図によれば、一五世紀末にフィレンツェの商人で海洋探検家でもあったアメリゴ・ヴェスプッチによる西方航海は、大西洋を横断したヨーロッパ人の探検航海が、ヘレフォードのマッパムンディに描かれた中世世界やヨーロッパ、アフリカ、アジアの三大陸からなる世界では知られていなかった第四の新世界を、実際に発見したことを確かめるためのものであった。

ヘレフォード図と大きく異なっていたのは、地図の地形だけではなかった。その様式と形態は、新たな方法で地図製作を行う世界からもたらされたもので、中世のマッパムンディの製作者や閲覧者の知るものとは全く異なるものであった。ヴァルトゼーミュラーの地図は、活版印刷というヨーロッパでは全く新しい発明から生まれた。写本筆記者や写本彩飾師といった特異な技能者は姿を消し、代わって木版彫師、摺り師、組版工といった職人たちが、元の手書き地図を一六世紀初期ドイツの印刷機に移し替える仕事を担ったのであった。この地図は、天地創造に関する宗教的信仰にはほとんど依拠することなく構想されたもので、プトレマイオスの『地理学』などの古典的な教科書を大いに活用し、これと並行してカヴェリ図などの近代的な海図の評価も取り込んでいる。このような地図製作の手法は比較・対照され、新しい世界像の製作過程で、あるものは取り込まれ、またあるものは切り捨てられていった。地図の正式名称にはプトレマイオスの名が組み込まれ、地図上端の左側にはその肖像画も描かれているが、プトレマイオスと対をなすように、右側には新たな発見者であるヴェスプッチの肖像画が描かれている。

ある意味で、ヴァルトゼーミュラーの『世界全図《ユニヴァーサリス・コスモグラフィア》』は、プトレマイオスの古典的な世界像を打破したもので、当時のヨーロッパにおける地理学認識の中に、次世代の学者たちの関心事となる宗教、政治、経済、哲学に関する様々な疑問点と共に、第四の大陸を導入したのであった。しかし、私たちは、この地図を過激で革命的とも言える地理学の新たな世界像であるとした評価については、検証を行わなければならない。この地図の発行当時には、最初からこのように受け入れられたわけではないことは言うまでもない。ヴァルトゼーミュラーの名前も一五〇七年の最初の発行日と思われる日も、この地図の解説文や余白には記されていない。米国議会図書館に大切に保管されているこの地図が一五〇七年に印刷されたものかどうか、あるいは分離された大陸としてアメリカの名称や形状を示す本当に最初の地図かどうかも、実のところ定かではない。この地図と共に出版された書籍の中では、ヴァルトゼーミュラーと彼の仲間たちは西方での新発見の本質については明言を避け、(本書で後述するように)アメリカは必ずしも新大陸ではなく、むしろ「島」であったと主張し、さらに注意深く但し書きを付して、将来この「新世界」への航海や発見によって確信が得られた場合には、この仮説を訂正する用意があることを示唆している。この地図はまた、当時から一三〇〇年を遡るプトレマイオス図の投影に基づくもので、ギリシャ人地理学者の多くの誤りをも再現しており、天動説に固執していた。その天動説は、コペルニクスの『天体の回転について』の出版(一五四三年)によって問題提起されることとなる。したがって、当時この地図に革新性があるとみなされることはほとんどなかったのである。

ヴァルトゼーミュラーは亡くなる一五二一年頃まで一連の地図を作り続けたが、この「新世界」を示す地図に「アメリカ」の名を使うことは二度となかった。彼は、一五〇七年の段階で新大陸を「アメリカ」と名づける判断については、大きな懸念を抱いていたようで、「アメリカ」の名が世界地図や地図帳で広く受け入れられたのは、次の世代に入ってからであった。米国議会図書館による『世界全図』の取得に関しては大々的な報道がなされたが、発行当時この地図が世間の注目を集めることはほとんどなく、わずか数十年のうちにこの地図の複製は（印刷されたのは一〇〇〇部にすぎないが）すべて散逸したものと考えられていた。『世界全図』の歴史は、特異な地理学上の発見の起源を定義し、その時期を確定することが、私たちの想像以上に込み入った作業であることを示している。大陸としてのアメリカの起源は、この地図そのものの起源と同様に、様々な探検家、地図製作者、印刷業者、歴史家たちの相容れない主張の攻撃の的となっている。あとになって改めて考えるならば、世界史の中のこの時代を「大航海時代」と呼び、『世界全図』を当時の大発見の物語に匹敵するものであると振り返ることは容易であろう。確かに、一四二〇年から一五〇〇年にかけて、ポルトガルとスペインの両帝国の活躍には目を見張るものがある。この時代、ポルトガルは未知の世界へ航海を行い、アフリカ沿岸に到達し、アゾレス諸島、カナリア諸島、ヴェルデ岬諸島を植民地化した。一四八八年には既に西アフリカに交易所を建設し、アフリカ南端の回航に成功し、一五〇〇年にはインド、ブラジルに到達している。一四九二年にスペインの経済支援で実現したコロンブスの新世界への航海は三回の冒険的事業の最初のもので、これによりヨーロッパ人の目はカリブ海の島々や中央アメリカに注がれることとなり、その後の航海では果てしなく延びる南北アメリカの海岸線が発見された。これらの発見はすべて『世界全図』に記録され、これによって世界はプトレマイオスの言う「居住世界《オイクメネ》」の二倍以上の大きさであることが示された。

　しかしながら、この地図に関する説明で最も難しい言葉は、繰り返し使われている「発見」という言葉である。今日、私たちは発見という言葉をごく単純な概念で捉え、これまで知られていなかった何かについて知ること、またはそれを明らかにすることと考えている。特に旅に関して言うならば、見知らぬ土地を「見つける」ことになる。ヴァルトゼーミュラーの地図も最初は西洋の地図製作の歴史における「新世界」の「発見」の定義を示しているように見えるが、この言葉の使い方はこの地図に描かれた「新しい」土地に対してより慎重なアプローチを必要としたことを示している。

一六世紀初期の人々にしてみれば、新しい土地、さらには新しい世界の発見は、慎重に評価すべきもので、疑いの目が向けられることすらあった。新たな発見は、アリストテレスやプトレマイオスなどの古典の著述家から受け継いだ知識の基盤に対する挑戦であり、聖書の権威に対して異議を唱えることでもあった。もしアメリカという新世界とその地の住民が本当に存在するならば、なぜ聖書に言及されていなかったのであろうか。「発見」という言葉に関しては、統一的な意味がないばかりか、しばしば矛盾に満ちた様々な意味が存在し、しかもヨーロッパでは自国の言語も同時に生まれたため、この問題は複雑さを増した。英語ではこの言葉は一六世紀後半には一般的に使われるようになったが、「覆いを取る」、「開示する」、あるいは単純に「あらわにする」などの少なくとも六通りの意味を持っている。一六世紀初め以降、海を渡ってくる新「発見」を記録した最初の言語の一つであるポルトガル語では、通常は「発見する」と訳されるdescobrirという単語は、正式には「探検」や「暴露」を意味するときに使われていたが、「偶然に見つけること」や単純に「拾いあげる」という意味にも使われていた。[8] オランダ語では、「発見」は通常ontdekkingと訳されるが、「覆いを取ること」、「真実を見出すこと」、あるいは「誤りを検出すること」を意味する。したがって、「発見」とは、神話や古典の学識を通じて既に知られていた領土や土地との遭遇について記すこととほぼ同じであり、誰よりも先に「新世界」を明らかにすることであった。「新世界」という言葉もよく考えてみると曖昧である。当時の地図にはインド洋や関連する領域の説明が記されていたにもかかわらず、ポルトガル人は一四八八年の喜望峰の回航を「新世界」の「発見」と呼んでいる。ルネサンス期の学者たちは、新発見の衝撃に対して、今日私たちが考えているほど興奮することはなく、相も変わらずこの種の「発見」を古典の地理学知識の中に融合させようとしていた。その結果、キューバやブラジルなどへの上陸が、「新世界」の「発見」と呼ばれることもあったが、探検家や地図製作者の説明から、これらは現存する場所としてしばしば誤認されたことがわかる。キューバは日本、ブラジル、中国などと呼ばれる可能性があった。

私たちはルネサンス期の地図を新しい地の発見を取り込んだものとして見ているが、むしろ地図製作者たちは、プトレマイオスやストラボンなどの著述家によって作られ既に確立されている古典的なモデルと新しい情報との折り合いをつけようとしていたのであった。彼らが受け取った情報は断片的で、多くの場合、アル＝イドリーシーやヘロドトスなどの著述家や地図製作者によって記された問題と矛盾するものであったため、この情報を完全に適切なものと思われていた古典の地理学モデルと同列に評価することはたやすいことではなかった。地図製作者たちはまた、包括性と精度に対する自身の追求と、これまでの地図製作にはなかったが、新しい印刷手段と共に否応なく持ち込まれた「地図を販売して儲ける」という要求とのバランスをとらなければならなかった。印刷は地図製作の新しい方法を提供すると同時に、収益を上げることが求められる産業でもあった。『世界全図』の製作で中心的な役割を果たしたのは、これらの目的すべてを満たす絶妙なバランス感覚であった。ヨーロッパの発見の歴史ならびにアメリカの歴史において、ヴァルトゼーミュラーの地図に重点を置きすぎると、一六世紀初めの地理学の実用的および学術的な発展を見誤ることとなる。この発展を理解するためには、この地図の生みの親と思われる人物から見ていくのがよいであろう。

マルティン・ヴァルトゼーミュラー（一四七〇年頃―一五二一年頃）は、ドイツ南西部バーデン＝ヴュルテンベルク州のフライブルク・イム・ブライスガウ市近郊のヴォルフェンヴェイラーで生まれた。マルティンは市議会議員の地位まで昇りつめた肉屋の息子で、一四九〇年にフライブルク大学に入学し、カルトゥジオ修道会の著名な学者グレゴール・ライシュの下で神学を学んだ。ヴァルトゼーミュラーは、マルティアヌス・カペッラが五世紀に書いた『文献学とメルクリウスの結婚』の中で提唱した、文法、論理学、修辞学の「三学《トリウィウム》」と算術、音楽、幾何学、天文学の「四科《クワードリウィウム》」を修めたものと思われる。「四科」のうちの幾何学と天文学によって、ヴァルトゼーミュラーはユークリッドやプトレマイオスなどの著述家を知り、宇宙誌学の原理の基礎を学んだ。一四九〇年代後半、ヴァルトゼーミュラーはバーゼルに移り、ライシュの仲間で著名な印刷工であったヨハネス・アマーバッハと出会っている。アマーバッハは、活版を使用して洗練された独自の印刷技術を開発し始めた第二世代の印刷工の一人で、増え続ける知識階級の読者層に向けて様々な聖書、祈祷書、法律書、人文主義書などを刊行した。ヴァルトゼーミュラーが宇宙誌学に人文主義的視点を取り入れ、のちに彼を有名にする印刷による地図製作の方法を学び始めたのは、おそらくこのバーゼルであろう。

　ドイツでの活版印刷の開発は、中国での発明から約四〇〇年後の一四五〇年頃のことであった。しかしながら、ヨーロッパのルネサンス期における最も重要な技術革新であったことは間違いない。世界初の印刷機は、一四五〇年代にマインツで、ヨハネス・グーテンベルク、ヨハン・フスト、ペーター・シェーファーの協力関係から生まれたものと考えられている。グーテンベルクらは一四五五年に『ラテン語聖書』を、一四五七年には『詩篇』を完成させている。一五世紀末までには、ヨーロッパの主要な都市すべてに印刷機が設置され、合計で六〇〇万冊から一五〇〇万冊にも及ぶ四万点の書籍の印刷を担ってきた。その数はローマ帝国の滅亡以降に作られた手書き写本の数を超えている（一五〇〇年代のヨーロッパの人口は八〇〇〇万人と推定されている）[9]。大量印刷の第一の波を経験した人々はすぐにその重要性を理解した。ドイツの人文主義者セバスチャン・ブラントは、少々誇張した表現ではあるが、「これまでは一人の人間が一〇〇〇日かけて書き写していたものが、印刷によってわずか一日で作れるようになった」[10]と記している。

　近年、エリザベス・アイゼンステインが「変革の代理人《エージェント・オブ・チェンジ》」と呼んだ印刷機の革命的な影響力に疑問を呈する学者もいるが、この新たな発明（もしくは再発明）が知識とその伝達方法を転換したことに関してはほとんど疑いの余地はない[11]。印刷はあらゆる種類の書物の発行と配布において、迅速で画一化された正確な再現性を約束した。ただし、印刷所における作業の現実、および印刷所が直面していた技術的かつ経済的な重圧は、このような約束が常に果たされるとは限らないことを意味した。しかしながら、印刷された文章のおかげで、比較的一貫性のあるページ割付、索引、アルファベット順配列、書誌の導入が可能となった。これらはいずれも手書き写本ではほとんど不可能であったことで、学者たちはこれによって新しい刺激的な方法で学問を行うことができるようになったのである。二人の読者が地理的に遠く離れていたとしても、例えば、同一印刷版のプトレマイオスの『地理学』を持っているとしたならば、この書籍を参照して、同じものを見ていると理解したうえで、特定のページの具体的な言葉（または地図）について議論を行うことができるのである。写本文化には、写本筆記者の手書き能力に依存するという特異性があるため、このような統一性や画一化が実現されることはなかった。この正確な複製のプロセスはまた、新版や改訂版という現象を生み出した。印刷工は書き手の作品や特定の原稿の中に発見や訂正を盛り込むことができたのである。言語、法律、宇宙誌学などのテーマに関して新しい参考書や百科事典が出版され、知識の正確な定義、比較研究、あるいはアルファベット順や時系列順での分類を行うことも可能となった。

新しい印刷機の影響力は視覚伝達、とりわけ地図製作にも及んだ。印刷の重要な側面の一つは、ある評論家の有名な言葉である「正確に再現しうる絵画的表現」が可能な点にある。[12] 新しい印刷によって、地図製作者はそれまで想像もできなかったほどの精度と均一性で、全く同一の地図の複製を何百、何千部と作成し、配布することができるようになった。一五〇〇年までに、ヨーロッパで流通していた印刷地図は約六万部であった。一六〇〇年までに、その数は一三〇万部という驚異的な数字に膨れ上がった。[13] 手書き地図を印刷版に変えるため、一五世紀の地図製作者や印刷工が数多くの技術的課題に直面していたことを考えると、これはますます驚くべき数字である。

一五〇六年、マルティン・ヴァルトゼーミュラーがロレーヌ公国のサン＝ディエにやってきたのは、印刷機の問題点や印刷の機会についてある程度理解していたからである。ドイツ国境に近いこの街は、現在サン

＝ディエ＝デ＝ヴォージュと呼ばれるが、ヨーロッパ文化の数多くの側面が合流する地理学的な位置にあったことが、この街の歴史形成に決定的な役割を果たしている。中世の時代からロレーヌ公国は、北のバルト海から南の地中海へ至る交易路と、東のイタリアから西の低地諸国に至る交易路の中軸上に位置した。また、フランス、ブルゴーニュ公国、神聖ローマ帝国に挟まれていたため、これらの国々の政治的および軍事的衝突に巻き込まれがちであった。そのため緊迫してはいたものの、極めて国際的な雰囲気が醸し出されていた。一五世紀後半、ロレーヌ公国はルネ二世の統治下にあり、一四七七年にはナンシーの戦いでライバルであったブルゴーニュ公国のシャルル公に勝利した。この勝利によって、ルネ二世は切望していた政治的自治と軍事的安全を確保したため、ロレーヌ公国を取り巻いていたフランス、ブルゴーニュ公国、ハプスブルク家に対抗するため、サン＝ディエを学問の中心とする構想に着手した。

ルネ二世は、経済的な利益の追求ではなく個人的な名誉のために、自身の秘書でありサン＝ディエの修道士でもあったゴルティエ（またはヴォートリン）・ルッドに、ギムナジウム・ヴォージュと呼ばれる人文主義アカデミーの設立を委ねた。アカデミーの理念を確実に広めるため、ルネ二世の命令に従いルッドは、ストラスブールの印刷工の専門知識を活用して、サン＝ディエに最初の印刷機を設置することを計画した。サン＝ディエから六〇キロメートルの距離にあるストラスブールは、印刷に関しては既に北ヨーロッパ最大の中心地の一つであったが、一六世紀後半には七〇を超える印刷業者の拠点となっている。ルッドはストラスブールを拠点とする宇宙誌学者を探していたが、「この分野で最も博学な男」[14]としてマルティン・ヴァルトゼーミュラーを見出した。ヴァルトゼーミュラーはルッドと同じように、宇宙誌学のみならず新しい印刷技術にも興味を示す神学者であった。一五〇六年には既に、彼はギムナジウム・ヴォージュで最初の最も重要な教授陣の一人となっていた。

ヴァルトゼーミュラーのアカデミーへの参加は、一握りの人文主義学者によって決定されたことであるが、特にそのうちの二名はその後『世界全図』の製作に深く関わることになる。一人は一四八二年頃アルザス地方に生まれたマティアス・リングマンで、パリとハイデルベルグで学んだ後、ストラスブールの様々な印刷工房で校閲、校正ならびに学術アドバイザーとして働いていた。ルッドと同様に、リングマンはポルトガルとスペインの探検航海に関する書籍の印刷に関わっていたが、このことがギムナジウムへの参加のきっかけになったものと思われる。もう一人はラテン語の専門知識を持った神学者ジャン・ベゾン・デ・サンデクールで、ラテン語翻訳に並々ならぬ能力を発揮した。

一五〇六年、ヴァルトゼーミュラーがサン＝ディエにやってきたことによって、このギムナジウムを北ヨーロッパの学問の中心とするための野心的な地理学プロジェクトが促進されたが、最初からアメリカの発見を記す世界地図の製作を計画していたわけではなかった。ヴァルトゼーミュラー、リングマン、サンデクールの三人は、プトレマイオスの『地理学』の新版を製作することを計画していたのである。ヨーロッパ本土から東西への航海によってプトレマイオスの地理学上の知識が覆されていた頃に、このグループが一三〇〇年も昔のプトレマイオスの書籍に注目したことは意外に映るかもしれないが、これは理にかなった選択の結果であった。プトレマイオスの書籍については遅くとも六世紀の学者たちが言及していたにもかかわらず、ギリシャ語の手書写本が本格的な研究と翻訳のためイタリアへ入ってきたのは一四世紀のことであった。一三九七年、ギリシャの学者マヌエル・クリュソロラスは、イタリアを代表する学者の一人であるコルッチョ・サルターティを中心とする人文主義学者たちにギリシャ語を教えるため、招かれてコンスタンチノープルからフィレンツェまでを旅した。フローレンスにいたクリュソロラスの同僚たちは、ギリシャ語を学ぶ熱意に溢れていた。なぜなら、コンスタンチノープルから送られてくる購入済みの写本の中には、プトレマイオスの『地理学』が含まれていたからであった。クリュソロラスは最初のラテン語訳に着手したが、これを完成させたのはフローレンスの人文主義学者ヤコポ・アンジェリで、一四〇六―一〇年頃のことであった（カラー口絵21)。アンジェリは、書名を『地理学』ではなく『宇宙誌学』と訳すことで、初期のイタリア人文主義者がプトレマイオスの書籍をどのように見ていたかを示唆したが、この判断はその後二世紀にわたり地図製作者と彼らが作る地図に影響を与えることになるのである。第1章で述べたように、宇宙誌学は天空と地上を共に分析することによって宇宙の特徴を記述する。ルネサンス期においては、地球を中心とする宇宙を神が創造したとする信念があったとしても、宇宙と地球との関係を数学的に記述することが必要であった。その結果、宇宙誌学では、現在であれば地理学者の守備範囲に入る作業についても、プトレマイオスと彼の宇宙と地球に関する方法論が喚起する表面的な古典的権威を重ね合わせて、(いくぶん曖昧ではあるが)包括的に記述されたのである。[15]

アンジェリとフローレンスに住む彼の友人たちにとって、プトレマイオスの『地理学』を宇宙誌学として翻訳することは、天空や宇宙の問題を解決する点において、地球を平面上に投影することを科学的に要求することよりも興味深いものであった。イタリアの人文学者の多くは、文献学的な興味からこの原稿を調べ、現在の地名に対する古代の地誌学的名称の照合を行った。アンジェリの翻訳では、プトレマイオスの複雑な数学的投影法は曲解され、省略もされていたため、一五世紀には、多くの学者が信じていたものとはほど遠い凡庸な書物と評価されていた。『地理学』の革新的な手法は多くの読者にほとんど理解されず、無視されていたため、ルネサンス期の地図製作によく言われるような革命を起こすことはなかった。[16]プトレマイオスの原稿は新しい印刷媒体で出版され、添付されていた地図は更新されデザインも一新されたが、数学的な座標網が印刷されていないものがほとんどであった。これは地球を地図の上に投影するプトレマイオスの科学的な手法がほとんど理解されていなかったことを示している。ただ、地図印刷の課題は多くの地図製作者や学者には十分理解されていた。

ヴァルトゼーミュラーらが地図製作に着手するまでに、プトレマイオスの原稿が印刷され、出版されたのは五回だけであった。一四七五年、ヴィチェンツァでラテン語による最初の印刷が行われたが、地図は添付されていなかった。その直後の一四七七年にはボローニャで初めて地域図と世界地図が再現された（したがって、これはその名称は使用していなかったものの、最初の地図帳《アトラス》とみなされている）。翌年、ローマでは別の版が印刷され、その後、不正確ながらイタリア語に翻訳されたプトレマイオスの原稿は、地図と共に一四八二年フローレンスで出版された。最初のドイツ語版も同じ年にウルムで出版されている。木版印刷はアルプス北部で広く行われ、ウルム版でも使用されたが、初期のイタリアの地図はすべて銅版画の技法を用いて印刷された。銅版は木版に比べて時間がかかる上、活字と一緒に組み込むことはできなかったが、より細くより変化に富む線を描ける利点があったため、一六世紀後半には木版印刷による地図に取って代わることとなった。

プトレマイオスの『地理学』の復刻と出版は、一五世紀の人文主義学者たちの文献学的好奇心を満たしてなお余りあるものであった。表面的には、ポルトガルとスペインの冒険航海の成果を目のあたりにして、プトレマイオスによる世界の解釈は急速に色あせていった。プトレマイオスが信じていたこととは反対に、アフリカは周航可能であり、インド洋は陸封されていないことが、西アフリカ沿岸を南下した初期のポルトガルの航海から明らかになった。さらに注目すべきは、コロンブスの西大西洋への航海によって、プトレマイオスや古代ギリシャ人には知られていなかった大陸の存在が明らかになり、既知の世界の範囲と形状に関するプトレマイオスの計算に重大な影響を及ぼしたことであった。このような航海はプトレマイオスを否定することとなったが、同時に彼の原稿をこれまで以上に知らしめる結果となった。コロンブスの帰国後、一五〇〇年頃には印刷された二二〇点の地図を含む『地理学』の新版が出版された。地図の大半はプトレマイオスの著作に基づくものであったが、一四九二年以降に印刷されたにもかかわらず、コロンブスの発見に関する記載はほとんどなかった。[17]

ルネサンス期の学者たちはプトレマイオスを切り捨てるのではなく、成果を積み上げていく手法を採用し、古典と近代地理学の知識の一体化を目指した。プトレマイオスの経緯度表とその解説は中世のマッパムンディと並んで、コロンブスのような学者や航海士が入手できた唯一の包括的なモデルであった。したがって、そのモデルが彼らの発見と明らかに矛盾している場合でも、自らの発見をこのような古代や中世の枠組と折り合うようにするのが彼らの手法だったのである。プトレマイオスの『地理学』は、多くの人々に十分理解されていたわけではなかったが、間隔を空けて平行に引かれる緯線と一点に収束する経線を用いて、既知の世界を地理学的な投影図で描く方法を説明したもので、航海士や学者たちはこの経緯線の中に自らの新発見を描くことができた。その結果は説明のつかない矛盾したものも多かったが、実際の探検や知的探求心をさらに刺激することとなった。このような例は『地理学』の初期の印刷本に見ることができるが、組み込まれていく新発見はしだいに増え、どれがプトレマイオスによる元の記述であったのかわからなくなるほどであった。

一六世紀初めまで、印刷における最先端の技術革新は、古典研究や海洋発見に積極的な興味を示していた、ニュルンベルクやストラスブール（ヴァルトゼーミュラーの地図の出版においても一役買うことになる）のようなドイツの都市国家で生まれてきた。両都市は、貿易や金融を通じて、ルネサンス期イタリアにおける知的発展やイベリア半島における海洋探検と深いつながりがあった。現存する世界最古の地球儀は、一四八〇年代に西アフリカ沿岸を南下したポルトガルの交易船に資金提供を行い、航海に加わった商人マルティン・ベハイムによって、一四九二年にニュルンベルクで作られた。ニュルンベルクなどの都市は、印刷のみならず地図製作や航海に使用された科学機器の製造においても、優れた中核都市として広く認知されていた。

マティアス・リングマンは一五〇五年に友人に宛てた書簡の中で、ウルムで出版されたイタリア語版や最初のドイツ語版よりも優れた『地理学』の新版の出版を、ギムナジウムの印刷工たちが計画していることを明らかにしている。しかし、新版の作業が開始されたところで、彼らは、ヨーロッパの西にプトレマイオスの世界像とは全く異なる新世界が存在する、と記している文書に遭遇する。この文書は、フィレンツェの商人にして探検家であったアメリゴ・ヴェスプッチの書簡を翻訳したもので、その内容は一四九七年から一五〇四年にかけて行った一連の航海で新大陸を発見したと主張するものであった。前述の友人に宛てた書簡の中でリングマンは、二年後の『世界全図』の出版時に影響を及ぼすことになる二つの大きな要素についても説明している。

> アメリゴ・ヴェスプッチの書籍自体は偶然入手したものでした。私たちは取り急ぎこれを読み、その内容のほぼすべてを、現在私たちが慎重に調査しているプトレマイオスの『地理学』の地図と照合したのです。その結果、新たに発見された世界の対象物に関しては、その性質からして想像の域を出ないものであっても、地理学的に妥当なものについては組み込むことを決めたのです。[18]

ヴェスプッチの書簡はフィレンツェにおける彼のパトロンであったロレンツォ・デ・メディチに宛てて書かれたものであるが、ラテン語に翻訳され、『新世界《ムンドゥス・ノーヴス》』というセンセーショナルな書名で一五〇三年に出版された。この短い書簡の中では、南アメリカ東岸への航海について、「私たちが探し求めた末に発見した新たな地域は、私たちの祖先が知らなかったものであることから、新世界と呼んでもよいでしょう[19]」と記されていた。西半球における発見が新大陸とみなされたのは、これが初めてのことであった。一四九三年に出版されたルイス・デ・サンタンヘル宛てのコロンブスの書簡には、一四九二年八月から一四九三年三月にかけて行われた第一回航海で、カリブ海の島への上陸を果たした決定的瞬間について記されていたが、ヴェスプッチの書簡の出版はこれに対抗することを意図したものと思われる。「新世界」の発見（コロンブスはアジアに上陸したものと信じていた）を主張し、原住民の性と食の習慣に関するショッキングな説明を加えたことによって、『新世界』の出版は成功間違いなしとなった。数週間のうちに『新世界』はヴェニス、パリ、アントワープでも急遽出版され、一五〇五年までにマティアス・リングマンが編集したものを含め、ドイツ語でも少なくとも五つの版が出版されている。

同じ年に、当時のフィレンツェ共和国の「偉大なる君主」（ピエロ・ディ・トマソ・ソデリーニと考えられている）に宛てて書かれた、『四回の航海で新たに発見された島々に関するアメリゴ・ヴェスプッチの書簡』と題されたヴェスプッチの別の書簡が出版されたが、これにはヴェスプッチが一四九七年から一五〇四年にかけてスペインとポルトガルの宮廷のために行った四回の航海について記されている。第二の書簡には『新世界』のようなセンセーショナリズムはなかったが、一四九七年五月から一四九八年一〇月にかけての第一回の航海で、フィレンツェの人々が「私たちの祖先が全く言及したことのない、数限りないほどの多数の島々を発見した」ことが劇的に記されていた。このことから、ヴェスプッチは「古代人は島々の存在を知らなかった」[20]と結論した。書簡の説明は中央アメリカと南アメリカ沿岸での一連の上陸へと続くが、その日付はコロンブスがベネズエラで大陸への最初の上陸を記録した一四九八年八月のほぼ一年前となっている。

一八世紀に入ってはじめてヴェスプッチの書簡の手書き原稿が発見されたが、実際に書かれた淡々とした内容と比較するとわかるように、出版された二種類の書簡は作られたものであり、少なくともヴェスプッチの旅行記を誇張し、センセーショナルに仕立てられたものであった。手書きの書簡からは、ヴェスプッチの最初の大陸上陸はコロンブスが上陸した翌年の一四九九年であったこと、最初のアメリカ「発見」を主張するように押し通したのはヴェスプッチ自身ではなく、過剰なまでに出版に躍起になっていた版元だったことが明らかになった。ヴェスプッチの書簡が発見された頃には、彼の業績に対する評価は既に下落していた。一六世紀半ばからは、スペインの文筆家たちはコロンブスとスペインが資金援助したコロンブスの航海をしきりに称賛し、版元によって作られたヴェスプッチの主張は蔑まされ、「アメリカ」の名を使ったあらゆる地図の差し止めを要求するまでに至った。

一五〇五～六年当時のサン＝ディエでは、ヴェスプッチの航海記にどれだけの改竄と誇張が施されたのかをギムナジウム・ヴォージュの教授陣が知る術はなかった。彼らはヴェスプッチの航海についてもたらされたわずかばかりの情報に頼らざるを得なかったが、それはヴェスプッチがコロンブスよりも前に新大陸に到達したと主張する『新世界』とそののちに出版された『四回の航海』にほかならなかった。リングマンの一五〇五年の書簡が示しているように、ヴェスプッチの書簡はギムナジウムのプロジェクトを転換させる結果となった。彼らは『地理学』を単に編集する以上の野心的なプロジェクトに向かって漕ぎ出したのであった。それはヴェスプッチがもたらした地理学情報とプトレマイオスのそれとを対照することで世界地図を作り、地図と共にプトレマイオスの『地理学』と決別する理由と方法について述べた解説書を出版することであった。

ギムナジウムは驚異的な速さで作業を行い、一五〇七年春にはその努力を結実させている。彼らのプロジェクトは三つに分けて出版された。最初の部分である『宇宙誌学序説《コスモグラフィエ・イントロダクシオ》』は、一五〇七年四月二五日サン＝ディエで出版された。これは四〇ページの短い宇宙誌学の理論書であったが、その後、フランス語で印刷された『アメリゴ・ヴェスプッチの四回の航海』のラテン語訳（ジャン・ベゾン・デ・サンデクールが翻訳）を含む六〇ページの体裁で出版された。このプロジェクトの残りの二つの部分は、『宇宙誌学序説』の正式な書名で公表されている。それは、『宇宙誌学序説：アメリゴ・ヴェスプッチの四回の航海に加えて地理学と天文学の必須原理、プトレマイオスの時代には知られていなかったが近年明らかになった遠隔の島々を含む世界全体を、地球儀と地図の二つの形式で適切に表現することを含む』[21]というものであった。とても簡潔とは言えないが、ハプスブルク家の王子でのちに神聖ローマ皇帝マクシミリアン一世（一四五九―一五一九年）となったマクシミリアン・カエサル・アウグストゥスに献呈されていることからも、このプロジェクトのスケールと野心がうかがえる。リングマンはマクシミリアンに詩を献呈し、ヴァルトゼーミュラーは献辞を述べているが、その中で彼はギムナジウムの果たした役割について簡単に説明している。「私は他の人々の助けを借りて、ギリシャの写本でプトレマイオスの書籍を研究し、アメリゴ・ヴェスプッチが四回の航海から得た新たな情報をつけ加えた。また、宇宙誌学入門の一つの方法として、学者たちの一般教養のために、世界全体を地球儀と地図の二つの形式で描いた」と述べ、「これらの成果をこの世界の支配者である皇帝に捧げる」と結んでいる。

その後の章では、厳密にプトレマイオスの記述に基づいて、極めて正統的な宇宙誌学の説明を展開し、幾何学と天文学の重要な要素とこれらの地理学への応用について解説している。ヴェスプッチの発見に関する最初の説明はこの書の五章に登場するが、ここではプトレマイオスやその他の古代の地理学者と同様に地球を五つの気候帯に分割することが述べられている。「灼熱」帯が北回帰線と南回帰線との間の赤道の南側に位置すること、黄金半島（マレー半島）の住民、タプロバネ（スリランカ）人、エチオピア人など、多くの人々がこの高温で乾燥した灼熱帯に居住していること、また、長い間地球の大半はその存在が知られていなかったが、アメリゴ・ヴェスプッチによって最近発見されたことなどが述べられている[22]。この章の説明によれば、ヴェスプッチによる西半球での発見もプトレマイオスの古典的な気候帯の中に容易に組み入れることが可能で、東から西へ向かう同一緯線上の他の国々の住民とつながっていることがわかる。その後、『宇宙誌学序説』では二つの章で地球の気候帯の記述が改訂され、赤道をはさんで南北に七つの気候帯に分けられるとされている。ちなみに、この章によれば、「アフリカの最南端、ザンジバル諸島、小ジャワ島、地球の第四の部分はすべて赤道の南側にあり、南極に近い六番目の気候帯に位置する」と記されている。

これに続く一節は、ヨーロッパ人の初期の探検で最も重要な記載内容の一つで、「地球の第四の部分はアメリゴによって発見されたので、私たちはこれをアメリゴの土地という意味でアメリカと呼ぶことにした」

と記されている。[23] これがヴェスプッチにちなんだアメリカの命名に関する最初の記述であるが、注目すべきは、この一節が気候帯に分けられた地球の伝統的な解釈と切れ目なくつながるように書かれたという点にある。ヴェスプッチのアメリカでの発見は、南アフリカや南インド洋の島々を含む、東から西へ向かう同一気候帯の中に組み込まれていた。その結果、『宇宙誌学序説』によれば、ヴェスプッチの「発見」は、プトレマイオスの世界像を損なうどころか補強することとなったのである。

最後に、『宇宙誌学序説』は第九章で地球の概要について、「この小さな世界には、プトレマイオスの時代にはほとんど知られていなかった第四の部分があり、私たちと同じような人間が住んでいることがいま明らかになっている」と記している。この章ではヨーロッパ、アフリカ、アジアについて解説した後、新たに発見された地域に戻り、その命名に関する考え方が再び披瀝されている。

現在、これらの地域は、以下に説明するようにアメリゴ・ヴェスプッチによって発見された第四の地域よりも大々的に探検が行われている。ヨーロッパとアジアはよく知られているように女性にちなんで命名されているため、第四の地域を有能な発見者にちなんでアメリゲ、アメリゴの土地、あるいはアメリカと呼ぶことに異を唱える理由はないであろう。

この章は、「地球は四つの地域に分けられることがわかった。最初の三つはつながっていて大陸を形成しているが、第四の地域は四方が完全に海に囲まれていることが判明したため島になっている[24]」と結論している。また、この新発見を称賛すると同時に、読者に対しては、プトレマイオスが第四の地域について全く知らなかったとするのではなく、「かろうじて」知っていたと説明している。新たな地理学的情報や地図が与えた衝撃のほどは「判明した」「発見された」などの表現からもわかるが、新たに発見された土地が島なのか大陸なのかというステータスについては結局のところはぐらかされている。ルネサンス期の地図製作者は古くからある区分地図に基づいて島や「地域」を理解したが、「大陸」は定義することが難しい。宇宙誌学者ペトルス・アピアヌスは一五二四年に、大陸を「島でも半島でも地峡でもない堅固な土地[25]」と定義したが、これではほとんど何の役にも立たない。ヨーロッパ、アジア、アフリカは「大陸」として理解されていたが、一五〇七年の時点では、ヴァルトゼーミュラーらが、新たに発見されたアメリカの形や大きさを追加検証せずにそのような重要なステータスを与えるのをためらったのも当然であった。その結果、新たな情報がもたらされるまで、島とされることとなった。

第二の出版物は、二四×三九センチメートルのエリア内の一二個の紡錘形に木版印刷された地図で、上下両端に向かってしだいに細くなる紡錘形の細片を小さな球形の上で貼り合わせることにより、完全な地球儀を作ることができた。これは印刷によって作られた世界初の地球儀で、西半球も含まれており、南アメリカには「アメリカ」と記されていた。この地球儀と関連づけて最終的に作られたのが、プロジェクト全体の中で最も野心的な作品となる一二枚の図版からなる巨大な壁掛地図『世界全図』であった。

『宇宙誌学序説』の印刷はサン＝ディエの小さな印刷機でも十分に対応可能であったが、『世界全図』は規模が大きい上に詳細で、限られた印刷技術では対応できなかったため、印刷工程はストラスブールに移され、おそらくはヨハン・グリュニンガーの印刷工房で完成されたものと思われる。現在の基準で評価しても、この印刷は並外れて技術水準の高いものであった。『世界全図』は、ぼろ布を原料とする手漉きの紙に木版印刷された一二枚のシート（一枚は四五×六〇センチメートル）で構成されている。一二枚のシートを組み合わせると、地図は一二〇×二四〇センチメートルもの大きさになる。当時の印刷工が抱えていた問題の数々を考え合わせると、これは驚くべき大きさである。

地図は一六世紀に入って一般的となった浮き彫り木版印刷技法で作られた。ストラスブール、ニュ

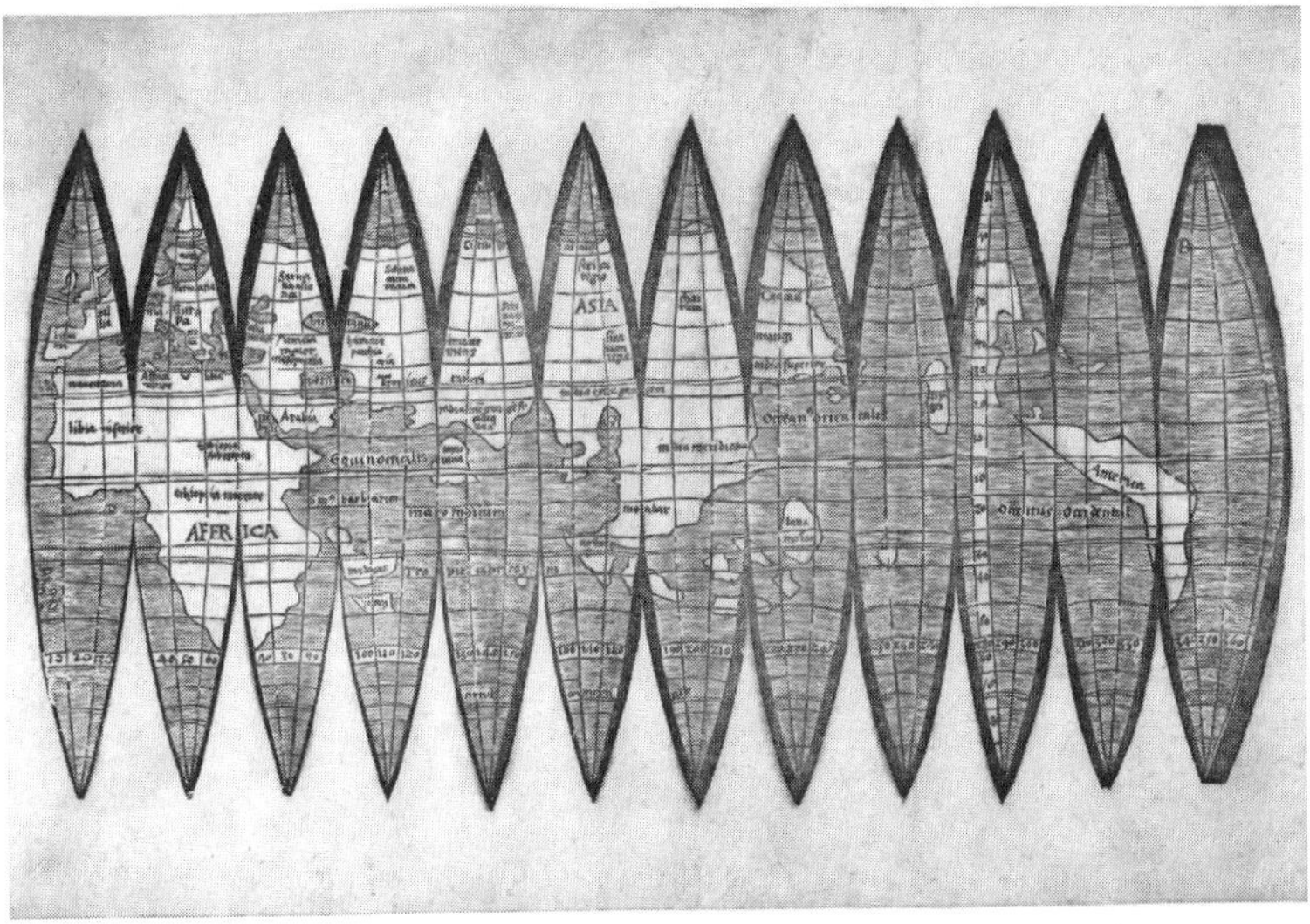

図 13　マルティン・ヴァルトゼーミュラーの地球儀用の紡錘形地図（1507 年）

ルンベルク、バーゼルなどの職人の伝統が息づく都市や街では、木版印刷には欠かせない木材、紙、水が容易に入手できた。木版印刷では厚板からブロックが成形される。職人が小刀とノミで非印刷領域（最終的な印刷では白く残る部分）を彫り出すことで、地図の線形模様は浮き彫りされて残り、この部分にインクが盛られ、地理学的な形状が圧痕として写し出される。『宇宙誌学序説』のような短い原稿の組版とは異なり、相当な手間と熟練を要する工程であったが、これによって最終印刷物の視覚的な表現が決定された。木版印刷の技法では、濃淡のグラデーションや線と細部の精密度を再現する能力に限界があったが、いずれも陸地の表現にはなくてはならないものであった。地理学的な情報が限られているところでは、木版は一様に彫り出されるため、地図の表面には何も写し出されない。『世界全図』のアフリカとアジアにある大きな空白領域は、印刷処理の結果であると同時に地理学上の知見が限られていたことを意味する。

　当時の印刷工が直面したもう一つの問題は文字描

画であった。地図では線画と文章を組み合わせることが必要なため、初期の印刷工は木版上で地図の細かな視覚表現のそばに文字を直接刻んでいた。そのため、文字は平刃の小刀による独特の角ばった簡素なゴシック体で刻まれていた。しかし、ヴァルトゼーミュラーの地図はちょうど、イタリアの人文学者たちに好まれた気品のあるローマン体によって旧来の技法が取って代わられる時期に製作された。ヴァルトゼーミュラーの地図では、文字のサイズと書体が統一されておらず、ゴシック体とローマン体が併用されていることから、地図を仕上げるためにスピードを優先したことがわかる。実際に、この地図では文字の再現に二つの方法が認められる。一つは時間を要するが、ブロック上に直接文字を刻む方法であった。もう一つはノミで木版に溝を彫り、接着剤を使って活字を詰め込む方法であった。この方法はまた、印刷工に様々な問題を突きつけた。誤植が入り込みやすく、何度も活字が挿入されるため、ブロックは蜂の巣のようになり、反りや割れの原因となることがあった。一つの原版(二つ折りのシートの両側に印刷するように活字が組まれる両面フレーム)の設定は、原稿だけでも、二人の植字工で丸一日以上を要する作業となることもあった。これに複雑な地形の輪郭を木版上に彫る作業や、その後の活字の設定が加わると、さらに長い時間を要することがあり、数日どころか数週間にわたることもあった。このような特殊な作業を一二倍(『世界全図』を構成するシートの枚数)してみると、その作業量が膨大であったと同時に、ギムナジウムのプロジェクトが一五〇六年から七年にかけて驚異的なスピードで遂行されたことがわかる。[26]

さらに難しかったのは、木版の図版と活字の折り合いをつけることであった。印刷工は必要に応じて木版地図の特定の版について何度も刷りを行うが、活字は貴重なため他の書籍印刷で使用する際には組版が解かれるので、その間刷りの作業は中断されることが多かった。次の印刷工程で地図は組み直されるが、活字も組み直す必要がある。この段階で小さな修正は可能だが、新たな誤植が発生する恐れもある。この組み直しは現存するヴァルトゼーミュラー図に重大な結果をもたらした可能性もある。一六世紀初めの他の多くの地図には、「全く同じ」に見えても書体が著しく異なる別の版が存在し、印刷された地図が常に元の地図の正確な複製であると信用するのは誤りであることがわかる。[27] このような再版の問題は、セバスチャン・ブラントらによって風刺された多くの読者や学者たちの印刷に対する熱狂に冷や水を浴びせる結果となった。ブラントの同時代人の一人は、「判断能力が完全に欠如した印刷工は、書籍の校正を十分に行わないまま印刷し、軽率で劣悪な編集によって書籍を台無しにする」ため、注意力散漫な印刷工による誤植は印刷媒体を「破壊の道具」に変えると警告している。[28]

ストラスブールの印刷工が直面した最後の問題は、巨大な地図の図案（ヴァルトゼーミュラーによって描かれたものと思われる）を木版に転写する方法であった。木版ブロック上に地図を裏返しに描く方法であっても、あるいはブロック上に元の手描き地図を貼りつけ、彫り出す前に原画に合わせて線を刻印する方法にしても、元の手描き地図に対する最終責任者として、ヴァルトゼーミュラーは一二枚のブロックへの原画の転写を監督しなければならなかった。第二の方法では、ブロック上への線の刻印の前に、画像が透けて見えるように地図の裏側にワニスを塗る工程が含まれることもあった。この工程の最大の欠点は言うまでもなく、元の地図が切り刻まれてしまうことで、ヴァルトゼーミュラーの手描き地図が（この時代に印刷された他の多くの地図と同様に）現存していない理由もこれによって説明される。セビリアのイシドールが書いた『語源』も一四七二年にアウグスブルクで印刷されており、この本に描かれたTO図は最初の印刷地図としてよく知られている。このような単純で模式的な地図に関しては、転写の問題の多くは比較的単純であった。しかし、『世界全図』の規模で印刷される地図では、作業に関連する問題は山のようにあった。[29]

この三部構成の出版物が一括販売されたのか、個別に販売されたのか確かなことは不明である。この三点は確かに趣きを異にしている。一二枚からなる壁掛け地図は一枚で解説書や地球儀の約二倍の大きさがあった。しかし、すべてを総合するならば、これは古代からその当時までの宇宙誌学と地理学をあらゆる局面か

図14　セビリアのイシドールによる『語源』（1472年）のTO図

ら明らかにすることを目指した野心的な出版物であった。これらの出版物は、中世のマッパムンディからの完全なる決別を意味した。その根拠となるのが、全く外観の異なる地図を生み出した印刷の力と、プトレマイオスの『地理学』の影響力と、ヴェスプッチによる「新世界」アメリカの発見に代表される当時の地理学的発見の成果であったことは言うまでもない。ギムナジウムの功績は地理学における世界の表現方法の変更に留まらなかった。それはまた、地理学を作り上げるという点においても、利用するという点においても、地理学を学問領域の一つとする新たなアプローチでもあった。ヘレフォードのマッパムンディが神による天地創造と死後の世界に対する答えを提示したのに対して、『世界全図』はルネサンス期の人文主義者の思考に基づいて、古代、中世および当時の世界像の統一を図り、学者や航海士、外交官をはじめとして、新たに登場したこの「新世界」に様々な利害関係を有する広範囲に及ぶ人々に向けて、ほぼ同一の画像を多数複製することを可能にしたのであった。

『世界全図』は、北を上にして世界を西半球と東半球（当時このような呼び方はなかったが）にきれいに分割している。右側には、北から南へカスピ海、アラビア半島およびアフリカ東岸を通る六枚のシートが配置されている。中世のマッパムンディ

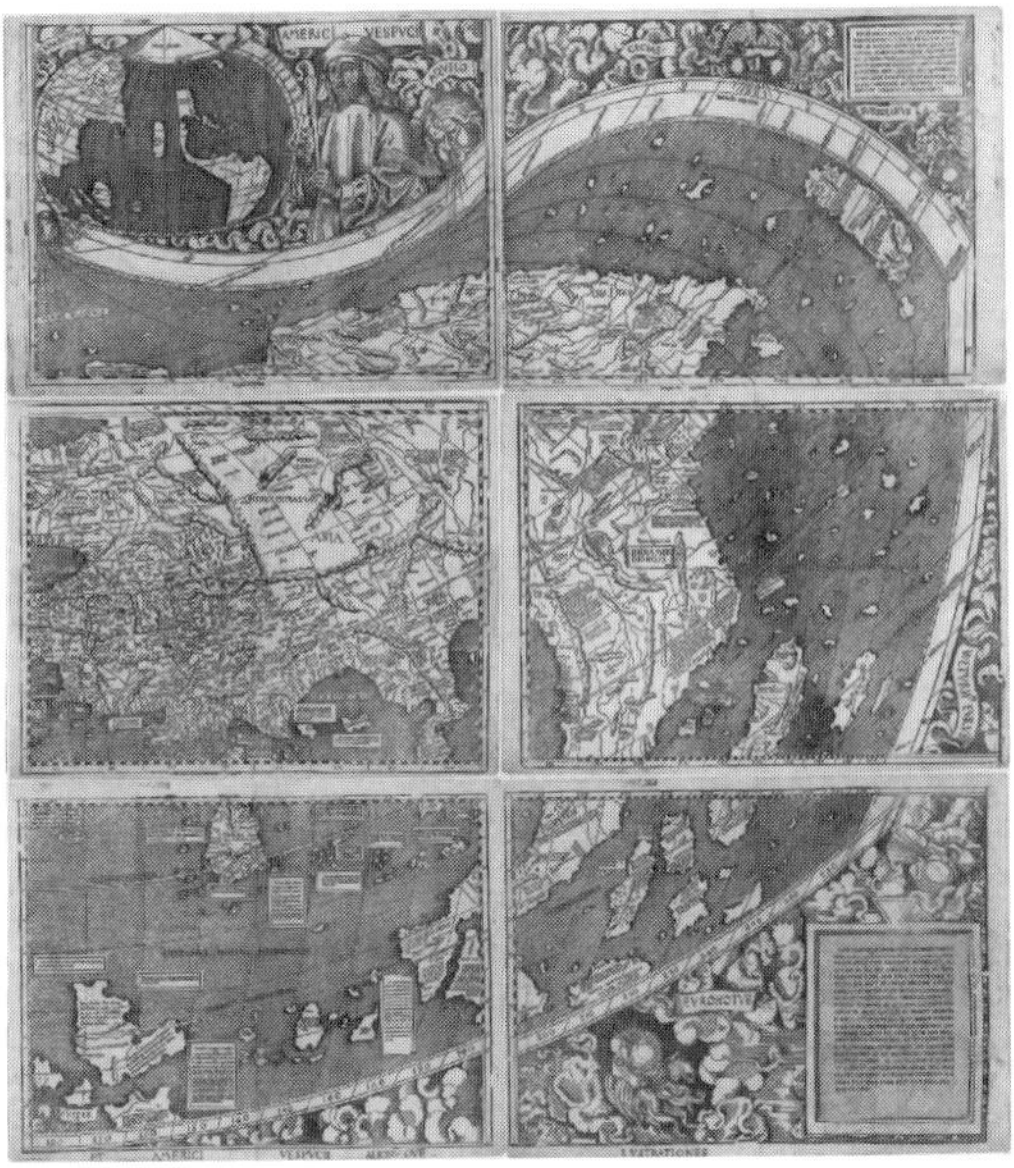

図 15 『世界全図』の東半球の詳細

の方位と形状は姿を消しているものの、地図上の詳細な記述の多くは依然として中世および古代の地理学に由来している。中央アジアおよび東アジアの記述は主として一三世紀のマルコ・ポーロの旅行記に基づいて描かれたもので、その他の領域はプトレマイオスの誤った地理学を再現したものとなっている。この地図は、（ヴァスコ・ダ・ガマの第一回航海（一四九七―九年）を皮切りとする）ポルトガル人によるインド亜大陸までの初期の航海の記録を含むカヴェリ・チャートを利用しているにもかかわらず、ヴァルトゼーミュラーが当時の情報を退け、プトレマイオスの誤りをそのまま再現しているため、インドはほとんど識別することができない。インドは西の領域の中ではあまりにも小さく描かれているだけでなく、大きく東にずれて現在の東南アジア付近に位置しているが、ヴァルトゼーミュラーらはここにプトレマイオス図の「巨大湾《サイナス・マグナ》」を再現している。その形状から近代の地図学史研究家からは「タ

図16　『世界全図』の西半球の詳細

イガーレッグ半島」と呼ばれたが、おおよそ現在のカンボジア付近に位置する。中世には、インドあるいは東アフリカに小さなキリスト教の共同体があり、そこには伝説のキリスト教国の王「プレスター・ジョン」が実在したと信じられていたが、この地図に描かれたインドはその信仰を再現したものでもあった。プレスター・ジョンについては、（同時代の他の地図とは異なり）直接描かれているわけではないが、「インディア・メリディオナリス」と記された東インドに点在するキリスト教の十字架が彼の存在を示すものと認識されている。

　西に目をやると、マダガスカルも描かれているがかなり東寄りに位置し、一方スリランカ（「タプロバネ」）はひどく西寄りで実際の大きさとは比例していない。地図のさらに東には、「大ジャワ」や「小ジャワ」などの実在の島と想像上の島が混在して描かれている。日本《ジパング》は地図の右上隅に描かれているが位置はひどくずれている。アフリカは当時のポルトガル人による発見の航海に基づいたもので、かなり正確に描かれている。アフリカの沿岸にはポルトガル国旗がはためき、喜望峰を描きアフリカ大陸が周航可能であることを示した点でプトレマイオス図とは一線を画しており、原住民（地図上で人影が確認できるのはここだけ）も描かれている。喜望峰は地図の外枠から飛び出し、あたかも古典的な地理学からの決別を示しているかのようでもある。喜望峰から北へたどっていくと、中世のマッパムンディの民族誌学的な仮説の痕跡が依然として残存しており、アフリカ北西部には「魚食いエチオピア人」、北東部には「人食いエチオピア人」と書かれた領域が存在する。ヨーロッパに近づくにつれて、ハプスブルク家の紋章（双頭の鷲）やローマカトリック教会の教皇紋章（二つの鍵）によって、ヨーロッパへの宗教的かつ政治的な忠誠心が明確に示されるようになるが、これとは対照的にアフリカや西アジアにはイスラムのオスマン帝国の新月旗が描かれている。『世界全図』に不朽の価値をもたらしているのは、「第四の世界」アメリカが描かれている左端の二枚のシートである。

だが、この地図は実際の地形とはほど遠い。現在私たちが北アメリカと南アメリカと呼んでいる領域は、北緯三〇度付近の地峡によってつながれ、連結した大陸として描かれている。北へ向かうと、この大陸は北緯五〇度付近の直角の線で唐突に終わっている。西側は山脈地帯で、地図の説明書きには「これより未知の土地《テラ・インコグニタ》」と記されている。現在の北アメリカと比較するとかなり省略されているが、フロリダ半島やメキシコ湾岸と見られる要素は備わっていて興味深い。東海岸には「イザベラ島」や「イスパニョーラ島」を含むカリブ諸島が描かれており、海には大西洋の由来となった「西の大洋《オケアヌス・オクシデンタリス》」の文字が記されている。北の大陸にはカスティーリャ王国の国旗がひるがえり、スペインの領有権を支持しているが、アメリカの名はどこにもない。その代わりに、南の部分には「PARIAS」の文字が読める。したがって、この貴重なアメリカの出生証明書は、実は北アメリカを「パリアス」と呼んでいたのである。ヴェスプッチの説明によれば、パリアスとは彼が出会った原住民が自国を指すときに使っていた名前である。

この地図では、「アメリカ」という名称は南の大陸を示すためのもので、現在のブラジル付近に記されている。この南の領域は、隣接する北の領域よりもはるかに広大で、詳細に描かれている。南端部分は南緯五〇度で切られているが（周航可能かどうかという疑問点は都合よく省略されている）、南の領域は一五年に及ぶスペインとポルトガルの徹底的な海岸線調査を印象づけるものとなっている。北には、「この地域はカスティーリャ国王の命令により発見された」との説明文があり、北東岸にはためくカスティーリャ国旗の上方に位置する説明文には、「これらの島々はカスティーリャ国王により任命されたジェノバ出身の提督コロンブスによって発見された」と記されている。これらの説明文はスペインに政治的優先権を与えるものであるが、ポルトガル船が描かれている地点の下に位置する南東岸沖には別の説明文がある。「この船はポルトガル国王が（インドの）カリカットに向けて送り出し、はじめてここに登場した一〇隻の中では最大のものであった。この地では、男も女も子どもも母親でさえも裸で暮らしている。のちにカスティーリャ国王が事実を確かめるべく命じた航海もこの海岸を目指したものであった」と記されているが、これはペドロ・アルヴァレス・カブラルの一五〇〇年の航海[30]を参考にしたものである。カブラルは、ヴァスコ・ダ・ガマがたどった航路よりもさらに先まで大西洋を航海したことで、偶然ブラジルを発見したのであった。ヴァルトゼーミュラーらと同様に、カブラルもこれは島の一つにすぎないと考えて、ここを離れてインドへの航海を続けた。

この新しい西の大陸が地図に示されることは前例がなかったが、この地図の中では総じて画期的なものとして喧伝されることはほとんどなかった。地図の上端の東西の半球が分離された描写は知りうるかぎり最も古いものであるが、左側には、星や陸地を測量する伝統的な器具である四分儀を抱えたプトレマイオスが描かれている。プトレマイオスはヨーロッパ、アフリカおよびアジアの古典的な居住空間《オイクメネ》の差込地図の隣に立っているが、これはまた、下方の大きな地図を見る際にプトレマイオスが注視している世界でもある。右に立っているのは、当時の実践的な近代航海術を象徴するコンパスを持ったアメリゴ・ヴェスプッチで、隣には西半球の差込地図が描かれているが、「アメリカ」という記載はなく、単に「未知の土地《テラ・インコグニタ》」と記されているだけである。これは大西洋を描いた最初の画像ではあるが、地理学的にはありえない直線によって、ジパングやさらに西方のジャワに極めて近い位置に北アメリカ西岸が画定されている。プトレマイオスと同様に、ヴェスプッチも自らの発見に関連する世界の半分だけを見下ろしている。二人の男はそれぞれの影響が及ぶ範囲の先を見据え、地図に表現された世界の解釈に重きを置くかのように、互いに称賛の眼差しを向ける。ヴェスプッチやコロンブスをはじめとする先駆者たちの記念碑的な発見が記録され、古典的な地理学と肩を並べているものの、プトレマイオスに負うところは大きい。

　地図上のアメリカの地理学的な詳細の多くは、ヴェスプッチが航海で得た知見によるものであるが、その枠組はギムナジウムの信念に基づいてプトレマイオス図に近いものとなっている。この地図の一風変わった電球のような外観とはっきりと描かれた経緯網は、プトレマイオスが『地理学』に記した投影法を修正することで世界を地図に描こうとした試みの成果である。プトレマイオスの投影法を採用したヴァルトゼーミュラーの判断は、新たな世界像を理解し記述するには、古典的な描写モデルに回帰すべきことを地図製作者に示している。一五世紀に入り、既知の世界が地理学的に拡大する前には、地図製作者は地球を平面に投影する際の問題点に真剣に向き合うことなく、自分たちの住む半球を単純に描くことができた。コロンブスとヴェスプッチのアメリカへの航海によって、地図製作者には東西の半球を同時に平面的な地図に描く際の問題点が明確に示されたが、当時の人々もこれが難問であることを直ちに理解した。一五一二年、ニュルンベルクの学者ヨハネス・コッホレウスは著書の中で、「いま住んでいる地球の本当の寸法は、古代の地理学者たちが記した値よりもはるかに大きい」と認め、『世界全図』について次のように記している。

　　ガンジス川の向こうには広大なインド諸国が広がり、東には最大の島ジパングがある。アフリカも南回帰線のはるか先まで続いていると言われている。ドン川の河口の彼方には、多数の人の住む土地が遠く北極海まで続いている。また、発見されたばかりのアメリカの地については、ヨーロッパ全体よりも大きいと言われている。したがって、緯度と経度の双方について、居住可能な地球の限界はさらに広いことを認めなければならないと結論すべきである。[31]

この問題について地理学的に可能な対処は三つあり、それぞれの答えがヴァルトゼーミュラーらの出版した書籍、地図、地球儀に示されていた。第一の可能性は『世界全図』の上で見たように両半球を描く方法であった。第二の可能性は、地図や解説書に添付するために印刷された地球儀のように、世界を個別の部分に分割する方法であった。第三の可能性は、周辺での陸地の歪みを最小限に抑えつつ、平らな地図の上に可能な限り多くの部分を示すことを目指した投影法を開発することであった。『世界全図』の上ではプトレマイオス図に立ち返り、第二投影法を再現することによって、これが実現されている。

プトレマイオスは『地理学』の中で、第一投影法よりも第二投影法が望ましいことを指摘しているが、これは第一投影法よりも描くのが難しいものの、第二投影法が「以前の地図よりもむしろ地球の形状に近く」、その結果「より優れている」からであった。[32] この第二投影法は、水平な緯線を円弧で、また垂直な経線を曲線で描くことによって、地球を球面的に見せたのであった。これにより地球を宇宙から眺め、眼には実際に半球が「見えている」ような印象を作り出したのである。正面から見ると、閲覧者は中心子午線を直線として認識し、他の子午線は中心子午線の両側に均等に配置され、東西に離れるに従ってしだいに湾曲度を増すようになっている。同様に子午線に直交する緯線は、実際に地球を一回りするように、同心円弧として描かれている。[33]

ヴァルトゼーミュラーらは地球を描くための最良のモデルとしてプトレマイオスの第二投影法を採用した

が、これには投影法ならびに地球の表面積を相当に修正することが必要であった。ヴァルトゼーミュラー図は、北から南まで、とりわけアフリカ沿岸からインド洋にかけての当時の探検旅行の成果を示すために、プトレマイオス図の緯線を北緯九〇度と南緯四〇度まで拡張した。これも特筆すべきことであったが、さらに革新的であったのは、ヴァルトゼーミュラー図がプトレマイオス図にとらわれることなく、東西の経線方向に拡張されたことであった。この地図にはプトレマイオス図のカナリア諸島を通る子午線が残っているものの、既知の世界の範囲はプトレマイオス時代の二倍になり、東経二七〇度と西経九〇度まで広がっている。これにより西の南北アメリカ、東のジパングまで描くことが可能になったが、最も遠い経線の限界ではひどく歪むこととなった。

プトレマイオス図に頼っても必ずしもうまくいくわけではなかったが、このような限界によって興味深い難問が提起される結果となった。ヴァルトゼーミュラーらは近代的な数学の方程式を用いて経緯網をプロットすることはできなかったため、彼らの解は一様でない不連続なものとなった。地図上の子午線が途中で分断され、特に最西端と最東端では、赤道から南へ続く滑らかな円弧でなくなったのはおそらくそのためと思われる（下段の左端および右端の木版では、地図の領域が小さすぎて滑らかな曲線の子午線を描くことができず、急激に角度を変える結果となったことも考えられる）。同様な問題点は南北アメリカの描画にも見ることができ、海岸線は角張っていて現実的ではない。最近まで、学者たちは、当時の人々がこれ以上正確に陸地を投影できないことを示しているにすぎないと考えていた。米国議会図書館の地理学・地図部門のジョン・ヘスラーによる最新の「地図測量」解析は、地図の地形描写を評価する計算手法を利用するものであるが、この解析によれば、地図上でこれらの領域がこのように見えるのは、地理情報の不足によるものではなく、プトレマイオスの第二投影法を部分的に適用して伸張したことで生じた深刻な歪みによるものであるという[34]。ヘスラーは、プトレマイオスの投影法による歪みを考慮するならば、地図上でのアメリカの表示、とりわけ西太平洋沿岸は驚くほど正確であることを示している。しかし、ヴァスコ・ヌーニェス・デ・バルボアがヨーロッパ人として初めて太平洋を見たのが一五一三年で、マゼランの太平洋横断が一五二〇年だが、この地図がそれ以前に作られたことを考えると、ヘスラーの主張はますます理解しがたい。ヘスラーの結論からすると、ギムナジウムは既に散逸してしまったが何がしかの地図情報や地理学的情報を入手していて、新大陸や大西洋の情報源については何らかの理由で沈黙を通したかった、ということになる。

地図中の解説文や添付の解説書においても、新しい土地の「発見」に関してギムナジウムの出版物に収められていた情報は、一般に流布していた既知の世界の古典的な理論と比べると、時代遅れの矛盾したものであった。ギムナジウムの成果は見事な出版物となったが、急展開した一五〇七年の世界が垣間見た断片にすぎない。世界地図、地球儀、解説書はそれぞれの視点で、変わりゆくこの世界を捉え理解する方法を提示したものであった。ヴァルトゼーミュラーが自負しているのは、この地図が「世界中に広まり、少なからず栄光と称賛を得た[35]」ことであった。

この地図が世界中に衝撃を与えたことは間違いないが、その評価は好悪相半ばしている。ヴァルトゼーミュラーはのちに、『世界全図』は一〇〇〇部印刷されたと述べている。これは当時としては異例の数字で、これほどまでに複雑な印刷物としては大部数であったことは間違いない。しかしながら、この地図の取得を示唆する記録は一件しか残っておらず、それも『世界全図』について言及したものであると断言することはできない。一五〇七年八月、ベネディクト会修道院の学者ヨハネス・トリテミウスは、「最近ストラスブールで印刷されたこぎれいな小型の地球儀と、スペインのアメリゴ・ヴェスプッチによって西の海に発見された島々と国々を含む大型の世界地図を同時に廉価で購入した[36]」と記している。これが『世界全図』だとしても、画期的な製作物だと称賛されているわけではなく、トリテミウスは安くて新しい地球儀に満足しているだけのようである。ペーター・アピアンが一五二〇年に製作した世界地図（大陸の発見を一四九七年と記している）を始めとして、他の地図製作者たちはこの地図を複製し、アメリカという名称を採用した。セバスチャン・ミュンスターは、一五三二年に自身が製作した世界地図では、この領域を「アメリカ」「新しい大地《テラ・ノヴァ》」と呼び、その後一五四〇年に製作した地図では「アメリカまたはブラジル島」と呼んでいる。ゲラルドゥス・メルカトルが大陸全体にこの名を適用したのは一五三八年のことであったが、一五六九年の有名な世界地図に新大陸を記したときにはこの名称を削除している（第7章参照）。この大陸を説明し、特定の帝国（一部の地図では新大陸は「新スペイン」と呼ばれていた）や宗教（別の地図では新大陸に「聖十字の地」と記されていた）に帰属することを避けるための名称を必要としていたドイツとオランダの地図製作者のおかげで、一六世紀末頃には、この名称はついに地理学的にも地名学的にも不動の地位を獲得したのである。最終的に、「アメリカ」という名称が残ったのは、発見者についての合意が得られたからではなく、政治的に最も許容しうる名称だったからであった。

ヴァルトゼーミュラー自身も「アメリカ」という名称の使用については考え直している。『宇宙誌学序説』と『世界全図』の出版後、ヴァルトゼーミュラーとリングマンはプトレマイオスの『地理学』の新版を完成させるプロジェクトを継続した。リングマンは一五一一年に亡くなったが、新版の製作はヴァルトゼーミュラーによって続けられ、ストラスブールの印刷工ヨハネス・スコットによって一五一三年に出版された（カラー口絵22）。ここでは、かつて「アメリカ」と記された領域は巨大な「未知の土地《テラ・インコグニタ》」となり、島と大陸の間のあいまいな状態に落ち着き、その後の航海でアジアとのつながりが再確定される場合に備えて、西海岸の存在ははっきりと否定された。地図からは「アメリカ」の名称が消されただけでなく、ヴェスプッチの名も消され、地図の説明書きには、「この陸地と隣接する島々はカスティーリャ国王の命を受けたジェノバのコロンブスによって発見された」と記されている。[37]

一五〇七年に出版された『宇宙誌学序説』に当初から「アメリカ」を記載することを決めた背景には、おそらくリングマンの強力な後押しがあったのであろう（リングマンは最初からヴェスプッチの『新世界』の編集に関わっており、その内容は議論の対象となったが、『宇宙誌学序説』の執筆に関しては彼が主たる責任を負った）。一五一一年にリングマンが亡くなったことによって、ヴァルトゼーミュラーは自身が確信を持てない領域の再現や命名の義務から解放されたのかもしれない[38]。しかし、これ以降の地図から「アメリカ」の表記を削除したヴァルトゼーミュラーの決定は、彼が参考にした『近年発見された土地』という紀行文集の出版に影響された可能性が高い。この紀行文集は一五〇七年にヴィチェンツァで出版されたが、『新・未知の土地』と訳されてドイツで出版されたのは一五〇八年のことであった。この本の登場は遅かったため、『世界全図』ではヴェスプッチによる発見の優先性を変更することはできなかったが、ヴァルトゼーミュラーはその後の地図では発見を年代順に記すことができた。この本では、一四九二年のコロンブスの第一回航海を最初の発見の時期とし、その後ペドロ・カブラルが一五〇〇年にブラジルに上陸し、ヴェスプッチの初上陸は一四九七年ではなく一五〇一年となっている[39]。ヴァルトゼーミュラーはその後の作品でもプトレマイオス図の地理学的枠組を利用し続けたようであるが、亡くなるまで（没年は不詳、一五二〇年から二一年の間）新しい情報が届けられるたびに注意深く紹介していた。皮肉なことに、ヴァルトゼーミュラーは一五〇七年の地図に「アメリカ」の名を記すことに最初に関わったものの、亡くなるときには名称や独立した大陸であるとする考えも明らかに撤回しており、一五〇七年の地図でさえも大陸を「島」と呼ぶことで選択の余地を残したのであった。

この地図には長い年月を経て再び「発見」の瞬間が訪れる。一九〇〇年夏、ドイツ・イエズス会の神父ヨゼフ・フィッシャーは、ヴァルトブルク・ヴォルフエック伯爵の許可を得てヴォルフエック城の古文書コレクションの調査を行った。城の保管庫を丹念に調べていたところ、ニュルンベルクの学者ヨハネス・シェーナー（一四七七―一五四七年）が所有していた一六世紀初期の古文書をまとめたポートフォリオを偶然発見した。この中には、ドイツの画家アルブレヒト・デューラーが描いた星図、シェーナーが製作した天球儀（いずれも一五一五年の作）、ヴァルトゼーミュラーが一五一六年に製作した世界地図、そして一五〇七年に製作された一二枚のシートからなる世界地図の現存する唯一の複製が含まれていた。これらの製作物の発見は興奮を禁じえないものばかりで、この四点が同時に発見されたことは地図製作史上最も重要な出来事の一つとなった。フィッシャーは、ルネサンス期の失われた偉大な地図の一つを発見したことを理解していた。彼はこれを題材とする学術論文を急遽発表し、これが『宇宙誌学序説』に記載されていた失われた地図で、しかも初版であると主張した。この論文に続いて直ちに、新たに発見された一五〇七年の地図と一五一六年の地図の写真複製版が、『ヴァルトゼーミュラー（ラテン語名：イラコミルス）の世界地図一五〇七年および一五一六年』と題されて一九〇三年に出版された。

ヴァルトゼーミュラーによる新大陸の最初の地図であるとしてフィッシャーは復刻したが、これが世界的に認められることはなかった。一九世紀後半には、特に北アメリカでは、富裕な慈善家たちがアメリカの歴史研究を国際的に評価される分野に発展させようとして、博物館や文化施設に基金を寄付し始めていたため、稀少本や古地図の来歴や真贋鑑定に関わる仕事は儲かるビジネスとなっていた。ジョン・カーター・ブラウン（一七九七―一八七四年）もそのような慈善家の一人で、熱心なコレクターでもあった彼は自身の名を冠した図書館を寄贈している。この図書館は現在、ブラウン大学（ロードアイランド州プロヴィデンス）附属の「アメリカ誌」研究の専門機関となっている。ブラウンが最も信頼を寄せたアドバイザーは、図書館の書籍や地図の購入責任者でもあったヘンリー・N・スティーブンスであった。一八九三年、スティーブンスはヴァルトゼーミュラーが製作した一五一三年版のプトレマイオス図の複製を入手した。ここに含まれていた世界地図は、一五一三年版プトレマイオス図の他の複製と何ら変わるところはなかったが、この地図にはとりわ

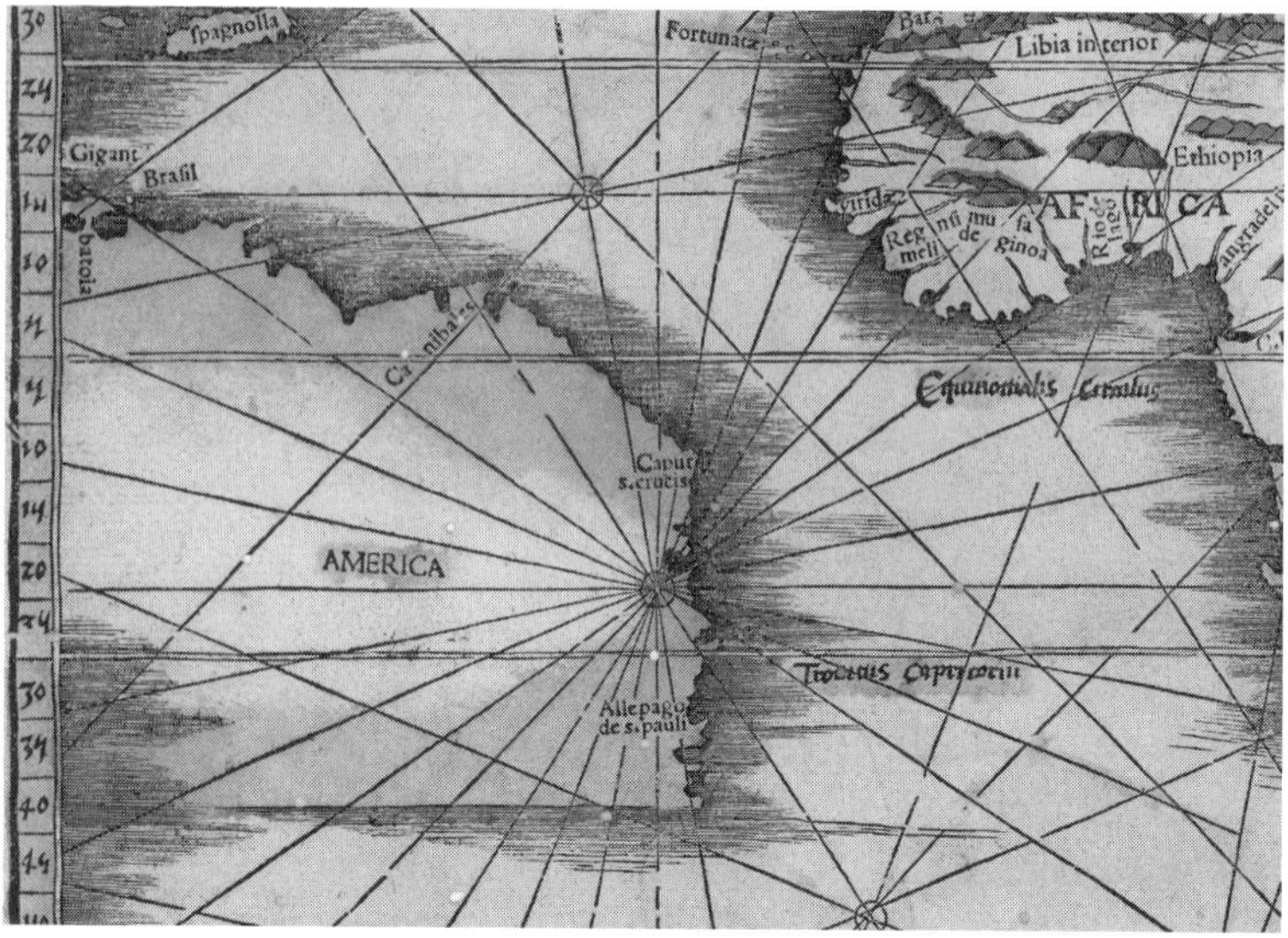

図17　ヘンリー・N・スティーブンスにより1506年製とされたヴァルトゼーミュラーの世界地図に描かれたアメリカの詳細

け重要な点が追加されていた。それは西半球の南の大陸に「アメリカ」の文字が刻まれている点であった。そのためスティーブンスは、これがヴァルトゼーミュラーによる一五〇六年製の地図であると確信したのである（カラー口絵23）。彼は、『宇宙誌学序説』の中でヴァルトゼーミュラーとリングマンが述べていた行方不明の世界地図を「発見した」ことを、暗に主張していたのであった。

ジョン・カーター・ブラウンにこの地図を一〇〇〇ポンドで売ろうとしていた（スティーブンスは図書館から五パーセントの手数料を得る立場にあった）ことから、スティーブンスの主張は偏ったものになっていた。一九〇一年春、スティーブンスは用紙、透かし、活字および地名研究の検討に基づいて、この地図の製作年を一五〇六年とした根拠を説明する報告書を提出した。彼は、この地図が一五一三年版のプトレマイオス図の複製に挿入されていたもので、一五〇五年から六年にかけてギムナジウム・ヴォージュが作業を進めていた推奨版のために試験的にデザインされたものであると結論した。図書館側はアメリカの名が記された最初の地図を購入するということで納得し、一九〇一年五月にこれを購入した。この地図は現在もこの図書館に収蔵されている。そのわずか六カ月後に、フィッシャーはヴォルフエックでの発見を公表し、直ちに「一五〇七年に作られたアメリカの名を記した最古の地図」と主張したのであった。スティーブンスは専門家としての面子を守るためにも、直ちに行動を起こさなければならなかった。彼は自身の入手した地図がフィッシャーのものよりも古いと断言していたにもかかわらず、ジョン・カーター・ブラウン図書館に連絡を取り、ヴォルフエックの地図の購入を支援すると申し出たのであった。彼はまた、この分野の様々な学者や学芸員を説得して、カーター・ブラウンに売却した地図がフィッシャーの発見した地図よりも古いことを主張する、一見公平に見える学術論文を書かせたのであった。スティーブンス自身は、「ドイツ人はこんな厄介なものを出さないで欲しい。発見しなければよかったものを[40]」と述べたことで、学者としての資質を疑われ、民族的偏見の持ち主であることが明らかになった。

二一世紀初めの末裔と全く同じように、当時のマックス・ヴァルトブルク・ヴォルフエック王子は、当初この地図の売却に乗り気になり、米国議会図書館に二〇万ドル（二〇〇三年の価値で四〇〇万ドル相当）の価格を提示する前に、一九一二年にこの地図をロンドンに送り、ロイズで六万五〇〇〇ポンドの保険をかけた。しかし、図書館側はこの申し出を断った。一九二八年になると、スティーブンスは「自分の」地図の優先性を再び主張するため論争に復帰し、著書の中でカーター・ブラウンの地図は一五〇六年に印刷されたと繰り返し主張した。これは、ヴァルトゼーミュラーやギムナジウム・ヴォージュの他の職員が書いた、「新たに発見された領域を描く世界地図が出版に向けて『急遽準備されている』」という書簡の解釈に基づくものであった。スティーブンスは「自分の」地図が印刷されたのは一五〇六年で、一二枚のシートからなる壮大な『世界全図』の直前であったと結論した。

その後の検討では、スティーブンスの結論については懐疑的であった。スティーブンスの地図が作られたときに使われた紙や活字が、一五四〇年頃に出版された書籍で使用されたものと同じであり、また、ギムナジウム・ヴォージュが一五〇六年に製作した地図がその後作られたと思われる『世界全図』よりも地理学的に正確であることはあり得ないと、複数の学者が指摘している。一九六六年、著名な地図歴史研究家R・A・スケルトンは、スティーブンスの地図が『世界全図』と同じ年に印刷された可能性はあると譲歩したが、用紙や活字その他の詳細項目を技術的に分析したとしても、正確な年代に関する論争を完全に解決することはできないであろうとした。しかし、一九八五年、学芸員エリザベス・ハリスがフィッシャーによって再発見されたヴォルフエックの地図について詳細な活字分析を行ったところ、最終的に事態は予想外の方向へ展開した。ハリスは地図の用紙、透かし、木版ブロックを調べたが、木版ブロックにはひび割れが認められた。これは通常、繰り返し印刷されたことを示す兆候で、文字には顕著なぶれが認められた。ハリスは、ヴォルフエックの地図は一五〇七年の初版印刷ではないとした。さらに、オリジナルの木版ブロックを使用しているものの、実際にはのちに印刷されたもので、早くても一五一六年、場合によってはさらにのちに印刷された可能性もあると結論した。[41]

　これが本当だとすると、ハリスの結論からは、『世界全図』の現存する唯一の複製は、実際にはオリジナルの木版ブロックの製作年から少なくとも九年後に印刷されたことになる。これは一五〇七年の最初の製作を必ずしも疑うものではないが、米国議会図書館が所有する地図が実際に印刷されたのが一五一六年頃であること、場合によってはスティーブンスの地図の初版印刷よりものちに印刷された可能性があることを意味した。このように、印刷された地図の場合には、印刷年代の後先や原本の新旧について主張はさらにわかりにくいものとなる。アメリカを最初に「発見」したのはコロンブスかヴェスプッチかという議論以上に、新大陸をアメリカと名づけたのはどちらの地図が先かという論争は詰まるところ解釈の問題となる。『世界全図』の木版ブロックの原版も初版の印刷物も失われているため、仮にこの地図の製作時期が一五〇六年あるいは七年に学術的に確定できないとしたら、ジョン・カーター・ブラウン図書館に所蔵されているスティーブンスの地図がアメリカを命名した「最初」の地図として優先されるのであろうか。ジョン・カーター・ブラウン図書館も米国議会図書館も、どちらの地図が先に作られたのかという点に関しては、施設としても、また財務的にも無関心ではいられない。米国の納税者は、国立図書館が取得費用一〇〇〇万ドルの半分に公的資金を費やした地図よりも、ロードアイランド州の私立図書館が一九〇一年にわずか一〇〇〇ドルで購入した別の地図のほうが古いものであることを知ったならば、おそらく納得しないであろう。

いわゆる一五〇七年のヴァルトゼーミュラー図は、それまでのマッパムンディとは全く異なるものを私たちに提示すると同時に、一五〇五年から七年にかけてサン＝ディエで作られて以来、この地図を特徴づけてきた「発見」をめぐる論争を巻き起こしてきた。これは地図製作の概念と地図製作者の考え方が大きく転換したことを示しており、その典型例はヨーロッパ・ルネサンス期の地図製作学に見ることができる。地図製作では、これまで以上に自信を持って古典的な地理学、とりわけプトレマイオスの地理学が利用されるようになったのである。地図製作は、全体として調和のとれた普遍的な地上と天空を記述する科学である宇宙誌学としての新たな役割を提示したのである。古典的な地理学を利用するだけではなく、ヴァルトゼーミュラー図のような地図は、航海上の大発見やプトレマイオス以前の人々には知られていなかった場所の探検を示す同時代の地図や海図を取り込んでいった。このような知識は徐々に蓄積されていったもので、それまでの地理学の考え方を打ち破る革新的なものではなかった。地図とその製作者は古典によって着想された世界に注意深く変更を加えていき、矛盾するような事実に遭遇したときには、新しいものを受け入れるのではなく、過去を拠り所とすることが多かったのである。

印刷の新時代には、ヴァルトゼーミュラーらは目の前に提示された探検や発見に関する、わずかばかりの情報に基づいて判断を下したのであった。一五〇七年に新たな領域を「アメリカ」と命名したのは、相当な条件付きの判断であって、コロンブスやヴェスプッチらによる「発見」というセンセーショナルではあるが未確認のニュースが流布したのも印刷機の力によるものであった。その後の出版物が最初の結論に疑問を投げかけたため、サン＝ディエの学者たちは大陸を島と呼び、その一部に与えられた名称さえも取り消したのである。

結局のところ、印刷は『世界全図』を始めとして、同じような多くの地図に対する考え方をすっかり変えてしまったのであった。それは、地図や書籍の正確な再現性、標準化、保存の可能性を高めたのも、著作権侵害、偽造、誤植といった懸念や、このような地図製作の実際の作業内容を説明する過程で、印刷工、植字工、組版工、編集者などの経済的な利害関係を生み出したのも、印刷だったからである。印刷によって地図製作には、中世の写本地図製作者の知らない全く新たな要素が導入されたため、写本筆記者や写本彩飾師が加わることもあったが、基本的には地図製作者だけが地図製作の責任を負ったのであった。これにより地図製作の工程に新しい階層の作業者が加わり、その結果、ヴァルトゼーミュラーやリングマンや特定の印刷工を地図の作者として特定することが事実上不可能となったのであった。印刷は、地理学的な起伏、陰影、記号や文字の描画など、地図の外観を変えた。印刷はまた、地図の目的をも変えた。地図は金銭と結びつくようになり、地図をヨーロッパの境界を越えて拡大する世界を理解するための道具とみなした人文主義学者の新しい学問に結びつくようになったのであった。

ヴァルトゼーミュラー図の歴史は多くの点で謎のままである。太平洋とアメリカの特徴的な楔形が描かれたことや、それが歴史の記録からすぐに姿を消したことまで、疑問は解き明かされていない。しかし、この地図が示唆しているのは、アメリカの起源や地図同士での時系列的な優位性を明らかにすることは妄想にすぎない、ということである。ある世界地図が作られる歴史的な瞬間には、その地図の起源に関する侵すべからざるアイデンティティではなく、全く異質な物語、競合する地図、様々な因習の衝突が明らかになる。起源は確実に存在するという考え方に対して、フランスの哲学者ミシェル・フーコーの批判主義であれば、『世界全図』の歴史は「学者の情熱、互いの嫌悪感、熱狂的で尽きることのない議論、競争心から生まれた科学的手法の正確さと真理に対する献身」[42]と同じである、と説明できるかもしれない。初期の印刷技術は流動的で複雑であったため、優れた学問的研究が長年にわたり行われてきたが、『世界全図』をアメリカの姿と名前を正しく記した「最初」の地図と呼べるのかどうか、確かなことはおそらくわからないであろう。

第6章――グローバリズム
ディオゴ・リベイロの世界地図　一五二九年

スペイン中央部トルデシリャス　一四九四年六月

一四九四年夏、カスティーリャ、ポルトガル両王国の代表団は、カスティーリャ（現在のスペイン）中央部バリャドリッド近郊の小さな町トルデシリャスに参集した。彼らの目的は、コロンブスが新世界発見の最初の航海から帰還した（一四九三年三月）のちに生じた、外交および地理学上の紛争を解決することにあった。ポルトガル人は一五世紀初頭からアフリカ沿岸を南下する航海を行っていたため、カスティーリャがポルトガルに対して領有範囲の境界を明確化するよう要求した頃には、まだよく知られていなかった大西洋にまで航海を行っていた。一四七九年のアルカソヴァス条約には、ポルトガルの影響力は「これまでに発見したすべての島々、あるいはカナリア諸島からギニアまで征服したことで、今後発見または領有されるその他すべての島々[1]」の領土にまで拡大されることが明記された。しかし、この条約はあいまいな妥協案であったため、一四九二年のコロンブスの発見が知れわたると、直ちに再評価が必要となった。カスティーリャとレオンの二つの王国を治めていたイザベル一世とその夫フェルナンド五世（アラゴン出身）は、新たに発見された領土に対する自国の主張を守るため、ローマ教皇アレクサンデル六世（バレンシア出身）に申し立てを行った。ポルトガル人は激怒したが、ローマ教皇は一四九三年に公布された一連の大勅書でこの申し立てを認め、ポルトガル国王ジョアン二世に新たな交渉の機会を設けることを促した。

その結果、一四九四年六月七日にトルデシリャス条約が調印された。ヨーロッパ人が世界の地理を規定するという、史上初にして最も尊大な議定書において、「北極から南極まで、前記大洋上に境界となる直線を画定し、これを描画する。この境界線はヴェルデ岬諸島の西三七〇レグア（訳注：時代や地域によっても異なるが、一レグアは約五・六キロメートル）の位置に直線で引かれるものとする」[2]ということで、両国は合意した。この境界線の西側はコロンブスが発見した土地を含め、すべてがカスティーリャの支配下に入り、東側はアフリカ沿岸とインド洋を含め、すべてがポルトガルに割りあてられた。二つの王国はその野望を世に知らしめるために、地図を用いて世界を二分したのであった。

両国が自国の勢力圏を画定するため実際に使用した地図は現存していないが、当時の多くの世界地図には、新たな合意に基づいてヴェルデ岬諸島の西に画定された経線が再現されていた。分割後、変化は直ちに表われた。スペインはこの好機に新世界への航海を推進し、一方、ポルトガルは自国の管理下にあった東回り航路から利益を得るにはインドを目指す必要があることを理解した。一四八五年、ポルトガル国王ジョアン二世は、「インド洋探検には自信があること」、また「有能な地理学者たちの言葉が真実であるならば、ルシタニア（訳注：ポルトガルの古称）人の海洋探検の範囲は、現時点ではインド洋に入って数日間航海した位置までにすぎないこと」[3]をローマ教皇インノケンティウス八世に報告している。ジョアン二世の発言は誇張されたきらいもあるが、一四八八年一二月にはポルトガル人航海士バルトロメウ・ディアスが六カ月間の航海を終えてリスボンへ帰還し、アフリカ沿岸を南下して喜望峰を周航した最初のヨーロッパ人となった。

このディアスの航海を記した最初の地図の一つが、一四八九年のヘンリクス・マルテルスの世界地図であった。ヘンリクス・マルテルスは、これまでの典型的なプトレマイオス図には必ず描かれていた枠を突き抜けてアフリカを描くことで、アフリカ南端が周航可能であることを示した（カラー口絵24）。ヴァルトゼーミュラーも一五〇七年に製作した地図では、このポルトガル人の航海の衝撃を伝えようとこれにならった。一四九〇年代後半にはインド洋まで航路が開かれたことと、境界線以西の太平洋へポルトガルが進出することを禁止するトルデシリャス条約の条項があったため、ジョアン二世の後継者マヌエル一世はインドへの到達を目指す探検を支援した。

このような探検の動機は布教活動にあるとされてきたが、彼らの関心事は歴史に名高い香料貿易に参入することにあった。一五世紀頃には、胡椒、ナツメグ、シナモン、クローブ、生姜、メース、樟脳、アンバーグリスは、東洋からヨーロッパへわずかながら入り始めていた。高価だが人気の高かった香料により、キリスト教国の宮廷ではエキゾチックなアラブのレシピを模倣するだけでなく、様々な実際の病や想像上の病を治療することや、多彩な香水や化粧品の原料を提供することが可能となった。一五世紀後半まで、ヨーロッパに入るあらゆる香料を支配していたのは、「東洋へのゲートウェイ」として名を馳せたヴェネチアであった。東南アジアで収穫された香料はインドの商人に買い取られ、いったんインド亜大陸に集積されたのちイスラムの商人に転売され、紅海を経由する船便でカイロやアレクサンドリアまで運ばれた。そこでヴェネチアの商人に売り渡された香料は本国へ運ばれ、ヨーロッパ中の商人に販売された。この貴重な商品には、生産地から数千キロメートルに及ぶ長い道のりといくつもの関税が課せられたため、ヨーロッパに届く頃には価格は高くなり、鮮度は低下していた。

一四九八年、インド南西岸カリカットにヴァスコ・ダ・ガマの艦隊が到着したが、これはヨーロッパとインド洋における商取引の勢力バランスを完全に覆す脅威となった。これまで香料などの贅沢品は、ヨーロッパとアジアとの間を陸路で、長い期間と高額な費用をかけて少量ずつ輸送されていたが、ヴァスコ・ダ・ガマが地元の商人たちとの取引に成功し、胡椒などの香料や各種の貴重な木材と宝石を満載して、喜望峰経由でリスボンに帰還したことで、海上輸送が陸上の貿易路に優ることが証明されたのであった。マヌエル一世は、ヴァスコ・ダ・ガマの成果がヨーロッパの帝国政治における自国の立場によるものであることを直ちに理解した。ヴァスコ・ダ・ガマの帰還後、マヌエル一世はカスティーリャ国王に宛てて、「いまかの地のムーア人たちに富をもたらしている巨額の貿易については、我々の取り決めに基づいて、他の人々を介在させることなく、両国の国民と船に委ねるべきであろう」と書き記した書簡を送っている。彼の書簡は「これからはヨーロッパのキリスト教国家はすべて、これらの香料や宝石を自らの手で大量に供給できるようにすべきである」[4]と結ばれていた。マヌエル一世は、カスティーリャに先んじてインドに到達した喜びを、キリスト教徒の団結という美辞麗句で包み隠したものの、ヴァスコ・ダ・ガマの航海から得られる利益をキリスト教国家の中で最初に享受するのはポルトガルであることを理解していた。

ヴァスコ・ダ・ガマの航海の知らせを聞いて、影が薄くなったと感じたのはカスティーリャだけではなかった。ヴェネチア人もまた香料貿易の支配に対する直接的な脅威として、この事実に戦慄を覚えたのであった。ヴェネチアの商人ジローラモ・プリウリは一五〇二年の日記に、「金で香料を買うために山を越えてヴェネチアにやってきていた人々は皆、自国に近く安価で買えるリスボンへ向かうだろう」と記している。プリウリは、「(オスマンの)スルタンの国とヴェネチアの街の間での関税や物品税によって、一ダカットの商品が六〇倍から一〇〇倍の価格になっていると言っても過言ではない」状況では、ヴェネチアに勝ち目はないことを理解していた。「したがって、ヴェネチアの街の没落は明らかであろう」[5]と彼は結論している。

このようなヴェネチア崩壊の予測は時期尚早であったが、ヴァスコ・ダ・ガマの航海とその後のインド航路の確立によって、ポルトガルの商船は毎年インドへ向けて航海するようになり、新興の世界経済を大きく変えることとなった。一六世紀半ばの絶頂期には、ポルトガル帝国は年間一五隻以上の船をアジアに派遣し、年平均二〇〇〇トンを超える船荷を積んで帰還させていたが、一六世紀末にはその数量はほぼ倍にまで膨れ上がった。ポルトガルの輸入品のほぼ九〇パーセントはインド亜大陸からの香料であったが、その香料の八

○パーセント以上を胡椒が占めていた。一五二〇年には、こうした輸入による収入は、インド洋一帯のポルトガル領地に出入りする交易品に課せられる関税収入を含まなかったにもかかわらず、ポルトガルの総収入のほぼ四〇パーセントに達した。[6] リスボンに流入した富とポルトガル王室の収入によって、ポルトガルはヨーロッパで最も裕福な帝国の一つへと変貌を遂げた。ポルトガルの富と権力は、領土を所有することによって得られたものではなく、帝国の中心から数千キロメートルも離れて構築された商取引ネットワークの戦略的な支配によって得られたものであった。領土の獲得と支配の上に構築された初期の帝国とは異なり、これは海の上に構築された新しい帝国の姿であった。

一五世紀後半を通じてポルトガルが開発した長距離航海のための数多くの技術革新がなかったならば、東南アジアのマーケットまでの定期船を仕立てることは危険極まりないものであったに違いない。このような風潮の中では、地理学情報を有していることがこれまで以上に貴重なこととなり、両国王は地図製作の機密を周到に保護したのであった。一五〇一年八月、香料貿易の支配をめぐってポルトガルのヴェネチアへの対抗意識が頂点に達した頃、カスティーリャ駐在のヴェネチア大使の秘書官であったアンジェロ・トレヴィサンは、ポルトガルで作られたインドの地図を入手することが困難であることを説いた書簡を、友人のドメニコ・マリピエッロに送っている。

私たちはリスボンの学者からの連絡を毎日心待ちにしています。その学者はかの地の駐在大使のもとを離れ、いまは私の要請に応じてカリカットから（ポルトガル船の）航海の簡単な説明を書き送ってきます。私はその写しを大使閣下に送るつもりでいます。国王はカリカットへの航海地図を外部へ流出させた者には死罪を課しているため、この地図を入手することは不可能です。

しかし、一カ月も経たないうちに、トレヴィサンはマリピエッロに全く別の内容の書簡を送っている。

私たちが生きてヴェネチアに帰ることができたならば、カリカットやその先までの地図を陛下にご覧いただくことができるでしょう。万事順調に進んでいることは保証しますが、いまそれを明らかにすることはできません。私たちがヴェネチアに着いたならば、多くの詳細が明らかになり、あたかもカリカットやその先まで旅をした感覚を味わえることだけは間違いありません。[7]

死刑に処することで流通を禁じているポルトガルの地図を、トレヴィサンは何らかの方法で入手できたのである。その地図はインドへ至るポルトガルの航路に関する極めて貴重な情報を提供するものであったが、それ以上にトレヴィサンは地図の無形の魔力に魅せられていた。それは地図を持つ者が頭の中に領土を描くことを可能にする能力であった。生命を脅かすような船旅の危険や数カ月に及ぶ困難に遭遇することなく、安全なヴェネチアの書斎に居ながらにして、実際にカリカットに行ったかのような疑似体験を可能にする力が地図にはあることを、トレヴィサンは言葉巧みにマリピエッロに伝えている。

このヴェネチア人がどのような地図を自国に密輸したのかは定かではないが、これはその後もポルトガルで発生した地図製作技術に関する同様のスパイ行為の一例にすぎない。「カンティーノ平面天球図」として知られる美しく彩飾された地図は、これを製作したポルトガルの名もなき地図製作者ではなく、これを盗み出したイタリア人にちなんで命名された（カラー口絵25）。一五〇二年秋、フェラーラ公爵エルコレ・デステは、サラブレッドの取引をするという名目で、召使のアルベルト・カンティーノをリスボンに派遣した。カンティーノはポルトガルの地図製作者に一二ダカットを支払って世界地図の製作を依頼した。この地図はリスボンから盗み出されるとフェラーラに送られ、エルコレ・デステの図書館に収められた。

この地図は北イタリアに現存し、モデナ市の旧エステ家居城の図書館に所蔵されている。一六世紀初めの地理学への知識の高まりを華麗な手描き彩飾に見ることができる。アメリカはまだ大陸とは認められておらず、フロリダ海岸の一部が、当時発見されたばかりのカリブ諸島よりも小さく描かれているだけであった。ブラジルも一五〇〇年にポルトガル人によって発見された東岸が描かれているものの、内陸ははっきりしていない。インドと極東は、一四九八年のヴァスコ・ダ・ガマによるカリカット上陸（当時としては比較的新しい出来事）に基づいて、漠然と描かれているだけである。地図では、ポルトガル王室にとって重要であったものが詳細に描かれている。西アフリカ、ブラジルおよびインドの貿易基地がそれに該当し、この新興世界で入手可能な生活必需品について解説した一連の説明文が追記されている。エルコレ・デステは、インドに到達するための航海情報を利用することには興味を示さなかった。フェラーラはあまりにも小さな街で周囲は陸地に閉ざされているため、海上を支配できるとは考えなかったのであった。彼は、敵対関係にあった王国や帝国の目の前で、一六世紀の世界の姿がどのような変貌をとげてきたのかを示す難解な知識を手に入れられることを誇示したかったのである。

西大西洋では、カンティーノ平面天球図はトルデシリャス条約の重要な核心部分を再現していた。それはカリブ諸島の東を通り、ブラジルを二分するように南北に走る垂直線であった。この分割線は、カンティーノ図のような平面的な地図の上に投影された場合には、十分に直線的なように見えるが、一つの重要な問題を巧妙に避けるものであった。ポルトガルは一六世紀初めにはさらに東方まで航海し、またカスティーリャは新世界をさらに奥深くまで突き進んでいったが、この分割線が地球を縦貫するとしたら裏側ではどこを通るのであろうか。平面的な地図は、このような政治的な対立を招く質問に答えずに済ますには好都合であったが、その後の出来事により、ヨーロッパの帝国も地図製作者も、壁に貼られる地図や卓上に広げられる地図のように平らなものではなく、球の上にすべてが投影されるものとして世界を想像し始めることが必要となるのであった。

一五一一年、ポルトガルは、モルッカ諸島近隣から到着する香料の一大集積地であった、マレーシア半島南端のマラッカを領有した。さらにポルトガルはモルッカ諸島を領有し、これにより香料貿易の世界支配が射程圏内に入ったことを実感した。そして、二年後の一五一三年には、カスティーリャの冒険家ヴァスコ・ヌーニェス・デ・バルボアは、現在の中央アメリカのダリエン地峡を踏破して、太平洋を発見した最初のヨーロッパ人となった。バルボアにとって太平洋の発見は、新世界のすべてがカスティーリャのものであると主張しうることを意味した。カスティーリャは、ダリエンから西に向かってどこまでが自国の領有圏内であると、主張できるのであろうか。トルデシリャス条約で引かれた境界線は、太平洋まで延ばしたときどこを通るのであろうか。一五一一年にマラッカを掌中に収めた後、ポルトガルは反対の方向から同じように自問した。ポルトガルの影響力は東のモルッカ諸島まで及ぶのであろうか。

ポルトガルは既にトルデシリャス条約に基づく領有範囲の境界まで到達していると考えた男は、王国で最も尊敬されている航海士の一人であった。男の名はフェルナン・デ・マガリャンイス（スペイン語・ポルトガル語読み）だが、英語読みのフェルディナンド・マゼランでよく知られている。マゼランは、一四八〇年北ポルトガルのポンテ・ダ・バルカに生まれ、一五〇五年ポルトガル艦隊に加わった。一五一一年、彼はポルトガルのマラッカ攻撃に参加したが、どこまでも東方に領土が続くというポルトガルの主張に疑問を抱き始めていた。マゼラン自身はその理由を述べていないが、後世の作家はうがちすぎた解釈をしている。マゼランが世界周航から帰還した後の一五二三年に、ハプスブルク家の顧問であった学者マクシミリアヌス・トランシルヴァーノは次のように記している。

フェルディナンド・マゼランは、ポルトガル艦隊の提督として東洋の海を長年航海してきた有名なポルトガル人であるが、四年前、彼自身に対して恩義にもとる行動をとった国王に異議を唱えた。……マラッカの経度は現在に至るまで不明であり、マラッカがポルトガルとカスティーリャの境界のどちらに属するのかは明確になっていないが、巨大湾（太平洋）と中国諸国はカスティーリャ領域内にあることは紛れもない事実である、と神聖ローマ皇帝（カール五世）に指摘したのである。モルッカ諸島と呼ばれる島々では、あらゆる種類の香料が育ち、マラッカへ供給されているが、マゼランはまた、モルッカ諸島が西のカスティーリャ側に帰属することは間違いなく、モルッカ諸島まで航海し、少ない労力と費用で現地からカスティーリャまで香料を持ち帰ることも可能であろうと主張した。[8]

カスティーリャ国王でもあったハプスブルク家出身の神聖ローマ皇帝カール五世の顧問として、世に知られていないマゼランとその主君の論争を誇張することは、トランシルヴァーノの利益にかなうことであった。一五一七年一〇月の時点では、確かにマゼランはモルッカ諸島に対するカスティーリャの主張の正当性を確信していた。彼はこのとき既に、カール五世に代わりモルッカ諸島を獲得する野心的な計画に基づいて、カスティーリャのために働いていた。

ヨーロッパ人による初期の偉大なる発見航海の中でも、マゼランによる初の世界周航は、その野心、期間、純然たる人間の忍耐力の強さの点において、コロンブスによる新世界への初航海やヴァスコ・ダ・ガマによるインドへの航海をもしのぐものであったが、これほど誤解されていたものはないであろう。そもそもマゼランが世界周航を目論んでいた証拠はどこにもない。彼が提案した探検は、東回りではなく西回りで航海することによって、喜望峰経由でインドネシア列島に向かう航路を支配しているポルトガルを出し抜くことを狙った計画的な商業航海であった。マゼランは、南アメリカ南端を周航し、太平洋を経由してモルッカ諸島まで航海する可能性を認識した最初の航海士として知られていた。マゼランは、自らの艦隊に香料を満載して南アメリカ経由で帰還し、モルッカ諸島がカスティーリャのものであることを確認し、より短期間でモルッカ諸島へ至る航路を確立することを望んだのであった。

カスティーリャ出身の聖ドミニコ会司祭バルトロメ・デ・ラス・カサス（一四八四―一五六六年）は、インディオに関する歴史書の著者でもあり、アメリカにおけるカスティーリャの冒険家たちの残虐な振る舞いを厳しく批判した人物だが、一五一八年春、出発前のマゼランとの会談の様子を回想している。ラス・カサスは、足が不自由な上に小柄で目立たないマゼランに格別の印象を感じなかったが、カスティーリャの主張に対する彼の確信の理由を知ることができた。セビリアに到着すると、「マゼランは世界全体を示す彩色の鮮やかな地球儀を持参し、その上で予定航路をたどってみせた」という。ラス・カサスはこう記している。

どのような航路をとる予定なのかとの問いに彼は、サンタマリア岬（ラ・プラタ川）の航路をとり、そこから海峡を見つけるまで南下すると答えている。私が「別の海へ抜ける海峡を見つけられなかったときはどうするのか」と尋ねると、彼はポルトガルがとった航路に従うと答えた。

おそらく計画のこの段階ではマゼランは、南アメリカの南端から太平洋へ抜ける海峡が見つけられなければ、喜望峰を経由して東へ向かうポルトガルの航路を探すつもりであるという公式見解を堅持したのであった。しかし、ラス・カサスはその辺の事情をよく理解していた。

マゼランと共に発見の航海に出たヴィチェンツァのピガフェッタというイタリア人が書いた書簡によれば、マゼランは海峡を発見できると確信していたという。それは、当時のポルトガル国王の宝物庫の中には、著名な航海士であり宇宙誌学者でもあったボヘミアのマーティンが作成した海図があり、そこには海峡が描かれているのをマゼラン自身が確認していたからであった。また、その海峡はカスティーリャ王国の統治権の範囲内にあったため、モルッカ諸島への新しい航路を発見するためにはカスティーリャ国王に仕えなければならなかった。

マゼランと共に航海したイタリア人アントニオ・ピガフェッタは、西に向かって航海すれば東洋に至ると決断できたのは、マゼランが「ボヘミアのマーティン」の地理学を参考にしたおかげであったと認めている。「ボヘミアのマーティン」とは、一四八〇年代にアフリカ沿岸を南下したポルトガルの航海に参加したと言われるドイツ出身の商人であり地球儀製作者でもあった、マルティン・ベハイムのことである。ラス・カサスやピガフェッタが考えていたようにベハイムが地図製作を行っていたとしても現存するものはないが、ベハイムは地図製作法の歴史にその名を記した製作物を残している。一四九二年、コロンブスが新世界目指して旅立つ直前に、ベハイムは唯一現存する地理学の作品を完成させている。それは地図でも海図でもなく、ベハイム自身が「大地のりんご《エルダプフェル》」と呼んだ、ヨーロッパ人の手による最古の地球儀であった（カラー口絵26）。古代ギリシャ以来、地図製作者は天を描く球体として天球儀を製作してきたが、ベハイムのそれは地球を描く球体であった。

ラス・カサスやピガフェッタは、マゼランがベハイムの地球儀に興味を抱いたのは、南大西洋と太平洋をつなぐ海峡が記されていたからであると理解していたが、ベハイムの地球儀を調べてもそのような海峡は描かれていない。[9] マゼランが見たのはベハイムが作った別の地図や海図で、その後散逸したか破棄された可能性もある。あるいはヨハネス・シェーナーなどのドイツ人宇宙誌学者によってその後作られた地球儀であったとも考えられる。マゼランがベハイムの地球儀を参考にしたのは、南アメリカを経由して東へ向かう航路を探すためではなく、地球儀によって地球の大きさが明らかになり、西回りで東へ向かう旅を着想できたためと考えるのがもっともらしい。カンティーノ平面天球図のような地図は、大西洋やインド洋を渡る航海の概略的なデータを航海士に提供したが、本質的に平面地図であったため、西半球と東半球を一つにまとめて大局的な姿で十分正確に映し出すことはできなかった。地球儀もほぼ同様で、航海の道具として使うことはできなかった。大きさが限られていたため、海上で航路を描くとなるとほとんど無用の長物であった。しかし、マゼランは航海士として、地球儀の球面投影によって、当時の地理学の常識にはなかった着想を得ることができたのであった。ポルトガルやカスティーリャの王子や外交官の多くは、平らな地図上で世界を思い描いており、西半球と東半球がつながっているという感覚は持っていなかったが、マゼランの計画した航海は彼が世界を一つの連続体として想像し始めていたことを示唆している。

ベハイムの地球儀には、マゼランを航海に駆り立てたと思われるもう一つの重要な側面があった。多くの同時代人と同様に、ベハイムはプトレマイオス図に従って世界を想像し続けた。ベハイムのアフリカ西岸および南岸の探検によって、ギリシャの地理学者プトレマイオスの地図は若干修正される結果となったが、ベハイムが直接得た知識はここで終わっている。ベハイムが基本的に行ったことは、地球の大きさとアフリカ大陸やアジア大陸の大きさについて、プトレマイオスの考えを再現したにすぎない。よく知られているように、プトレマイオスは地球の円周を実際の長さよりも六分の一ほど過小に見積もったが、逆に東南アジアの範囲は過大に見積もっている。アメリカや太平洋は全く認識されていなかったため、プトレマイオスによってアジアは過大に評価されていた。ベハイムが球の上に地形を描く際には、インド洋が陸地に囲まれているとしたプトレマイオスの誤りを修正したが、これは一四八八年のバルトロメウ・ディアスによる喜望峰周航によって明らかになったためで、アジアについてはプトレマイオス図に従って再現された。

平らな地図の上では、このような誇張もプトレマイオス図を見慣れている者にはさほど気にはならないが、ベハイムが作ったような地球儀の上に再現されると東半球の変わり様は劇的で、ポルトガル西岸と中国東岸の空間は経度にしてわずか一三〇度しかなかったのである。実際の距離は二倍ほどで、経度差は二三〇度もある。ベハイムの地球儀を見て、南アメリカ経由で航海すればモルッカ諸島まではポルトガルの航路よりも短い、とマゼランが確信したのは間違いない。世界史にマゼランの名声を残したものの、彼と同行の乗組員たちに悲運をもたらすことになったのは、この誤った地理学に基づいた判断ミスであった。[10]

一五一八年春、マゼランは航海の準備を行っていた。皇帝カール五世にも資金の貸付を行っていたドイツのフッガー家の財政支援により、マゼランは八〇〇万マラヴェディスを超える資金を得ており、これにより航海用の五隻の船に帆装、大砲、武器、食料を装備し、二三七名の乗組員への給与支払い（船員たちの月俸は一二〇〇マラヴェディスであった）も行った。[11]マゼランはまた、地理学に関するポルトガル人アドバイザーからなる強力なチームを組織している。その中には、経度計算の問題の解決を試みたことで有名な天文学者ルイ・ファレイロ、ポルトガルでは最も影響力があり尊敬されている二人の地図製作者ペドロ・レイネルとジョルジェ・レイネルの父子、航海での正式な海図製作者に任命された航海士ディオゴ・リベイロらが含まれていた。主任航海士に任命され、海図と航海計器の製作を担当したファレイロは、船上で使用される二〇点以上の地図を描いている。レイネル父子には、これまでポルトガルでの航海で得た実践的な知識が豊富にあり、一方リベイロは卓越した製図技術を有することで知られており、ありとあらゆる探検隊の地図の照合と製作を担ってきた。ポルトガル国王に雇われていたこの四人が全員離脱したことを考えるならば、彼らがセビリアにいた間、その動きをポルトガルの諜報員が探っていたとしても驚くにはあたらない。ポルトガル諜報員の一人アルバレツは、一五一九年六月ポルトガル国王に宛てた書簡の中で、新たな航海が計画されており、その中でかつて国王に仕えていた地図製作者たちが大きな役割を果たしていることを報告している。

予定されている航路は、サンルーカルから出帆して境界線を越えるまでブラジルを右にしてフリオ岬まで真っすぐ進み、そこからさらに西と北西に航海してマルコ諸島（訳注：モルッカ〔Moluccas〕諸島はポルトガル語ではマルコ〔Maluco〕諸島と呼ばれる）へ向かうというものでした。私が見たマルコの文字は息子のジョルジェ・レイネルがこの地で作った円形海図の上に記したもので、父親のペドロ・レイネルが来たときには未完成でしたが、彼はすべてを完成させるとモルッカ諸島と改めました。このモデルからディオゴ・リベイロのすべての海図が作られ、また特別な海図と地球儀も作られました。[12]

地理学ではなく諜報活動に長けていたアルバレツは書簡の中で、トルデシリャス条約の「境界線」を逸脱するマゼランの提案はポルトガルにとって計り知れない影響を与えるもので、マゼランの航海が成功した暁には、ポルトガルが支配している香料貿易に対する脅威となり、ヨーロッパにおける帝国政治勢力の世界地図が塗り替えられる可能性があることを明らかにしている。

マゼランの五隻の船と乗組員たちは一五一九年九月二〇日に、サンルーカル・デ・バラメーダ港を出港した。以後三年間の出来事は世界史に刻まれることとなる。長期にわたるマゼランの航海は、飢え、難破、反乱、政治的陰謀と殺人によって、たびたび中断を余儀なくされた。航海の最初から、カスティーリャの乗組員の多くは、ポルトガル出身のマゼランとモルッカ諸島を目指す彼の野心的な航路に対して、深い疑念を抱いていた。ポルトガルとカスティーリャ両国が確立した航路に従い、南アメリカ沿岸を南下するときには比較的問題は少なかったが、一五二〇年秋、マゼランは南アメリカ南端の海図に描かれていない海域に到達した。同年一一月、進むべき方向を探し迷いに迷った末、マゼランはいまも彼の名が残る海峡を抜け出し、ついに太平洋へ至る航路を発見した。

マゼランはこの新たな大洋に、「穏やかな海」という意味をこめて「太平洋《マール・パシフィコ》」と名づけた。これは当時の航海が穏やかであったことを証明するものであった。太平洋は、一億七〇〇〇万平方キロメートル弱の広さを有する世界最大の海洋で、全海面の五〇パーセント弱を占め、全地表の三二パーセントに相当する。一五二〇年には、当然のことながらマゼランには何の知識もなかったため、彼の航海を支えていたのはプトレマイオスとベハイムを根拠とする計算だけであった。マゼランの乗組員にとって、この計算ミスの結果は厄介なものとなり、あるときには致命傷となった。艦隊は南アメリカを離れ、海図に載っていない外洋を西に向かって航海を続けた。フィリピン西部の陸地を発見したのは、五カ月以上ものちの一五二一年春のことであった。同年四月、マゼランはマクタン島に上陸した。マゼランは現地の政争に巻き込まれ、島の部族長の一人に加勢することとなり、四月二七日には六〇名の武装部隊を率いて敵対する部族と戦闘状態に入った。多勢に無勢で、しかも三隻の船からは遠く離れていたため救援を得ることはできず、マゼランは武装部隊のリーダーとみなされて殺害された。

残された乗組員たちは衝撃を受け、狼狽し、船を出したが、次々と攻撃され壊滅的な打撃を負った。敵対部族は、マゼランの死によって乗組員たちが戦意を喪失したことを感じ取り、戦闘の勝利を確信していた。艦隊司令部の多くは死亡し、乗組員は一〇〇名ほどに激減した。損傷を免れた船は二隻だけとなったため、残された幹部たちは三隻の船隊を二つに分けた。バスク出身の航海士セバスティアン・エルカーノは、航海の初期に発生したマゼランへの反乱に加担した罪で投獄されていたにもかかわらず、ビクトリア号の指揮官に任命された。一五二一年一一月六日、生き残った二隻の船隊はついにモルッカ諸島に到達し、大量の胡椒、生姜、ナツメグ、白檀を満載することができた。モルッカ諸島のティドール島を離れる準備が整うと、アントニオ・ピガフェッタは航海日誌に基づいて計算を行い、この島の緯度は北緯二七分で、区分線から一六一度の経度、すなわちカスティーリャ王国側の半球の一九度内側であることを明らかにした[13]（カラー口絵27）。

ほぼ一年がかりで太平洋を横断し、二隻だけになってしまった艦隊の幹部たちは、どちらの航路を通ってカスティーリャに戻るかをめぐって二つに割れた。彼らは喜望峰を回り、史上初の世界周航を達成したのであろうか。それともマゼラン海峡を経由して、もと来た航路を戻ったのであろうか。トリニダード号はゴンサロ・ゴメス・デ・エスピノーサの指揮の下、太平洋を通る危険な航路を逆向きにたどることとなり、一方、エルカーノ率いるビクトリア号はアフリカの岬を目指す、という決定が下された。戻らずに突き進む怖さもあったが、インド洋と太平洋を経由して戻るのはもっと危険なように思われた。ビクトリア号は既にひどく損傷した状態にあったため、ポルトガルの監視船に捕捉される可能性が高かった。エルカーノが直ちに出港したのに対して、エスピノーサは自身が選択した航路については迷いがあった。そのためか、一五二二年五月、トリニダード号はポルトガル艦隊によって捕捉、破壊され、乗組員は投獄された。

一方、インド洋の反対側を航行していたビクトリア号は、見事にポルトガル艦隊を出し抜いて、はるばるヨーロッパまで帰還することができた。八カ月に及ぶ航海の末、一五二二年九月八日、ついにエルカーノと残された乗組員たちはセビリアに到着し、史上初の世界周航を成し遂げたのであった。マゼランは戦死し、五隻あった艦隊の四隻は失われた。三年前にカスティーリャ王国を出発した二三七名のうち、生還してこの驚くべき旅を物語ることができたのはわずか一八名であった。航海からの帰還を報告するためカール五世に宛てて書かれた最初の書簡で、エルカーノは「私たちは完全な球形の世界を回る航路を発見し、実際にたどってきました。すなわち、西を目指して進むことで、東から帰還したのです[14]」と述べている。

マゼラン探検隊の生存者が帰還した知らせはヨーロッパ中に広まった。ドイツのローマ教皇大使フランチェスコ・キエリカーティは、交友関係にあったマントヴァのイザベラ・デステに書簡を送っている。父親のエルコレ・デステ（盗まれたカンティーノ平面天球図を所有していた）に似て、イザベラはカスティーリャ王国による発見航海の顛末をしきりに知りたがったため、キエリカーティは嬉々としてその情報を提供した。イザベラに宛てた書簡の中で、アントニオ・ピガフェッタについては、「世界一素晴らしい驚くべきものを携えて帰還したため、いまや大金持ちです。彼はカスティーリャを出発した日から帰還の日までを書き綴った旅行記を携えていました。その内容は驚くべきものでした」と記している。キエリカーティは、モルッカ諸島までの航海を説明する中で、生き残った乗組員たちについても、「大金持ちになっただけでなく、もっと価値のある永遠の名声を得たのです。この偉業によって、アルゴ探検隊の冒険すらも影が薄くなったことは間違いありません[15]」と述べている。

キエリカーティやイザベラのように、古代ギリシャ・ローマの古典に精通しているルネサンス期イタリアの教養あるエリートにとって、この航海はまさに古代神話の大航海をもしのぐ偉業であったが、帝国間の熾烈な争いの中心にいたポルトガルやカスティーリャの外交官にとっては、その影響は現実的なものであった。航海での優先事項に関するエルカーノの説明は極めて明快であった。エルカーノは「数多くの肥沃な島々を発見した」と述べ、「とりわけバンダ島には生姜とナツメグが、ザッバ島には胡椒が、またティモール島には白檀が多く自生しているが、生姜に関してはどの島でも無尽蔵[16]」と報告している。ポルトガル人はこの報告に仰天した。一五二二年九月、ポルトガル国王ジョアン三世は、ポルトガル領の侵害行為にあたるとしてカスティーリャ当局に正式に抗議し、モルッカ諸島および周辺での商業貿易はポルトガルが独占的に行うことはカール五世も認めていると主張した。カール五世はこれを拒絶しただけでなく、トルデシリャス条約の条項に従いモルッカ諸島はカスティーリャの統治権内にあることを主張した。ポルトガルはこの主張を退け、今回の航海は条約違反であると断じ、モルッカ諸島はポルトガル側の半球内にあると反論した。カール五世は外交的な仲裁を仰ぐことを提案して再度反論したが、ポルトガルもこれに同意した。

カスティーリャの当初の外交的主張は、興味深いものではあったが、やや取りつくろった感のある「発見」の定義を中心に展開した。すなわち、仮にポルトガル船がマゼランの航海以前にモルッカ諸島を「発見していた」としても、法的にはポルトガル皇帝の所有物ではないこと、さらにマゼラン隊の乗組員は現地の支配者からカスティーリャ皇帝への忠誠の誓いを得ているが、これは新たに発見した土地の領有を主張する場合にカスティーリャ人が行っている基本的な手続きであることを、カール五世の外交団は主張したのであった。当然のことながら、ポルトガルはこれを法解釈上のこじつけであるとして退け、地理学に基づいてこれらの島々がカスティーリャの所有物であることを立証する責任はカスティーリャ側にあると論じた。さらに、議論が収束するまでは、カスティーリャはモルッカ諸島への艦隊派遣を控えるべきであるとも主張した。

一五二四年四月、両国は紛争の解決を目指して正式な交渉を行うことで合意した。両国は、グアディアナ川によって隔てられたエストレマデューラ地方の二つの街、バダホスとエルバシュ間の国境で接触した。代表団がこの地を訪れたのは一五二四年春のことであったが、彼らは課せられた任務の重大さを実感し始めていた。これは単純な国境紛争の解決ではなく、世界を二分する試みだったのである。カスティーリャ代表団は、自国の主張が通るならば、彼らの支配は北ヨーロッパから大西洋を越えて南北アメリカと太平洋にまで及ぶことを理解していた。ポルトガルにしてみれば、モルッカ諸島を失えば香料貿易で築きあげた独占体制が終焉を迎える恐れがあった。香料貿易は、ヨーロッパの外れに位置する貧しい孤立した王国を、一世代にも満たない短期間の間に、大陸で最も強大な力と富を有する国の一つに変身させたのであった。

紛争解決の鍵を握るのは地図であることは明らかだったが、当時のカスティーリャのある評論家は、地理学論争以外の形で相手を攻撃する抵抗運動があったことを記している。

交渉のため訪れたポルトガルのフランシス・デ・メロ、ディオゴ・ロペス・デ・セケイラらは、たまたまグアディアナ川のほとりを歩いていた。母親が洗った服の傍らに佇んでいた一人の少年がこう尋ねた。「皆さんは皇帝と一緒に世界を二つに分けた方々ですか」。彼らが「そうだ」と答えると、少年はシャツをたくし上げて裸の尻を突き出し、「ここへ来て、真ん中を通る境界線を引いてください」と言った。その後、バダホスの街では誰もがこの逸話を話題にして笑ったのである。[17]

これはポルトガル代表団を揶揄する下劣なジョークだが、おそらく作り話であろう。しかし、この話からわかるように、一六世紀初めには庶民も世界の地理学が変わりつつあることに気づきはじめていたようである。

マゼランの世界周航以前にも、地図や海図は航海術を向上させ、海外市場へのアクセスを容易にすることが理解されたため、最初はポルトガルが、続いてカスティーリャが、航海士の訓練と海洋探検に関わる地理学資料の照合を担う機関への資金提供を行った。ポルトガルのミナ・インド商務院《カーサ・ダ・ミナ・エ・インディア》（ミナは西アフリカ海岸、現在のガーナに位置する交易市場）は、西アフリカおよびインドでの交易と航海を規制するため一五世紀後半に設立された。また、一五〇三年、カスティーリャはこれにならって、セビリアに通商院《カーサ・デ・ラ・コントラタシオン》を設立した[18]。一五世紀のポルトガルの航海からわかったのは、大西洋の地図を作るには、天文学に関する知的理解と航海の実践的知識が不可欠だということであった。その結果、二つの機関は、航海士や海洋探検家から集めた経験的なデータと、教養のある宇宙誌学者から受け継がれてきた古典的な知識を統合することを目指した。アレクサンドリア、バグダード、さらにはシチリア島も、これまで地理学計算の拠点が形成されるのを目のあたりにしてきたが、これらの拠点はほとんどの場合、地理学の既存の知識をすべて総合して、最終的に世界がどのような姿をしているのかを確認する一つの地図を製作することを目指してきた。ポルトガルとカスティーリャの交易機関が製作した地図や海図は過去のものとは異なっていた。新発見は取り込まれるが、不明な部分は空白で放置してもよいとされ、その後の情報は更新される地図に取り込まれることを期待したのである。

ポルトガルとカスティーリャの両王国は、大西洋やアフリカ沿岸における領土問題や国境紛争の解決にこれらの地図を使い始めたため、法的な効力を獲得するようになった。トルデシリャス条約の条項に基づいて製作された地図は、教皇によって正式に認められ国際的な合意を得た条約の中で重要な役割を担っているため、両国が法的拘束力を有するものとして承認した公文書の一部とみなされた。このような地図によって、地図製作者や主計官でさえ見たこともなく訪れたこともない土地の紛争であっても、解決することができたのである。このような地図では、風聞や古典的な仮説ではなく、立証可能な長距離旅行の報告や記録に基づく、ある一定の新しい科学的客観性が要求される。このような要求は、以下に説明するようにいささか怪しげで、地図製作者やその支援者に有利となるものであったが、一方で、地図の地位を高めることを可能にした。初期の近代帝国は地図によって領土問題の解決を図ったが、その最たるものがモルッカ諸島をめぐるポルトガルとカスティーリャの紛争であった。

地図製作者とその地図の役割に対する認識が変わったことは、一五二四年春にバダホス―エルバシュにやってきた交渉団の顔ぶれからもうかがい知ることができた。ポルトガルの代表団は九名の外交官（ひどく中傷されたフランシス・デ・メロとディオゴ・ロペス・デ・セケイラを含む）と、三名の地図製作者、ロポ・オメム、ペドロ・レイネルとジョルジェ・レイネルの父子で構成されていた。カスティーリャの代表団は、ポルトガルを論破するべく、さらに多くの人員で構成されていた。両代表団が一堂に会したのは、ポルトガルによる東南アジアの香料貿易支配をめぐって過激な主張が展開されたためであったが、現地入りしたカスティーリャの代表団は、セバスティアン・エルカーノを始めとして、いずれも強烈な印象を与える九名の外交官と、ヨーロッパ中から集められた少なくとも五名の地理学顧問で構成されていた。通商院長官であったヴェネチア出身のセバスチャン・カボットも名を連ねていた。カボットはこの時代の偉大な海洋探検家の一人で、富裕なカスティーリャに忠誠を誓う前には英国のヘンリー七世に仕え、一四九七年にニューファンドランド島を発見したと言われている。代表団にはさらに、アメリゴ・ヴェスプッチの甥でフィレンツェ出身の地図製作者ジョバンニ・ヴェスプッチ、カスティーリャ出身の地図製作者アロンソ・デ・チャベスとヌーノ・ガルシアが加わっていた。ヌーノ・ガルシアは通商院前長官でもあり、マゼランの世界周航出発前には航海のための地図を数点製作している。カスティーリャ代表団の最後の一人はカスティーリャ人でもイタリア人でもない、ポルトガル出身のディオゴ・リベイロであった。[19]

カスティーリャ代表団の中で、最も素性がわからないのがディオゴ・リベイロである。一五世紀末、名もない家に生まれたリベイロは、ポルトガル艦隊に加わり、一六世紀初めにはインドまで航海し、間もなく航海士に昇格した。当時のポルトガルの地図製作者の多くがそうであったように、リベイロも学校ではなく海の上で海図を描く方法を学んだが、水路測量（航海を目的とした海の測量）と地図製作を行いつつ天文学と宇宙誌学の知識を吸収することができたのである。一五一八年には、既に述べたように、リベイロはセビリアでカスティーリャに仕えていたが、当時セビリアは海外進出の帝国的野望を抱くカスティーリャの中心地であり、通商院の本拠地でもあった。通商院には水路測量を一手に担う部署があったが、これは新世界やさらに遠方から帰還する艦隊からセビリアにもたらされる新しい海図の流入を規制するために設立された部署であった。リベイロは航海士としての成功により、王室から宇宙誌学者に任命されていたが、バダホス―エルバシュでの交渉にカスティーリャ代表団の顧問として参加したのも、その能力を買われてのことであった。[20]名家出身の同僚たちに比べれば無名の家柄の出であったにもかかわらず、その後五年以上にわたり、モルッカ諸島に対するカスティーリャの主張を支持するため最も力強い陳述を展開した。モルッカ諸島の歴史の方向性を変えるだけでなく、ルネサンス期における世界地理および地図製作の変革に貢献することになる、美しく科学的説得力のある一連の地図を製作したのもリベイロであった。

バダホス―エルバシュでの交渉に先立って、両帝国の代表団の間では数週間にわたり熾烈な諜報活動が展開された。ポルトガルは、セビリアでマゼランに仕えていたレイネル父子にポルトガル側に戻るよう、説得に成功していたため、代表団が到着すると、ペドロ・レイネルは、シマオ・フェルナンデスというポルトガル高官と同様に、三万レイスという破格の給与で「息子共々、皇帝に仕えるよう勧誘された」ことをポルトガル代表団の二人に告白したのである。[21]カスティーリャの歴史家バルトロメ・レオナルド・デ・アルヘンソーラは、著書『モルッカ諸島の征服』（一六〇九年）の中で、八〇年以上前の論争を回顧して、代表団に対して行ったカール五世の外交および地理に関する訓令を次のように要約している。

皇帝はこう力説した。数学による実証と当該分野を学んだ者の判断によって、モルッカ諸島に加えてマラッカやその先までもがカスティーリャ王国の領域内にあることが明らかになった。多くの宇宙誌学者や有能な船乗りたちの著作、とりわけポルトガル人であったマゼランの見解を、ポルトガルが反証するのは容易なことではない。……加えて、議論の前提となっている所有権条項は、宇宙誌学者によって書かれ広く認められている事実に異議を唱えるための口実にすぎない。[22]

この議論を解決するには、地図に組織的な細工を施すか、国情の違いを利用するか、古典的な地理学の権威を恣意的に適用するか、場合によっては賄賂を使うしかないことを、カスティーリャの代表団は理解していた。

四月一一日、ポルトガルとカスティーリャの国境を流れるカヤ川にかかる橋の上で、両代表団は一堂に会した。交渉はすぐに行き詰まった。ポルトガル側は、カスティーリャ代表団の中に二人のポルトガル人航海士、シモン・ド・アルカサバとエステバン・ゴメスが含まれていることに抗議したため、二人は直ちに交代させられることとなった。ポルトガル側はまた、カスティーリャの地理学顧問の人選について、とりわけ一人の人物について懸念を表明した。交渉が始まる前にポルトガル代表団の一人は、リスボンのジョアン三世国王に宛てた書簡の中で、カスティーリャの地理学者は取るに足らないが、一人だけは例外だと報告している。そこには「カスティーリャの航海士は信用できないが、リベイロは例外である」と記されていた。当時、モルッカ諸島の配置に関するリベイロの知識は、他の追随を許さなかったようであった。リベイロは両国の地理学上の主張を理解しており、マゼランの航海の前後にモルッカ諸島に関する情報を特別に入手することができたため、この論争では彼の果たす役割が決め手となるとして、明らかにポルトガルは恐れていた。

各代表団の正式な任命が承認されると、交渉は本格的に開始された。弁護士たちはどちらを原告とするのかをめぐって早くも行き詰まってしまったため、申し立て解決の鍵を握るのは地理学者であることは明白であった。双方ともトルデシリャス条約の条項を改めて確認することから議論を開始した。トルデシリャス条約で引かれた境界線はヴェルデ岬諸島の西三七〇レグアの位置にあった。この境界線は非公式な子午線を意味し、西側一八〇度まではすべてカスティーリャの領土で、東側一八〇度まではすべてポルトガルの領土とみなされた。しかし、モルッカ諸島の帰属が争点となったため、両者の議論は「三七〇レグアは（ヴェルデ岬諸島の）どの島から測るべきなのか」といった些細なことにまで及んだ。

これを受けて、両者は境界線の正確な位置を確定するため地図や地球儀を要求した。五月七日、ポルトガル代表団は「地球儀は地球の形をよく表わしており経線もあるが、空白だらけで海図と大差はない」と発言している。このときばかりは、カスティーリャ代表団もこれに同意し、「球体が好ましいからと言って、地図やその他の適切な機器を除外すべきではない[23]」と述べている。カスティーリャは自国の主張を支持するにはマゼランの航海に基づいて作られた地図が重要となるであろうと考えてはいたが、この段階では両者の考え方は極めてグローバルなものであった。当然のことながら、カスティーリャ側はヴェルデ岬諸島の最西端に位置するサント・アントン島から境界線の計算を行うことを主張したが、これによって太平洋で彼らの領有する部分は大きくなり、モルッカ諸島の領有も示唆したのであった。予想通りポルトガルは、ヴェルデ岬諸島の最東端のサル島かボア・ビスタ島を起点にして計算することを主張した。二点間の距離は三〇レグア未満であったため、モルッカ諸島がどちらに属するかに関しては決定的な差を生じさせるものではなかったが、この交渉が微妙なものであったことを物語っている。

両国は膠着状態に陥り、ここから先の交渉はもはや滑稽な足の引っ張り合いとなってしまった。検討すべく正式に提示された地図は、猛烈な批判を浴びたため、仕舞い込まれて再び陽の目を見ることはなかった。双方とも地図が不正に操作されていると主張したのである。議論の中に神が登場するのも一度や二度では済まなかった。議論が特に白熱し、答えるのが難しい問題に出くわすと疲労困憊を装って答えないこともあった。カスティーリャは境界線に関するポルトガルの主張に対して、「この問題を解決するには、真っさらな地球儀の上に海や陸地を描いていくのが最善の方法であろう」と応じた。両国は「手をこまねいているだけ」であったので、「境界線をどのように引くのであれ、モルッカ諸島がどちらに属するかを証明しうる」点において、少なくともこの方法は有効であった。最終的に、両国は手持ちの地図を開示することに同意した。彼らが地図の開示に消極的であった理由は明白である。航海に関する知識は細心の注意を払って秘匿しなければならない情報だったからである。しかも、地図を開示することによって、具体的な主張に関する利害関係が操作されることや、相手方の専門家によって地図の上での不正が暴かれる恐れもあったのである。

五月二三日、カスティーリャ代表団はモルッカ諸島まで航海したマゼラン隊の航路を示す地図を提示し、これによりモルッカ諸島は境界線から西側に経度が一五〇度離れており、カスティーリャ側の半球に三〇度入った位置にあると結論した。この地図の製作者は不明であるが、これ以前にモルッカ諸島を配した地図を描いたのは、カスティーリャ代表団の一人でマゼラン隊のオリジナル地図の描画にも関わったヌーノ・ガルシアと言われている。ガルシアは一五二二年に作られた地図の責任者で、この地図にはスマトラを二分する境界線が示されているが、これはセバスティアン・エルカーノが正しいと判断した位置を通っていた（カラー口絵28）。カスティーリャの紀行作家ピエトロ・マルティーレは、カスティーリャ代表団の中でもガルシアとリベイロを「熟練した航海士であり海図作りにも長けている」最も有能な地図製作者とみなしている。マルティーレは当時の交渉の様子を記録しているが、この二人の男によって「論争の焦点となっていたモルッカ諸島の位置を明確にするには、地球儀や地図やその他の機器が欠かせない」[24]ことが示されたと記している。

その日の午後、ポルトガル側がとった対応は、ヴェルデ岬諸島を含め重要な地点が誤って描かれていると して、この地図を拒絶することであった。それどころか彼らは「同様な地図を示したが、カスティーリャの地図とは全く異なり、モルッカ諸島はサル島やボア・ビスタ島から(東に)一三五度離れた場所に位置する」もので、この地図によれば、モルッカ諸島はポルトガル側の半球に四五度入った位置にあることになる。両国とも世界の半分を領有する権限を主張していたが、彼らの地理学の知識では、モルッカ諸島の位置は世界地図上で七〇度以上も離れてしまうのであった。彼らは依然として、ヴェルデ岬諸島を通る子午線の位置について合意できずにいたが、これによってその後の議論に大きな差が生じることはなかった。五日後、見解の相違の解消に向けて前進するためには地球儀が唯一の方法であることを、両代表団は認識した。その結果、「両国は全世界を示す地球儀を提示したが、地球儀の上では双方とも自国に都合よく距離を設定した」のであった。ポルトガルはほとんど根拠を示さないまま、モルッカ諸島が分割境界線の東一三七度、自国の領有圏内に四三度入った位置にあると推定した。カスティーリャは地球儀の推定に抜本的な見直しを行い、モルッカ諸島が境界線の東一八三度、すなわち自国の領有圏内に三度だけ入った位置にあると主張した。

カスティーリャは、まことしやかに、より複雑な科学的議論を追求した。最初、彼らは論争を解決するため、正確な経度の測定を主張した。一六世紀には、航海士はほとんど動かない北極星に基づいて測定を行うことで、かなり正確に緯度を計算することができた。インド洋や大西洋の外洋を横断する場合、あるいはアフリカやアメリカの沿岸を南下する場合には、東から西へ経線を越えて航海する際の固定的な基準点がなくてもさほど問題にはならない。しかしながら、世界の反対側の島々が議論の対象となっているときには、基準点がないことはかなり大きな問題となる。経度を計算する唯一の方法は、難解で信憑性に欠ける天体観測に基づくものであった。カスティーリャは、経度を計算するにあたってプトレマイオスの古典的な権威を引き合いに出して、「プトレマイオス図およびプトレマイオスによる解説と、香料諸島周辺の出身者によって最近明らかになった地図および解説とは類似しており」、結果的に「スマトラ、マラッカおよびモルッカ諸島は我が国の領有圏内にある」[25]と主張した。いまとなっては、マゼランがプトレマイオスの旧式な計算を用いたため、モルッカ諸島に対するカスティーリャの主張を誤って支持する結果となったことは誰の目にも明らかであった。距離の単位であるレグアの正確な測定値についても合意が得られなかったため、地球の円周を推定する試みも不正確なものとして却下された。カスティーリャによれば、特に海上で測定を行った場合には、「海流、潮の干満、船の速度低下など、レグアの正確な計算を狂わせ、妨げる数多くの障害が存在するため、この方法では相当な不確実性が生ずる」[26]という。

そこでカスティーリャは最後に巧妙な主張を行った。地球儀に沿って測定される角度の計算は平面的な地図によって歪められている、というのである。モルッカ諸島や東への航路に沿って位置する島々が平面上に配置され、レグア単位の距離が赤道上の経度に基づいて計算されているポルトガルの地図では、経度の数値に関しては正しく配置されていない、というのが彼らの主張であった。「赤道以外の緯線に沿った円周のレグア数がより小さくなることは、宇宙誌学では周知の事実」だったからである。この議論には真実も含まれていた。この時代の平面地図の多くには直角に交わる緯線と経線の格子が描かれていたが、経緯線は球に沿って湾曲しているため、一度の正確な長さを計算するためには、複雑な球面三角法が必要だったのである。そこで、カスティーリャは「地図を球体上に転写して描いたならば、経度はさらに大きな値になるであろう。平面から球面に移行する際に、円弧と弦の幾何学的比率から計算すると、各緯線の長さは赤道からの距離が増すにつれて急速に短くなるため、（ポルトガルの）地図上の経度の値は先ほどの航海士の証言した値よりもかなり大きくなる」[27]と結論したのである。

　しかし、このような球体に基づく議論も、何の効力を発揮することもなかった。双方とも譲歩する気はなかったのである。カスティーリャ側は交渉を終わるにあたり、共同で探検を行い、一度の長さや経度の正確な測定値について合意を得ることなくして、「モルッカ諸島が自国の領土内にあることを示し、相手方を納得させることは不可能である」ことを最終的に認めたのであった。[28]共同探検実現の見込みは全くなく、一五二四年六月、何も解決されることなく交渉は打ち切られることとなった。

　この交渉全体を通じて、ディオゴ・リベイロは個人的に指名されることはほとんどなかったが、カスティーリャの地理学的な主張の方向づけには深く関与した。カール五世はモルッカ諸島をめぐる外交的な手詰まりを艦隊派遣の好機と捉えると、リベイロをラ・コルーニャに送り込み、ポルトガルの香料独占に対抗するべく設立されたばかりの「香料の館《カーサ・デ・ラ・エスペシエリア》」の公式の地図製作者として活動させた。ポルトガルの諜報員は、ラ・コルーニャからリスボンの国王に宛てた書簡の中で、「ディオゴ・リベイロという名のポルトガル人がこの地で、インドへの航海のために航洋図、地球儀、世界地図、アストロラーベなどを製作している」[29]と報告している。バダホス―エルバシュでの交渉が失敗に終わったわずか五カ月後には、リベイロはモルッカ諸島により短期間で到達できる西回り航路を見つけるべく、カスティーリャの新艦隊に地図と海図を準備していた。新艦隊の指揮官であるポルトガル人エステバン・ゴメスは、フロリダ沿岸に太平洋に通じる海峡があることをマゼランは見落としたと信じていた。およそ一年にわたり航海を続け、この間ゴメスはケープ・ブレトン島に到達したが、ヌエバ・エスコシア（現在のカナダ、ノバ・スコシア州）でアメリカ原住民の一団を拉致した以外にはほとんど成果を残せぬまま、一五二五年八月ラ・コルーニャに帰還した。艦隊の帰還を歓迎すると、リベイロはアメリカ原住民の一人を家に連れ帰った。リベイロは後見人となって原住民に洗礼を施し、「ディエゴ」と名づけた。リベイロは慈善行為として、拉致されたディエゴを養子にしたのであろうか。それとも、新世界の地理について現地の知識を得るために利用したのであろうか。これは興味をそそられるものの、理解しがたい地図製作者の性格が垣間見える逸話である。

ゴメスの航海に刺激されて、リベイロは一連の世界地図を製作したが、これらの地図はモルッカ諸島に関するカスティーリャの主張を支持する説得力のあるものとなった（カラー口絵30）。一五二五年に完成した地図は、東南アジアにおけるカスティーリャの領土的野心を示す初期の草案とみることができる。四枚の羊皮紙の上に手描きされた地図は八二×二〇八センチメートルの大きさで、表題も説明書きもなく、地形の輪郭の多くはスケッチのようで未完成となっている。中国の海岸線は所々途切れており、紅海の北の輪郭は未完成で、ナイル川は描かれてもいないが、これらの領域はリベイロやカスティーリャの主計官にとっては関心外の領域であった。逆に、この地図に描かれた革新的な部分は、東と西の端に集中している。ヌエバ・エスコシアからフロリダに至る北アメリカの海岸線の内側には、かすかな手描き文字の説明文があり、「国王陛下の命により一五二五年、エステバン・ゴメスによって発見された土地」[30]と読むことができる。リベイロの地図上には、フロリダの海岸線に沿って、ゴメスの六カ所の新たな上陸地点すべてが入念に描かれている。[31]修正された東の海岸線は地図の他の部分よりも鮮明で明るく描かれているが、このことから、一五二五年の最後の数カ月間で地図を完成させるために、リベイロがゴメスの航海の成果を急いで取り込もうとしたことがうかがえる。

リベイロの新機軸は北アメリカの海岸線を新たに描いただけでは終わらなかった。地図の右下隅、西半球のモルッカ諸島の真下に位置するところには、天体観測に使用される船員用のアストロラーベが描かれている。リベイロは左下隅に、高度角と偏角の測定に使用する四分儀を描いている。アメリカの左側には非常に大きな円形の太陽赤緯表が描かれており、航海士が一年を通して太陽の位置を計算できるように暦も刻まれている。[32]これは初期の世界地図に見られた宗教的な図像や民族学的な図像の代わりに、海上で使用される航行器具を描き込んだ最初の地図であった。

　これがカスティーリャの海外における帝国支配政策の事実上のスケッチ図であるとしたならば、なぜリベイロは手間暇かけて科学機器を丹念に描き込んだのであろうか。その答えはモルッカ諸島の配置にあるように思われる。地図の東端に描かれたアストロラーベの直上には、「マルコ地方《プロビンシア・デ・マルコ》」と明瞭に記されているが、地図のもう一方の端となる西端にもこの文字は記されている。東ではアストロラーベにカスティーリャとポルトガルの国旗が掲げられているが、ポルトガル国旗はモルッカ諸島の西側に、一方カスティーリャ国旗は東側に配置されている。トルデシリャス条約で引かれた線はリベイロの地図のど真ん中を通っており、「リニア・デ・ラ・パルティシオン（境界線）」と記されているが、この境界線に従えば、アストロラーベの旗はモルッカ諸島がカスティーリャ側の半球内にあることを示している。この点を強調するかのように、リベイロは地図の西端にモルッカ諸島を再現し、競合する二つの帝国の旗を配置してカスティーリャの主張を重ねて表明しているのである。リベイロのアストロラーベ、四分儀、太陽赤緯表で象徴される科学は、カスティーリャの領土的野心を裏づけるに足るものである。つまり、技術的には複雑であっても、地図製作者がこのような科学機器に頼るならば、モルッカ諸島の位置は正しく表示されるに違いない、という主張である。リベイロはカスティーリャに仕える身として、モルッカ諸島をカスティーリャ側の半球内に配置した広範囲に及ぶ世界地図を編纂していたが、同時に宇宙誌学者として既知の世界を徐々に描き加えていくことに全力を傾け、ゴメスや同時代の探検家による地理学的発見も丹念に組み込んでいった。

　一五二六年一二月、カール五世はモルッカ諸島へ新たな探検隊の派遣を命じた。しかし彼は、ヨーロッパ、イベリア半島を越えて南北アメリカまで拡大した帝国を維持するためにも、またトルコと対峙するためにも、さらにはルター派との紛争に対処するためにも、緊急に資金を必要としていた。カール五世は、モルッカ諸島に対する権利を主張し続けることは、政策的にも財政的にも難しいと感じ始めていたため、艦隊の出港を前にして、モルッカ諸島に対する権利を売却する用意があることを表明した。この発言はカスティーリャ国民の不興を買った。王国議会《コルテス》は、カスティーリャの港を経由して香料貿易を行うことを望んでいたため、このような権利の売却には異を唱えたが、カール五世はさらに大きな問題に直面していた。彼はフランスやイングランドとの間でいつ起こるかわからない戦争に備えて資金を調達する必要があり、また一五二五年にポルトガル国王ジョアン三世に嫁いだ妹カタリナの持参金問題も解決しなければならなかった。ジョアン三世は、「球体」と題された一連のタペストリの製作を命じることでこの結婚を祝ったが、このタペストリは自身と王妃カタリナが支配する地球を描いたものであった。地球儀には、リスボンに位置するジョアン三世の王宮が描かれ、ポルトガルの領有権を示す国旗がアフリカとアジアの至るところにはためいていた。地球儀の最東端にはモルッカ諸島を確認することができるが、ここにもポルトガル国旗がはためいていた（カラー口絵29）。

ジョアン三世はカタリナと結婚したが、両国間の同盟関係をさらに強固なものにするため、翌一五二六年三月にはカタリナの兄カール五世はジョアン三世の妹イザベラと結婚した。義理の兄弟となったにもかかわらず、カール五世はモルッカ諸島の領有権になおも固執した。カール五世はローマ教皇大使バルダッサーレ・カスティリオーネに、モルッカ諸島が明確にカスティーリャ領内に描かれている一五二五年製作のディオゴ・リベイロの世界地図を贈った。カスティリオーネはローマ教皇大使としてよりも、宮廷における社交術を説いたルネサンス期の優れた模範書の一つである『宮廷人』の著者としてよく知られているが、この地図は彼にふさわしい贈り物であった。地理学を利用することで、両皇帝はそれぞれ明確なメッセージを発していた。両者は姻戚関係にあったものの、モルッカ諸島の領有権をめぐってはなおも見解の相違があった。

何らかの譲歩を示さなければポルトガルはモルッカ諸島を手放さないであろうことは、カール五世にもわかっていた。ジョアン三世のもとへ嫁いだ妹カタリナの持参金としてカール五世が認めたのはわずか二〇万ダカットの金貨だけであった（これとは対照的に、ジョアン三世は妹イザベラの持参金として九〇万クルザードを現金で支払っているが、持参金としてはヨーロッパ史上最高額であった）。そこで、カール五世は、モルッカ諸島の領有権がカスティーリャに渡った後、六年間モルッカ諸島へ無制限に航行できる権利をポルトガルに認める見返りに、二〇万ダカットの金貨の支払いを帳消しにすることを提案した。[33]あきれるほどの欲得ずくの提案であったが、ジョアン三世が言葉を濁すと、カール五世は英国との戦争を予期していたにもかかわらず、英国王ヘンリー八世に対してモルッカ諸島の領有権売却を持ちかけたことによって、事態は一層悪化した。セビリア在住の英国人商人ロバート・ソーンは、ヘンリー八世に対してこのような政治的にもつれた紛争には距離を置くことが賢明であると助言している。「モルッカ諸島の位置に関して、ポルトガルとスペインの宇宙誌学者や航海士は誰もが、自国の意向を押し通そうとしています。スペイン人はモルッカ諸島を皇帝（カール五世）のものとすべく、さらに東に位置すると主張するのに対して、ポルトガル人は自国の管轄圏内にあるようにするため、さらに西寄りに位置すると主張しています[34]」とソーンは伝えている。ヘンリー八世はモルッカ諸島への興味を明確に否定した。カール五世は、モルッカ諸島をめぐり義兄との軋轢を増すことはジョアン三世の本意ではない、という考えに賭けるしかなかったが、彼の考えは正しかった。一五二九年初め、両国はサラゴサ条約を締結することで合意し、ついに領有権問題は決着することとなる。

　このような策謀が続く中で、リベイロはモルッカ諸島に対するカスティーリャの領有権を支持する、より説得力のある地図製作学的な声明を提示するため、一五二五年製の地図の書き直し作業に着手した。一五二七年、リベイロは一五二五年製の地図に忠実に基づいた第二の手描き地図を完成させたが、前作よりもわずかに大きく、さらに詳細で芸術性の高いものに仕上げられた。この地図の上端と下端に記された、『これまでの世界中のあらゆる発見を含む世界地図。国王陛下の宇宙誌学者が一五二七年にセビリアで製作』という正式な題名から、作者のスケールの大きな地理学的な野心を読み取ることができる。一五二五年製の地図に残されていた空白を埋めただけでなく、リベイロは一連の説明書きをつけ加えている。その多くは科学機器の機能を説明したものであるが、モルッカ諸島の東南にはこの島々に対するカスティーリャの領有権を再度宣言する説明文があり、「これらの島々とモルッカ地域は、一五二〇年、一五二一年および一五二二年に行われた航海でモルッカ諸島および世界周航から帰還した最初の船の船長であった、ファン・セバスティアン・エルカーノの意見と判断に基づいてこの経度に配置された」[35]と記されている。モルッカ諸島の位置はエルカーノの計算によるとして直接的な拠り所を示したが、これはまた、モルッカ諸島をかなり東寄りに配置することに対するリベイロ自身の不安の表われでもあった。しかし、リベイロの一五二七年の世界地図は、モルッカ諸島に対するカスティーリャの主張を支持する、より説得力のある証拠を提示することを明確に意図して作られた。

一五二九年四月、ポルトガルとカスティーリャの代表団は、モルッカ諸島をめぐる交渉を再開するためサラゴサの街に再び招集された。一五二四年にバダホス—エルバシュで行われた法律的および地理学的な観点からの激しい論戦の末、独断的な議論はかなり期待外れの結果に終わった。一五二八年初め、フランスとの戦争にまさに突入しようとしているときに、カール五世はポルトガルへ大使を派遣し、モルッカ諸島をめぐる紛争の早期和解の見返りに、これから起こる軍事衝突では中立を保つように提案したのであった。一五二九年初めには、大使により和解の条項は合意に至った。サラゴサ条約は最終的に、一五二九年四月二三日カスティーリャによって批准され、八週間後ポルトガルによって批准されたが、これによりカール五世は相当な経済的補償を得る見返りとしてモルッカ諸島に対する領有権を放棄し、この領域でのカスティーリャ人による交易は処罰されることとなった。

この条約の条項によれば、カール五世は「本日より未来永劫にわたり、前記ポルトガル国王、およびポルトガル王国のすべての王位継承者に対して、モルッカ諸島に対するあらゆる権利、行為、支配、所有、占有、準占有、ならびにモルッカ諸島への航海、通行および交易に関する権利のすべてを売りわたす」ことに同意した。その見返りとして、ポルトガルはカスティーリャに三五万ダカットの金貨を支払うことに同意した。しかし、カール五世はまた、いつでも領有権を買い戻せる権利を留保することを主張した。全額を一括返済することによってそれは可能であったが、バダホス―エルバシュで未解決のまま残されている地理学的配置の問題を解決するためには、新たな交渉団を任命する必要があった。カール五世にとって、これは体面を保つための賢明な留保策であった。この条項が行使される可能性は低かったが、これによって自国の主張は正しいとするカスティーリャの偽りの信念を維持することができた。

両国は、正確な距離の測定ではなく、バダホス―エルバシュで地理学者によって作られた地理学的なレトリックに基づいた標準的な地図を作るべきであるとの判断を下した。その地図の上では、「境界線は北極から南極まで、モルッカ諸島から東北東に一九度離れた位置を通る半円によって画定される必要があり、その値は赤道上では約一七度に相当し、モルッカ諸島の東二九七・五レグアの位置」[36]となった。六年にわたる交渉の末、ポルトガルとカスティーリャは、モルッカ諸島を世界地図のどこに配置するかでついに合意するに至った。地球が丸いことを考慮して、境界線は地球を正確に一周するように描かれた。境界線は、西半球ではヴェルデ岬諸島を通り、地球を正確に一周してモルッカ諸島の東一七度（距離にして二九七・五レグア）の「ラス・ヴェラス（Las Velas）島とサント・トーム（Santo Thome）島」（訳注：条約に記されているこの二つの島は特定されていない）を通るため、モルッカ諸島は確かにポルトガル側の半球内に位置することとなった。

条約では、前例がなかったが、地図の使用が法的に認められた。カスティーリャ人もポルトガル人も地球全体の大きさを初めて認識したのであった。また彼らは地図を、普遍的な政治的解決を維持しうる、法的拘束力を有する文書と規定した。この条約には、モルッカ諸島の新たな位置を正式に記した同一の地図を両国で製作すべきことが明記されている。さらに、「双方が地図を保持し、今後は前述の境界線が指定された点と位置に固定されるよう、地図には両国君主が署名し、国印を押印するものとする」と明記されている。これには国王の承認印以上の意味があり、地図は不変的な客観性を有する物であり、政治的な意見を異にする者同士での意思疎通の手段でもあることを認識する方法であった。地図は変化する情報を取り込んで記録として再現することが可能で、これによって相手国は相違点を解消することができた。この条約の条項では、合意による地図は「前述の皇帝およびカスティーリャ国王の臣下がモルッカ諸島の位置として定めた地点を示すものであり、本契約期間中はこの場所に位置するとみなされるものとする」[37]と結論された。かくしてこの地図によって、以後いかなる外交的あるいは政治的理由が生じようとも、少なくとも双方が異議を唱えて再配置の決定を下すまでは、両国はモルッカ諸島の位置を認めざるをえなくなった。

この条約に基づく公式の地図は現存していない。現存するのは別の地図で、この条約が最終的に批准されると同時に完成された。それはリベイロが三番目に製作した世界地図の確定版とも呼べるもので、「これまでの世界中のあらゆる発見を含む世界地図。国王陛下の宇宙誌学者ディオゴ・リベイロが一五二九年に製作。一四九四年トルデシリャスにおいて、スペイン国王とポルトガル国王ジョアンとの間で取り交わされた合意事項に基づいて二分されている」という説明書きが付されている（カラー口絵31）。一五二五年に作られたリベイロの最初の作品をベースにした地図であることは間違いないが、サイズがやや大きくなり（八五×二〇四センチメートル）、高価な上質羊皮紙の上に詳細に描かれ、多くの説明書きが付されていることから、これは、モルッカ諸島に対するカスティーリャの主張を外国の高官に理解させることを意図した、提示のための複製であったことがわかる。島々の位置もエルカーノの航海に関する説明書きも一五二七年の地図と全く変わっていない。アメリカ西海岸とモルッカ諸島との距離は大幅に過小評価されたため、経度差は一三四度しかない。島々はトルデシリャス条約に基づく境界線の西側一七二度三〇分の位置、すなわちカスティーリャの領有圏内に七度三〇分入った位置に描かれている。[38] 大西洋と太平洋を往復する交易船も描かれ、「モルッカ諸島へ行く」あるいは「モルッカ諸島から帰る」という説明も添えられている。一見すると単なる地図の装飾のようでもあるが、これらはカスティーリャの領有権主張を支持する役割を果たしている。[39]地図上ではモルッカ諸島は広い範囲に分布しているが、リベイロの初期の地図に見られた外交論争の火種となるような標識の多くは消去されている。地図の東端と西端にあったカスティーリャとポルトガルの国旗も消えており、地図のタイトルではっきりと言及しているにもかかわらず、トルデシリャス条約の境界線も消えている。

　この地図は、七年にわたりモルッカ諸島の領有権を主張してきたカスティーリャの、最後の断固たる声明のようにも見える。モルッカ諸島の領有権主張を放棄するというカール五世の決定は、カスティーリャのエリート層の間では不評だった。リベイロの地図は、モルッカ諸島の支配権をより明確にするために領有権主張を取り下げるというカール五世の戦略に異を唱える人々による、最後の抵抗だったのであろうか。それとも地図の完成は、カール五世がサラゴサ条約の条項に基づいてモルッカ諸島の権利を放棄する、と同意したときには遅すぎたのであろうか。そうとも考えられるが、地図下端の装飾的な凡例は別の可能性を示唆している。ライバル同士であったカスティーリャとポルトガルの国旗の右側に、リベイロは教皇の紋章を配置している。現在、この地図はローマのバチカン図書館に収蔵されているが、教皇の紋章はこの地図がある特別な時期に呼応して作られたことを示唆している可能性がある。一五三〇年二月、ボローニャにおいてローマ教皇クレメンス七世より神聖ローマ皇帝の戴冠を受けるため、皇帝カール五世は一五二九年から三〇年の冬にかけてイタリアへ赴いている。[40]この地図は、皇帝の望む世界像で教皇の権威に圧力をかける目的で描かれたようである。トルデシリャス条約は一四九四年に教皇の権威によって承認されたものであったが、一五二九年にはカスティーリャとポルトガルの権力は強大なものとなっていたため、教皇の意見に耳を傾けることはほぼ皆無であった。カール五世が神聖ローマ皇帝の戴冠を受けるためイタリアまで赴いたのは、戴冠を世間に知らしめるための儀礼的な理由だとしても、実際に教皇の承認を得ることが必要だったからである。教皇の紋章をあしらった世界地図を献上したことで、モルッカ諸島の命運を左右する国際政治の重大な決断において教皇の権威がないがしろにされている、という懸念はやわらげられた可能性はある。しかし、そのような懸念をローマ教皇クレメンス七世に抱かせたのはカール五世であって、キリスト教世界で最も強大な支配者となったポルトガル国王ではなかった。ちょうど二年前、クレメンス七世がカール五世の最大のライバルであったフランス国王フランソワ一世に政治的な忠誠を誓うと、カール五世はカスティーリャの軍勢にローマを破壊するよう命じた。外交上の理由から、皇帝はモルッカ諸島に対する領有権の主張を放棄したが、リベイロの地図は外交要件にはお構いなく、モルッカ諸島の位置に関してはカスティーリャ代表団の信念を再現していたのである。これはカール五世の考える世界像を謙虚な教皇に示すためだったのであろうか。

リベイロの最後の地図は、サラゴサの交渉の席で必要とされることはなかったが、モルッカ諸島の領有権に関するカスティーリャの現状を包括的に要約して示すと同時に、実際の地理を巧みに操るリベイロの卓越した技能を証明するものでもあった。ただし、リベイロ自身も、いずれは細部の誤りが明らかになることはありうると感じていたに違いない。将来的にカスティーリャ当局がモルッカ諸島に対する領有権の復活を望んだ場合には、この地図を利用することは可能であった。実際にリベイロの世界地図が印刷されることはなく、手書きの状態で保持されたが、これは政治的な配慮の証でもあった。この地図を印刷してしまえば予見しうる将来に対してカスティーリャの領有権の範囲を限定することになるが、手書きの状態に留めておけば、モルッカ諸島をどこか別の場所に配置せざるを得なくなった場合にもカスティーリャの領有権主張を支持するための修正は容易に行えるのである。カスティーリャが実際に領有権主張を再開していたならば、おそらくリベイロの地図はさらに多くの不朽の名声を手に入れていたであろう。実際には、カール五世の関心事はモルッカ諸島ではなくなったため、リベイロは第二の故郷であるセビリアに戻り、時代遅れになりつつあった航法計器の発明にいそしんだ。

リベイロは一五三三年八月一六日セビリアで没した。一五二五年から二九年にかけて彼が製作した一連の世界地図の重要性は現在でも揺らいではいない。ヴァルトゼーミュラー図がそうであったように、リベイロの世界地図の革新性は、直ちに若い地図製作者たちに受け継がれていった。彼らは海外からヨーロッパにもたらされた数多くの旅行記や海図をまとめ上げたが、このような発見に関して二〇年以上にわたり重要な役割を果たしてきたのは、ヴァルトゼーミュラーとリベイロであった。ポルトガル出身の宇宙誌学者リベイロの影響力の大きさは、ルネサンス期の最も象徴的な絵画作品の中にも見ることができる。リベイロが亡くなった年に描かれたハンス・ホルバインの『大使たち』もその一つである。

ホルバインがロンドンの宮廷で『大使たち』を描いたのは、ヘンリー八世がアン・ブーリンとの結婚とローマ教皇庁との断絶という重大な決断を下す直前のことであった。ここには、フランス大使ジャン・ド・ダントヴィユとラヴール司教のジョルジュ・ド・セルヴという二人の人物が描かれている。構図の中央に位置するテーブル上の品々は、ルネサンス期ヨーロッパのエリート層の重大関心事であった政治・宗教の問題に関する倫理的な隠喩となっている。下の棚には商人のための算術手引書、壊れたリュート、ルター派の讃美歌集が描かれており、これらは当時の営利事業や宗教上の争いを象徴している。棚の隅には地球儀が置かれているが、マゼランの世界周航以降に流通するようになったものの一つである。目を凝らしてみると地球儀の西半球には、一四九四年にトルデシリャスで承認された境界線を見ることができる。ただし、東半球はもどかしいことに影に隠されているため、この境界線が東半球のどこを通っているのかを見ることはできないが、ホルバインが使用した地球儀は、ドイツの地理学者で数学者のヨハネス・シェーナーが一五二〇年代後半に製作したものであることがわかっている。地球儀自体は失われてしまったが、地球儀を作るために印刷された細長い紡錘形の地図は現存しており、ホルバインの絵に描かれた地球儀と一致している。この地図によって、一五二三年のマゼランの世界周航の航路が明らかになり、さらに、モルッカ諸島はリベイロが描いたと

図18　ハンス・ホルバイン『大使たち』（1533年）の部分拡大

おり、カスティーリャ側の半球内に配置されていることがはっきりとわかる。

　ホルバインの絵画には、リベイロの地図に似て、宗教的権威よりも先に地球儀や科学機器あるいは商取引の教科書が描かれていたが、これらは一六世紀前半に始まった長距離旅行、科学的知識、宗教上の対立、帝国の混乱の結果として、ヨーロッパに変化が起こりつつあることを証明するものであった。ド・ダントヴィユとド・セルヴのような著名な人物を二人描く場合には、両者の間には伝統的に祭壇画や聖母マリア像のような信仰心の対象が描かれてきた。ホルバインの絵画では、宗教的信仰の中心となる権威ではなく、見る者の注意を引くようにテーブル狭しと並べられた世俗的な品々に置き換えられている。これは、過去の宗教的確信と、急速に変化する当時の政治的、学問的および経済的高揚との狭間で捉えられた、過渡期の世界である。宗教は文字通り脇に追いやられ、銀の十字架の一部が左上隅のカーテンのうしろにかろうじて描かれているだけである。国家が対立し国際外交が重視される新しい世界の関心事は宗教ではなかった。この世界を動かしているのは宗教的正当主義ではなく、帝国の営利を追求する規範であった。[41]

二人のフランス大使による一種の外交交渉や、一五二〇年代にモルッカ諸島の領有権をめぐって争ったカスティーリャとポルトガルの外交官による交渉では、地球儀はあまりにも小さすぎたため全く役に立たなかった。大きく拡張された世界を理解するために必要だったのは、地球儀ではなくリベイロが製作したような地図であった。人の住む世界だけが重要視されるギリシャの世界観とは反対に、地球全体をあらゆる方向から大局的に示す地図であった。地球儀とは異なり、平面的な地図には必ず中心部と周辺部が含まれる。ポルトガルとカスティーリャがモルッカ諸島をめぐって世界の頂点に立つべく争ったため、リベイロは彼らの具体的な関心事に従って分割することができる対象物を提供した。この地図は平面的ではあったが、その設計思想は球を意識したものであった。

一六世紀初頭の世界を生きた人々の多くにとって、モルッカ諸島をめぐる論争は全く意味のないものであった。それは競合関係にあった二つの帝国の間での政治論争であって、多くの庶民やその日常生活にはほとんど無縁の出来事であった。地球規模の紛争に関わっていた人々ですら、セビリアやリスボンから一歩も出ることなく地図や地球儀の上に境界線を引いて地球の反対側の世界の分割を議論していたわけで、イスラム教徒やキリスト教徒やヒンズー教徒が、あるいは中国人航海士やインド洋と太平洋をまたにかけて交易を行う商人たちが、宗教や立場を問わずに海上活動を続けていた現実を知る由もなかったのである。ポルトガルやカスティーリャが主張したような、自国から数千キロメートルも離れた土地の領有権の独占は維持できないことがやがて明らかになるのであった。しかしながら、ポルトガルとカスティーリャに始まり、続いてオランダやイングランドなどの西ヨーロッパの帝国による行為、すなわち地図や地球儀の上に境界線を引いて、帝国の封建領主と目される人物が訪れたこともない土地の領有権を主張する行為は、何世紀にもわたって継承される先例となり、その後五〇〇年以上も世界全体に広がるヨーロッパの植民地政策を形作ってきたのである。

第7章――寛容

ゲラルドゥス・メルカトルの世界地図　一五六九年

ベルギー、ルーヴェン　一五四四年

一五四四年二月、一斉検挙が始まった。五二名の異端容疑者名簿がルーヴェンで作られたのはわずか数週間前のことであった。作成を命じたのはブラバント公国の法院検事長ピエール・デュフィーフである。極めて保守的な神学者として信頼を集めていた人物で、イングランドから亡命してきた宗教改革論者ウィリアム・ティンダルの審問を担当した際には、ティンダルを異端のかどで告訴し、有罪判決を下し、一五三六年ブリュッセル近郊で絞殺のうえ火刑に処したことでも知られていた。デュフィーフの名簿では四三名がルーヴェン出身者で、残りはブリュッセル、アントワープ、グローネンダール、エンギエンなど、いずれもルーヴェンから半径五〇キロメートル圏内の都市や街の出身者であった。「異端」容疑者の名簿には司祭、芸術家、学者だけでなく、靴屋、仕立屋、助産婦、寡婦などあらゆる階層の人々が含まれていた。容疑者の検挙は、その後数日間にわたって行われた。ある者は煉獄の存在を否定したことを告白し、またある者は化体説（聖餐式においてはパンと葡萄酒がキリストの肉と血に変わるとする信仰）を疑問視し、聖像破壊（キリストや聖人の像を破壊する行為）を行ったことを認めた。デュフィーフの異端審問は徹底を極めた。その年の春の終わりまでには、容疑者の多くは釈放されるか、国外追放や財産没収で済まされたが、異端として有罪を宣

告された者も少なくない。女一人が生き埋めにされ、男二人が斬首され、一人は火刑に処された。処刑は公開で行われたが処罰に疑念を抱く者はなく、ハプスブルグ家の支配による宗教的権威や政治的権威が問題視されることもなかった。[1]

ハプスブルグ家出身の皇帝カール五世が一五一九年にブルグント族の先祖から低地諸国を継承してからも、この地域に点在する独立性の高い都市や自治体は、外国による行政や徴税の中央集権化とみなされる行為を退け、ブリュッセルを拠点とする総督に統治を委ねてきた。一五四四年の異端容疑者検挙の四年前には、隣国フランスとの戦争に備えていたハプスブルグ家は、カール五世の出身地であるヘント（現在はベルギーの都市）に支援を要請したが、ヘントはこれを退けた。しかし、これ以降このような不服従は、カール五世とその妹で低地諸国の総督を務めたハンガリー王妃マリアによって、容赦なく弾圧されることとなった。二年後、ヘルダーラント公領の東領域を拠点とする反ハプスブルグ派は再び戦いを挑み、ルーヴェンを包囲し、カール五世に対してスペインへの退却を迫り、大軍を集めて敵を敗走させた。カール五世やマリアにしてみれば、権威への大いなる挑戦が王室ではなく、宗教に向けられていることは明白であった。一五二三年には、マルティン・ルターの訳稿に基づく新約聖書のドイツ語訳がアントワープとアムステルダムで出版されたが、同年に出版されたルターの著作に関する解説書は禁書とされた。[2] この地域には、神学と信仰の実践に関しては、寛容と聖職兼務《プルラリズム》の長い歴史があったが、カール五世もマリアも伝統的なキリスト教徒とは大きくかけ離れた存在であった。ハプスブルグ家は、一五世紀後半のカスティーリャでユダヤ人やイスラム教徒社会への対策に苦慮していたため、神学的に正統なカトリックの教義から逸脱することは、彼らの権威に対する直接的な挑戦であるとみなすようになっていた。王妃マリアによる二五年間の統治下では、公式の記録によれば約五〇〇名が死刑に処されたが、一五四四年の検挙および処刑はその一部にすぎない。ヨーロッパ全体では一五二〇年から一五六五年までの間に宗教的信条を理由に死刑判決を言い渡された者は約三〇〇〇名に上っている。[3]

デュフィーフに告発された容疑者についての記録はほとんどが断片的なものか、現存していないものも多いが、ルター主義を標榜するという極めて重大な異端の罪に問われたルーヴェン在住の「メースター・ヘールト・シェレケンス」という人物の記録は残されている。デュフィーフの部下たちがルーヴェンのシェレケンス宅を訪れたとき、彼は不在であったため、異端容疑だけでなく逃亡罪にも問われた。数日のうちにシェレケンスは、ルペルモンデ近郊の町でワースの執行吏によって捕らえられ、ルペルモンデの城に投獄された。シェレケンスという名は妻の旧姓だが、「メースター・ヘールト」は歴史上有名な地図製作者ゲラルドゥス・メルカトル（一五一二—九四年）のことである。この事実がなかったならば、ヨーロッパの宗教改革の歴史上、数多く行われた残虐な行為、迫害、拷問および死刑の中で、一五四四年の検挙と処刑は不幸にも歴史の闇に埋もれていたに違いない。

「地図製作で有名な人物は」と問われたら、ゲラルドゥス・メルカトルの名を挙げる人は多いであろう。一五六九年製作の世界地図には彼の名を冠した地図投影法が使われているが、この投影法は世界地図を定義する際には今日でも利用されている（カラー口絵36）。メルカトルは宇宙誌学者、地理学者、哲学者、数学者、科学機器製作者、彫版師など、様々に称されているが、有名な地図投影法を発明しただけでなく、「アトラス」と名づけた世界初の地図帳も考案している。彼は初期の近代的なヨーロッパ地図の一つを製作して、プトレマイオスの『地理学』の影響を払拭したのである。木版による地図製作に代わって、銅版による地図彫版技術を効果的に採用することで、比類のない美しさと精巧さを実現している。私たちがメルカトルの生涯について過去のいかなる地図製作者よりも詳しく知っているのは、この頃から地図製作が職業として確立されていったためであろう。メルカトルの死の翌年（一五九五年）には、『メルカトルの生涯』と題する評伝が友人のヴァルター・ギムによって出版されたが、確かにメルカトルは賞賛に値する最初の地図製作者の一人であった。メルカトルの名は彼自身が考案した投影法の代名詞ともなっているが、この投影法はヨーロッパを中心に据えて、アジア、アフリカおよびアメリカを過小に評価していたため、ヨーロッパ中心の帝国支配の究極的な象徴として過剰に非難されることもあった。

マルクスの言葉を借りるならば、「人は自分自身の地理学を作るが、それは自由意志によるものではなく、自身が選んだ状況の下で作るものでもなく、目の前にある、与えられ過去から継承されてきた状況の下で作る」のである。[4] 本書で取り上げた地図やその製作者たちの多くはこのような状況下に置かれていたが、ゲラルドゥス・メルカトルの生涯と作品はまさにその典型例と言えるであろう。メルカトルが生きたルネサンスと宗教改革の時代は、ジョルジョ・ヴァザーリが『画家・彫刻家・建築家列伝』（一五七二年）で多数の著名人の生涯を綴ったように、評伝がもてはやされた「大いなる個人の世紀」とみなされており、特定の環境に順応し、それを活かすことによって自我同一性を巧みに形成する個人の能力は、「ルネサンスの自己成型」として知られるようになるのである。個人が自己の存在を主張するときにはいつでも、教会や国家などの組織による攻撃や制約を受けやすい。人々が個人的な存在と社会的な存在を心に描く新たな代替手段を手にすると、こうした組織は多くの場合、その代替手段を規制しようとする。[5] 一六世紀が「大いなる自我の時代」であったとするならば、それはまた宗教的な対立と弾圧がヨーロッパで激烈を極めた時代であり、人々が自らの宗教的、政治的および国家的目標を求めてどのように生きるべきかを模索することに対して、教会と国家が共に制約を課した時代でもあった。

異端の容疑がメルカトルの地図製作に関連したものであったか明確ではないが、彼には宇宙誌学者としての経歴があったため、カトリック派とルター派のどちらにとっても、一六世紀の正統的な信仰とは相容れない存在であり、彼の製作物に関する嫌疑は否応なく問われる結果となった。マルティン・ヴァルトゼーミュラーと同様に、メルカトルは自身を宇宙誌学者と認識していた。彼は、「地球の天空を一体化する宇宙全体の枠組、およびその一部の位置、運動および序列に関する研究」[6]が自分の天職であると考えていたのである。宇宙誌学はあらゆる知識の基礎であり、「自然哲学のあらゆる原理と起源の中で最も価値の高いもの」であった。メルカトルの定義によれば、宇宙誌学とは「世界の機構全体の配置、大きさおよび構成」を解析することであり、地図製作はその要素の一つにすぎない。

宇宙誌学と地理学に対するこのようなアプローチには、まさしく創造の起源、メルカトル言うところの「宇宙の最も初期の最も重要な部分の歴史」と「（世界の）メカニズムの源泉とその詳細な部分の起源」を探求することが含まれていた。[7]これは大いに野心的なアプローチだが、極めて危険なものとなる可能性があった。古代ギリシャ人もヴァルトゼーミュラーのような後世の地図製作者も、宇宙誌学の研究や地図製作を通じて行う創世の起源の探求が宗教的に差し止められることはなかった。しかし、一六世紀中頃には、このような問題に取り組む者は、対立する二つの宗派のいずれにおいても聖職者の逆鱗に触れる恐れがあった。宇宙誌学者が――結果的にその著作の読者までもが――地球と歴史に目を向け、神の視点で物を見るという罪を犯す恐れがあることが問題だったのである。神の姿を明らかにしたいという信念は、天地創造以前の宗教的恭謙に重きを置く改革派の宗教とは全く相容れないものであった。結果的に、一六世紀半ばに世界地図を製作していた宇宙誌学者は、キリスト教徒の天地創造とは異なる立場にいることを表明せずにはいられなかったのである。メルカトルらが異端の嫌疑をかけられることとなったのは、当時の宗教指導者たちが、地理学的な視点から世界の姿を明らかにすることや、世界を創造した神の姿を示唆する者を抑え込むことに躍起になっていたためであった。

メルカトルの経歴と彼の地図製作は、この宗教改革によって永遠に記憶に留められることとなった。政治や宗教に絡む一連の地図製作への進出は華々しかったが、配慮に欠けていた。一五四四年の異端容疑はその配慮不足が一因と思われる。それでも、メルカトルの一五六九年の地図投影法は、航海士たちに地球を縦横に航海する画期的な方法を提供することになるのである。また、宗教的な対立が続く当時の状況下にあっては、この地図投影法は、メルカトルや彼の周囲の多くの人々に及んだ迫害と不寛容を克服し、一六世紀後半にヨーロッパを分裂の危機に陥れた宗教上の確執を暗に批判するためのものであり、調和のとれた宇宙誌学を確立したいという理想的な欲求を示すものでもあった。社会決定論と自律的自由意思とがせめぎ合う狭い空間の中で、メルカトルは自身の周囲で生じた軋轢を何とか克服し、地図製作史上最も有名な地図の一つを作ろうとしていたが、それは当時一般に信じられていたヨーロッパの優位性に対する揺るぎない自信が作り上げた地図とは根本的に異なるものであった。

メルカトルが作った地図と同様に、彼の生涯は国境と境界線によって明確に定められていた。メルカトルは一五一二年、現在のベルギー東フランドル地方を流れるスヘルデ川ほとりの小さな町ルペルモンデに生まれ、ゲラルト・デ・クレーマーと名乗った。彼は生涯を通じて故郷ルペルモンデから二〇〇キロメートル以上離れた地を訪れることはなかった。彼が行き来し（そして滞在した）地域は、ヨーロッパでも最も人口の密集した地域の一つで、多様性と芸術的な創造性だけでなく、希少な資源を求めた対立と競争によっても特徴づけられる地域であった。ライン川河畔のケルンはヨーロッパで最大にして最古の都市の一つであるが、西に一〇〇キロメートル離れた位置にはドイツ語圏のユーリヒ公国の街ガンゲルトがあった。メルカトルの父（靴職人）と母は共にこの街の出身であった。ガンゲルトの西にはオランダ語圏のフランドル地方が広がり、スヘルデ川河畔にはヨーロッパ大陸の商業の中枢アントワープがある。若きメルカトルの自然地理学の感性は、ライン川―ムーズ川―スヘルデ川のデルタ地帯と、このヨーロッパ三大河川の合流点に築かれた街や都市とそこでの生活のリズムによって形成されたものであった。

メルカトルが成長するにつれて、この地域の自然地理学は人文地理学の気まぐれな規範によって姿を変えてゆく。アントワープは、ルペルモンデから北へ二〇キロメートル足らずの位置にあったが、はるか遠くの新世界やアジアからの交通の便が良いため豊かになりつつあった。ライン川の東では、マルティン・ルターが教皇庁に疑問を投げかけ、キリスト教信仰に対する改革を提案していたが、この改革は西の低地諸国に急速に広まっていくことになる。ルターがヴィッテンベルクで教皇庁の贖宥状《しょくゆうじょう》（免罪符）に対する最初の公開質問状を掲げた三年後には、ヴィッテンベルクから西へ六〇〇キロメートル、メルカトルの故郷ルペルモンデから一〇〇キロメートルの距離に位置する小さな街アーヘンで、カール五世はドイツ諸侯によって神聖ローマ皇帝に選出された。この背景には、七六八年にフランク国王に即位した、ポスト・ローマ期（初期中世）のクリスチャン皇帝の中でも最も偉大な皇帝、カール大帝お気に入りの居所がアーヘンであったことを積極的に表明したい皇帝の意図があった。カール五世は戴冠式にアーヘンを選ぶことによって、カール大帝にあやかると同時に、これまで西はムーズ川まであった神聖ローマ帝国の地理的な範囲を広げたいという願望を示したのであった。この戴冠式によって、カール五世はカスティーリャ、アラゴンおよび低地諸国の国王であると同時に旧西ローマ帝国の皇帝と認められただけでなく、カトリック教徒の信仰を守ることが求められたのであった。宗教上の責務と皇帝としての野心からカール五世は、ライン川西岸のドイツ諸侯の国々を本拠地とする宗教改革派と激しく衝突することになるのである。

メルカトルの経歴の前半は、低地諸国の街や都市で教育を受け、初期の作品を作り上げた期間で、一五四四年には異端の容疑で投獄されている。後半は一五五二年から死去する一五九四年までで、現在のドイツ西部に位置するクレーフェ公国の小さな街デュイスブルクで残りの生涯を送っている。振り返ってみるならば、彼の生涯は異端という衝撃的かつ致命的な嫌疑に翻弄されたと捉えることもできるであろう。当時メルカトルの考えていたことが何であれ、異端の嫌疑を招く結果となった彼の思想と言動は、彼の青年期にその痕跡をたどることが可能で、その影響はデュイスブルクで過ごした四〇年間に作った地図や地理書にも見ることができる。

メルカトルは典型的な人文主義教育を受けている。最初は、ヨーロッパで最も優れた中等学校の一つであったスヘルトヘンボスの寄宿学校に学んだが、ここは偉大な人文主義者デジリウス・エラスムス（一四六六―一五三六年）が学んだ学校でもあった。さらに、パリ大学に次ぐ規模と名声を誇るルーヴェン大学に進み、哲学を修めた。マルティン・ヴァルトゼーミュラーなどの一世代前の学生たちは、ルーヴェン大学やフライブルク大学などで提供された新しい人文主義教育を受け入れ、アリストテレスなどの古典作品の学習に挑んだが、メルカトルが入学した一五二〇年代には当初の興奮は冷め、人文主義教育は既に伝統的な教育となっていた。メルカトルが学んだ哲学の教育課程に関しては、異教徒の哲学者の教義がキリスト教徒の確固たる信仰とは相容れないものとみなされている点はさておき、卑屈なまでにアリストテレスを遵守することを意味した。

彼も自分の名をドイツ語読みの「クレーマー」（「商人」の意）からラテン語化した「メルカトル」に変更するなど、人文主義的な流儀に従っているように見えたが、若い学生たちは答えを得る以上に多くの疑問を抱いて大学を去っていったようである。彼が追求した人文主義の研究から明らかになったのは、改革派の新しい神学を受け入れるのは難しいということであった。それればかりか、神学や哲学および実学のあらゆる領域で創造の概念を探求する方法の一つとして、彼自身が惹かれた地理学のような分野でも、しだいに専門化していく要求を受け入れることは難しかったのである。メルカトルは、キケロ、クインティリアヌス、マルティアヌス・カペッラ、マクロビウス、ボエティウスなどの著作を読むと同時に、プトレマイオスと古代ローマの地理学者ポンポニウス・メラの研究を行った。しかし、信心深いが好奇心旺盛な若きメルカトルに対して、とりわけ数々の問題を提起したのはアリストテレスの著作であった。宇宙は永遠であり時間と物質は本質的に不滅であるという彼の信念は、無からの創造を説く聖書の教えに反するものであった。ルーヴェンの神学者たちは、アリストテレスの理論の細部を無視し、地上界は流転するが天上界は不変であるとしたアリストテレスの認識はキリスト教徒の認識と十分に合致している、と主張した。地理学研究の分野に目を転ずると、世界はクリマータと呼ばれる平行な気候帯に分けられるというのがアリストテレスの見解であったが、ポルトガルとスペインによる新世界と東南アジアへの航海をきっかけに、この見解を支持するのは難しいことが判明した。古代ギリシャの思想家とルーヴェンの神学者との間には相容れない相違点があったため、「哲学者の真理をことごとく疑うようになった」[8]と、晩年のメルカトルは述懐している。

ルーヴェン大学でアリストテレスの権威に敢えて異を唱える学生はまれで、メルカトルも例外ではなかった。ドイツ出身の身分の低い貧乏学生であったメルカトルには、オランダ語圏では有力なコネもなく、思弁哲学の分野で専門的な職業に就ける可能性は限られていたに違いない。『メルカトルの生涯』の中でヴァルター・ギムは、「このような学問分野では将来家族を養えないことが明らかになると、メルカトルは哲学を諦めて天文学と数学を選んだ」[9]と記している。

一五三三年、メルカトルはアントワープで天文学と数学を学び、野心的な哲学者から地理学者への転身を見守ってくれた仲間との親交を結び始めていた。彼らは、マゼランの航海以降、地図だけでなく地球儀の上にも陸地の投影を試みた、フランドル地方の地理学者グループの第一世代であった。特に三人の男たちは、メルカトルが新たに選んだ専門職を追求するにあたって、様々な可能性を提示してくれた。一人目は、ルーヴェン大学で学んだメッヘレン在住のフランシスコ会修道士、フランシスクス・モナクスであった。彼は低地諸国で最古と言われる地球儀（現存しない）を設計し、メッヘレンの枢密院に献上している。当時添付された小冊子は現存しており、この地球儀が（モルッカ諸島に関しては）ハプスブルグ家の主張を支持する地球儀であったことがわかっている。また、小冊子には「プトレマイオスおよびその他の過去の地理学者の荒唐無稽な説は論破された」[10]と記されている。メルカトルはまた、ヘンマ・フリシウスから幾何学と天文学を学んでいる。フリシウスはルーヴェン大学で学んだ優秀な数学者であり天体観測機器製作者であったが、当時既に地理学者としてその名を知られており、地球儀を設計し測地学の進歩に多大な貢献を果たしていた。一五三三年、彼は三角測量の利用に関する論文を発表したが、これは平坦で特徴のない低地諸国の至るところで行われた地形の反復測量から生まれた技術を用いたものであった。フリシウスはまた、高度を測定する新しい方法も開発している。彼の地球儀には計時器を用いて海抜を測定する方法を解説した小冊子が添付されており、当時は時計を作る技術が未成熟であったにもかかわらず、彼は問題が見事に解決されうることを初めて示したのであった。一五三〇年代にメルカトルに決定的な影響を与えた三人目の人物は、ルーヴェンを拠点とする金細工職人にして彫版師のガスパール・ファン・デル・ハイデンであった。モナクスとフリシウスは、地球儀の製作や彫刻を行う職人が必要になるとファン・デル・ハイデンの工房を訪れていたが、メルカトルが銅版彫刻の技術に加えて、地球儀、地図、および科学機器の製作に欠かせない実践的かつ専門的技能を習得したのもこの工房であった。修道士、数学者、そして金細工職人。この三人の男たちとそれぞれの天職が、メルカトルのその後の経歴を形成することとなる。メルカトルは、地理学と宇宙誌学との境界領域の学問的研究と信仰生活とが両立しうることをモナクスから学び、フリシウスからは正確な宇宙誌学を追求するためには数学と幾何学の習得が欠かせないことを学んだ。また、ファン・デル・ハイデンからは、最新の設計による地図製作、地球儀の構築、器具類をかたちにするのに必要となる技能を学んだ。

メルカトルはこのような全く異なる知識を消化しようと努力していたが、自分には他人に優る技能があることに気付いた。それは、イタリアの人文主義者たちが好んだ「チャンセリー」というイタリック体を用いた銅版彫刻であった。ヴァルトゼーミュラーの時代には、地図製作時には木版に刻まれた中ゴシック体の大文字が使用されたが、各文字は大きなスペースを占める上に直立した角張った書体は見た目にも不恰好で、一別の活字が挿入されようものならば、その箇所はすぐにわかってしまうのであった。これとは対照的に、一五世紀にイタリアで開発されたローマン・チャンセリーは優雅でコンパクトな書体で独自の数学的な規則を備えていた。メルカトルの世代の人文主義学者たちは、しだいにこの書体を採用するようになっていった。メルカトルはこの書体とこれを銅版に彫刻する技術を直ちに習得した。ローマやヴェネチアで印刷された地図に使用されたイタリック体のサンプルは、アントワープ近郊の印刷業者や書籍商の間で流通し始めており、一部の印刷業者は銅版彫刻の利点を見越して、地図にイタリック体を使用する実験を始めていた。メルカトルは、自身が選んだ分野にも影響は及ぶと考え、このチャンスを活かしたのである。

地図製作への影響はすぐに表われた。新しい銅版彫刻は地図や地球儀の姿を一変させた。不恰好なゴシック体の文字デザインや木版印刷で生じる大きな空白部分は姿を消し、優雅で緻密に組まれた字形と彫版師が用いた点刻技術から生み出される海と陸地の芸術的な表現に取って代わられることとなった。また銅版彫刻により、ほとんど目に見えないような修正や改定がスピーディーに行えるようになったのである。銅版では、わずか数時間のうちに既に刻んだ部分を消し去り、再度彫刻することが可能であったが、これは木版では物理的に不可能なことであった。新しい媒体を用いて印刷された地図は、突如として全く異なるものとして見られるようになり、地図製作者たちは、地図製作を通して自身を表現する（そして作り変える）ための、新たな刺激的な媒体を手に入れたのであった。メルカトル自身も様式転換の最前線に身を置くこととなった。一五三六年から四〇年までのわずか四年の間に、メルカトルはモナクス、フリシウス、ファン・デル・ハイデンの下で熱心に学ぶ生徒から、低地諸国で最も尊敬される地理学者の一人になったのである。この重要な時期に公表された四種類の地図——地球儀、宗教地図、世界地図およびフランドル地方の地域図——からは、メルカトルが洗練された独自の地図製作スタイルを確立していたにもかかわらず、自身の地理学的なビジョンを求めて葛藤していたことがわかる。

アントワープで過ごしたのは一年間だけで、一五三四年にはルーヴェンに戻り、一五三六年には最初の地理学的な公表物となる地球儀の製作に取り組んでいた。皇帝カール五世の命による地球儀は、当時の多くの地球儀と同様に共同で製作されたもので、設計はフリシウス、印刷はファン・デル・ハイデン、独特の優雅なイタリック体による銅版彫刻はメルカトルによって行われた。完成した地球儀は、皇帝の顧問でハプスブルグ家の主張を支持する論文『モルッカ諸島《デ・モルキス・インスリス》』を書いたマクシミリアヌス・トランシルヴァヌスに献呈された。この地球儀はリベイロの政治地理学を再現したもので、当然のことながらモルッカ諸島はハプスブルグ家の所有となっている。また、この地球儀では、一五三五年にカール五世がオスマン帝国から奪取したチュニスの上には、ハプスブルグ家の双頭の鷲の紋章が描かれ、その当時スペイン人が新世界に入植したことも示されていた。しかし、政治的関心の薄い地域（アジアおよびアフリカの大部分）では、プトレマイオス図のこれまでどおりの輪郭が描かれているだけであった。律儀にもアメリカはスペイン領であることが明記され、当時メルカトルも目にしたと思われるヴァルトゼーミュラーの一五〇七年の地図と同様に、アジアから分離して描かれていた。この地球儀はハプスブルグ皇帝の力が世界に及んだことを称賛するものであったが、学術研究の分野ではこの地球儀の意義は、政治的な内容にではなく、その形態にあった。銅版彫刻を用いたものとしては最初のものと考えられるが、メルカトルの手彫りのイタリック体が初めて使われた地球儀でもある。これにより、地域名には大文字を、地名にはローマンスクリプトを、また、記述的な説明には筆記体を使用するという、地理学表記独自の慣習が確立された。[11] これまで誰も見たことがない地球儀に仕上がったが、これもフリシウスの政治地理学のみならずメルカトルの手彫りの文字に負うところが大きい。

自由な立場で製作する地図に関しては、メルカトルは政治地理学的な地図から宗教地図に方向転換している。一五三八年には、『聖書のより良き理解のために』[12] という表題に従ってデザインされた銅版彫刻による聖地の壁掛け地図を出版している（カラー口絵32）。この地図のおかげで、メルカトルは神学に対する興味を維持することができたが、同時に切羽詰まっていた経済状況を打開する可能性も高まった。聖地の地図はどのような地域図よりもよく売れたからである。メルカトルが利用したのは、五年前にストラスブールでヤコブ・ジーグラーによって出版された一連の未完の聖地の地図だが、これによって明らかになったのはこの地域の歴史的な地理状況のほんの一部だけであった。ジーグラーの地理学はメルカトルの美しい銅版彫刻地図によって更新され、旧約聖書の中心的な物語の一つである出エジプト記（エジプトを脱出してカナンへ向かった古代イスラエル人の物語）が加えられた。

地図の上に聖書の一場面を描くことは歴史的に先例がある。ヘレフォードにある中世の世界図《マッパムンディ》もその一つで、出エジプト記をはじめ様々な場面が描かれている。また、プトレマイオス図の初期の印刷版にも聖地の地図は含まれている。ただし、ルターのアイデアによって神学における地理学の位置づけに関しては新しい概念が導入された。一五二〇年代まで、キリスト教徒の地図製作者の役割は極めて明快であった。それは、神の創造した世界を記述し、最後の審判を予測することであった。しかし、伝統的なキリスト教信仰に対するルターの問題提起の結果、創造された世界の地理学は違った形で強調されることとなった。ルター派の地図製作者は、もはや神をとりなしによってのみ理解される遠く離れた創造主として重要視することはなくなった。その代わりに、彼らはいまを生きる人々の身近にその摂理が存在する、より私的な神を望んだのであった。その結果、ルター派の地理学に関する声明は、天地創造も十二使徒遍歴後の教会史も重視しない傾向が強くなり、その代わりに神の世界がどのように機能したかを示すことを選択するようになったのである。一五四九年、ルターの友人フィリップ・メランヒトンは『物理学の起源《イニシア・ドクトリナエ・フィジーカ》』を出版するが、この著書の中で次のように記している。

この壮大な劇場――空、光、星、大地――は、世界の支配者であり形成者でもある神の証しである。周囲を見渡す者は誰でも、神は永遠に活動を続ける設計者であるという物事の道理を認識するであろう。神の意志に従うならば、私たちは科学を学ぶことによって、この世界の中に神の足跡をたどることができるであろう。[13]

メランヒトンは神を創造主と表現することを避け、「世界の形成者」と呼んだ。彼の手腕は、とりわけ科学と地理学を丹念に学ぶことによってのみ、評価されうるものであった。神の摂理による世界の統治は、実証的科学研究によって明らかにしうるもので、聖書の解釈には依存しない。メランヒトンのこの不用意な議論によって、後世の地理学者や地図製作者は聖書の地理学の妥当性に疑問を差し挟むようになるのであった。

一五三〇年代には、このような改革派の信仰は既に地図や地図製作者にも影響を及ぼしており、ルター聖書の中に全く新しいジャンルの地図を生み出した。[14] ルターは地理学に対してメランヒトンよりも事実に即したアプローチをとり、イスラエル人の「約束の地のより正確な地図と優れた地理学」[15] を望んだと書いている。彼は、一五二二年に新約聖書のドイツ語訳に挿絵として地図を入れようとしたが、果たせなかった。三年後、チューリッヒの印刷工クリストファー・フロシャウアー（スイス改革派教会の指導者フルドリッヒ・ツヴィングリと親密な関係にあった）は、ルターの翻訳に基づいて旧約聖書を出版したが、このとき聖書では初めて地図が挿絵として使われた。地図の題材は出エジプト記であった。

一五二六年、アントワープの印刷工ヤコブ・ファン・リースフェルトは、ルター聖書の最初のドイツ語版で同じ地図を復元したが、この地図はメルカトルの地図が出版される前に、少なくとも二つの他の地方印刷業者によって順次複製された。これらのルター聖書で複製された地図は、ルーカス・クラナッハの『約束の地の場所と境界』で、一五二〇年代初めの木版刷りによるものであった。ジーグラーと同様に、クラナッハもルター主義に転向した人物だが、ルターの親しい友人の一人で、ドイツ宗教革命において最も多くの作品を残した著名な画家の一人でもあった。出エジプト記の物語の地図製作は、ルターとその信奉者たちにとっ

68
69
70
Hemath.
Nepthalim.
Galileen.
Aser
Isachar
Capernaum
Manasse.
Hermon.
Samaria
Jericho
Ammoniten.
Moabiten
Dat gheberchte van
Arabien.

図 19　ルーカス・クラナッハ『約束の地の場所と境界』（1520 年代）

て神学的に特に重要なものであった。なぜなら、彼ら自身が後世のイスラエル人として、ローマの腐敗と迫害から逃れたからであった。ルターは出エジプト記を神への忠誠や個人的な信仰の力を表わすものと解釈したが、これは復活の予示や洗礼の重要性などの（ヘレフォードのマッパムンディに見られたような）伝統的な解釈とは対照的なものであった。

ルター派の聖書地図は、改革派の教えを体現する聖書の特定の場所や物語に集中している。一六世紀に作られた聖書地図の約八割は、エデン、カナンの分割、キリストの時代の聖地、聖パウロと十二使徒にゆかりの東地中海などの地図で占められている。[16] 一五四九年、英国の印刷工レイナー・ウルフは地図を含む新約聖書を初めて出版したが、読者に対して「聖書を深く読むためには宇宙誌学の知識は欠かせない」と語っている。聖パウロの布教の旅を説明する地図についてレイナーは、「その途方もなき距離に思いを馳せるならば、神の言葉を説いてアジア、アフリカ、ヨーロッパの地をめぐった聖パウロの辛苦がいかほどのものであったか、容易に理解できよう[17]」と記している。中世の地図が世界の終末を予示したのに対して、改革派の地図の関心は、目に見える神の摂理の兆候をたどることにあった。ルターは、神学校で公式に教えられることよりも、一人ひとりが聖書を読み解くことが重要であると強調し続けていたため、地図はこのような読解を行う際に、聖書の内容を明確にする重要な補助資料となったのである。地図によって読者は、聖書に記されている出来事の真実をより直截的に体感し、ルターの解釈（ときにはカルヴァンの解釈）に沿って指示どおりに正しく聖書を読むことが可能となった。

一五三〇年代後半には、出エジプト記を描写した聖地の地図は、もっぱらルター派の地図製作者によって作られるようになった。では、カトリック教徒であるハプスブルグ家と密接な関係にあったメルカトルが、このような地図を地理学的のみならず神学的にもあからさまに描いていたのはなぜであろうか。彼の地図の表題には、「新旧両約聖書のより良き理解」のためにとして、とりわけルター聖書のためにデザインされたことが記されている。これはメルカトルが実際にルター派に共感していたことの証しであろうか。それとも才気溢れる若い地図製作者の世間知らずの情熱が、地図製作の新たな方向性の興奮に巻き込まれたのであろうか。地図の上で宗教に手を出すことは、致命的な結果を招きかねない危険な仕事であった。スペインの学者ミゲル・セルベトは、一五三〇年代には「異端」の書を発行したとして、カトリックとプロテスタントの双方の関係機関から繰り返し非難を浴びた。聖地の地図が収められたプトレマイオスの『地理学』（一五三五年）もその一つで、スペイン人はパレスチナが肥沃であることをあげつらったのであった。[18] 一五五三年、セルベトはジュネーブのカルヴァン派によって火刑に処せられた。

メルカトルは独自に製作した第一の地図の危険性に気づいていたとしても、そのような素振りは全く見せなかった。彼は第二の地図の製作を開始し、数学の知識を用いて世界地図を設計した。ちょうどルターの神学が地図製作に影響を与えたように、数多くの海洋発見は既に多くのポルトガル、スペインおよびドイツの地図製作者によって記録されていた。一五二二年のマゼランの世界周航（第6章参照）以降、地球儀製作への関心が急速に高まったことにより、地球を全体として認識する機運が高まり、全世界の支配を公言する支配者にとって地球儀は強力な道具となった。しかし、地球儀の製作は、球体の地球を平面地図に投影する方法に関して毎回繰り返される問題を回避したにすぎなかった。地球ひとまわりを正確に航海するためには平面地図は不可欠であり、地球を二分したスペインとポルトガルにとって、これを手に入れることは急務であった。ヴァルトゼーミュラーはプトレマイオスの投影法に立ち返ることによって解決を試みたが、この方法は「人の住む世界《オイクメネ》」を網羅するだけで、地球の経度三六〇度と緯度一八〇度をすべて網羅するものではなかった。メルカトルなどの地図製作者は、数学的な規則を利用して全く新しい投影法を定式化する問題に取り組んでいた。

投影法を設計するにあたって、地図製作者たちには三つの選択肢があった。一つは、オイクメネの古典的な環状表現を単純に二倍にするモナクスの解法を採用することで、直線的な緯線と湾曲した経線を用いて半球を示すことができた。また、世界を不連続な形状に分割し、ヴァルトゼーミュラーやフリシウスが設計したような紡錘形《ゴア》を作ることもできた。さらには、円筒、円錐あるいは矩形などの幾何学図形を利用して、地球儀全体を平面上に投影することもできた。しかし、いずれの方法にも難点があった。二重半球や紡錘形では実用に供するためには巨大な縮尺が必要だったのである。プトレマイオスとその先駆者であったティルスのマリヌスは、当時既に円筒投影や円錐投影を試しており、大きさや形状あるいは方向の歪みに苦慮していた。はじめに、ルネサンス期の地図製作者たちは、この二つの投影法の改良版を再現した。しかし、これまでの世界の限界を超える新発見がなされ、メルカトルなどの地図製作者がフリシウスのような数学者とより緊密に連携するようになると、地球を表現するための新たな形状が提案され、世界は楕円形や台形になることや、正弦曲線やハート型（カラー口絵34）で表現されることもあった。[19] 一六世紀末には、少なくとも一六種類の投影方法が利用されていた。

　地図製作者は形状を選択したが、さらなる問題に直面した。既知の世界の範囲が次々に変化する状況では、どこを中心に据えるのが自然なのであろうか。世界地図の始点と終点はどこになるのであろうか。その答えの一つは、古代ギリシャの天文学者が用いた方位図法というかなり古い投影法の中にあった。方位角とは球面座標系内での角測定値で、古代ギリシャ人やメルカトルなどの後世の地図製作者が宇宙を記述する際に用いた値である。一般的に方位角は、基準平面となる地平線との関係で星の位置を特定する際に使用される。真北の方角がわかれば、星から地平線まで垂直に投影した点と北の点との間の角度が方位角となる。この基本的な方法である方位図法では、方向の決定に基づいて角度網が構築されるため、大きさや形状がどれだけ歪んでいても、中心点からの距離と方向がすべて正確に保証される。方位図法には、任意の二点間または二線間の縮尺と距離を一定に保つ正距図法、三次元対象物を異なる方向から描くことができる正射図法、すべての大円を直線で表示する心射図法、地球上の一点から球を無限平面上に投影する平射図法など、様々な形式が存在する。それぞれの名称からわかるように、地図製作者が強調したいもの、暗に示したいもの、目立たせたくないものが何であるかに応じて適切な図法が選択される。方位角の利点の一つは、地図製作者の要求に従って赤道、極、あるいは任意の斜角に焦点を合わせることができる点にある。極を基準にした投影法は、当時の新発見の航海に新しい視点をもたらすと同時に、北極探検（北西および北東航路の探索）を可能にする新しい時代を切り開いた。南北いずれかの極を地図の中心に配置する方法には、一四九四年のトルデシリャス条約以来、地図製作者が対応に追われてきた東西半球の領有権に関わる悩ましい政治問題を回避できる、という明確な利点があった。

両極の投影法を開発した最も驚くべき世界地図の一つは、フランスの数学者、占星術師にして地図製作者であったオロンス・フィネが一五三一年に製作した地図で、心臓のような形状を有する奇抜な投影法の地図であった（カラー口絵35）。フィネの地図では、赤道は地図の中央を垂直に走り、北極と南極を左右に二分している。最も外側の二本の円弧は赤道を表わし、地図の中心を水平に横切る中央子午線に接している。メルカトルが自身の地図のモデルとしたのはフィネの地図であったが、当時の最新の発見に従っていくつかの変更が加えられている。北アメリカ（メルカトルの地図では「スペインに征服された」と記されている）はアジアから分離されているが、南アメリカとはつながっている。両者が共に「アメリカ」と呼ばれることになったのは、このメルカトルの地図が最初であった。マレー半島を見ると、メルカトルがリベイロの地図を参考にしたことがわかる[20]。

このような地理学の新機軸をもってしても、世界を心臓の形に投影するという奇抜な発想を超えることはできない。この投影法はプトレマイオスの第二投影法による試行から徐々に姿を現わしたものであるが、形を定義する際に心臓を採用することで、メルカトルは危険に満ちた哲学と神学の小道に再び足を踏み入れて

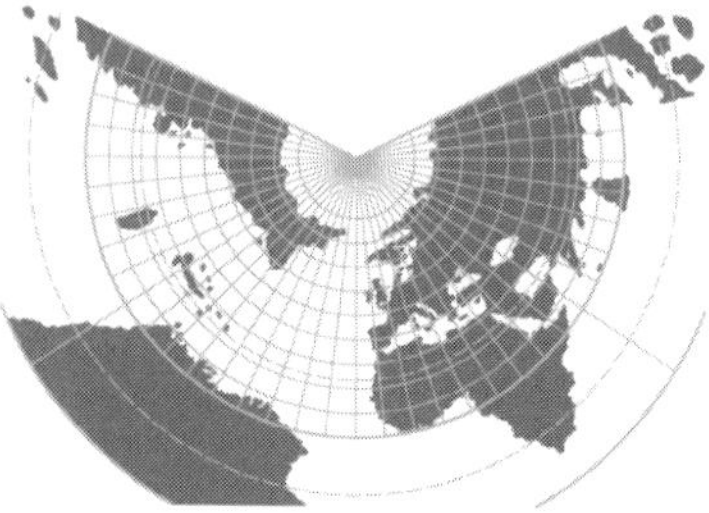

コンタリニ 1506 年

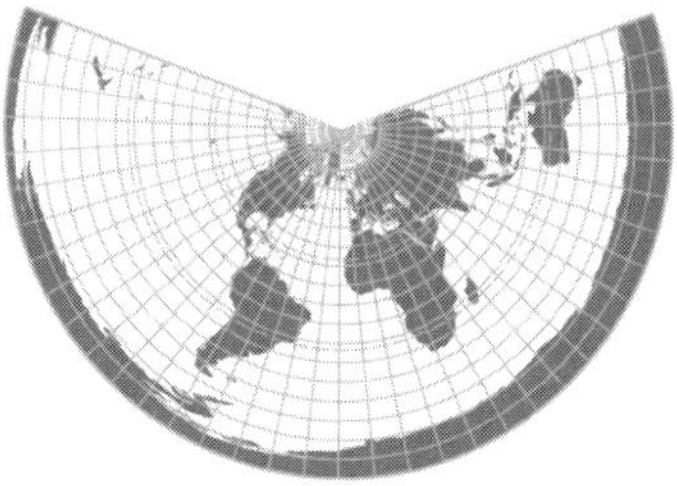

ルイシュ 1507 年

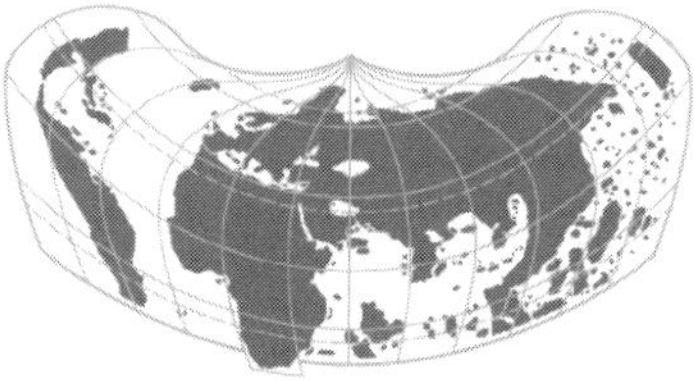

ヴァルトゼーミュラー 1507 年

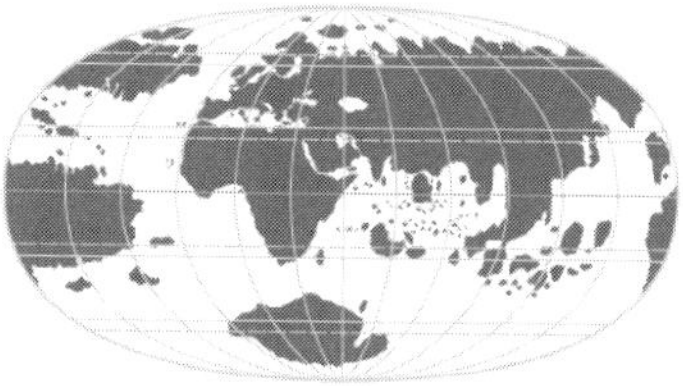

ロッセリ 1508 年

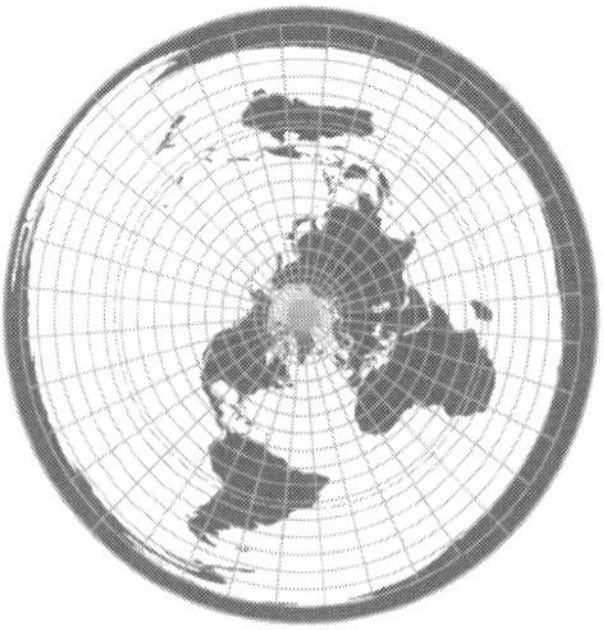

マッジオリ（方位角図法）1511 年

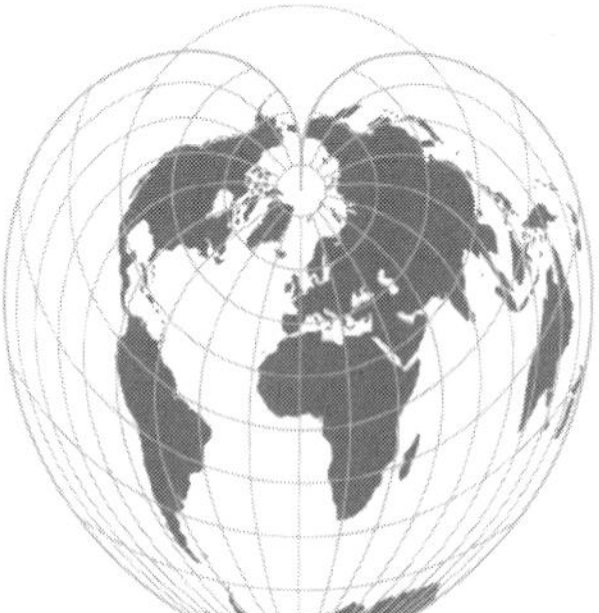

ヴェルナー（心臓形地図）1514 年

図 20　ルネサンス期の様々な地図投影法

行くのであった。世界を心臓にたとえるのはルネサンス期の一般的な暗喩で、これは現実の世界を形成する内面的な精神世界の概念を刺激するものであった。この地図は一世紀後、イングランドの詩人ジョン・ダンの詩「おはよう（The Good-Morrow）」で取り上げられることになる。詩の中で彼の恋人は愛の新世界を「発見」するが、その比喩は視覚的で、心臓形の地図を思い浮かべなければ理解できないであろう。

海洋冒険家たちは新世界へ向かわせよう
他の者には世界の上の世界を重ねた地図を見せよう
僕たちはそれぞれ一つの世界を持ち、それを一つのものにしよう

僕の顔は君の瞳の中に、君の顔は僕の瞳の中に映る
そして真実の飾らない心が二つの顔に宿っている
厳寒の北もなく、陽の没する西もない
二つの半球に優るところがどこにあるだろうか[21]

しかし、一五三〇年代には、心臓形の地図投影法は物議を醸す宗教的信仰に関わるものであった。メランヒトンなどのルター派の神学者たちは、心臓は人間の感情が宿る場所であり、人生を変える聖書体験の中心的な役割を果たす場所であると考えた。心臓に関するカトリックの象徴的な意味を適用して、ルター派の考え方では、書籍や地図における心臓の表現は、神の存在の証しや恩寵の象徴として、人の気持ちや良心を探る敬虔な行為であるとみなされた。人間は自身の心を読み取ろうとすることはできたが、説明を要することなく心の中を見通す能力を備えていたのは、「心を知る者《カルディオグノステス》」である神だけであった。[22]

宇宙誌学者による心臓形地図投影法の採用はまた、人間の世俗的な栄光の追求も広大な宇宙を前にすると虚しく無意味なものになる、と説く一連のストア哲学に後押しされることになるのである。ストア派の宇宙誌学は、セネカ、キケロ、ポセイドニオス、ストラボンなどの古代ローマの著述家を総動員したものであるが、最も明確な地理学的表現の一つは、五世紀に書かれたマクロビウスの『スキピオの夢註解』（ルーヴェン大学在学中にメルカトルがこの作品を読んだことは間違いないであろう）の中に見ることができた。マクロビウスの著書では、スキピオ・アフリカヌス（小スキピオ）は夢の中で、「我が（ローマ）帝国も残念ながら地表面上の一点にすぎないほど地球が小さく見える」天空の彼方にまで到達する。マクロビウスの註解は、「人類は地球全体のわずかな部分、天空と比べたならばほんの一点を占めているにすぎない」ことを戒め、かのローマ皇帝でさえも「人の名声がその小さな部分の隅々まで行きわたることはない」と断言したと記している。[23]アウグストゥス帝時代のストア哲学における地理学の力を説明するにあたり、キリストの使徒ヤコブはこのような哲学的思考について、こう述べている。「偵察員《カタスコポス》による地球全体を『上から見わたす』手法が広まっているが、これにより人間の価値や功績を相対化できるだけでなく、外見的な美しさや人の知識の限界を超越した、世界の美と秩序を明らかにする知的な視点を導入することができる」[24]と。一六世紀初めには、世界は拡大したものの、宗教的混乱や皇帝の権力と栄光の追求によって対立と不寛容だけが激化したため、フィネ、アブラハム・オルテリウス、メルカトルなどの宇宙誌学者たちは、世界全体から見ればヨーロッパという「小さな部分」を巻き込みつつあった敵対感情や偏見に対して、人と宇宙との間の調和のとれた関係を示すストア哲学的な考え方を展開したのであった。

一六世紀前半における心臓形地図の製作は、宗教的に異議を唱える明確な声明であった。この地図によって見る者の視点は心の中へ向かい、より大きなストア哲学的宇宙観の中で世界を捉えたのであった。

しかし、このような「異教徒」の哲学への一時的な興味は、必ずしもカトリックやプロテスタントの関係機関には歓迎されなかった。オロンス・フィネは神秘哲学の研究に没頭するあまり、一五二三年には一時逮捕されたが、心臓形投影法を採用した一六世紀の地図製作者たちは、ほとんど誰もが秘かにフィネに共感を抱いていたのである。[25] メルカトルは聖職者であった友人のヨハネス・ドロシウスに世界地図を献呈しているが、その六年後、ドロシウスはメルカトルと共に異端の罪に問われることとなった。メルカトルは数学的、哲学的根拠さらには神学的根拠に基づいて投影法を選択したが、良くても正統的ではない、悪くすれば異端的であると解釈される恐れがあったのである。

しかも、このような主流からはずれた、どちらかというと普通ではない地図が大成功する可能性はなかった。メルカトルが再びこの地図を使用することはなく、その後の出版物や手紙の中でも全く触れられておらず、経験の浅い地図製作者の作品として、自身からは距離を置きたかったのではないだろうか。ヴァルター・ギムの『メルカトルの生涯』にも一五三八年の世界地図についての記載はなく、代わりにメルカトルの関心は、一六世紀初めの地理学では成長分野であった、地域図に向かっていったことが記録されている。「多くの商人の差し迫った要望を理解し、これに応ずるべく計画を立て、短期間のうちにフランドル地方の地図を完成させた」[26]という(カラー口絵33)。この地図は一五四〇年に完成されたが、メルカトルの初期の地図としては最も評価が高かったことを裏づけるように、その後六〇年以上にわたり一五回も版を重ねた。

この地図はフランドル地方の商人たちが委託したもので、彼らはハプスブルグ家の支配に異を唱えていると思われる地域の地図を、メルカトルに作り直させることを望んだのであった。一五三八年にヘントで出版されたピエール・ファン・デル・ベケによるフランドル地方の地図は、この地域へのハプスブルグ家の統治権の承認をあからさまに拒むことで、ハプスブルグ家の戦争準備のためハンガリー王妃マリアが目論んだ資金調達に反対する市の決定を支持したものと思われる。この地図はヘント市当局、貴族の家系や領主権との関係性によって裏打ちされたもので、ハプスブルグ家の支配に異議を唱え、ヘントはフランドル人の祖国であるという当初の主張を示したものであった。[27] 一五三九年には、ヘントで暴動が起こるようになり、カール五世は市中に軍隊を進攻させた。その後の結果を恐れて重商主義派が決断したのは、少なくとも自分たちにできることとして、ファン・デル・ベケとは反対のアプローチをとる地図を発注することであった。メルカトルの地図は仕上げを急いだため、装飾枠《カルトゥーシュ》の一つは空白のまま残されたが、一方でファン・デル・ベケの地図に含まれていた愛国主義的な記載はすべて削除された。この地域でのハプスブルグ家に対する忠誠は可能な限り明確にされ、地図は完成間近であったが、最後は街に迫り来る皇帝に対する忠誠心に満ちた献辞で締めくくられることとなった。[28] しかし、残念なことにその効果は何も認められなかった。一五四〇年二月、カール五世は三〇〇〇名のドイツ人傭兵からなる軍隊をヘントに送り込み、反乱の首謀者を断首の刑に処し、ギルドから商業上の特権を剥奪し、古い修道院と城門を破壊した。ヘントのようなフランドル地方の都市の市民空間に足跡を残すことに関しては、皇帝はメルカトルの地図よりもはるかに大きな成功を収めたのだった。[29]

しかし、多数の複製が作られたことから判断するならば、メルカトルのフランドル地方の地図も商業的には成功を収めた。メルカトルは再びカール五世の目にとまることとなったが、これは大学時代からの友人のアントワーヌ・ペルノの政治的な支援のおかげであった。ペルノは当時アラスの司祭に任命されたばかりであったが、父親のニコラ・ペルノ・ド・グランヴェルはカール五世に最も信認された顧問であった。彼らの支援により、メルカトルは一連の地球儀や科学機器に関する仕事を開始した。この中には一五四一年に完成してグランヴェルに献呈された地球儀も含まれるが、これはフリシウス、ファン・デル・ハイデンと行った共同作業の成果を改良したものであった。メルカトルにとってすべては順調で、彼はまだ三〇代であったが機器製作者としても注目される評判の高い地理学者であった。ところが、一五四四年の冬、異端のかどで告訴されることとなる。

当時の証言、ならびにメルカトルのその後の宗教に関する記述からは、彼の信仰は単なる「ルター派」とはほど遠い複雑なものであった。一五世紀後半以降、北ヨーロッパの都市の知識階級では、より内向的で個人的な信仰が特徴となり始めていた。キリスト教史学が専門のディアメイド・マッカロック（オックスフォード大学教授）は、これらの人々が「宗教の示威的で物質的な側面から連想したのは無知や教育の欠如で、このような宗教を見下し、あるいは嫌悪して、重要なのは魂の救済の追求を信者に教える聖書であって、儀式や聖遺物はさほど重要ではないものとして扱った」と述べている。このような信者は「スピリチュアルズ」と呼ばれたが、その特徴は「宗教、すなわち神との交わりは個人の内面にあり、神の御霊は人間の精神と直接交わると確信していた」[30]ことにあった。当然のことながら、スピリチュアルズはカトリックの儀式に関して懐疑的であったため、ルター派やカルヴァン派の規範的な教えも徐々に避けるようになっていった。一五七六年、メルカトルは義理の息子に宛てた手紙の中で、当時物議を醸していた化体説について論じている。化体説とは聖餐式におけるパンと葡萄酒はキリストの肉と血になるという信仰だが、ルター派ではキリストと信者の結びつきを象徴するものにすぎないとされている。メルカトルは、「この秘跡は人々の理解を超えるものである。しかも、魂の救済に欠かせない信仰箇条に基づくものとはみなされていない。……したがって、誰でもこのように考えてもよい。信者が敬虔であり、神の言葉に対して異説を唱えない限り、信者は非難されるべきではない、というのが私の信念である。また、このような人と共にある社会を破壊すべきではないと私は考えている」[31]と述べている。このような議論から、私たちは次のように考えることができる。もとよりメルカトルは地方のカトリック教徒であったが、ルーヴェンの学究的環境に触れ、フリシウスやエラスムスなどの思想家と出会ったことから、メルカトルは改革の必要性を理解する「スピリチュアルズ」とみなされた可能性があるが、個人の信仰は私的な問題である、という信念を宗教改革以前に表明していたのである。彼の宗教的信仰は（地図を含む）自身のあらゆる刊行物に影響を与えたが、公的な信仰告白によって明確化されたものではなかった。一五二〇年代初めには、このような信仰が注目されることはなかったが、一五四四年になるとたちまち異端とみなされたのであった。

カトリック派のハプスブルグ家が民衆の宗教についての調査を強化し始めたときには、メルカトルの正統的でない信仰が良くない結果をもたらすことは、ほぼ予測できていたものと思われる。メルカトルが逮捕される状況を生むきっかけとなったのは、彼の経歴形成に関与した二人のパトロン、皇帝カール五世とユーリヒ＝クレーフェ＝ベルク公ヴィルヘルム五世との対立であった。一五三九年の公爵領取得にあたり、ヴィルヘルム五世は低地諸国の北に境を接するゲルデルン公国を継承した。皇帝カール五世はハプスブルグ家の支配下領域に統合することを望んでいたが、ゲルデルン公国は皇帝の継承した領地の外に位置していた。ヴィルヘルム五世はドイツのルター派の侯国やフランスと同盟を結び、一五四二年夏、低地諸国へ進軍し、七月になると部隊はメルカトルの第二の故郷であったルーヴェンを包囲したのである。そのため、カール五世は大軍を率いて再度スペインから戻らなければならなかった。フランスとの敵対関係を解消した後、カール五世はユーリヒ公国を攻撃したため、ヴィルヘルム五世は直ちに降伏した。一五四三年九月、ヴィルヘルム五世は、ラインラント諸侯領がカトリック派に留まるという条件で、これらの領地を保持する平和協定に署名した。ヴィルヘルム五世はゲルデルン公国に対する権利を放棄し、カール五世は、最終的にはネーデルラントを形成することになる、一七の諸侯領を実質的に支配したのであった。[32]

だが、包囲されたルーヴェン市民の安堵は一時的なものにすぎなかった。カール五世の妹であるハンガリー王妃マリアはこの事態に衝撃を受け、宗教改革に共鳴していると疑われる者を一斉に検挙し始めたのである。数カ月も経たないうちに、メルカトルも逮捕された。メッヘレンの修道士ミノライト（おそらくは、モナクス）に宛てた「疑わしい手紙」とされる文書は残されているが、異端の罪状はほとんど明らかになっていない。おそらくこの手紙は神学または地理学、あるいはその両方について記されたものと思われる。メルカトルが表明した信仰についての直接的な説明はないため、告訴が本当に根拠のあるものであったかは不明だが、その告訴によってメルカトルは、ルペルモンデの城で八カ月近くも獄窓につながれることとなったのである。幸いにも、地元の司祭とルーヴェン大学当局は、夏の終わりまでにメルカトルを釈放するよう願い出た。死刑囚の処刑が開始されると、メルカトルは突然釈放され、彼に対する罪状はすべて取り下げられたのであった。

メルカトルはルーヴェンに戻ったが、かつてない険悪な雰囲気を感じ取っていた。メルカトルに着せられた逮捕・拘留の汚名は消えることはなく、一五四五年一一月には、異端書の出版で有罪となった印刷工ヤコブ・ファン・リースフェルトが処刑されたことで、彼に対する風あたりは一層強まることとなった。年月が経つにつれて迫害の波は高まっていったため、アントワープやルーヴェンのような都市は、知性的で国際的な魅力があったにもかかわらず、宇宙誌学の根本的な疑問に興味を抱いていた「スピリチュアルズ」の思想家にとっては、もはや安全な場所でないことは明白であった。

ルーヴェンから去るべきときではあったが、メルカトルは生計を立てなければならなかった。その後六年間以上にわたり地図製作は行わず、メルカトルはいくつかの計測機器を製作して皇帝カール五世に献上したが、この仕事は彼の興味を刺激するようなものではなかった（皇帝のカトリック軍とルター派諸侯のシュマルカルデン同盟との間で一五四八年に起こった初期の戦闘で、これらの計測機器は破壊されている）。メルカトルは再び星々に関するストア哲学的瞑想に耽り始めていた。前回の地図出版から一〇年後の一五五一年、メルカトルは初期の地球儀に比肩しうる地球儀を発表している。これがルーヴェンでの最後の作品となる。その後一年も経たないうちに、この地域は再び戦争と暴動に巻き込まれる恐れが出てきたため、ついにメルカトルはルーヴェンを離れ、ライン川河畔に戻ることとなった。

一五五二年にメルカトルに避難場所を提供したのはヴィルヘルム五世であったが、一五四四年のメルカトル投獄の遠因は皮肉にも一五四三年のヴィルヘルム五世の行動であったことに、メルカトルが気づくことはなかったであろう。カール五世に屈辱を味わされたユーリヒ＝クレーフェ＝ベルク公ヴィルヘルム五世は、公爵領への撤退を余儀なくされたが、自らの誇りを取り戻すために、建築や学問と教育に資金を投じた。ヴィルヘルム五世はユーリヒとデュッセルドルフの邸宅にイタリア風の宮殿を設計し、デュッセルドルフの北三〇キロメートルに位置するデュイスブルクには新しい大学の設立を計画した。一五五一年にはこの地にメルカトルを招き、提案の詳細は決まっていなかったものの、メルカトルに宇宙誌学の教授となるよう望んだものと思われる。[33] ヴィルヘルム五世にしてみれば、ヨーロッパの一流の宇宙誌学者の一人を招聘すれば、新たな学問の中心の大きな魅力となることは明らかであった。メルカトルにとっては、学問研究の場を確保すると同時に、閉塞感の漂うルーヴェンを抜け出す絶好の機会であった。一五五二年、メルカトルは両親の故郷ガンゲルトを経由して、デュイスブルクに至る二〇〇キロメートルの旅に出発した。アントワープやルーヴェンと比べると、デュイスブルクは小さく取るに足らない街ではあったが、ローマやジュネーブの神学的服従の要求に抵抗し、信仰を厳格に個人の問題とみなすエラスムス的な「中庸」の追求を尊重した公爵による、寛容な統治を享受した街であった。

温厚なパトロンの庇護の下、メルカトルは地図製作を再開した。一五五四年、メルカトルは最新の測量方法に基づいて、当時のヨーロッパを描いた一五枚からなる巨大な壁掛け地図を出版した。この地図は、ギリシャの地理学者によって過大評価されていた大陸を九度だけ小さくすることによって、ヨーロッパの地理学のプトレマイオス的な解釈に決別したのであった。この地図は一五六六年だけで二〇八部も売れたことからもわかるように、メルカトルの地図としては最も成功を収めたもので、ヴァルター・ギムは、「あらゆる分野の学者から、地理学史上のいかなる労作をもしのぐと称賛された」[34] 地図であると記している。一五六四年には、メルカトルはヴィルヘルム五世の正式な宇宙誌学者に任命されたが、この年にはブリテン諸島の地図が出版され人気を博した。[35]

第二の故郷で経済的な不安や神学的な懸念から解放され、メルカトルはついに、自身の神学上の興味と学術的修練の末に手にした天職を究めることが可能となったのである。一五四〇年代半ばには、メルカトルは「地上の楽園をも含む宇宙全体の枠組に加えて、各部の位置、動き、および序列」[36]に関する、極めて野心的な宇宙誌学を構想し始めていた。それは創世、天界、地上界およびメルカトル言うところの「宇宙の最初にして最も重要な部分の歴史」に関する研究、すなわち、創世からの宇宙の年代学に関する研究を含むものであった。この計画は世界地図を中心に展開するが、メルカトルの初期の派生的な心臓形世界地図とは異なり、全く別の方法によってその独自性を保証するのである。しかし、この計画に着手する前に、メルカトルは自らの提案した世界の年代学を完成させる必要があった。

古来、地理学と年代学は歴史の両輪とみなされてきたが、いずれも当時の航海上の発見を踏まえて厳格な再評価が行われていた。新世界に遭遇しただけでも、既存の世界における居住空間の変化を理解するための新たな宇宙誌学が必要とされた。新世界の住民も彼らの歴史も、キリスト教の年代学に難しい問題を提起することとなった。なぜ聖書にはこのような人々についての記述がなかったのであろうか。彼らの歴史についでは、特にキリスト教以前にも彼らが存在していた可能性については、キリスト教の天地創造の中でどのように評価すればよいのであろうか。一六世紀には、このような最も異論の多かった疑問点に回答を提示する、中心的な役割を果たしていたのが宇宙誌学と年代学であった。

この二つは、才気溢れるが正統的とは言えず、ときとして反体制的な立場に立つ思想家の興味を惹く学問分野であった。多くの人々にとって、宇宙誌学者は天を見上げて宇宙の構造と起源に思いをめぐらせるだけでなく、神の視点から地球を注視しているように見えたのである。だが、メルカトルも気づいていたように、これには尊大であり不遜であるとのそしりを受ける恐れ、つまりは異端の咎を受ける恐れがあった。年代学もこのような非難を免れることはできなかった。歴史的事象を時系列的に並べて、広く認められている年代に割りあてる学問は、古典の時代から多くの学者を魅了してきたが、一六世紀には、このような年代を確定する実用的かつ倫理的な価値が、学者たちの最大の関心事になっていた。[37]一五四九年、メルカトルの同時代人で占星術師のエラスムス・ラインホルトは、「年代順がわからないとしたら、我々の現在の生活にはどれほどの混乱が生じるだろうか」[38]と問いかけている。精密な暦がないとしたら、どのようにして正しく復活祭を祝えばよいのであろうか。時間を正確に捉えることもできずに、予測される世界の終焉に備えることなどできるのであろうか。一五世紀後半の人々は、より実用的なレベルで、正確な暦や時刻を望むようになったのである。脱進機《エスケープメント》を備えた機械式時計が開発されたことで、人々は決まった時間に仕事を行い、祈りを捧げる時間感覚を身につけたが、このような新しい技術を補完したのが複雑な年表、暦、あるいは年鑑の出版であった。

一六世紀中頃には、人々はまた「現在の混沌によって否定された秩序を見出すことを期待して年代学に頼るようになった」[39]のである。しかし、このような期待や不安には疑念が伴っていた。メルカトルとほぼ同時代を生きた、カトリック教徒のジャン・ボダン（一五三〇―一五九六年）とユグノー教徒のジョセフ・スカリゲル（一五四〇―一六〇九年）は、天地創造に関する聖書の説明と矛盾すると思われる古典の資料を利用して、膨大な量の学術的な年表を書き上げている。スカリゲルは、キリストの家系図から磔刑の日付に至るまで、あらゆる事柄の真偽について秘かに憂慮していたが、年代学は必ずしも宗教によって定義されるものではないと結論した。年代学者と宇宙誌学者はいずれも、必然的にカトリックやプロテスタントの関係機関に注目されるようになった。オロンス・フィネのような宇宙誌学者に非難が浴びせられただけでなく、ボダンも異端の容疑で告訴され、スカリゲルはフランスでの宗教的迫害から逃れたが、彼らの著作の多くはローマ教皇の禁書目録に載せられる結果となった。

メルカトルは宇宙誌学者としての経歴を復活させ、年代学を学び始めることで、ルーヴェン大学の学生時代から彼の心を捉えて離さなかった天地創造と宇宙の起源に関する疑問に答える、新たな方法を模索していた。これは難解な道筋ではあったが、メルカトルを始め多くの人々は、年代学は目前に迫った終末論を明らかにすることができる、ことによると年代学の神秘は過去だけでなく、より重要な未来についても明らかにし、当時の終末論的な時代を大きな視点で捉えることが可能である、と信じていたのである。『クロノロジア』を出版した後、メルカトルは友人に宛てた手紙の中で、「いま行われている戦いは主の全軍によるもので、ヨハネの黙示録第一七章の章末に書かれているとおりだ。神の子羊と選ばれし民は勝利し、教会はかつてなかったほど花開く、と私は確信している」[40]と記している。改革派のローマに対する過剰なまでの宗教的攻撃を非難することが、この手紙の意図であったかどうかは不明だが、世界の終焉は差し迫っていて、年代学はその日を明らかにすることができる、とメルカトルが信じていたことは間違いない。

メルカトルの『クロノロジア』は一五六九年にケルンで出版された。『クロノロジア』はバビロニア、ヘブライ、ギリシャおよびローマの膨大な資料を用いて、聖書に沿って理路整然とした歴史を提示することを試みたのであった。[41]これらすべての資料とその時間的な広がりを認識しうる年代学の問題に対して、メルカトルがとった解決策は、キリスト教暦とギリシャ、ヘブライ、エジプトおよびローマの暦を比較対照できるように一つの表に並べることであった。これによって読者は、世界史の時間軸を横断して、ある事象を別の事象と対照することが可能になったのである。例えば、『クロノロジア』の一四七ページを見るとわかるように、キリストの磔刑は、第二〇二回ギリシャオリンピックの四年目にあたり（訳注：第一回の古代オリンピックは紀元前七七六年、キリストの処刑の時期は諸説あるが、紀元三三年とすると二〇二回目の古代オリンピックの年にあたる）、エジプト暦では七八〇年、ヘブライ暦ではエルサレム神殿の三度目の破壊から五三年後、ローマ暦では七八五年、天地創造から四〇〇〇年後の年にあたる。[42]メルカトル（およびその他の年代学者）が直面した問題は、天地創造から救世主到来までの経過時間が異なるのに、なぜこのような計算ができたのかということであった。ギリシャ語の旧約聖書によれば、天地創造から救世主到来までは五二〇〇年の隔たりがあるのに対して、

778 | 3999 | Ahenobarbus. lius Scribonian:

33 783 D. Ser. Sulpicius, C. f. Ser. n. Galba. L. Cornelius, L. f. P. n. Sulla.

51

779

Sabbatum

34 784 C. Paullus Fabius, Paulli f. Q. n. Persicus. L. Vitellius, P. f. Q. n.

Vicesimo anno Tiberij L. Vitellius & Fabius Priscus Coss. fuerunt. Dion lib. 58, pag. 821. a.

52

terræ 81.

– CHRISTVS Iesus Dominus noster mortem in cruce subijt 2. die Aprilis, feria 6. Luna 15. anno 4. Olymp. 202. Græca supputatione. Vide 3. cap.

3

4000

780

– Pentecoste & Spiritus sancti missio. Act. 1.

785 B. C. Sestius Gallus. M. Seruilius, M. f. Rufus Nonianus.

53

Pauli conuersio.

– 5. Cal. Aprilis M. Seruilio, C. Sestio Coss. funus corui celebrib. exequijs à populo Romano curatum est. Plin. lib. 10. cap. 43.

4 | 204

4001

781

35 786 A. G. Q. Plautius Plautianus. Sex. Papinius, Q. f. Gallie

54

1

4002

782

nus.

Philippus Tetrarcha Iudeæ, filius Herodis Magni, frater Herodis Tetrarche, Galileæ obijt anno 22. Tiberij. Iosep. Ant. 18. cap. 9. in principio. Succedet mox illi Agrippa.

Marcellus, procurator Iudeæ, Pilati loco constituitur à Vitellio Syriæ præside, Iosep. Ant. 18. cap. 7. in fine. Vitellij præsidis mentionem quoq; sub his Coss. facit Tacit. lib. 5. pag. 118, b.

36 787 F. Cn. Acerronius Proculus. C. Pontius Nigrinus.

– Nero natus 18. Cal. Ianuarij, ante 9. menses quam Tiberius excessit. Suet. cap. 5. Obijt 32. ætatis anno. Suet. cap. 57. Aurel. Victor. aut legendum est: Ante 3. menses, aut post 9. menses, vt sequentis anni die hoc natus sit.

55

– CALIGVLA incipit imperare die obitus Tiberij, 17. Cal. Aprilis. Cn. Acerronio Proculo & C. Portio Nigro Coss. Regnauit ann. 3. menses 10. dies 8. occisus 9. Cal. Febr. Suet. Agebat annum ætatis 25. quinq; adhuc ad eum explendum mensibus, & diebus 4. indigens cùm imperium assumeret. Dion lib. 59. pagina 830, 2. 4007. b. 398.

Caius cum 3. annis, mensibus 9. diebus 28. ea quæ retulimus egisset, reipsa comperit se non esse Deum. Idem pag. 855. 2.

4003

783

Agrippa filius Aristobuli, paucis diebus post mortem Tiberij coronatus est rex Iudeæ à C. Cæsare, anno autem Cai 2. Hierosolymam redijt. Iosep. Ant. 18. cap. 13. pag. 437. b. Regnauit 7. annis. Euseb. Regnauit 4. ann. sub Caio Cæs. cum Philippi Tetrarchia tribus, quartum vero cum Herodis, tres auté reliquos sub Claudij compleuit imperio. Iosep. Ant. 19. cap. 7. in fine.

37 788 E. C. Iulius, German. f. Cæs. Aug. Germ. II. L. Apronius, L. f. L. n. Cæsianus.

56

♂

Cycli decemnoualis initium iuxta Dionysij Exigui abbatis Romani rationem. Deduximus autem hos Dionysij cyclos, ab anno 532. quo primus ab eo institutus est, vsque ad proxima passioni Christi tempora, vt cum insertis passim Astronomicis obseruationibus facilius cõferri, & quantum primis hisce temporibus à veritate aberrent, deprehendi possint. Posuit autem Dionysius primo anno cycli sui Lunam decimamquartam, Nonis Aprilis, vt testatur Beda, vnde si quis anno Domini 133. inchoando interuallum ad secundam Lunæ eclipsim à Ptolomeo, anno 135. obseruatam colligat, & syzygias luminarium ei conuenientes aptet, inueniet Lunã decimamquartam dicto 133. anno, diebus circiter 12. prius ex Ptolomei calculo deprehendi, quã ex Dionysiaci cycli continuatione posita intelligatur.

4004

784

38 789 D. M. Aquilius, C. f. Iulianus. P. Nonius, M. f. Asprenas.

57

4005

à Nabon: | Mundi. | Templi 3. | Ro: cond: | Christi. | Olymp: | à Nabon: | Templi 3. | Mundi. | Ro: cond: | Christi.

N ij

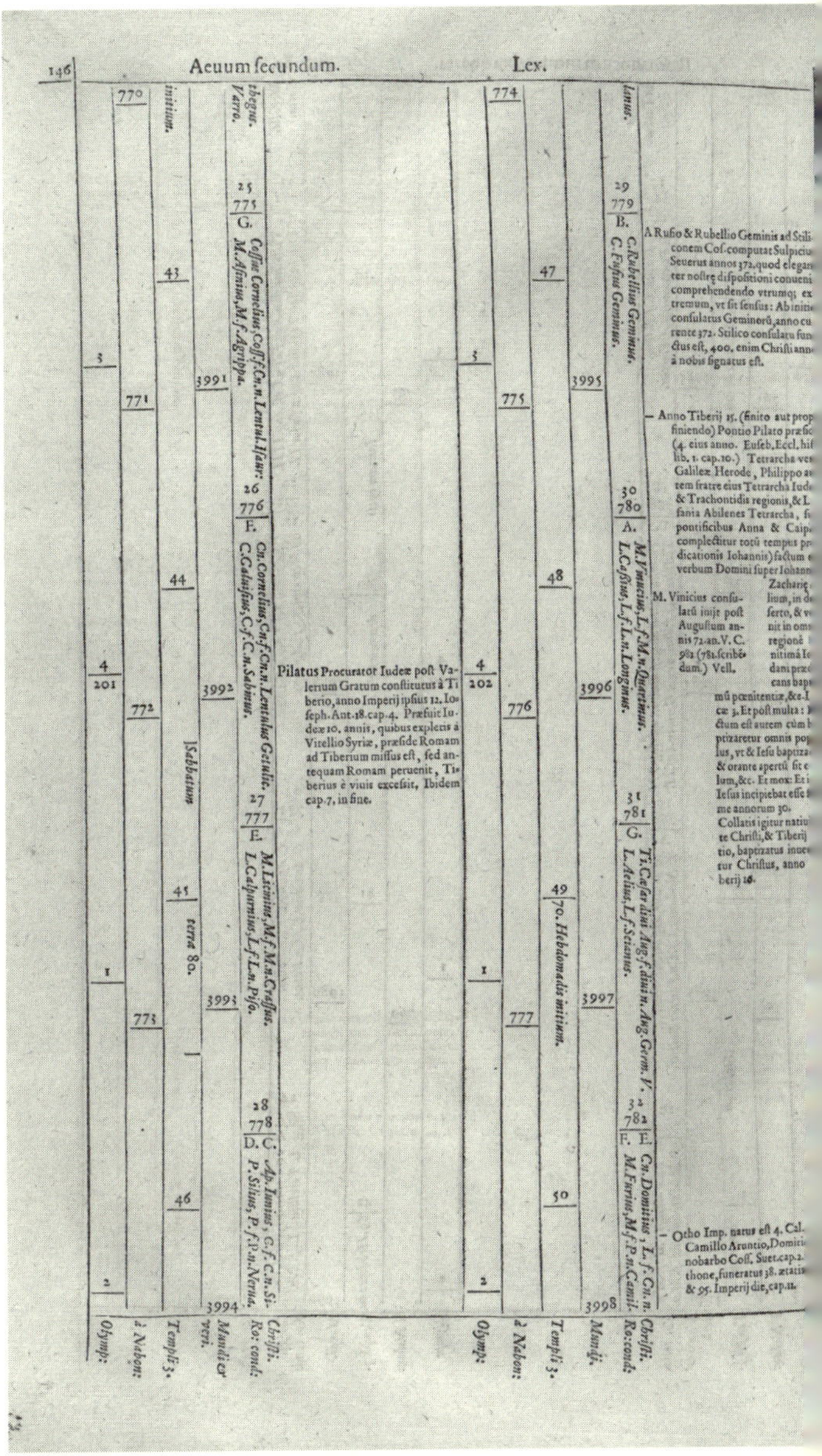
146 Aeuum secundum. Lex.

Pilatus Procurator Iudeæ post Valerium Gratum constitutus à Tiberio, anno Imperij ipsius 12. Ioseph. Ant. 18. cap. 4. Præfuit Iudeæ 10. annis, quibus expletis à Vitellio Syriæ, præside Romam ad Tiberium missus est, sed antequam Romam peruenit, Tiberius è viuis excessit, Ibidem cap. 7. in fine.

A Rufio & Rubellio Geminis ad Stili conem Cos. computat Sulpiciu Seuerus annos 372. quod elegan ter nostræ dispositioni conueni comprehendendo vtrumq; ex tremum, vt sit sensus: Ab initi consulatus Geminorũ, anno cu rente 372. Stilico consulatu fun ctus est, 400. enim Christi ann à nobis signatus est.

Anno Tiberij 15. (finito aut prop finiendo) Pontio Pilato præsi (4. eius anno. Euseb. Eccl. hi lib. 1. cap. 10.) Tetrarcha ve Galileæ Herode, Philippo a tem fratre eius Tetrarcha Iud & Trachontidis regionis, & L sania Abilenes Tetrarcha, f pontificibus Anna & Caip complectitur totũ tempus pr dicationis Iohannis) factum verbum Domini super Iohann Zachariæ lium, in d serto, & v nit in om regioné nitimá I dani præ cans bap mũ pœnitentiæ, &c. L cæ 3. Et post multa: ctum est autem cùm b ptizaretur omnis po lus, vt & Iesu baptiza & orante apertũ fit lum, &c. Et mox: Et Iesus incipiebat esse me annorum 30. Collatis igitur nati te Christi, & Tiberij tio, baptizatus inue tur Christus, anno berij 16.

M. Vinicius consulatũ iniit post Augustum annis 72. an. V. C. 982 (781. scribẽdum.) Vell.

Otho Imp. natus est 4. Cal. Camillo Aruntio, Domi nobarbo Coss. Suet. cap. thone, funeratus 38. ætati & 95. Imperij die, cap. 11.

図 21　ゲラルドゥス・メルカトル著『クロノロジア』（1569 年）の本文体裁

ヘブライ語の旧約聖書では四〇〇〇年となっている。他の多くの年代学者と同様に、メルカトルはヘブライ語版を支持したが、プトレマイオスなどの古典の著作物の解釈に基づいて若干の変更を加えている[43]。

スカリゲルなど後世の年代学者と比べると、メルカトルの神学的年代学は極めて正統的なものであったが、改革派の宗教行事や人物に言及していたため、すぐに禁書目録に載せられてしまった。しかし、メルカトルの資料整理の方法は大いに意義深いものであった。同時に起こった歴史的出来事を同じページに並べることで、メルカトルは年代記を作成して、一見矛盾して見える歴史的データの照合を試みたが、これは地図製作者が球体の地球を矩形に切り分けて平面に投影することと全く同じであった。

メルカトルの『クロノロジア』は、彼の広範な宇宙誌学的な理想の一端を具現化したもので、年代学と地理学を一体化して不確かな歴史上の出来事を明らかにする狙いがあった。発想の原点はプラトン、プトレマイオスさらにはストア派哲学者キケロの『スキピオの夢』にあり、地上の些細な争いにはとらわれず、世界をはるか天空から見下ろす、卓越した宇宙的な視点をとり入れた著作と言える[44]。この著作は有名なメルカトルの投影法による世界地図の製作に直接関連している。『クロノロジア』の読者は時間軸を横断して歴史をたどることができたように、メルカトルの世界地図は地球を縦横に移動することを可能にするものであった。ただし、地球を平面に変換するためには、指針となる宇宙誌学者の手法が必要であった。ヨーロッパを地図の中心に据えてヨーロッパ文明の卓越性をほめたたえるのではなく、メルカトルの地図は、宗教的な迫害と一六世紀ヨーロッパの分裂を克服することを目指した、宇宙誌学の一環として誕生したものであった。自信に満ちたヨーロッパ中心主義を示すのではなく、メルカトルの世界地図はそのような価値を遠回しに否定し、時間と空間を超越したより大きな調和の構図を描くことを目指したのである。

『クロノロジア』は大成功ではなかった。年代学者としてのメルカトルの評価はなきに等しい。この著作では年代と歴史的事象の並べ方は非凡であったが、その解釈は従来どおりのもので、注目されることも批判されることもほとんどなかった。実際に、『クロノロジア』の執筆には一〇年以上が費やされたにもかかわらず、その後まもなく出版された世界地図を始めとする地理学の業績と比べると、一般的に見すごされている。

年代記の出版から数カ月後、メルカトルは宇宙誌学に関連する次の作品を発表した。『航海で使用するための修正を施した最新の拡大世界地図』と題してデュイスブルクで出版された世界地図である。一五六九年のメルカトル投影図は、地理学史上最も大きな影響を与えた地図とされるが、最も風変りな地図の一つでもあった。メルカトルと同時代の地図製作者たちには、縮尺、外観あるいは「航海で使用する」という説明にしても、このような一風変わった地図を作る用意は全くなかったのである。宇宙誌学者としてメルカトルが興味を抱いていたのは天界を地上に投影することであったため、正確な航海を追求するというような地図の実践的な応用には、これまで全く興味を示していなかった。事実、一五三八年に心臓形投影を用いた世界地図の製作を試みたのは、地球儀上の隅々まで航海することよりも心臓に関する神学理論に強く惹かれたからであった。

この世界地図は巨大であった。一八枚のシートに印刷された壁掛け地図で、つなぎ合わせると長さは二メートルを超え、高さは約一・三メートルで、一五〇七年のヴァルトゼーミュラーの世界地図とほぼ同等の大きさであった。しかし、驚くべき点はその奇妙なレイアウトにあった。一見すると、新しい製作法による世界地図が華々しく完成した瞬間というよりも、製作途中の地図に見えるのである。地図上で大きな面積を占めるのは精巧な装飾が施された装飾枠《カルトゥーシュ》で、その中には詳細な説明文や複雑な図版が含まれている。ヴァルトゼーミュラー図では上品にカットされた三角形のチーズのように見える北アメリカは、メルカトル図では肥大化したベヒモス（訳注：旧約聖書に登場するサイに似た巨獣）のような形で描かれ、「新インド《インディア・ノヴァ》」と名づけられている。この北の陸塊の面積はヨーロッパとアジアを合わせた大きさを超えている。南アメリカには南西部分に突出した不可解な領域があるため、リベイロや他の地図製作者が描いた細長い振り子の形には似ても似つかない。ヨーロッパは実際の面積の二倍で、アフリカは現在の地図と比べると小さく描かれており、東南アジアはプトレマイオスの過大な評価に基づいているため、形も大きさも識別不能なほど変化している。メルカトルによる南北両極圏の表現はさらに独特で、地図の上下に横幅いっぱいに広がり、地球が球体であることを全く考慮していないようにも見える。不思議に思った閲覧者は地図左下隅の説明文を参照することになるが、ここには、一四世紀に「魔法の技」を駆使して北極まで航海したオックスフォードシャーの僧ニコラス・オブ・リンによる伝説の旅に基づいて、北極圏に関するメルカトルの考えが淡々と記されている。メルカトルは、北極圏が円形の陸塊から構成されると結論し、「小島の間の一九本の経路を抜ける海の流れは四本の入江を形成して北へ進み、地球の奥深くへと吸収されていく」と記している。メルカトルによれば、陸地の一つには「グリーンランドのスクレリンガーと呼ばれる、背丈が四フィートほどの小人が住んでいる」[45]という。

　細部まで見ていくと、この地図はメルカトルの宗教的信条と同様に、旧来の伝統的な宇宙誌学と新しい数学的理解に基づく地理学との間でバランスを保っていることがよくわかる。アジアの描写はマルコ・ポーロの旅に基づくものであるが、地図の説明にはヴァスコ・ダ・ガマ、コロンブス、マゼランの航海を取り巻く当時の政治的駆け引きについてもやや詳細に記されている。プトレマイオスの地理学に記されていたナイル川やガンジス川、「黄金半島（マレー半島）」の位置などを正確に訂正しただけでなく、主題から脇道にそれているが、伝説のキリスト教国の君主プレスター・ジョンの存在についても長々と記されている。ただし、アフリカとアジアについては、プリニウスの『博物誌』に書かれた「人の姿をしていて互いを貪り食うサモゲズ」、「口が狭いため、焼いた肉の匂いを嗅いで生きるペロサイト」、「蟻の埋めた金を掘り起こす人間」などの記述も再現されている。

　メルカトルの地図には最果ての地まで及ぶ宇宙誌学の研究成果が記されている。全体の把握を望む宇宙誌学と数学的に厳密な測量や航海の新技術とを組み合わせる試みとして、この地図は古典や中世の権威を回顧すると同時に、地理学の新概念を採用することを期待している。しかし、長年にわたり地理学と並行して行われた年代学の研究から生まれた最大の発見は、球体の地球を平面上に描く方法であった。この方法は地図製作を転換させる数学的投影法で、これをきっかけとして宇宙誌学は終焉を迎えるのであった。

都合よく北アメリカの大部分を覆っている大きな説明文に記された読者向けのメッセージの中で、メルカトルは「世界地図を描く際には三つのことを意識した」と説明している。一つは「古代の先人たちがこの宇宙についてどこまで理解していたのかを示すこと」であり、それにより「古代の地理学の限界を明らかにし、過去の名誉は先人のものとする」ことであった。特に、プトレマイオスのような先人については、丁重に配慮されて静かに退場が促された。二番目にメルカトルが目指したのは、「任意の地点間の距離だけでなく、陸地の位置や大きさを可能な限り事実に基づいて表現すること」であった。しかし、メルカトルにとって、最終的に最も重要だったのは、

複数の土地の位置関係については、方向と距離、緯度と経度に関しても、あらゆる面で互いに正確に対応するように、さらに土地の形状については、可能な限り球体上の形状のままで表示されるように、球体の表面を平面上に展開すること

であった。メルカトルの目標は至極当然のことにように思える。いまではほとんどの人が、世界地図に描かれた地理学的な外観は地球儀の上の形と同じであり、方向も距離も正確に表現されていると考えるであろう。しかし、メルカトルは三〇年に及ぶ地球儀製作の経験から、平面上で方向と距離を両方とも正確に保つのは不可能であることを理解していた。大きな領域を描くのは主として、地球の上空に位置する仮想的な点から大陸や海を示すことを追求した宇宙誌学者の仕事であり、一方、外海を航海する航海士の関心事は方向と距

離だけで、陸地の形状にはほとんど、あるいは全く興味がなかったため、この問題は一六世紀半ばの地図製作者にとっては複合的な問題であった。

一六世紀以前には、このようなことが実際に問題になることはなかった。宇宙誌学者は、漠然と定義された世界の表面上に幾何学的原理を投影する、古典的な理念を追求した。一方、地中海で使われた航海地図《ポルトラン》では、地球表面のわずかな部分が対象であったため、必要となるのは航海用の投影図法のごく基本的な部分だけであった。その結果、航海地図では、ある地点から別の地点まで航海するための直線が交差した幾何学的なネットワークが描かれることとなった。このネットワークは「航程線《ラム・ライン》」と呼ばれるが、ポルトガル語の「ルンボ」（航路または方向）、またはギリシャ語の「ランバス」（菱形）に由来する。実際には、航程線は地球表面の球形度によって湾曲した曲線であった。航程線が非常に長い距離にわたって延長された場合には、歪みによって航海士は航路から外れて航海することになるが、地中海のように比較的短い距離の場合には、この食い違いが重大な結果を引き起こすことはほとんどなかった。ポルトガル人がアフリカ沿岸を南下して、あるいは大西洋を横断して、長い距離を航海するようになると、多くの問題に直面したが、地球の曲率を考慮に入れて航程線を真っすぐにした地図を描く方法もその一つであった。

専門的には、航程線はのちに数学者によって「斜航線《ロクソドローム》」（ギリシャ語の「ロクソ」（斜め）と「ドローム」（航路）に由来する）と呼ばれることになる。[46]その語源から推測されるように、斜航線《ロクソドローム》は同一の角度ですべての経線と交差する一定方向の対角線であった。地球の表面を縦横に航海するには、航程線が唯一の方法というわけではなかった。航海士は従来の航海地図《ポルトラン》式の直線航法を利用できたが（多くの航海士は、変更を恐れて、数十年もの間この方法に固執してきた）、地中海を出るとこの方法はたちまち役に立たなくなり、航海士は遠くまで漂流するのであった。もう一つの方法は大円航法である。大円とは、その呼び名からわかるように、地球の周囲に描くことができる最大の円で、その面は地球の中心を通る。赤道および経線はすべて大円である。大円航法の利点は、大円が常に地球表面上の任意の二点を結ぶ最短経路になることであった。しかし、ある地点から別の地点まで、赤道や経線に沿って航海するような正確な航路を描ける可能性は極めて低いだけでなく、技術的にも非常に難しく、曲線弧の方向は常に変化するため航海士は繰り返し方向を調整しなければならない。

航程線は「中間」の方向を示す線であった。喜望峰とマゼラン海峡を経由して斜め方向に進む東西航路が、一六世紀ヨーロッパの海上貿易にとってとりわけ重要なものとなると、航海士が航行する可能性が最も高い方向が航程線となった（船がたどった航路はメルカトル図に描かれた）。しかし、地球の表面を横切って描かれた航程線のもう一つの複雑な特徴は、湾曲しているということだけではない。経線は徐々に収束するため、航程線をどこまでもたどっていくと、らせんを描き最後には南北いずれかの極で終わるのである。数学者にとって斜航線《ロクソドローム》のらせんは興味深い幾何学的な特徴の一つであったが、航海士にとってはこれを直線に変換するのはもどかしい作業であった。メルカトルは、地球儀の表面上であらゆる方向に航程線をトレースしていたため、一五四一年には既にこの問題に遭遇していた。ポルトガルの宇宙誌学者たちは、大西洋を横断して航行する航海士が徐々に航路から外れる原因を説明するため、一五三〇年代には既に斜航線《ロクソドローム》に関する記録を残していた。残念ながらポルトガル人は、斜航線《ロクソドローム》を平面上に正確に平坦化する方法については解決策を提示することができなかった。

読者に向けたメッセージの中で、メルカトルは自身が考案した新しい投影法のかなめとなる部分に存在する問題点について、巧妙な解決策を提案した。メルカトルは、「実のところ、これまで地理学者が使ってきた経線は、屈曲していて一点に収束するため、航海には利用できない。経線は緯線に対して斜めに交差しており、両極付近では領域の形状や位置を大きく歪めるため、識別不能となるばかりか正しい距離の関係も維持できなくなるからである」と記している。メルカトルが、「赤道を基準にして緯線を拡大する比率に合わ

図22　らせん形斜航線のモデル

せて、緯度の値を徐々に大きくしたのはこのためである」と結論したのはよく知られている。彼はどのようにしてこの結論に到達したのであろうか。また、この結論はどのように機能したのであろうか。

メルカトルの投影法は、地球を円筒形とみなす考え方に基づいている。後世の解説者は、この方法を説明するため地球を風船にたとえている。風船の直径と同一径の円筒の中央に風船を入れる。風船を膨らますと、その曲面は円筒の壁に押しつけられ平らになる。湾曲した経線は円筒に密着するにつれて「真っすぐに伸ばされる」が、緯線も同様に引き伸ばされる。このように引き伸ばされ平らになっても、南北両極は円筒の壁に触れることはなく、無限遠に向かって引き伸ばされることとなる。風船の経線と緯線が壁に押しつけられた状態で円筒を切り開いて平らにすると、矩形のメルカトル図が得られる。この説明はメルカトル図開発の方法としては確かにもっともらしく聞こえるが、メルカトルが地球儀を平らな地図の上に正確に展開する方法を概念化することができたのは、地球儀に関する数学理論と実製作に数十年を費やしてきたからであった。メルカトルの方法はこうである。

例えばオレンジを八等分に切り分けて皮をむくと、それぞれの皮は細長い紡錘形（この紡錘形をゴアと呼ぶ）となる。地球儀の表面も同様にして何本かの紡錘形に切り出すことができる。それぞれの紡錘形に描かれている地形を平らな紙の上に再描画するが、その際、経線の間隔は赤道から両極まで一定に保つようにする。次に、（風船のたとえと同様に）真っすぐにした経線を補完するように、緯線を徐々に引き伸ばして細い長方形にする。すべての紡錘形について同じ方法を適用して一連の長方形を作成し、これらをつなぎ合わせると平らな地図が完成する。[47]

南北両極付近の陸地は歪んでいたとしても、緯線までの距離を正確に計算できるのであれば、メルカトルは独自の性質を有する図法を実現したことになる。すなわち、地図上の任意の点での角度の関係性を維持する性質で、地図製作者はこれを「正角性」と呼んでいる。陸地は歪んでいたとしても、航海士は地図を横断する直線をプロットして、一定の方位角を維持しさえすれば、予想される目的地に到達することができるのである。メルカトルにとっては、これは経線を直線化すること、さらには直線的な方位線を維持すれば緯線までの距離が計算できることを意味した。経線は一点に収束していくため、例えば赤道における二本の経線間の距離は、北緯六〇度での経線間の距離の二倍となる。そのため、メルカトルは、緯線と交差する斜め線が必ず直線となるように、北緯六〇度の緯線を実際の二倍の長さにしたのである。[48]他の緯線もすべて、同様の計算に基づいてそれぞれ引き伸ばされている。

メルカトルが開発した図法は、現在では円筒正角図法と呼ばれるもので、地球を円筒形として扱い、地表面と交差する角度を正確に一定に保つ。一六世紀の航海士にとって、当然のことながら名称は大した問題ではなかった。メルカトルの方法によって経線は「直線化」され、両極に向かって内側に湾曲することもなく、緯線と垂直に交差するようになったのである。過去の海図ではらせんに沿って航海して航路を逸脱することがあったが、航海士たちはメルカトル図法を用いて航程線をプロットすることができたため、真っすぐな航程線によってある地点から別の地点まで正確に航海することが可能になった。地球全体を平面に投影することはプトレマイオス以来多くの地図製作者を悩ませてきた問題だが、その解決策は比較的単純ではあるが巧妙な方法であった。メルカトルは円形の地理学的領域を最終的には正方形で表現したのである。これは地図を根底から変え、メルカトルの名を不滅のものとする決定的な技術革新であった。

しかしながら、メルカトルの描いた世界の形を見るとすぐにわかるように、この図法には明らかな問題点があった。風船のたとえからわかるように、経線は決して一点に収束することがないため、両極領域は無限大に拡大され、常に地図の枠からはみ出してしまうのであった。そのため、メルカトルは北極の地理を説明するため、小さな地図を挿入しなければならなかったのである。両極で起こる数学的な引き伸ばしは、高緯度領域の陸地の相対的な大きさにも影響を及ぼす。南半球の南極大陸のおかげで他の大陸が小さく見えるのも、グリーンランドが実際には八倍の面積を有する南アメリカ大陸と同じ大きさに見えるのもそのためである。ヨーロッパ大陸は南アメリカ大陸の二倍の大きさに見えるが、実際には半分の面積にすぎない。メルカトル図法では北から南までの緯線の間隔が引き伸ばされるため、遠洋航海に関しては目的地までの距離が歪んでしまったが、当時、とりわけ蒸気船登場以前の時代にあっては、目的地まで何日間かかるかよりも、航海士が確実に目的地まで到達できることのほうが重要であったものと思われる。

だが、重大な問題が一つ未解決のままであった。メルカトルはこの図法を再現する数学的公式を提示できなかったため、他の地図製作者や航海士はこの図法を複製することができなかったのである。メルカトル図法の緯線や経線を記述する三角関数表を再現するには対数か積分法が欠かせなかったが、メルカトルの時代にはどちらもまだ知られていなかった。この図法が経験的に実現されたのはまさに驚くべきことであり、永遠の謎でもあるが、航海士には依然として容易には利用できないことを意味した。一五八一年、エリザベス朝時代のイングランドの数学者ウィリアム・ボローは、メルカトル図法に関するメルカトル自身の説明として「両極に向かって緯度の値を拡大しただけだが、陸地に関する著書を読破して得た宇宙誌学の成果を航海術に応用するよりも、うまく適合した」[49]と記している。何世紀にもわたり航海士を悩ませてきた地図製作上の難問を事実上解決したことで、直ちに不朽の名声が約束されていたにもかかわらず、驚いたことにメルカトルにはそのことを説明するつもりはなかったようである。数学的な説明はなかったが、この図法によって宇宙誌学者としての面目は保たれたのであった。

航海のための正角性を維持しつつ、地球の全表面を平らな地図の上にプロットするという古くからの難問を解決しようという野心は、メルカトルにはなかったようである。この時点までのメルカトルの経歴の中で、最高の作品は一五四一年の地球儀であった。地球儀の上であれば、メルカトルは容易に地球の曲率を投影することができたが、これを平らな地図の上に転写する方法については、三〇年以上も悩み続けてきたのであった。しかし、これに関しては興味深い仮説がある。『クロノロジア』で時間を超えて歴史的事象を結びつける作業を長年行ってきたことで、メルカトルは地球の空間内の複数の場所を平らな地図の上でつなぎ合わせる新たな方法をイメージすることができたというのである。一五六〇年代には、メルカトルは年代記研究に没頭していたが、データの編集作業を行うと同時に、最終的には一五六九年の世界地図に結実する投影法を発明したのであった。この二つの作品はわずか数カ月の間に続けて出版されている。『クロノロジア』では、横方向に時間を読み取ることで、信者たちは様々な宗教の事象が存在したことを知ることができたのかもしれない。『クロノロジア』が時代の異なる事象を「正しく」配置したように、メルカトルの新しい投影法では、航海士たちは航程線を利用することで、不正確な直線航法と非実用的な大円航法との「中間」を追求し、空間内の複数の場所を「正確に」つなぎ合わせることで、地球の隅々まで航海することができたのではないだろうか。[50]

メルカトルの初期の作品とは異なり、メルカトル図には皇帝の支援や宗教的な提携、あるいは政治的な制限も見あたらない。皇帝の鷲の紋章や、世界の統治を表明するヨーロッパの支配者に代わって主張された遠方の領土も存在しない。メルカトル図が提示したのは地球の隅々までより正確に航海する方法であったが、キリスト教の指導者たちに向けては、キケロやマクロビウスなどのストア哲学の理念に基づく精神的な平和と調和のビジョンをも示したのであった。メルカトル図には、ほとんど読まれることはないが、パトロンであったヴィルヘルム公爵への献辞が記されている。メルカトルはこれを古典の神々を喚起する調和のとれた宇宙像の中に世界中の人々や国々を描く絶好の機会であると捉え、戦争、飢餓、宗教対立には無関心なキリスト教の影響下にあった人々や国々をも含めたのであった。

最高神ユピテルの高貴なる子孫である正義の女神ユースティティアが永遠に支配する幸福の国々、幸福の王国では、再び王権を手にしたアストライアは神の善意に賛同し、真っすぐに天を仰ぎ、絶対君主の意志に従ってすべてを治め、幸福を探し求めて、不幸な人間が君主の絶対的支配権に服従するように専心するのである。……不信心は、美徳の敵であり、アケロン（嘆きの川）に暴動を引き起こし、憂鬱な混乱をもたらすが、その結果人々は何の恐れも感じなくなるのである。世界の頂点に君臨する善良なる父は、すべてに対して肯定的な命令を下し、自らの行為や自らの王国を決して放棄することはない。賢明な統治下にあるときには、市民は何の危険を感じることもなく、悲惨な戦争やみじめな飢饉を恐れることもない。媚びへつらう者の取るに足らない中傷から、見せかけの行為はすべて一掃される。……高潔な行いはあらゆる場所で友情を呼び起こし、相互の盟約によって人間は王国と神に奉仕することを望むようになる。

メルカトル図に描かれた世界を前に瞑想する者は、宗教的信条を問わず、神への信仰によって「支配」されている限り、宇宙誌学的な視点から見るならば、暴動や対立、世俗的な栄光を追求する破壊行為は束の間の取るに足らないものであることを理解するのである。

投影法のこのような解釈は、むしろ航程線のように、適切に「婉曲化」されているのかも知れない。しかし、メルカトルは再び、一五四〇年代の衝撃的な出来事のあとの暗号のような評論と難解な象徴主義の世界に引きこもったのであった。今日では、メルカトル図を支持する者も中傷する者も、この図を公正な数学的革新として評価する傾向にあり、その神学的で宇宙誌学的な幅広い内容も、メルカトルの人生そのものと同様に、どちらかと言えば偶然の産物であったと考えられている。しかし、メルカトルの経歴からわかるように、一六世紀半ばには、科学と歴史を分けることができなかったように、歴史と地理学を分けることも、地理学と宇宙誌学を分けることも、また宇宙誌学と神学を分けることも不可能だったのである。メルカトルにとって、すべてのものは一つにつながっていただけではなく、究極的には霊的な権威、すなわち、神が作り上げた世界の投影図を含め、あらゆるものを見通していた創造主の下に組み込まれていたのである。

メルカトル図は、自身の存命中には失敗とみなされた。売れ行きは低調で、ウィリアム・ボローをはじめ多くの人々は、メルカトルが自身の作図方法を説明できなかったため、海洋航海にはほとんど実用にならないと非難した。『航法における特定の誤差』という著書の中で、航海士が使用する投影図の変換に欠かせない計算値を一連の数表で提供したのは、英国人エドワード・ライトであった。これにより航海士たちは一七世紀にかけて徐々にこの投影法を採用し始めたのであった。

メルカトル自身は社会的な評価には無関心だったようで、人生最後の三〇年間は『クロノロジア』と世界地図に代表される宇宙誌学プロジェクトの研究に打ち込んだのであった。一五七八年、メルカトルはプトレマイオスの『地理学』を編集して出版している。古代ギリシャの地理学者の地図を、すなわち、ヘレニズム世界の理解に基づく重要ではあるが冗長な地球の概念を、歴史的な奇書として、丹精込めて再現したのであった。この編書によって、古典的地理学者が当時の地図製作に及ぼした影響がわかりやすく示された。これ以降、地図製作者たちは、プトレマイオス図を改定・更新するのではなく、世界を独自の視点から描いた地図を作るようになるのである。メルカトルは、一五九二年に出版された福音に関する研究書『福音の歴史《エヴァンジェリカ・ヒストリエ》』を含め、宇宙誌学に直接関係する神学研究の著作を書き続けた。

メルカトルは一五九四年に亡くなったが、その一年後には、彼の宇宙誌学の集大成がついに出版される。『アトラス、または世界の基本構造および構成された外観に関する宇宙誌学的考察』と題された書籍で、その後『アトラス』と呼ばれることになる、世界初の近代的な地図帳である。一〇七点の世界区分地図から構成されているが、一五六九年に発表したメルカトル図法による世界図は除外されており、このことからも科学的技術革新には関心がなかったことがうかがえる。メルカトルが世界を描くための代替として選んだのは、二半球ステレオ投影法であった。『アトラス』の中でメルカトルは、自身の宇宙誌学における初期の世界地図の位置づけに光をあてている。メルカトルは読者に対して、初期のヨーロッパ地図や一五六九年の世界地図の地理学情報を利用したことを明らかにしている。また、宇宙誌学に目を向けるよう促し、「(宇宙誌学は)教会に関しても政治に関しても、あらゆる歴史の源であり、怠惰な傍観者であっても、(諸国を旅しても何も変わらないことも多い)旅人が長く退屈で金のかかる行為から得る以上のものを学ぶことができる」[51]と、記している。メルカトルは宇宙誌学の真の価値を強調するため、地球の方位ではなく霊的な意識について考察するため、古代ローマのストア派の哲学者セネカも用いたことがある詩人ホラティウスの『書簡集』の一節を引用している。このストイックな視点を展開して、メルカトルは「俗世の無常に浸った魂を呼び起こし、永遠の高みへ至る道を示すため、天の王国との比較を試みた詩人ジョージ・ブキャナンと共に、かりそめに与えられし住処の栄光を真摯に考える」[52]ことを読者に促したのであった。ブキャナン(一五〇六—八二年)は世界的に著名なスコットランド出身の歴史家兼人文主義学者で、ルター派の支援者でもあり、スコットランド女王メアリーとその第一子、のちのイングランド王ジェームズ一世の家庭教師を務めた有名なストア哲学者でもあった。地上と天を地図に描くためのストア哲学的な方法を要約するため、自身の言葉を選ぶのではなく、ブキャナンの詩を引用したのはいかにもメルカトルらしい。

壮大な言葉で形容される誇り高き王国も
宇宙の中ではどれほど小さいかがわかるであろう
我々はこの王国を剣で切り分け、血を流して獲得する
そして、小さな土くれのために勝利を導くのだ
偉大なものかも知れぬが、満天の星空と比べるならば
エピクロスが作り上げた無数の世界の元となった点や種子のようなものである

マクロビウスの『スキピオの夢』で最後にはっきりと記されていたように、ブキャナンは、「人間は宇宙の中のごく狭い空間に限定された存在で、世俗的な栄光の追求は愚かである」と結論している。

栄光を目指し、怒りに震え、恐怖に戦《おのの》き、悲しみに燃え、
剣で富を引き寄せ、炎と毒で敵を襲うことを望み、
そして、人の世は臆病な歓声に沸き上がるが、
宇宙の中では、ほんの小さな部分にすぎない[53]

ホラティウス、セネカ、新たなストア哲学の信奉者であるブキャナンを通して語ることで、メルカトルが推奨したのは、当時の政治や宗教の確執から距離を置くと同時に、より大きな宇宙の調和を受け入れることで精神的な隠れ家を探し求めることであった。宗教改革の神学的対立を客観的な観点から見つめ、より包括的な神の調和の視点を受け入れるために、不寛容を拒否する方法を提示できたのは、宇宙誌学者だけであった。

一六世紀末には、メルカトルの革新的な業績の多くは、二流の地理学者たちによって手際よく市場に売り込まれることもあったが、学術的には時代遅れになりつつあった。一五八三年には、スカリゲルの『時間の修正に関する研究《デ・エメンダチオーネ・テンポールム》』が出版されたことによって、メルカトルの『クロノロジア』はすぐに時代遅れとなってしまった。スカリゲルの若い弟子であったアブラハム・オルテリウスは、一五七〇年にアントワープで既に世界地図帳を出版していた。「アトラス」ではなく、『世界の舞台《テアトルム・オルビス・テラルム》』という題名が使用された。プロテスタント再洗礼派と関連のあった異端の宗教団体「愛の家族」の一員として、オルテリウスはメルカトルよりも自由に自著『世界の舞台』を利用して、世界を記述するにあたっては明確にストア哲学的態度を表明していた（一五七六年一一月、スペイン国王フェリペ二世の軍隊はアントワープを略奪し、およそ七〇〇〇人を容赦なく殺害したが、『世界の舞台』の出版はその六年前のことであった）。オルテリウスの世界地図に描かれた装飾枠内《カルトゥーシュ》の記述には、メルカトルが平和と調和に関して宇宙誌学的な哲学を持っていたこと、世俗的栄光には無関心であったことが、より明確に示されている。装飾枠内《カルトゥーシュ》の記述には、「多数の国々は、この極小の点の中で、武力による分割を行っていたのか。人間の作る境界は何と馬鹿げているのだろうか」と語るセネカの引用や、「永遠を見据えて、宇宙の広大さを理解する者にとって、人の世の出来事において最も重要なことは何であろうか[54]」というキケロの修辞学的な問いかけも含まれている。

メルカトルの『アトラス』は、世界初の近代的な地図帳（限られた内容をそつなくまとめ上げたオルテリウスの出版物よりもはるかに革新的であった）と呼ぶに値するものであり、その後の多くの地図帳にとって手本となる体裁や掲載順を確立した。『アトラス』はよく売れ、名称も定着したが、メルカトルは知る由もなかった。地球は（コペルニクスの新しい地動説によれば、まさしく文字通りに）彼の足下で動いていたのであり、宇宙誌学は学問の頂点を極めたのであった。プトレマイオスの『地理学』もついには主役の座を明け渡したが、古代ギリシャの影響力は一〇〇〇年以上も持続したのであった。メルカトルの宇宙誌学に関する出版物も、かろうじて一七世紀まで生き延びることができたが、プトレマイオスの『地理学』と同様に、歴史的奇書となった。ただし、一五六九年の世界地図は例外であった。

　政治、文化、神学および地理学における変化は、一人の学者では説明しきれないほど急速なものであったため、いわゆる宇宙誌学の危機をもたらしたが、二極分化した宗教界は宇宙誌学者の尊大な神のような視点を容認できなくなるのであった。自然界を描写することが純粋に複雑であるということは、もはや誰一人として説得力のある統合的で包括的なビジョンを提供することができないことを意味した。ジョバンニ・バティスタ・ラムジオ、リチャード・ハクルート、テオドール・ド・ブライなどの謙虚な知識人によって編集された旅行記集や航海記録集は、メルカトルなどの宇宙誌学者の風変りな視点に取って代わるようになった。低地諸国のヨドクス・ホンディウスとウィレム・ブラウ、フランスのカッシニなど、その後の地理学者たちは、支配者層に目を向け、国家予算を使って多くの人員を地球儀や地図帳の製作に従事させ、学者や測量士や印刷業者からなる大きなチームを組織した。[55]宇宙誌学は一連の個別の領域に分割され、神学や道徳に基づく権威は、数学や力学の権威に取って代わられた。

　仮にこの分割が進歩とみなされていたとすれば、俗界と聖界の両方に深い理解を示して、世俗的な対立や不寛容な姿勢を超越する地図製作の能力も、この分割によって低下したであろう。残念ながら、デヴィッド・ハーヴェイが指摘したように、「すべてを宇宙《コスモス》という言葉で理解したルネサンス期の地理学の伝統は破たんした」のであった。宇宙誌学が衰退するにつれて、地理学は「帝国の統治、土地利用や領土権の地図化と計画立案、商取引や国の管理を目的とした有用なデータの収集と分析に、本腰を入れざるを得なくなった」[56]のであった。メルカトルの宇宙誌学の重要度は急速に低下したが、宇宙誌学的な関心によって発想された彼の地図投影法は新しい地理学の中心的役割を果たすようになった。その数学的原理は、国土の状況や拡大しつつあったヨーロッパの植民地の領有権を明らかにするのには最適であった。この投影法は、英国陸地測量局では英国海図に採用され、また、宇宙誌学的なねじれが好適であるということで、アメリカ航空宇宙局（NASA）では、太陽系の様々な地図の描画に採用されている。偉大なる宇宙誌学者は間違いなく認められたのである。

メルカトルは独自の地理学を作り上げたが、それは彼自身の意思によるものではなかった。いまでは有名となったメルカトル投影図法による一五六九年の世界地図は、極めて特殊な力の連鎖によって生み出されたものであった。メルカトルが宇宙誌学を、宇宙における個人の居場所を寛容な調和の視点から想像することを可能にする学問分野、として捉えることができたのもこの地図のおかげであった。結局のところ、このような視点を維持できなかったことが、宇宙誌学の衰退を早める結果となったが、一五六九年の投影図は、ヨーロッパ文明の宗教的不寛容によって形成されたため、ヨーロッパ以外の世界では、むしろ独自の優位性を維持することになるのである。

第8章——マネー

ヨアン・ブラウの『大地図帳』　一六六二年

アムステルダム　一六五五年

一六五五年七月二九日、アムステルダム市庁舎が完成し、祝賀晩餐会には市会議員や要人が多数参列した。オランダの建築家ヤコブ・ファン・カンペンの設計によるもので、完成には七年を要したが、この市庁舎の建築は一七世紀オランダ共和国における最大の建築事業であった。ファン・カンペンの目的は、古代ローマ帝国の遺跡フォロ・ロマーノに匹敵する建築物を造り、近代ヨーロッパ初期の政治・経済の新たな中心として台頭したアムステルダムを世界に知らしめることにあった。著名な学者であり外交官でもあったコンスタンティン・ホイヘンスは晩餐会の席上、委嘱により創作した詩を披露し、市会議員たちを「世界の七不思議に続く八番目の巨大建造物の創建者」[1]としてほめたたえた。

この建物の中心に位置する「ブルヘルザール」と呼ばれる巨大な市民ホールは、驚嘆に値する最も興味深い技術革新の賜物であった。幅四六メートル、奥行き一九メートル、高さ二八メートルの市民ホールは、中央に支柱を持たないホールとしては当時最大のものであった。しかも、一五~六世紀の優れたルネサンス建築の王宮とは異なり、市民ホールは万人に公開されていたのである。これが過去の記念碑的な建築空間とは異なる理由はほかにもある。この市民ホールの主要な装飾は、壁に掛けられるタペストリや絵画ではなく、磨き上げられた大理石の床に平らに埋め込まれた三点の半球図であった（カラー口絵37）。

ホールに足を踏み入れると、最初に目に飛び込んでくるのは地球の西半球図で、二番目に北の天球図、三番目に地球の北半球図と続いている。過去の多くの地図は壁に飾られたり、書籍の中に綴じ込まれたり、所有者によって施錠管理されたものであったが、大理石の床に丁寧に埋め込まれた市民ホールの図像は誰でも見ることができた。アムステルダムでは個人的にあるいは間接的に長距離航海を経験した者も多かったが、アムステルダム市民は誰でも、歩いて地球をめぐるという斬新な感覚を味わうことができたのである。あたかも世界がアムステルダムにやって来たかのようであった。オランダ共和国の中産階級は自信に満ち溢れており、大理石に埋め込まれた半球図の中心に自分たちの街を配置する必要はないと感じていた。彼らにとってアムステルダムは既に世界の中心だったからである。

オランダ人彫刻家ミヒール・コーマンズによって市民ホールの床に埋め込まれた三点の半球図は、その七年前に印刷されたある世界地図を再現したものであった。その地図を製作したのは、オランダの地図製作史上最も偉大にして強い影響力を示したと言われるヨアン・ブラウ（一五九八―一六七三年）であった。ブラウの銅版彫刻による世界地図は、二一枚のシートに印刷された幅三メートル、高さ二メートルほどの巨大なもので、二つの半球が描かれている（カラー口絵40）。独自の投影法を用いて、西と南の大陸を想像に基づいて描いたメルカトルの一五六九年の地図とはかなり異なる。メルカトルとは違い、一六三八年からオランダ東インド会社（正式名称は「連合東インド会社」、略称ＶＯＣ）の公認地図製作者となったブラウは、その地位を利用して、オランダがヨーロッパの東西へ向けて行った五〇年以上にわたる商業航海の記録に加えて、航海士が持つ最新の地図、インドやその先までの航路を記録した海図をいくらでも閲覧することができたのである。ブラウが南米の先端やニュージーランドを正確に描くことができたのもそのおかげであった。

この地図はまた、「ホランディア・ノヴァ、一六四四年発見」と記されたオーストラリア西岸やタスマニア島を示した最初の世界地図でもあった。タスマニア島の名称は、一六四二年一二月にこの地に到達して公式に領有を宣言した最初のヨーロッパ人アベル・ヤンスゾーン・タスマンに由来する。[2]

ブラウのこの地図は、特別な政治的出来事を記念して作られたもので、オランダ独立戦争とも呼ばれている三〇年戦争（一六一八―四八年）と八〇年戦争（スペインとネーデルランド諸州との間の戦争で、オランダ独立戦争とも呼ばれている）を終結に導いたウェストファリア条約において、スペイン代表として外交交渉に臨んだペニャランダ伯ドン・ガスパール・ブラカモンテ・イ・グスマンに献呈されている。この和平条約によって、現在のオランダ北部七州（主としてプロテスタント系）は、現在のベルギー南部地域（従来スペイン人が多数派を占める）から分割され、ネーデルランド連邦共和国として独立することとなり、多数を占めるカルヴァン派の信仰の自由も認められた。新しく誕生したオランダ共和国は、東インド会社とアムステルダムに置かれたその本社機能により、世界経済の中心拠点となった。ブラウの地図は政治的独立を祝うべく市場に投入されたものであるが、条約批准後のオランダによる海上貿易独占を賢明にも予測したものでもあった。[3]

ブラウの一六四八年の地図はおそらく、即座に認識しうる近代的な世界地図として再現された最初の地図と言えるであろう。太平洋の地形に関しては大ざっぱで、オーストラリアの海岸線も未完のままであるが、リベイロの未完成に見える地図やメルカトル図よりも馴染み深い。ブラウの地図の知名度が高かったのは、徐々に蓄積された地理学データに基づいて作られ、一七世紀中頃には、世界の姿についてヨーロッパの地図製作者たちの間で十分な合意が得られていたからであった。しかし、この地図に描かれた六点の挿入図を詳しく見てみると、平和なヨーロッパの新時代や特定の世界図の標準化を称賛しているだけではないように思われる。ブラウは地図上部の左右の隅に、南北の天球図を配置している。二つの図の間の「地球《テラルム》」と書かれたラテン語の表題の下には、別の挿入図がある。これは、何世紀にもわたり古代ギリシャ人とキリスト教徒が信じてきた天動説を覆し、地球が太陽の周囲を回っていることを示した、ニコラウス・コペルニクスの地動説に基づく太陽系を描いたものである。コペルニクスの革新的な著書『天体の回転について』はほぼ一世紀前の一五四三年に出版されていたが、この画期的な地動説を世界地図の中に組み込んだ地図製作者はブラウが最初であった。この点を強調するかのように、地図下部中央の挿入図には一四九〇年当時の世界地図が、左にはプトレマイオスの宇宙が、右にはデンマークの偉大なる天文学者ティコ・ブラーエの「修正天動説」（一五八八年公表）の宇宙が描かれている。

市民ホールの床にブラウの一六四八年の地図を再現するにあたっては、市会議員たちはヨーロッパにおけるルネサンスの終焉を明確に示す新しい世界図を自信たっぷりに作り上げたのであった。彼らは新しい地図だけではなく、地球は（言うまでもなく人類も）もはや宇宙の中心ではないという新しい世界観にも対価を支払っていたのである。これはまた、地理学や地図製作に対する学問的追求が、国と国の商業組織——オランダ共和国においては東インド会社——の中で完全に制度化されていた世界でもあった。

オランダ東インド会社の登場によって、これまでの貿易慣行や市民の関与は商業活動への財政支援に姿を変えた。オランダ東インド会社は「一七人会」と呼ばれる役員会によって管理され、一七州にまたがる六つの支社で構成されていた。オランダ東インド会社は株式会社として、投資により利益を得る機会をオランダ市民に提供した。これは非常に魅力的なものであった。一六〇二年、アムステルダムの人口はわずか五万人であったが、ここに設立された支社には一〇〇〇人もの投資家が出資している。投資家の初期投資に対する平均配当率は二〇パーセント以上で、当初六四〇万ギルダーだった新株引受権は、一六六〇年には四〇〇〇万ギルダーを超えた。オランダ東インド会社の方法は、ヨーロッパの商習慣に革命をもたらし、価格安定策を危険に晒し、過去に例のない貿易の独占を助長した。[4]

このような遠距離貿易に対する資金調達方法の変化は、地図の役割をも変える結果となった。ポルトガルとスペインの両帝国は、航路発見の手段として商業の重要性に着目し、通商院のような組織の設立を通じてこれを標準化することを試みた。このような取り組みは海外での様々な活動と同様に、国王によって管理された。しかし、彼らが製作した地図は常に手書きであったため、残念ながらその発行部数は限られていた。一五イベリア半島には、一五世紀後半から北ヨーロッパで発達した大規模な印刷産業がなかったのである。一五九〇年代に設立されたオランダの営利企業には、スペインやポルトガルのライバル企業が意のままにできた資金や労働力は欠けていたが、地図、海図、地球儀や地図帳に記された最新の地理学情報の照合に関しては、経験豊富な、定評のある多数の印刷業者、彫版師、学者を利用することができた。ヴァルトゼーミュラー、メルカトル、オルテリウスなどの地図製作者は、既に地図製作を収益性の高い事業に育て上げ、権威のある美麗な地図を一般市場で販売して生計を立てることが可能になっていた。オランダの営利企業は、ある商業地から別の商業地に至る最も安全かつ迅速で収益性の高い航路を提供する、手書きの海図や印刷地図のための地図製作者を雇うことで、この地図開発に資金を投入する好機を見出したのであった。また、情報を標準化し、営利目的の協力や競争を促すため、地図製作者のチームを結成するのは道理にかなっていた。

その結果、一五九〇年代初めには、様々なオランダの地図製作会社は競うようにして、海外貿易の展開に有用な地図を営利企業に提供していたのである。一五九二年、オランダ共和国の各州選出の立法代表者からなる連邦議会は、地図製作者コルネーリス・クラース（一五五一―一六〇九年頃）に対して、ヨーロッパの地図であれば一ギルダーで、東西インドの地図帳であれば八ギルダーで、誰もが購入できる各種の海図や壁掛け地図を一二年間にわたり独占的に販売する権利を認めた。一六〇二年、地図製作者アウグスティン・ロベルトはオランダ東インド会社に海図の供給を開始したが、新たに発見された領域を包括的に描いた地図では、一点で七五ギルダーもの高額な請求をすることもあった。[5]地図は比較的収益率の高い商売になりつつあったため、地図製作者たちは彼らを必要とする企業によって、しだいに組織化されていった。金儲けに絡んで、新しい世代の才能ある地図製作者が次々登場した。彼らは、東インド会社のような組織とは独立に活動する商人や航海士に加えて、新たな営利企業の支援者を求めて、ときには協力し、またときには互いに競い合った。ペトルス・プランシウス、コルネーリス・ドーツ、アドリアン・フェーン、ヨアン・バプティスタ・フリンツ、ヨドクス・ホンディウス・エルダーらは、オランダ東インド会社だけでなく、必要に応じて個人にも地図、海図、地図帳、地球儀を販売した。地図は複製されて、具体的な商取引を目的として売買された。[6] ポルトガル人は近代的な地図製作の科学的技法を導入したが、これを産業化したのはオランダ人であった。

新しいオランダの地図では、遠く離れた領土は地図の周縁部でも曖昧に描かれることはなかったが、奇怪な人々で溢れた世界の果ての恐ろしい神話の土地も、たとえ可能であっても除外されることはなかった。その代わり、ペトルス・プランシウスのモルッカ諸島の地図（カラー口絵39）などでは、世界の果てと余白部分は明確に区別された。経済開発の対象として認識された場所には、市場や原材料に基づいて標識がつけられ、居住民の存在は多くの場合、通商上の利益に基づいて特定された。地球上のあらゆる土地が地図に記され、そこでのビジネスの可能性が評価された。新世界は金儲けの新たな手段として定義されたのであった。

当時の関心事を表現した世界地図は、ブラウの一六四八年の地図のように床に埋め込まれることや壁に掛けられることはなかった。世界地図を見ることができるのは書籍の中、正確には地図帳の中であった。一六四八年の地図は、一七世紀最大の書籍の一つとなった偉大なる地図出版に向けて、ブラウが製作した地図の一つにすぎなかった。これこそが、「出版史上最大にして最も美麗な地図帳」[7]と評された、一六六二年出版の『大地図帳またはブラウの宇宙誌学』（以下『大地図帳』と略）であった（カラー口絵38）。本書は、純然たる判型と規模の点において、偉大なる先人オルテリウスやメルカトルの労作を含め、当時流通していたあらゆる地図帳をしのぐものであった。これはまさにバロック様式の製作物であった。初版はラテン語で書かれた三三六八ページを含む一一巻に及び、二一点の口絵、五九四点もの膨大な数の地図を加えると、総ページ数は四六〇八ページとなる。その後、一六六〇年代にはフランス語版、オランダ語版、スペイン語版、ドイツ語版が出版され、地図と文章がさらに追加された。『大地図帳』は、必ずしも世界の最新の地理学調査に基づくものではなかったが、最も包括的な内容であったことは間違いなく、世界の形状と規模やその領域に関する標準的な地理学情報を普及させる主要な手段として、地図帳の形式を確立したのであった。一五世紀後半にプトレマイオスの『地理学』の最初の印刷版が出版されて以来、地図製作者たちは数十年間にわたり、世界をたとえ均等ではなくても一冊の本に（この場合には複数巻に及ぶ書籍だが）まとめ上げることを試みては挫折してきたが、この書籍によってそれがついに実現したのであった。

『大地図帳』は、物質的な豊かさの追求を称賛する一方で、富の保有と浪費を恥ずべきこととして危惧した、オランダのカルヴァン主義者の行動様式（歴史学者サイモン・シャーマがこれを「富めるが故の惑い」[8]と評したことは周知のとおり）の産物とも言えた。本書はまた、美術史家スヴェトラーナ・アルパースが「描写の芸術」と呼んだオランダ特有の視覚的伝統に基づくものであった。すなわち、イタリアルネサンス芸術を形成したある種の道徳的あるいは象徴的な関係性を排除して、人や物や場所を実在のものとして観察し、記録し、定義したい、という強い欲求によって形作られたものでもあった。[9]しかし、『大地図帳』の製作の詳細や、ヨーロッパ随一の地図帳として評価を確立するにあたって、一七世紀前半にブラウ一族が果たした役割から浮かび上がってきたのは、大宇宙における地球の位置づけに関する新しい科学的概念の中で、宗教的対立、知的競争、商業的革新、経済的投資によって特徴づけられた物語の別の側面であった。それは、地理学の役割とオランダの文化および社会における地図製作者の社会的地位の変化であった。この変化を最初にもたらしたのはクラースやプランシウスらで、それをより一層強固なものにしたのがブラウ一族であった。地図製作者はしだいに組織化されていくにつれて、これまでになかった政治的影響力や富を与えられることとなった。その最たるものがブラウ一族であったのは間違いない。

ヨアン・ブラウは、父親ウィレム・ヤンソン（一五七二―一六三八年）から息子ヨアン二世（一六五〇―

一七一二年）までの三代にわたる地図製作者家系の中核をなす人物であった。父親と協力して家業を盛り立ててきたが、三人の息子ウィレム（一六三五―一七〇一年）、ピエタ（一六三七―一七〇六年）、ヨアン二世の代になると地図製作業は徐々に衰退していった。一七〇三年に、オランダ東インド会社がブラウ家の名を冠した地図の使用をやめると、ブラウ家によるオランダの地図製作の支配も終わりを告げた。[10]

『大地図帳』の端緒は、ヨアンの父ウィレムの驚くべき経歴にあった。アムステルダムの北四〇キロメートルほどに位置するアルクマールまたはアイトヘーストに生まれたウィレム・ヤンソンは、「ブラウ・ウィレム」という祖父の愛称から「ブラウ」という姓を名乗るようになったが、この姓を地図に署名し始めたのは一六二一年からのことであった。[11] 裕福ではあったが平凡な商人の家庭に生まれたウィレムが最初に就いた仕事は、地元の鰊《にしん》販売業者の店員であった。しかし、彼には数学に対する向学心と才能があったため、すぐにこの仕事に見切りをつけ、一五九六年にはヴェン島（デンマークとスウェーデンの間に位置する小島）のティコ・ブラーエの下で学んでいた。ブラーエは当時最も革新的で評価の高かった天文学者の一人で、一五七六年にヴェン島に研究所と天文台を設立し、当時としては最も正確な惑星観測を行っていた。観測結果から彼は、自らティコの体系と呼ぶほど自信を持って、修正天動説を提唱したのである。プトレマイオスの天動説とコペルニクスの信念に満ちた地動説との間でティコが提唱したのは、宇宙の中心は地球であり、月と太陽はそのまわりを公転し、他の惑星はさらに太陽のまわりを公転する、という折衷案的な説であった。

ブラウがヴェン島ですごしたのはわずか数カ月間であったが、ブラーエの天体観測に協力し、宇宙誌学と地図製作の基本的な技能を習得していた。[12] ブラウはその後の人生を支える実践的な技能を磨いたが、同時にブラーエの理論も受け継いだため、プトレマイオスの天動説には懐疑的であった。その後数年の間に彼は、ブラーエの一番弟子であったヨハネス・ケプラーが考案した新しい地動説モデルを徐々に受け入れるようになっていった。一五九九年、オランダに戻ったブラウは、ブラーエの恒星目録に基づいて天球儀を製作したが、これは初期の科学的成果物の一つとなった。不思議なことに科学史家たちは、ブラウの天球儀がプトレマイオスの理論に基づかない天球儀としては知りうる限り最初のものである、ということを見落としている。推論的なアプローチよりも経験に基づく研究や実践的な成果を重んずる科学の世界へ乗り出す若者にとって、この天球儀は大きな希望に満ちた船出であった。スペインからの独立を目指して苦闘していた多くの職人、商人、印刷工、芸術家、宗教的反体制者は、特に一五八五年のアントワープ略奪以降、スペインに支配されていた南部の州を離れ、アムステルダムなどの北の都市へ移り住んだ。そのため、北の都市には新しい宗教、哲学、および科学の思想が急速に流れ込む結果となった。一五八〇年代、フランドル出身の数学者兼技術者であったシモン・ステヴィンは、スペインと戦ったオラニエ公マウリッツ率いる軍隊の軍事技術者としてライデンで働き、さらには数学、幾何学、工学に関する一連の革新的な論文をオランダ語で執筆している。ステヴィンは貨幣制度や重量に小数を使用した先駆者で、月の引力によって潮汐が起こることを理解した最初の科学者でもあった。複利計算、三角法、代数方程式、流体静力学、築城術、航海術などに関する様々な著書は、すべて具体的な実践応用を目指したもので、ステヴィンは「理論は常に目標を定めるべし」[13]と記している。天文学では、オランダの改革派牧師フィリップ・ランスベルゲ（一五六一―一六三二年）が、アントワープ略奪以降、北部のミデルブルフに移住して、一連の天文表の作成や地球の運動の観測を開始している。彼の天文表はコペルニクスの地動説を支持するもので、出版されるとすぐに人気になり、ケプラーやガリレオもその後執筆した天文学に関する著作でこれを利用している。改革派牧師ペトルス・プランシウス（一五五二―一六二二年）も北へ逃れアムステルダムに移住した一人で、コルネーリス・クラースなどの地図製作者と共同作業を行っただけでなく、天体観測によって経度の決定を試みた先駆者でもあった。オランダ東インド会社で重用されたプランシウスは、新興の海外市場について助言を行い、新しい星座を命名し、オランダの通商上の利益を支えた一連の区分地図や世界地図にメルカトル図法を採用した。

このような先駆者たちの科学研究の実践的な（特に経済的な）影響力は大きかったが、その中でも最も重要な部分をブラウが見失うことはなかった。彼は、ブラーエやケプラーの新しい科学思想を単に支持するだけでは、生計を維持できないことを理解していたからである。一六〇五年、ブラウはアムステルダムにいたが、そこは科学とビジネスに興味を持つ若者の最終目的地であった。かつてヨーロッパの出版事業の中心地であったヴェニスを引き継いだアムステルダムには、当時二五〇社を超える出版社や印刷会社があったが、ブラウも直ちにその中の一社を立ち上げたのであった。資金は、オランダ共和国では比較的許容されている政治、宗教および科学などの題材に投じられ、各種テーマについてステヴィンやプランシウスなどの著名人が書いた書籍が、ラテン語やオランダ語に始まり、ドイツ語、フランス語、スペイン語、英語、ロシア語、イディッシュ語、果てはアルメニア語に至るまで、驚くほど多数の言語で印刷して出版・販売された。[14]

ブラウはアムステルダムで自身の印刷工房を立ち上げ、詩集のほかに船乗りのための実用的な手引書も出版した。当時良く売れた『航海術の光』（一六〇八年）もそのような一冊で、ブラーエの天体観測を利用してより正確な航海を支援するという実用書であった。ブラウはまた、成長途上にあった新しい地図市場の開拓にも商業的可能性を感じていたが、その後三〇年以上にわたり彼の出版事業は花開くのであった。彼は銅版彫版師を雇って地図を製作していたが、息子のヨアンが成長すると編集の権限を徐々に委譲していった。ウィレムは需要が確実にあった地図のみを出版した。最も人気が高かったのは、世界地図、ヨーロッパ地図、四大陸地図のほか、オランダ共和国、アムステルダム、スペイン、イタリア、フランスの地図であった。ブラーエから学んだ数学的地図製作法を理解し、新しい科学には共感を示していたが、ウィレムは世界初の最も優れた起業家でもあった。およそ二〇〇点の地図を出版したが、実際の製作者として署名を入れた地図は二〇点に満たない。

ブラウは、自身が優れた地図印刷工であることを立証するためには、競争相手であるプランシウス、クラース、ドーツ、ロベルトなどの作品を超える質の高い世界地図を製作しなければならない、と実感していた。一六〇四年にブラウは、それぞれの投影法で明確に異なる少なくとも三点の世界地図を出版する計画を立てていた。既に流通している地図を複製して修正を加えるため彫版師を雇い、単純な円筒図法による世界地図に始まり、次に平射図法による世界地図を、最後には一六〇六―七年にかけて、メルカトル図法により四枚のシート上に美しく刻まれた世界地図を出版した。この地図は現存せず、質の悪い写真のような複製でしか残っていないが、一七世紀オランダの地図製作史上で最も重要な世界地図の一つとなっている。メルカトル図法が使われていることからプランシウスの影響が認められると同時に、この地図は、一七世紀初頭のオランダ共和国における政治的、経済的および民族学的な関心事を百科事典的に描写したものとなっている。

地図に表現されている世界は、印刷面の上半分を占めている。地図のさらに上には、当時最も力のあった(トルコ、ペルシャ、ロシア、中国の皇帝を含む)一〇人の皇帝たちの騎乗する姿が描かれている。左右の境目には、西のメキシコから東のアデンとゴアまで、二八カ所の世界の主要な街や都市の地形図が描かれている。地形図と並ぶように、また地図の下端には、三〇点に及ぶ各地域の原住民の姿が描かれている。その中には、ブラウの想像による民族衣装をまとったコンゴ人、ブラジル人、インドネシア人、中国人も含まれている。枠に収められた世界地図の左右と下方には、様々な歴史上の舞台や人物を描写したラテン語の説明文が記されている。[15]

『ウィレム・ヤンセンの新世界地図――斯界最高の地図製作者から借用したデータに基づく』という題名からも、ブラウがどのようにして地図を構成したのかをうかがい知ることができる。多数の説明文の中には次のような一節もある。「ポルトガル人やスペイン人ならびに我が国の同志によって提供されている最高の海図を複製し、その後の発見をすべて含めるのが適切であろう。装飾を目的として、また見る者の目を楽しませるために、地図の周囲には、いま世界を支配している最も力のある一〇名の国王、世界の主要な都市、

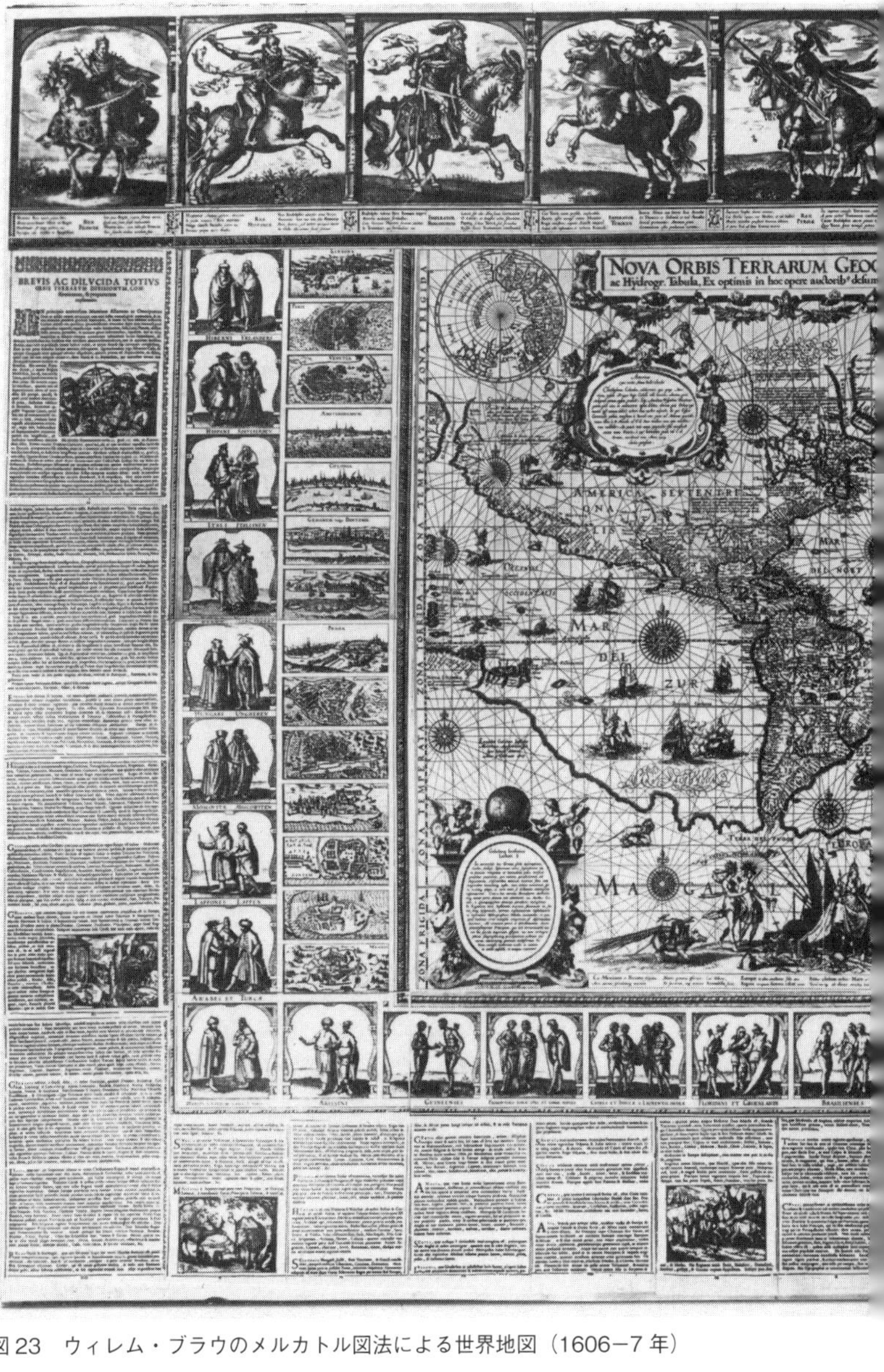

図 23　ウィレム・ブラウのメルカトル図法による世界地図（1606−7 年）

多種多様な民族衣装の絵を描いた」とブラウは記している。メルカトル図法の適用についてもブラウは念入りに説明を行い、「地球の南北部分は平面上に表現することができない」ことを認めている。広大な南の大陸の大部分が推測によるものであるのも、南極大陸とオーストラリア大陸に領土が描かれていないのも、メルカトル図法を使用したためである。地図の左右に丹念に描かれた楕円形の装飾枠《カルトゥーシュ》の中には、数学的投影法について説明が記されている。また、地図の下方には、威儀を正して臣民からの献上品を受け取る女神エウロパの姿が描かれ、さらにその下にはこの場面を説明する韻文が記されている。

> メキシコ人は金のネックレスを、ペルー人は輝く銀の宝飾品を誰に献上するのか。アルマジロは皮革やサトウキビや香辛料を誰のもとへ運ぶのか。その相手は、王位を継承した、足下の世界の最高の支配者エウロパ。地上の戦いと海上の冒険において最も強力で、あらゆる富を所有するエウロパである。おお、女王よ、幸運なインド人が金と香料を運んでくるのも、アラブ人がバルサム樹脂を運んでくるのも、ロシア人が毛皮を贈るのも、その東の隣人がドレスに絹の装飾を施すのも、すべてエウロパのためである。最後に、アフリカは高価な香辛料とかぐわしいバルサムをもたらし、輝く白い象牙でエウロパを美しく飾り、ギニアの褐色の人々は大量の金をつけ加える。[16]

世界の帝国の景観、世界の大商業都市、様々な人々を描いたブラウの地図は、オランダ共和国の新しい商業規範を反映したものであった。地図に描かれた既知の世界の範囲は、貿易を擬人化したエウロパから、世界の卓越した大陸としてエウロパを美しく飾り立てる品々を提供するアフリカやメキシコ人に至るまで、商業の可能性についてあらゆる場所と人々を評価したのであった。

一七世紀オランダでは、あらゆるジャンルの画家が室内装飾画や静物画の中に地図や海図や地球儀を描いていた。したがって、ブラウの地図がいつごろまで描かれていたのかがわかれば、これがどの程度まで成功したのかを知ることができる。とりわけ、ヨハネス・フェルメールほど地図に魅せられた画家はいない。現存するフェルメールの絵画では、少なくとも九点の作品で壁掛け地図や海図あるいは地球儀が丹念に描かれており、評論家をして「地図偏執狂の画家」[17]と言わしめるほど、精緻な細部が再現されている。フェルメールの『地理学者』と題された一六八八年頃の作品には、地図製作に没頭する若者とその周囲に散乱する地図製作の資料等が描かれている。背景のキャビネットの上には地球儀が置かれ、壁にはウィレム・ブラウが一六〇五年に発行した『ヨーロッパの海図』と同一と思われる海図が掛かっている。一六五七年頃に描かれた初期の作品『兵士と笑う女』では、フェルメールは女と兵士のいる家庭のシーンの背景として、壁に掛けられたオランダと西フリースラントの地図（西を上にして配置されている）を描いているが、あたかもこの地図が絵のモチーフであるかのように見る者の目を惹きつけている（カラー口絵41）。フェルメールはこのほかにもオランダの地図製作者による様々な地図を利用している。その中には、ヒューイック・アラート（活躍期一六五〇―七五年頃）とニコラウス・ヴィッシャー（一六一八―七九年）による一七州の地図、ヨドクス・ホンディウス・エルダー（一五六三―一六一二年）によるヨーロッパの地図も含まれている。他の画家もフェルメールと同様に地図に興味を示している。ニコラース・マース（一六三四―九三年）とヤコブ・オクテルフェルト（一六三四―八二年）も作品の中に地図を描いているが、フェルメールのように異常なまでに正確に描いているのはまれである。『兵士と笑う女』で再現するオランダの州の地図の選択にあたって、フェルメールは同時代の芸術家にならって、独立まもない共和国が政治的にも地理的にも統一されたことを誇りに思う一般市民の気持ちを表現しようとしたのであった。

フェルメールはこの地図を題名まで極めて正確に描写しているため、これが同時代の有名なオランダの地図製作者バルタザール・フローリス・ファン・ベルケンローデの作品であることまで容易に特定されている。

一六二〇年、オランダ連邦議会はベルケンローデに対してこの地図の出版権を承認したため、彼はこれを一部一二ギルダーで販売している。一七世紀には印刷特権があり、一定の期間特定の文章や画像の複製が禁止されたが、これは現在の著作権に最も近いものであった。印刷特権の侵害は相当額の科料によって罰せられることがあり、しかもその制裁措置は連邦議会によって強制的に行われた。したがって、印刷特権は事実上、印刷物の内容が政治的に保証されたことを意味した[18]。しかし、特権が認められたからといって商業的な成功が自動的に保証されたわけではない。ベルケンローデの地図は愛国心に訴える体裁であったにもかかわらず、販売記録によれば、さほど人気になったわけではなく、一六二〇年版の複製は現存していないことがわかっている。売れ行きに失望したためか、ベルケンローデは一六二一年にこの地図の銅版と出版権をウィレム・ブラウに売り渡したが、ブラウはこの地図でより大きな成功を収めたようである。彼がベルケンローデを説得して北の領域をより正確に作り直させたところ、この地図は一六二〇年代に徐々に人気を博すようになった[19]。ブラウは出版権が切れる一六二九年までこの地図の複製を行ったが、この版にはブラウの名前が記されている。フェルメールが絵の中に再現したのもこの版であった。ブラウはこの地図の設計や彫版には関わっていなかったが、署名を入れることによって実質的に自身の地図としたのであった。一六五〇年代後半にこの地図を描いたときには(その後一五年の間に二回描いているが)、フェルメールもこの事実を知っていたに違いない。このような版の流用の例はブラウが最初でもなければ最後でもない。ブラウの息子も商売上有利になると判断したときには地図を流用している。このようにしてブラウ家は事業を成功に導いたのであった。

一六二〇年代も終わりに近づくと、ブラウはアムステルダムでも一、二を争う印刷会社兼地図製作会社の一つとなっていた。ブラウの成功の背景には、彫版師、科学者、実業家としての才能があった。ライバルの多くが持ち合わせていなかったこれらの才能を、ブラウはバランスよく備えていたのである。極めて美麗にして正確な銅版地図を作ることができたのは、この才能に加えて、ブラウ自身がオランダ共和国の歴史上初期の特に重要な時期に登場したことも幸いしている。クラースやブランシウスなどのライバルよりも少し若かったブラウは、一六〇九年にスペインとオランダ共和国との間で合意した一二年間の休戦によってもたらされた事業の機会を活かすことができたのである。この休戦により束の間ではあったが、共和国はスペイン軍や政治的対立から解放され、国際貿易を続行することが可能となった。しかし、休戦に調印するという決定は大きな議論を巻き起こし、不幸にも、休戦に反対するネーデルランド連邦共和国の総督（実質的には国の首脳）オラニエ公マウリッツと、休戦を支持するホラント州法律顧問ヨハン・ファン・オルデンバルネフェルトは、袂を分かつこととなった。休戦調停によって最初は経済的繁栄がもたらされたが、その後連合州は二つの陣営に分かれて対立した。両陣営の違いは、カルヴァン主義者（概してマウリッツとオランダ東インド会社の多くの役員たちによって支持された）と、これに敵対したアルミニウス主義者（オルデンバルネフェルトによって支持された）との間での複雑な神学上の分裂によって際立つこととなった。アルミニウス主義者は「レモンストラント派」とも呼ばれたが、この名はカルヴァン主義との神学上の違いを正式に記述しようと試みた「嘆願書《レモンストラント》」に由来する。緊張が高まり両陣営の戦いが始まると、一六一八年六月マウリッツはユトレヒトに進攻した。オルデンバルネフェルトは逮捕され、オランダ東インド会社の役員であり、筋金入りのカルヴァン主義者で反レモンストラント派であったレイニール・パウによって法廷で裁かれ、一六一九年五月ハーグで斬首された。

ブラウは気がつくとこの論争では非難される側にいたのである。ブラウはメノー派運動の真っただ中で生まれた。メノー派は一六世紀に誕生した再洗礼派の一分派で、個人の精神的な責任と平和主義を重んずる伝統を有している。ブラウの信条は断固たる自由主義であったため、彼の友人にはレモンストラント派も「ゴマルス派」（オランダの神学者フランシスカス・ゴマルス（一五六三―一六四一年）の名に由来する）も多数いたのであった。反レモンストラント派が必死になってオルデンバルネフェルトを裁判にかけたように、オランダ東インド会社は、自社の航海日誌、海図および地図の描画や訂正の責任を負う公式地図製作者を任命することによって、オランダの海外商業航海に関連する地図の流通を制限しようとしていた。ブラウも間違いなくその候補に挙がってはいたが、彼の政治的および宗教的信条からすると、反レモンストラント派が圧倒的に多いオランダ東インド会社がブラウを任命することは到底ありえなかった。代わりに弟子のヘッセル・ゲルリッツが任命されたが、役員たちは師であるブラウよりも政治的に安全な選択肢であると考えたのであった[20]。

一六二〇年代には、ブラウは息子のヨアンの助けを借りて引き続き事業を拡大した。二〇年代の終わりには、地図製作の範囲をさらに拡大し始めていた。一枚ものの地図に加えて、地球儀、複数枚からなる壁掛け地図、旅行記の製作で有名になると、事業を地図帳の分野にも拡大し、一七世紀の熾烈な地図製作競争の口火を切る買収を行い、最終的にはヨアン・ブラウの『大地図帳』の製作に至るのであった。一六二九年、ブラウは直近に亡くなったヨドクス・ホンディウス二世の遺産から約四〇枚の銅版地図を取得した。ホンディウス自身も父親の代から始まる地図製作者一族の一人で、オランダ東インド会社への初期の地図供給業者の一つでもあった。一六〇四年、ヨドクス・ホンディウスはライデンのオークションで、「かなりの大金」を支払ってメルカトルの遺族から『アトラス』の銅版を購入している。これはホンディウスの見事な戦略で、その後二年も経たないうちに『アトラス』の改定・更新版をアムステルダムで出版したのである。新版には一四三点もの地図が掲載された。うち三六点が新規追加されたものであるが、ホンディウスの作はわずかで、多くは他の地図製作者から入手したものか、オランダ連邦議会に献納された地図であった。ホンディウスの編集により原本であるメルカトルの『アトラス』のデザインや品位は損なわれたが、偉大なる地図製作者メルカトルの名で（製作され）取引されたことによって、ホンディウスはすぐに経済的な成功を収めた。新しい地図帳は大人気となり、ホンディウスは一六一二年に亡くなるまでのわずか六年の間にラテン語、フランス語、ドイツ語で合計七つの版を出版している。[21]メルカトルの死後二〇年近くが経過していたが、ホンディウスは『アトラス』の巻頭ページに、ホンディウス自身とメルカトルが向かい合って座り、一対の地球儀を前に楽しげに作業する姿を描いた絵（カラー口絵42）を挿入するよう指示している。これらは今日『メルカトル＝ホンディウスのアトラス』という名で知られているが、包括的な地図帳と呼ぶには程遠く、追加された地図の品質もまちまちであった。しかし、メルカトルの版権を独占できたおかげで、当時最も人気の高い地図帳になったのである。唯一競合したのはオルテリウスの『世界の舞台』（一五七〇年）であったが、これは改訂されていなかったため、ひどく古めかしく見えたのである。競争相手になる可能性はあったが、新しい地図を一五〇〇点近くもゼロから作り上げてホンディウスの『アトラス』に対抗するには、あまりにも費用がかかりすぎるのであった。

一六一二年にホンディウスが亡くなると、地図製作の事業は未亡人となったコレッタ・ファン・デン・ケールと二人の息子ヨドクス・ホンディウス二世とヘンリクス・ホンディウスによって引き継がれた。一六二〇年頃、兄弟は仲たがいしたため、別の道を歩むこととなった。ヨドクスは新しい地図帳の準備に取りかかり、一方、ヘンリクスは、義兄弟のヨハネス・ヤンソニウスと共同事業を開始した。[22]しかし、ヨドクスは新しい地図帳を出版できぬまま、一六二九年わずか三六歳で急死した。ブラウはこれを好機と捉えた。ホンディウスの地図帳は市場を席巻していたが、家族が仲たがいしたため、その後の版に新しい地図を組み込むことができず、出版事業は実質的に停止していた。ホンディウスの家族は遺産をめぐって争っていたため、ブラウはヘンリクスの新しい地図を手に入れて、自身で対抗する作品を作り上げる絶好の機会と考えていたのである。

ブラウがこれらの地図をなぜ入手できたのかは謎だが、どのように利用したのかはわかっている。ブラウの最初の地図帳は『アトラス・アペンディクス』と題されて一六三〇年に出版されたが、文字通りメルカトルとホンディウスの地図帳を補足するもので、六〇点の地図が掲載されていたものの、ほとんどがヨーロッパの地図で、アフリカとアジアに関しては何もないに等しかった。六〇点の地図のうち少なくとも三七点はホンディウスによるものであったが、彼の名は消され代わりにブラウの名が刻印された。かなり大胆なやり方だが、さらに驚くのは、読者に向けた序文でもブラウはホンディウスの地図に対する謝辞を全く述べていないという点である。ブラウはオルテリウスとメルカトルの作品が先行するものであることは認めたうえで、「本書の中のいくつかの地図は『世界の舞台』または『アトラス』で、あるいはその両方で公表されたものであるが、我々はさらに大きな努力と配慮と正確性をもって、これらの地図を別の形態、別の外観に作り変え、拡張し、補足しているため、これらの地図はほとんど新しい地図と呼んでもよい、と認識している」と記している。ブラウは、自身の地図が「努力と誠実さと正確な判断の賜物である」と仰々しく結論しているが、あまりにも誠実さに欠けるため滑稽に聞こえるほどである。[23]

ブラウの不誠実な行動の理由の一端は、長きにわたるヤンソニウスとの商売上の対立の歴史にあった。一六〇八年には既に、ブラウはホラント州とウェスト・フリースラント州に対して、自身の地図の海賊版が出回った場合には、海賊版による収入の損失について保障を求める嘆願を行っていた。ヤンソニウスは一六一一年にある地図を出版しているが、これがブラウの一六〇五年の地図に酷似していたことでヤンソニウスは大きな痛手を被ることになったのである。[24] 一六二〇年、ヤンソニウスは再び攻撃を仕掛けた。今度はヨドクス・ホンディウス一世の義理の兄にあたるピーテル・ファン・デル・ケールがデザインした銅版を用いて、ブラウの『航海術の光』の複製を印刷したのである。この本に関するブラウの出版権は既に切れていたため、ヤンソニウスの目に余る海賊版に対抗して自著を守るには、莫大な費用をかけて航海士のための新しい手引書を出版する必要があった。[25] 一六二九年まで、ブラウが出版事業でヤンソニウスに勝てなかったのは、ヘンリクス・ホンディウスがヤンソニウスを支援していたためかもしれない。『アトラス・アペンディクス』の出版でライバルに対して大勝利を収めたことで、ブラウは個人的にある程度満足したが、これによって二つの一族の間での事業的な対立はさらに拡大され、その後三〇年以上にわたって続くことになるのであった。[26]『メルカトル―ホンディウスのアトラス』と同様に、ブラウの『アトラス・アペンディクス』も取り扱っている地理学的な範囲や印刷の質に関してはバラツキがあった。それでもこの地図帳はすぐに成功した。ホンディウスのものとは異なる新しい地図帳を購入して調べてみたいと思う裕福な一般市民がいたからであった。ヘンリクス・ホンディウスとヨハネス・ヤンソニウスが愕然としたのも無理はない。自分たちの支配してきた市場が、亡き親族が作った地図を載せた地図帳によって脅かされ始めたからである。しかし、彼らも一六三〇年の後半には、地図帳に付録をつけて出版することで応戦した。その後、一六三三年に新たに増補した『メルカトル―ホンディウスのアトラス』のフランス語版を出版した際には、ブラウの『アトラス・アペンディクス』はヨドクス・ホンディウス二世の地図帳の地図を、複製による「古地図の寄せ集め」にすぎない、として直接攻撃したのであった。[27]

拙速に印刷されたブラウの地図帳に対するホンディウスとヤンソニウスの批判は全く正しかったが、それは彼ら自身の地図帳にもそのままあてはまるのであった。両者の不毛な競争からわかったのは、簡単な修正を施した古地図とにわか仕立ての海賊版の地図で構成された地図帳では出版は継続できないということであった。全く新しい地図帳を作るには、オランダ東インド会社が東南アジアの海図に手書きした発見など、最新の発見を盛り込んだ最新の地図を含めることが必要であった。しかし、このような事業には（熟練した技能、作業時間、膨大な量の関連文書への）巨額な投資に加えて、最新の航海情報を入手することが必要であった。一六二〇年代後半になると、政治・経済の状況が変化して、ブラウはライバルに対して優位な位置に立つようになった。反レモンストラント派の力がしだいに衰え、ブラウの協力者であったレモンストラント派が市当局においても東インド会社においても新たに支持されるようになったのである。その中にはブラウの親友ローレンス・レアルもいた。アムステルダム市で最も強い力と影響力を持った人物の一人で、神学者ヤーコブス・アルミニウスと姻戚関係にあり、東インドの前総督でもあり、オランダ東インド会社の役員でもあった。[28]

ブラウを取り巻く力関係は、一六三二年に最大の転機を迎えた。ヘッセル・ゲルリッツが亡くなり、オランダ東インド会社公認地図製作者のポストが空白となったのである。一六一九年にはブラウがこのポストに任命されることは考えられなかったが、一六三二年には望みさえすれば彼のものになったのである。一六三二年一二月、レアルを始めとするオランダ東インド会社の役員たちがこのポストへの就任を要請すると、ブラウは二つ返事で了承した。一六三三年一月三日、ブラウはオランダ東インド会社公認地図製作者に正式に任命された。ブラウとの契約書には、東南アジアまで航海するオランダ東インド会社航海士による航海日誌の記録管理、会社の所有する海図や地図の訂正および更新、「信頼できる」個人への地図製作の依頼、極秘事項の管理について責任を負い、これらの業務および自身の地図製作任務に関する報告書を年二回役員会に提出することが明記されていた。その見返りとして受け取った給与は年間三〇〇ギルダーである。同等の公務員と同じささやかな金額であったが、海図や地図を作成するたびに会社から個別の報酬を受け取ることができたのであった。[29]ブラウはオランダ共和国の政治・経済政策の中心に身を置いていたため、オランダの地図製作業界においても前例のない力と影響力のある地位を手にしたのであった。

ブラウはこの職にあっても、市場の独占を目論んで、「新規に製作される銅版と詳細な説明文によって完全に更新」される『新地図帳《ノーバス・アトラス》』（出版予定が告知されていた）に取り組んでいた。ブラウの『新地図帳』は一六三四年に発行され、少なくとも一六三一年から父親の仕事を補助してきた息子ヨアンの名が記された最初の地図帳となるはずであった。しかし、残念ながら『新地図帳』は最終的に出版されることはなかった。

一六一点の地図が含まれていたが、過去に公表されたものが過半数を占め、九点は未完成の状態で、五点は公表予定ではなかったからであった。[30] オランダ東インド会社の公認地図製作者としての職務と、競争相手よりも先に地図帳を出したいという焦りがミスを招いたのであろう。

しかしながら、オランダ東インド会社公認地図製作者に任命されたことで、ブラウは地図帳の範囲を拡大できるという自信とそのための道具立てを手にしたのであった。一六三二年に亡くなったゲルリッツの遺産の中には、インド、中国、日本、ペルシャおよびトルコの銅版六枚が含まれていたが、これらはいずれもオランダ東インド会社が貿易と地図製作に追われて経済的に神経過敏になっていた地域であった。オランダ東インド会社にはこれらの銅版を実質的に会社の所有物とする権限があったが、ブラウはおそらくゲルリッツの遺言執行人の一人であったレアルの助けを借りて、これらの銅版を自身で使えるようにしたのである。一六三五年、ブラウはさらに大きな地図帳を出版した。二〇七点の地図を掲載した二巻からなる地図帳で、新規作成された地図を五〇点含み、包括性をうたい文句にすることができた。ブラウは、「我々は世界全体、すなわち天空と地球を二巻のうちの一巻に記述するつもりである。これに続いて地球についての巻もまもなく出る予定である」[31] と序文に記している。この地図帳ではゲルリッツのインドと東南アジアの地図が複製されているが、上端と左隅に装飾枠《カルトゥーシュ》を描き、右隅には子どもの天使たちが航法計器で遊び、一対の羅針盤を用いて地球儀の上に航路を記録している場面を追加しただけのものであった。左の装飾枠の中には、この地図がほかならぬローレンス・レアルに献呈されたことが記されている（カラー口絵43、44）。

このような策を弄していることから、ブラウが何としてでも地図帳の市場で優位に立ちたかったことは間違いないが、彼の動機は必ずしも単純明快ではなかった。地動説に対するカトリック教会の異端審問ではガリレオ・ガリレイに有罪が下されたが、その後一六三六年に、オランダのある学者グループは、このイタリア人天文学者をオランダ共和国に亡命させる計画を目論んだ。この計画を提案したのは、優れた法学者であり外交官でもあった（レモンストラント派の支持者でもあった）フーゴー・グロティウスであった。グロティウスの著書の出版を手掛けたこともあったウィレム・ブラウは、ローレンス・レアルと共にこの計画を熱狂的に支持した。地動説を信じていたかどうかは別として、三人の男たちはいずれもこのような招きを申し入れるにあたって、経済的なメリットを提示したのであった。航海術に関する著述もあるグロティウスがガリレオをアムステルダムに誘い出そうとしたのは、新たな経度測定方法がオランダ東インド会社にもたらされることを期待してのことで、成功していれば、オランダは国際航海で完全な優位に立つことができたであろう。[32]ブラウのやや反逆児的な知的信念は、新規事業のチャンスを見抜く眼力と表裏一体のものであった。ガリレオは世界を展望する新たな視点を提示したが、それはまた、ブラウが一六三〇年代の地図出版に決定的な競争力をもたらしうると予測した視点でもあった。ガリレオの健康問題（異端審問による軟禁刑も間違いなく理由の一つであるが）により、ヨーロッパ有数のカルヴァン主義社会への衝撃的な亡命は不可能となったため、最終的にこの計画は水泡に帰した。

　計画は失敗したが、力を蓄えつつあったブラウにはほとんど影響はなかった。一六三七年には、アムステルダム西側ヨルダン地区のブルームグラハトにある新しい建物に印刷所を移転し、ここを拠点として一族の事業は染色や絵画にまで拡大していった。印刷用鋳造設備と地図製作専用機六台を含む九台の活版印刷機を備え、新しい建物はヨーロッパ最大の印刷所となった。残念なことに、ウィレム・ブラウがヨーロッパ最大の印刷業者としての名声を享受できたのはわずか一年にすぎなかった。ウィレムは一六三八年に亡くなり、一族の事業は息子のヨアンとコルネーリス（一六一〇—四二年頃）に継承された。

　オランダ共和国で印刷と地図製作をほぼ完全に支配したブラウ一族台頭の第一段階は、ウィレムの死によって終わりを告げた。彼はアムステルダムで印刷と地図製作の最前線に身を置くことによって自身の運命を切り開いてきた。ウィレムの世界地図と航海手引書は過去の地理学者の類書をしのぎ、出版した地図帳はオルテリウスとメルカトルの地図帳に戦いを挑むものであった。彼は地図製作を一国の政治や経済政策の中心に据える道を開き、ついにはオランダ東インド会社に職を得るに至り、地球はもはや宇宙の中心に位置していないという地動説の世界を示す地図や書籍を出版したのであった。しかし、ヨアンとコルネーリスにとって、出版事業の急場をしのぎ、ホンディウスとヤンソニウスとの競争を勝ち抜き、さらには継続中のオランダ東インド会社の業務の要求に応えるためには、競争相手が参入してくる前に父の遺した功績を確固たるものにする必要があった。

ウィレムの死後、不可解なことにヘンリクス・ホンディウスが義兄との地図帳製作から手を引き、ヤンソニウス一人が地図製作を継続することになったという知らせがもたらされ、ヨアンとコルネーリスの事業に弾みをつけることとなった。一六三八年一一月、ヨアンがオランダ東インド会社の公認地図製作者として父親の職を引き継ぐことが確定すると、ブラウ一族の地位はさらに強固なものとなった。ウィレムの在任中、アムステルダムとバタビア（現在のジャカルタ）にあったオランダ東インド会社のインドネシア本社との交易量が増すにつれて、この職の重要性も増していった。ヨアンが任命された頃には、オランダ共和国の商船隊は二〇〇〇隻に達し、ヨーロッパのどの国の海運力をもしのぐものとなった。総輸送量約四五万トン、およそ三万名の商船隊員を擁し、オランダ東インド会社は毎年およそ四〇〇〇万～六〇〇〇万ギルダーの投資資金を集めていた。当時、収益は増大の一途をたどり、その市場は香辛料、胡椒、織物、貴金属、象牙や陶磁器などの贅沢品、紅茶やコーヒーにまで拡大した。一六四〇年代には、毎年一〇万トンの物資が東へ向けて送り出され、一七世紀末までにはおよそ一七五五隻の船と九七万三〇〇〇人を超える人々がアジアに送り込まれた（そのうち一七万人は途上で亡くなっている）[33]。

どの船もテセル島からバタビアまで航海するには地図と海図が欠かせなかった。艦長、航海士長、航海士にはそれぞれ九点の海図一式が支給され、夜勤の船員にも数点の海図が支給された。これらの海図はすべてブラウと彼の助手が製作したものであった（カラー口絵45）。第一の海図にはテセル島から喜望峰までの航路が示され、第二の海図にはアフリカ東海岸からジャワ島とスマトラ島を隔てるスンダ海峡までのインド洋が描かれている。第三の海図は大きな縮尺でインドネシア諸島を示したもので、これにスマトラ島、スンダ海峡、ジャワ島などの海図が続き、最後はバタビア（ジャワ島のバンタムを含む）の海図で終わる。各セットには地球儀、説明書、航海日誌、白紙のほか、海図を保管するブリキの筒まで付属していた。海図が流出するのを防ぐため、オランダ東インド会社は航海終了時に返却されなかった海図については弁済するように命じた。

ブラウは公認地図製作者の任にあったため、オランダ東インド会社船の夜勤船員から役員に至るまであらゆる人々とのつながりができ、会社の方針決定にも関与するようになった。オランダ東インド会社の各船の船長および船員は、東インドに至るまでの間に記した航海記録、航海日誌、地形スケッチなどを提出することになっていたため、ブラウはアウデ・ホーフストラートにあった東インド会社に保管する前にすべての記録を確認し、承認しなければならなかった。ブラウは読んだ内容に基づいて、その後の完成される地図のひな形となる「レガー」と呼ばれる海図を描いた。これらの海図は、簡単で概略的なものであるが、最終の地図で使用できるように同一縮尺で描かれた。これらの海図には必要に応じて新しい資料が盛り込まれ、オランダ東インド会社のすべての航海士が使用する標準的な海図セットの基礎となった。羊皮紙の上に海図を手描きするため、多いときには四名の助手が雇われた。印刷ではなく手描きされたのは詳細な情報が一般市場に出回るのを避けるためで、羊皮紙に書かれたのは長い船旅に耐えるものとするためであった。この方法で海図を製作すると、原図を迅速かつ精巧に更新することが可能であった。原図に針で穴を開けることで新しい海岸線や島を描き、それを真っ白な羊皮紙の上に重ね、煤をまぶすのである。煤を取り除くと、新しい羊皮紙上には針穴を通過した煤のシミが残る。ブラウの助手たちが丹念につなぎ合わせることで、より正確な新しい海岸線の描写が形成されたのである。[34]

必要な費用はかなり高額であった。ブラウが作成した新しい地図は一点あたり五〜九ギルダー（小さな絵画一点の価格に相当）で、新しい海図一式を装備するには一隻あたり少なくとも二二八ギルダーの費用を要した。ブラウの原価は海図一点あたりせいぜい二ギルダーであったため、彼には少なくとも一六〇パーセントの莫大な利ザヤがもたらされた。損傷や紛失を免れた少数の海図から、返却され再利用された海図の数や、ブラウがどれくらいの頻度で海図を更新しなければならなかったのかを推測するのは不可能であるため、確定的な数字ではないことは言うまでもない。しかし、彼の役職が実入りのよいものであったことは間違いない。一六六八年には、ブラウは会社に対して二万一一三五ギルダーという巨額の請求を行っている。彼の年間給与は五〇〇ギルダーで、これは当時の大工の棟梁の年収（アムステルダムでの家一軒の平均的な建築費）にほぼ等しいが、これと比べると驚くべき金額である。おそらくこの請求額には海図だけでなく、外国の要人に見せるための地球儀や手描き彩色された地図など、大きく豪華な品物の金額も含まれていたものと思われる。一六四四年には、マッカサル（現在のインドネシア）の王に贈呈された巨大な手描き彩色の地球儀の製作に関して、ブラウには五〇〇〇ギルダーが支払われている。また、その他の記録によれば、地球儀、地図帳および装飾地図に対して数百ギルダーから数万ギルダーが支払われている。[35] これとは対照的に、ブラウの助手への支払いは安かったようである。助手の一人、ディオニソス・ポールスは、ブラウがオランダ東インド会社の役員に一〇〇ギルダーを請求したインド洋の地図を描いたが、受け取ったのは「雀の涙」ほどの金額にすぎなかったと不満を漏らしている。[36]

ブラウを任命したことで、公的な独占権と私的な事業との間で一風変わった帳尻合わせが必要となったが、それがオランダ東インド会社のやり方の特徴でもあった。役員たちは、海図は会社が独占的に保有する資産であり、その製作方法は機密であると主張したが、新たに発見された地理学上の知見を他の個人的な印刷事業に転用することについては、ブラウにかなりの裁量権を与えていた。会社は航海の方法を変更しようとしていたが、地理学上の知見からブラウはこの変更を阻止することができた。一六五〇年代から六〇年代にかけては、役員たちは標準化された航海マニュアルの印刷を提案し、ブラウもこの議論に参加したが、彼はその決定について終始言葉を濁していた。その理由は、単にこのような構想に興味がなかっただけでなく、『大地図帳』の製作に取り掛かっていたからであった[37]。

オランダ東インド会社でのブラウの役職は、莫大な経済的利益をもたらしただけではなかった。海図のための最新の地理学情報が無制限に利用できるだけでなく、新たな構想にも影響を及ぼしうる（必要であれば阻止することもできる）ようになったのである。この役職は文化や市民生活にも影響を及ぼした。この後、三〇年以上にわたり、ブラウは一連の公職に就くことになる。市会議員、市警備隊長、防衛強化委員などの職務で市議会に奉仕したのであった[38]。

ブラウはブルームグラハトの印刷所での事業も拡大し、アムステルダム市当局の反対にもかかわらず、カトリック派だけでなく、レモンストラント派やソッツィーニ派（三位一体説に異を唱えたリベラル派であるが、カルヴァン主義者からはカトリック派と同じかそれ以上に侮蔑された）の宗教書も出版している。ブラウは一六四二年にソッツィーニ派の小冊子の出版に絡んで、市検察官による出版物の強制捜査を受けたが、それを乗り切ったことで自身の政治的立場に対しては自信を持っていた。検察当局は当該書籍の焼却処分を命じ、ブラウ兄弟には二〇〇〇ギルダーの罰金を課した。しかし、ブラウは懲りずにこの論争を逆手に取り、その後オランダ語版を出版し、「公開処刑され、火刑に処された」本としてその不名誉を宣伝に利用したのであった[39]。出版に関するリベラルな気質は明らかに父親譲りのもので、その後も出版を決断する際の決定要因ではあったが、商業的な判断に左右されることは避けられなかった。ブラウはヴァージン諸島の開拓にも資金を投じ、プランテーションでの労働にアフリカの奴隷を供給している[40]。ブラウが雇用主として金銭に卑しいというポールスの主張も総合すると、奴隷商人としての彼の行動から、父親のリベラルな信念と冷酷な起業家としての性格とを両方受け継いでいることがわかる。

印刷業者としてのブラウの長年の夢は地図帳の販売で決定的な優位に立つことであったが、オランダ東インド会社の公認地図製作者に任命され、特権的な情報を手にすることができたにもかかわらず、ヨハネス・ヤンソニウスとの厳しい競争に直面していた。両者とも父親や共同経営者に束縛されることなく、市場で最も優れた地図帳を製作する過酷な競争に集中していた。彼らは互いに相手の倍の努力を重ね、一六四〇年代から五〇年代にはより大型の野心的な地図帳を印刷してきた。メルカトルなどの初期の地図製作者を参考にすることをやめ、『新地図帳』という同じ題名を使って、自身の作品の先進性を強調したのであった。ブラウは、父親から引き継いだ地図帳の元の構造に、単純に別の巻を追加していく方法に注力した。一六四〇年には、イタリアとギリシャの新しい地図を加えて、三巻からなる新しい地図帳を発行した。一六四五年には、イングランドとウェールズを掲載した第四巻を出版し、イングランドの内戦は反国王派の優位に傾き始めていたが、国王チャールズ一世にこれを献呈した。一六四〇年代後半には、ブラウの地図帳製作はしばし中断されている。その理由の一端は、ブルヘルザールの床に埋め込まれた二つの半球図の原図として使われることになる二一枚のシートからなる世界地図を含め、一六四八年のウェストファリア条約の調印に対応して一連の出版物が製作されたことにあった。一六五四年には、第五巻としてスコットランドとアイルランドを追加し、一六五五年には、中国の新しい地図一七点を掲載した第六巻を追加したが、これは極東におけるオランダ東インド会社の運営の中で得た幅広い人脈を利用したものであった。地図帳の各巻は二五―三六ギルダーで販売されたが、全六巻セットの価格は二一六ギルダーであった。

しかし、ヤンソニウスもブラウの地図帳に合わせて一巻ずつ出版を続け、あとから出版される自身の地図帳では、天と地を含めた世界全体が包括的に説明されており、ブラウの成果だけでなく、一六世紀の優れた宇宙誌学論文をもしのぐものである、と主張している。一六四六年までに、ヤンソニウスも四巻を出版していたが、一六五〇年には第五巻として海の地図帳を追加し、一六五八年には、四五〇点の地図からなる全六巻の地図帳を完成させている。これは、四〇三点の地図を含むブラウの六巻組の地図帳を上回るものとなっている。

一六五八年まで、二つの出版社は互いに競い合ってきたが、こう着状態にあった。どちらかと言えば、印刷資源を有し、オランダ東インド会社の資料を入手できる点で明らかにブラウが有利であったが、ヤンソニウスの地図帳は偏りがなく包括的な内容であった。しかし、この当時ブラウは既に五〇歳代後半で、重大な決断を下していた。最終的にヤンソニウスをしのぐことを目標に設計された出版事業に乗り出すことを決めたのである。それは地上と海と天空を包括的に記述するものであった。彼はこの冒険的事業を、『大地図帳、あるいは大地と海と天空が極めて正確に記述されたブラウの宇宙誌学』と呼んでいる。ブラウは、陸地から始めて、次に海を手掛け、最終的に天空に至る三段階の出版プロジェクトを構想していたのである。ヤンソニウスもそのような地図帳の出版を約束していたが、真の決定版を出すには情報資源が不足していた。ブラウはついに莫大な量の情報資源を、最終的な最大の出版物に生かすことにしたのである。

一六六二年、このプロジェクトの第一段階が完結に近づくと、ブラウは地図帳の印刷に集中するため書籍販売部門を手放すことを発表し、目前に迫った完成に備えて収益を上げるため書店の在庫を競売にかけた。その年の終わりに地図帳が出版されると、ブラウがあらゆる資金をかき集めようとしていた理由が明らかになった。ラテン語で出版された『大地図帳』の初版は膨大のひとことに尽きた。これまでに出版されたものとは次元を異にするもので、四六〇八ページの本文と五九四点の地図からなる全一一巻の大著は、ヤンソニウスの地図帳はもちろんのこと、ブラウのこれまでの地図帳をもすべて圧倒した。しかも、ブラウはヨーロッパの地図帳市場を制覇することを目論んでいたため、『大地図帳』を五つの言語で同時に出版することを計画していたのである。最初は知識エリート層の必須言語であるラテン語で、その後はより一般的で収益が期待される土地の言語で順次出版された。二番目はフランス語で、五九七点の地図を含む全一二巻で一六六三年に出版され、ブラウの地図帳に最大の市場を提供した。三番目に自国の読者のためにオランダ語で、六〇〇点の地図を含む全九巻が一六六四年に出版された。四番目はスペイン語版であるが、この言語は大陸では海の向こうの大帝国の言語と考えられていた。五番目に出版された最も希少な版は、一六五八年から手掛けられていたドイツ語版であった。実は、ブラウはこのドイツ語版の地図帳を最初に手掛けていたが、より重要なラテン語版とフランス語版を先に出すために遅らせたのであった。ドイツ語版は一六五九年に簡略版で出版されたが、完成版は五四五点の地図を含む全一〇巻に及んだ。各版は描かれている領域や使用した印刷形式に応じて若干異なったが、ほとんどの場合、地図帳に求められていた標準化の意思表示として同じ文章と地図が複製された[41]。

地図帳は一六五九年から一六六五年まで六年ほどにわたって製作されたが、驚くべき数字が残されている。五つの版の合計発行部数は一五五〇部、最も発行部数の多かったラテン語版で六五〇部と推定されている。一見すると控えめな数字だが、本文の累積ページ数は五四四万ページ、銅版印刷の地図は累積九五万枚にも達する。これを書籍にまとめ上げるには桁外れの時間と労働力が必要であった。本文一ページを八時間で組んだとすると、合計一万四〇〇〇ページの組版には、五台の植字機をフル稼働させたとしても延べ一〇万時間を要する。これは五名の植字工チームがフルタイムで二〇〇〇日、すなわち六年間働いたことを示している。これに対して、延べ一八三万シートの印刷は比較的短期間の工程であった。ブラウの所有する九台の印刷機の最大印刷能力が毎時五〇シートだったとすると、四つの版の本文の印刷は一〇カ月強で完了したことになる。銅版による地図の印刷となると話は別である。印刷済みのシートの裏面に印刷を行う必要があるため、一枚の銅版で刷ることができたのは一時間あたり一〇枚までであろう。九五万回の銅版印刷を行うには、ブラウの六台の印刷機をおよそ一六〇〇日、すなわち四年半フル稼働させることが必要であっただろう。地図の多くには手彩色が施されたが、これは購入者に対して特注品を購入するような錯覚を抱かせるためであった。ブラウは地図の彩色作業を一点につき三ストイフェルで下請け業者に依頼したため、所要時間を見積もることは難しい。複数巻からなる地図帳を丹念に製本するには、一部について少なくとも一日は必要であろう。これらすべての作業が（しかも同時期に他の印刷業務も行われている）、ブルームグラハトの印刷所でブラウが雇った八〇人ほどの労働力でこなされたのである。[42]

このような潜在的な危険を伴う巨額な投資は、『大地図帳』の販売価格に跳ね返る結果となった。一部あたりの価格は、二〇〇ギルダー以上で販売されたブラウの前回の地図帳を大幅に上回ることとなった。手彩色されたラテン語版の地図帳は四三〇ギルダー（彩色のない版は三三〇ギルダー）で、一方、より大判のフランス語版の地図帳は、彩色有りで四五〇ギルダー、彩色無しで三五〇ギルダーであった。地図帳として最高値を記録しただけでなく、当時の最も高価な書籍でもあった。四五〇ギルダーと言えば、一七世紀のかなり腕のよい職人の年収に匹敵し、現在の貨幣価値に直せばおよそ二万ポンドに相当する。『大地図帳』は言うまでもなく労働者階級を対象にした出版物ではない。購入したのは製作に関わった人々か、政治や経済の拡大によってオランダに貢献しうる人々、すなわち政治家、外交官、商人や投資家であった。

相当な労力が費やされ、期待もされたが、意外にも『大地図帳』は冒険的なことをしていない。レイアウトを見ても地図を見ても、ブラウには改良や新手法に対する意欲がほとんどなかったことがわかる。ブラウの地図帳もヤンソニウスの地図帳もこれまでは、質よりも量が優る単純な累積的な手法に悩まされてきたため、地球上の大きな地域は詳細に掲載されたが、それ以外の地域はほぼ完全に無視され、地図の掲載順にもほとんど一貫性はなかった。『大地図帳』はこのような不備を修正する努力を怠ったばかりか、当時の地理学的知見を反映した新しい地図を提供することもなかったのである。例えば、第一巻には世界地図が掲載されているが、そのあとには北極地方、ヨーロッパ、ノルウェー、デンマーク、シュレースヴィヒ（訳注：デンマークとドイツの間の領域）と続く。一二一点の地図中、一四点は新しいものであったが、それ以外の中には三〇年以上も前の地図もあった。第三巻はもっぱらドイツに焦点をあてたもので、九七点の地図が掲載されていたが、改訂されたのは二九点だけであった。第四巻は六三点の地図でネーデルランドを紹介している。三〇点は技術的には新しい地図であったが、実際にはそのうちの多くはブラウの地図帳で初めて印刷された古い地図であった。ブラウは第四巻の巻頭を改定したネーデルランド一七州の地図で飾っているが、元は一六〇八年にブラウの父親が出版した地図であった。第五巻ではイングランドだけを取り上げて、五九点の地図が掲載されているが、一八点を除く他の地図はジョン・スピードの『グレート・ブリテン帝国の舞台《シアター・オブ・ジ・エンパイア・オブ・グレート・ブリテン》』（一六一一年）からの単純な複製であった。第九巻でようやくヨーロッパを離れ、スペインとアフリカを紹介している。第一〇巻はわずか二七点のアジアの地図で構成されているだけで、一点を除くとすべて過去に出版されたもので、オランダ東インド会社がこの地域を広範囲にわたって探検したという証拠は何も示されていない。[43]

したがって、『大地図帳』の場合には、印刷媒体が地図製作上の技術革新に貢献することはなく、むしろ妨げる結果となった。地図は美しく再現され、その仕上がりは今日の銅版印刷の専門家によれば際立っているという。しかし、このような大事業に資金を投じるにあたって、ブラウは、馴染みのない土地の新しい地図を導入するのは、保守的で（必ずしも裕福ではない）購入者を遠ざけることになるのではないか、あるいは、技術革新を望む大衆の嗜好に対して賭けに出ることになるのではないか、という疑問に直面したのであった。というのも、印刷された地図の売り上げに関する直近の記録はほとんどあてにならなかったからである。ブラウのキャリアを振り返ってみると、オランダ東インド会社の記録から得られた革新的な知見を自身の地図印刷に導入するのは気が進まなかったようで、むしろこのような知見は報酬を得て行う会社の手書きの海図のために残すことを選んでいる。この点に関しては『大地図帳』も例外ではない。書名が示すように、これまでの地図帳よりもサイズが「大きい」と述べているだけである。

このことを最も端的に示しているのが、「新しく極めて正確な世界地図」と題された最初の地図である。巻頭のこの地図はその他の多くの地図とは異なり比較的新しい。この時点まで、ブラウの地図帳では、ブラウの父親が一六〇六―七年にメルカトル図法で描いた世界地図が再現されてきた。この新しい世界地図ではメルカトル図法をやめ、メルカトルが一五九五年の『アトラス』で確立した二つの半球で地球を表わす従来の方法に戻っている。平射図法の赤道投影で描かれており、ブルヘルザールの大理石の床に埋め込まれた地図の元となったブラウの一六四八年の世界地図と高い類似性を示している。平射図法では、ブラウの地図を例に挙げると、緯線と経線が描かれた透明な地球に一枚の紙が赤道で接するように配置されている状態を想像する。光が地球に照射されると、紙の上に投影される影は、赤道を表わす直線に向かって収束する湾曲した経線と緯線を示す。この方法自体は新しいものではないが(プトレマイオスもこれについて言及している)、ルネサンス期にはおもに星図を作る天文学者や、ブラウのように地表面の湾曲を表現することに主たる興味があった地球儀製作者によって利用された。しかしながらブラウは、航海術にはメルカトル図法が特に優れていることを、オランダ東インド会社が評価し始めていたことを十分に認識していた。ブラウが自身の新しい世界地図で、父親が好んで使用したメルカトル図法ではなく平射図法を選択したのは、平射図法による二半球図に対する一般大衆の好みに応じるためであった。二半球図が好まれていたのはブルヘルザールの地図や一六四八年の世界地図からも明らかで、古くはマゼランの地球周航後の一五二〇年代まで遡る。

この地図が意図したのは、最も売れるであろう図法を採用することではなかった。一六四八年の地図に対して地理学的に追加された部分はほとんどない。東半球では、「新しいオランダ《オランディア・ノヴァ》」と記されたオーストラリアは不完全で、ニューギニアと地続きであるという仮説のままであった。西半球では、北アメリカの北西海岸が同様に不完全なままで、カリフォルニアは誤って島として描かれている。一六六二年の地図で変わったのは、縁に丹念な装飾が施されたことである。地図の下には四季を表わす寓話の化身が描かれている。左端には春、右端には冬、中央には秋と夏が描かれている。二つの半球図の上にもさらに丹念に寓話のシーンが描かれている。左側の西半球の上には、一方の手に分割コンパスを、もう一方の手にアーミラリ天球儀を持って立つプトレマイオスが描かれている。向かい合うように、東半球の右上隅には、地球の表面に分割コンパス一式を並べるコペルニクスが描かれている。二人の間には、五つの既知の惑星が擬人化され、神話の神々として描かれている。左から順に、プトレマイオスの隣には雷と鷲を従えるジュピター（木星）が位置し、キューピッドを従えるヴィーナス（金星）、アポロ（太陽）、ヘルメスの杖を持つマーキュリー（水星）、鎧を身につけたマーズ（火星）と続き、最後にコペルニクスの上のサターン（土星）が六芒星の旗で識別される。アポロの下には月が姿を現わし、二つの半球の間に短縮遠近法で描かれている（カラー口絵46）。

これは広い宇宙の中に位置する世界のイメージで、地球を中心として二つの半球の間に広がっている。それとも、プトレマイオスの天動説をコペルニクスの地動説と並べて想起することによって、この地図が二つの宇宙論をとり入れようとしていることを示唆しているのであろうか。実際にはこの地図は、惑星を太陽から近い順に並べることによって、遠回しにコペルニクスの地動説を支持している。マーキュリーは杖を持っているため、ヴィーナスよりもやや太陽に近く、これに月と地球が続く。次に太陽に近いのがジュピターで、サターンは最も遠くに位置し、コペルニクスの信奉者が提唱したとおりの順に並んでいる。

ブラウは地図帳の序文の中で、「宇宙誌学者の間には、世界の中心と天体の運行に関して二つの矛盾する説がある。一部の学者は、地球は宇宙の中心に位置して動かないものと考え、惑星を引き連れた太陽と恒星が地球のまわりを回転していると主張している。別の学者は太陽を世界の中心に据えている。太陽は静止しており、地球とその他の惑星が太陽のまわりを回転していると信じている」と認めている。世界地図についての説明するはずの序文の中で、ブラウはコペルニクス派の宇宙誌学の説明を続けるのである。「彼らによれば」

として次のように記している。

水星は太陽に最も近い第一の天球を西から東へ八〇日で一周し、一方、金星は第二の天球を九カ月で一周する。彼らはまた、地球は発光体や惑星などの一つであり、月（地球のまわりの周転円を二七日と八時間で一周する）と共に第三の天球に位置し、太陽のまわりを一回帰年で公転すると主張している。このようにして、一年は春夏秋冬の四つの季節に分かれるらしい[44]。

ブラウは世界地図について説明するかのように、それぞれの位置にある火星、木星、土星について説明を続けている。

驚いたことに、この説明の中では何も知らないかのように、ブラウは「私たちの目的は、どちらの説が真実と矛盾することなく、世界の秩序とうまく適合するのかを明らかにすることではない」と主張し続けるのである。彼は、このような疑問は「天体の科学に精通した者」に任せ、天動説でも地動説でも「大差はない」と軽くいなし、最後には、「地球が動かないという仮説は一般的に確からしいだけでなく、理解もしやすいので、本書はこの説を支持する」[45]と結論するのである。このように語るブラウは、科学者というよりも実業家であり、地理学者というよりも出版業者であった。

しかしながら、惑星の配置によって、宇宙の中心から地球を排除する地動説を表明したのは、一六六二年の『大地図帳』の世界地図が初めてである。出版物の純粋な規模の大きさを別にすれば、これが『大地図帳』の歴史的な成果であったが、商業出版を急いだあまり、父親とは異なり、ヨアン・ブラウは先鋭的な科学を希薄化する結果となったのである。どちらかと言えば、オランダ共和国は天動説の正統性に対して科学的に異議を唱えることに関しては理解を示していたにもかかわらず、優勢であったプトレマイオスモデルにコペルニクスの地動説とティコ・ブラーエ修正天動説を挿入したことで、一六六二年の世界地図は一六四八年の地図よりも後退している。一六六二年の地図自体は地動説に基づく地球の姿を提示しているが、古典的な表現によって幾重にも包み隠され、前述のブラウの見解によって過小評価されたため、多くの歴史家はその重要性に気づくことができなかったのである。[46] ブラウは、新しい科学理論を支持することがビジネスに有効かどうかについて、確信が持てなかっただけのようである。最終的には、複雑でわかりにくい形ではあったがブラウが地動説を支持したことで、地動説に基づく世界を見事に地図に表現することができたが、一般には見すごされてしまったのである。

事業的な観点で評価するならば、『大地図帳』は大成功を収めたので、ブラウの判断は適切だったようである。購入したのは、アムステルダムおよびヨーロッパ中の富裕な商人や投資家、ならびに政界の大物であった。ブラウはまた、大陸で最も政治的な影響力のあった大物たちに、特別な彩色を施したうえで装丁した版に紋章を入れて献呈している。このような書籍の多くは、特別にデザインされ手の込んだ彫刻が施されたウォールナットやマホガニーの飾り戸棚に保管され、単なる書籍や地図以上のステータスが加わることとなった。ラテン語版はオーストリアの神聖ローマ皇帝レオポルト一世に献呈され、フランス語版は国王ルイ一四世に献呈されているが、この版には臣下の重要性に関するブラウの説明が添えられていた。ブラウは「地理学は歴史の目であり光でもある」と記し、「地図によって、私たちは居ながらにして、はるか彼方にあるものを目の前でじっくりと検討することができる」という可能性を国王に示したのである。[47] ブラウは影響力のあった要人にも本書を送り届けている。また、オランダ当局から支払いを受けて、外国の支配者に異国情緒のある贈り物となるように特別に手を加えた版を送っている。その中には、二国間の政治的・経済的な同盟を強固にするため、一六六八年に連邦議会からオスマン帝国のスルタンに贈られたビロード貼りのラテン語版も含まれている。このラテン語版は好評を博したため複製され、一六八五年にはトルコ語に翻訳されている。[48]

ブラウの『大地図帳』が出版されたことで、五〇年にわたるヤンソニウスとの競争は終わりを告げるが、それは『大地図帳』が地理学的に優れていたからではない。ヤンソニウスが一六六四年六月に亡くなったからである。ブラウが『大地図帳』を出版したのと同じように、ヤンソニウスも五年の間に自身の『大地図帳』をオランダ語版、ラテン語版、ドイツ語版で出版するのに成功している。一六五八年から一六六二年にかけて九巻組で出版されたオランダ語版は、ブラウの地図帳の掲載順を踏襲し、四九五点の地図を掲載している。一六五八年の一一巻組のドイツ語版は五四七点もの地図が売り物であった。ヤンソニウスはブラウのように出版のための情報資源も政治的なコネも持っていなかったが、大判の地図帳の出版に関しては、亡くなるその日までブラウの最大のライバルであり続けたのである。[49]ヤンソニウスが長生きしていたならば、オランダの地図製作業界におけるブラウの究極的な支配の物語もかなり違ったものになっていたかもしれない。

ブラウは大成功を収めたため、一六六七年にはフラーフェン通りの新しい建物に移転して印刷所を拡張している。しかし、彼の成功も長続きはしなかった。一六七二年二月、新しい建物から出火した火事が、ブラウの在庫や印刷機を焼き尽くしてしまったのである。この火事に関する公式の記録によると、書籍が消失しただけでなく、「建物内の大きな印刷機がすべて損傷し、遠く離れた場所に積まれていた銅版までもが、炎の中で鉛のように溶けてしまった」ため、ブラウは三八万二〇〇〇ギルダーもの莫大な資産を失った。[50]ブラウは公言していた海洋編と天空編の二つでこの地図帳を完成させる希望を抱いていたに違いないが、すべてが灰塵に帰してしまったのである。その後、さらに悪いことが続いた。一六七二年六月、オランダ共和国はフランスとの戦争が目前に迫ると、連邦議会はオラニエ公ウィレム三世を総督に任命したのである。力関係の変化により、ブラウを始めアムステルダム議会の反オラニエ派は職を失う結果となった。ブラウの印刷所は文字通り廃墟と化し、政治的影響力も消え失せた。ブラウ家は急速に没落し、一六七三年一二月二八日、ヨハン・ブラウは七五歳で生涯を閉じた。

ブラウの死が引き金となって、ブラウ家の家業は長く低迷した。家業は息子たちが継いだが、彼らには父や祖父の才気もなければ意欲もなかった。地図の市場も変化し、政治情勢が複数巻からなる地図帳への投資に水を差したのであった。つまりは、リスクが高すぎたのである。ヤンソニウスとブラウが亡くなったことで、一六三〇年から一六六五年にかけて多数の地図帳を出版する原動力となった競争は終わりを告げた。新しい地図帳に対する需要も供給もなくなったのである。『大地図帳』の印刷に使われ、火災を免れた銅版は一六七四年から一六九四年の間に安値で取引され、次々と転売され、競りにかけられて散り散りになった。[51] 一六九六年、ついにブラウ家は家業を畳むこととなる。一七〇三年には、オランダ東インド会社による印刷業者の商標使用は最後となり、地図製作の中心的役割を果たしてきたブラウ家との長きにわたる良好な関係は終焉を迎えた。

ブラウの地図帳のその後の歴史は、製作者本人にとっても想定外のものとなった。彼の計画は頓挫したが、印刷された多くの『大地図帳』は所有者によって「蒐集地図帳」と呼ばれる形に特別にあつらえられたのである。ブラウは気づかぬうちに地図帳の全く新しい利用法の火つけ役となっていた。一七世紀後半になると購入者は、新しい地図や図版を補いながら、ブラウの地図帳の複製を始めた。アムステルダムの法律家ローレン・ファン・デル・ヘム（一六二一—七八年）は、『大地図帳』のラテン語版を購入し、これを基礎として、三〇〇〇点に及ぶ地図、海図、地形図や肖像画などの資料を蒐集し、慎重に編集・構成を行い、本格的な製本で全四六巻にまとめ上げた。これはあたかもブラウの原書の膨大な拡張版のようであった。ファン・デル・ヘムの地図帳は実に見事なものであったため、トスカーナ大公が三万ギルダーで購入を申し出るほどであった。彼は蒐集の幅を広げすぎたきらいはあったが、四三〇〇ギルダーの投資に対して驚くほどの利益を上げた。[52] 他の購入者も同様にして、航海術、宇宙誌学、ときには東洋趣味など、個人の嗜好に応じてブラウの地図帳を特別仕様に作り変えている。ブラウの元の地図帳もそうであったように、このような特別仕様の地図帳はどこまでも無限に拡張可能であるため、完成するのはその蒐集家が亡くなるときである。

皮肉なことに、ブラウが地理学や天文学の技術革新を犠牲にして、読者のために地図帳を販売することに力を注いできたため、その後の地図帳の出版は、原稿をまとめる出版者や地理学者の手を離れ、何を盛り込むかという判断は購入者の手に委ねられることとなった。イタリアの印刷業者は体裁を統一した地図の販売を開始したため、顧客は希望する地図を購入して製本し、自分だけの地図帳を作ることができるようになった。そのため、これらの地図帳は地図ディーラーの間では、ＩＡＴＯ（Italian, assembled to order：イタリアで注文生産された）アトラスと呼ばれているが、より正確にはイタリア式複合アトラスとでも呼ぶべきであろう。なぜなら、地図を選択したのは蒐集家であって、必ずしも出版社ではなかったからである。このような複合アトラスの登場は、一七世紀末に地図製作者と印刷業者がジレンマに陥っていた証拠でもあった。彼らの保有する地理学データの絶対量は増えることはなかった。また、彼らが手にしていた印刷技術は、スピードの点においても精度の点においても、こうした情報を極めて詳細に再現しうるレベルに到達していたのであった。しかし、これらをどのように構成して提示すべきなのか、誰も明確な答えを持ち合わせていなかったのである。いつになったら地理学の知識は完全とみなせるのであろうか。このようなプロジェクトはどのようにすれば採算が取れるのであろうか。確かにこれは終わりのない作業で、必要となる地理学についての判断は個人に委ねるのが最善の方法であった。

美しい活版印刷、精緻な装飾、洗練された彩色さらには豪華な装丁によって、ブラウの『大地図帳』は一七世紀に類を見ない印刷物となった。この地図帳は、スペイン帝国を打破するための過激な闘争を経験したのちに、帝国建設のイデオロギーには背を向け、代わりに領土獲得による蓄財を望んだ世界市場を作り上げた、オランダ共和国の産物でもあった。ブラウが地図帳を作り上げたのも、突き詰めてみれば同様の使命感に駆られてのことであった。ブラウにしてみれば、必ずしもアムステルダムを世界の中心に据える必要はなかった。オランダの経済力は徐々に拡大し、目に見えない形で世界の隅々まで浸透していったからである。一七世紀にはいまと同じように、富の蓄積ということになると、金融市場は政治的な境界や中心を意識することはほとんどなかった。

事実、一七世紀も終わりに近づくと、『大地図帳』の成功は地理学な発展に役立つどころか妨げになったのである。プトレマイオス以来、地図製作者を駆り立ててきたのは普遍的な地理学の知識を得たいという欲求であったが、『大地図帳』は古典に触発されたその伝統が終焉を迎えたことを意味していた。地図を購入する大衆が興味を抱いていたのは、地図や地図帳の装飾的な価値であって、科学的な新機軸や地理学的な正確性ではなかった。ブラウの出版物は大衆の要求を満たすことはできたが、純然たるスケールの大きさをもってしても、新しい世界像を生み出す地理学的な手法を提示できないという欠点を埋め合わせることはできなかった。地図帳は、私たちの世界がもはや宇宙の中心ではないことを暗に示していたが、縮尺や投影法の観点から世界を見る新しい方法を提示したわけではなかった。ブラウにとっては、地動説も売上高以上の意味を持つものではなかった。『大地図帳』はルネサンスの伝統を完全に払拭した、まさにバロック様式の作品であった。メルカトルなどの初期の地図製作者たちは、宇宙の中における世界の姿を独特の科学的観点から描こうとした。しかし、ブラウには世界を詳細に理解したいという欲求はなく、市場に駆り立てられて、世界の多様性を示すこれまで以上の材料を積み上げただけであった。確固たる知的理念を失ったまま、『大地図帳』は知識ではなく金によって突き動かされて成長を続け、欠陥を抱えたまま未完の最高傑作となったのであった。

第9章——国民

カッシニ一族、フランスの地図　一七九三年

フランス、パリ　一七九三年

一七九三年一〇月五日、フランス共和国国民公会は〝フランス共和国暦制定の布告〟を発布した。この布告により、一七九二年九月二二日のフランス共和国成立を公式に宣言するために作られた新しい暦が導入された。これは、崩壊した旧体制《アンシャン・レジーム》の絶対主義支配の名残を払拭するための様々な改革の一つであった。国民公会の公式暦によれば、この日は革命暦二年の葡萄月《ヴァンデミエール》（葡萄《ぶどう》の収穫にちなんで命名された秋の第一の月）一四日ということになる。国民公会は革命暦開始の数週間前、急進派議員の一人で、俳優、劇作家兼詩人でもあったファーブル・デグランティーヌから一通の報告書を受け取っていた。デグランティーヌは、国王ルイ一六世の処刑に賛成票を投じ、暦作成を委託された委員会でも重要な役割を担っていたが、次に注目したのは地図であった。彼は国民公会に対して、「王立科学学士院の地図と呼ばれたフランスの一般図は、大部分が政府の費用によって製作されたものであるが、いまや私人の手に渡り個人資産であるかのように扱われている。市民は法外な金額を支払わなければこれを利用できず、彼らは地図を求める市民に対して地図の送付を拒むことすらある」[1]と抗議している。

国民公会はデグランティーヌに同意し、地図や地図の原版を接収して軍事兵站部へ移送するように命じた。

軍事兵站部長官エティエンヌ＝ニコラ・デ・カロンは、この決定を大いに歓迎した。「これにより国民公会は、国家的事業の成果、技術者たちの四〇年に及ぶ労力の成果を、強欲な投機家連中から取り戻すことができる。このような成果は政府が完全に掌中に収めていなければならない。なぜなら、これを失うあるいは放棄することは国力を低下させるだけでなく、敵の国力を増大させることになるからである」[2]とカロンは述べている。

デグランティーヌが国民公会に抗議したのも、カロンが国民公会の決定を歓迎したのも、その目的はフランスの地図を接収してジャン＝ドミニク・カッシニ（一七四八―一八四五年）を引きずり下ろすことにあった。ジャン＝ドミニクは地図製作で名高いカッシニ一族の四代目で、フランス全土の地図の所有者と目されていた。国民公会が地図を接収したのは、この膨大なプロジェクトがようやく完成に近づいたときであった。忠誠な王党派であったジャン＝ドミニクにとって、地図の国有化は政治的な破綻を意味し、個人的には悲劇でもあった。彼は嘆き悲しみ、「地図はほとんど完成していたが、最後の仕上げを行う直前に取り上げられてしまった。著作者としてこれほどの苦痛はない。最後の一筆を描く前に作品を奪われた画家が果たしていただろうか」[3]とのちに記している。

革命家たちの言う「フランスの一般図」と、カッシニと彼の関係者が所有者として以前から「カッシニ図」と呼ぶ（デグランティーヌとカロンにとっては、明らかにこれが苛立ちの元であった）地図をめぐって、所有権が争われたのであった。カッシニ図は、三角測量と測地学に基づいて国全体を測量して地図に描く最初の試みであった。計画どおり完成すると、カッシニ図は八万六四〇〇分の一の統一縮尺で描かれた一八二枚のシートで構成され、すべてをつなぎ合わせると国全体は高さ一二メートル×幅一一メートルほどの地図になる予定であった。これは革新的で科学的な測量法を用いて、ヨーロッパの一国を包括的に描いた最初の近代的な地図であったが、一七九三年の時点での問題は、誰が所有者なのかという点にあった。この地図が示している革命後の国なのか、それともこの地図の製作に四代を費やした王党派なのであろうか。

この地図の起源は一六六〇年代の初め、ジャン＝ドミニクの曽祖父ジョバンニ・ドメニコ・カッシニ（一六二五―一七一二年）（訳注：イタリア出身であったが、フランス国王の臣下となり、ジャン＝ドミニク・カッシニに改名している）、すなわちカッシニ一世にまで遡る。[4] ジョバンニは、国王ルイ一四世によって設立されたパリ天文台の事実上の初代台長であった。一〇〇年以上にわたり、ジョバンニの後継者たち――カッシニ二世となる息子のジャック・カッシニ（一六七七―一七五六年）、カッシニ三世となる孫のセザール＝フランソワ・カッシニ・ドゥ・テュリ（一七一四―八四年）、カッシニ四世となる曾孫で同名のジャン＝ドミニク――は、検証可能な測定と定量的で厳正な科学的原理に基づいて、継続的に全国測量を行った。このプロジェクトは実作業的にも、また経済的にも政治的にも苦難の連続であり、カッシニ一族の各世代が追求した方向性は異なっていたが、三角測量による統一的な測地学の方法は、その後の西洋諸国の地図製作に大きな影響を及ぼすことになるのである。これらの原理は、世界地図帳から英国陸地測量局やオンライン地理空間アプリケーションに至るまで、近代科学に基づく地図をも規定するものであるが、これらはすべてカッシニ一族によって初めて提案され実践された三角測量と測地学的測量の方法に基づくものであった。国内の調査として始められた事業は、その後二〇〇年間にわたりあらゆる近代国家の地図作成のひな形を提供することになるのである。

一七九三年の布告は、私的な地図製作プロジェクトが国のものとなることを意味した。カッシニ一族の各世代とこのプロジェクトに資金の一部を提供したフランス王族との間の親密な関係は、革命家たちの格好の政治的標的となったのである。しかし、デグランティーヌやカロンなどは、政治的な目的でカッシニの測量を適切に利用すれば大きな価値になることを理解していた。また、王室と関係があるとしても、測量に基づいて印刷された地図は、新しい「フランスの時代」の象徴であり、近代的な共和国としてのフランスの理念を形成するための青写真となりうることも理解していた。地図の軍事的価値は誰もが認めていた。誕生したばかりの共和国が敵対する隣国からの予期せぬ侵入に直面した際には、カッシニ一族が作成したフランス全土と国境の地図は新体制の防衛に極めて重要なものとなるからである。国民公会は、教会管区、高等法院、立法機関や教区が入り乱れて混乱状態にあった国内を八三のデパルトマン（県）に改編することで、国の統治の合理化を模索し始めていた。そのため、国がこれら領域を定めて管理する際にも、国有化されたカッシニ図は中心的役割を果たすことになるのであった。[5]

国有化には目に見えない効果もあった。カッシニの測量が共和国の管理下に入ったことで、カッシニ図は国民による国民のための地図であるという考え方が醸成されたのである。これにより、測量を国家事業とすることを要求するデグランティーヌによって動かされたフランス共和国は、国民に目を向け、地図の製作に対する国民の意識を初めて確認することができるようになったのである。この測量は、シャルル＝ルイ・ド・モンテスキュー（一六八九—一七五五年）やジャン＝ジャック・ルソー（一七一二—七八年）などの思想家が一八世紀を通じて明確にしてきた「国民の総意」に対応し、これを利用して行われたものであった。[6] ブルボン朝は、統治を行う方便として、測量結果をパリに集めるよう促した。共和制の下では、測量とは地図に描かれた領土の隅から隅までをフランスとして画定することであり、さらに国民と土地を国王に結びつけるのではなく、フランスという非人称の仮想的な国民共同体に結びつけることとして捉えられている。[7] 政治的な言い方をするならば、国の物理的領土と国家の主権は同一であるということで、この考え方はヨーロッパのみならず最終的には世界中に広まることになるのである。

カッシニの測量では測地学が利用されたが、そもそも彼らの興味は世界地図を製作することではなく、地球の形状と大きさを正確に測定することにあった。カッシニ一族が暗に望んだのはフランスの地図を作り、これによって確立された測量と地図製作の原理を世界中の国々に広めることであった。しかし、地図製作の歴史における彼らの貢献は、英国陸地測量局の登場の物語によって、顧みられることなく脇役に追いやられたのであった。いまでこそ英国陸地測量局はよく知られているが、西洋地図製作学における不朽の原理を最初に確立したのも、近代国家を統治するための地図の認識や地図の役割に貢献したのもカッシニ一族であった。

一七世紀中頃のフランスは、地図製作の将来を左右することなど想像もできない場所であった。一六世紀の地図製作で主役を演じたのは、ほとんどがスペインとポルトガルの地図製作者たちであった。その後、一七世紀初頭にフランスを飛び越えて主役に踊り出たのは低地諸国であった。フランスは隣り合う南北の国々で華開いた海洋探検や株式会社の事業にも、ほとんど関わることがなかったのである。一六世紀末以降フランス王室を支配してきたのは、領土をめぐって長期化した一連の内紛を経て政権に就いたブルボン朝であった。国内の脅威と地方での強力な地域独立性に対応することで、ブルボン朝はヨーロッパで最も中央集権的な政治国家の一つとなったのである。中央集権化を目指すと同時に、これに抵抗する地方分権主義を管理することが必要とされたが、その方法の一つが政治の中心地から外へ向かって領土を示す地図を製作することであった。そもそも困難な事業であったが、国の大きさがそれに輪をかけた。当時のフランス王国は約六〇万平方キロメートルの面積を有する、ヨーロッパ随一の大国であった。六〇〇〇キロメートルを超える境界線の半分以上は、敵対する王朝と接する陸の国境であった。国内統治だけでなく侵略から王国を守るためにも、有効な地図を製作するという戦略が不可欠であることは間違いなかった。

近代ヨーロッパの他のどの国よりもフランスが頭を悩ませていたのは、地図や地図帳の上に矛盾のない永続的な政治的境界線を引くことであった。アブラハム・オルテリウスの『世界の舞台』でも、四五パーセントの地図に不規則な政治的境界線が描かれていたが、一六五八年から五九年にかけて出版されたニコラ・サンソンの地図帳『フランス全地方の一般図』では、従来の教会管区ではなく地方高等法院の管轄地域を識別する標準的な色や点線による輪郭を使用して政治的境界線を表わす新たな体系的方法が、九八パーセントもの地図に適用されていた。[8] サンソン（一六〇〇―六七年）は、ブルボン朝が地方に対する権限を確立し始めると、王室公認の地理学者となった。地図に描かれるのがフランスとその領土であっても、あるいはアフリカの様々な王国であっても、彼の興味は当然のことながら国々や各地方間の分割線を引くことにあった。

フランスでのカッシニ図の始まりは、地表面や人為的な区画の測量によるものではなく、星の観測によるものであった。一六六六年一二月、若き国王ルイ一四世（一六三八―一七一五年）は、財務総監ジャン＝バティスト・コルベールの奨めにより王立科学学士院を設立した。最初の会合には、ジャン・ピカール（一六二〇―八二年）やオランダのクリスティアーン・ホイヘンス（一六二九―九五年）を含む二二名の天文学者と数学者が選ばれて参加した。科学学士院の設立と同時に天文台の開設も計画され、翌年にはパリ中心部から南のフォーブール・サン＝ジャックで建設が開始された。パリ天文台は一六七二年に運用が開始された。

科学学士院の設立メンバーにはジョバンニ・ドメニコ・カッシニ（カッシニ一世）も参加しており、非公式にではあったが、パリ天文台の初代台長に就任している。カッシニ一世はボローニャとローマでの業績によって世界的に有名な、イタリアの優れた天文学者であった。木星の衛星の運行に関する彼の業績はガリレオの研究をさらに発展させたもので、長年の課題であった経度決定の方法をもたらした。天文学者も地理学者も、経度は時差に対応する距離の測定値であることを理解していた。問題はその差をいかにして正確に記録するかにあった。カッシニは、木星の衛星の掩蔽《えんぺい》などの天体現象の時刻を二地点で同時に記録することができれば、その結果が経度決定の基礎となることを理解していた。天文学的なレベルでは、この計算は地球の円周の正確な決定に役立てることができ、地理学的なレベルでは、国全体の包括的な地図製作に必要となる情報を、コルベールのような政治家に提供することができた。

コルベールの科学学士院の計画は、国家の管理において科学が果たす役割を改めて理解することから始まったものであった。当時の英国やオランダでは、経験に基づく観測や実験が従来の自然科学探求で確かとされていた現象に問題を提起し始めていた。フランシス・ベーコンの『ニュー・アトランティス』（一六二七年）にも、英国王立協会（一六六二年設立）の誕生を予想したかのように実験科学者のアカデミーが描かれている。しかし、コルベールの科学に対する興味はもっと実利的なものであった。彼が望んだのは、ヨーロッパ中がうらやむようなフランスの国家機構を構築する試みに直接的に役立つような科学研究プロジェクトに資金援助を行うことであった。[9] コルベールにとって、絶対的な情報とは政治的絶対主義に有用であると同時に、これを強化するものであった。

科学学士院の書記官の一人ベルナール・ル・ボヴィエ・ド・フォントネルは、コルベールについて後年次のように記している。

コルベールが学問研究を支援した背景には、生来の学問好きというだけではなく、理にかなった政治的な理由があったのだ。科学と芸術があれば、その国は統治に値するものとなり、その国の言語は征服によらずとも容易に広まり、優れた有用な知識と産業を支配することが可能になり、国を豊かにする才能を持った多くの外国人をその国に惹きつけることができる、ということを彼は理解していたのである。[10]

国王ルイの関心を戦争からそらし、フランスの優れた天文学者たちの陳情を受け入れるため、コルベールは喜んで科学学士院の設立を約束し、用地買収に六〇〇〇リーブル、天文台建設に七〇万リーブル以上を投じたのである。コルベールはまた、学士院会員に最大三〇〇〇リーブルの年金を保証した。一六六八年にパリに到着したカッシニにも年金が支給された。[11] この年金は実験科学者の社会的地位が上がり、彼らが国家の権力機構の最高位に組み込まれたことを意味した。

コルベールのパリ天文台は、プトレマイオスのアレクサンドリアやアル＝イドリーシーのパレルモと同様に、国の諸機関の利益のために多様な情報を収集して計算処理を行い、より多くの人々に提供する中心的拠点として機能したが、その規模と精度はプトレマイオスもアル＝イドリーシーも夢想だにできないほどであった。[12] 一六六六年には次々と彗星が出現し、日食と月食も起こったため、天文学者たちの期待が新天文台に向けられたのは間違いない。しかし、コルベールの念願を実現するには、科学学士院はその対象を天文学以外にも拡大し、アレクサンドリア、パレルモあるいはセビリアの通商院のような先行する組織の科学知識を体系化するため、従来とはかなり異なる組織になる必要があった。

フォントネルが見抜いていたように、コルベールが科学学士院の支援に興味を示したのは、王国を官僚的に管理する計画があったためである。科学学士院の設立前から、コルベールは王国全体の資源を評価するため、大規模な最新の地図を製作することを切望していた。彼は地方役人にそれぞれの地域で手に入る地図の提出を求めていた。これは「それぞれの地域が戦争と農業のどちらに適しているのか、商業と製造業のどちらに適しているのか、道路や水路、特に河川について改善の余地があるか否か」[13]を評価するためであった。これらの地図はニコラ・サンソンが照合して訂正を行うことになっていた。理屈の上では素晴らしい計画ではあったが、このようなプロジェクトを完遂するためには、克服しなければならない厄介な政治的な問題と兵站上の問題があることが明らかになった。コルベールの要求にわざわざ応じたのは八つの地域だけであった。その他の地域は、そもそも地図製作の関連資料を保有していなかったか、情報の提供が増税につながることを恐れて沈黙を守った。サンソンは政治的な境界線を描くことに興味はあったが、得意とするのは古代世界の手彩色地図を作ることであったため、このプロジェクトの規模に及び腰になったのも当然であった。一六六五年に書かれた覚書では、コルベールは二つの関連するプロジェクト、すなわちフランス全体の地図と行政区分を示す地域図の製作が必要なことを認識していた。ここでいう地域図とは、「最小の集落や開墾地（耕作のために切り開かれた土地）、城、農園、教区から遠く離れたところに建てられた私邸を含む」あらゆる地物を示す地図であった。フランスの広大な国土と変化に富む地形を考えると、地域図の製作は実作業的にも技術的にも困難で、莫大な費用を要する作業となる。測量棒を用いて歩測し、地元民に助言を求め、古くからの規則に基づいて行う、従来の測量方法を用いるのであれば、「世界中の測量士や幾何学者を雇ったとしても、この作業は決して終わらない[14]」と思われた。これに代わる方法が欠かせないため、コルベールは設立したばかりの科学学士院に広大な領土を測量する新たな方法の開発を要求している。彼は非常に性急であったため、一六六六年一二月の科学学士院会員の初会合で早くもこの問題は議論されている。

彼らは天文学と地理学を融合した斬新な方法を提案した。天球図を描くための科学機器の製作に用いられる専門知識が地形測量で使用される道具に応用され、カッシニの天体観測が経度の決定に応用された。天体の高度測定に使用される四分儀や、航海にも使用される六分儀、さらには方向や方位を決定する測量に使用される照準儀などの実証済みの科学計測機器を改良するための資金も提供された。科学学士院は新しい原理や機器を一連の「観測」に応用することを決定した。最初にパリで、その後フランス全土で、最新の科学技術を駆使して測量が行われ、地図が製作された。科学学士院の方法は、二系統の科学計測を一本に撚り合わせるものであった。カッシニは天体観測によって経度を最も正確に計算することを可能にした。フランスの司祭、天文学者、測量士にして、科学学士院の創設者の一人でもあったアッベ・ジャン・ピカールは、実践的な測量技術に基づいて地形測量の精度を高めた。二つの技術を結合したとき、フランス全土の測量を実施するための強力な方法がもたらされるのであった。

ピカールは、測量機器を改良して天体現象の観測と地形測量の精度を大幅に高めたことで、既にその名を知られていた。彼が最も興味を抱いていたのは、地球の直径を正確に計算するにはどのようにすればよいかという、エラトステネス以来の科学的難問を解決することであった。カッシニの興味が東西の経度を計算することにあったのに対して、ピカールの関心事は経線の円弧を北から南へ計測することにあった。この円弧は地球上のどこにおいても、地球の円周に沿って極から極へ仮想的な曲線をたどることによって、真北から真南に引くことができる。この円弧の長さが十分慎重に計測され、円弧上の二点の緯度が天体観測によって正確に算出されるならば、任意の地点の緯度だけでなく、地球の直径と円周を推定することも可能になる。

ピカールの測量方法は二種類の測定からなる。一つは測量士の緯度を画定する天体の測定で、もう一つは地上での一連の角測定で、これにより正確な三角測量が可能になった。新しいマイクロメータ（天体の角測定に使用される計測器）によりピカールは地球の大きさをさらに正確に算出することができた。ピンホールから天体を覗く従来の方法に代わって望遠鏡付きの四分儀が登場し、天体の高度測定も地上の角測定もこれまでにない精度で行うことが可能になった。こうした新しい機器を装備することで、地表面の近代的な測地学的測量の準備が初めて整い、一六六九年ピカールはパリ南部のマルヴォエザンとアミアン近郊のスルドンとの間の子午線の計測に着手した。ピカールは慎重に計測された長さ四メートルの木製の測量棒を使用して、一〇〇キロメートルを超える距離の計算で絶対的な精度を確保することを試みたが、その結果は驚くべきものであった。ピカールは緯度一度の長さを五万七〇六〇トワーズと推定した。一トワーズは一・九四九メートルに相当したため、最終的な推定値は一一一キロメートルとなった。この数値をもとにピカールは地球の直径を六五三万八五九四トワーズ（一万二五五四キロメートル）と算出した。実際の実測値一万二七一三キロメートルに極めて近い。

ピカールの測量が天文学に及ぼした影響は衝撃的であった。地球の大きさに関する彼の計算はアイザック・ニュートンの万有引力仮説を証明するもので、これに勇気づけられたニュートンはついに自身の理論を『自然哲学の数学的基礎』（一六八七年）で公表した。[15] ピカールの方法が地図製作に及ぼした実践的な影響も非常に大きなものであった。子午線の円弧の長さを確定するためピカールは基線の測定も行ったが、この基線によって距離と方向を「三角測量」することが可能になったのである。基線上の二地点間の正確な距離がわかったため、ピカールは地形上の第三の地点を特定し、三角関数表を使用して距離を正確に計算することができた。測量された結果は、基線を横断して移動する三角形の蛇のように表現される。この方法による測量結果はピカールの『土地の測量』（一六七一年）に記載されている。科学学士院の最初の「観測」は一六六〇年代末にピカールによって行われ、その成果は『パリ周辺地図』として一六七八年に刊行された。一リーニュ（革命前の長さの最小単位で、約二・二ミリに相当する）が地上では一〇〇〇トワーズを表わすため、縮尺は八万六四〇〇分の一となった。この値はその後カッシニによって作られる全地域図の標準縮尺となるのである。二つの例から、この時点での科学学士院の主たる目的は、その後の全国地図に向けて新たな幾何学的枠組を提供することにあったことがわかる。距離は三角測量の数学に基づいて計算され、これにより何もない空間を越えていくつもの地点を正確に配置することが可能となった。その結果は、雑然として活気に溢れる国の描写ではなく、むしろ抽象的な幾何学図形が連なった鎖のようであった。

科学学士院の次の「観測」は、新しい方法の政治的な力をより鮮明に示すものであった。ピカールは再びプロジェクトの責任者に選ばれたが、今度はフランスの全海岸線の地図製作を含むプロジェクトであった。子午線の原理が確立され、三角測量によって内陸の地図描画が可能になったが、フランス全土の輪郭を描くためには別の方法が必要であろう、ということでピカールとカッシニの意見は一致していた。経度を計算するため、今度はカッシニによる木星の衛星の掩蔽観測が用いられることになるのである。一六七九年、ピカールは再び測量の現場に戻った。科学学士院会員フィリップ・ド・ラ・イールの助けを借り、ピカールはその後三年間を費やして海岸線沿いの位置の計算を行った。これ以前のフランスの地図では、カナリア諸島を通る本子午線、ギリシャから受け継がれた一七世紀の経度計算方法に基づいて位置の計算を行っていた。しかし、フランスの海岸とカナリア諸島との距離が正確に推定されたことはなかった。そこでピカールはパリを

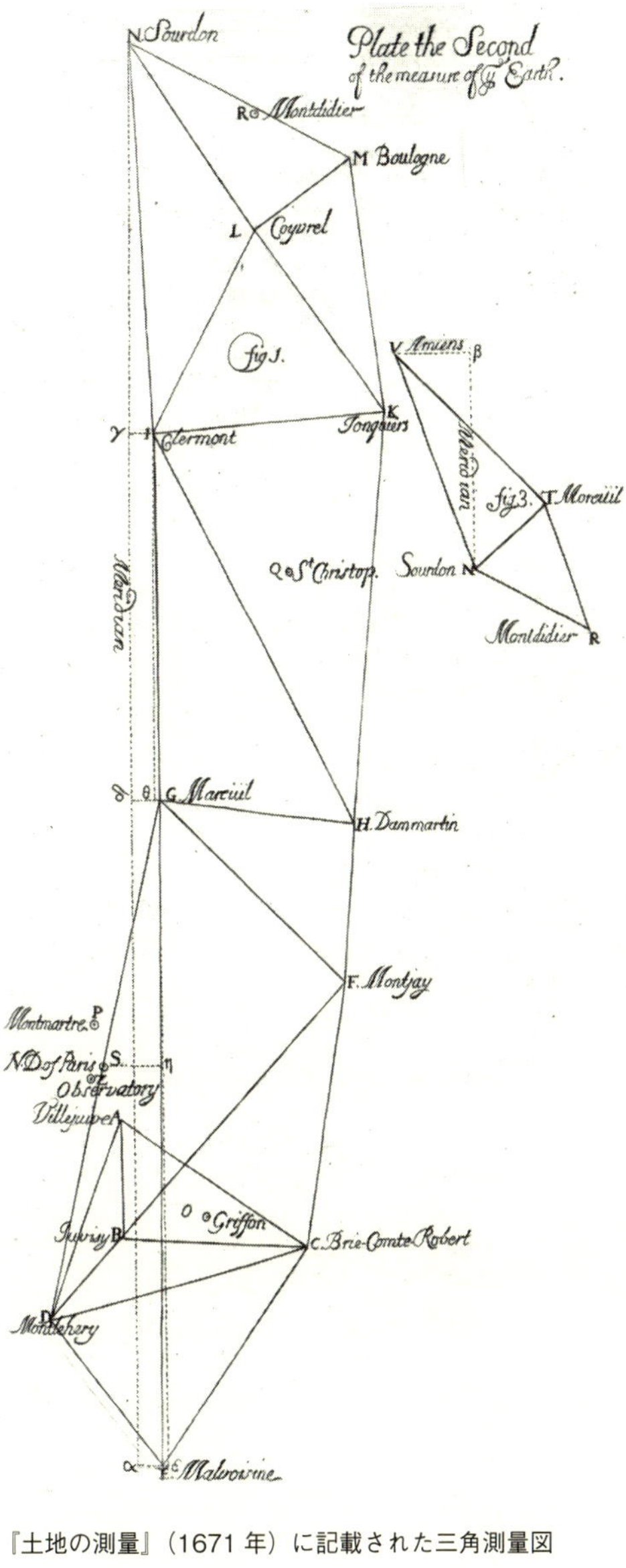

図24　ピカール『土地の測量』（1671年）に記載された三角測量図

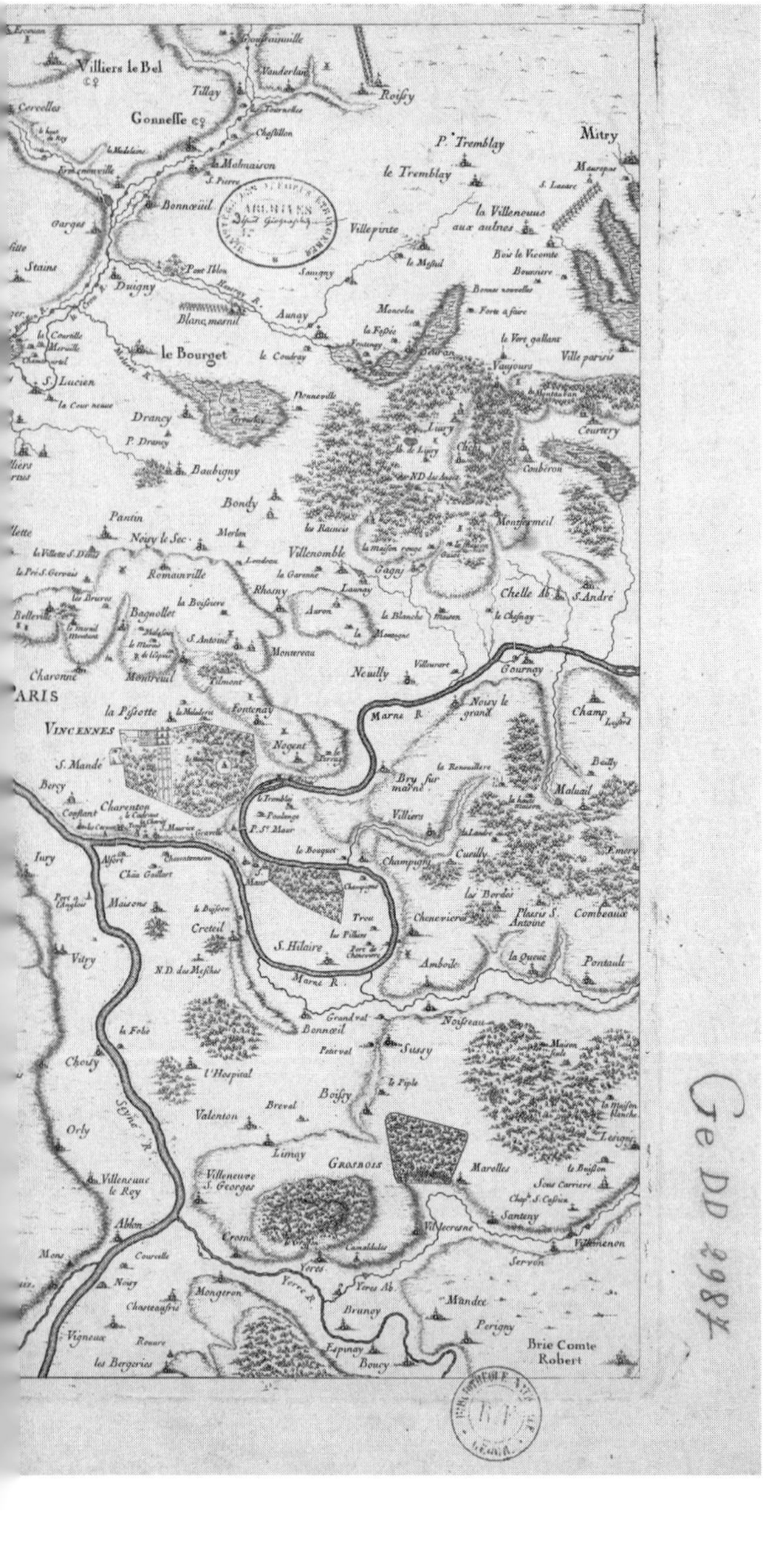
Villiers le Bel
Tillay
Gonnesse
Roisſy
P.t Tremblay
Mitry
le Tremblay
la Villeneuue aux aulnes
Villepinte
Bonnœuil
Garges
Stains
Duigny
Blanc mesnil
Aunay
le Bourget
Vaujours
Ville parisis
S. Lucien
Drancy
P. Drancy
Baubigny
Bondy
Pantin
Noisy le Sec
Livry
Courtery
Coubéron
Montfermeil
Villenomble
Gagny
Romainville
Rhosny
Chelle Ab.
S. André
Bagnollet
Montreuil
Charonne
PARIS
Neuilly
Gournay
VINCENNES
la Pissotte
Fontenay
Nogent
Noisy le grand
Marne R.
Champ
S. Mandé
Bercy
Charenton
Bry sur marne
Villiers
Champigny
les Bordes
Chenevieres
Plessis S. Antoine
Combeaux
Emery
Iury
Maisons
Creteil
S. Hilaire
Amboile
la Queue
Pontault
Vitry
N.D. des Mesches
Grand val
Noiseau
Bonnœil
Sussy
Choisy
l'Hospital
Boissy
Valenton
Breval
Orly
Limay
GROSBOIS
Marolles
Villeneuve le Roy
Villeneuve S. Georges
Santeny
Ablon
Crosne
Villecresne
Villemenon
Servon
Yeres
Mandre
Bruney
Perigny
Vigneux
Espinay
Boucy
Brie Comte Robert
les Bergeries
Mongeron
Ge DD 2987

図 25 『パリ周辺地図』（1678 年）

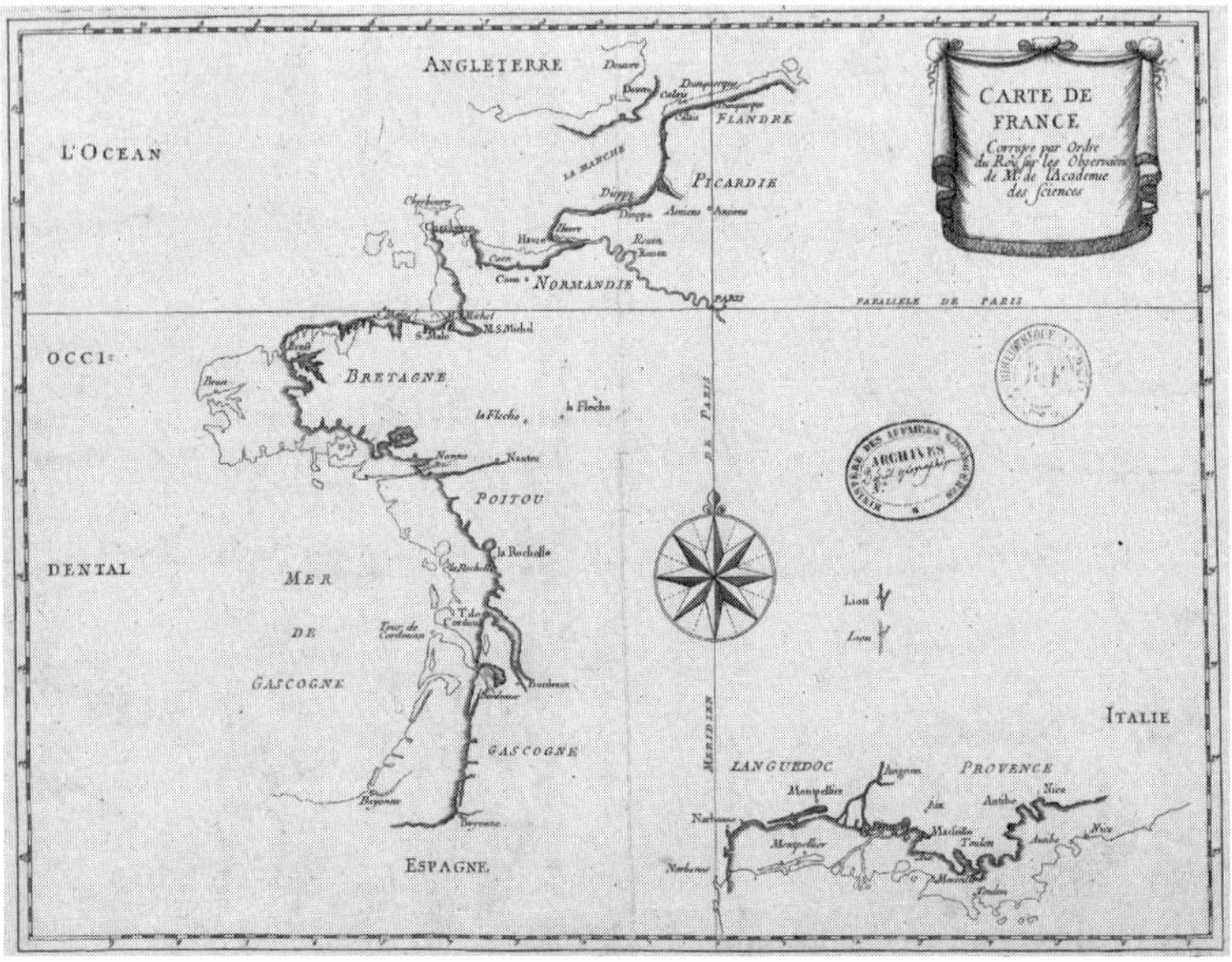

図26　ジャン・ピカールとフィリップ・ド・ラ・イールによる『修正されたフランス地図』（1693年版）

通る本子午線上での観測を基準にしたのである。彼は海岸線を徐々に南下しながらブルターニュ（一六七九年）、ラ・ロシェル（一六八〇年）を測量し、さらに地中海側のプロヴァンス（一六八二年）に至っている。[16]

完成した地図は『修正されたフランス地図』と題されて、一六八四年二月ついに科学学士院に提出された。学士院会員はもちろんのこと、国王自身にとってもこの地図は衝撃的であった。ピカールとラ・イールは近代的な計算手法を強調するかのように、大胆にもサンソンが推測した従来の海岸線の上に彼らの新しい海岸線を重ねて描いている。新しい地図はパリの子午線を初めて示しただけでなく、フランスの国土がサンソンの計算による三万一〇〇〇平方リュー（六一万二〇〇〇平方キロメートル）から二万五〇〇〇平方リュー（四九万三〇〇〇平方キロメートル）に劇的に減少することを示したのであった。[17] 大西洋に面した海岸線は全体的に東へ移動し、一方地中海に面した海岸線は北へ後退した。新しい地図によれば、シェルブールやブレストなどの戦略的に重要な軍港は、サンソンの初期の地図では数キロメートル先の海上に描かれていたことがわかる。科学学士院の書記官フォントネルは、地図の公開がもたらした科学に対する期待感と政治的な配慮が交錯する状況を的確に捉えていた。「彼らはガスコーニュの海岸線に極めて重大な修正を施し、これまでは湾曲していたものを直線的にして内陸側に移動したのである。そのため国王（ルイ一四世）は冗談交じりに、科学学士院の測量遠征のおかげで領土を失った、と語ることがあった。しかし、国土は縮小したが地理学は進歩し、航海はより確実で安全なものとなったのである」[18]とフォントネルは記している。従来のフランスの地図を破棄して新しい幾何測量によって計算し直すべき、というメッセージは大胆ではあったが当然とも言えた。

一六八〇年代半ばには、フランス全土を包括的に測量する準備はすべて整っていた。カッシニの天体観測とピカールの三角測量法とを組み合わせたことで、国の内陸の詳細な測量を可能にする測地学的な枠組がすべて確立されたのである。しかし、各地の地理学情報に対するコルベールの要求はまだ満たされておらず、科学学士院会員に関する限り、一六八〇年代までの主たる目的は地球の大きさと形状を測定することであった。測量士の作業が完了したにもかかわらず、国王軍は進軍を続け、スペイン領ネーデルランドに侵入し戦争を引き起こした（一六八三―一六八四年）。一六八二年にピカールが亡くなり、翌八三年にコルベールが亡くなると、国王の軍事支出により、カッシニとピカールが開始した事業の拡大を直接的に支援するための資金が不足するようになった。一七〇一年には、ルイ王朝の野望により、ルイ一四世は空白となったスペイン王位継承の争いに巻き込まれていくことになる。ブルボン朝の下でスペインの亡霊とフランスが結ばれたことに脅威を感じた英国、オランダ、ポルトガルは、両国に対して血みどろの戦闘を開始したが、この戦いは長期化し、ヨーロッパを越えて北アメリカやカリブ海にまで拡大していくのである。一二年間に及んだスペイン王位継承戦争は、決着がつかぬまま一七一三年に苦渋に満ちた和平を迎え、ルイ一四世の領土的野心は打ち砕かれ、フランスの国家財政は大きく疲弊した。一七一二年にカッシニ一世が亡くなると、測量と地図製作のプロジェクトに対する政治的な意欲や知識階級の統率力はほとんど消え失せてしまった。

国を南北に縦断するパリ子午線の測量は断続的に継続されたが、このプロジェクトは、地球の最終的な大きさと形状を確実に決定したい、という一七世紀末の科学者たちの熱い問いかけに応えるべく計画された測地学的プロジェクトとみなされていた。アイザック・ニュートンの重力理論によれば、重力は赤道と両極では異なると考えられていたため、完全な球体にはなり得ないのである。ニュートンは、地球は完全な球体ではなく、赤道がわずかに膨れ両極が平らになった扁平楕円体であると結論した。カッシニ一世と息子のジャック（カッシニ二世）はこれに納得せず、ルネ・デカルト（一五九六―一六五〇年）の理論に従っていた。偉大な哲学者としてヨーロッパ中で崇敬されていたデカルトは、「幾何学者」すなわち応用数学者としても有名で、地球は両極が膨れ赤道が平らになった卵型の扁長楕円体である、という説を唱えていた。彼の理論は科学学士院で広く支持されたため、この矛盾を解決することは英仏海峡を隔てた両国の威信をかけた重要な問題となった[19]。

両者ともその主張を支持する経験的な証拠にはこと欠かなかった。ニュートンの支持者は、振り子の周期測定に対する重力の影響が両極に向かうにつれて増大した、という報告が証明されていないことを指摘した。一七一二年にパリ天文台長となったジャック・カッシニは、デカルトの立場を支持することで父の後継者としての権威づけを図ったのであった。カッシニ二世は一七一八年に科学学士院に一編の論文を提出している。その中で彼は、一六八〇年代にカッシニ一世とピカールの指導の下に行われた測量から、北極に向かうにつれて子午線一度の長さは短くなることが明らかになったと指摘し、デカルトの扁長楕円体を支持した[20]。フランスが国を挙げてデカルト説を支持する中で、英国は推論に基づく理論でフランスの経験的観測に対抗した。この論争を解決するため、科学学士院会員は新国王ルイ一五世と海軍大臣に対して、赤道と両極付近でそれぞれ子午線一度の長さを計測するため科学遠征隊を支援するよう陳情を行った。科学学士院会員たちは、この遠征が科学論争におけるフランスの主張を立証すると同時に、経済的にも植民地支配の観点からも利益をもたらすことを指摘した。ルイ一五世は「科学の進歩のみならず、航海をより正確かつ容易にすることで交易のためにも有益」[21]として、二つの遠征隊に経済的支援を行うことを約束した。カッシニとピカールによって開発された正確な天体観測と測量の方法は、科学の最も基本的な問題の一つを解決するため、地球上の遠く離れた地で試されることとなったのである。科学学士院の測量任務は、フランスの国境と領土に関するこれまでの考え方に影響を及ぼすこの科学論争を解決するため、突如として国家プロジェクトに格上げされたのであった。

一七三五年、最初の遠征隊がスペインの植民地であった赤道直下のペルー向けて、続いて翌年、第二の遠征隊が北極圏のラップランドに向けて出発した。赤道と北極圏で子午線一度の長さを比較測定するだけで、論争は解決可能だったのである。地球が（ニュートンの主張するように）扁平であればその長さは北に向かうにつれて長くなり、（デカルトが主張するように）扁長であれば北に向かうにつれて短くなる。両遠征隊は、天体観測と三角測量による距離の計測によって、子午線一度の長さを決定するカッシニの測量方法を再現することを計画した。ペルー遠征隊は、地震や火山の噴火などの天災や内乱に巻き込まれたため、帰還までに八年を要した。ピエール＝ルイ・モロー・ド・モーペルテュイを隊長とするラップランド隊は順調に任務を遂行し、一七三七年八月パリに帰還した。[22]三カ月後、モーペルテュイは科学学士院、国王ルイ一五世、海軍大臣に結果を報告した。カッシニ二世があからさまに不快感を示したのは、モーペルテュイによる子午線一度の長さの推定値が、地球は赤道がわずかに膨らんでいるとするニュートン説を裏づけたからであった。一六六九年のピカールの測定は万有引力に関するニュートンの論文を補強し、今度はカッシニ一族の方法が、彼らの意に反して、地球を扁平楕円体とするニュートンの理論に反論しがたい実証的な証拠を提供したので

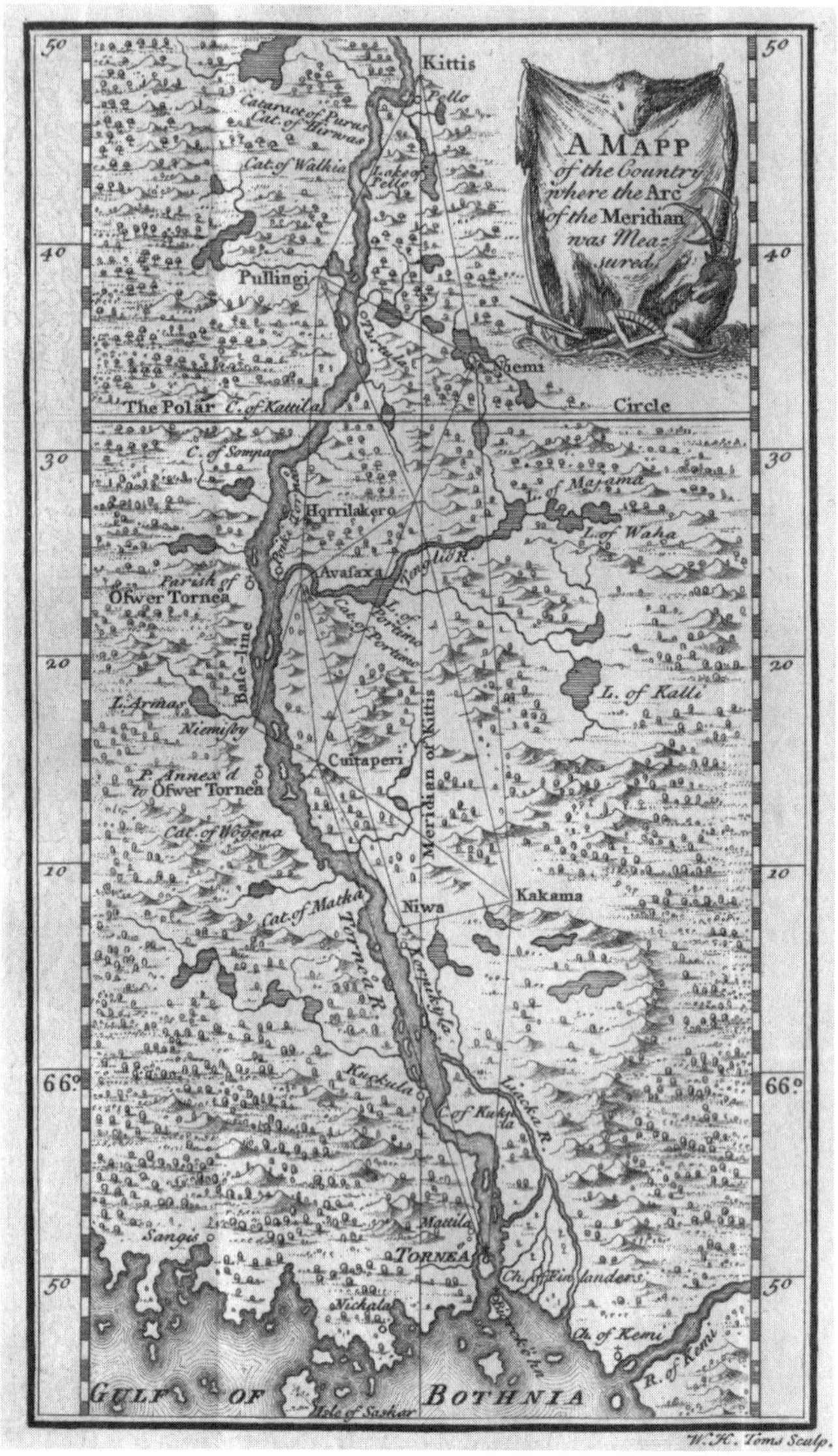

図 27　ピエール＝ルイ・モロー・ド・モーペルテュイ著『地球の形状』（1738 年）の「子午線弧が測定された地域の地図」

いる。

あった。この結果に歓喜したニュートン支持者はフランス国内にもいた。ヴォルテールもその一人で、「地球とカッシニを押し潰した親愛なる君へ[23]」というユーモア溢れる書き出しの祝辞をモーペルテュイに送っている。

ペルー隊は一七四四年に帰還したが、同様にニュートンの理論を裏づける結果となった。科学学士院の威信は大きく損なわれたが、地球の形状をめぐる論争によって、カッシニの測量方法が世界中のどこへ行っても通用することが証明された。デカルトが唱えた地球の形状に対するカッシニの信念が反証されたことで、検証可能で客観的な世界像を信念や信条とは無関係に示すことこそが科学の方法である、という認識をさらに深める結果となった。そのことを示しているのが地球の形状に関する論争の経緯である。カッシニ一世もピカールも最初は地球が完全な球体であることを仮定して測量を行ったのである。しかし、いまではニュートンの理論についても検証が行われ、その計算にも修正が必要だったことが明らかになっている。

ルイ一五世の財務総監としてフィリベール・オリ（一六八九—一七四七年）が一七三〇年に任命されると、コルベールが当初抱いていた「国家の利益と国民の利便性のための[24]」全国規模の測量が再開された。オリが地球の形状に関する難解な論争に興味を示すことはほとんどなかった。彼はフランス土木局に輸送網構築のための正確な地図がないこと憂慮して、一七三三年には全国の三角測量を再開することをカッシニ二世に命じたのである。コルベールとは異なり、オリが望んだのは技師や測量士（あるいは「幾何学者」）の採用と訓練を国が管理することであった。ルイ一四世とコルベールの時代には、血縁関係や個人的才能によって選ばれた学者グループだけが支援されていた。オリはこれとは対照的に、測量や地図製作に必要とされる技能を持った学生を採用して教育するためには、国が科学技術大学を設立しなければならないことを理解していた。彼は海軍に正確な海図を提供し、陸軍が要塞を築き国境を定めることができるように、地図を標準化することを望んでいた。オリはその後、「王国全般の統一的な様式に従う道路計画[25]」を検証するために、測量を命じる布告を発することになる。当時は測量の目的だけでなく測量に対する考え方までもが変わり始めていた。測量事業の完遂を支援したのは、王族のパトロン的庇護やエリート科学者の推理や天文学ではなく、国家の役割と公共の利益、そして標準化の重要性であった。しかし、訓練を受けた新しい世代の幾何学者が登場するまで、測量を完遂するにはカッシニ二世に頼らざるを得なかったのである。

カッシニには全く別の狙いがあった。一七一一年に法服貴族《ノブレス・ドゥ・ローブ》の家系に婿入りしたカッシニは、天文学を地理学よりも高尚な職業とみなし、父親の名声と科学者家系の血筋を守ることが重要であると考えていた。彼は測量再開の機会を、ニュートン派に反撃を加え、地球の形状に関するデカルトの理論を最終的に証明する機会と考えていたのである。一七三三年、測量作業は困難な基準線の計測と距離の三角測量から再開された。国の地図測量がごく普通の日常的な作業とみなされている時代にあっては、カッシニ二世の測量事業の途方もない規模を想像するのは難しいであろう。近代的な測量機器や輸送手段もなく、現地の人々の理解も得られないため、基本的な作業ですら困難を極めた。測量隊は測量する領域をあらかじめ調査して、自然や人工物の特徴を把握し、どこで基準線や角距離の測定を行うかを決定した。しかし、すぐに問題が発生した。好意的に迎えられた市街地での初期の測量とは異なり、幾何学者たちの高い精度の技術も通用しない地形に直面したのである。彼らは距離を三角測量するための特徴的な地形が存在しない領域や、機器の設置が極めて危険な山岳領域を測量しなければならなかった。一七四三年夏、ヴォージュ山脈での作業中、彼らは再洗礼派であると疑われ、謎の野営と不可解な行動で反乱を扇動したとして告訴されている。一七四〇年代の初め、メザンク山麓のレゼスターブル村では、測量機器を地元の作物に魔法をかける道具であると疑った村人たちによって、一人の測量士が切り殺されている[26]。

測量隊は外の世界とほとんど接点を持たない人々の住む小さな村も訪れているが、その土地の人々には、不思議な機械で辺りを覗きながら歩きまわる余所者《よそもの》が場違いな質問をする理由が、全く理解できなかったのである。測量士たちは予備調査を開始したとたんに機器を盗まれ、馬の調達やガイドの手配も断られ、石を投げつけられることも多かった。地元の情報を入手するのはさらに困難で、測量が行われていることを理解している者も非協力的であった。測量の結果が十分の一税、地代や租税の引き上げにつながるに違いない、と彼らは考えたのである。

対象地域の予備調査が完了しても、基準線測量の準備が整ったにすぎない。測量士たちは緯度を正確に計算するため、羅針盤、マイクロメータ、四分儀を使用して標高を計測した。さらに、長さ二トワーズの木製の測量棒の端と端を合わせて並べ、最短でも一〇〇〇トワーズの経路を設定した。基準線が正確に設定され計測されると、ようやく三角測量を開始することができたのである。基準線上で二点間の距離が検証されると、測量士は三角形を形成する第三の地点を選ぶことができる。だが、問題はここにもあった。測量士にはその地形の高度を測定する術がなかったのである。彼らにできたのは人為的に作られた特に見晴らしの良い地点（通常は教会の鐘楼）から選択した地点を三角測量することであった。この位置が確定されると、四分儀または方位盤を用いて第三の地点までの角度が計測される。ここで三角関数表を参照し、測量士たちは三つの角度と第三の地点までの距離を計算する。測量隊は三つの角距離を確定して次の三角形を決定するという作業を繰り返し、隣接する三角形網によって対象領域全体を測量するのである。三角形が完成するたびに、平板と呼ばれる器具を使用して、最終的に正確な地図になる当該領域の地形の起点が紙の上に写し取られた。

精度を高めるため測定と計算については再確認が行われていたが、取扱いが煩雑な機器をあちこち移動させる作業はことのほか重労働であったため、誤差の許容範囲は大きくなってしまった。当然ながら、作業がひどく遅れがちであった。現場で作られいまも残っている手書きの地図を見ると、観測と読取と計算が数えきれないほど繰り返されたことがわかる。市街地、村や川などを除くと、詳細に描かれている自然の景観はほとんど見当たらない。その代わりに、地図の上には三角測量の計測結果を示す無数の線分が縦横に引かれ、紙面全体を占めている。測量によって膨大な計測値のデータバンクが徐々に構築されるにつれて、パリで測量結果を評価していた人々は、ピカールの元の計算が予想していたほど確実なものではなかったことに気づき始めていた。測量はピカールが描いたパリ子午線に直交するように三角形を描くことによって開始された。一七四〇年までには、一八本の基準線と四〇〇個の三角形が計測されることになるが、カッシニ二世と息子のセザール＝フランソワは、ピカールによる元の子午線計測が五トワーズ（約一〇メートル）ずれていたことを突き止めていた。誤差は小さかったが、フランス全土にわたって計算を繰り返したならば、すべての計算の精度を危うくするところであった。そのため、確定した計測値を完全に再計算しなければならなかった。再計算は一七三八年に完了したが、それはカッシニ二世にとってまたもや苦々しい結果となった。再計算された子午線一度の長さは、モーペルテュイがラップランドで行った計測を裏づけるものであった。フランス国内での計測からも、ニュートンの理論が正しいことが最終的に証明されたのである。

ジャック・カッシニの息子セザール＝フランソワ・カッシニ・ドゥ・テュリ（カッシニ三世）がこの測量への関わりを徐々に強めていかなければ、カッシニ一族の影響力もここまでだったかもしれない。彼は天文学者としてよりも地理学者として優れていたと同時に、抜け目のない駆け引き上手だったのである。彼は静かにニュートン派の勝利を受け入れ、オリの新たな測量の要件を理解し、一七三〇年代から四〇年代にかけて困難な測量に取り組み、単にこれを終わらせるだけでなく印刷物として公表するところまで巧みに舵取りした。専門化する地理学の手法について行けない父親には幻滅を感じて距離を置くようになると、カッシニ三世は測量の成果を一般大衆に広める計画に着手した。

一七四四年、測量事業はついに終了した。幾何学者たちは一九本の基準線と八〇〇個もの主要三角形を完成させた。カッシニ三世は地域図を作るときには常に印刷することを想定していたが、一七四四年には一八シートからなる地図が出版された。一八〇万分の一という適度な縮尺で描かれた新しいフランスの地図で、全土が三角点網で覆われており、特徴的な自然の輪郭はほとんど何も表現されておらず、ピレネー山脈、ジュラ山脈、アルプス山脈など大きな領域は空白のまま残されていた。測量が行われた主要な土地を結ぶ海岸線、谷および平原をたどる一連の点、直線および三角形は、幾何学的な骨格となっていた。カッシニ三世の地図上に描かれた三角形は、合理的で検証可能な科学的方法による新しい不変的な記号として物理的な実体と対応するものであり、地理学と数学の不変の法則が茫漠たる無秩序な混沌の世界に勝利したことを示すものでもあった。[27] 古代バビロニア人とギリシャ人は円を崇拝した。中国人は四角形を称賛した。今度はフランス人が、最終的に世界を征するのは三角形の活用であることを示したのである。

一七四四年に測量結果が公表されたことで、コルベールとオリの当初の計画は達成された。今日的な意味では詳細な地理学に基づいた包括的な全国測量とは言えなかったが、国の計画の要件からすれば重要な地域の位置を描くことができた測地学的に意味のある測量であった。カッシニ三世はこのことを十分に踏まえて、「測量隊は計画された測量を行うために、すべての村、すべての集落に入ったわけではなかった。我々はすべての農園を訪れ、すべての川の流れをたどって計測したわけではない。……そのような詳細な情報が必要とされたのは有力な領主の土地だけである。地図を製作しなければならない国の大きさを考えると、多数の事柄を記録していたのでは、大きな混乱を招くことなく作業を完了することはできなかったであろう」[28]と記している。一回だけでなく二回も測量を行う計画は過大だったが、さらに三回目の測量を国全体の地形について行うとなれば、資金も人員も技術的精度も相当なレベルが要求されるため、カッシニ三世は現実的ではないと判断を下したのである。彼にしてみれば、自分の仕事も一族の仕事もこれで終わりであった。したがってこれ以降は、公私を問わず個人でも組織でも、一七四四年の地図の地理学的な空白部分を自由に埋めることができたのである。パリにおける地図の商取引は既に、アレクシス・ユベール・ジャイヨ（一六三二―一七一二年）やギヨーム・ドリール（一六七五―一七二六年）などの地図製作者による優れたコレクションを

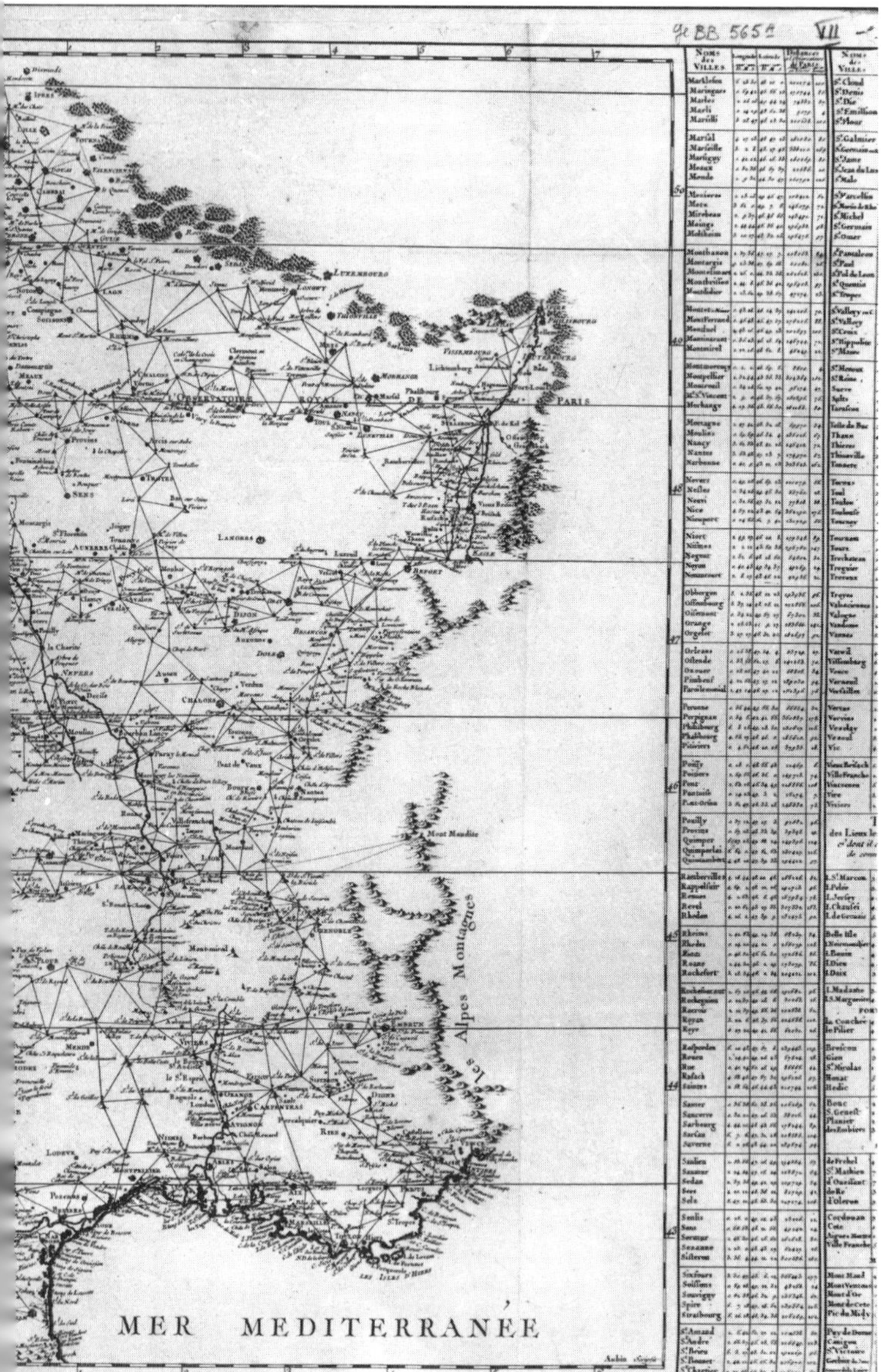
MER MEDITERRANEE
Les Alpes Montagnes
L'OBSERVATOIRE ROYAL DE PARIS
Mont Maudite
LES ISLES D'HIERES

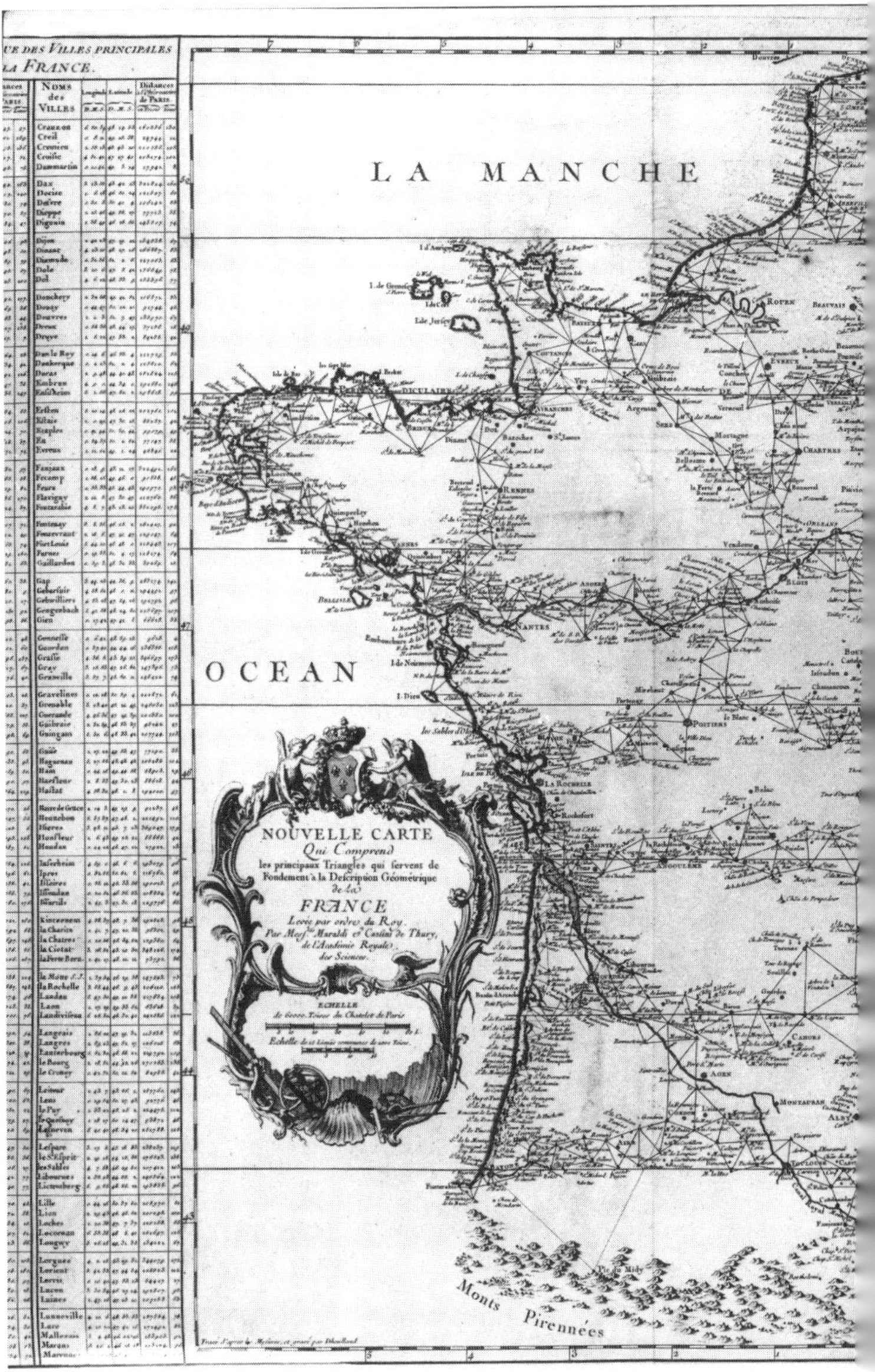

図 28　セザール＝フランソワ・カッシニ・ドゥ・テュリ『フランスの新しい地図』（1744 年）

生み出していたが、ジャン・バプティスト・ブルギニョン・ダンヴィルやディディエ・ロベール・ヴォゴンディ（一七二三―八六年）などの新しい世代の地図製作者も登場して、カッシニ三世によってもたらされた地図製作の機会に資金を投じて地図や地図帳を製作していた[29]。

一七三三年から四四年までの測量が、国をより詳細に記述するための予備調査[30]にすぎなかったとは、当のカッシニ三世ですら夢にも思わなかったが、ブルボン王朝と軍の野心的な要望を満たすため、カッシニはさらなる測量の開始を要請されたのであった。ルイ一四世はスペインの王位継承をめぐって、フランスを出費のかさむ戦争へと導いたが、息子のルイ一五世も一七四〇年に同様の紛争に介入したのである。今度はフランス北東の国境でオーストリアが主張したハプスブルグ家領をめぐる紛争であった。このオーストリア継承戦争（一七四〇―四八年）によりルイ一五世は血みどろの戦闘と多額の戦費を強いられたが、一七四六年春にはオーストリア領ネーデルランドとも戦うこととなったのである。カッシニ三世はスヘルデ川に沿って基準線を計測するフランス人技師に助言を与えるために招聘され、一七四六年一〇月にはリエージュ郊外のロクーの戦いでは地勢図を描くための支援を行っている。

フランスが勝利したのち、ルイ一五世はこの地を訪れ、その地形をカッシニの地図と見比べている。そのときの国王の発言が、フランスの測量事業の将来に転機をもたらすことになるのであった。カッシニ三世は、「地図を手にした国王は、地形や軍隊の配置が申し分なく表現されていることがわかったため、司令官にも案内人にも何もお尋ねにならなかったが、光栄にも私には『我が王国も同様の地図の製作を希望する。ついてはその費用を支払うので、（ジャン＝バティスト・ド）マショー（財務総監）に連絡されよ』と声を掛けられた」と述懐している。これまでの作業に八年もかかっただけに、それが容易ではないことは国王にもカッシニにもわかっていたが、カッシニによれば、「国王は私に敬意を表されて、この作業が容易に行いうるものかどうか、また完成までにはどれだけの時間が必要となるのかを何度もお尋ねになられた[31]」という。

現実派のカッシニ三世はルイ一五世の質問にすぐに答えた。国王の質問はこのような巨大なプロジェクトの実現の可能性を問うものであったが、今度は河川から村や集落に至るまでフランス全土の地理学的な特徴をすべて網羅するわけで、このような測量を指揮する機会は、科学者としての永遠の名誉であり、逃すわけにはいかなかった。カッシニはこの測量には一八年を要すると計算した。フランス全土を網羅するには八万六四〇〇分の一の統一縮尺で一八〇枚の地域図が必要で、毎年一〇枚の地図を製作する。一枚の製作費は四〇〇〇リーブルであるが、機器、測量および印刷の費用も含まれる。年間費用四万リーブルは、土地の測量と関連情報の記録を行う二名の技師からなる一〇チームの測量隊に支払われるもので、パリ天文台に送られてくる記録は検証ののちに地図として彫版され出版される。各地図は二五〇〇部印刷され、一部四リーブルで販売される。一八〇枚の地図がすべてこれだけの部数売れたとすると、このプロジェクトからは一八〇万リーブルの収入が得られ、わずか七二万リーブルの投資に対して素晴らしい利益がもたらされる。熟練労働者の年間の稼ぎが高々一〇〇〇リーブルで、国王の家具職人が一〇年間の仕事で九三万八〇〇〇リーブル請求することを考えるならば、純粋に経済的な視点からカッシニの測量は素晴らしい投資である、とマショー財務総監は評価したのである。[32] 彼はオーストリア継承戦争後、王国の財源が乏しくなっていることに衝撃を受け、万人を対象とした一律課税を導入して、時代遅れとなった十分の一税制度を改めることを望んだが、古い封建的な取り決めによって利益を得ている貴族や聖職者にとってこれは大きな驚きであった。新しい測量は、新しい枠組の中で財務総監を支援し、前任者に激しく反対していた多くの人々にも利益をもたらすことを約束した。

カッシニ三世は新しい測量を導入してフランスの地理学に対する考え方を転換する機会と捉えていたが、彼の方法はまた地理学の慣習をすべて変えることを意味した。彼は、地球を円筒形とみなして矩形上に投影する、現在では横軸正距円筒図法と呼ばれる方法を採用することで、測量から作られる地図を標準化することを提案した。経線はすべて垂直線で、緯線はすべて水平線で表わされ、両者はどこでも直角に交わる。このような投影法では南北の端での歪みは避けられないが、カッシニの目的では無視しうる程度で、測量される領域が十分に小さい場合には重大な影響を受けることはなかった。こうすれば最初の二つの測量とは異なり、新しい科学的な工夫が必要になることはないと指摘した。測地学的な枠組が確定したところで、カッシニ三世は地理学的な詳細を埋めていく方法を導入した。標準的な測量方法と地図製作法で新しい世代の地理学者を教育するというオリの計画に従って、カッシニ三世は、測量に欠かせない計測と観測の技法を自身の技師チームに一から教えることを提案した。各技師は二冊の記録日誌を携行する。一冊には村、川、教会およびその他の自然の特徴などの地理学的な情報を記録し、地元の司祭や領主に検証してもらう。もう一冊には確定された基準線や主要三角形に関連する三角測量の測地学的データを記録するが、これはパリに送られて、天文台の職員によって検証を受けることとなる。この測量の政治的かつ経済的成功の鍵となる正確性、統一性および検証可能性がこれで確立されたのである。カッシニ三世のガイドラインの下で、地理学は国家によって認められた定型的かつ継続的な活動となり、測量の実務を行う者は当局によって定められた厳格なガイドラインの範囲内で作業を行うのである。地図の製作に天文学、占星術、宇宙誌学の難解な知識を結びつける博学な学者たちの時代は、終わりを迎えようとしていた。地理学者は徐々にではあったが確実に役人に変わりつつあった。

一七四八年一〇月のエクス・ラ・シャペル条約の調印によってオーストリア継承戦争が終結してまもなく、カッシニ三世に最初の支払いが行われて新たな測量が開始された。カッシニ三世の言葉を借りるならば「王国全体に散在する無数の都市、街、村、集落およびその他の目標物[33]」の測量をする準備のため、技師のチームは再びフランス全土に散らばって行った。通常、測量作業はパリ近郊、続いてセーヌ川の支流から開始された。カッシニの技師たちは初めの二つの調査で得られた三角測量の骨組の上に地理学的な肉づけを試みたため、地理学より地形学が重要視された。この作業はさほど特殊なものではなかったが、地球上での人間の定住の影響を示すこれまでに例のない描画をもたらすこととなった。

カッシニ三世の機転のよさと交渉術には既に定評があった。これに加えて、細部と正確性には執拗に注意を払い、実地調査への個人的な関わりから出版用の銅版彫刻の監督に至るまで、測量事業のあらゆる側面を休みなく細かく管理するのが彼の特徴であった。現場での測量士の平均的な一日については、次のようにカッシニの説明があったため、成行き任せはあり得なかった。

鐘楼の最も高い部分に測量の準備を整え、教区司祭または地方行政官またはその土地の情報を提供することができる人物を同行させ、計測を行う対象物の名称を尋ねる。一日のうちの多くの時間を費やして対象領域を十分に知り尽くして、地図上にそれを描くことができるようにしなければならない。測量機器の状態や望遠鏡の平行度を確認し、主要な点の間の角度を計測したら数回再計測を行い、水平に円を描くようにして計測した角度が三六〇度を超えていないかどうかを確認する。水平に一周して得られる角度の精度を較正するには、三角形の第三の角の計測が有効である。日中の作業後は調査の作業になる。対象領域のレイアウトの構想が得られたら、高台、谷、道路の方向、川の流れ、地形の特性などを大まかに描くことが必要となる。実際にその領域の地図を描くためには、それが正確かどうかを確認できるように、また誤っていたときには訂正できるように、その土地に滞在している間に描き上げる。[34]

現場での作業と同様に重要なのが作成時の行動記録であった。実作業から調査に至るまで、カッシニの技師たちは、観測結果を記録し、それを手書きのスケッチ地図に変換し、必要であればそれを修正し、その後さらに検証を行うためにすべてをパリに送るように指示されていた。カッシニ三世は、地図の下書きが描かれたら、当該の地理データを最初に確認させるため現地の高官に送り返すよう主張した。「幾何学の部分は我々の仕事であるが、地形の表現や名称の確認は領主や司祭の仕事である」というのがカッシニの主張である。「技師は彼らに地図を提示し、彼らの提供する情報を役立て、彼らの命令に従って作業し、彼らの目の前で地図に修正を加え、我々は検証がなされた地図だけを公表している」として、記録された情報の正確性を保証している。[35]正確性を保証するには欠かせない要素ではあったが、違った結果をもたらすこともあった。はた迷惑な技師の行った観測結果を検証するのはどれほど気乗りがしないとしても、高官たちも国の測量の一端を担っているのである。これまでは、三角測量によって得られた純粋な幾何学的配置を信頼して、地元の情報は無視されてきたが、カッシニ三世は頭の中に想像したフランスの街や村を地図に描くには、そこに住み働く人々の情報は欠かせないと確信したのであった。

しかし、作業は遅々として進まなかった。カッシニは当初測量の完了には一八年を要すると見積もったが、八年が経過した段階で出版された地図はパリとボーヴェの二点だけであった(カラー口絵47)。一七五六年夏、カッシニ三世は、刷り上がったばかりのボーヴェの地図を献上するためルイ一五世に拝謁を許された。カッシニによれば、国王は地図の「詳細な精度に驚かれた」という。しかし、ルイ一五世の口をついて出たのは、「カッシニよ、残念ながら悪い知らせがある。財務総監は余が地図にこれ以上関わるのを望んでいない。そのための資金がもうないのだ」[36]という寝耳に水の発言であった。プロジェクトは遅れ、費用はかさむ一方で、この時点でカッシニは地図一点の製作費用は五〇〇〇リーブルになると見積もっていた。このペースで進むと、来世紀になってもプロジェクト全体の完成はおぼつかなかった。マショーの改革は予想通り貴族の反対にあって頓挫し、国家財政は危機的な状態に陥っていた。後任の財務総監ジャン・モロー・ド・セシェルにさらなる出費を認める用意がないことは明らかだった。カッシニ三世が直ちにどんな行動を取ったかは別として、ルイ一五世からの知らせに対する彼の反応はいかにも彼らしく「地図は完成させます」[37]というものであった。

カッシニ三世は完全無欠を主張する地理学者であったが、測量の進捗状況は遅れがちであったため、存続の危機に晒される結果となった。しかし、彼は実業家として、この測量事業を存続させるため直ちに行動した。一七三三年から四四年にかけて行われた前回の測量でも、カッシニは民間企業が投資することを常々希望していたが、この考えを実践して測量事業を救う計画を思いついたのである。ルイ一五世の支持を背景にカッシニ三世は「フランス地図製作会社《ソシエテ・デ・ラ・カルト・デ・フランス》」を設立した。彼の試算によれば、以後一〇年間で測量を完了するには年間八万リーブルが必要とされたが、これを支援するために毎年一六〇〇リーブルを出資するように求められた五〇名の株主による事業体であった。出資と引き換えに、彼らは予想された利益の分配金と完成した地図を二部ずつ受け取ることとなった。政治的にも財政的にも素晴らしい戦略であった。主要な出資者は貴族や購入予約することによってプロジェクトと協力関係を結んだ地方政府で、その中には国王の公妾であったポンパドゥール公爵夫人も含まれており、カッシニは実際に必要となる以上の資金を集めることができた。測量事業は実質的に民営化されたにもかかわらず、カッシニは科学学士院が事業の運営と地図の出版を統括的に管理することを明記した。わずか数週間のうちに、カッシニ三世は放棄される危険性をはらんでいた測量事業を救い出し、将来の財源を確保することができた上に、国や出資者から干渉されることもなくなったのである。

カッシニの行動は測量に基づく地図の製作を活性化した。カッシニは最初に完成したパリとボーヴェの地図をそれぞれ一枚四リーブルで——当時地図は一枚一リーブルほどで売られていたので、かなり高価であったが——販売することを告知したが、その数日後には毎月一点ずつ地図を公表することを約束した。モー、ソワソン、サンス、ルーアン、シャルトル、アブヴィル、ラン、ル・アーヴル、クタンス、シャロン＝シュル＝マルヌなど、予定されていた一八〇点のうち三九点の地図がその後三年間に出版された（ただし、これらはパリの北側およびパリ周辺の中央部に集中していた）。一回の印刷部数はかなり多く（各五〇〇部）、販売は驚くほど好調であった。最初の四五点の地図については、一七六〇年までに八〇〇〇部以上が印刷・販売された。[38]一〇年ほどの間に何万部もの地図が、フランス全土の至るところに住む人々の手に行き渡ったのである。カッシニが印刷した地図の点数はブラウの『大地図帳』には及ばなかったが、出版された地図の累積部数は、この高価なオランダの地図帳の売り上げを確実に凌駕したのである。

一七五六年の最初の地図の出版によって、驚くような成果があったことが誰の目にも明らかになった。測量から出版に至るまで執拗に管理の目を光らせた結果、カッシニ三世は前例がないくらい高精度で、詳細かつ正確な標準化された地図を作ることができた。それぞれの地図は入手できる最高の材料だけを用いて作られた。例えば、フランクフルトから取り寄せたドイツの黒インクと硝酸によって、独特の鮮明で耐久性のある線で描かれた地図には、柔らかで光輝くような雰囲気が醸し出された。カッシニは地図に「しっかりとした味わいと透明感のあるレイアウト」を求めた。彼によれば、これは「大衆には評価されなくてもはずせないポイント」であった。完成された製品の隙のない厳密性は、通常の地図にはないある種の審美的な美しさをもたらした。地図製作は科学に生まれ変わったが、カッシニはまた大衆がこれを芸術とみなすことを切望したのである。

大衆の間でも地図への関心が高まっていることに目をつけて、一七五八年二月、カッシニは一般大衆向けに全地図一括予約購読という新たな販売方法を開始した。五六二リーブルで購読者は順次出版される一八〇点の地図すべてを受け取ることができ、一五八リーブルも節約できるのである。当初予約購読は一〇五件であったが、一七八〇年には二〇三件まで増加した。[39]地図製作会社の株主とは違い、予約購読者の中にはパリのエリート層はさほど多くなかった。多くは地方の農場主や実業家など、これまでは測量に反対していたフランス社会の中産階級の人々であった。予約購読者の数はさほど多くはなかったが、「民営化」されたと思われた測量事業の予期せぬ「国有化」である、と見る向きもあった。カッシニ三世が正確性にこだわり続けたことで、結果的に地方の人々は国の測量事業に貢献し、この事業が自分たちの国を象徴するものであると考えることができたわけである。また、彼が継続的に財政的な支援を確保しようとしたおかげで、他の人々はわずかではあるがフランスに投資することも可能になったのであった。

プロジェクトの資金調達は民間に委託されたが、国は活気を取り戻した測量事業の進展に積極的な関心を持っていた。一七六四年には、未測量の地域に必要となる資金協力を求める国王の布告が発せられた。その結果、カッシニ三世は全測量の完了に必要と思われる費用の三割近くを手にすることができた。これは彼にとって時宜を得た支援となった。測量を完了するための当初の予想はひどく楽観的なものであった。そのため、プロジェクトが破たんしないよう維持するには、資金調達に奔走しなければならないことをカッシニは実感していたのである。新たな資金でさらに九名の技師を雇うことができたが、まだ十分ではなかった。フランス中央部および北部の人口の多い比較的平坦な地形の測量と地図化は容易であったが、南部および南西部の広大な山岳地帯での作業は依然として困難を極めていることがわかった。完了予定であった一七六〇年代をすぎても測量は終わらなかった。一七六三年から一七七八年にかけてさらに五一点の地図が出版されたが、ほとんどが中央部か西部の地図で、国土の三分の一以上はまだ地図になっていなかった。

数百キロメートル離れたパリで銅版に刻まれた地図の上に現場の測量結果を重ねてみると、絶えずわずかな誤差が生じる可能性があった。カッシニは確認と評価と検証にこだわり続けた。正確性を期すため地図を印刷する用紙も正確に計測された。標準で六五×九五センチメートルの大きさの用紙上に八万六四〇〇分の一の統一縮尺を適用して、四九×七八平方キロメートルの区域が印刷された。地元住民の協力を得て測量結果を検証する方法が確立されると、カッシニは次に銅版彫刻の問題に注目した。地図の縮尺が八万六四〇〇分の一に決められていたため、メルカトルやブラウの地図や地図帳で使われた装飾的なイタリック体では、大量のデータを十分に表現することができなかった。カッシニは「地図の銅版彫刻に関しては、これまでフランスではこの技術が地理学的な面で軽んじられてきたことに誰も気づいていない」と不満を述べている。そのため彼は、「森、川、その他の地形を表現する際に彫版師が従うべき模範となる表現方法を選択するため、彫版師を訓練[40]」しなければならなかった。カッシニはこれだけでは十分でないと感じたため、彫版師を地理学的な表現を担当する組と文字のデザインを完成させる組に分けて訓練する必要があった。カッシニの主要な彫版師の一人ピエール・パットは、自然界の微妙な細部を再現するための白黒での彫刻手法について、一七五八年に次のように記している。

> 地図を構成する様々な部分を表現する方法に関しては、自然の特徴全体を捉え、表現したいと思うものに魂を吹き込むことが重要となる。山の高い部分から、周囲の地表面に広がる様々な対象物の色調を考えるのである。茶色味がかった背景に対して森林はすべて茶褐色に際立って見える。……山に関しては、山頂でなければ必ずしも明瞭に描く必要はないが、逆に山頂であれば丸みを帯びて多少なりとも延びるように描き、影となる側には粗雑にすることなく柔らかな色調を与えるのである。[41]

カッシニと彫版師たちは、地形を地図製作法の新しい言語表現に置き換えるための標識、記号および文字表現を開発して、地図製作のための新たな基本原理を構築していた。その成果は、測量地図の中でも最初に作られた、最も人気が高く象徴的なパリの地図にも見ることができる。まず注目すべきは装飾がないことである。装飾枠《カルトゥーシュ》、内容目録や記号の説明はもちろんのこと、地図とは無縁の芸術的な飾りはすべて省かれ、パリとその周辺の地形だけが描かれている。これまでのカッシニ図にあった三角形の幾何学的な骨組は姿を消し、その土地のたくさんの細かな特徴が組み込まれたのである。地図の下地となった幾何学線はほとんど見ることができないが、地図の中央を上下に貫き、地図のど真ん中でパリ天文台と直交するパリ子午線ははっきりと識別することができる。地図の上には主観的に描かれた地形は一つもなく、正確な地名学と丹精込めて描かれた地形は注目に値する。

地図の上ではすべてが規格化されている。カッシニは既に確立されていた標識や記号（都市、街、教区、城、集落など序列は異なる斜線で記号化されていた）を改良し、さらに自身で考案した記号を追加している。例えば、鐘楼に象徴される大修道院は司教杖で、田舎の邸宅は紋章旗で、鉱山は小円で表わされた。国と地方との行政区分は様々な点線や破線で識別され、土地の起伏は網掛けによって記号化された。どの地図にも同一の標準的な表現法と記号が使われた。それらが意味する内容は間違えようがなく、どのような地形であっても、王国のどこであっても、地図にして同一の原則に従って表示することができた。挑戦的な地方分権を唱える地域もあったが、地図はどこにも例外は存在しないことを証明したのであった。専制君主制による統治に反対の声が高まってくると、これに呼応して法律家ギヨーム＝ジョセフ・セージュは一七七五年に「政治団体に必要とされるのは社会契約と総意の実践だけである。それ以外のものは極めて不確定なものであり、どのような形態で存在するかは、国民の至高の意思によって決定される」[42]と唱えたが、これは強力な統一のメッセージであった。

逆説的ではあったが、この「意思」は地図の持つ最も明確な機能によって、最も明瞭に伝達されたのであった。一八世紀のフランスでは、国王の臣下は、オック語、バスク語、ブルトン語、カタロニア語、イタリア語、ドイツ語、フレミッシュ語およびイディッシュ語から様々なフランス語の方言に至るまで、多様な言語を話すことができた。[43]カッシニ図では、都市や街や集落などの表記にはパリ市民のフランス語だけが使われた。つまり、地理学の標準化は言語も統一したのである。地図を見てその場所がフランスの一部であると想像することを求められたならば、地図を見る人々は皆パリの指導者たちの言語で想像しなければならなかったのである。

一七八〇年代には、測量にもフランスにも多くの重大な変化がもたらされた。カッシニ三世は七〇歳目前であったが、測量が完了すると息子のジャン＝ドミニク・カッシニ伯爵（カッシニ四世）の作業に加えられた。作業を完了するため一層の協力が求められたが、一七八四年九月カッシニ三世は天然痘に罹り、七〇歳で亡くなった。一七四〇年代に地球の形状をめぐる論争に敗北して失った一族の権威を取り戻しただけでなく、二回目の測量を成功させると、さらに野心的な測量事業に着手し、資金が断たれ中止の危機に晒されたが事業を立て直し、完了に向けて舵取りをするなど、カッシニ三世の業績は計り知れなかった。全国測量を完了させる厄介な仕事は、パリ天文台長の職に就くことになるジャン＝ドミニクに引き継がれることとなった。曽祖父と同名のジャン＝ドミニクは一族の故郷とも言えるパリ天文台に生まれ育った。一族は一七四〇年代からパリの貴族の一員となった。カッシニ一世、二世と同様に、ジャン＝ドミニクは自身を地理学者ではなく（当時の学術界ではより権威のある肩書きの）天文学者であると認識していた。彼は自身が貴族出身の科学者であり科学学士院の会員であるとしたうえで、測量は彼が考える天文台の守備範囲外の技師が現場で行う機械的な作業であるという高慢な考えを持っていた。測量が完了して彼の父親は感謝されたが、カッシニ一世と二世が成し遂げたような科学の飛躍的な進歩がもたらされることはなかった。科学が地理学研究に及ぼした影響を評価して、カッシニ四世は次のように書いている。

教育や訓練を受けた人々が世界中を何度も航海したことにより、また、天文学と幾何学と時計の製造によりどこでも正確かつ容易に位置決めが行えるようになったおかげで、地球上の四大陸の主要な位置を決定するのに何かを選択することも特殊な能力も不要となり、不確定要素もなくなったことに地理学者たちはすぐに気づくであろう。フランス全図の製作で我々がたどった手順にならうならば、時間の経過と共にキャンバスは自ずと少しずつ埋まっていくであろう。[44]

地理学は「特殊な能力」が不要となったため、科学ではなく技能とみなされ、地理学の専門家は現場に赴いたカッシニの技師と同様に型通りの絵を描くだけになったのである。カッシニは測量が大きな業績になることは暗に認めたが、彼にとって、測量を完了することは単に空白を機械的に埋めることにすぎなかったため、より崇高な天文学の研究を行うためにもできるだけ早く終わらせる必要があった。

一番の気がかりは一族の評判であったため、カッシニ四世は律儀に測量事業と最終の地図の印刷を続行し、一七八〇年代にはさらに四九点の地図を出版した。しかし、作業の継続中に八〇年代がまもなく終わるというところで、政治的大事件が起こったのであった。一七八八年から九年にかけては冬の寒さが厳しく、その後は干ばつに見舞われたため食料価格は高騰し、全国に暴動が起こった。ブルボン朝は危機に瀕した財政状況をもはや立て直すことは不可能となり、政治および財政改革の問題は三部会に委ねられた。三部会とは聖職者、貴族、平民の三つの身分の代表者で構成される議会で、一六一四年以来初めて招集され、ベルサイユで開催された。特権階級の抵抗にあって改革が失敗すると、旧体制《アンシャン・レジーム》に異を唱える者たちは最終的に自らの手で問題に対処したのであった。一七八九年六月二〇日、三部会の会議から締め出された第三身分の代表者たちはベルサイユ宮殿の球戯場に集まり、新憲法の制定を要求する「球戯場の誓い」に署名した。革命の始まりであった。直ちに新たな立法議会が作られ、立憲君主制が破たんすると、一七九二年にはフランス共和国の誕生が宣言され、一七九三年にはルイ一六世が処刑され、フランス革命は頂点に達した。

一七八〇年代末、国王の支配に反対する勢力が要求した政治的改革の矛先は、「祖国《パトリ》」や国民を繰り返し引き合いに出す国王側の発言にまで及んだ。一八世紀後半、カッシニの測量士たちがフランス全土を歩き回っていた頃、王党派としだいに声高になる反対勢力は「祖国《パトリ》」という言葉をめぐって論争を展開していた。初めに国王の支持者たちは、愛国心があるというのは王党主義者になることと同義であると主張した。これに対して反対勢力は一七七〇年代から自らを「愛国党《パルティ・パトリオット》」と呼んで対抗し、君主制が一掃されるまでフランスに「祖国《パトリ》」はなく、真の意味で国家とは呼べないと論じた。当時の書籍の題名を見ると、この論争がいかに熱を帯びたものであったかがわかる。一七七〇年から八九年にかけて、題名の中に「祖国《パトリ》」という語を含む書籍は二七七点出版され、同様に「国（民）」または「国（民）の」を含む題名の書籍は同時期に八九五点も出版されている。[45]『愛国者の誓い』（一七八八年）と題された小冊子から、ピエール＝ジャン・アジェの反君主制を論じた『国民法律顧問』（一七八八年）や融和論を展開したアベ・フォシャンの『国民の宗教』（一七八九年）に至るまで、その内容は広範囲に及んだ。第三身分の支援者たちは一七八九年に政治的主導権を握ると、彼らは国家の新しい概念について繰り返し発言を行った。ある支援者は「特権階級がいなくなれば、国民の地位が下がることはなく、上がるであろう」[46]と記している。『国家とは何か、フランスとは何か』（一七八九年）と題された小冊子の中で、著者のトゥーサン・ギホデは当時の政治状況について、あたかもカッシニ図を見下ろすかのように「フランスは地方の複合体ではなく、二万五〇〇〇平方リューに広がる空間である」[47]と記している。第三身分の支援者として著名なアベ・エマニュエル・シエイエスは、「フランス全土を一体化し、さらにフランスを分割するすべての人々を一体化する」必要があると記し、「国民はすべてに優先する。国民はすべての源泉である」と論じている。彼は著書『第三身分とは何か』の中で、第三身分の議員こそが国民の真の代表者であると述べているが、一七八九年六月、第三身分はシエイエスの言葉を援用して「あらゆる主権の源泉は本来国民に属する」[48]と宣言したのであった。

政治状況が日々悪化する中で、カッシニ四世は革命へと傾斜していくフランスの地図の完成を急いでいたが、三角測量網図を加えて、プロジェクト全体の地図を一八〇から一八二点とした。一七九〇年八月、カッシニの技師たちが測量した教区の境界や県に対して国民議会が再構成を開始すると、カッシニはフランス地図製作会社の株主の会合に報告書を提示した。一五点の地図が未出版の状態にあったが、測量は完了し、地図は最終的な出版の直前の状態まで仕上げられていた。新体制は敵対する隣国との戦争に備えていたため、軍は地図に注目した。軍事工学隊の責任者ジャン＝クロード・レ・ミショー・ダルソンは、最後に残された数点の地図は攻撃されやすい山岳地域に関する機密情報を含んでいる可能性があるため、カッシニはこれを出版する危険性を認識してジレンマに陥っていると指摘したのである。「大事なのは強みも弱点も敵に悟られてはならないということである。如何なる知識も我々の利益だけに留めることが極めて重要である」とダルソンは主張した。「カッシニの技師には機密特権が認められているが、我々が留保すべき国境地域の知識に関しては除外すべきである」という。「カッシニの地図は利益にも害にもなりうる。利益になるのであれば禁止しなければならないが、害になるのであれば特別に取り計らう価値はほとんどない[49]」というのがダルソンの結論であった。カッシニの状況はかなり厳しいものとなった。

しかし、この章の最初で述べたように、地図が発禁になることはなかったが、一七九三年九月国民公会によって国有化された。国有化により市場に流通していた地図はすべて回収され、原版と出版された地図は新しい国家の利益のために軍事兵站部によって接収された。一七九三年一二月、「恐怖政治」がパリを一掃すると、地図製作会社のかつての株主たちは最後となる総会に召集された。カッシニ四世と忠実な補佐役のルイ・カピタンも虚しく待ち続けていた。最後に唯一の株主である革命政府の役人が現れ、こう述べた。「諸君、私を信頼していただきたい。諸君にも要望はあるだろうが、我々は皆、地図以外にも考えなければならないことを山ほど抱えている。私から言えるのはこれだけだ[50]」と。カッシニへの包囲網は狭められていた。パリ天文台長の職のみならず、科学学士院（のちに解散）の会員資格も剥奪され、一七九四年二月にカッシニは投獄された。学生たちによって有罪と宣告されたが、かろうじてギロチンの刑は免れた。だが、同じ頃不運にも拘束された従妹のフォルスヴィルに降りかかった運命を、カッシニはなすすべもなく傍観するしかなかった。

一七九四年の夏になり恐怖政治が弱まると、カッシニは釈放されたが失意に暮れた。科学に背を向け、革命による改革は「必要もないのに破壊を楽しむためだけにあらゆるものを覆し、あらゆるものに変更を加えたにすぎない」[51]として激しく非難した。彼は学会への参加要請にはまともに取り合わなかったが、カピタンを支援してフランス地図製作会社の株主たちが失ったものを埋め合わせようとした。軍事兵站部の地形学部門の責任者であったフィリップ・ジャコタンは、（カッシニを始めとする）株主たちの国家に対する貢献度を評価するよう任されたが、彼は二〇年以上にわたり地図が刻まれてきた銅版の価値を単純に金属の価格に置き変えて計算しただけで、この間の維持費用を推定した。彼が弾き出した数字は一点につき三〇〇〇フラン（旧リーブルとほぼ同じ）であった。カッシニは激怒した。「専門家の意見として頼るべきは地理学部門の責任者である軍人ではなく、むしろ銅の価値を誰よりも理解しているやかん職人だった、とでも言うのだろうか」[52]と怒りを爆発させた。父子が五〇年にわたって行ってきた科学の成果が、地図の印刷に使われた銅版の価格で評価されたのである。栄光に輝いたプロジェクトの惨めな結末であった。幻滅を感じ、冷笑されたジャン＝ドミニク・カッシニは故郷のテュリに隠遁し、一八四五年、九七歳でこの世を去った。

厳密に言うと、フランス全土の地図は未完成に終わった。国有化後、測量と地図に関するものはすべて軍事兵站部に運び込まれた。この中には完成した一六五点の地図に加えて、彫版途中の地図一一点と測量済みであったが描画されていないブルターニュ地方の地図四点が含まれていた。兵站部には、一七四八年の想定どおりにフランス全土の地図を完成させるのに必要なものはすべて揃っていた。八万六四〇〇分の一の統一縮尺で全国を網羅する一八〇点の地図とカッシニが追加した三角測量網図は完成間近であったが、再びこれを中断させる事態が起こった。最新の地図であっても、共和国による県の行政区分の変更に加えて、新しい道路に関する修正や改訂を行う必要があったのである。計画されていたフランスの地図の簡易版が作られたが、元の計画とは全く一致しなかった。一七九〇年、国有化前にルイ・カピタンは国民議会によって再構成された県を示すため、測量結果に基づいて簡易版の地図帳を製作していた（カラー口絵48）。彼はまた『県と地区の新区分に基づく新たなフランス地図』も出版した。この地図は国民議会とフランス地図製作会社の株主に献呈されたもので、様々な政治および経済の関心事に対応することを目指した価値のある地図であった。また、これは変更された県の構成を示す最初の地図でもあった。ただし、カッシニ三世と四世が当初目論んだフランス全土の包括的な測量に基づくものではなかった。

不思議なことに、地図の完成を促したのもその権威を失墜させるきっかけとなったのも、革命家にして皇帝となったナポレオン・ボナパルトであった。一七九九年、総裁政府を打倒したナポレオンは、一八〇四年一二月自ら皇帝の地位に就いた。戴冠式の数週間前、ナポレオンは参謀長であったルイ＝アレクサンドル・ベルティエに、ライン川を渡るフランス軍の進軍に関する書簡を送っている。その中でナポレオンは、「地図技術者たちは軍用地図ではなく、土地台帳（不動産地図）を作るように要請されている。ということは、今後二〇年間は地図が何もないことになる。カッシニ図の縮尺で地図作りを続けていたならば、ライン川沿いの国境地帯の地図は既に完成していたはずだ。余が求めたのはカッシニ図を完成させることだ」[53]と不満を述べている。ナポレオンにしてみれば、カッシニ図の縮尺と詳細な記述は軍事活動のための完璧な道具であった。

一〇年後、ナポレオンは敵に包囲されていたが、カッシニ図が国民に浸透し国の理解に役立っていることを示す小さな出来事を目のあたりにした。一八一四年二月、ナポレオンはシャンパーニュ＝アルデンヌ地方の人里離れた村で一夜をすごし、アルシ・シュル・オーブの戦いに備えていた。これは、皇帝を退きエルバ島に亡命する前の最後から二番目の戦いであった。ナポレオンと将校たちは地元の司祭宅に滞在し夕食を囲んでいたが、そのときの様子をナポレオンの忠実な秘書官であったフェイ男爵はこう述懐している。「我々をもてなした司祭は、我々がその土地のことをよく知っている理由が解せず、皆シャンパーニュ地方出身なのではないかと主張した。司祭が驚いている理由を説明するため、我々はカッシニ図を見せたが、それは我々の誰もがポケットの中に持っている地図であった。司祭は地図の中に近隣の村々の名前が書かれているのを見つけるとさらに驚いた。地理学でそこまで詳細な記述ができるとは、司祭も考えていなかった」[54]のである。ナポレオンの随行員はほぼ全員がカッシニ図の複製を持っていたが、これは軍事的利用価値が高いことの証しであった。懐疑的な司祭の前で魔法の種明かしのようなことをすれば、（現実はどうであれ）地域格差の架け橋とすることができたし、とりわけ信仰や考え方が異なっても、司祭も軍人も同じ「フランス人」であることを示すことができたのであった。

軍事兵站部は残りの地図の出版と配布を直接管理することとなり、一二名の彫版師たちに接収した銅版の更新を命じ、必要に応じて新版の印刷を行った。これらの地図は政治的にも軍事的にも重要であったため、国の財源は常に確保されていた。ベルティエは一八〇六年に兵站部長官に宛てた書簡の中で、「資金はあるため、製図工や彫版師が不足することはないだろう」[55]と指摘している。新しい地図に関しては、一枚四フランで販売するとしても十分に市場性があることは明らかだった。一八一五年、ついにブルターニュ地方の地図が出来上がり、一八二点からなるフランス地図一式が完成した。しかし、開始から六七年が経過してフランス全土のカッシニ図が完成したときには、既に過去のものとなっていた。七年前の一八〇八年には、ナポレオンがフランスの新しい地図の製作を命じていた。カッシニ図上にあった明らかな誤差や誤りは、報告書によって指摘されていた。

軍事兵站部は、カッシニ図の銅版を保有していたため、その正確性を検証する機会があった。残念ながら、真の位置から一リュー も離れた場所に配置された地域があることや、カッシニのデータと計算からは正確に経度を決定することができないなど、大きな誤りも指摘されていた。さらには、カッシニ図の銅版はそもそも彫版の状態が悪く、ほとんどすり減っていたため、既に大部分が修正されていた。新たに彫版し直さなければならない部分も多かったため、多数の修正を施さずに、さらに率直に言うならば新しい測量を行わずに、彫版作業を行うのは無意味であった。[56]

カッシニの測量と地図は最終的に冗長なものとなったが、これは国王の命令や共和国のイデオロギー的な要求があったからではなく、近代国家が連続性を保つため次々と測量を行ったためであった。一八一八年には新しい測量の試みが開始されたが、一八六六年まで完了することはなく、一八八〇年にようやく最後の地図(全部で二七三点)が出版された。仰角と起伏を測定する新しい方法は、重力に対する仰角を計算するクリノメータを含むもので、これによってカッシニ図の技術的成果を最終的に上回る正確性が確実に実現された。[57]

英国陸地測量局の設立を促したことも、カッシニ一族が遺した不朽の成果の一つであろう。一七八三年一〇月、死の一年弱前にカッシニ三世はロンドンの王立協会に一通の書簡を送っている。これは、フランス全土を測量したカッシニの技師が完成させた三角測量法を用いて、グリニッチ天文台とパリ天文台との間の経度と緯度の差を測定する、地図製作に関連するものとしては初めての国際協力プロジェクトの提案であった。カッシニの望遠測定機器は、英国内の位置をフランスから特定することができた。彼は海を横断する三角測量を行い、古くから競争関係にあった両国を正確に測定された三角測量網で結びつけることを提案したのであった。[58]

この提案はヨーロッパの二つの大国の間に古くからあった敵対意識を呼び覚まさないわけにはいかなかっ

た。王立天文台長であったネヴィル・マスケリン牧師は、英国が行ったグリニッチ天文台の測地位置が不正確であると示唆するカッシニの厚顔に不満を述べている。しかし、このときばかりは愛国心よりも科学が優先された。王立協会会長ジョセフ・バンクス卿は、ウィリアム・ロイ少将に海峡の英国側で測量を行うよう要請した。一七八四年、ロイはロンドン西部のハウンズローで、測量のための最初の基準線を慎重に測定することから作業を開始した。ロイの基準線は、陸地測量局がその後英国全土の地図を製作するための基礎となったが、これは一一五年前ジャン・ピカールがパリの西に基準線を引いたときと全く同じ原理に基づいていた。機器は新しく改良されていたが（垂直角または水平角を測定することができる、二〇〇ポンドもある巨大な経緯儀もその一つである）、ロイと陸地測量局がその後一九世紀を通じて追求した方法は、もっぱらピカールとカッシニがフランスで開発した方法に基づくものであった。カッシニ三世にとって、海峡を越えて自身の測量技術を輸出することは、一二〇年以上にわたる測地プロジェクトが頂点に達したことを意味した。英国人にとっては、最終的にはカッシニ図をしのぐ名声を獲得することになる国家測量の始まりを意味した。[59]

カッシニ図は地図製作史上に例のない大きな進歩であった。測地学的および地理学的な測定に基づいて、一つの国をすべて地図に表わすのに「何をすべきで何をしてはならないのかを世界中に示した」[60]最初の例であった。地図製作における「幾何学的精神《エスプリ・ジオメトリーク》」[61]すなわち「定量的な考え方」の追求は一七世紀中頃から始まっている。その後一五〇年以上にわたる地図製作の実践は、しだいに検証可能な科学としての体裁を整えるようになり、世界中に広めることができるように標準化された、経験的かつ客観的な方法を追求してきた。地図製作者はいまや、領土を正確に地図に表わすことができる、公平無私な技術者とみなされるようになり、世界は幾何学的な三角測量網で表わすことによって、理解し管理することが可能となったのであった。

しかし、公平無私の客観的な科学研究の方法を追求するというカッシニの主張は、現実から乖離した願望にほかならなかった。長い隠遁生活の中で、カッシニ四世はパリ天文台長在職中を振り返り、「天文台の中にいるときには、嫉妬や陰謀の渦巻く世界に吹き荒れる嵐から守られた港にいるような気になったものである。私が星々の運行の中に見たのは、宇宙の驚異の高貴で甘美な瞑想だけであった」[62]と切々と記している。こう記した理由の一端は自身への処遇にあった。カッシニは新しい共和国体制の無慈悲な実用主義的な態度に幻滅を感じたのは間違いない。一方で、カッシニ一族が四代にわたり絶対君主制の要求に応えてきた、という事実に触れることもなかった。実際には、一六六〇年代の科学学士院の設立以来、カッシニ一族によるフランスの測量と地図製作は、ルイ一四世とルイ一五世による統治の政治的および財政的要求に直接応えてきたのである。成功を収めた財務総監は、測量と地図は国家を効果的に管理する道具になりうると考えた。コルベール以降の大臣は、輸送網の地図製作、地方課税の管理、土木作業の促進、および兵站の支援に役立つ新しい地理学を要求してきた。カッシニ一族は、中立な科学的推測に基づいて測量方法を開発したのではなく、多くの場合このような要求に卓越した能力で対応したのであった。

カッシニ一族の方法で得られた結果は、彼らがしばしば主張していたほど正確でもなければ包括的でもなかった。悪条件下で扱いにくいうえに機能が限定される機器を用いて正確な測定を行おうとした測量技師たちは、文字どおり物理的な困難に直面したのは間違いない。三角測量が完了し、カッシニ図はほぼ完成したが、ナポレオン政権の専門家が調べたところ、各地の位置の食い違い、最近作られた道路の抜け、経度および緯度の測定の不一致などが見つかっている。測量は何を記録するのかという点で選択の自由度が高い。国は課税などの具体的な行政上の目的のため、「重要な場所の立地図」[63]まで要求していたにもかかわらず、地図購入者が地元の地図を見たときには、農場、小川、森林あるいは城などの重要な地理学的な特徴が抜けていると不満を述べることもあった。カッシニ三世でさえ、「フランスの地形はあまりにも変化に富んでいるため、決められた一定の測定でそれを捕捉することは不可能である」[64]と認めている。逆説的ではあるが、測量にも未完のカッシニ図にも限界があること自体が最も重要な遺産の一つであり、カッシニ一族は国家による測量事業にはそもそも終わりがないことを証明したのであった。地理学データの蓄積は、最初の測量の幾何学的骨格をしのぐ、極めて複雑な結果をもたらした。カッシニ一族の作った地図が、新しい道路、運河、森、橋、その他多数の人工的な景観の変化を記録できなかったのは、科学的な観点から正確に測定し地図化することが可能であるとどれだけ主張しても、長い間には土地は必ず変化するからである。

最終的にカッシニ図は国家の測量事業の枠を超えるものとなった。カッシニ図によって人々は自身が国家の一員であると理解することが可能になったのである。現在では、世界はもっぱら国民国家を単位として認識されているため、カッシニ図を見た人々がこの地を「フランス」と呼び、自身をそこに住む「フランス」国民と認識するのは至極当然のように思えるが、一八世紀末にはそうではなかったのだ。ナショナリズムという表現も国民や国家を表わすネイションという語も（訳注：どちらもラテン語のnasci（生まれる）が語源）、自然発生的に生まれたわけではない。これらは歴史上のある時点に政治的イデオロギーによって急遽考案された言葉であった。一八世紀のナショナリズムの夜明けとカッシニの測量とが同時代に進行したのも、「ナショナリズム」という言葉が一七九〇年代に生み出されたのも、カッシニ図がフランス共和国の名において国有化されたのも偶然の一致ではなかった。[65]

ベネディクト・アンダーソンは、ナショナリズムの起源に関する古典とも言える著書『想像の共同体』の中で、国民意識のルーツは宗教的信仰および帝国王朝の長い歴史的衰退の中から生まれたと論じている。宗教的救済の確実性が低下するにつれて、ヨーロッパの旧体制《アンシャン・レジーム》の帝国は徐々に崩壊していった。個人的信仰に関して、アンダーソンの言葉を借りるならば、ナショナリズムは「宿命性から連続性へ、偶然性から有意性への世俗的な変換」による強制的な安らぎをもたらしたのである。政治的支配権の点から見ると、「国家の統治権が法的に画定された領土の隅々まで、完全に公平かつ平等に及ぶ」領土の新しい概念によって、国民国家が帝国に取って代わったのであった。「国が明確に定義されているのは中心部だけで、国境は穴だらけで不明瞭であり、相互の主権の及ぶ範囲がいつの間にか不明確になっていく[66]」帝国とは対極に位置していたのが国民国家であった。

このような変化の理由は、自国語の変化と時代の不安にあった。西欧では一五世紀にアンダーソンの言う「出版資本主義《プリント・キャピタリズム》」が起こったが、これは、皇帝や教会の権威にとっては「聖なる言語」であるギリシャ語とラテン語が徐々にではあるが最終的には衰退し、新たに膨大な数の潜在的読者層によって話される自国語に取って代わられるきっかけとなったのである。その後のヨーロッパにおける小説、新聞および鉄道の隆盛は、「時間的な一致」によって特徴づけられ、時計や暦の導入によって計測される新しい「同時性」の認識を生み出した。人々は、国を構成する小さな土地を訪れることやそこに住む人々に会う可能性が低いにもかかわらず、時間と空間を越えて同時に起こる国家の動向に思いをめぐらせ始めたのであった。

ところが、いわゆる「歴史家の地図に対する奇妙な嫌悪感[67]」の典型例として、アンダーソンも当初は、国民性が最も明確に表現される図像についての検討を怠っていた。言語と時間の変化が「国家について〝考える〟ことを可能にする[68]」ならば、空間と視覚の認識を変える地図の潜在力は国家を視覚化することを可能にする。鉄道が発達し、新聞や小説が文化的に優れたものになったのと同時代に作られたカッシニ図は、一目で国の占める領域を想像することを可能にする図像であった。特定の領域から国全体へ視点を移すことで、さらにはパリ市民の標準語（一七九〇年代中頃から革命政権によって標準語とされた）で書かれた地図を読むことで、地図の所有者は地理学的な空間とそこに住む人々を認識することができたのであった。結果的に、国家は行政管理を堅実なものにし、地理的な実感を高める、長く苦難に満ちた作業を開始し、臣民からの国家への愛着と政治的忠誠をこれまで以上に高めるのに役立てたのである。

カッシニの測量は一国を地図に描く新たな方法の始まりを意味したが、そこに住む国民には三角測量網を超えるものに対する愛着と政治的忠誠とが必要であった。政治的絶対主義も維持し続けることはできなかった。当初は王国の治安を維持し管理することを可能にする地図化の方法を確立することを目論んだにもかかわらず、君主制が支持した王国の地図は思いもよらず国民国家の地図に変貌していた。

一八二点のカッシニ図一点一点に埋め込まれたメッセージは、次世代の国家イデオロギー信奉者によって容易に継承されていくことになる。それは、一つの地図、一つの言語と一つの国民が、共通の慣習、信仰および伝統を共有するというメッセージであった。カッシニ図はそのテーマを、果てしなく繰り返される国家的自己犠牲の行為の中で、戦い抜き、命を懸けるに値する国家の図像と共に示したのである。しかし、当時は十分に崇高な動機と思われていたものが、一七九〇年代には、フランス以外でも、過度のナショナリズムがもたらした節度を欠いた帰結とみなされることになるのであった。

第10章——地政学

ハルフォード・マッキンダー『歴史の地理学的な回転軸』一九〇四年

ロンドン　一八三一年五月

一八三一年五月二四日の夕刻、ロンドン中心部セント・ジェームズ地区のサッチトハウス・タバーンで開かれた晩餐会には四〇名の紳士が集まっていた。当時ロンドンでは、夕食を囲んで語り合う私的なダイニングクラブが流行していた。彼らは皆、経験豊富な旅行家や探検家で、エリザベス朝時代の偉大な探検家ウォルター・ローリー卿にちなんで命名されたローリー旅行家クラブの会員であった。このクラブは一八二六年に旅行家アーサー・デ・カペル・ブルック卿によって設立されたもので、隔週に一回開催され、各会員が持ちまわりで豪華な晩餐を振る舞い、それぞれの旅行や冒険を語り合うのが常だった。しかし、この日は特別で、クラブの案内状にもいつもとは異なる話題があることが記されていた。司会を務めたのは自身も著名な旅行家であり、政治家として中国と南アフリカに赴任した経験を持つ、海軍本部書記官ジョン・バロー卿であった。この日の集まりでは「大都市ロンドンには、文学から科学に至るまで様々なテーマのダイニングクラブがあるが、最も重要かつ興味深い知識分野である地理学の発展と普及を目的とした学術団体の設立を望んでいるのは、我々のクラブだけである」として、「ロンドン地理学会という名の下に、価値ある学会を新規に設立すべき[1]」ことが提案された。

クラブ会員たちは、「地理学は人類にとって総じて重要であり、海外の広い範囲に多数の植民地を有する英国のような海洋国家の繁栄には欠かせない」ため、このような学会には価値があると信じていた。そのため新たに設立される学会では、「興味深く有益な新事実や新発見をすべて収集、記録、要約することで優れた地理学書のライブラリを徐々に構築し、地理学的な描写が粗雑であった最初期の作品から、改良が施された現時点での最も優れた作品まで、あらゆる地図や海図を完全に収集すべきこと」や、学会が「資料を入手し、旅行に出るための簡単な手引書を準備し、地理学とつながりのある哲学や文学の学会と自由に交流する」[2]ことも提案された。

出版界は学会設立の提案を歓迎した。英国の季刊誌『クォータリー・レビュー』は一八三一年一一月発行の号で、「ヨーロッパ各国のほぼすべての首都には以前から独自の地理学会があったが、数多くの包括的な軍隊を世界の隅々まで派遣している我が国のような大国において、一年ほど前にはこのような学会が検討もされていなかったのは少々驚きである」と論評した。さらに、「国王陛下(ウィリアム四世)は、国益にかなうと約束される事業に対しては、常に支援と寛容をもってこれを認可する用意があり、王室の名を使用することを許可されただけでなく、地理学探求を奨励するための報奨金として、学会に対して年間五〇ギニーの資金援助を約束された」[3]と報じている。

一八二〇年代から三〇年代にかけては、地理学と地図製作における歴史的転換点であった。カッシニの測量が軍事的および法的な統治に対して有効であったこと、さらにはそれが国民同一性の精神を育んだことにより、ヨーロッパ諸国の政治家たちは、地理学の育成を極めて知的かつ実践的な試みとして評価したのであった。経済界は国家よりもいち早く地図の価値を理解していた。農業および工業の発展により、洗練された地図に対する需要は高まり、新たな地図も製作された。不動産計画図、十分の一税地図、囲い込み計画図、新たな運河や鉄道システムなどの輸送機関地図、街や教区の計画図などが盛んに作られた。[4]リベイロやメルカトルのような個人による壮大で国際的な地図製作法では、このような地図の製作に欠かせないデータを収集することはもはや不可能となり、これまでになかった規模で人材や資源を確保しうる組織化が必要となったのであった。その結果、一九世紀前半には、地理学における国家の利益と経済界の利益の橋渡しをする学究的な地理学会が誕生し、地図製作の研究と実践を組織的に支援した。一八二一年にはフランスでパリ地理学会が設立され、ドイツでは一八二八年にカール・リッター（一七七九―一八五九年）によってベルリン地理学協会が設立されたが、英国に王立地理学会が誕生したのは、やや遅れて一八三一年のことであった。その結果、地図はこれまでにないほど専門化され、政治的にも利用されることとなった。一八世紀後半から国家が地図の能力を行政管理に活用し始めると、国家と地図製作者との関係はより緊密になったため、地図製作者たちはこれを知的な専門家としての地位を高める絶好の機会とみなした。カッシニの測量はヨーロッパの近代国家像を作り上げたが、国民国家は特定の政治的関心事に役立つ地図製作の様式を考案することを目指した。

　地図が実現しうるものについての認識が変化し始めた頃、石版印刷という重要な技術が開発されたため、地図の体裁自体も変化し始めた。一七九六年、ドイツのアロイス・ゼネフェルダーは、図画を複製する新たな方法を偶然発見した。石灰石片の上に油性クレヨンで絵を描いた後、水を塗布すると油性の輪郭線上にはインクが付着するが、多孔質の石部分にはインクが付着しないことに気づいたのであった。この方法に改良が加えられると、図画を大量生産する技術は一変した。石版印刷が発見されるまで、銅版彫刻は熟練と時間を要する極めて費用のかかる技法ではあったが、一六世紀初頭以降は最も重要な地図製作技法であった。地図製作者の知識だけでなく彫版師の専門技能にも依存する技法で、版の彫刻から紙面への印刷までには多くの時間と労力を要した。石版印刷はこれとは全く異なる技法で、製作工程に化学反応を用いるため、熟練技能はほぼ不要となる。最初に反転画像（「逆像」と呼ばれる）の作成が必要となる銅版彫刻と異なり、原図製作者は「正像」を提出すればよいため迅速に再現することが可能となった。これにより地図は誰でも印刷できるようになったのである。印刷工程も比較的安価で、ゼネフェルダーによれば銅版彫刻よりも三倍速くなったという。一九世紀に入ると石版印刷はさらに進化し、地図製作者はカラー印刷や写真の取り込みもできるようになった。当初、多くの機関では（英国陸地測量局を含め）既に確立されていた銅版印刷に固執していたが、出版される地図の部数の点から見ると、二〇世紀初めには石版印刷は過去の印刷技術をしのぐものとなっていた。[6]

一五世紀以来、地図製作の世界にこれほどの技術革新は存在しなかった。石版印刷は地理学と地図製作の概念を根底から変えたとも言える。また、メルカトルやブラウの壮大な宇宙誌学の妥当性も疑問視されていたが、初めにコペルニクスの地動説の影響により、続いてダーウィンの進化論の影響により、一連の地図の中で宇宙の姿を理解するという伝統的な宇宙誌学の考え方は、もはや完全に信用されなくなっていた。一九世紀初頭に宇宙誌学が衰退の一途をたどると、これに代わって新しい概念が流布し始め、その過程で地図作りをより明確に科学として捉える地図製作学《カルトグラフィ》が生まれた。ベルリン地理学協会を設立したカール・リッターは、一八二八年に初めて「地図製作者《カルトグラフ》」という用語を使って論文を執筆した。その一年後にはフランスでパリ地理学会が「地図学《カルトグラフィーク》」という語を使い始めている。一八三九年には、ポルトガルの歴史家で政治家の経験もあるサンタレン子爵マヌエル・フランシスコ・デ・バロス・エ・ソーザは、「地図学《カールトグラフィーア》」という言葉を造語したと述べている。地図製作学《カルトグラフィ》という言葉を初めて取り入れた英国人はリチャード・バートン卿で、一八五九年に王立地理学会が後援した中央アフリカの湖を探検する遠征で初めてこの用語が使われた。一八六三年には「地図製作者《カルトグラファー》」という用語も使われるようになり、一八八〇年代に入るとどちらも確実に辞書に載るようになった。[7]

地図製作学が盛んになったことで、主観的な行為であった地図作りはいくぶん科学的な専門技術となり、地理学の知識の発展に伴い、製作の実務に携わる者も地図を利用する為政者たちも地図製作学を一貫性のある学問領域とみなすことができるようになった。地図製作学は、何世紀にもわたって宇宙誌学、航海術、測量学あるいは天文学に関連づけられてきたが（これらの分野に組み込まれていた場合も多いが）、このような異質な学問領域から分離され、客観的な経験に基づく科学的に検証可能な学問分野とみなされるようになってきたのであった。[8]

その発想は説得力のあるものとなり、地図製作はさらに大きく前進することとなった。純粋数学と応用数学における発展は、地図投影図法への関心を呼び起こし、一六世紀の技術革新をはるかに超えるものとなっていた。一八〇〇年から一八九九年までの間に五三種類ほどの新しい地図投影図法が提案されたが、これは一八世紀に開発された地図投影図法の数の三倍以上であった。メルカトル図法や地球を平面上に投影するその他の方法に対抗して、困惑するほど多数の数学的投影図法が提案されたが、これは現実世界の情報を表示するための中縮尺の地図や大縮尺の地図が必要になったことに対応するためのものであった。微積分学と幾何学との複合研究によって、数学者は地球を一枚の紙の上に投影する際に円筒や矩形を使用する古典的なモデルを超えた、ますます複雑な投影図法を提案することが可能になった。これらの新しい投影図法の多くはアマチュア数学者が自己宣伝のために提案したものであるが、地理学研究機関や国家に支持された投影図法もあった。それはその投影図法で作られる地図を利用して、政治や経済の将来を見通すことができるからであった。実用に耐えうる図法として、フランスの地図製作者リゴベール・ボンヌ（一七二七―九五年）にちなんで命名されたボンヌ図法、地形図に使用される擬似円錐図法、フィリップ・ド・ラ・イールが考案し半球図に使用された投射方位図法などを挙げることができる。また、スイス出身で米国沿岸測地測量局長を務めたフェルディナンド・ルドルフ・ハスラー（一七七〇―一八四三年）による多円錐図法は、一連の非同心円状の標準緯線を使用して歪みを低減する投影図法で、一九世紀アメリカではメルカトル図法に代わる投影

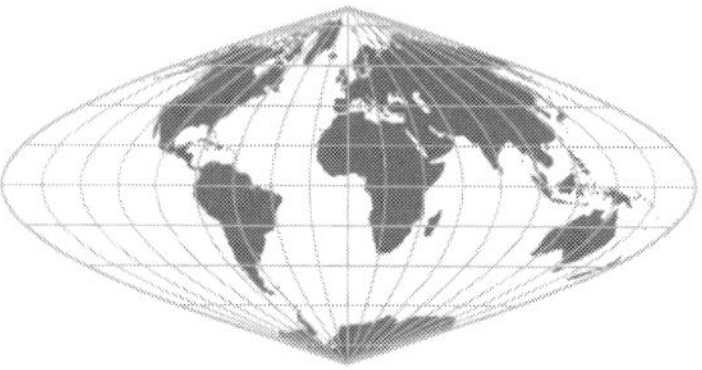

サンソン・フラムスチード図法
（正弦曲線図法）

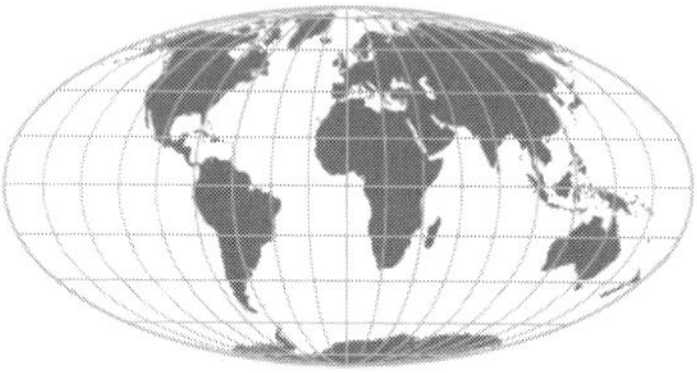

モルワイデ図法

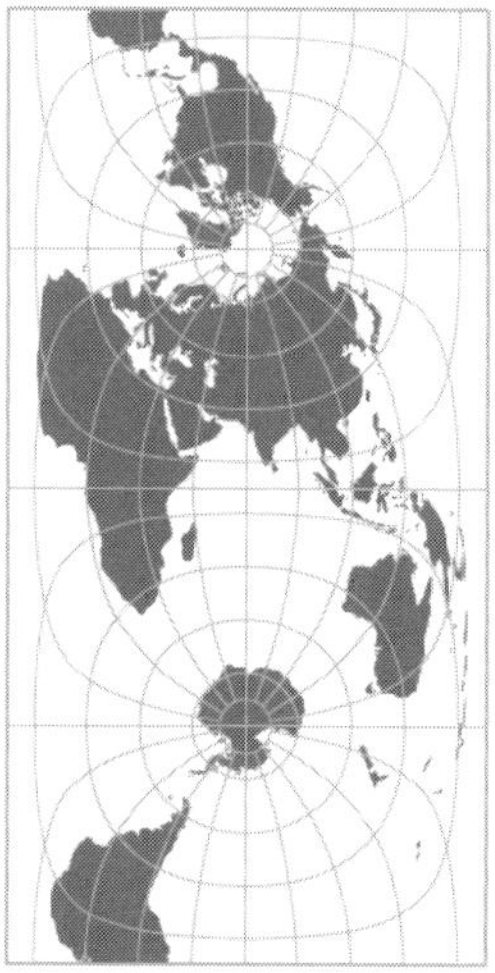

セザール＝フランソワ・カッシニの
世界図（横断面図）

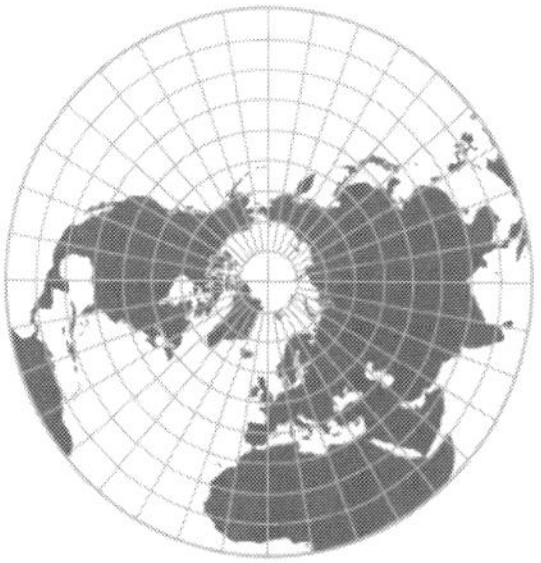

ラ・イール投射方位図法

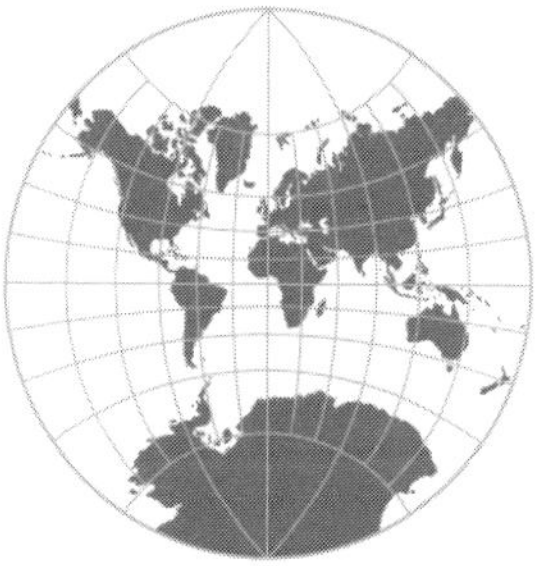

ラグランジュ図法

ボンヌ正積図法（半球図）

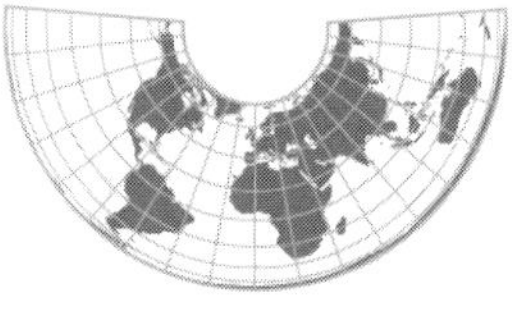

マードック正距円錐図法

図29　18世紀および19世紀の地図投影法

図法として地形図や沿岸海図に公式採用され成功を収めた。一八〇五年にも、最も卓越した技術革新の一つが誕生している。ドイツの数学者で天文学者のカール・ブランダン・モルワイデ（一七七四―一八二五年）はメルカトルの円筒図法に背を向けて、角度ではなく面積を忠実に描くように計算された世界地図を製作したのである。この投影図法では楕円形の地球が円弧状の経線と真っすぐな緯線と共に描かれるため、擬円筒正積図法とも呼ばれるようになった。

様々な投影図法が提唱されたため、数学者と測量技師は各投影図法での地図製作の可能性と限界を再検討することとなった。ドイツの数学者カール・フリードリッヒ・ガウスは、一八二〇年代にハノーファー王国の測量に関する研究を始めた。地表面の曲率測定の問題を研究する一方で、ガウスは微分幾何学の定理を完成させた。この定理の中でガウスは、大きな歪みを生じさせることなく地球を平面に写像することは不可能であると主張した。ガウスはメルカトル図法の修正を企て、ある特定の点の周囲の形状を補正する新たな投影図法に基づいて、「正角性《コンフォーマリティ》」（同一形状を有することを意味するラテン語の「コンフォルマーリス」に由来する）という用語を考案した。このような投影図法が他にも多数あるにもかかわらず、地理学のための標準的な投影図法を採用する権限を有する国際的な地理学研究機関は存在していなかった。一九世紀に作られた多くの地図帳では、世界地図には依然としてメルカトル図法が使われていたが、半球図や大陸の地図となると一〇種類以上もの様々な投影図法で描かれていた。[9]

投影図法のバリエーションは、主題図と呼ばれる新しいジャンルの登場を促す結果となった。主題図は様々な物理的および社会的現象の地理学的な特徴を表現するもので、犯罪、疾病あるいは貧困などといった通常は目に見えない対象物や主題を選び、その空間分布や変動を視覚化するのである。[10] 古くは一六八〇年代、エドモンド・ハレーが描いた天気図でも主題図は使われていたが、計量統計学の手法が普及し国勢調査が盛んになった一八〇〇年代初めには主題図は急速に発展した。確率論が発達し統計解析誤差を管理できるようになったことにより、社会科学は国勢調査を含む膨大な量のデータを編纂することが可能になったのである。一八〇一年、フランスと英国は国勢調査を実施し、自国の人口を計測して分類した。一八三〇年代には、ベルギーの天文学者アドルフ・ケトレーは「平均人」という統計概念を開発し、教育、医療、犯罪、人種などの分布を数量化する「啓蒙的な」主題図の製作を促した。[11]

社会科学の発展に貢献しただけでなく、主題図は自然科学の分野においても、全く新たな方法でデータを分類・提示することを可能にした。生物学も、経済学も、地質学もすべてこの新たな手法を利用して、地表面だけでなく、地球の大気、海洋および動植物までも地図に表わすことができた。一八一五年、ウィリアム・スミスは地質学分析と統計学的方法論を組み合わせることで、英国で初めてとなる地質図『英国の地層』を製作し、他の科学者たちもこの手法を用いて地図の新たな視覚的表現を開発した。[12] また、石版印刷が盛んになったことで、地図は低価格でより広く流通するようになった。一八四〇年代半ばには、フランスの印刷業者はフランスの地質学に関する色刷りの石版印刷地図を一枚三・五フランで製作することができた。当時、通常の銅版印刷による手彩色の複製は一点当たり二一フランであった。[13] このような地図は十分に安かったため数百部ではなく数千部単位で印刷され、ブラウの『大地図帳』やカッシニ図の発行部数をしのぐ一般市場を形成した。

地図作りには様々な変化があったが、その多くは地理学者以外の人々によってもたらされたため、地理学は学問領域としては混乱した状態にあった。特に英国では地理学における地図製作の位置づけは混乱を極め、学界では地図製作を組織的に発展させることができない状態が続いた。このような状況の中、一七九一年には、東インド会社の支援により『ベンガル地図帳』（一七七九年）を製作したジェームズ・レンネルにコプリ・メダルが授与された。これは優れた科学業績を顕彰するために英国王立協会が設立した賞である。授与式の席上で王立協会会長ジョセフ・バンクス卿は「英国人は、周辺諸国から科学の進歩を主導していると見られるのが好きで、レンネル少佐がベンガルを素晴らしい出来ばえで描いたように自国の一般図も誇りにしうることは喜ぶべきでありましょう」[14]と述べているが、英本国ではなく植民地ベンガルでより正確な地図が製作されたことに苦言を呈している。当時英国は六五パーセントが測量済みであったが、縮尺がまちまちで互換性がなく、継ぎはぎだらけの結果となっていた。一七八四年にウィリアム・ロイが行った最初の測量の後、一七九一年には英国陸地測量局が公式に製作しているにもかかわらず、これらの地図には統一性がなく標準化されたものではなかった。私有地や教区を描いた十分の一税地図と呼ばれる私的な地図が何世紀にもわたって使われてきたが、これらは土地所有者の利益を守るために大抵は地元の測量士によって作られたものであった。そのため縮尺はまちまちで陸地測量局による標準化の目的には合致しなかったが、多くは安いだけでなくより詳細でもあった。全国測量には法外な費用がかかったため、陸地測量局がやり残した領域の地図化は測量の目的にはほとんど関心のない民間の測量機関に委ねられることになった。その結果はやはり継ぎはぎだらけで、縮尺は統一されておらず、測量されなかった地域も多かった。

土地の所有権や管理が複雑に固定化されている英国では、陸地測量局は標準化された地図を作るのが難しかったが、英国の東インド会社は、現地の地図製作の方法や土地所有を無視して新たな科学技術を用いれば、インドのような海外の植民地は広大であっても容易に測量しうると考えたのであった。レンネルのような個人による測量に対する東インド会社の経済的支援は一七六〇年代から始まり、「インド大三角測量」で頂点に達した。測量は一八四三年に完了したことになっているが、カッシニの測量がそうであったように、決められた完了期日はなく作業は数十年にわたって続けられた。地図製作史に詳しい歴史家マシュー・エドニーの言葉を借りるならば、測量士たちは「『本当の』インドを地図にしたのではない。彼らが地図にしたのは、彼らが理解し彼らが統治したインド」[15]で、その結果として「英国的インド」を作り上げたのであった。同様のことはアフリカでも行われていた。ジョゼフ・コンラッドの小説『闇の奥』(一八九九年)の主人公マーロウは「虹の七色で塗り分けられた」帝国の地図を見つめ、「大きく塗られているのは赤だが、いつ見ても気持ちがいいのは、そこで何らかの実作業が行われているとわかるからだ[16]」と悦に入るのである。フランス（青）、ポルトガル（橙）、イタリア（緑）、ドイツ（紫）、ベルギー（黄）の帝国植民地とは対照的に、英国が統治する赤の部分は、少なくともコンラッドのような熱狂的な支持者にとっては、未開の地を文明化する大英帝国の目標が最高潮に達したことを示していた[17]。ただし、インドの場合のように、このような地図の多くは直接的な植民地支配ではなく帝国の利益の範囲を示したもので、王立地理学会のような私的機関が推し進めた帝国主義的な野心を非公式に示したにすぎなかった。

このような組織は、実際の行政に基づいた地図作りではなく、明確な客観的科学原理に基づく観念的な地図作りを推進した。帝国の領土を主張するために地図製作を利用した例として、おそらくヨーロッパで最も評判が悪かったのは、アフリカに関するベルリン会議（一八八四—五年）であろう。この会議は、参加した一四のヨーロッパ列強がコンラッドの『闇の奥』に描かれているようなやり方でアフリカ大陸を切り分けることを前提にした、帝国主義的な「アフリカ争奪」の始まりとみなされている。実際には、議事録によれば、この会議は大陸の分割ではなく、主としてヨーロッパから西アフリカへの商業的なアクセスを調整するために召集されたものであった[18]。英国の高官が「地理学的な事実に合致していない（会議が示した）コンゴの定義には重大な問題がある」と述べると、別の出席者は英国人の地理学は支離滅裂でローヌ盆地にライン川を描いているようなものだ[19]、と反論した。この会議では、ヨーロッパ列強の利益に沿ってアフリカを分割する地図を作ることも、統治権に関して拘束力のある声明を出すこともなかったが、これ以降の所有権の主張については政治地理学ではなく自由貿易の原則に基づいて制限を加えるという漠然とした合意に至ったのであった。

王立地理学会は、国際的な地図製作の本質が特にアフリカにおいては、場あたり的であることを深く憂慮していた。インド辺境での測量に従事した地理学者で、のちに王立地理学会会長となるトーマス・ホールディッチ大佐は、一九〇一年に「我々はいかにしてアフリカの地図を得るべきか」[20]という単刀直入な表題の論文を学会誌に発表した。論文の中で彼は、「アフリカ各地では地方行政機関によって様々な測量が始められているが、これらは互いに連携されておらず、基盤となる共通の技術システムもなく、縮尺も統一されていない。これではアフリカの植民地について満足のいく均質な地図を編纂することは事実上困難であろう」と不満を訴えた。また、共通の縮尺や基線測定などの、より体系的な地図製作技術を採用するだけでなく、各地のいわゆる「現地機関」から収集した情報を活用することを推奨したのであった。ホールディッチの論文に添付されたアフリカの地図には、問題点が示されていた。公式に英国の帝国支配下にある六七五万平方キロメートルの領土は地図化されていないが、この数字は他のヨーロッパ列強の支配下にあり測量待ちとなっている領域を除外したものであった。添付の地図（カラー口絵49）には、「詳細に測量された」アフリカの北部、東部、西部および南部の沿岸領域が示されているが、灰色の「未探検」領域が地図の大部分を占め、「三角測量に基づいて詳細な測量が行われた」場所は対照的に小さな赤い領域で示されていた。世界の政治地図のほぼ四分の一は大英帝国の赤で塗りつぶされていたが、これらの領域を物理的な地図で見る限り、植民地として統制され支配されているとは到底考えられなかった。

このような混乱した状況の中へ足を踏み入れたのが、英国人研究者ハルフォード・マッキンダー（一八六一―一九四七年）であった。マッキンダーはほぼ独力で英国の地理学研究を変えただけでなく、この種の問題を理解し取り扱うための全く新たな手法である地政学を作り上げた。一九世紀終わりから二〇世紀初めにかけて、マッキンダーは英国の学界および政界で最も影響力を有する人物の一人であった。彼はロンドン・スクール・オブ・エコノミクス（一八九五年）の創立者の一人で、スコットランド保守統一党から下院議員（一九一〇―二二年）にもなっている。また、熱烈なアマチュア探検家でもあり、ヨーロッパ人として初めてケニア山登頂（一八九九年）を果たしている。一九二〇年には下院議員としての功績に対してナイトの称号を授与され、一九二三年にはロンドン・スクール・オブ・エコノミクスの地理学教授に就任している。

マッキンダーはリンカンシャー州ゲインズバラに生まれ学び、幼少期より地理学と政治に興味を抱いていた。一九四三年、八二歳の年に人生を振り返り、「社会の出来事に触れた最初の記憶は、地元の小学校に通い始めたばかりの一八七〇年九月のある日に遡る。私は郵便局のドアに貼り出された電報で、ナポレオン三世と彼の率いる全軍がセダンの戦いでプロイセンに降伏したことを知った[21]」と回想している。マッキンダーは九歳にして「戦争の歴史をノートに綴り」、キャプテンクックの航海記録を読み、家族を前にして地理学の発表を行った。これには英国の植民地であったオーストラリアの地理学も含まれており、彼の父親は「話し方が上手で、受け答えも素晴らしかった[22]」と褒めたという。マッキンダーにはこのような興味があったが、必ずしも教師に好かれたわけではなかった。のちに彼は「ラテン語の散文を書かずに地図を描いていたため学校ではムチで叩かれた[23]」と述懐している。少年時代に熱中した遊びは島の王様になることで、そこで彼は「お決まりのように保守的な住民を教化する」のであった。マッキンダーの青年期は英国の帝国主義が台頭した時期と重なっていた。一八六八年には王立植民地協会が設立され、一八七七年にはビクトリア女王のインド女帝即位が宣言された。

マッキンダーは一八八〇年にオックスフォード大学に入学すると、帝国主義に傾倒していたことから、既成の学問分野を追求するのではなく、発展性のある他の選択肢に目を向け始めるのである。様々なテーマに心惹かれたが、最も大きな影響を受けたのが『種の起源』（一八五九年）と『人間の進化と性淘汰《クリークシュピール》』（一八七一年）を著したチャールズ・ダーウィンの進化論であった。課外活動ではオックスフォード戦争競技クラブに所属し、軍事教練、作戦行動、射撃訓練などを経験している。オックスフォード・ユニオンというディベートクラブにも所属し（一八八三年には会長を務めた）、将来英国の帝国主義政策を策定することになる学生とも親交を深めた。のちにインド副王や外務大臣に任命されたジョージ・カーゾン（一八五九―一九二五年）や、ボーア戦争時に南アフリカの高等弁務官を務めたアルフレッド・ミルナー（一八五四―一九二五年）もその仲間であった。マッキンダーは歴史と物理科学を学んだが、最後に影響を受けたのはリネカー・カレッジの比較解剖学教授ヘンリー・モーズリー（一八四四―九一年）であった。モーズリーはチャレンジャー号探検航海（一八七二―六年）に参加した経験があった。これは王立地理学会が後援した海洋科学研究のための航海で、世界中を一二万七六〇〇キロメートルにわたり航海し、四七一七種もの新種を発見する成果を挙げ、「海洋学《オーシャノグラフィ》」という新語も生み出した。モーズリーはダーウィンから助言を受けたこともある進化論の確固たる信奉者であったが、マッキンダーには地理学的分布の重要性、すなわち種の進化の過程において地理学が生物学に及ぼす影響についても説いたのである。[24]ダーウィンが「重要なテーマで、創造の法則のかなめとも言えるのが地理学的分布[25]」と語ったように、これは新しい種類の環境決定論であった。

マッキンダーは当初、ロンドンのインナー・テンプル法曹院で国際法を学ぶ準備をしていたが、それと同時にオックスフォード大学の成人向け公開講座で教鞭を取り始めていた。これは正規の大学で学ぶことができなかった人々に、幅広い教育の機会を提供することを目的としたものであった。一八八六年から七年にかけて、マッキンダーは英国全土を数百キロメートルにわたって縦断し、公会堂や職場などで「新地理学」という挑発的な演題で自然科学と経済の歴史に関する講義を行ったのである。マッキンダーは当時を振り返り、自身の役割は「国中の知性豊かな人々に、地理学は地名の一覧や旅行記の寄せ集めではないという認識を徐々に広めること[26]」にあったと述べている。

オックスフォード大学を皮切りに英国全土をめぐって精力的に地理学教育を推進したマッキンダーは、一八九三年には学校教育に欠けている人文地理学の研究に対処することを目的として、地理学協会《ジオグラフィ・アソシエーション》の創設に参画している。その二年後には、地理学研究だけでなく政治学や経済学の改善にも関心を抱いていたマッキンダーは、ロンドン・スクール・オブ・エコノミクス（LSE）の設立にも関わっていくことになる。当初は経済地理学の非常勤講師として「明確な政治経済問題への地理学の応用」と題した講義を受け持つだけであったが、一九〇三年から八年まで学院長も務めている。マッキンダーによれば、LSEに魅力を感じたのは、LSEが「旧態依然とした古典的かつ先験的な政治経済学を粉砕し、最初に事実を解明することを目指す専門家集団を構築し、さらには真の科学的精神でこれらを総括すること」[27]を提唱したからだという。定年退職（一九二五年）の目前ではあったが、一九二三年には教授に任命されている。またLSEに在職中、マッキンダーはレディング大学の設立にも加わり、一八九二年の設立から総合大学としての地位を確立する一九〇三年まで学長を務めている。

マッキンダーの業績はしだいに世間の注目を集めるようになったが、彼はオックスフォード大学にも所属していたため、大学の教授陣とは対立する結果となった。地理学の分野は新しいだけでなく明らかに科学的な厳密性に欠けていたため、彼らがこれに懐疑的になることがマッキンダーにはわかっていた。彼らが異論を唱える背景には、地理学講座を開設したパリ大学やベルリン大学への対抗心もあった。当時は、最も有名な地理学の提唱者であるカール・リッターはベルリン大学の初代地理学教授となり、偉大な探検家でもあったアレクサンダー・フンボルト（一七六九―一八五九年）は、地理学に多大な影響を及ぼした全五巻の大著『コスモス：宇宙の物理的性質の素描』（一八四五年から六二年にかけて、一部は没後に出版された）を著した時期であった。フンボルトは著書の中で、独自に科学研究の方法として地理学の可能性を再評価し、自然界と実在の宇宙について完璧な説明を行っていた。[28]これを受けて、マッキンダーの講義は地理学の物理的な要素に力点を置いて、風景や気候や環境がどのように作用して人間の生活を形成するのかを説明した。地理学へのこのようなアプローチは今日では至極当然で、むしろ平凡的とも言えるが、一八八〇年代には画期的な手法であり、この分野が科学であるという社会的評価を大学当局に認めさせるための大胆な試みであった。

彼の講義は極めて評判が良かったため、一八八七年、王立地理学会は地理学に対する彼の見解を学会員に紹介するためマッキンダーを招聘した。一月三一日、二五歳になったマッキンダーは自身の初論文を学会で紹介することになったのである。「地理学の領域と方法について」と題された論文は、マッキンダーの新しい地理学を宣言するものであったが、発表には長い時間を要したため、内容の検討については二週間後の会議に延期されることとなった。彼の講演に対する評価は賛否入り混じっていた。マッキンダーも当時を振返って「最前列に座っていた枢密院議員のお偉い提督は、講演の最初から最後まで『生意気な奴め』とつぶやいていた」[29]と語っている。

マッキンダーの開口一番の質問は、単刀直入なことで知られる彼の性格を反映したものであった。彼は「地理学とは何か」と問いかけ、このような質問をする理由を二つ挙げた。一つの理由はこの分野を「学校や大学のカリキュラム」の中に正式に組み込むための「教育論争」に関わるものであった。この論争はマッキンダーが仕掛けたものであることは言うまでもない。もう一つの理由は学会への直接的な問題提起であった。地理学は転機を迎えていた。「半世紀にわたり、数ある学会の中でも当学会は、世界の探検を積極的に推進してきました。その当然の帰結として、大発見の役割は終わりのときを迎えようとしています。地図上に残る唯一の大きな空白は両極圏だけとなり、スタンレーがコンゴを再度探検して世界を喜ばせることなど決してないのです」と、マッキンダーは持論を展開した。彼はさらに一歩踏み込み、「冒険物語が少なくなり、陸地測量局の詳細な測量によって冒険の地がますます奪われてゆくにつれて、地理学会員は意気消沈して『地理学とは何か』と問うことになるでしょう」とも語っている。マッキンダーの痛烈な一撃は最前列の提督の怒りを買ったに違いないが、「征服すべき世界がなくなったことを嘆いたアレクサンダー大王」[30]を引き合いに出して、ここで改革を行わなければ学会は将来閉鎖されるであろうと警鐘を鳴らしたのであった。

講演の中でマッキンダーは、地理学を「主として、社会の中の人間と様々な地域環境との間の相互作用を追跡する機能を有する科学」と定義し、これを英国人の生活と教育の中核に据えるべきであるとして、地理学への熱い支援を呼びかけている。さらにマッキンダーは、自然地理学と人文（あるいは政治）地理学の一体化を試みる中で、歴史学と当時非常に人気の高かった地質学の間には互いに相容れない主張があることも認めている。そのうえで、「一般的に、自然地理学を手掛けているのは既に地質学を学んだ人々であり、政治地理学を手掛けているのは歴史学を学んだ人々であります。しかし、我々は地理学を中心に据えた立場をとるため、探求する領域の科学的側面と歴史的側面を公平に見なければならないのです[31]」とも述べている。地理学が遠くへ追いやられている状況の中で、マッキンダーは唐突に「地質学者が過去を解釈するために現在に注目するのに対して、地理学者は現在を解釈するために過去に注目している」と論じたのであった。

次に彼が語ったのは地球表面の一種の宇宙論的な探求に関するもので、「英国南西部の地理学」に始まり、白亜層の景観に注目し、さらには神のような遠くの視点から地球表面全体を俯瞰するのであった。マッキンダーは聴衆に向かって、「大気圏、水圏および岩石圏（地球の外殻）の三つの同心回転楕円体で構成される陸地がない状態の地球を想像していただきたい」と問いかけている。彼はそれぞれの地理学的環境に基づいて、民族、国家、都市に関する社会学的および政治学的な発展について論じ、地理学的な情報に基づく分析を積み上げていくことで、「あらゆる地域の政治的問題は、自然を調査した結果によって明らかになる」と断言している。講演の最後では、マッキンダーは地理学に対する自身の野心的な目標を明らかにしている。「大まかに示した方針に従えば、地理学は、政治家や商人の実務的な要件と、歴史家と科学者の理論的な要件と、さらには教師の知的要件とを一気に満たすことができる」というのが彼の信念であった。これはマッキンダーが言うところの科学と実践の一体化であった。この主張にはかの提督も驚いたに違いないが、地理学が古典研究に「取って代わる」ことを意味し、さらには「全人類の文化の共通要素であり、専門家も納得せざるを得ない根拠[32]」になると論じたのであった。

学会の評議員の一人で、優れた探検家であり先駆的な優生学者でもあったフランシス・ゴルトン卿は、地理学が科学であるとするマッキンダーの主張には懸念を表明している。しかしながら、ゴルトン卿は地理学を学問の一分野とする方向性には共感を示し、マッキンダーの論文には限界があるとしても、マッキンダー自身が「地理学教育に足跡を残すことは間違いない」[33]とコメントしたのであった。その背景にはまだ公表されていない事実があった。ゴルトン卿は既にオックスフォード大学とケンブリッジ大学の当局者たちと交渉に入り、王立地理学会の資金提供による講座を立ち上げて、准教授を任命する準備を進めていたのであった。この構想は地理学会が一八七〇年代初めから温めていたもので、この新しいポストに最もふさわしい候補として登場させるためにマッキンダーの招聘を演出したのであった。一八八七年五月二四日、マッキンダーの講演から四カ月も経たないうちに、オックスフォード大学は王立地理学会の資金支援により地理学講座に五年間の准教授職を設けることで合意し、翌月には年俸三〇〇ポンドでマッキンダーが正式に任命されたのであった。[34]

新しいポストの設置は、追求すべき新たなミッションを模索していた王立地理学会にとっては大きな成果であり、マッキンダー個人にとっては大きな喜びであった。しかし、オックスフォード大学での懐疑論を払拭するのは容易ではなかった。この講座では正式な学位は認められておらず、マッキンダーの講義を聴講する学生が取得できたのは一年制ディプロマ（修了証書）のみであった。全国をめぐり数百人を収容するホールでの講演を繰り返してきた後だけに、その結果は容易に予測することができた。オックスフォード大学での彼の最初の講義にはほとんど人が集まらなかった。「聴講生はわずか三人であった。一人は大学の偉い先生で、ベデカー社の旅行案内書を隅から隅まで読んでいるのでスイスの地理学ならばわかると話していた。あとの二人は女性でいずれも編み物を持ち込んでの聴講で、当時としては考えられないことであった」[35]とマッキンダーは語っている。しかし彼は苦労しつつも、初年度の終わりには、二つのコースで行った四二回の講義についての報告書を王立地理学会に送っていた。「地理学の諸原則」と題して行われた科学コースの講義は、「人の移動と定住に及ぼす地形的特徴の影響」と題して行われた歴史コースの講義よりも人気がなかった。[36] 一八九二年には在職期間の終わりを迎えることとなったが、オックスフォード大学当局には地理学で正式な学位を授与するコースを設立する意向はほとんどなかった。マッキンダーはロンドン・スクール・オブ・エコノミクスに職を移すと、興味の対象はしだいに政治学と大英帝国の探検に移っていった。

一八九五年九月、マッキンダーは地理学協会で会長講演を行っている。「ドイツおよび英国における近代地理学」と題された講演で、一九世紀の地理学と地図製作の進歩を理解するうえで興味深い洞察が披瀝された。マッキンダーは自身の事例を極めて率直に紹介している。「国民として公平に述べるならば、私たち英国人は何世代にもわたり先駆的な研究においては常に先陣を切ってきました。正確な測量、水路学、気候学、生物地理学に対して私たちが行ってきた貢献が不十分だったということはないでしょう」と述べたうえで、「ただし、これはどちらかというと総合的かつ学究的な観点からのことで、教育的な側面から見ると、外国の基準、とりわけドイツの基準からは著しく劣るものとなっています」との評価を下したのであった。マッキンダーは、英国の地理学者がドイツの地理学者と異なり、この領域の包括的な理論の中に地理学研究の実用性を組み込むことができない点を懸念していた。彼によれば、「一八世紀が地理学にとって重要な過渡期の時代となったのは、古代においてもルネサンス期においても無視されてきたか全く解決できなかった新たな問題を認識したため」だという。地理学は長年にわたり「体系化された学問分野なのか、研究対象の領域なのか」が議論されてきたが、この問題を解決したのは、フンボルトやリッターなどのドイツの偉大な地理学者たちであった。ドイツ哲学の伝統は、地理学研究のもたらす将来の可能性について全く異なる視点を提示したのである。イマヌエル・カントによる普遍的科学の哲学的探求が、自然を説明するための超越論的な調和の原理において、ヨハン・ヴォルフガング・フォン・ゲーテ（一七四九―一八三二年）やフリードリヒ・

シェリング（一七七五―一八五四年）による理想主義的な信念と結びついたことで、フンボルトは地理学を、あらゆるものを総合的に扱うことができる、科学の中の最高峰と位置づけることが可能となった。その結果生まれたのが、自然の科学的研究と自然の奥深さと美しさに対する情緒的な反応を一体化した地理学の流儀であった。この伝統の中で、アウグスト・ハインリヒ・ペーターマン（一八二二―七八年）はヨーロッパで最も革新的な地図製作者の一人として地歩を固め、新しい地理学研究のための雑誌『ペーターマン地理学通報』を創刊している。また、オスカー・ペシェル（一八二六―七五年）とフェルディナンド・フォン・リヒトホーフェン（一八三三―一九〇五年）は、地表面の形態や進化を研究する地形学の先駆者となった。このようなドイツの先人たちはマッキンダーに対して、「土地の起伏、気候、植生、動物相、および様々な人間の活動の因果関係を包括的に探る試み」を「地理学」という一つの言葉で示したのであった。[37]

これまでの英国人の力不足を嘆きながら、マッキンダーは新しい地理学の概念の中で地図が果たす役割の特徴を次のように語っている。

> 地理学を特徴づけると考えられている三つの相関する技能（いずれも主として地図に関連する）は、観測と地図製作と教育である。観測者は地図のための材料を集め、地図製作者はそれを元に地図を作り、教育者は作られた地図を解釈する。言うまでもないが、地図は多数の事実を整理するための繊細な表現手段であって、地名を記録しておくための道具ではないが、一部の高価な英国の地図帳では、いまだにそのような使われ方をしている。例外はあるものの、一般的に英国では観測者は優れているが、地図製作者は未熟で、教師となるとさらに劣る。その結果、地理学の生データの多くは英国人が収集するが、その表現と解釈はドイツ人が行うことになるのである。

地図は観測しうる場所の経験的事実以上のものを提供しなければならない。そのため、地形学のみならず、生物群落とその環境の生物学である「生物地理学」、人間の地理学である「人文地理学」にも明るいドイツ人地理学者によって実践された表現と解釈が要求された。マッキンダーにとって、地図とは領土を描くためのものではなく、領土を構成する地質学的要素、生物学的要素、および人類学的要素を解釈するためのものであった。

マッキンダーは「理想的な地理学者」について、次のように記している。

理想的な地理学者は、地図製作の能力として強力な思考の道具を備えている。我々が言葉を使わずに何かを考えることは可能とも不可能とも言えるが、地図が心の中に無数の言葉を呼び起こすことは間違いない。地図は一目見ただけであらゆるものを一般化して伝えることができ、同一の領域を複数の地図で比較することで、個別の降雨量、土壌、起伏、人口密度などのデータを示し、因果関係を引き出すだけでなく、記録の誤りも明らかにすることができる。なぜなら、地図は暗示的であると同時に批評的でもあるからだ。

当然のことながら、理想的な地理学者として説明されているのは男性で、自身を意識したものと考えられる。「理想的な地理学者は、地図製作者として学術的でかつ写実的な地図を製作するであろう。教師としては、地図に多くを語らせるであろう。歴史家あるいは生物学者としては、何ものにも依存しない環境の研究を主張するであろう。……また、商人として、兵士として、あるいは政治家としては、地表面上の実践的な空間問題を扱う際には、経験に裏打ちされた理解と戦略を示すであろう」[38]

マッキンダーは「近代地理学」の必要性を説くため、もう一つの偉業を成し遂げている。ドイツの伝統に追いつくためには、「地理学研究とは、存在の事実を見つめ、分析し、さらに分類するための明確な視点である。そのため、神学的あるいは哲学的、言語学的、数学的、物理学的、さらには歴史学的な視点から順位づけを行う権利が与えられている」[39]という自身の信念を繰り返し表明する手段として、地理学研究を行う知識人を英国に「集約」することが必要であった。また、英国の地理学者や探検家たちを国際舞台の最前線に送り出すための、さらに野心的な試みが待たれていた。

一八九八年、マッキンダーはヨーロッパ初の探検家として、東アフリカのケニア山に登頂する計画を温めていた。マッキンダーは一九四〇年代にこのときの自身の決断を回想しているが、三七歳で探検家としてのキャリアを踏み出したのはあまりにも自意識過剰であったと認めている。「当時は一般的に完璧な地理学者として認められるためには、自身が教育だけでなく探検もできることを証明する必要があった」[40]という。ケニア山を選んだのは、物理的な要件と政治地理学的な要件を総合的に判断してのことであった。「海岸からケニア山までの距離の三分の二はウガンダ鉄道を利用できるため、時間を大幅に短縮し、十分な装備と共に、体力を温存したままヨーロッパ人登山隊を山の麓まで運ぶことができた。そのため高山の秘密を完全に解き明かせる可能性は十分に高い」[41]ことは明白であったと、のちにマッキンダーは書いている。彼は、東アフリカにおける英国のライバルであったドイツなど、他国の探検家が鉄道に乗ってやって来る前にこの山に登ることを望んだ。特に、キリマンジャロ登頂を果たしたドイツ人登山家ハンス・メイヤーは、一八九八年にケニア山登頂の意向を表明していたため、東アフリカではこの二大帝国が競い合うことになったのである。

一八九九年六月八日、マッキンダーは英国を離れ、列車でマルセイユを目指し、そこで六名のヨーロッパ人ガイドとポーターからなる登山隊に合流した。六月一〇日、エジプトに向けて出帆し、スエズ運河を通過して最初にザンジバル島、その後モンバサに至り、敷設されたばかりの鉄道で一八九九年六月半ばにはナイロビに到着した。ここからが本当の探検の始まりであった。「探検隊は六名の白人と我々の装備を頭上に載

図30　ケニア山の頂上に立つハルフォード・マッキンダー（1899年）

せて運ぶ一七〇名の原住民で構成された。彼らの半数は全裸であった。当時の東アフリカには、自動車はもちろんのこと、馬も運搬用の牛やヤギもいなかった」のである。山までの一七〇キロメートルのトレッキングは厳しく、様々な理由により遅れが生じた。マッキンダーによれば、「原住民の性格は疑り深く危険」であったが、それはスワヒリ族のガイド二名が殺害されたことや、八月下旬の登頂に向けて準備した食料の大部分が盗まれたことからも明らかだった。[42] マッキンダーは留まることなく登り続けたが、登山隊の食糧が空になったときには登頂を中断しなければならなかった。食糧を十分に確保したのち、マッキンダーと他の二名の隊員は再び頂上を目指し、一日かけて登頂に挑んだ。「非常に急峻で困難を極めた」が、九月一三日正午ついにマッキンダーは頂上に到達した。マッキンダーによれば、嵐が迫っていて直ちに下山しなければならなかったため、「頂上に留まることができたのはわずか四五分間であったが、観測と写真撮影を行うには十分であった」という。マッキンダーが推定した山頂の標高は五二四〇メートルで、やや過大な値となったが（実際の標高は五一九九メートル）、科学的なデータの精度を物語る素晴らしい成果であった。また、マッキンダーは「ケニア山上部の平板測量スケッチと岩の標本、これまで縦走されたことのない二本の稜線沿いの測量データ、一連の気象および測高の観測結果、通常のプロセスとアイヴズ式カラープロセスによる写真、哺乳動物、鳥、植物および昆虫の標本」[43]を本国へ持ち帰っている。マッキンダーはフレデリック・アイヴズの新しいカラー写真技術を科学的探検に初めて利用しただけでなく、ケニア山と自身がたどった登山ルートを三点の美しい地図に描き、帰国から二カ月後の一九〇〇年一月二二日に王立地理学会で行った講演では石版印刷で再現した地図を配布している。

三点の地図は、植民地支配時代の科学的地図製作の古典的な実例であった。マッキンダーの旅程を示す最初の地図は縮尺五〇万分の一で、経緯線網、等高線に加えて、登頂ルートが赤い線で示されていた（カラー口絵50）。彼の計算結果は、時計、プリズムコンパスおよび六分儀を用いて得られたものであった。マッキンダーはこの探検の共同支援者である王立地理学会会長クレメンツ・マーカム卿に敬意を表して、山の北西部を「マーカム・ダウンズ」と命名している。ケニア山自体にも、もう一人の支援者でマッキンダーの妻の伯父キャンベル・ハウスバーグにちなんで「ハウスバーグ・バレー」と命名された箇所がある。ハウスバーグ・バレーの北東に延びる土地には、「マッキンダー・バレー」という地名も残されている。

マッキンダーによる探検成功の知らせは、ロンドンでは歓喜をもって迎えられたが、ベルリンは落胆の色を隠せなかった。一八九九年末に帰国すると、マッキンダーは一九〇〇年一月に王立地理学会会員に報告するため、直ちにこの快挙に関する執筆を開始した。マッキンダーはのちに語っているが、ケニアでの「休暇」を心から歓迎してくれたのは、地理学会副会長トーマス・ホールディッチ卿であった。一月二二日夕刻の報告会で、「皆さんよくご存じの自然地理学者が、今宵は最も成功した探検家として、東アフリカの主峰の一つケニア山の登頂に成功した最初の男として登場します」[44]と、マッキンダーを紹介したのもホールディッチ卿であった。優れた地理学教師であると同時に勇猛果敢な探検家であることを証明したことにより、マッキンダーはいまや十分に尊敬されるに足る学者となり、後期ビクトリア朝の英国において地理学を知的な学問分野として定義し、科学的な地図製作法をその中心に据えることができたのであった。新しい地理学のビジョンは（マッキンダーがケニアから帰国すると同時に、南アフリカでボーア人との戦争に突入した）大英帝国を守るためにも極めて重要であると述べたことで、マッキンダーの将来は約束されたも同然となり、一八八〇年代後半に彼の業績に浴びせられていた批判の声は全く聴かれなくなった。

帝国の大志を抱いたマッキンダーの冒険は、政治的な思想へ大きく傾いた時期に行われたもので、これをきっかけに彼は政治の世界へ駆り立てられていくことになる。一八九〇年代には、英国の製造業に対するドイツの脅威が高まりつつあることをマッキンダーは理解していたが、依然として国際的自由貿易を信奉していた。しかし、ケニアから帰国した頃には、彼の信念は揺らぎ始めていた。一九〇〇年九月、マッキンダーはウォリックシャー州から自由党党員として国会議員を目指したが落選した。一九〇三年には、自由統一党の植民地大臣ジョゼフ・チェンバレンの保護貿易論にしだいに傾いていったマッキンダーは、自由貿易を放棄すると同時に自由党を離党して保守党に加わり、強力な英国海軍と関税に基づく新たな帝国主義保護貿易論を展開して、英国の海外貿易を推進した。[45]

しかし、地理学者として、マッキンダーの新たな政治的な議論は自身に問題を突きつける形となった。帝国主義保護貿易論の地政学的な主張は、どのようにすれば地図上に示せるのであろうか。彼は既に地図の限界について言及しており、起伏などの基本的な地形学的特徴を示すことはできないと述べていた。マッキンダーが展開する保護貿易主義と帝国の支配権の世界像を地図に示すにはどうすればよいのか。一九〇二年に出版した『英国と英国の海』で彼は、自身が信奉する保護貿易主義への期待が高まる中でこの問題に取り組

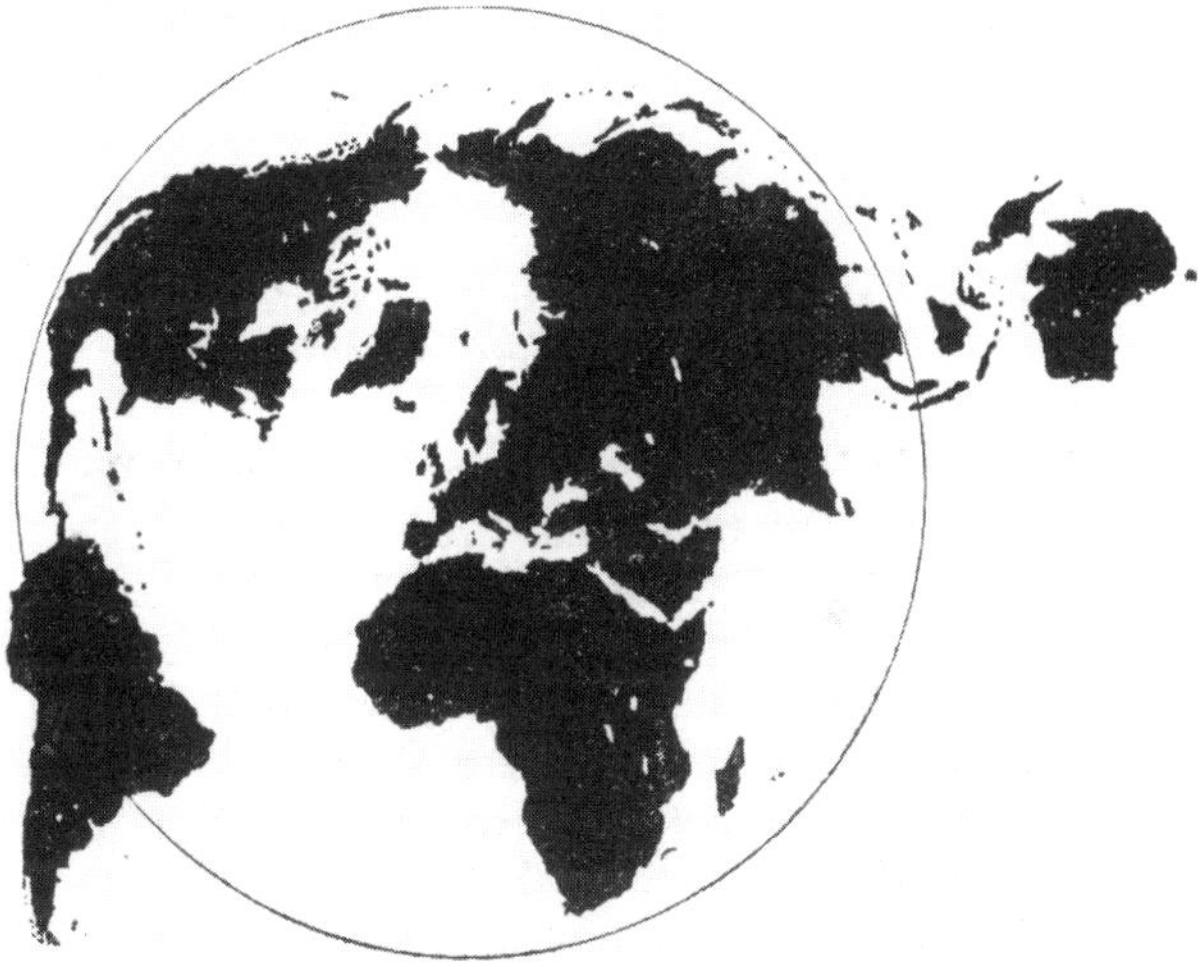

図31　マッキンダー著『英国と英国の海』（1902年）に描かれた「陸半球」

んだのであった。同書の中で彼は、自然地理学が実社会を形成した過程についてお馴染みの議論を展開したが、今回は政治的な緊急性が加わっていた。地理学は「世界の出来事の中で英国に独自の役回りを与えた」ため、英国は「海の女王」となり、比類なき力と世界の支配権を有する海運帝国として発展することができたのであった。[46]しかし、二〇世紀初頭における世界の力の均衡の変化は、このような支配権が揺らぎ始めていることを意味した。

マッキンダーは英国の海運力の推移をたどりながら地図に注目した。ヘレフォードの世界図《マッパムンディ》でブリテン諸島の位置を調べると、一五世紀末のコロンブスの大航海の前までは「英国は世界の果てに位置していた」ことがわかる。その後アメリカ大陸が発見され、英国の南北と西には大西洋が開けていることが明らかになると、「しだいに英国は世界の陸地の終着点ではなく、中心として認識されるようになっていった」のである。しかし、地図でその根拠を示すのは容易なことではなかった。「平面的な地図では北大西洋の印象を正しく伝えることはできず、単に海岸線の位置を示しているにすぎない」という

図 32　マッキンダー著『英国と英国の海』（1902 年）の「地球の写真」

のがマッキンダーの不満であった。独善的な地理学の古典作品の中であれば、コロンブス以降の地球上での英国の位置を理解する最良の方法は「英国が目の前に位置するように地球儀を回転すること」などと気楽に述べることができたかもしれない。地球を平面上に描くことが永遠の命題であることは、マッキンダーが描いた「陸半球」を見ればわかる。オーストラリア周辺と南米の半分は姿を消してしまうのである。これとは対照的に、想像で描かれた地球の「写真」（宇宙飛行が可能でなかった時代のもので、誤りがあることは明らかだが）は、かろうじてマッキンダーの議論をつなぎとめることができた。この画像では英国は「歴史上重要な五つの地域へ海からアクセスすることができる」[47]ユニークな場所に位置しているのである。

　これは世界地図を巧みに操作する素晴らしい方法であった。地球を平面的な地図の上に投影することをやめて、ブリテン諸島が中心に位置するように「写真のような」地球を回転したのであった。マッキンダーは地図製作法を駆使して、英国が海上輸送と帝国支配において優位に立つことができた理由を極めて明快に示している。

地図からわかるように、大きな国際海上航路が交差する場所に位置するが、どの大陸ともつながっていないため、英国は「偏狭性と普遍性を兼ね備えており、敵対的ではなく相補的」であるとマッキンダーは主張したのである。英国は「ヨーロッパの一部ではあったが、ヨーロッパの中にはなかった」ため、隣国との国境問題に悩まされることなく、海洋資源を利用することができたのであった。[48] しかし、英国を大帝国に変貌させた海そのものが今度は帝国の存続を脅かしつつあった。英国の植民地を「英国気質」の理念に同化させるよう常に働きかけていなければ、遠く離れた領土はロシア、ドイツ、中国といった新興の陸の帝国に吸収される恐れがあったのである。著書の最後でマッキンダーは、「属国が成長を遂げ、英国海軍が拡大して英国連邦海軍となる[49]」日を待ち望んでいると記している。それは大英帝国の永遠の支配権を望む神意とも言える信念であったが、二年後には、マッキンダーの最も有名な不朽の理論によって、この信念は頂点に達するのであった。

一九〇四年一月二五日の夕刻、地理学会会員はマッキンダーの新論文に関する講演を聴くため、七〇余年前に王立地理学会が設立されたロンドン中心部のサビル通り一番地に参集した。王立地理学会は設立以来、クレメンツ・マーカム卿、デイヴィッド・リヴィングストン博士、ヘンリー・モートン・スタンレー卿、ロバート・ファルコン・スコットなどの著名な人物の植民地探検や布教のための探検に対して資金援助と顕彰を行ってきたが、マッキンダーのケニアでの冒険もその一つであった。二〇世紀に入ると、地理学会は地理学の学究的および教育的側面に注目するようになり、マッキンダーのような個人への支援も既に行っていた。[50] 政治的な影響力のある会員はまた、ボーア戦争により地に落ちた大英帝国の威信を回復するための努力を行っていた。ボーア戦争は凄惨を極め、英国は二億二〇〇〇万ポンド以上の戦費を費やし、八〇〇〇人の戦死者と一万三〇〇〇人を超える負傷者を出した。ボーア人の死者はおよそ三万二〇〇〇人に上り、その多くは強制収容された女性や子どもで、強制収容所が導入されたのは近代戦では初めてのことであった。この強制収容所により英国は世界中のほぼすべての国々から国際的非難を浴びることとなったのである。さらにはドイツの植民地拡大と軍備拡大の好戦的な政策に直面したため、マッキンダーが予測した大英帝国の外交的孤立、軍事的脆弱性および経済の衰退はますます現実のものとなりつつあった。一八六〇年には、英国は世界貿易の二五パーセント以上を占めていたが、マッキンダーが講演を行った当時にはこの数字は一四パーセントまで下落し、フランス、ドイツ、米国が急速に追い上げていた。[51]

王立地理学会の会員として、成功を収めた探検家として、さらには熱心な保護貿易主義の提唱者として、マッキンダーは温かく歓迎されたが、聴衆はもちろんのことマッキンダー自身もこの講演が及ぼす影響についてはおそらく予想もしていなかったに違いない。『歴史の地理学的な回転軸』と題された彼の論文は、世界の歴史を広く概観するところから始まる。マッキンダーがまず聴衆に語ったのは、いわゆる「コロンブスの時代」と言われた四〇〇年に及ぶ海洋探検と発見の時代が終わりに近づき、「世界地図の輪郭はほぼ正確に描かれるようになり、ナンセンとスコットの探検によって、両極圏においても劇的な発見の可能性はほとんどなくなった」ということであった。スコットの第一回南極探検は王立地理学会の資金援助で行われたため、マッキンダーは如才なく探検成功の話題にも触れたが、探検隊の生き残りは辛くも逃げ帰ったというのが本当のところであった。彼が指摘したように、「二〇世紀の開幕により、歴史的大事業はいつ終焉を迎えてもおかしくない」状況にあった。このような探検は「政治的な占有がほぼ完結する以前の、辺境の世界が何も明らかになっていなかった」時代の産物だったのだ。二一世紀には政治経済のグローバル化の影響について議論されることになるが、その展開を暗示するかのように、マッキンダーは「あらゆる社会的勢力の爆発的増大は、周囲を取り巻く未知の空間と未開の混沌の循環の中で散逸するのではなく、地球のはるか彼方から鋭く響き渡り、その結果として世界の政治経済組織の脆弱な部分は失われることになるであろう[52]」と論じたのである。彼にとってすべてはつながっており、そのつながりをたどる唯一の方法は、学会と彼自身の専門研究領域である地理学を介することであった。

マッキンダーに関する限り、当時世界中で起こっていた変化を理解し、その変化に関わっていくためには、歴史と政治を地理学的に新たに理解し直すことが必要であった。彼は次のように述べている。

したがって、我々はこの一〇年間で初めて、地理学的総括と歴史的総括とをある程度完全に関連づけることができる立場に立つことができたように思われる。我々は世界中のあらゆる舞台の特徴とそこでの出来事をほぼ正しく把握し、共通の歴史の中で地理学的な要因の特徴を表現するある種の公式を求めることが初めてできるようになったのである。

「運が良ければ、この公式は現在の国際政治において競合する勢力をある程度見通す、実用的な価値を持つに違いない[53]」とマッキンダーは結論した。この公式は、マッキンダーが長年にわたり公の場で表明してきた学問領域としての地理学の重要性を単に訴えただけでなく、国際的な外交交渉や帝国の政策を具体化するための洞察力を要求したのであった。

地理学の重要性を確立したマッキンダーは、ついに自身の最も重要な論文に到達する。マッキンダーによれば、大英帝国がイデオロギー的には優位に立っているにもかかわらず、「世界政治の回転軸」として機能しているのは、中央アジア（彼が言うところの「ユーラシア」）だという。これは多くの聴衆の自己満足的な思い込みに、敢えて異議を唱える主張であった。さらにマッキンダーは聴衆に向かい、「しばらくの間、ヨーロッパとヨーロッパの歴史はアジアとアジアの歴史に従属するものと考えていただきたい。そもそもヨーロッパ文明は、アジアからの侵入に対する世俗的な戦いの産物にほかならないからである」と語りかけた。この発言は衝撃的であったが、中央アジアの自然地理学について大局的に説明を進めていくとこうなるのであった。中央アジアは長い歴史の中で、「ユーラシア」と呼ばれる陸地に囲まれた大平原の辺縁部に広がる定住型農耕社会ならびに海洋社会を脅かす、好戦的な遊牧民社会を生み出した領域であった。マッキンダーはこう説明している。

ユーラシアは、北は氷に閉ざされ、それ以外は海に囲まれた一続きの陸塊で、北アメリカの三倍以上に及ぶ二一〇〇万平方マイルの面積を有する。中央部および北部の面積は九〇〇万平方マイルでヨーロッパの倍以上だが、大洋に通ずる水路はない。ただし、亜北極圏の森林を除けば、概して馬やラクダでの移動には非常に適している。[54]

「ユーラシアの広大な領域は、船では近づくことができないが、騎馬遊牧民にとっては古代から自由に行き来できた領域で、いまや鉄道網で覆われることを考えるならば、世界政治の枢軸領域となるのではないか」とマッキンダーは問うたのである。この時点では、マッキンダーは間違いなく世界の帝国支配地図のようなものを想定していた。マッキンダーは「ロシアがモンゴル帝国に取って代わり」、西のウランバートルから東のウラジオストクに至る九〇〇〇キロメートルの鉄道が、広範囲に及ぶ内陸の天然資源を活かす巨大な軍事・経済機構を動員および配備するための条件を整え、英国のような海洋帝国の海運力をしのぐようになる、と警告したのであった。「これにより広大な大陸の天然資源を利用して艦隊を構築することが可能になり、世界の帝国は間近に迫ってくる」とも予言したのであった。マッキンダーは当時の英国の外交政策に対する直接的な提言として、「ドイツがロシアと同盟を結べば[55]」この予言は現実のものとなるとも語っている。これら二つの大帝国は世界全体の地理学的なかなめとなる領域を実効的に支配し、西ヨーロッパから中国の太平洋岸に至るまで、また南は中央アジアおよびインド国境まで勢力を拡大しうる、というのである。これは

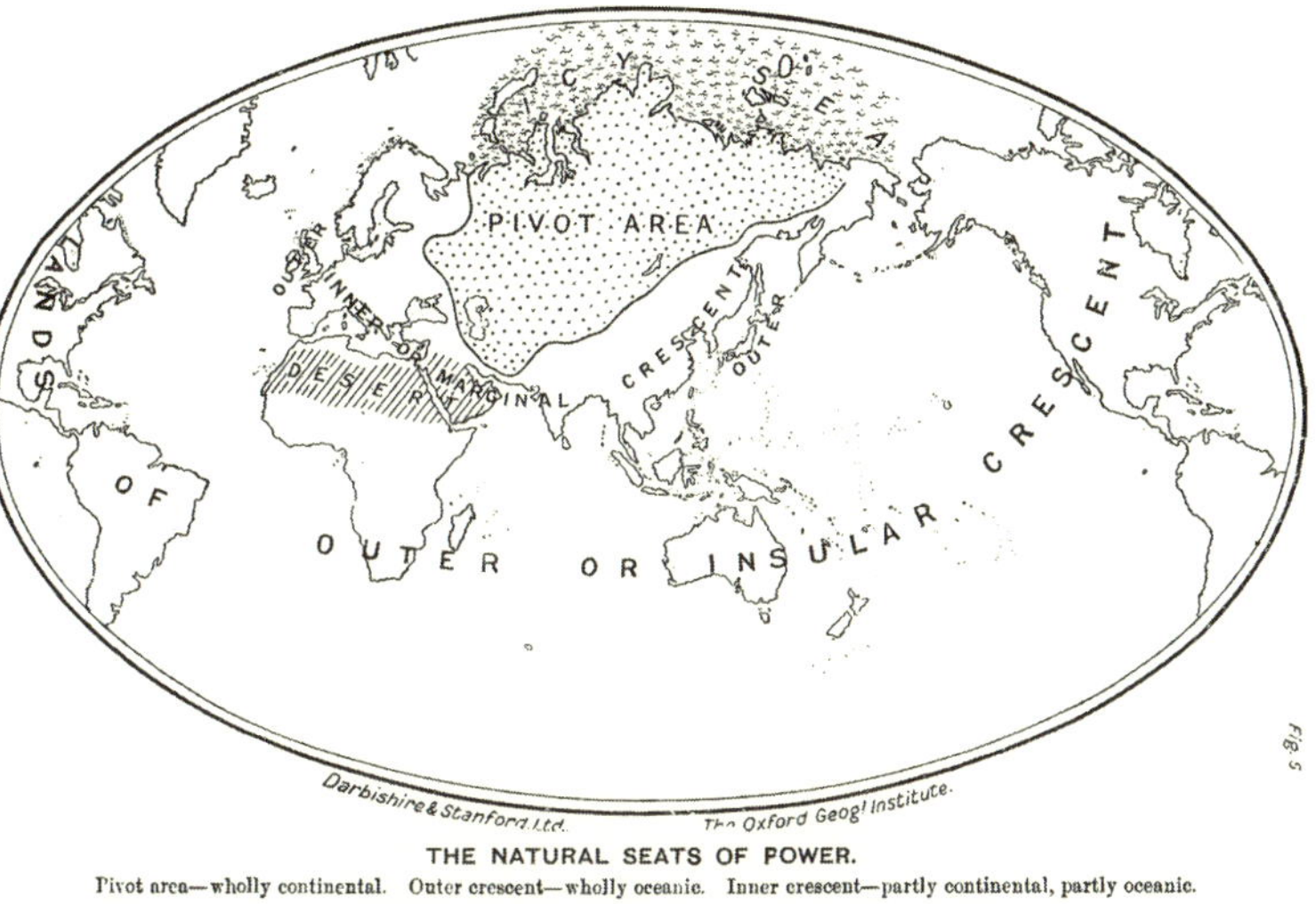

図 33　マッキンダーの『歴史の地理学的な回転軸』（1904 年）で使われた「自然地理学的な勢力配置」を示す世界地図

時宜を得た観測であった。マッキンダーが述べたように、朝鮮と満州に対するロシアの帝国主義的主張に対応して、日本は軍を配備していた。極東におけるロシアの勢力拡大は、香港、ビルマさらにはインドにおける大英帝国の利権を脅かしていた。戦争が勃発したのは、マッキンダーの論文発表からわずか二週間後の二月八日のことであった[56]。

講演では、マッキンダーは幻灯機で写し出された地図と共に話を進め、新たな世界秩序を示していた。東ヨーロッパとアジアの地域図に続いて、論文の後半ではマッキンダーの議論を図解する世界地図が示されたが、これはのちに「地政学における最も有名な地図[57]」とみなされるようになる。「自然地理学的な勢力配置」と題された地図は、明確に区分される三つの領域を示している。第一の領域はドットで示された回転軸領域で、ロシアと中央アジアの大部分を網羅するが、もっぱら陸地に囲まれている（マッキンダーは、北の果ては「氷の海」に隣接すると主張している）。この領域の外側には二つの三日月地帯が同心円状に広がる。第一の「内側ないし辺縁の三日月地帯」は部分的に大陸と海洋にまたがり、ヨーロッパ、北アフリカ、中東およびインドの一部からなる。「外側ないし島状の三日月地帯」は主として海洋に位置し、日本、オーストラリア、カナダ、北アメリカ、南アメリカ、英国を含む。

南北アメリカ大陸が東西に重複して描かれた見慣れぬ地図を示して、マッキンダーは「近年、東の大国に成長した米国は、直接的にではないがロシアを介して、ヨーロッパの均衡に影響を及ぼしつつある。また、ミシシッピと大西洋の資源を利用できるようにするため、パナマ運河の建設を計画している（米国には運河建設の権利が承認されたばかりで、四カ月後の一九〇四年五月に建設が開始された）。この観点から、東と西の真の境界は大西洋に存在する」[58]と述べている。アメリカ大陸が西半球に配置され、東西の文化的および地理学的な境界は通常、現在の中東付近にあるとされる世界地図を見慣れている聴衆にとって、マッキンダーの地図とそれが支持する論拠は、大英帝国の将来にとって軍事的な脅威を示唆するものであったため、衝撃的な新事実であった。

マッキンダーの見解は、政治における地理学の位置づけに関する野心的な構想を反映したものであった。彼は「地理学者としての見解」としつつも、自身の政治的信念の変化に沿って研究者としての新たな役割を示唆したのであった。

いつの時代にあっても政治的権力の真の均衡は、言うまでもなく、一方では経済と戦略の地理学的条件の産物であり、他方では競合する民族の相対的な数、力強さ、装備、および組織の産物である。このような数量をより正確に推測することができれば、我々は露骨に武力に訴えることなく、その両者の差異を調整できる可能性も高まるのである。それゆえ、我々は過去の政治学と現在の政治学とに等しく適用できる処方せんを見出すようにすべきである。[59]

マッキンダーにとって、地理学は国際政治の均衡を計測し予測することのできる唯一の学問領域であった。歴史の地理学的な回転軸を理解するための「処方せん」は、世界の勢力均衡の大きな変化から生まれる不可避的な軍事衝突や「露骨な武力行使」を制限しうるものであった。

この時点での彼の論文に対する聴衆の反応は明らかに混乱していた。当時の支配的な政治状況は大英帝国に危機が迫っていることを示唆していたにもかかわらず、地理学会員はこのような全くの観念的な議論（彼らはこのような議論は外国人がするものと考える傾向があった）には不慣れで、これに同意することはなかった。最初に意見を述べたのは軍事史研究の専門家スペンサー・ウィルキンソンであった。彼は聴衆の中に閣僚が一人もいなかったことを嘆いた。マッキンダーの説明を聴けば、「わずか半世紀前には政治家たちは、空白のマス目が目立つチェス盤の限られたマス目の上でプレイしていただけだが、いまや世界は駒に包囲されたチェス盤のようなもので、政治家は駒を動かすたびにすべてのマス目に注意を払わなければならない」ことが閣僚たちにもわかったに違いない、とウィルキンソンは述べている。ウィルキンソンは「マッキンダーによる歴史の比喩や先例の一部」については懐疑的であった。他の多くの地理学会員も同様で、大英帝国が危機に晒されているという意見には反論し、ウィルキンソンと同じように「我々のような島国は、海軍力を維持するならば、大陸を二分する勢力との間で均衡を保つことができる」と主張した。[60] マッキンダーの理論がいかに素晴らしいものであっても、帝国海軍は難攻不落であると彼らは考えたのであった。

ウィルキンソンはまた、「マッキンダーの世界地図はメルカトル図法によるもので、インドを除くと、大英帝国はすべて誇大に表示されている」[61]として懸念を表明した。確かに風変りな地図ではあったが、マッキンダーのこれまでの地図製作の成果と照らし合わせてみるならば、道理にはかなっていた。ちょうど四年ほど前に王立地理学会に提示されたケニアの地図と比べてみると、この世界地図は一九世紀を通して起こった地理学や地図製作法の変化を示したものであることがわかる。二つの地図の間には明らかな違いがあったが、地図製作に対しても帝国の方針に対してもアプローチそのものは全く同じであった。ケニアの地図はわかりやすい地勢図（地域図）の例で、地図製作の標準的な慣習や記号を使用して領土を示し、その領土に対する権利を主張するものである。

これとは対照的に、地理学的な回転軸の世界地図は地球規模で機能するもので、極端に単純化されている。カッシニや英国陸地測量局による大規模な測量が行われた後であるにもかかわらず、マッキンダーの地図は地域図や世界地図の製作で既に確立されていた特性を著しく欠いている。ケニアの地域図とも異なり、縮尺も経緯線網もない。この地図には基本的な地名表記がなく、海にも国にも大陸にすら名称は示されておらず、明確な政治的命題を裏づける地図にしては、奇妙なことに国家、帝国支配、民族、あるいは宗教による領土の区分も全くない。一風変わった楕円形は、一六世紀以降ほとんどの地図製作者が使わなくなった、時代遅れのものであった。メルカトル図法に対抗したモルワイデ図法のような形の世界地図を利用しているが、メルカトル自身も認めているように楕円形の枠が歪みを増大させ、世界地図には悪影響を及ぼすにもかかわらず、マッキンダーは一五六九年の投影法を使用することを選んだのであった。

この世界地図はまた、『英国と英国の海』で繰り返された議論の集大成でもあった。マッキンダーが描いた図像は、教師、探検家および政治家として過去二〇年間以上にわたり蓄積してきた緊迫した政治的「データ」を利用した、事実上の主題図であった。地政学の基本的なイメージ、すなわち説得力はあるが観念論的に詰め込まれた巨大なチェス盤のような世界地図を描くために、一九世紀の地図製作の非常に多くの部分を占めた物理的な主題図や啓蒙的な主題図を利用したのであった。この事例を論ずるにあたっては、検証可能なデータを用いずに主題図の定義を拡大解釈しているため、地理学者によってはこれが地図であることを疑問視するかもしれない。ほぼすべての面で説明を要する地図ではあったが、人々を啓蒙する力には疑問の余地はなかった。「砂漠」や「氷の海」などの説明を除くと、マッキンダーの図像はこれまでの地理学用語とは何の関係もない「回転軸」や「三日月地帯」などで構成されていた。

苦心の末、英国のグローバルな位置づけを説明した『英国と英国の海』で使われた図像と同様に、図解により自身の論文を最大限にわかりやすく説得力のあるものにするため、マッキンダーは「地図」の特徴をできる限り前面に押し出したのであった。しかし、メルカトル図法には、マッキンダー自身の帝国意識に適合するように東西の半球を強調することができる独自の様式があったため、彼はこれを選び用いたのであった。メルカトル図法では北極と南極は無限の彼方に位置づけられたが、マッキンダーの地図では描かれることはなかった。楕円形の枠の中に投影したことで、大陸は引き伸ばされ、外側の島状の三日月地帯の範囲を示すようになり、相互接続された世界の図像が提示された。これによりマッキンダーは、二年前に製作したぎこちない平面地図と地球の擬似的な「写真」を超えることができたのであった。こうして得られた地図は、驚くほど近代的であると同時に不思議なほど古典的に見えた。この地図の内容は新しい地政学的な世界秩序を象徴してはいるが、図像そのものは純粋に幾何学的なもので、一六世紀初頭の地図や地球儀の上に引かれた帝国支配の象徴的な境界線を想起させるものであった。当時スペインとポルトガルは、自国の影響力が地球上のほんの一部にしか及んでいなかったにもかかわらず、世界を二分することを宣言し、境界線を引いたのであった。視覚的にも理知的にもマッキンダーの地図により強い影響を与えたのは、『英国と英国の海』の最初の図版としても使われたヘレフォードのマッパムンディのような中世の地図であった。一九一九年に出版した『デモクラシーの理想と現実』の中で「中軸地帯《ハートランド》」理論を展開したときにも、マッキンダーが回帰したのはこの図像であった。マッキンダーによれば、ヘレフォードのマッパムンディは「十字軍と同時代の修道士の地図」であり、「エルサレムは世界の地理学的な中心に位置している」という。「いま我々は世界を完全に把握しているが、地理学の現実を研究することで正しい結論に到達できるのであれば、中世の聖職者もさほど的外れだったわけではない。この地球上で『世界島《ワールド・アイランド》』が人類の最も重要な居住地であることが宿命づけられているのであれば、……エルサレムの丘の要塞は、世界の現実を注視する際に中世の理想的な視点から基本的に外れることのない戦略的な拠点、すなわち古代バビロンとエジプトとの間の戦略的な拠点でもあった」[62]とマッキンダーは結論したのである。

マッキンダーによれば、ヘレフォードのマッパムンディが作られた背景にあったのは神学ではなく、十字軍の地政学とバビロンからエルサレムへの帝国の西遷だったことになる。すなわちマッパムンディは、彼の中心的なテーマであるハートランドの支配をめぐる絶えることない帝国間の対立を、はるか昔に立証していたのである。歴史的に距離を置いて見ると、マッキンダーの一九〇四年の地図は、実際にヘレフォードのマッパムンディに触発されて、同様な幾何学的概念を表わしたものであることがわかる。神意に基づく帝国の使命は、宗教組織が追求したものに取って代わったが、多数の複雑な世界から少数の単純な世界を目指すのは時代を超えた真理にほかならない。地理学は究極的に現実の世界を明らかにし、それによって政治の未来を予測しうると考えられていた。七〇〇年のときを隔てた二つの地図は全く異なるように見えるが、どちらも規範的で観念的な幾何学に基づいて具体的な世界の図像を創造する時代の要請に触発されたものであった。マッキンダーは生涯を通じて「地理学的な回転軸」の理論に回帰しており、第一次および第二次世界大戦に際してその理論に手を加えている。一九一九年には『デモクラシーの理想と現実：再構築の政治学における研究』を出版しているが、これは前年の休戦協定直後に書かれたもので、ベルサイユでの和平交渉に影響を与えることを意図したものであった。同書では「回転軸」理論を、東欧から中央アジアにかけて広がる大きな「ハートランド」に修正している。この「ハートランド」ならびに「世界島《ワールド・アイランド》」と名づけて示したヨーロッパ、アジア、北アフリカをつなぐ空間を、ドイツまたはロシアが支配することを認める外交決議に対して、マッキンダーは警鐘を鳴らしたのであった。彼は自身の考え方を一つのスローガンにまとめたが、のちにこれは近代地政学思想において最も悪名高きスローガンの一つと言われることとなる。

東欧を支配する者はハートランドを征し、
ハートランドを支配する者は世界島《ワールド・アイランド》を征し、
世界島を支配する者は世界を征する[63]

第二次世界大戦の勃発後、世界の地政学地図は描き変えられたため、マッキンダーは自身の理論に再度修正を加えなければならなかった。一九四三年六月、戦争の潮目が連合軍優位に変わり始めた頃、マッキンダーは『球形の世界と平和の勝利』と題する論文を発表した。ドイツもロシアも「回転軸」すなわち「ハートランド」を究極的に支配してはいなかったが、一九三九年の独ソ不可侵条約によって、彼が長年恐れていたドイツとロシアの同盟はついに現実のものとなった。一九四一年のヒトラーによるロシア「ハートランド」への侵攻は、マッキンダーの理論をさらに裏づける結果となったが、これが失敗に終わったことでマッキンダーは軍事衝突が終息したのちに平和を維持するためのプランを構想することができた。それは、大西洋に強力な海軍を駐留させ中央アジアに確固たる軍事力を配備することによって、「ドイツが行う戦争は必ず二つの強固な戦線に挟まれた戦いにならざるを得ないことをドイツ人の意識に突きつける」[64]ことであった。これは「ハートランド」の戦略的重要性を明確に再表明したものであり、ソビエト連邦の不可避的な戦後影響力を包含する「抑制と均衡」の地政学的モデルを提案することになる、ＮＡＴＯ（北大西洋条約機構）とソビエト圏による戦後の地政学的世界を見事に予見したものであった。

戦後NATOのような組織が設立されることを期待して、マッキンダーはこの論文の中で「ミッドランド・オーシャン」という概念で示した北大西洋を横断する新たな軍事同盟の重要性について論じている。これには「フランスという橋頭保、英国という外濠に囲まれた飛行基地、さらには米国東部およびカナダにおける熟練労働力、農業および工業の蓄え」が含まれることになる。マッキンダーの戦後世界地図の上では、地政学は抽象的な幾何学的理想像になるはずであった。これは「人類の均衡が保たれた地球」は「均衡状態にあるが故に自由がもたらされ幸福となる[65]」からである。おそらく理想論はそうであったが、二〇世紀後半の大半において国際政治を左右することになる英米の冷戦というレトリックを予見したため、さらに想定されるソビエト連邦および東南アジアの封じ込めに対するその後の米国の外交政策に影響を及ぼすことになるのであった。政治理論学者コリン・グレイによれば、「英米の政治的手腕に最も影響を及ぼした地政学的概念は、ユーラシアにおける『ハートランド』の考え方であり、ユーラシア内での当時のハートランド勢力を含む補足的な政策としての考え方であって、ユーラシアそのものに対する考え方ではなかった。ハリー・S・トルーマンからジョージ・ブッシュに至るまで、米国の国家安全保障に関する包括的なビジョンは明らかに地政学的なものであり、その起源はマッキンダーのハートランド理論に見ることができる」という。「冷戦下でハートランドを占めるソビエト連邦の封じ込めにマッキンダーが関心を示したのも、起こり得る状況に対する当然のアプローチであった[66]」とグレイは考えている。

発想を直ちに政策に変換する方法を正確に見定めることは常に難しいが、冷戦時代の一連の政治家たちが一九九〇年代に公表した見解にはマッキンダー思想の影響が認められる。ニクソンおよびフォード政権下で国家安全保障担当補佐官、国務長官を務めたヘンリー・キッシンジャーは一九九四年に、「ロシアは誰が統治したとしても、ハルフォード・マッキンダーが言うところの地政学的ハートランドにまたがり、最も強力な帝国の伝統の一つを継承する」と書いている。一九九七年には、カーター政権下で国家安全保障担当補佐官を務めたズビグネフ・ブレジンスキーは、「ユーラシアは地政学のチェス盤の中心に位置する世界の枢軸的超大陸である」と述べている。彼は「ユーラシアで最優位に立つ国が中東とアフリカをほとんど機械的に支配しうることは、地図を一目見ればわかる」[67]と結論したのであった。マッキンダーの政治地理学は、表面的には平和維持の願いに基づくものであった。しかし実際には、地球というチェス盤の上で様々な駒がますます乏しくなる資源を求めて互いに競い合うため、果てしない軍事衝突と国際紛争を前提にしなければならないのであった。地球上のほぼすべての大陸において、極秘裏にあるいは公然と軍事介入を追求できたのも、戦後アメリカの地政学的戦略のおかげであった。

一九四二年、ドイツの政治学者ハンス・ワイガートは、一九〇四年に行われたマッキンダーの講演の反響を回顧して、多くの英国人にとって「衝撃的であると同時に空想物語のようであった」に違いないと記している。しかしながら、一九四七年に亡くなるまで、マッキンダーの主張は当時最も影響力のあった政治理論の一つとして確固たる評価を得ていた。ジョージ・カーゾンやウィンストン・チャーチルからベニート・ムッソリーニに至るまで、二〇世紀の最も有名な（かつ悪名高い）政治家の中にも彼の理論を利用した者は少なくない。ドイツの学者カール・ハウスホーファー（一八六九―一九四六年）はマッキンダーの発想を導入し、「世界規模の戦争に役立つ地理学」[68]としてナチの地政学理論を構築している。ハウスホーファーはのちにナチ党副総統となるルドルフ・ヘスと近しい関係にあった。ヒトラーが一九三〇年代にドイツに対するロシアの脅威を語った演説の中にも、マッキンダーの言葉は繰り返し登場していた[69]。地理学的な回転軸は、一九四八年に執筆されたジョージ・オーウェルの小説『一九八四年』にも影響を与えている。物語では、世界はオセアニア、ユーラシア、イースタニアの三つの軍事大国によって分割され、マッキンダーの言う海洋国家と内陸国家との間での長年の対立を解消すべく、絶えず戦争が繰り返されるのである。一九五四年、マッキンダーの死から七年後、米国の著名な地理学者リチャード・ハーツホーンは、マッキンダーの独創的なモデルについて「世界の大国の分析と未来予測に関する論文で、好むと好まざるとにかかわらず世界を政治的な視点で捉える近代地理学に貢献した最も有名な理論」と述べている。第二次世界大戦中、中央情報局（ＣＩＡ）の前身であった戦略諜報局（ＯＳＳ）の地理学部門の創設者の言葉であるだけに、まさに称賛に価するものであった[70]。

マッキンダーは学問領域としての地理学の地位を一変させることを熱望していたわけではない。彼は英語圏で地政学《ジオポリティクス》と呼ばれる全く新しい分野を事実上定義したわけだが、実際には一九〇四年の講演ではこの言葉を使っていない。「歴史においてある種の地理学的パターンの重要性に注目する試み」、「空間的関係性と歴史的因果関係の理論」、「空間的あるいは地理学的視点からの国際関係の研究[71]」など、様々に定義されているが、地政学はいまや随所で耳にする政治用語となっている。この用語を初めて使ったのはスウェーデンの政治家・社会科学者ルドルフ・チェーレン（一八六四―一九二二年）で、一八九九年に「地理学的有機体または空間における現象としての国家の理論[72]」と定義している。米国では、海軍戦略家アルフレッド・マハン（一八四〇―一九一四年）も同様な地政学用語を造り出していた。マハンは著書『海上権力史論』（一八九〇年）の中で、米国の「最大の弱点である辺境の太平洋[73]」が直面する脅威に注目して、「海上の利用と支配」を提唱した。彼はまた、一九〇二年に『ペルシャ湾と国際関係[74]』という論文の中で初めて「中東」という言葉を造語している。またドイツでは、地理学者フリードリヒ・ラッツェル（一八四四―一九〇四年）がドイツ国家の拡張に基づく地政学的理論を構築した。ラッツェルは著書『政治地理学』（一八九七年）の中で、人間の存在は地理学的空間に対する果てしなき戦いであると論じ、「国家間の紛争はほとんどが領土をめぐる争いである[75]」と主張した。マッキンダーは一八九五年に行った「ドイツおよび英国における近代地理学」という講演の中で、ラッツェルの「人類地理学」を高く評価したが、これはドイツ民族の優位性を基礎にしたものであった。ラッツェルは自ら議論を「生存圏《レーベンスラウム》」を求める国家闘争の理論に展開していったが、ヒトラーは一九三〇年代に行った外交政策の大部分はこれによって正当化されると信じたため、ついには一九三九年の戦争勃発を招くこととなった[76]。

これらの学者たち、とりわけマハンとラッツェルは、世界戦争の必然性を正当化する地政学の理論を作り上げた。彼らは皆、自国の外交政策に影響を及ぼしたが、最大の影響を及ぼすことになるのがマッキンダーの構築した地政学理論であった。彼の理論の中心に据えられているのは、その後の地理学者や政治家によって繰り返し再現された世界地図で、地政学の概念を図式化して構成している。マッキンダーと同時代の学者たちやその後の信奉者たちは、「ハートランド」「中東」「鉄のカーテン」「第三世界」を始め、さらに時代が下ると「悪の帝国」や「悪の枢軸」などの用語を造り出したが、これらはすべて地政学の概念を表わす言葉である。二〇世紀初頭には、このような概念は地理学や政治学で黙示的に使われていただけであった。このような状況をすべて変え、政治学と帝国に対して近代的な地理学と地図製作の関係を確立する役割を果たしたのがマッキンダーの偉大な業績であった。マッキンダーと彼に触発された地政学研究に関する近年の学術刊行物の量から判断するならば、地政学は地理学が現代と折り合いをつけていくための遺産と言える[77]。

一九四四年四月、連合軍がノルマンディー上陸の準備を整えた頃、八三歳を迎えたマッキンダーは、ロンドンの米国大使館で、地理学への貢献に対してチャールズ・P・デイリー・メダルを授与されていた。大使を前にした受賞の挨拶で、彼は『歴史の地理学的な回転軸』と題した講演の尋常ならざる影響について述懐したのである。

はじめに、民主主義に対する私の忠誠心を立証してくださった皆様に感謝申し上げます。と言いますのも、馬鹿げたことではありますが、私はナチ軍国主義の基盤作りを手助けしたと、ある筋から批判されておりました。聞くところによれば、私が(カール)ハウスホーファーを焚きつけ、ハウスホーファーはヘスを扇動し、さらにヒトラーが『我が闘争』をヘスに口述筆記させていたときに、ヘスは私が考え出した地政学的概念をヒトラーに示唆したと噂されている、と言うのです。確かにこの三つは連鎖していますが、二番目と三番目のつながりについて私は何も関知していません。仮に、ちょうど四〇年前に私が王立地理学会で行った講演からハウスホーファーが何かを掴み、それを改変したということを彼の著書から私が知っていたとしても、ナチ党が問題となるよりもはるか前のことだったのです。[78]

マッキンダーは当然のことながら、自身の地政学的な考え方がナチズムの台頭や世界大戦に傾斜していったヨーロッパに影響を与えた、とみられることを恐れていた。両者の関係に必然性はなかったが、関連しているとみられてもおかしくはなかった。マッキンダーの最大の功績は、生涯を通じて地理学の研究を「最も優れた帝国主義の科学」[79]として確立したことと、地理学と帝国主義地政学の融合を生み出したことであった。ナチやソビエトの夢想家とは対象的に、マッキンダーは著作の中で紛争や武力衝突について言及したことはなかったが、彼の著作物は、地球上の領土をめぐる帝国間の回避不能な対立や、彼自身の言葉を借りるなら「平和を勝ち取る」ために欠かせない政治的な権限を維持するための武力行使をベースにしたものであった。

マッキンダーの一九〇四年の地図は、集団的主体が失われたかにみえる地球の究極の姿を示したものであった。そこでは世界の混乱した現実は、物理的な配置とますます乏しくなる天然資源への欲求とによって、ひっきりなしに発生する様々な文化の間での果てしない武力衝突に帰着する。この地図は並々ならぬ成功を収めたマッキンダーの使命を語るうえでなくてはならないものであった。これによって地理学研究の地位は高まり、国際政治を地図製作の面から想像することが可能になったのであった。しかし、これは両刃の遺産であった。第二次大戦後に脱植民地化が進むと、その影響を受けて徐々に地理学者と地図製作者は、自分たちの学問領域が政治権力に易々と屈したことに疑問を抱き始めたのであった。多くの人々がマッキンダーの残した恩恵に浴した一方で、地理学の権威が高まったことにひどく居心地の悪さを感じた人々がいたことも確かである。

マッキンダーの地図の世界観は世界中の外交政策に影響を及ぼし続けている。米国陸軍大学紀要『パラメーター』二〇〇〇年夏号に掲載された『ハルフォード・マッキンダー卿、二一世紀の地政学と政策決定』という記事の中で、クリストファー・フェットワイスは「マッキンダーが『世界島』と呼んだユーラシアは、依然としてアメリカの外交政策の中心であり、今後もしばらくはそうであり続ける可能性は高い」と述べている。フェットワイスは、現代の「ハートランドの中心は石油の海の上に浮かんでいる[80]」と指摘している。第一次湾岸戦争（一九九〇―九一年）が米国による世界の産油国支配を保証するための一連の「資源戦争」の走りであった、とみる政治評論家は少なくない。二〇〇四年六月、イェール大学の著名な歴史学教授でマッキンダー研究の第一人者でもあるポール・ケネディは、英国の『ガーディアン』紙にこう書いている。「現在、ユーラシアのリムランドに数十万の米国軍を展開していることから、また政権が現状維持すべき理由を絶えず説明し続けていることから、米国政府は『歴史の地理学的な回転軸』を確実に統制するためにはマッキンダーの著書を発禁にすべきだ、と真剣に考えているかのようである[81]」と。憂慮すべきことにマッキンダーの当初の予測は現実のものとなり、現在も米国は湾岸地域に関与していることから、ますます乏しくなる天然資源をめぐる国際紛争は終わりそうにない。マッキンダーの世界地図はほとんど時代遅れになっているが、この地図の世界観は全世界の人々の生命に影響を及ぼし続けることを冷徹に示している。

第11章――平等

ペータース図法　一九七三年

インド　一九四七年八月一七日

一九四七年六月、英国政府は弁護士で英国情報局前長官であったシリル・ラドクリフ卿に対して、インドの分離独立報告書の作成を命じたが、彼にとってインドは初めて訪れる地であった。彼の任務は、イギリス領からのインドおよびパキスタンの分離独立に際して、信仰する宗教に応じて国を分割し、ヒンドゥー教徒とイスラム教徒を分離することにあった。わずか三カ月ほどの間に、六〇〇〇キロメートルの地理的な国境線を画定し、四〇万平方キロメートルを超える地域に暮らす九〇〇〇万人の人々を分けることが求められていた。ラドクリフはインド訪問の経験すらなかったにもかかわらず、地理測量の更新や国境画定の見直しを命ずることもなく、古い国勢調査報告書を用いて分割作業に取りかかり、「イスラム地域と非イスラム地域が接する大きな領域を確認しただけで、パンジャブ地方を二つに分ける国境を画定した」[1]のである。この「ラドクリフ裁定」は、インドとパキスタンの公式の独立宣言からわずか二日後の一九四七年八月一七日に公表された。インド人画家サティシュ・グジュラルは、分割を伝えるニュースが引き起こした当時の混乱を振り返り、「おかしなことに、これほどの重大ニュースが新聞ではなく（当時は発行停止になっていた）、壁に貼り出されたポスターで知らされた」[2]と語っている。ラドクリフの分割地図の影響はすぐに悲惨な結果となって現れた。パンジャブ地方とベンガル地方に新たに設定された国境を越えて、一〇〇〇万人とも一二〇〇万人とも言われる人々が史上最大の移住を開始したのである。新たに設定された国境地域は暴動で血に染まり、両教徒間で一〇〇万人もの人々が大量虐殺された。[3]

ラドクリフ裁定に納得した者は一人もおらず、一九四七年末には紛争中の国境をめぐってインドとパキスタンは戦争状態に突入した。その後も一九六五年と一九七一年に戦争が勃発し、両国間の緊張は今日まで続き、いまではこの対立に核の脅威まで加わる結果となっている。地図の上に引いた線が人類にこれほどまでに悲惨な結末をもたらしたことはなかった。

インド・パキスタンの地理的分割による破局は、必ずしも回避できなかったわけではないが、一八―九世紀の壮大にして未完の地図投影法に頼り、建国と帝国の拡大に終始したことを考えれば、当然の帰結であった。第9章で述べたようにフランスでは、カッシニ一族が四代にわたり完全とは言えなかったが野心的な地図製作技術を開発し、結果的にフランスの国民意識をしっかりと形成する役割を果たした。彼らの地図製作技法は、様々な帝国や君主国が一連の主権的国民国家へと徐々に変わりつつあった大陸の政治地理学として、すぐにヨーロッパ全土に広まっていった。英国では、実際の地図製作を要求する声と、アフリカ、インド、南アジアおよび中東における帝国支配政権の現実との間には大きな隔たりがあったため、インドのような国における分割では衝突は避けられなかったのである。マッキンダーが遺した世界秩序に関する地政学的な見解は、帝国主義によって実証され、有名な一九〇四年の世界地図にはっきりと示されていた。そこから明らかになったのは、地図製作は科学的な目的や公平性にはほとんど関心のない様々な政治的イデオロギーによって悪用される可能性がある、ということであった。

二〇世紀の歴史においては、権力者が地図製作の知識を容易に政治利用しうることが、繰り返し議論の的となってきた。時代と共にヨーロッパが世界的紛争へと傾斜していくにつれて、地図はこれまで以上にあか

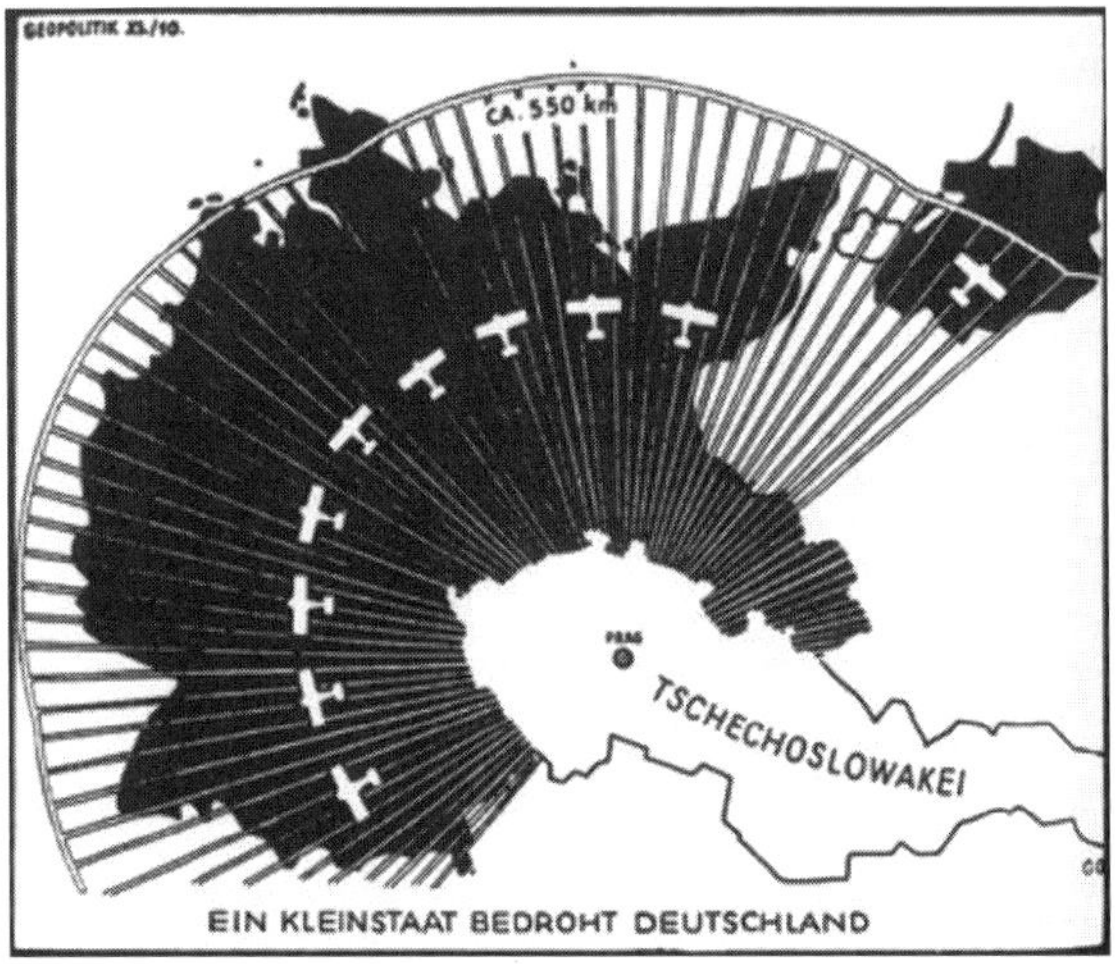

図 34　プロパガンダ地図「小国がドイツを脅かしている！」（1934 年、ドイツ）

らさまに政治利用されるようになり、いまではよく知られている政治的プロパガンダに姿を変えることもあった。第二次世界大戦が勃発する前から、地図には政治的メッセージを伝える力があることをナチスは理解していた。そして、一九三四年には悪名高い一枚の地図が作られている。チェコスロバキヤによってドイツの主権が危険に晒されていることを示した地図である。しかし、ここに示された脅威は捏造されたもので、最終的にはこれが一九三九年三月のナチス侵攻の口実となるのであった。この図像には正確な縮尺も地名もなく、技術的な観点からすれば地図としての体裁をほとんどなしていないが、明暗を使い分けることで、黒く塗られた従順なドイツと威嚇的な輪郭のチェコスロバキヤを対比して描き出している。ほぼ放射状に引かれた線は、（チェコ空軍の規模は小さかったにもかかわらず）空挺部隊による爆撃の脅威を示唆している。第二次世界大戦中の時事評論家によれば、このようなプロパガンダ地図では、「科学としての地理学も技術としての地図製作学も、地図記号に効果的な細工を施せという要求に屈していた」[4]のだという。この地図の表現やメッセージは荒削りなものだったが、一

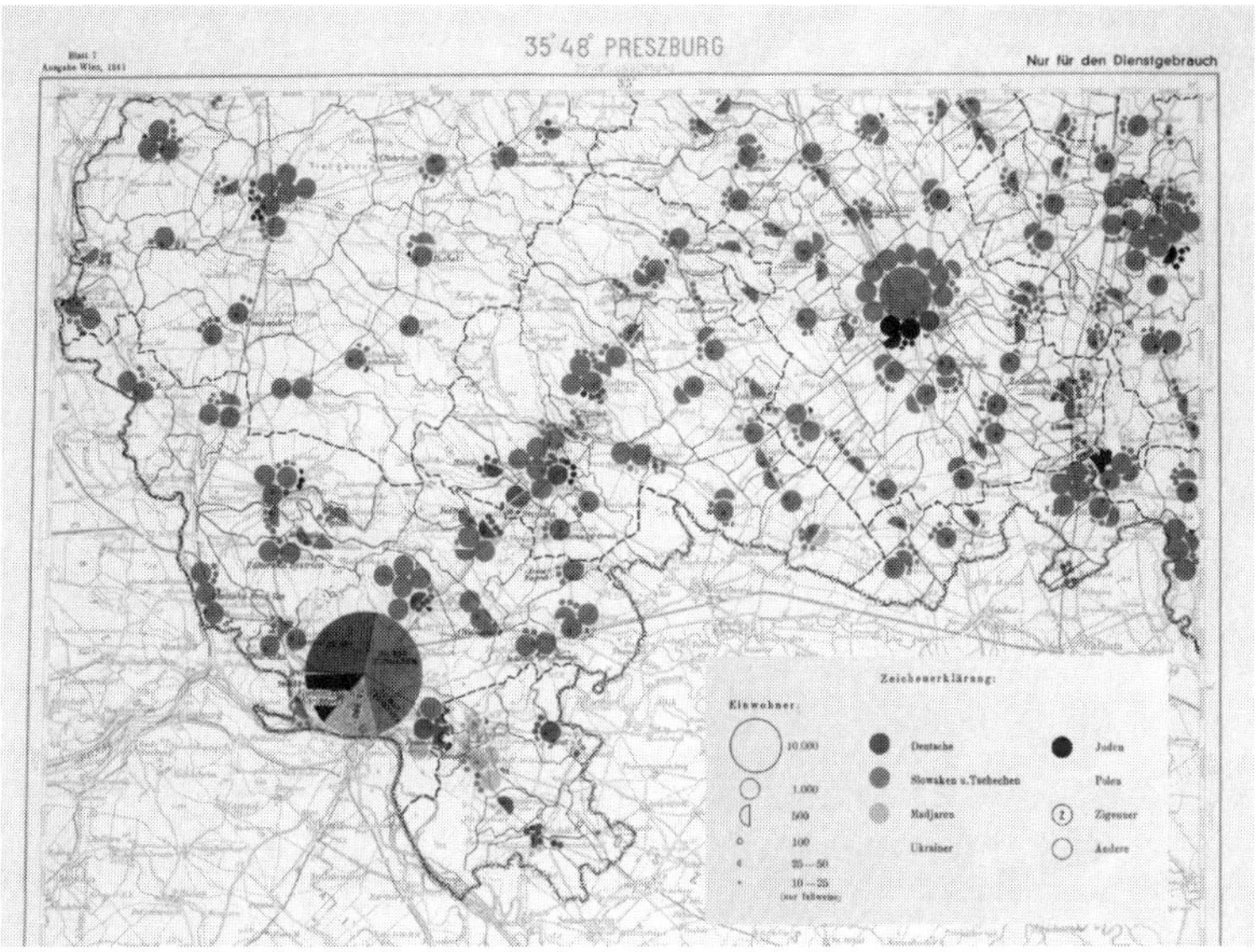

図35　スロバキアの民族地図（1941年）

九三〇年代にドイツの地図と地理学の教科書に対して組織的な政治的歪曲が行われていたことを示すもので、ナチズムの民族的メッセージが地理学の客観的かつ科学的な手法を悪用したものと考えられている。[5]

第二次世界大戦時には、地図製作上の細工によってさらなる悲劇的状況が発生する。ナチスはヨーロッパ系ユダヤ人の組織的大量虐殺という「最終解決策」に地図を利用したのであった。一九四一年、ナチス当局は民族別人口分布の公式統計に基づいて、傀儡国家スロバキアの民族地図を製作した。この地図はスロバキアを非常に正確に描いたもので、多数の黒丸はユダヤ人とジプシーのコミュニティの位置を示している。「私用禁止」と表示されたこの地図は、ナチスに共鳴するスロバキア当局を支援してユダヤ人とジプシーを一カ所に集めるために利用された。翌年、彼らは強制収容所に送られ、多くはそこで死を迎えた。

第二次世界大戦中に行われた地図の盗用は、冷戦時代にはすぐに瀬戸際政策に形を変えた。一九五五年に『タイム誌』に発表された「レッド・チャイナ」の地図はその典型例であった。このイラストは戦後の米ソ間の軍事的対立による世界的な利害関係を示唆したもので、中国、日本、韓国、ベトナムと共に、最前面の攻撃されやすい位置には太平洋上の米国領土が描かれている。「正確に」描かれたこの地図には、マッキンダーならば気づくに違いない地政学的な裏の意味が込められていた。それは東南アジアでの「赤い」共産主義拡大の懸念と太平洋における米国の利権に対する脅威であった。

冷戦時代の両イデオロギー陣営の戦略家たちは、「説得力のある地図製作法」を用いて、恐怖に脅える民衆の不安を煽ったため、地理学はアフリカや南アジアにおけるヨーロッパの帝国支配の崩壊に否応なく巻き込まれる結果となった。アフリカ大陸などでは一九世紀に民族、言語および部族を分断する恣意的な国境線が引かれたため、戦後の脱植民地化の時代に入ると、かつての宗主国はこのような従来の地図製作法を破棄しなければならなかった。しかしながら、インドの場合と同様に納得のいく結果が得られることはほとんどなく、誤って国境の外に取り残された人々にはしばしば過酷な運命が待ち受けていた。

政治的影響力と地図製作上の操作は、ときにはメディアの新展開を促し、世界により建設的な視点をもたらすこともある。一九七二年一二月七日、ＮＡＳＡのアポロ一七号に搭乗した三名の宇宙飛行士は手持ちカメラで地球の写真を撮影したが、これは地球に対する認識を大きく変える二〇世紀の重大な転換の一つが始まった瞬間であった。宇宙飛行士たちがクリスマスの日に無事帰還すると、地上三万三五〇〇キロメートルの上空から撮影された写真がＮＡＳＡから公開された。それは宇宙旅行や宇宙探検の新時代を象徴する画像であると同時に、地球全体を示す最初の画像となったのであった。プトレマイオスの時代から地上の地図製作者たちは、宇宙から見た世界を推測し、想像によってその姿を投影してきた。ほとんどの地図投影法がこのような視点を採用してきたことは、歴史的にも明らかである。しかし、このような投影像は推測によるもので、実際には誰一人として宇宙から地球を見たことはなかったのである。地図製作者の手で地図の上に描かれたものではなく、宇宙飛行士が撮影した写真によってついに捉えられた地球全体を、誰もが目にすることができるようになったのは、地理学研究が始まって以来、初めてのことであった。[6]

アポロ一七号によって撮影された漆黒の虚無の宇宙に浮かぶ唯一つの青い地球。その圧倒的な雄大さと気品に満ちた美しさは、「我々の」世界の現状に対する驚愕と憤りを呼び覚ました（カラー口絵51）。この写真を前にしてまず発せられたのは宗教的な畏怖の言葉であった。しかしすぐに、宗教、人種あるいは政治的志向とは別に、全人類をつなぐこの世界の脆弱性を指摘する政治的な発言や環境保護的な主張が発せられるようになった。この写真が与えた影響は、旧西ドイツ首相ヴィリー・ブラントが議長を務めた「ブラント委員会報告」にも見ることができる。これは北の先進国世界と南の発展途上国との間での経済発展の問題を取り上げた報告書で、一九八〇年に公表された。報告書にはこう記されている。「我々が宇宙から見ることができるのは、人類の活動や巨大建築物ではなく、雲と海と樹々の緑と大地によって覆われた、小さな壊れやすい球体である。人類は地球の様式に適合する営みを送ることができず、この惑星の体系を根底から覆しつつある」[7]と。事実、地球全体を捉えたこの写真は、環境保護活動や気候変動についての考え方を深めるうえで大きな役割を果たしている。地球以外に我々の世界はなく、この写真は環境保護を考える新たな拠り所として理にかなっている。我々は地球全体に目を向け、地上での些末な議論に拘泥することなく、環境を包括的に捉えるアプローチをとらなければならないだろう。ＮＡＳＡに勤務していた一九六〇年代に、地球を自律的な生命体とみなす「ガイア」理論（この理論は一九七九年まで公表されなかった）を提唱したイギリスの未来学者ジェームズ・ラブロックも、この写真に影響を受けた一人であった。またこの写真は、一九六〇年代初めに「地球村《グローバル・ヴィレッジ》」という概念を生み出したカナダの思想家マーシャル・マクルーハンにも新たな刺激を与えた。このような考え方は、現代にあっては政治的緊急性を帯びているが、プトレマイオスからマクロビウスを経てメルカトルに至る地図製作の歴史を通じて受け継がれてきた、卓越した世界観を反映したものであった。

アポロが撮影した地球の写真は、世界地図の製作法にも影響を及ぼしている。不満足な投影図法で地表の一部を地図にするのではなく、地球全体を写真に撮ることができるとしたら、地図作りを必要とする人はいるのであろうか。一つの答えは言うまでもなく、宇宙からの写真は円盤状の地球を示すだけで地球儀や平面上の地図ではない（しかもアポロ一七号の写真は東アフリカとペルシャ湾を中心にしたもので、南北アメリカ大陸や大西洋は影も形もなかった）、ということである。もう一つの答えは、最終章で述べるオンラインマッピングの時代の幕を開ける電子データベース技術に、航空写真と衛星写真を融合した地理情報システム（GIS）の急速な進歩によってもたらされることとなる。

アポロ一七号による地球の写真の公表から半年も経たないうちに、政治的な偏りがある二〇世紀の地図製作法に背を向け、すべての国々に平等を約束する世界像を示すと主張する世界地図がドイツで公表された。一九七三年五月、ドイツの歴史家アルノ・ペータース（一九一六―二〇〇二年）はドイツ連邦共和国の首都ボンで記者会見を開いた。世界中から集まった三五〇名の記者たちを前にして、彼はペータース図法と呼ばれる方法に基づいて描いた新しい世界地図を発表した。この地図は直ちにセンセーションを巻き起こし、世界中の新聞の一面を飾った。英国の『ガーディアン』紙は、「ペータース博士の勇猛果敢な新世界」と題した記事を掲載し、「これまでに考案された最も公正な世界地図投影法」[8]として新しい地図とその数学的投影法を歓迎した。米国の月刊誌『ハーパーズ・マガジン』は「真の世界」[9]と題してペータース図法に関する特集記事を掲載した。一九七三年に初めてこの地図を前にした人々は、見たこともない外観に驚かされた。メルカトル図法を見慣れている人々には、北の大陸はかなり縮小されたように映り、一方、アフリカと南アメリカは南極に向かって滑り落ちる巨大な涙のしずくのように見えたのである。この地図を評価して「陸塊は、北極圏に吊るされた、濡れてみすぼらしく伸びきった冬物の下着を連想させる」[10]と、恥ずべきコメントを残した者もいた。

ペータースは、この新しい世界地図が、四〇〇年にわたるメルカトル図（一五六九年）優位とその背後に隠された「ヨーロッパ中心」の前提に代わりうる、最良の地図であると主張した。この地図を公表するにあたり、ペータースはドイツ語圏の祖先が慣れ親しんできた「通常の」世界地図は「特に有色人種の土地に関しては完全に誤った姿を示している」と考え、「白人を過大評価し、当時の植民地支配者にとって有利なように世界の姿を歪めている」と論じたのであった。ペータースはこの地図の技術的な革新性を説明するにあたり、メルカトルは赤道をこの地図よりも三分の二近くも下方にずらし、実質的にヨーロッパを中心に配置した、と指摘している。メルカトル図法では陸塊は歪められ、ヨーロッパと「先進」世界の大きさは正確とは言えないまでに拡大され、その結果ペータースの言う「第三世界」、とりわけアフリカと南アメリカの大きさは縮小された。これに対してペータースが描いた地図は、国や大陸がその大きさと領域に応じて「誤りのない」寸法を正確に保持する「正積」投影図であるという。これにより、メルカトル図にあったヨーロッパ中心の偏見は是正され、世界中のすべての国に「平等」がもたらされたのであった[11]。

メルカトル図に対抗するペータース図法の反響は桁外れであった。その後二〇年間にわたり、この地図は当時最も人気があり、最もよく売れた世界地図の一つとなり、一九六一年に米国の地図製作学者アーサー・ロビンソンによって考案され、世界的な地図製作会社ランドマクナリーによって複製された世界地図や、ナショナル・ジオグラフィック協会のワールドアトラス、さらには至るところで目にするメルカトル図をはるかにしのぐ地図となったのである。一九八〇年にはブラント委員会報告の表紙を飾り、一九八三年には世界的な報道雑誌『ニュー・インターナショナリスト』の特別号で初めて英語版が公開された。同誌はこれを「注目すべき新地図」として称賛し、メルカトル図が「ヨーロッパ外の植民地を比較的小さな末梢的なものに見せている」のに対して、彼の地図は「すべての国を本当の縮尺で示す」もので、これにより「第三世界の姿は劇的に変わる」[12]というアルノ・ペータースの主張を誌面に再現した。
同年、英国教会協議会は、オックスフォード飢餓救済委員会（OXFAM）、アクションエイドなど二〇を超える機関や組織の支持を受けて、この地図を数千部配布した。ローマ教皇もこの進歩的な取り組みを称賛したが、ペータースの地図を最も熱く支持したのは国連であった。ユネスコ（国際連合教育科学文化機関）はこの地図を採用し、ユニセフ（国際連合児童基金）は「新たな局面、公平な条件」というスローガンの下、この地図をおよそ六〇〇〇万部発行した。この地図が大きな成功を収めたため、ペータースは自身の考え方を説明した声明文とも言うべき著書をドイツ語と英語で出版している。一九八三年に英語で出版された『新地図製作法《ザ・ニュー・カルトグラフィ》』と、一九八九年に出版された『ペータース世界地図帳《アトラス・オブ・ザ・ワールド》』である。この地図は現在世界中で八〇〇〇万部以上が流通しているものと思われる。[13]

しかし、彼の地図とその地図製作手法が、メディアのみならず進歩的な政治団体や宗教団体に直ちに受け入れられていたとしたら、学界はこれほどまでに激しい不快感を示し、これを拒絶したであろうか。地理学者や実製作に携わっている地図製作者たちは、次々と手厳しい攻撃を加え続けた。ペータース図法は「正確性」を売りにしているが全く正確ではない。ペータースは地図製作に関しては素人で、地図の投影法の基本原理を理解していない。メルカトルを仮想敵としたことで、ペータースの影響力は必要以上に過大評価された。ペータースの地図と地図帳の販売戦略は巧みだったが、無知な大衆を利用して個人的な目的や政治的な目的を追求したにすぎない。彼らはこのように批判したのであった。

学術的な観点からすると、このような反応は悪意に満ちたものと言わざるを得ない。一九七四年にはペータース図法について英語で書かれた最初の論評の一つが公表されているが、その中で英国の地理学者デレク・マーリングは、ペータース図法を「詭弁と地図製作上の策略による驚くべき行為」[14]と非難している。また、英国の地理学者ノーマン・パイは、ペータースの地図帳を「常識に反している」と断じ、「この著者の大げさで人を惑わす主張にだまされ、腹を立てないのは、地理学の知識を持たぬ素人だけであろう」[15]と憤慨している。『新地図製作法』を評価した英国の著名な地図製作学者H・A・G・ルイスは、「本書をドイツ語と英語で何度も読んだが、こんな馬鹿げたことが書ける著者に驚嘆している」[16]と記している。

ペータース図法を最も罵倒したのはアーサー・ロビンソンであった。ロビンソンは一九六一年に、正角図法と正積図法との折衷案を提示するという明確な目的に基づいて、新しい投影法を開発している。ロビンソンは、一点に収束することのない等間隔に配置された湾曲した経線を用いて、両極での歪みを抑制することで、地球全体を地球儀のように表わす、かなり写実的な表現を可能にしたのであった。この投影図法は「外観の正確な《オーソファニック》」手法として知られているが、ロビンソンの同僚ジョン・スナイダーが「歪み対策の最適な組み合わせ」[17]と述べたように独特の折衷案的な投影図法であった。しかしながら、ランドマクナリー社とナショナル・ジオグラフィック協会の支援により、ロビンソン図法による地図の発行部数は数百万部に及び、ついにはメルカトル図を超えて、全世界に流布し、最も人気の高い世界地図となっていた。そのロビンソンが一九八五年にペータースの著作を批評した際には、このドイツ出身のライバルには容赦のない攻撃が加えられた。『新地図製作法』は地図製作の分野に向けられた「人を欺くために巧妙に考え出された狡猾な攻撃」であったが、その手法は「非論理的な誤りだらけの」、「理屈に合わない」、「偽りの論拠に基づくもので、ごく単純な誤りもある」という。ルイスによる書評と同様に、ロビンソンも「地図製作学を学んでいる学生だとしたら、このような地図を描くことは想像もできない」[18]と結論した。

ドイツ国内でもペータースに対する攻撃は続いていた。一九七三年にペータース図法が公表された後、ドイツ地図製作学会はこれを非難する声明を出さざるを得ないと感じていた。「真実を明らかにし、純粋に科学的な議論を行うため」、学会は「歴史家アルノ・ペータース博士による継続的な反論プロパガンダ」に介入することを決定したのである。学会は「歪みゼロで球面から平面へ完全に投影することは不可能である、という数学的な証明」を援用して、「ペータース氏が自身で作成した〝世界地図品質カタログ〟の中で、自身の世界地図だけが優れた品質を有し欠点がないというのであれば、地図製作学における数学的な研究結果と矛盾することになり、製作者の客観性およびこのカタログの有用性に関して疑問が生じることになる」という声明を発表した。ペータース図法の主張を一つ一つ体系的に分解しつつ、学会は「ペータース図法の地図は世界の姿を歪曲して伝えている。近代的な地図と呼ぶことはできず、現代の多様な世界経済や政治的な関係性を完全に伝えきれていない[19]」と結論したのである。

　このような強烈な反応があったにもかかわらず、ペータース図法の支持者たちは政府や支援団体を通じてこの地図を擁護し続けていた。一九七七年には、西ドイツ政府の報道広報室は、ペータース図法による新地図を支持する報道資料を配布して、多くの地図製作学者を驚かせた。このような報道内容の一つが米国測量地図学会報に掲載されると、学会員たちは一九七七年一一月「米国の地図製作者、ドイツの歴史学者による投影図法を断固糾弾」と題された記事で応酬した。この記事はドイツ地図製作学会の声明よりもさらに過激であった。執筆したのは米国測量地図学会で最も著名な会員、アーサー・ロビンソンとジョン・スナイダーの二人で、記事は、「良識」がないに等しいペータースと、正当な地図投影図法の「多数の発明者を侮辱する非常識な」投影図法を猛烈に非難した[20]。

　ペータースの地図を見て学術的な観点から、彼が不完全な投影図法を開発した、あるいは彼の結論は間違っていると言うのはたやすい。しかし、この地図に関して、ことはそれほど単純ではない。論争の両当事者は、客観的な真実は自身の側にあると主張したが、相も変わらずこの客観性はすぐに破綻して、主観的な思い込みと個人や組織の既得権益が露わになるのであった。議論はしだいに地図製作の本質に迫っていった。そもそも世界地図を評価するための確固たる基準はあるのだろうか。あるとしても、誰がそれを承認すべきなのだろうか。社会全般が受け入れた地図を地図製作の専門家が否定したら、何か起こるのであろうか。専門家たちは人々の地図を読解する（あるいは誤読する）能力について何とコメントするのであろうか。「正確な」世界地図とはどのようなものなのか。社会における地図の役割とは何なのであろうか。

当初、専門的な経験を積んだ地図製作者の多くは、ペータース図法は「劣悪」で、彼の主張は「誤り」であるとして、これを追放することのみに躍起になっていたため、このような基本的な疑問はペータース図法を非難する専門家の議論からはすっかり抜け落ちていた。実際に批判すべき点は多々あったが、最大の関心事は、ペータースが世界地図を描く際に単純な計算ミスを犯したのかどうかという点にあった。ペータース図法の経緯線網を測ったところ、ある評論家は早い段階で緯線が最大で四ミリメートルずれていることに気づいていた。世界地図の縮尺からすると、これは極めて大きな歪みを引き起こすため、専門的に言うならば「ペータース図法は正積ではない」[21]ことを意味した。地球上の二点間の距離の再現を試みる平面地図は、地表面の曲率に応じた縮尺を採用しなければならないため、投影図上で縮尺と距離が共に正確に表わされているというペータースの主張は数学的にもあり得ないことであった。ペータース図法によって領土の歪みは劇的に減少し、ヨーロッパ列強によって植民地化された国々は正確に描画されている、という議論も厳密な調査によって実証されたわけではなかった。ペータースの地図を評価した人々は、ナイジェリアとチャドが実際の倍の長さで表示されており、インドネシアも南北の長さは実際の二倍、東西の幅は実際の半分で表示されている、と主張した。[22]いずれも重大な誤りであったが、ペータースは指摘を受けても自身の計算結果に固執し、自らの犯した過ちを認めることを拒んだ。皮肉にも、ペータース図法による形状の歪みは、ヨーロッパ人による「偽りの表示」によって多大な苦痛を強いられていると主張したアフリカ大陸と南アメリカ大陸で最も大きかったのである。対照的に、主として北アメリカやヨーロッパの大部分を含む中緯度領域には、ほとんど歪みがなかった。このような誤りや矛盾に輪をかけたのが、一九八九年に英語で出版された『ペータース世界地図帳』であった。ここでペータースは標準緯線を変更したため、すべての地域図に対して一つの普遍的な投影法を使用するという主張に矛盾が生じたのである。両極圏の地図では、『新地図製作法』で即座に却下された（メルカトル図法を含む）二つの伝統的な投影図法が採用されていた。

ペータースは地図の正確性を誇張しただけでなく、自身が説いてきた主張すら実践できていない。ヨーロッパを地図の中心に据え、植民地化した国々を歪めてきた、と断じた従来の地図製作学をそれほどまでに変えたいのであれば、アフリカ、中国、あるいは太平洋のどこにでも容易に配置できたはずの中心子午線をなぜグリニッチに再現したのか。評論家たちは彼にこう問いかけたのである。評論家たちが指摘したもう一つの問題点は、この投影図法の政治的側面であった。「南北格差の原因も現状も面積の違いだけで説明されるわけではないのに、世界の問題に対する我々の理解がこの地図で改善されるのだろうか[23]」と、デビッド・クーパーは書いている。ペータースは、自身の投影図法で正確な面積の地図を示すことで、政治的不平等を気づかせることができると考えたのであった。少なくともペータースにとって大きさは重要であった。しかし、インドネシアの大きさがより正確に表わされていたら、この国の異常に高い乳児死亡率に注意が向かうのか、それとも余計に目立たなくなってしまうのか、と問いかけた評論家もいた。ある意味で、これはもっともな疑問であったが、実際の相対的な大きさに基づいてインドネシアを捉えることは、より大きな地政学的な世界の中での自国の立場を確立する際の重要なステップである、というのがペータースの立場であった。このような批判から明らかになったのは、統計的に導かれた社会的不平等を世界地図の上に図式的に意味のある形で示しうるかどうかについては（長い間行われることはなかったが）、議論の余地があるということであった。

ペータース図法に関わったほぼすべての評論家が疑問に思ったのは、他の投影図法を除外してメルカトル図法だけを攻撃したのはなぜかということであった。多くの評価者が指摘しているとおり、メルカトル図法に技術的な限界があることは一八世紀から知られており、少なくとも一九世紀末以降、地図や地図帳におけるメルカトル図法の影響力は弱まっていた。しかし、何よりも正積性を優先したペータースの「正確な」地図をアピールするためには、「不正確な」世界地図を作ったとしてメルカトルを批判するのが最も手っ取り早かったのである。多数の他の投影法を無視した甚だ単純な反論ではあったが、視覚的にわかりやすかったためすぐに一般大衆の心を捉えたのであろう。

ペータース図法は公表から三〇年以上が経過したが、いまだに地図製作業界の混乱の原因となっており、メディアの興味をそそっている。二〇〇一年には、米国のテレビ業界で好評を得た政治ドラマシリーズ『ザ・ホワイトハウス（原題：The West Wing）』に、「米国のすべての公立学校で従来のメルカトル図ではなく、ペータース図法による地図を用いた地理学教育を必須とする法制化を支援[24]」するため、大統領補佐官にロビー活動を行う「社会的平等を追求する（架空の）地図製作者団体」が登場した。このエピソードの放送後、ペータース図法による地図は五倍の売り上げを記録したが、米国の著名な地理学者マーク・モンモニアは少しも感銘を受けなかったという。ペータースが亡くなり二年が経過した二〇〇四年、モンモニアは自著『航程線と地図戦争《ラム・ラインズ・アンド・マップウォーズ》——メルカトル図法の社会史』の中で当時の論争を再考している。彼は、メルカトル図法の修正方法の問題に対してペータースが「愚かで未熟な解決策」を提示したとして激しく非難し、「ペータースの地図は正積地図でないばかりか、自身が支援を表明している熱帯諸国の形状をひどく歪めた最悪の地図である[25]」と異議を唱えた。

モンモニアは十分に検討したうえで強硬なペータース批判を展開したが、この頃にはペータース図法もその地図ももはや地図帳で使われることはなく、既に歴史的な興味の対象でしかなかった。ペータース図法に関する技術的および政治的な論争をいま再評価するならば、地図製作史において「その後を決定づけた瞬間」とみることができるであろう。ペータースの手法は疑わしく、彼の世界地図がより正確なものであると立証することはできなかったが、彼の著作によって地図製作に関するさらに重要な真実が明らかになった。ペータースは、いかなる地図も投影法も、意図するしないにかかわらず、社会や政治の時代背景から生まれるものであると主張して、「地図戦争」の火ぶたを切ったが、これによって、地図製作者たちは、自分たちの地図がイデオロギー的に中立で、科学的に客観的で「正確な」空間描写ではあり得ないことを認めないわけにはいかなかった。いかなる地図もある意味で不完全なものであり、その結果として政治的なものとなる、という事実をペータースは地図製作者と一般大衆に突きつけたのである。

このような政治的な志向は、軍事的征服、帝国統治、あるいは国家の自己定義を目的とした地図の政治的悪用が行われた時代をペータース自身が経験した結果であった。しかし、アポロ一七号が地球を撮影するという偉業を成し遂げたことで、地球全体の画像には環境への関心を呼び起こし、地球的な規模での不平等の悪影響を理解させる力があることをペータースは再認識したのである。ペータースが問題の多い地図製作法に加えて一つの誤りを犯したとすれば、それは彼自身の地図も世界の不完全な姿を表わしているものにすぎず、西洋の地図製作学全体を通じて彼が理解していた政治の力の影響を免れない、ということを認識しなかったことであろう。ペータース図法が初めて世に出てからほぼ四〇年が経過し、いま我々は、地図製作史の中でペータースと彼の世界地図の占める位置を、より明確に見極めることができる。

ペータースにはメルカトル図法への対抗心があり、両者の間には歴史的な隔たりがあったが、彼の人生からは、両者の間には彼自身も気づかなかった共通点が見えてくる。ペータースはメルカトルと同様に、政治的および軍事的対立の時代にライン川東岸のドイツ語圏に生まれた。一九二〇年代のワイマール共和国と一九三〇年代のナチスドイツに育ち、第二次世界大戦後ドイツが東西に政治的に分断される状況下でキャリアを積んだペータースは、国家と国民の分割に地理学が利用されることを十分すぎるほど理解していた。ペータースは一九一六年にベルリンの労働組合運動家の家庭に生まれたが、彼の父親は政治信条を理由にナチスによって投獄されていた。一〇代のペータースは当初ベルリンで教育を受けたが、ヨーロッパが再び全面戦争へ傾斜しつつあったため、その後米国へ渡り映画製作を学び、「大衆統率の手段としての映画」という博士論文を書いている（ペータースが地図製作における「操作」に言及したとき、彼を批判した多くの人々が注目したのが、この論文にみられるプロパガンダに対する興味であった）。一九七〇年代に、ペータースは政治に関与し始めることになったきっかけを振り返り、「私が現代の歴史地理学的な世界観を具体的な形で批判するようになったのは、三〇年ほど前のこのベルリンの地においてであった」と記している。第二次世界大戦中に地図製作上の操作が大々的に行われたのを目のあたりにして、これ以降ペータースは、「ヨーロッパ重視の――反ドイツ指向の――偏狭な世界観と、現在の世界と暮らしのあらゆる局面に見られる不調和を明らかにすること」[26]が自身の評論の目的であると結論したのであった。

　一九四〇年代後半、ペータースは在野の学者として、ドイツ地方政府と米軍からの財政的支援を得て、東西ドイツで使われることになる世界史の教科書を執筆していた。その成果は『年代別図説世界史《ジンクロノプティッシェ・ヴェルトゲシヒテ》』として一九五二年に出版された。年代別の図解には、同時性を示す何本かの時代線が含まれていたが、これは西洋の出来事に焦点をあてた従来の直線的な歴史記述を避けるためにペータースが考案したものであった。ペータースはわかりやすい地理学の言葉を使って、これまでの世界史で大部分を占めるのはヨーロッパの歴史であって、「地球の一〇分の九を占める地域の歴史」は無視されている、と不満を述べている。彼の歴史修正主義者的なアプローチの好例は、中世の説明の中に見ることができる。「六〇〇年にわたるギリシャ・ローマの全盛期は、あたかも人類文明がそこから始まったかのように世界史全体に広がっているが、ギリシャ・ローマの衰退以降は、歴史書の展開は再び急に速くなる。よく知られているように、ヨーロッパではいわゆる中世は〝暗黒の時代〟で、私たちの歴史書にもそう記されている。しかし、世界の他の地域では、この一〇〇〇年間は栄華の時代であった」[27]というのである。歴史の各断面を均等に重みづけするため、ペータースは文章で語ることをやめ、紀元前一〇〇〇年から紀元一九五二年までの期間を「経済、知識、宗教、政治、戦争および革命の六つの帯に分割した八色からなる」[28]表組で表わしている。作成にあたって中心に据えたのは、「空間を地図の上に描くのと同じように時間を図表に描くという考え方」であった、とペータースは述べている。自著で創世記を描くにあたり、ペータースは「一枚の黒い紙を取り出し、最初に縮尺のようなものとして時間を記し、一年を幅一センチメートルの垂直な細片」とした。その結果「時間の地図が生まれた」[29]という。

ドイツの保守系雑誌『デア・シュピーゲル』は、当時ペータースの著書を取り上げ、「この二週間で最大のスキャンダル」[30]と評した。のちにペータースを批判する人々が、あの地理投影図法を公表する二〇年以上も前に、個人的な目的や政治的な目的を追求するために学術情報を既に操作していた証拠、として飛びつくことになる論争の始まりであった。一九五二年一二月、米国の右派系雑誌『ザ・フリーマン』は「政府当局者による偏向情報」と題した記事を掲載した。記事は憤りに満ちた論調で、ドイツの米当局者が「かの国を〝民主化する〟という称賛に値する動機から」、ペータース夫妻に対して「世界史」の教科書の執筆を委託したが、「このプロジェクトに対して四万七六〇〇ドルを支払い、受け取った九二〇〇部のうち一一〇〇部を配布したところで、著者らは共産主義者であり、その著書は親共産主義的で、反民主主義、反カトリック、反ユダヤ主義的なものであることが判明した」と報じたのである。ベストセラーとなったペータースの教科書を前にして、このような扇情的な非難が正当化されることはなかったが、これで『ザ・フリーマン』誌の怒りが収まることはなかった。同誌は「米国の納税者は四万七六〇〇ドルの詐欺の犠牲者になっただけでなく、その税金を敵対的なプロパガンダに資金提供した無能で不実な役人に重大な苦痛を負わされた」[31]と、声高に非難した。

この論争に対して『デア・シュピーゲル』誌は冷静にアプローチした。同誌が一番に問題にしたのは著書の内容ではなく、ＳＰＤ（ドイツ社会民主党）党員からも資金援助されていたという驚くべき新事実であった。『デア・シュピーゲル』誌は、世界史を包括的に説明しようとした試みは称賛に値するが、成功を収めることはできなかった、と同書を評価した。ペータースは、自らの著書で「歴史の扱いに平等とバランスをもたらす」ことを試みたと主張したが、米ソの冷戦政治により二極分化した世界情勢の中で、ペータースのような学者による進歩主義的な構想は、『ザ・フリーマン』のような右派系出版物からのイデオロギー的な攻撃を免れることができなかっただけでなく、実際に何も起こらなかった先史時代に大きな紙幅を割くのは馬鹿げているとして、SPDのような左派系機関からも攻撃されたのであった。その結果、彼の著書の一部は市場から回収されることとなった。

皮肉なことに、嫌悪していたゲラルドゥス・メルカトルが革新的な世界史年代記を編纂したのちに、有名な地図投影法を完成させたように、ペータースも（のちに自身で認めているように）世界史に関する執筆を行った結果として地理学的な投影図法を開発することができたのであった。二人の知的かつ思想的な影響力は言うまでもなく全く異なるものであったが、共に深く心に抱いていた個人的な信念に従って歴史書を作り上げたのである。メルカトルにとってそれは聖書の言葉の真実であり、ペータースにとってそれはすべての国と人種の平等であった。この二人は、列と表組を活用して、世界の歴史に対して異なる空間的アプローチを必要とする著書を作り上げ、その普遍的な歴史のおかげで世界の地理を描く方法を見直すことができたと認めている。メルカトルの最大の関心事は当時の神学的な規範と商業的な規則にあったが、これによって彼は人々が世界中を（実際に、あるいは想像の中で）航海することを可能にする地図を作ることができたのである。ペータースはこれとは対照的に、投影図法は正確な航海を行うためのものではないと理解していた。世界大戦、ナショナリズム、脱植民地化によって定義された「ポスト植民地期」を生きた彼にとって、土地分配、人口抑制、経済格差の問題は、地理学研究と実践的な地図製作の中心課題であった。

この「世界史」の教科書の出版（およびその後の回収）以降、一九五〇年代後半から一九六〇年代にかけて、ペータースはドイツ社会主義者雑誌『ペリオーディクム』の編集に携わったが、この間に彼の興味の対象は宇宙と地図製作学に移っていった。ペータースは『年代別図説世界史』に付属する地図帳を準備していたときに、既存の世界地図は歴史の状況や出来事を客観的に表わすには役に立たないことに気づいた」という。さらに、「傲慢さと外国嫌いの理由を追求していく過程で繰り返し世界地図を見ているうちに、一般大衆の視点から見た世界の印象は、彼らが見る世界地図によって形成されることがわかった[32]」と記している。地図の持つ力を考えるとこれは説得力のある意見で、その後のペータースのキャリアに影響を及ぼすことになるのである。学界で自身の新しい地図をアピールしたときには、ペータース図法はその他無数の投影図法の中の一つにすぎなかったが、ボンで開いた記者会見で世界中のメディアに向かって「新しい世界地図」を公表することによって、ペータースは一般大衆と学界が世界地図の役割を理解する際の前提をすっかり変えてしまったのであった。

ペータースの目的を客観的に説明するのは難しい。というのも、彼の議論には初期の地図製作者によく見られたある種の神話、観念的憶測、科学的誤謬、自己誇張などが溢れていたからである。また、地図製作の正確性に関するペータースの主張と、その後の彼に向けられた偏見に満ちた極めて個人的な批判に対する彼自身の反論とを区別することも難しく、このような批判によって議論の前提がずれてしまうこともしばしばであった。

二〇世紀を通じて、通信、輸送およびグローバル戦略の発展、ならびに測量方法、統計解析および航空写真における関連技術革新は、地図の新しい利用を生み出した。これにより新しい投影図法を増やすことや、特定の実践的応用のための具体的で適切な地図製作方法に基づいて、既存の投影図法に改良を加えることも可能となった。例えば、メルカトル図法は地球全体を表わす方法としてはしだいに疑問視されるようになったが、局所的な測量の方法として新たに活用されるようになっている[33]。『新地図製作法』には、ますます多

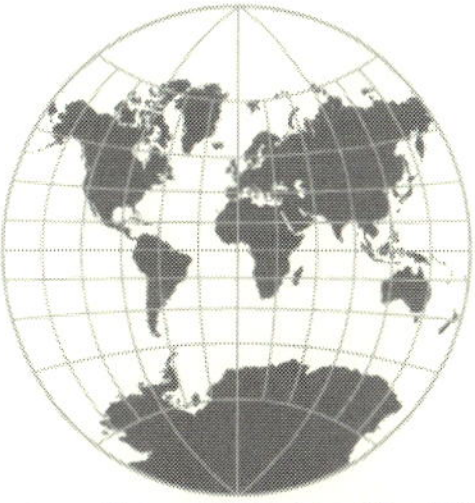

ファン・デル・グリンテン第1図法
1904年

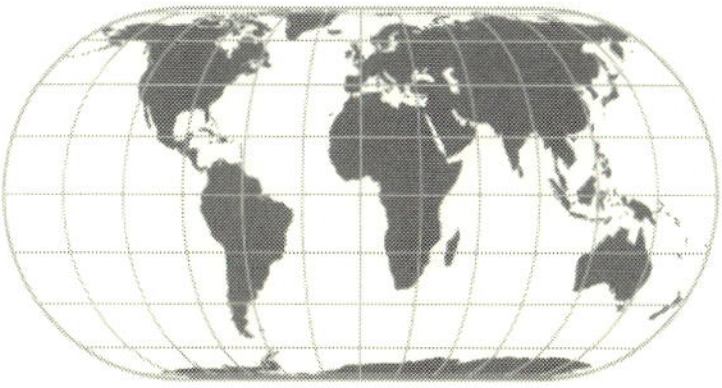

エッケルト第4（擬円筒）図法 1906年

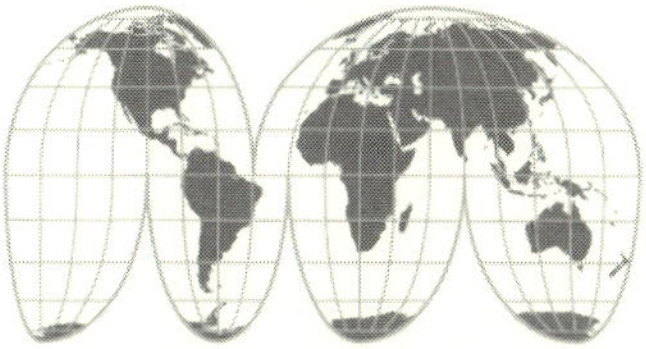

モルワイデ（ホモグラフ）図法 1800年頃
グード（断裂）図法 1916年

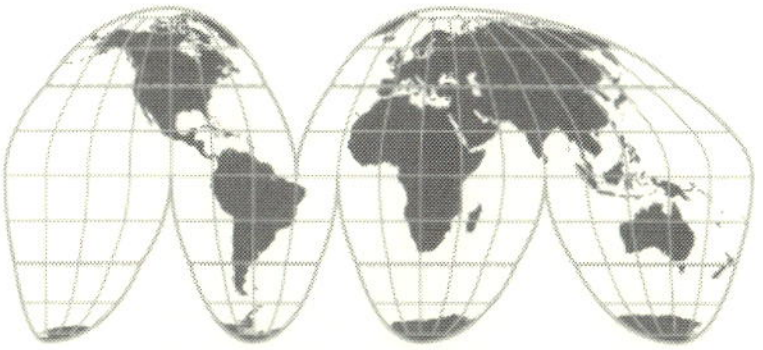

グードホモロサイン（断裂）図法 1923年

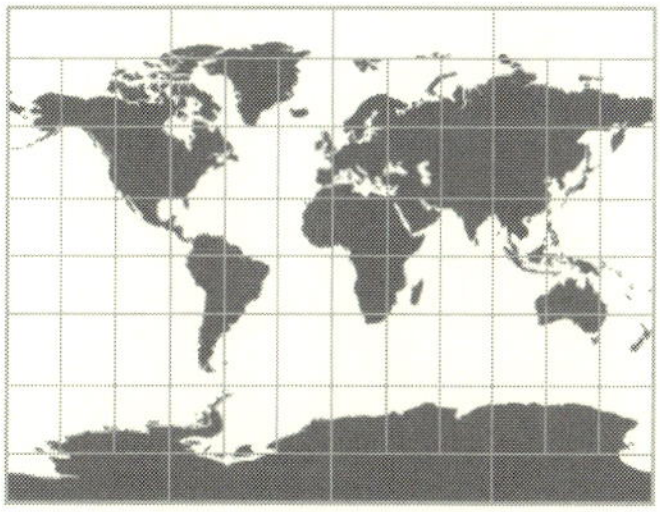

ミラー円筒図法 1942年

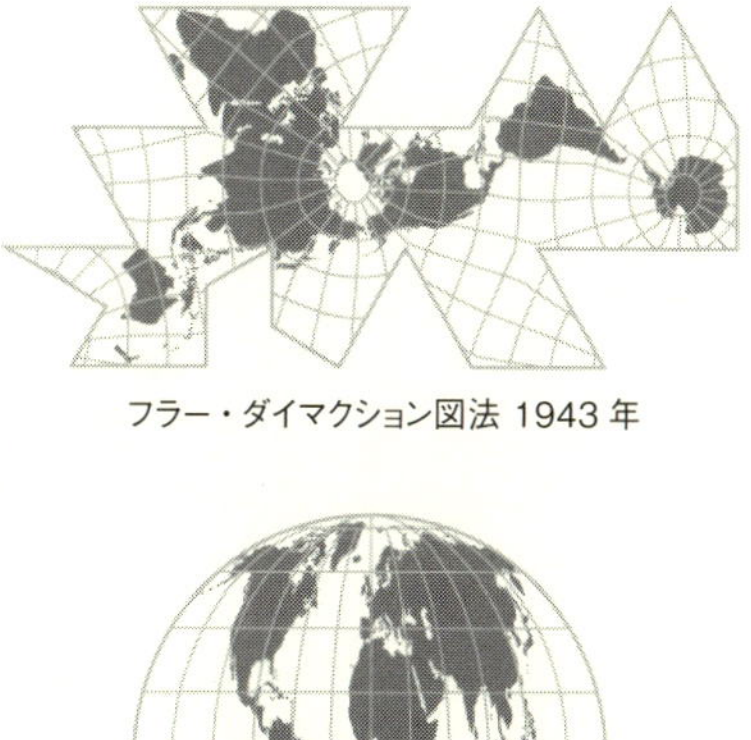

フラー・ダイマクション図法 1943年

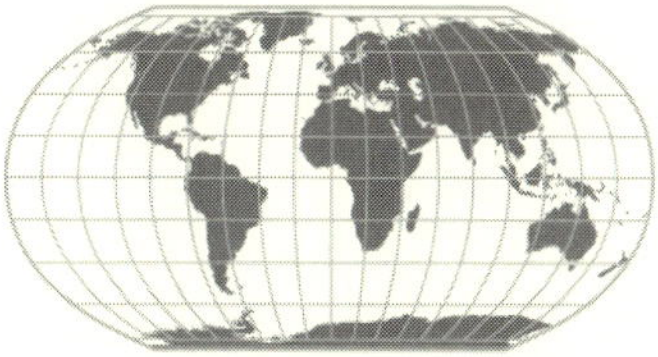

ロビンソン（擬円筒）図法 1963年

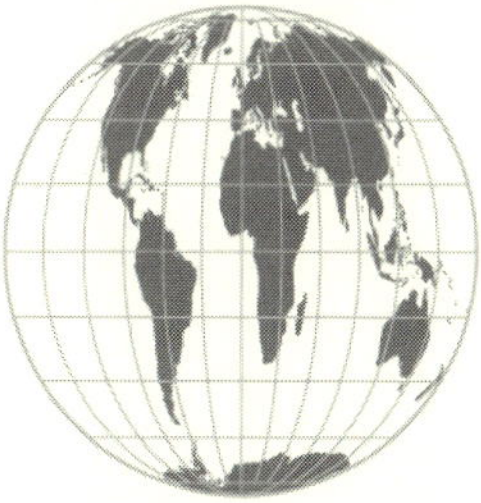

静止気象衛星から見た
透視（正射）図法 1988年

図36　20世紀の地図投影法

様化する地図投影法についても記載されているが、ペータースは「一面的な真実を映し出すだけの不適切に歪曲された」従来の地図製作法を支えてきたのは、一連の「虚構」であったと説明している。彼は、これらの投影図法は「ヨーロッパは地球の中心に位置し、世界を支配している」[34]という虚構に基づいていると総括したのである。さらにペータースは、正確で近代的な世界地図の製作に欠かせない「五つの決定的な数学的属性と、最も重要な実利的で審美的な五つの属性」を提示している。五つの決定的な属性とは面積、軸、位置、縮尺および均整についての再現性で、「最も重要な」属性は普遍性、完全性、補足可能性、明瞭性および順応性の五つであった。[35] メルカトル図法からペータース図法に至るまで八つの歴史的な地図投影図法を概観して、ペータースは自身の地図を一〇点満点に評価する一方で、一五六九年のメルカトル図法、エルンスト・ハンメルによる一八九二年の正積図法、世界を六つの領域に分割したJ・ポール・グードによる精巧な一九二三年の断裂ホモロサイン図法は、いずれも大きく劣るとして一〇点中わずか四点の評価しか与えなかった。ペータース図法に最も近く、ライバルと目されたハンメルの正積図法は、経線が複雑に湾曲して明らかに普遍性と順応性に欠けるとして却下された。

「面積の再現性」はペータースの新図法にとって最も重要なもので、「この属性により初めて、地球上の様々な大陸の大きさが正しい比率で表わされ、選択された任意の二つの面積は、地球上にある限り互いに同一の比率となる」ことが保証されるという。領土の面積が等価な関係性で保持されるため、地図製作者はこの図法を特に正積図法と呼んでいる。メルカトル図と同じように、地球の周囲に巻きつけた円筒の側面に投影する方法であるが、決定的な違いはメルカトル図法が正角性、すなわちある特定の点の周辺での形状の正確さを保持するのに対して、正積図法では相対面積に基づいて等価性を保持する点にあった。これを実現するため、ペータースは緯線と経線の間隔を空ける別の方法を見つけなければならなかった。

ペータースは、確定している地球の円周の計測値に基づいて、地球を平面地図に転写する際に発生する歪みが最小となる北緯四五度と南緯四五度に標準緯線を引いた。さらに、長さがすべて赤道と同じになる平行な緯線をプロットした。次に赤道に沿って東から西に至る縮尺を半分にし、赤道を交差して北から南に至る縮尺を二倍にして、矩形の枠を作成した。メルカトルが一六世紀の貿易の要件に応じて東から西へ地球を横断したいという要求に感化されたように、ペータースが二〇世紀後半における南北の政治・経済の関心事に応じて投影図を描いたとしても驚くにはあたらないだろう。ペータースの地図における南北の伸長と東西の圧縮の結果は一目瞭然であった。アフリカや南アメリカなどの南半球の熱帯地域は細長くなり、一方両極方向への圧縮が高まったことでカナダやアジアなどの領域はひしゃげて肥大化したように見える。これらの領域の個々の形状は相対的な圧縮や伸長によって歪んだとしても、ペータースは地球上の表面積の相対的な関係性を地図の上により正確に転写することができたのである。[36]

地図投影の意義を政治的に論ずるとき、ペータースが最も懸念したのは面積の問題であった。彼にとって、実際の面積に基づいて世界を表現することができないのは政治的不平等の始まりであり、その最たるものがメルカトルの正角図法であった。領土の描画だけに注目すると、ペータースの主張は核心をついていた。メルカトル図法では、九七〇万平方キロメートルのヨーロッパは、一七八〇万平方キロメートルという二倍近い大きさの南アメリカよりもかなり大きく見える。一九〇〇万平方キロメートルの北アメリカは三〇〇〇万平方キロメートルのアフリカよりもかなり大きく表示されている。中国の大きさは九五〇万平方キロメートルに及ぶが、メルカトル図の上では、わずか二一〇万平方キロメートルのグリーンランドに比べて小さく見える。ペータース図法以前に出版されたほとんどの地図帳で、同じような指摘ができるであろう。地理学者ジェレミー・クランプトンが二〇世紀に作られた多くの地図帳を調査したところ、アフリカは地球の陸地の二〇パーセントを占めるにもかかわらず、八二五万分の一の縮尺で描かれた三点の地図だけで示される場合が多いことがわかった。これに対して英国は、陸地の〇・一六パーセントを占めるにすぎないが、最低でも一二五万分の一の縮尺で詳細に描かれた三点の地図上に示されている。[37] ブラント委員会報告（一九八〇年）にも記されているように、世界はこのような不平等によって、三〇〇〇万平方キロメートルを占めるにすぎない先進諸国の北半球と、六二〇〇万平方キロメートル以上を占める発展途上国の南半球に二分されているのである。

正積の計算はペータース図法の政治的かつ数学的な定義の中心をなすものであったが、新しい世界地図に求められる他の要件はペータースの『新地図製作法』にも説明されている。彼は、二つ目の決定的な属性である「軸の再現性」を取り上げて、（メルカトル図以前にも以後にも多数あった）湾曲した経線を採用した図法による世界地図も否定している。「軸の再現性を有する地図であれば、地球上で選択された基準点の北側の点はすべて厳密に垂直上方に位置し、南側の点はすべて厳密に垂直下方に位置する」というのがペータースの主張である。この属性は「方位」と世界の時間帯の正確な設定に役立つという。実際に、この属性によって、メルカトル図と同様にペータース図法では、地球表面に緯線と経線が交差する均一な矩形が形成されるのである。

次に重要なのが位置の再現性であった。ペータースによれば、この属性は「赤道から等距離にあるすべての点が赤道と平行な緯線上に位置するように描かれる」ときに実現されるもので、緯線と経線が直交する経緯線網でのみ実現可能な属性であった。縮尺の再現性は「定量可能な精度で（地球表面の）元の状態を再現」する。ペータースが重視したのは「面積の絶対的な再現性」であったため、彼は通常の縮尺（例えば、七五〇〇万分の一）を却下して、自身の投影図では、一平方センチメートルが一二万三〇〇〇平方キロメートルに対応する縮尺を採用した。[38] 最後の属性は「均整」である。「上縁に沿った縦方向の歪みが下縁に沿った歪みと同程度に大きい（または小さい）」地図は均整がとれている。ペータース図法はこの原理に確かに適合しているが、彼は地球を平面的な地図上に転写する際には、不可避な「歪み」を最小限に抑えるため、均整をとることが欠かせないと認めている。いずれにせよ彼は、控えめながら巧みな表現で、自身の地図は均整がとれているため「誤差が均等に分布」していると述べている。

最後には、残る五つの「最も重要な」属性を使い、ライバルとなる投影図法を蹴落としたのである。普遍性、完全性および順応性という観点から、様々な地理学的な目的で使用される地図には、断裂のない投影図法が必要であることが強調され、また「補足可能性」と「明瞭性」から地球を包括的に見る視点が求められた。これらのカテゴリの多くは、「断裂」図法と同系列の方法で構築された別の正積図法を退けることを目的としたものであった。これらの地図はその名称からわかるように、「断裂」すなわち地球を不連続な断片に分割することによって、歪みを最小限に抑えることを狙った地図であった。ペータースは、一例として一九二三年に考案されたJ・ポール・グードの正積図法を取り上げている。グードは様々な図法を融合して、みかんの皮を剥いて平らに並べたように見える、六つの独特な形状の領域に地球を分割する地図を考案したのである。二次元平面で球形の大地を近似するため、グードはねじ曲げられた不連続な形状に頼らざるを得なかったが、これは平面地図の上に描かれた地球では正角性と等価性を実現することが不可能であることの証しであった。

ペータースはすぐに、このような「断裂」地図は、技術的にも審美的にも、普遍性や完全性あるいは明瞭性に欠けるばかりか、局所領域の詳細なマッピングに対応させるのは容易なことではないと、指摘したのである。ペータースによれば、これらの投影図法はメルカトル図法優位に対抗しうる最右翼ではあったが、「面積の再現性は満たしていたが、この属性を確保するために明瞭性や補足可能性などのメルカトル図の重要な属性が放棄されたため、メルカトル図に代わることはできなかった」という。ペータースは巧みな方法で初期の投影図法をすべて否定したが、思想的には完全な「ヨーロッパ中心主義」的なものではなく、考案者が自発的に「母国を地図の中心に据える昔ながらの素朴な方法に従って」作ったメルカトル図は別格とした。

しかし、最終的には、「科学の時代に求められている客観性」[39]を実現しうる唯一の世界地図は、ペータースの地図であると結論したのである。

ペータースは自身の地図の独創性と正確性を主張したが、ペータース批判を展開した人々はすぐに、彼のご都合主義と信頼性の欠如を示す新たな証拠を発見している。ペータース図法は少しも新しいものではなかった。この図法は一世紀以上も前に、スコットランドの福音派牧師ジェームズ・ゴール（一八〇八―九五年）によって発明されたものであった。ゴールは一八五五年に英国科学振興協会（ＢＡＡＳ）に対して新しい地図を提示し、「ゴール正射図法」と呼んだ。この図法の狙いと目的はペータース図法と全く同じであったため、地図製作者の多くは現在ではこれを「ゴール・ペータース図法」と呼んでいる。実際には、ゴール図法自体もプトレマイオスの著書に引用されたティルスの地理学者マリヌス（紀元一〇〇年頃）の作とされてきた。

ペータースは一貫してゴール図法の存在には気づかなかったとしているが、地図投影図法の歴史に没頭していたことを考えると、この主張には驚かざるを得ない。「新」図法に対する対照的な反応から、それぞれの時代で地理学の置かれていた状況について多くのことが明らかになっているが、ゴールとペータースには多くの共通点があったのである。ペータースと同様に、ゴールはアマチュアの天文家兼地図製作者として、多くの著作を残している。彼は古風なビクトリア朝時代の紳士的な学者で、信仰に厚く、学識豊かで、熱心に社会福祉に取り組んだが、やや風変わりな人物であった。彼の著作は宗教から教育や社会福祉まで広範囲に及んだ。その中には目の不自由な人々のためにゴール自身が考案した点字の一種である「トライアンギュラーアルファベット」に関する本や、悪魔や鬼は天地創造以前の地球に住んでいたアダム以前の人種であると説いた『ベールを脱いだ太古の人間』（一八七一年）などがある。天文学に関する著作には、かなり評判を呼んだ『市民のための星図帳とやさしい星座案内』（一八六六年）などがある。

ゴールが新しい地図投影図法を考案するきっかけとなったのはこの著書であった。星を描くのに適した方

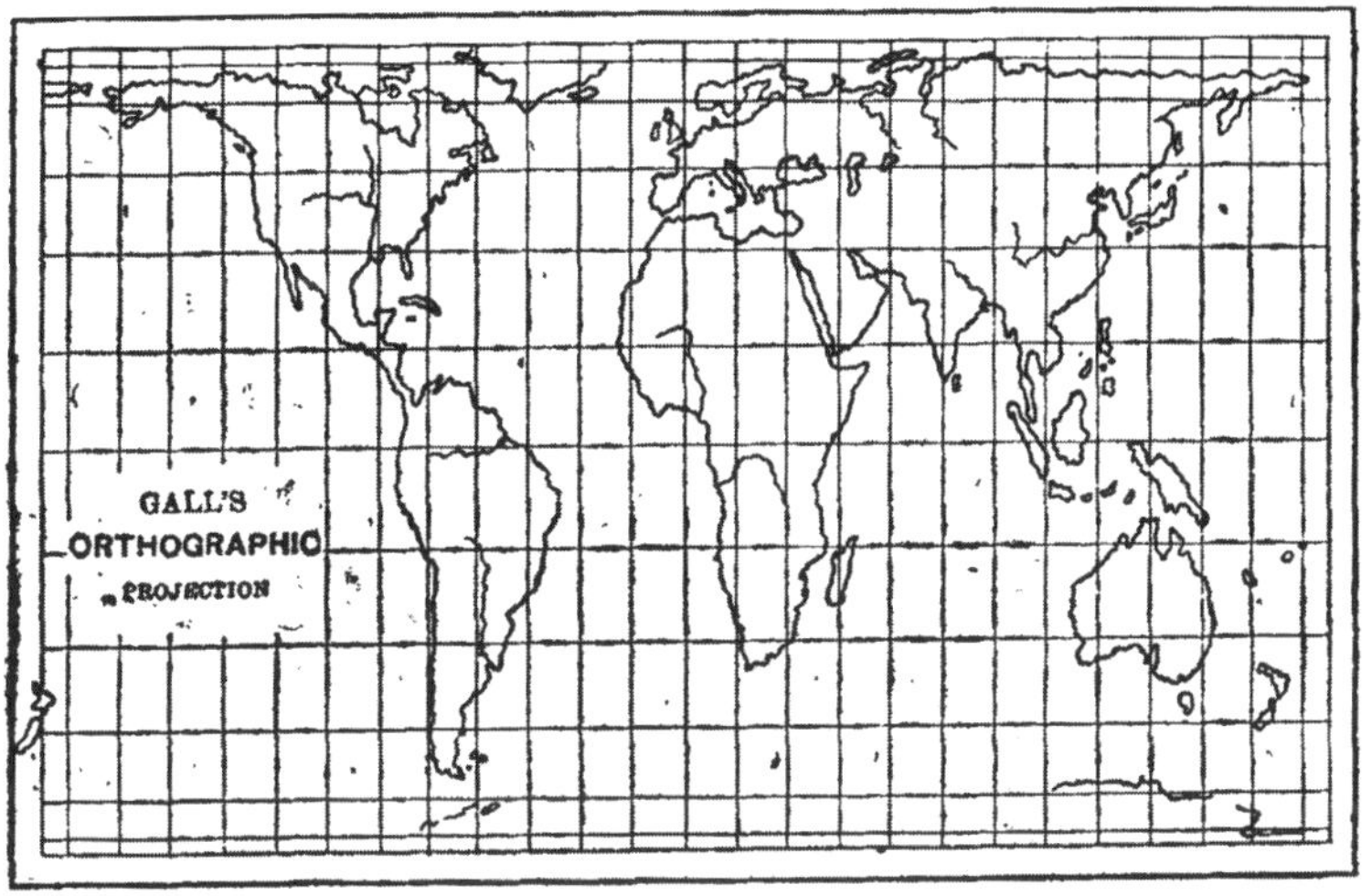

図37　ジェームズ・ゴール『ゴール正射図法』（1855年）

法を模索する中で、ゴールは「各図に星座を一つだけ描くことで、同一シート上に天空の大半をマッピングするときには避けられなかった大きな歪みなしに、大縮尺で星座を表わすことができる」[40]ことに気づいたのであった。ルネサンス期の偉大な宇宙誌学者を思い起こさせる手として、ゴールはのちに天文学の図法をいかにして地上の包括的なビジョンに転用したかを説明したのである。一八八五年に彼はこう記している。「同一の図法や類似の図法はこれまで使われたことがなかったが、この図法で完璧な世界地図が作れるかもしれない、と考えたのである。緯度四五度に標準緯線を設定する図法で描くと、地理学的な特徴や相対的な面積が、十分に満足できる精度で保持されることがわかった」[41]と。

一八五五年グラスゴーで開かれたBAASの会合で、ゴールは「改良されたモノグラフィック図法による世界地図について」と題する発表を行った。「世界全体を一つの図に示すことができる」のは円筒図法だけであるが、メルカトル図法を始めとするこれらの図法では、他の属性を活かすためには（面積や方位などの）一部の属性を犠牲にせざるを得ない、とゴールは説明している。そして、「最良の図法は、様々な属性によって誤差を分け合い、利点を組み合わせる図法である」と結論した。[42]この目的に沿って、彼は一つだけではなく三つの異なる図法――正射図法に加えて、平射図法とアイソグラフィック図法（正距円筒図法の一種）を推奨している。ペータースはのちに正射図法を採用することになるが、皮肉にもゴールは平射図法が最適であると結論したのである。平射図法は完全な属性を一つも備えていなかったが、誤りが少なく、様々な属性の利点がすべて調和のとれた比率で組み合わされた図法であった。しかし、ゴールは正射図法には特別な利点があると信じていた。それは、「科学や統計学の観点での多くの真理に加えて、陸地や海洋などの様々な対象物が占める面積を相対的に正しく示すことができる貴重な地図である」という点にあった。「正射図法では、地理学的な外観の歪みは他の図法よりも大きくなるが、識別に支障をきたすほどのものではなく、この場合に限るならば、この利点によって高価な代償を強いられることはない」[43]として、ゴールは譲歩したのである。

この種の地図としては、ゴールの地図が最初ではなかった。直交図法で再現可能な数学的計算に基づいて描かれた最初の正積な世界地図は、スイスの数学者ヨハン・ハインリッヒ・ランベルトによって一七七二年に考案されたものであった。赤道を標準緯線として用いることで、ランベルトは正積な属性を保持する地図を作り上げたが、南北に大きな歪みが残っていた。ゴールと同様に、ランベルトは正角性と正積性を同時に満たす世界地図を作ることは不可能であると認識していたため、さらに円錐図法により正角な地図を作り、二つの方法のどちらかを選択できることを示した。ゴールはランベルト図法を知らなかったようであるが、北緯四五度と南緯四五度にそれぞれ標準緯線を設定するという重要な改良を施して、効果的に再現したのであった。[44]

ペータースとは違い、ゴールは新しい投影図法の信頼性の欠如や複製について、直接的な非難を受けることはなかった。これにはいくつかの理由があった。ゴールが研究成果を公開したのは、自身の目的や考え方を快く受け入れてくれるビクトリア朝の政府機関の中だけであった。英国科学振興協会は王立地理学会と同じ年に設立されたが、その目的は異なっていた。英国科学振興協会は社会に向けて開かれた組織で、ビクトリア朝時代の社会を改善するための実践的な科学の応用で、中流階級の一般人を教育し啓蒙することを目指して、全国の地方都市で講演会を開催していた[45]。ビクトリア女王の夫君、アルバート王配殿下は名誉会員で、講演会の講師にはチャールズ・ダーウィン、チャールズ・バベッジ、デイヴィッド・リヴィングストンなどの著名人も名を連ねていた。ビクトリア朝社会の道徳的および知的な価値観に異議を唱えることはなく、ゴールは宗教、教育および科学に関する講演や出版によってその価値観を表現することに精力的に関わっていった。彼は自身の投影図法には限界があることを認識しており、投影図法で人のモラルを高めることができるなどと主張することはなかったのである。三〇年後に書かれた論文の中でこの図法の影響力について振り返り、ゴールは「長い間の慣習によって確立されたやり方を変えるのはいつの時代も難しい」と述べているが、これはペータースに向けられた言葉のようでもあった。その後二〇年間にわたり「この図法を使ったのは私だけだった[46]」とゴールは告白し、嘆いた。ペータース図法に降りかかった運命との違いはここにあった。

ペータースを批判した多くの人々にしてみれば、彼の「新」図法がゴール図法と瓜二つであったという事実は、善意に解釈したとしても調査・研究が不十分であったことの証しであり、悪く解釈するならば時宜に便乗した盗作であることを露呈したことになるのであった。どの投影図法も完全ではないと十分に理解したうえで、正射図法の重要性を控えめに訴えたゴールと比べると、自身の図法の普遍性を強調したペータースの主張は滑稽なまでに誇張されたように見える。しかし一方で、地図製作に対する専門家と一般大衆の考え方の差も、一八五〇年代と一九七〇年代とでは大きく異なることも明らかになった。ゴールは、ビクトリア朝の政府機関の目的と歩調を合わせるようにして自身の考えを広めたが、ペータースは、二〇世紀後半の地図製作の専門家や有無を言わさぬ考え方に、直接戦いを挑んだのであった。

一九七〇年代末には、争点は明確であった。地図製作の専門家と学術機関は結束を固めて、地図製作の規則や方法などの技術的な観点からペータース図法を非難した。これに対して、政治団体や支援団体はこの図法の確固たる社会的および思想的な目標を擁護した。これらの組織は当然のことながら、この図法の技術的な誤りについての議論には乗り気ではなかったが、地図製作の専門家と同様に、(ペータース図を除く)世界地図はどれも不完全であり、主観的でイデオロギー的なものになる傾向にある、というペータースの主張は認めたくなかったのであった。ペータースを批判した人々の多くは、自身の所属する組織の利害関係については沈黙を守ったため、事態はさらに複雑なものとなった。ペータース図法に対するアーサー・ロビンソンの技術的な批判は広く受け入れられたが、彼はペータースの世界地図が、米国の出版社のおかげで一九七〇年代に地図帳として世界的に流通したロビンソン図法に対する、最初の重大な問題提起であったことを認識していなかった。地図製作の専門家たちによるペータースへの攻撃も同時に続いていたが、彼らの発言はしだいに特権階級的になり、一般大衆については、地図が読めずにペータースが欺いていることにも気づかない愚かな集団とみなすようになっていった。

ペータースを支持する者と中傷する者との間の隔たりは、地図投影図法の数学的な正確性についての議論以外のことで引き起こされたのであった。一九六〇年代の政治状況の変化は、一九六八年五月にフランスで起こった政治的抗議がその典型例であったように、その他諸々の状況の中で、社会における人間性と社会科学の置かれている状況を根底から評価し直すこととなった。歴史や哲学などの学問分野は、確立された政治的な正統性の批判を主導してきたが、地理学のような社会政策や国家機関に深く根ざした学問分野は、当然のことながらこのような変化への対応には消極的であった。地理学の周辺領域に身を置き、ペータースのように単独で政治的な活動をしている者は、地理学を主導する実践的な専門家や、体制を維持すべく政治や組織の既得権益を守ろうとする多くの人々よりも先鋭的に、時代に即した地図製作の考え方を示すことができたのである。

ペータースの訴えは一九七〇年代初めの政治的議論に一致していた。先進西欧世界と発展途上の南の世界との間に広がる政治や経済の格差に伴う不平等に対処しなければならない、という政治意識は高まりつつあった。世界銀行は一九七〇年代初めに、発展途上世界では八億人が絶対的貧困の中で暮らしており、最も基本的な生活必需品を確保できているのはそのうちの四割にすぎない、と推定した。ブラント委員会報告は北の先進諸国と南の発展途上諸国との間の格差に注目し、「アフリカおよびアジアの貧困地帯、とりわけ後発開発途上国を支援するため、緊急支援と長期的支援からなる行動計画を立ち上げなければならない」と要求した。報告書を起草した人々はこの問題の解決に強い関心を示し、「その格差がいかなるものであり、どれだけ深刻なものであっても、北と南の間には相互依存の利害関係があり、両者は密接につながっている」と訴えたのである。報告書は、関係各国のＧＤＰの〇・七パーセントにあたる資金を北から南へ全面的に移転し、これを二〇〇〇年までに一パーセントまで引き上げることを提唱した（この数字はいずれも満たされなかった）[47]。

北の先進諸国にも問題がないわけではなかった。一九七〇年代の経済成長は六〇年代から五〇パーセント近くも落ち込み、七〇年代の終わりには経済協力開発機構（ＯＥＣＤ）を構成する先進三四カ国はインフレと不況に苦しみ、失業者は累計一八〇〇万人に達した。米国も政治と経済の不平等の中で、経済学者ポール・クルーグマンの言う「大格差」を経験していた。米国の平均的労働者は、生産活動を倍増させたにもかかわらず賃金の低下に苦しんだが、一方、米国社会の上位〇・一パーセントの層は、二〇世紀後半に七倍も富裕になったのであった。これにより所得の不均衡は一九二〇年代以降最も大きくなったが、クルーグマンによれば、この責任は米国の政治的風土の二極化にあるという[48]。

世界的な不平等をこのように複合的に、しかも深いレベルで認識しうる資質を備えた地理学者はほとんどいなかったが、ペータースは例外であった。ドイツ民主共和国でナチス体制とスターリン主義体制の不平等の下で暮らしたことで、彼は不平等を語り、平等を美徳として提案する立場に立つことができたのである。

一九七〇年代後半には、地理学研究と地図製作の歴史に変化が訪れる。ガストン・バシュラールやアンリ・ルフェーヴルなどの哲学者たちは既に、我々はどのようにして空間を認識し、その中で生きるのかという基本的な問いかけを始めていた。バシュラールの『空間の詩学』（フランス語初版、一九五七年）が読者に警告したのは、屋根裏や地下室といった空間での最も私的な現象が我々の生活（や夢）を形成している、ということであった。ルフェーヴルの『空間の生産』（一九七四年）は、よりマルクス主義的なアプローチで、我々の公共環境の創造が個人のアイデンティティの確立（あるいは抑制）に役立つことを説明した。空間には歴史があるという議論には、すぐに他の学者も追随した。地理学と地図製作学の歴史の中で、この新しいアプローチの最も重要な提唱者の一人が英国の地理学者J・B・ハーレーであった。ハーレーは地図製作に関しては伝統的な実証主義の手法を学び、一九七〇年代には英国陸地測量局の歴史について広範囲にわたる発表を行ったが、一九八〇年代初めには一八〇度方向を転換した。バシュラール、ルフェーヴルを始め、ミシェル・フーコーやジャック・デリダなどの有力なフランスの思想家の業績を咀嚼し、これをもとに「地図の歴史的役割を完全に再考した」一連の画期的な論文を発表したのである。一九八九年に『Deconstructing the Map（地図の脱構築）』と題して発表された論文は、最も大きな影響力を及ぼした論文の一つであるが、その中でハーレーは「実社会に目を向けることなく、自身の技術で作り上げた巣穴に籠って作業を行う、現代の多くの学術的地図製作者への不満」を表明している。「地図はあまりにも重要なため、地図製作者だけに任せておくことはできない。地図製作学の本質を説明できるように認識論的な転換を促すべきである」[49]というのだ。

ハーレーは「少なくとも一七世紀以降、ヨーロッパの地図製作者と地図の利用者たちは、知識と認知の標準的な科学モデルをますます推進してきた」として、次のように述べている。

地図製作の目的は地形の「正確な」相関モデルを作ることにある。そのためには、地図に描かれる世界の対象物が実在し客観的であること、対象物は地図製作者から独立した存在を享受すること、対象物の存在は数学的用語で表現されうること、体系的な観測と測定が地図製作上の真実に至る唯一の経路を提示すること、さらにはこの真実が独立に検証可能であること、が前提となる。

これは実際に広く流布している地図作りの考え方であり、地図はありのままに客観的に存在するという啓蒙主義的な信念であった。ハーレーの説明は地図製作実務の説明として、アルノ・ペータースにも、また彼を声高に批判する人々にも、間違いなく受け入れられたであろう。

しかし、ハーレーはこれに留まらず、読者にこう語りかけるのである。「引き出しから印刷地図か写本地図を無作為に選んでみよう」と。そこから見えてくるのは、「特定の国や地域の社会的構造についての説明は、地誌についての説明と同じくらいに詳しいのが常である。地図製作者は多くの場合、封建制度の姿、宗教的序列の形、社会階級の階層を、自然と人間の風景の地誌として記録するだけで手一杯」という現実である。多くの批評家が語っているように、ハーレーが問題にしたのは、地図が人を欺くという点ではなく、地図そのものが「無意識の幾何配置」を生み出す歴史的慣習や社会的圧力を内包しているという点であった。

尊敬に値する地図製作の専門家に由来し、のちに「地図の新たな本質」と呼ばれることになるハーレーの論拠は、地図製作学の理解を大きく転換したのであった。地理学の世界で、かつてナショナリズムと帝国主義思想を是認した歴史的な関わりを回顧するようになると、地図製作学自体を学問領域とみなす地理学の考え方は、すぐにハーレーの著作に影響されるようになった。[50] しかしながら、実践的な地図製作者たちは、「地図は領土そのものではない[51]」というアルフレッド・コージブスキーの至言を、ハーレーが取り上げたことに懐疑の念を抱いていた。

　この問題は一九九一年に顕在化する。ハーレーは初期の著作をさらに掘り下げる重要な論文を書き上げ、「地図製作に倫理はありうるのか」と問うたのであった。地図が中立的なものではなく、常に政治的な権力や思想に支配されるのであれば、地図製作の学術研究や実務に携わる人々は、自らの仕事との関係において倫理的な立場を確立し、それを維持することは可能なのであろうか。これを検証するには、ペータース図法をめぐる論争を避けて通ることはできず、ハーレーが取り組もうとしていた問題を明確にするためには、この論文で取り上げるしかなかったのだ。「ペータース図法の事件では、『職業上の基準』を守るために公正さを主張する論客が多数現われた」と記し、こう続けている。

> 倫理は公正を要求する。ペータースの事件における真の問題は権力にあった。歴史的に地図製作上の差別に苦しんできた世界の国々に自信を与えることが、ペータースの意図であったことは間違いない。しかし、地図製作者にしてみれば、自分たちの権力と「真理の主張」が同じように危機に晒されていたのであった。科学を研究する社会学者にはよく見られる現象だが、彼らは既に確立されている世界を提示する方法を守るために、大慌てで結束を固めるのである。

　このあとにも非難は続くが、その内容には驚かされる。「彼らの結束はいまだに続いている。私は米国測量地図学会（ＡＣＳＭ）の学会誌『ブレティン』に論文を発表するように依頼された。しかし、論文提出後に、ペータース図法に関する私の見解は、この問題に関するＡＣＳＭの公式見解と異なるため、私の小論は公表しないことが決まったと編集長から知らされた」[52]という。ペータースの世界地図の公表から二〇年近くが経過したのちも、ＡＣＳＭはこれを否定以外の言葉で論ずるのを禁止することで、後衛戦を戦ってきたのであった。
しかし、ハーレーは地図の「精度」に関する論争だけでなく、組織の権威の問題にも関心を抱いていた。ペータース図法はいかなる基準に照らしても正確とは言えず、作者の地図製作学の歴史に関する説明も極めて恣意的で、客観性の主張もひどく誇張されていた。ハーレーは地図製作史学者としてこの点を理解していたため、ペータース図法の寿命もそう長くはないことがわかっていた。この論争が提起したさらに大きな問題は、どのような地図であっても描かれる空間は完全ではなく観念的な表現にすぎない、ということを認めたうえで、いかにして倫理的な地図製作学を作り出すのかという点にあった。

ペータースの世界地図を一九七〇年代から八〇年代にかけて熱心に取り上げた多くの組織が、この地図をどのように理解あるいは使用していたのかを真剣に議論した者はほぼ皆無であったが、これはペータースをめぐる議論の本質を明確に示すものであった。一九八七年に地理学者ペーター・ヴヤコヴィックが調査したところ、おもに第三世界の開発問題に取り組んでいる英国の主要な非政府組織（NGO）四二団体の中で、二五団体がペータースの世界地図を採用していたことがわかった。このうち一四団体は、以前にはメルカトル図法による世界地図を使用していたことを認めている。世界地図の使用に関する一連の質問を行ったところ、回答を寄せたNGOの約九割は、第三世界問題を一般大衆に周知する際には地図作りが重要な役割を果たしたと答えている。[53] 地図の採用を提案したペータースのマーケティング活動と政治的議論が功を奏していたことは間違いない。

ペータースの地図を採用したNGO団体に、さらに詳しくその理由を質問したところ、様々な回答が得られた。他の地図にはないこの地図の利点は何かと尋ねたところ、四八パーセントが正積図法である点を、三六パーセントが特徴的な外観を挙げており、この地図は「人々が行動し考えるきっかけになる」と信じられていたことがわかった。さらに、三二パーセントが「ヨーロッパ中心」の世界観を退けることができる点を、二四パーセントが「第三世界諸国の相対的な重要性をより効果的に提示できる」点を指摘しているが、この地図そのものが「政治的な声明」であると考えていた団体は四パーセントにすぎなかった。また、この地図の欠点について質問したところ、一般に馴染みのない地図であるという回答（三二パーセント）と、歪んでいるという回答（三二パーセント）の二つに大きく分かれた。注目すべきは、この地図が正積表示でありヨーロッパ中心でない視点で描かれているという主張を除くと、より優れた地図投影図法であるというペータースの主張に言及した団体はなかった点である。

ではこの地図はどのように使われたのか。意見を求められたNGOの多くは、これを公表した報告書、資料、パンフレットなどのロゴデザインとして使用したが、見慣れぬ地図のイメージによって驚きを与え、議論を喚起することを意図していたと認めている。開発格差の問題を人々に啓蒙する目的で使用したNGO団体もあった。この中には、世界全体の投影図の中から限られた領域を選択することで、海外の場所を特定する地図を用いて地域図を製作した例もあった。多くの場合、経緯線網を取り除かれ、（ペータースの議論では重要であった）縮尺や均整の問題が重要視されることはなかった。このような調査は恣意的にならざるを得ないが、ペータースの世界地図の大量流布に一役買った組織が少なくともこの地図をどのように理解していたかを示すもので、彼らの反応から地図を理解する能力には限界があることがわかる。ペータースの世界地図には発展途上国の地理学的な表現の質を高めるというイデオロギー的な主張があったが、開発を行う機関にとっては、政治的な問題の象徴として、現在利用可能な他の地図投影図法よりも魅力的であっただけにすぎない。この調査は現代のみならず歴史においても世界地図の使用に関する問題を提起している。世界地図を使用する人々にとっても、数学的な精度や正角性あるいは正積性の表現などの地図製作学上の問題がさほど大きな関心事ではないとすると、日常生活で使用する世界地図にこのような疑問を抱く一般大衆はいるのだろうか。

ペータース図法を利用することで、地図製作者が包括性と客観性を主張しているにもかかわらず、プトレマイオス以来、個人や組織がそれぞれの象徴的かつ政治的な目的のために世界地図を私物化してきた、という事実が浮き彫りになったのであった。しかも、このような主張そのものが悪用され、本来の目的ではなく、地図利用者のイデオロギー的な意図のために使われてきたのであった。現代の地図製作者は、平面地図の上に地球を包括的に投影するのは数学的に不可能であることを十分に理解しているが、このような知識があるからといって、今日人々が世界地図を理解し利用する方法に格別の違いをもたらすわけではない。

一九七三年のペータース図法の公表は、地図製作学の世界に地図の精度に留まらない重大な論争を巻き起こした（カラー口絵53）。この図法が実現可能かどうかは疑わしく、その精度や客観性に対する主張もひどく誇張されていた。「第三世界」諸国を支持することは様々な意味で称賛に値するが結局は限定的で、メルカトル図法に対する攻撃も要領を得ず、見当違いであった。しかし、ペータースは西洋の知的文化の地図作りに対する理解に大きな変化を認め、いかなる世界地図も恣意的にならざるを得ないこと、示されている領土の表現が完全ではないこと、さらにこのような表現は常に個人的な偏見と政治的な操作を受けやすいということを実感したのであった。一八世紀には、カッシニ測量によって、透明性があり合理的かつ科学的で客観的な世界の姿を示すことができる地図製作の能力が実証された。しかし、一九世紀後半以降、ナショナリズムや帝国主義に基づく政治的な専横と一連のイデオロギーが地図製作学を悪用し、説得力はあるものの、特定の政治的世界像を正当化するように設計された恣意的な地図を作るようになるにつれて、地図製作の能力に対する信頼は徐々にほころんでいった。反体制思想家や政治活動家がこのような地図を疑問視するようになると、ペータースのような人物が確立された地図製作学の覇権に異議を唱えるようになるのは、必然とも言えた。その結果として起こった論争は、図らずも従来の世界地図の最終的な限界を明らかにし、地図製作学を次の大きな進化であるオンラインマッピングの仮想世界の間近まで導いたのであった。

今日ではペーターース図法は使われていないが、人口、経済成長などの社会経済問題や社会問題を扱った『ペーターース世界地図帳』（一九八九年）の主題図のページは、二一世紀初めの地図帳の多くにとり入れられている。『Atlas of the Real World: Mapping the Way We Live』（二〇〇八年）という挑発的な題名の著書の中で（訳注：日本語版は、猪口孝監修／広井洋子訳『グローバル統計地図―世界の中の日本がわかる』（東洋書林）となっている）、ダニエル・ドーリング、マーク・ニューマン、アンナ・バーフォードは数値の大きさに基づいて地図を加工し、人口増加に始まり、軍事費、移民、幼児死亡率、絶滅危惧種、戦死者数に至るまで、様々な統計事象に基づく三六六点の地図を製作している。この地図帳では、コンピュータソフトウェアを使用して、世界地図上での地理学的分布に基づいて統計データを表わしている。例えば、一五〇〇年の世界人口の統計地図（カラー口絵55）では、アメリカ大陸の重要度はかなり低い。これらの統計地図は、人口、環境保護、貧困、不平等、紛争など、今日の世界における多くの問題点を表わすものであるが、いずれも正積性または正角性の原理に基づいて世界を示そうしたものではない。

ペーターースの世界地図の問題点は、地図を描く際の技術的な限界にあったのではなく、より「正確」で科学的に客観的な世界地図を作ることが可能であるという信念に固執したことにあった。地図製作学の歴史は常にその時代の支配的な文化的価値観を陰に陽に再現してきた、と説得力のある議論を展開することで、ペーターースは、自身の世界地図がこのような状況を超えて真に客観的なものになりうる、という啓蒙主義的な信念に固執したのであった。技術的にも知識的にもひどく誤ったものであったが、ペーターースとペーターース図法をめぐる論争は図らずも、世界地図の製作に関する奥深い真理として、いかなる世界地図も完全ではなく本質的に恣意的なものであること、そしてその結果として政治的な悪用の犠牲にならざるを得なかったことを示したのであった。

第12章——情報　Google Earth《グーグルアース》　二〇一二年

仮想軌道宇宙空間、地上一万一〇〇〇キロメートル　二〇一二年

地上一万一〇〇〇キロメートルから見下ろすと、地球はゆっくりと回転しながら漆黒の深宇宙に姿を現わす。太陽光が地球を照らし出すと、そこには雲一つなく、海洋底はウルトラマリンブルーに輝き、大陸は緑と茶とピンクのパッチワークのようだ。地球の右半分には、北アフリカ、ヨーロッパ、中東、中央アジアが弧を描くように連なっている。左下の大部分を占めるのは大西洋で、北アメリカ大陸の先端がわずかに顔を覗かせている。白く輝いて見えるのはグリーンランドで、冠のように北極を包みこんでいる。この世界像は、二五〇〇年ほど前にプラトンが『パイドン』の中で想像した、「驚嘆すべき美しさ」で光輝く完全なる球体そのものであった。これはまた、紀元二世紀にプトレマイオスが幾何学格子の上に投影したオイクメネであり、五〇〇〇年前にメルカトルが矩形の上にプロットした地球の姿でもあった。さらには、一九七〇年代にNASAが初めて宇宙から撮影した写真（カラー口絵51）とも同じであり、地理学者の究極の研究対象である地球の全体像であった。

　しかし、これは博識な哲学者が想像した神の視点から見た地球の姿ではない。グーグルアースのホームページから見ることができる地球の画像（カラー口絵52）なのだ。[1]グーグルアースは、二〇〇五年にグーグルマッ

プと同時にサービスが開始された、世界で最も普及している地理空間《ジオスペーシャル》アプリケーション（地理データとコンピュータソフトウェアを融合したもの）である。二〇〇九年四月、グーグルは地図閲覧ウェブサービスの分野で宿敵マップクエスト・ドットコムを辛くも抜いて首位に立ったが、当時の市場シェアは四〇パーセント弱であった。[2]「Yahoo! Maps（ヤフー！地図）」やマイクロソフト社の「Bing Maps（ビングマップス）」など、ライバル企業のサービスも健闘したが、グーグルの市場シェアは増加の一途をたどり、いまではオンラインマッピングの代名詞ともなっている。二〇一一年一一月現在、グーグルの米国での市場シェアは六五パーセントを超え、二位のヤフー（シェア一五パーセント）を大きく引き離している。[3]世界全体でみるとグーグルの優位はさらに顕著で、オンライン検索市場では約七〇パーセント[4]のシェアを誇っている。現在、世界のオンラインユーザーは二〇億人とみられるが、うち五億人が既にグーグルアースをダウンロードしており、この数字はいまも増え続けている。

　グーグルアースの利便性と人気の高さは、使ってみればすぐにわかる。一九七〇年代にＮＡＳＡが広めた宇宙に浮かぶ青い惑星《ブループラネット》の象徴的な映像が表示されるだけでなく、紙の地図や地図帳の上では想像もできなかった地球との対話が可能になるのである。画面の表示を傾けることや上下左右への移動、回転も容易である。地形や対象物をクリックすると詳細な情報が表示され、動画によって時間の経過も表現される。一つの場所に対して様々なデータが層のように積み重ねられており、政治的な境界線や歴史地図なども表示される。ユーザーは任意の場所の任意のデータ層までズームすることが可能で、数千キロメートルの上空から地表数メートルの位置までわずか数秒で移動できる。特定の地域の道路、建物、家々までが写真によるリアルな三次元画像として閲覧できる。グーグルアースのアプリケーションプログラムインターフェース（ＡＰＩ）はインターネットから無料で入手できるため、個人でも企業でもコンピュータがシミュレートする環境の中に仮想地図を構築し、グーグルの地理データを利用して独自の用途にパッケージし直すことも可能だ。[5]グーグルはオンライン上に膨大な地理データを無料で公開しただけでなく、このアプリケーションを利用して各種のＮＧＯ団体が様々な環境保護活動や、自然災害や内戦に対する人道支援活動などを行うことを了承している。

最初に表示される地球の画像の背後には、従来の紙の地図とは比較にならないほどの圧倒的な規模のデータが保存されているのである。閲覧者が見ることのできる地理情報は地球全体で一〇ペタバイトに及ぶ。コンピュータメモリのデータは、〇または一を表わすビットが基本で、八ビットの集まりを一バイトと呼ぶ。英数字一文字は一バイトで表わされる。標準的な八〇ギガバイトのハードディスクには約八〇〇億バイトのデータが保存できる。一ペタバイトは一〇〇万ギガバイトで、通常の書籍であれば五〇〇〇億ページ分の容量となる。英国放送協会（ＢＢＣ）の全番組六カ月分に相当する膨大なデータ量だが、グーグルアースでは閲覧者が座標をオンライン入力するとわずか数秒でその位置の情報が表示される。グーグルアースの技術では画像が最大で毎秒五〇フレーム（ＦＰＳ）の速さで再生されるため、最高の解像度でちらつきのない鮮明な飛行シミュレーション画像を表示することができる。これによりオンラインマッピングの世界では他社の追随を許さぬ優位性を保っている。

一〇年足らずの間に、グーグルアースはこの種のアプリケーションの標準となっただけでなく、地図の地位と地図製作の未来を完全に評価し直し、地図を一般の人々が参加しうる民主的なものにしたのであった。これまでは避けられなかった地図製作者の主観的な先入観や偏見を排除して、地球上のいかなる場所であっても、誰もがそれを見て地図に表わすことができるようになったのである。オンラインで可能となる地図製作の限界が拡大するにつれて、地図の定義もその製作者の定義も拡大している。世界を空間的に理解するグラフィック表現に既存の地図の定義をあてはめるとしたならば、グーグルアースは地図ではない、と多くの地図製作者たちは言うに違いない（グーグルアースの開発者も地図ではなく、好んで「地理空間《ジオスペーシャル》アプリケーション」と呼んでいる)。このアプリケーションは、衛星画像と航空画像を操作することで、現代の地図を特徴づけるグラフィック表現や地図記号を使わずに、写真のようなリアルな表現を生み出している。製作者は正式に地理学や地図製作学の教育を受けた者である必要はないのだ。地理空間《ジオスペーシャル》アプリケーションを生み出した技術革新を可能にしたのはコンピュータ科学者で、現在このような仮想マッピングに関わる者は「地図製作者」ではなく「地理空間技術者」と呼ばれることが多い。

コンピュータ科学者ジョン・ヘネシーは、グーグルを「世界最大のコンピュータシステム」と称賛し、『Google誕生―ガレージで生まれたサーチ・モンスター』の著者デビッド・ヴァイスは「グーテンベルク以降、新しい発明がこれほどまでに人々に力を与え、情報入手の方法を一変してしまった例は、グーグルをおいてほかにはない」[6]と語っている。しかし、誰もが熱狂的に支持しているわけではない。グーグルがウェブ巡回を行ってコンテンツを保存する行為はありとあらゆる著作権を侵害していると訴える者もいる。また、個人の検索履歴を保存できる機能はプライバシーの侵害にあたると主張する者もいる。この批判は、街中の様子を写真画像に収めるグーグルストリートビュー構想で、さらに高まることとなった。特に、中国政府と連携してコンテンツの検閲を行ってきた公民権擁護団体からの非難を受けて、グーグルは二〇一〇年一月、中国政府が機密にあたると判断した情報の収集を中止する決定を下した。またグーグルは、イラン、北朝鮮、インドなどの国々からも、地理空間アプリケーション内の軍事機密区域の表示に関して批判を受け続けている。二〇〇五年一二月、インド連邦科学技術庁長官V・S・ラママーシーは、グーグルのデータが「国家の安全保障を脅かす可能性が高い」[7]として懸念を表明した。米国内の著作権とプライバシーにまつわる訴訟の多くでは、グーグルは勝訴してきた。新しく制定される「地理空間情報の利用に関する法律」の分野では、法的に許容される限界の試金石となる高度な技術アプリケーションを提供するグーグルに追随できるよう努力が続けられている。[8]

地理学研究や地図製作業務に携わる者の多くは、グーグルアースに疑念を抱き、警戒している。従来の印刷ベースの地図産業の終焉と紙の地図の消滅の前兆であると見る者もいる。その一方で、地図製作の質の点では逆行していると指摘する者もいる。「素人」が作った個人向けの地図は、専門的な検証と評価の手続きが基本的に欠如しているからだという。グーグルアースは、特定の地理空間世界像を強要することで地図を画一化する、サイバー帝国主義を行っているという批判にも晒されている。[9] 英国地図製作協会会長メアリー・スペンスは、二〇〇八年に多くの会員の懸念を代弁して、英国陸地測量局などの国家が支援する基準地図は、従来の地図に見られる中規模のデータを表現するようには設計されていないため、オンラインマッピング（とりわけグーグルマップ）はこのような基準地図の細部や包括性には合わない部分があると述べている。[10] また グーグルは、比較的基本的なプログラミングを用いて、各種の衛星画像提供会社からライセンス供与された素材を組み合わせる、データ集積業者としての役割を果たしているにすぎないとして、アプリケーションの革新性を疑問視する者もいた。しかし、グーグルはデータ提供企業を完全には公表していないため、データの品質やその表示方法を評価することはほぼ不可能である。[11]

NASDAQ（米国の新興企業向け株式市場）で取引されているインターネット関連の富裕な多国籍企業は、仮想的な地図の無償配布や第三者によるオンライン利用の承認など、利益追求とは一見矛盾するようなことを行っているが、グーグルのような企業の多くは、ウェブサイト上の広告やスポンサーつきリンクから莫大な収入を得ている（二〇一一年の第三四半期には、同社の純利益は二六パーセント増え二七・三億ドルとなった）。このようなアプリケーションの未来を予測することは誰にもできない。技術は日々進化しているため、いまはまだその歴史について語る必要もないだろう。そこで本章では、グーグルアースとは何なのか、地図製作の長い歴史の中でどのような位置を占めるのかを明らかにしていきたい。[12]

本書で紹介した地図はいずれも、特定の文化的な世界観を構築し、それを表現してきた。グーグルアースのような地理空間アプリケーションの開発ほど、急速な進化の過程を明確に示しているものはない。一〇ペタバイトもの地理データを数秒以内に利用可能にするこのアプリケーションの能力は、情報技術の世界で現在進行している最も劇的な変化の兆候の一つにすぎない。この変化は世界を根底から揺さぶるもので、スペインの社会学者マニュエル・カステルはこれを「情報時代の始まり」[13]と呼んだ。

カステルは一九九八年の著書の中で、我々は「情報を中心とする技術革命」[14]を経験していると論じ、彼はこれを、社会的行動が電気的に処理された情報ネットワークの周囲に構築される〝ネットワーク社会〟と名づけた。[15]このような社会は、経済組織にとって情報と情報処理が最優先される「情報主義の精神」を生み出す。カステルは、通信、コンピュータ、マイクロ電子機器などの瞬時に電子交換を行う回路が、新しい空間環境を生み出しつつあると考えている。ある評論家はこれを「デジプレイス」[16]と呼んでいるが、そこではネットワーク接続された個人が終わりのない仮想情報の流れの中を航海し続けるのである。デジプレイスは、街中の散歩から買い物やゲームに至るまで、現実からしだいに仮想的になっていく空間の中を移動するようにユーザーを促すことで、この世界の中で自らの居場所を理解させるのである。[17]こう言うと、「現実の」世界が仮想的なデジタルの世界で置き換えられる、SF小説の中の反理想郷《ディストピア》のように聞こえるかもしれない。しかしカステルは、我々はそもそも様々な表現や記号を通して世界を理解しており、「すべての現実は仮想的に理解されている」と指摘する。ネットワーク社会はカステルの言う「真の仮想性」を生み出す新しい通信システムに相当する。これは「現実そのもの（すなわち、人々の物質的／象徴的存在）が仮想的なイメージ設定の中で捉えられ、そこに埋め込まれる」システムであり、そこでは「外観は経験がやりとりされるスクリーンの上にあるのではなく、経験そのものになる」のである。ネットワーク社会の中核をなすのは情報である。ジェイムズ・グリックによれば、「情報とは我々の世界を動かしている血液であり燃料であり、活力の源である」という。現代の自然科学者は、神羅万象を「宇宙の情報処理装置[18]」と捉えている。「世界の情報を体系化し、それを世界中からアクセス可能で有益なものにする[19]」という使命を掲げ、ネットワーク社会と「情報主義の精神」の隆盛を見事に実証した企業は、グーグルをおいてほかにない。グーグルアースのようなアプリケーションによって、地図製作という言葉がどれほど大きく変わったのかを知るためには、二〇世紀後半に起こった情報通信の理論と実践の重大な変化を理解しなければならない。

一九四〇年代後半、米国の数学者とエンジニアのグループは、確率過程と呼ばれるランダムで予測不能に見える事象を予測する方法の開発に取りかかっていた。ノーバート・ウィーナー（一八九六—一九六四年）、クロード・シャノン（一九一六—二〇〇一年）らは第二次世界大戦中、点火のメカニズムや暗号解読のような確率論的な問題に関する研究に従事していた。彼らは人と機械との間の無作為な伝達行為を、明確に解読し予測しうる複雑な「制御系」を提案し始めていた。一九四八年、ウィーナーは「機械あるいは動物のどちらが対象であっても、制御および通信理論の領域全体をサイバネティクスと呼ぶことにした」と書いている。サイバネティクスとは、船の操舵手を意味するギリシャ語のキベルネテスが語源で、制御または管理を定義するために使われている[20]。

ウィーナーは「脳と計算機は共通点が多い[21]」と確信していたが、シャノンは「通信の数学的理論」と題して一九四八年に発表した論文の中で、この考えをさらに一歩推し進めたのであった。情報伝達の行為には二つの問題が絡んでいるという。それはメッセージを定義する行為と、送信元から受信先へのメッセージ伝達に影響を及ぼす「ノイズ」の干渉であった。シャノンにとってメッセージの内容は問題ではなかった。彼はメッセージ伝達の効率を最大にするため通信を水路に見立てた。メッセージは送信元を出て伝送装置に入り、特定の媒体を介して伝送されるが、そこで様々な不適切な「ノイズ」に遭遇したのちに意図した行き先に到達し、そこで受信者によって解釈される。このたとえは人間の言語の機能的な説明を利用したものであるが、電報、テレビ、電話あるいは無線などの機械的なメッセージにも適用可能である。シャノンは、このようなメッセージは（言語も含め）すべて、一と〇からなる音波を介して、デジタルでの伝送と計量が可能であることを示した。[22] またシャノンは、「2を基数として使用すると、得られる単位は二進数、あるいはもっと単純にビットと呼ぶことができる」と述べて、計数可能な情報の単位としてビットという用語を導入している。[23] シャノンはさらに、信号（すなわち情報の単位）の効率を最大限に高め、「ノイズ」（保証されていない誤り）の伝送を最小限に抑える、複雑なアルゴリズムを用いる確率理論を開発している。[24]

　今日、シャノンの論文は多くのコンピュータ技術者によって「情報時代のマグナカルタ」とみなされている。シャノンは、デジタル情報を迅速かつ確実に保存して伝達する方法と、データを様々な形式に変換する方法を示し、定量化と計数を可能にした。これにより情報は代替可能となり、定量化して他の商品に置き換えることもできるようになった。計算機ハードウェアの領域に関する理論が及ぼした影響は広範囲に及び、地図製作学などの他分野にも波及した。これ以降二〇年にわたり地図製作者は、シャノンの理論を応用して、いわゆる「地図情報伝達モデル《マップ・コミュニケーション・モデル》」（MCM）に基づいて、地図を理解する新たな方法の開発に着手したのであった。一九七七年、アルノ・ペータースの宿敵アーサー・ロビンソンは、「情報伝達手段としての地図に対する関心の高まり」[25]を受けて、地図の機能の抜本的な再評価を提案した。これまでの地図の理論は、地図が完成すれば終わりであった。興味の対象は、地図製作者の主観的な判断により地図の中に組み込まれる共通点がなく矛盾に満ちた（すなわち「ノイズに満ちた」）大量の情報に対して、地図製作者がどのような順序づけを行うのかという点にしかなかった。ロビンソンはシャノンの通信理論を用いて、地図は地図製作者からのメッセージを閲覧者まで運ぶ水路にすぎない、と示したのであった。

　地図製作の研究に与えた影響は重大であった。ロビンソンの地図情報伝達モデルが求めたのは、地図を設計する際の主観的かつ審美的な要素を分析することではなく、地図の機能的かつ認知的な側面について新たに評価し直すことであった。その結果、地図製作のプロセスが見直され、地図製作者が地理学情報をどのように収集、保存、伝達するのかが明らかにされ、閲覧者が地図をどのように理解し利用しているのかについても研究が行われた。ロビンソンの地図情報伝達モデルは、情報伝達の能力を最大限に高め、ノイズを最小限に抑えるためだけにシャノンの理論を利用したのではない。大量のノイズと様々な地理学上の風聞《アコエ》を有効で意味のある地図にどのように組み込むのか、という少なくともヘロドトスやプトレマイオスの時代からの難題に取り組んだのであった。情報伝送時の「ノイズによる」干渉に関するシャノンの理論を応用して、ロビンソンは障害を最小限に抑えて、地図情報を効果的に伝えることを狙った。そのためには、地図のデザイン（色の使用方法や文字デザインなど）を統一し、（閲覧者に合わせて）閲覧条件を改善し、イデオロギー的な「干渉」（一九七〇年代にロビンソンがペータースを攻撃した際には共感を呼んだ問題）を避けることが必要であった。シャノンの通信理論とロビンソンの地図情報伝達モデルをその後のコンピュータ技術に直接組み込んだことで、グーグルアースのようなデジタル地理空間アプリケーションにより、形態と機能が完全に結合された地図を作るという夢は実現し、閲覧者はいつでもどこからでも世界の地理学情報を瞬時に取り出せるようになったようである。

　クロード・シャノンの理論は、情報とその電子通信の本質に対する認識を変え、その後のコンピュータ技術の発展の基礎を築いた。情報技術（ＩＴ）の驚くべき成長もグーグルアースのようなグラフィック・コンピュータ・アプリケーションも、シャノンの数学的かつ哲学的命題のおかげであった。しかし、一九四〇年代にシャノンの通信理論を実践するには、ある程度の計算機能力が必要であった。電子技術の分野はその後長きにわたり飛躍的な進歩をとげることになるが、当時は誕生したばかりであった。一九四七年、シャノンの理論が登場する以前に、ニュージャージー州のベル研究所で発明されたトランジスタ（半導体素子、いわゆる「チップ」）によって、機器間の電子信号処理をこれまで想像もできなかった速さで行うことが理論的に可能となった。しかし、最適な状態で利用するためには、適切な材料から作る必要があった。一九五〇年代にはシリコンを使ってトランジスタを製造する新しいプロセスが開発されたが、この技術はカリフォルニア州北部（のちのシリコンバレー）を拠点とする企業によって、一九五九年に完成されることになる。一九五七年にはジャック・キルビーとボブ・ノイスによって集積回路（ＩＣ、一般的には「マイクロチップ」と呼ばれる）が発明され、トランジスタを軽量かつ安価に集積することが可能になっている。一九七一年には、インテルの技術者テッド・ホフ（彼もシリコンバレーで働いていた）によって、「チップに載ったコンピュータ」と言われたマイクロプロセッサが発明されたことで、集積回路の開発は一時代を画した。[26]シャノンの理論を検証するのに必要な道具立てがすべて揃ったのであった。

しかし、当時は途方もない費用がかかっていたため、初期の技術開発の成果が政府の軍事および防衛の用途以外に及ぶことはなかったが、一部の地理学者は新たなデータ表示手法の開発にシャノンのアイデアを既に利用し始めていた。その後の地理空間アプリケーションにおける最も重要な実践的技術革新は、一九六〇年初めの地理情報システム（ＧＩＳ）の登場であった。ＧＩＳとは、地理学データの管理、分析および表示にコンピュータのハードウェアとソフトウェアを使用して、地理情報資源の設計と管理の問題を解決するシステムのことである。確実に標準化を行うため、結果は地球を扁平楕円体として扱う実証済みの地球座標系上の地図で参照された。

一九六〇年、英国の地理学者ロジャー・トムリンソンはカナダのオタワにある航空測量会社で、政府出資による農業、林業および野生生物に適した土地の現況と将来性を評価するための目録《インベントリ》作成に従事していた。カナダほどの大きな国になると、農業地域と森林を網羅するには、縮尺五万分の一の地図が三〇〇〇枚以上も必要で、地図製作後には情報の照合と結果の分析も行わなければならない。そのため政府は地図データの作成には、五〇〇名の専門職員で三年を要すると予想した。しかし、トムリンソンには一つのアイデアがあった。コンピュータにトランジスタが導入されたことで処理速度が向上し、多くのメモリを搭載できることを彼は知っていた。「コンピュータは計算機であると同時に情報を保存する装置にもなりうる。技術的な課題は地図をコンピュータに入力すること、すなわち形状と画像を数値に変換することだ」とトムリンソンは考えていた。当時利用できた最高のマシンはＩＢＭのコンピュータだったが、搭載メモリは一万六〇〇〇バイト、価格は六〇万ドル（現在の価値で四〇〇〇万ポンド以上）、重さは三六〇〇キログラム超という厄介な代物だった。[27]

一九六二年、ついにトムリンソンはカナダ土地目録《ランド・インベントリ》の計画を実行に移した。シャノンの通信理論とロビンソンの地図情報伝達理論の成果を実証可能な形で示し、これを地図情報システムと呼んだ。このシステムは「地図を数値の形式で入力して相互に結合し、地域や国あるいは大陸の天然資源を完全な図面で示すことができる。また、これらの資源の特徴の分析にコンピュータを使用することもできる。……合理的な天然資源管理のための戦略立案にも役立つ[28]」はずであった。彼の提案は承認され、カナダ地理情報システム（ＣＧＩＳ）は世界で最初のＧＩＳとなったのであった。このシステムで得られる地図の色、形、輪郭、起伏を表現する能力は、印刷技術（当時はドットマトリクスプリンタ）によって制約されたが、この段階での真の問題点は、大量のデータを照合するための容量にあった。

ＣＧＩＳは一九八〇年代に入っても健在で、改良された技術を利用して、部分的に双方向性の機能を備えた七〇〇〇点以上もの地図を生み出していた。ＣＧＩＳに刺激されて北アメリカでは数百ものＧＩＳシステムが誕生した。その中には、一九八八年に実質的に米国政府の出資によってその基礎が築かれた、国立地理情報分析センター（ＮＣＧＩＡ）も含まれていた。このようなＧＩＳの発展は、地図の特徴と利用法に著しい変化をもたらした。コンピュータによる再現を可能にする新たな世界に突入しただけでなく、ノイズのないシャノンの通信モデルの実現を約束し、地理情報を体系化して提示する刺激的な新手法を促進したのであった。[29]

CGISの実装を開始した頃には、トムリンソンは想像を逞しくすることがあった。全世界を詳細に網羅するGISデータベースを誰もが利用できたら、どんなに素晴らしいだろうかと。一九七〇年代には、この考えは空想科学小説そのもので、当時のコンピュータの能力ではトムリンソンの願いを叶えることはできなかった。しかし、この頃からコンピュータ科学は地理学者に取って代わるようになる。シャノンによって計数可能な情報の通信理論がもたらされ、集積回路とマイクロプロセッサの開発によって、電子化されたデータの潜在能力は大きく変化し始めていた。数百万「ビット」の情報からなる高解像度グラフィックスを描画する能力を備えたハードウェアとソフトウェアの開発は課題の一つであったが、情報自体はグローバル電子ネットワークであるインターネットによって、全世界のユーザーに配信可能であった。

今日のインターネットは、ソ連からの核攻撃の脅威に備えるため、米国防総省国防高等研究計画局によって一九六〇年代後半に開発された。国防総省が必要としていたのは、核攻撃に強くシステムの一部が破壊されても自立する通信ネットワークであった。このネットワークはコントロールセンターから独立して動作し、送信元から受信先まで複数のチャネルを使って瞬時にデータを迂回させることができる。最初のコンピュータネットワークは、一九六九年九月一日にカリフォルニア州とユタ州の四台のコンピュータをオンライン接続したもので、ARPANET《アーパネット》[30]と名づけられた。最初の年には、ARPANETへの公衆回線接続は高価（五万—一〇万ドル）であり、プログラムコードの使い方も難しかったため、双方向利用は限られていた。徐々にではあったが、一九七〇年代には技術開発が進み、ネットワークの可能性は大きく広がり始めた。一九七一年、米国のコンピュータプログラマ、レイ・トムリンソンは、アットマーク（@）を使って個人名とコンピュータ名を識別する最初の電子メールをARPANET経由で送信した。一九七八年にはモデムが発明され、ARPANETを使わずにパーソナルコンピュータでファイルを送信することが可能になった。一九八〇年代には、多くのコンピュータネットワークで使用できる共通の通信プロトコルが開発され、一九九〇年にジュネーブのCERN《セルン》（欧州原子核研究機構）で誕生するワールド・ワイド・ウェブへの道を開いた。ティム・バーナーズ゠リーとロバート・カイリューの率いる研究者チームは、ハイパーテキスト・トランスファー・プロトコル（HTTP、ウェブページ上に配置した情報へのアクセスや送信の方式）とユニフォーム・リソース・ロケータ（URL、インターネット上の文書や情報資源に対し固有のアドレスを指定する記述方式）を用いて、場所ではなく情報によってインターネットサイトを構築可能にするアプリケーションを設計した。[31]

情報技術の発展は、一九七〇年から九〇年に起こった西欧資本主義経済の深刻な構造改革と軌を一にしている。終章で述べるように、一九七〇年代の世界的な経済危機により、各国政府は一九八〇年代に規制緩和や民営化によって経済改革を進めたため、資本と労働組織との間での社会保障制度と社会契約は衰退した。そのため、技術革新によって生産性を高め、経済生産をグローバル化することが求められた。カステルが述べたように、資本主義の再活性化と電子技術との間の関係性は、相互に自己強化的であり、「大国の技術に役立つように、技術の力を利用して技術そのものを一新するという旧社会の試み[32]」を特徴とする。一九七〇年代の経済危機と政治的不平等に直接的に対処しようとしたアルノ・ペータースの一九七三年の投影図法とは対照的に、一九八〇年代初めに登場する次世代の地理空間アプリケーションは、レーガノミクスやサッチャーリズムなどの経済政策から生まれたものであった。

この経済変革の成果は、一九八〇年代にカリフォルニアのシリコンバレーに誕生し、使い勝手の良いグラフィックス開発を始め、オンラインユーザーの将来像を先取りしたコンピュータグラフィックス企業の隆盛にも見ることができる。一九八〇年代後半、マイケル・T・ジョーンズ、クリス・ターナー、ブライアン・マクレンドン、レミ・アーノルド、リチャード・ウェッブは、これまでは想像もできなかった速度と解像度でグラフィックスを描画するアプリケーションを設計するためイントリンシック・グラフィックス社を設立した。イントリンシック社はその後、一九八一年に設立されたシリコングラフィックス社（SGI）によって買収され、三次元グラフィックス表示システムに特化するようになる。当時SGIは、自社の新技術を実証する最も説得力のある方法は、この技術を視覚的に見せることであると考えていた。

そのSGIに大きな刺激を与えたのが、一九七七年にチャールズ・イームズとレイ・イームズ夫妻によって作られた九分間のドキュメンタリー映画『パワーズ・オブ・テン（一〇の累乗）』であった（カラー口絵54）。映画はシカゴの公園にピクニックにやってきた一組のカップルの映像から始まる。カメラから彼らまでの距離は一メートルだ。カメラは徐々にズームアウトし、一〇の二五乗（10^{25}）メートル、すなわち一〇億光年の宇宙の彼方にまで遠ざかる。カメラは再び公園のカップルまで戻ると、今度は男の手に近づいていく。体内の分子構造に迫り、最後は一〇のマイナス一七乗（10^{-17}）メートルという距離で炭素原子の内部を映し出す。[33]製作者はこの映画に宇宙のつながりというメッセージを込めたが、それは数学的なスケールでグラフィックスを視覚化することで可能となったのである。この映画はすぐに科学界の内外で大いに話題になった。SGIの課題は、『パワーズ・オブ・テン』で示されたように衛星画像とコンピュータグラフィックスを一体化して、一〇の累乗（あるいは他の乗数）計算で停止することなく、地球と宇宙との間を滑らかにズームできるようにすることであった。地球の上空から宇宙の深部までの飛行体験を完全にシミュレートするためには、技術的な操作を隠す必要があった。

一九九〇年代中頃には、SGIは新機能の実証に取り組んでいた。彼らは、「クリップマップ」テクスチャユニットと呼ばれる革新的なコンポーネントを使用した「インフィニットリアリティ」というハードウェア上での作業を開始していた。[34]クリップマッピングとは、画像を異なる解像度で画面上に迅速に表示することを可能にする、巧妙な前処理の手法である。これはMIP《ミップ》（multum in parvo というラテン語の頭文字で、「小さな空間内の多数の物」を意味する）マップと呼ばれる技術を改良したものであった。この手法は米国の地図のような大きなデジタル画像を、例えば一〇メートルの解像度で作成するような場合に有効である。画像の大きさは四二万×三〇万ピクセルもの領域に及ぶことがある。ユーザーが一〇二四×七六八ピクセルのモニタ上に画像を表示した場合、各ピクセルデータは地図上の数千ピクセルに対応する。クリップマッピングでは、画像に対して低解像度の前処理データを追加することによって、若干大きなソース画像を作成する。コンピュータが低解像度の画像を描画する場合には、フルサイズの画像から各ピクセルを間引く必要はなく、しだいに小さくなるように前処理された低解像度ピクセルデータを使用すれば済む。この革新的なアルゴリズムを使えば、クリップマッピングに必要となるのは位置情報だけで、どこに位置しているのかがわかれば、より大きな仮想「テクスチャ」から要求された特定のデータだけを表示し、不必要なデータは切り取ってしまえばよいのである。したがって、宇宙から地球に向かってズームしているときには、システムは画面上にユーザーの視点の中心の情報だけを提供し、その他の情報は破棄しても構わない。これによりアプリケーションはメモリを大幅に節約することになり、家庭用コンピュータの上でも迅速かつ効率的な動作が可能となる。イントリンシック・グラフィックス創業初期の社員アヴィ・バージーブによれば、このアプリケーションは「ストローを使い地球全体を区分的に吸い上げる」[35] ことができる。クロード・シャノン的に説明するならば、クリップマッピングとはグラフィックス処理装置上にできるだけ小さなデータで転送することで、処理速度を最大限に高め、自然地理のような複雑な実体のリアルタイム動画も可能にする。

SGIの技術者マーク・アービンは、商用衛星と航空写真による地球のデータを利用して、「新しいテクスチャリング機能を誇示でき、他社の追随を許さぬ画期的なデモ映像を作ることが我々の目的だった」と語っている。アービンが公開した〝スペース・トゥ・ユア・フェイス〟というデモンストレーションは、地理学ではなくコンピュータゲームに触発されたものであった。アービンによれば、「地球全体が見える宇宙空間からスタートして、徐々にズームインしていくことに決めた」のは、書籍版の『パワーズ・オブ・テン』を見たからだという。彼の作ったデモ映像では、視点は宇宙からヨーロッパに向けられていく。

ジュネーブ湖が見えてくると、次はスイスアルプスのマッターホルンに照準が定められる。さらに下へ下へと向かって行き、最後は（ビデオゲーム機の）ニンテンドウ64の三次元モデルに到達する。このゲーム機もSGIが設計したグラフィックスチップを搭載しているからである。ニンテンドウ64のケースを通り抜けてさらにズームアップして行くと、SGIのロゴがついたチップの前で停止する。次の瞬間、ズームバックを開始して、再び地球を見下ろす宇宙の彼方までワープするのである。[36]

SGIの「画期的なデモ映像」は見る者に強い印象を与え、熱狂的に歓迎されたが、ソフトウェアにもデータにもさらなる研究が必要とされていた。大企業も既にこのようなアプリケーション開発の可能性を視野に入れ始めていたため、彼らは迅速に対応しなければならなかった。一九九八年六月、マイクロソフトは（マイクロソフトリサーチ（MSR）マップスの先駆けとなる）TerraServer《テラサーバー》を立ち上げた。テラサーバーは、米国地質調査所（USGS）とロシア連邦宇宙局の協力により、航空写真画像を使用して米国の仮想地図を製作したのである。しかし、マイクロソフトでさえも、このアプリケーションの重要性を完全には把握していなかった。最初はSQLサーバーがクラッシュすることなく、どれだけのデータを保存できるのかを試験するために開発されたものであった。内容は二の次で、データの大きさだけが問題とされたが、二年足らずの間にデータサイズは二テラバイトを超えた。[37]

テラサーバーが増大を続ける間に、SGIは大きな技術的躍進を遂げた。クリス・ターナーという技術者がPC用のソフトウェアでクリップマッピングを行う方法を発明したため、二〇〇一年にはキーホールという新しいソフトウェア開発会社が設立された。キーホール設立の目的は、この新しい技術を活用して新たな用途を探ることであり、マーク・アービンを始めとするチームの多くが抱き続けてきた疑問、すなわち、クロード・シャノンの通信理論によって提起された「実際に何の役に立つのか」[38]という疑問に答えることであった。シャノンの理論では情報の内容は問題ではなかった。重要なのはそれをどのように保存し、やりとりするかであった。この段階でSGIが地理データに焦点をあてて開発を行っていたのは単なる偶然にすぎなかった。地球上のグラフィック情報を高速描画できる機能は人々にとって魅力的に違いないとアービンは考えていたが、それは技術を超えた魔法の様なものであった。当時「実行可能なアプリケーションプラットフォーム」[39]はなかったが、明らかに革新的なツールであったため、会社はこの新しいアプリケーションに興味を示した。データは定量可能であり、計数可能でもあるが、利用価値の如何によって測るわけではない。一五世紀後半の印刷術と同じように、SGIやマイクロソフトなどの企業のコンピュータ科学者たちは、新しいメディアで地理情報を描く際の技術的課題に取り組んでいたが、新たな形態によって地図の概念がどのように変貌するのかについては、ほとんど予測もつかなかった。

コンピュータ技術者たちは、人が想像しうる最も不変的かつ象徴的なイメージである、天空からの地球の姿を描き、時空を超えた全能の神の居場所から地球へ舞い降りる能力を引き出しつつあることを実感し始めていた。二〇世紀末には、クリントン政権による二つの政治的な介入によって、卓越した世界観にさらに別の視点をもたらす技術革新が強力に推進されたのであった。一九九八年一月、アル・ゴア副大統領はロサンゼルスのカリフォルニア科学センターで『デジタルアース：二一世紀の地球を知る』と題した講演を行った。彼は講演の冒頭で、「技術革新の新しい波によって、私たちはこの地球と多種多様な環境および文化現象について、これまで想像もできなかったような大量の情報を収集し、保存し、加工して表示することができるようになった。この情報の多くは、地球表面の特定の場所を参照することによって得られる〝地理参照〟情報である」と語っている。ゴア副大統領の目的は、この情報を「デジタルアース」と呼ぶアプリケーションの中で利用することであった。デジタルアースは「複数の解像度を有する三次元表示された地球で、この中には膨大な量の地理関連データを埋め込むことができる」という。

博物館に入りデジタルアース・プログラムを利用する子どもたちの姿を想像してみようと、ゴアは聴衆にこう語りかけた。

ヘッドマウントディスプレイを装着すると、宇宙に浮かんだ地球が目に飛び込んできます。データグローブを使うと地球はさらに高い解像度でズームアップされ、大陸、地域、国、都市、最後には一軒一軒の家、木々、その他の自然や人工物までも見ることができるのです。地球上で興味のある場所を指定して探検することも可能で、地形の三次元表示によって「空飛ぶ絨毯《じゅうたん》」に乗った気分を味わうことができるでしょう。言うまでもありませんが、地形は子どもたちが触れることのできるたくさんのデータの一つにすぎません。

ゴアは「このシナリオはまるでSFのようだ」と認めたうえで、「政府や産業界、あるいは学問研究の世界においても、単独の組織で実現できるプロジェクトではない」と述べている。このような構想が実現されたならば、その影響は世界中に波及する。仮想的に外交を促進し、犯罪を撲滅し、生物多様性を保護し、気候変動を予測し、農業の生産性を高めることができるかもしれない。未来への方向性を示しながらも、ゴアは「とりわけ画像の自動認識、複数の情報源からのデータの融合、地球上の特定の場所に関するウェブ上の情報の検索とリンクを可能にする知的エージェントなどの領域における」膨大な知識を統合し、自由に流通させるにあたっては課題があることも認識していた。しかし、彼は「この刺激的な構想の推進を可能にする十分な要素が既に整っている」と考え、「解像度一メートルで世界のデジタルマップを開発するよう努力すべきである」[40]と提案したのである。

クリントン政権はオンライン情報開放のニーズがそこだけで終わらないことを理解していた。一九六〇年代に開発が始まって以来、全地球測位システム（ＧＰＳ）は地球を周回する数十個の衛星を介して、米空軍によって管理されていた。ＧＰＳ信号により、米軍の受信機は地球上の任意の位置を一〇メートル未満の精度で特定することが可能であった。民間人でもＧＰＳ受信機に数千ドルをかける覚悟があればこの信号を受信することはできた。しかし、国家安全保障上の理由から、米国政府は選択利用性《セレクティブ・アベイラビリティ》（ＳＡ）と呼ばれるプログラムを利用して、民間向けの信号にフィルタ処理を施していたのである。そのため信号の精度は落とされ、位置は数百メートルの範囲でしか特定できないため、ほとんど実用にはならなかった。クリントン政権は様々な業界からの激しい陳情攻勢を受けていた。とりわけ自動車業界は、車載ナビゲーションシステムなどの各種の派生商品を実用化するには、精度の高い信号が必要であったため、ＳＡの規制撤廃を望んでいた。

アル・ゴアが業界を擁護したこともあって、クリントン政権は二〇〇〇年五月一日午前零時をもってついにＳＡを廃止した。その結果、ＧＰＳ信号はより強力で精度の高いものとなった。民間企業は直ちにこの決定の重要性を理解し、オンラインマップを公有財産《パブリックドメイン》にし始めたのであった。マップクエスト・ドットコム（一九九六年設立のオンラインマップサービス会社）の創設者の一人サイモン・グリーンマンは、これは「地図を無償で大衆に開放するインターネットの力を多くのＧＩＳ業界関係者が目撃した」[41]歴史的瞬間であったと語っている。マルチマップ（一九九五年設立）のようにデジタルマップの販売を開始した会社もあれば、比較的安価な個人用衛星ナビゲーションシステムなどのＧＰＳ装置を市場に投入する会社もあった。アヴィ・バージーブはゴア副大統領のデジタルアースとＳＡ構想の重要性を確信し、こう語っている。

インターネットがオープンなメディアでなかったなら、（このブログも）グーグルアースも存在していなかっただろう。だから、我々はアル・ゴアに感謝しなければならない。彼の政治をどう考えるかは別として、グーグルアースの背景にあった明確な動機の一つは、シームレスな地球全体の映像を人々に示し、その映像を自由に操ることができるツールを提供したいという、共通の願いであった。[42]

二一世紀の最初の数年間でこの二つが進展したことにより、地理空間アプリケーションの開発に弾みがついた。しかし、二〇〇〇年から二〇〇一年にかけて、熱に浮かれたインターネット業界で最優先されたのは、商業的に生き残るための緊急措置であった。二〇〇〇年三月、インターネット業界のバブルが突然はじけ、IT企業の価値は世界中で一兆ドルも下落したからであった。キーホールでは、アル・ゴアの「デジタルアース」の構想に従って、Earthviewer《アースビュアー》と呼ばれるアプリケーションの開発が始まっていたが、マーク・アービンらが考えたのは、アースビュアーはコンシューマ製品として販売可能であるが、広告によって収益を上げるビジネスモデルはあきらめなければならない、ということであった。そこで、「インターネットバブルの崩壊によって、会社はこのようなビジネスモデルを支援する資金を集めることができなくなり、方針を転換して商用アプリケーションに集中する[43]」こととなった。既にソニー・ブロードバンドからの出資を受け入れていたが、キーホールはさらに幅広い出資企業を獲得するため、手始めに不動産市場に狙いを定めていた。北アメリカのデータは容易に入手できたが、アクセスできるツールは限られていたため、不動産に的を絞って地域を検索するアプリケーションとして利用するのは魅力的に思われたからである。

二〇〇一年六月、キーホールは業界の評論家による称賛を背景に、鳴り物入りでアースビュアー一・〇を市場に投入した。販売価格は六九・九五ドルであったが、機能が限定されたお試し版は無料で配布された。初期のバージョンで利用できる情報データベースは五〜六テラバイトに限定されていたが、製品を購入したユーザーは、これまでにない高い解像度で高速に、地球の三次元デジタルモデルの中を飛び回ることができた。地球全体をカバーする画像は残念ながら低解像度で、米国外の主要都市については表示の質が良くないものも多く、全く表示されていないものもあった。理由は単純であった。地球全体を網羅するデータのライセンス使用を商用衛星企業から許諾するだけの資金的な余裕が、キーホールにはなかったのである。そのため、英国の表示も一キロメートルの解像度で、街路を識別することは不可能であった。表示高度は統一されておらず、ぼけた画像もあり、このアプリケーションによる表示は「平面的」で、三次元表示のうたい文句は多くの評論家から疑問視された。

　しかしながら、このアプリケーションの有用性は不動産市場以外の分野ですぐに明らかになった。二〇〇三年三月、米国および有志連合軍がイラクに侵攻すると、米国のニュースネットワークはアースビュアーを使用して、繰り返しバグダードの爆撃目標を映し出した。新聞各紙はこの放送が「小さなハイテク企業とそこで開発された最新式の３Ｄマップに驚くべき結果をもたらした」と報道した。ユーザーが殺到してウェブサイトが機能停止に陥ると、ＣＥＯのジョン・ハンクは「もっと困った問題が起こっている」[44]と語ったという。ＣＩＡ（中央情報局）は以前からキーホールに興味を示しており、ＣＩＡが設立したIn-Q-Tel《インクテル》という非営利企業を通じて数週間前に資金提供を行った、というのである。これは国家画像地図局（ＮＩＭＡ）のためにインクテルが行った民間企業への初めての投資であった。ＮＩＭＡは一九九六年に設立され、国防総省によって運営されているが、その使命は軍の戦闘と諜報活動を支援するために正確な地理空間情報を提供することにあった。キーホールへの投資を公表するにあたり、インクテルは「キーホールの技術が国家安全保障コミュニティにとって価値のあるものであり、ＮＩＭＡはこの技術を利用してイラクで米軍を支援している」[45]ことを明らかにした。キーホールがＣＩＡに対して具体的に何を行ったのかは明らかにされなかったが、資本が導入されたことによって同社の短期的な成功は約束された。二〇〇四年後半までに同社は六つのバージョンのアースビュアーを市場に投入した。

次に登場したのはグーグルであった。二〇〇四年一〇月、インターネット検索エンジンの大手グーグルはキーホールの買収を発表したが、買収額は明らかにされなかった。グーグルの製品管理上級副社長ジョナサン・ローゼンバーグは、「この買収はグーグルユーザーに新しい強力な検索ツールをもたらし、地球上のどの場所でも三次元画像を表示するだけでなく、道路やビジネス、その他様々な関心領域のデータベースを利用することを可能にする。キーホールは、世界中の情報を体系化して、広く一般にアクセス可能で有用なものにするグーグルの取り組みに、付加価値をもたらすものである」[46]として、喜びを露わにした。のちにアヴィ・バージーブは、キーホールの買収がグーグルに「巨大な地球儀のように動く」[47]アプリケーションの設計技術をもたらした、と回顧している。しかし、当時は同社の獲得がグーグルの広範なビジネスモデルにとって、どれほど重要なものとなるかを理解していた者は一人もいなかった。

グーグルが世界的に傑出した企業に成長するまでの物語は随所で紹介されているが[48]、オンラインの世界で中心的存在として頭角を現わした背景を手短に説明することで、キーホールがこのような重要な付加価値を同社にもたらした理由も明らかになるであろう。グーグルの創業者セルゲイ・ブリンとラリー・ペイジは、一九九五年にスタンフォード大学で出会っているが、共に計算機科学科の博士課程に在籍する学生であった。当時ワールド・ワイド・ウェブは揺籃期にあったため、ユーザーを無数のサイトやリンクへナビゲートする検索エンジンの開発に、ブリンもペイジも大きな可能性を感じていた。AltaVista《アルタビスタ》などの検索エンジンには、信頼性や関連性の観点に基づいて情報を体系化し、ウェブ上の好ましくない要素（ポルノなど）を除去する「インテリジェントな」検索を行う能力が欠けていた。

一九九〇年代後半の状況を見渡すと、ブリンとペイジにとって課題は明白であった。一九九八年の四月にはこう語っている。「現在、ウェブ検索エンジンのユーザーが直面している最大の問題は、得られる結果の品質である。興味深い結果が得られてユーザー層を拡大することもある一方で、満足のいかない結果に貴重な時間を費やすことも多い」と。彼らの解決策は（ラリー・ペイジの名前をもじった）PageRank《ページランク》と呼ばれるもので、特定のウェブページ内に埋め込まれたハイパーリンク（別の文書へジャンプ可能な関連づけ）の数と質を評価することによって、そのページの重要度を測ることを試みたのである。ページランクを説明するにあたって、ブリンとペイジが地図製作の用語を使っていることは興味深い。一九九八年の段階で彼らは早くも、「ウェブの引用（リンク）件数のグラフは、既存のウェブ検索エンジンではほとんど使われていなかった重要な情報源である」と指摘している。「我々は五億一八〇〇万個のハイパーリンクすべてを含むマップを作成した。これらのマップによりウェブページの『ページランク』を迅速に計算することが可能になり、重要度に関する人々の主観的な考え方に十分に対応した引用の重要度を客観的に測定することができる」[49]というのである。その結果生まれたシステムがグーグル検索の原動力で、二〇一一年には推定で毎秒三万四〇〇〇件（毎分二〇〇万件、一日あたり三〇億件）の検索が行われた。[50]

一九九七年九月、ブリンとペイジは〝Google《グーグル》〟をドメイン名として登録しているが、当初は一〇の一〇〇乗を意味する数学用語〝googol〟を使うつもりが、オンライン登録時のスペルミスでGoogleになったと言われている。登録から一年も経たないうちに、索引づけされたオンラインページは三〇〇〇万ページに達し、二〇〇〇年七月には一〇億ページを超えた。二〇〇四年八月には一株八五ドルで株式が公開され、新株発行によって技術系企業としては最大の二〇億ドルもの資金調達を行った。二〇〇一年から二〇〇九年までの間に、同社の利益は推定で六〇〇万ドルから六〇億ドルへと急増したが、二三〇億ドルを超える売上高の九七パーセントは広告から得たものであった。現在の推定資産は四〇〇億ドルを超える。グーグルが一日で処理する情報量は二〇ペタバイトで、従業員数は世界中で二万名ほどだが、うち約四〇〇名が地理空間アプリケーションの業務に従事している。[51]この驚くべき成長も同じように革新的なビジネス哲学によってもたらされたものであった。世界の情報を体系化するだけでなく、それを誰もがアクセスできるものにしたい。グーグルを駆り立てたものは、同社の企業理念《ミッション・ステートメント》に基づく一連の信念であった。「民主主義はウェブ上でも機能する」、「情報ニーズはあらゆる国境を越える」も彼らの信念だが、最も物議を醸したのは「悪事を働かなくても金儲けはできる」[52]というものであった。

二〇〇四年には、グーグルは情報をデジタルで定量化するというクロード・シャノンの理論を実現したが、問題はその情報をどのように商品化して金銭的な利益に変えるのかという点にあった。グーグルのキーホール買収の動機はこの問いに対する答えと密接に関連していたが、これはまたインターネットが変貌しつつあることを捉える彼らの能力の高さを示すものでもあった。オンライン社会は受け身的に情報を閲覧するだけでなく、コンテンツを作り出す高い双方向性とそれを操作する高度な機能を求めていた。いわゆるWeb 2.0と呼ばれた機能がこれにあたり、ブログや様々なメディアのネットワークやアップロードが特徴となっていた。「世界の情報を体系化する」ことを望むならば、その地理的な分布を表示する何らかの方法が必要になること、しかもその方法は情報を手に入れてやりとりしたいと考える企業や個人ユーザーにとって魅力的なものに違いない、とグーグルは考えていた。実際に必要とされるのは入手しうる最大級の仮想ＧＩＳアプリケーションで、その答えがキーホールのアースビュアーであった。グーグルは買収後すぐに、アースビュアーの販売価格を六九・九五ドルから二九・九五ドルに値下げした。ジョナサン・ローゼンバーグの言葉によれば、グーグルは「中身の検査」に取りかかり、製品のブランド変更を計画したのである。二〇〇五年六月、キーホールの買収から八カ月後、グーグルは新たに無料でダウンロード可能なプログラムとしてグーグルアースを公開したのであった。

初めて触れた評論家は狂喜した。正式公開の数日前にこのアプリケーションを試用した『ＰＣワールド』誌の編集長ハリー・マクラッケンは、「魔法のように魅力的」と評した。彼は「無料ダウンロードアプリケーションの歴史の中で最高のもの」と位置づけ、その利点をわかりやすく紹介している。このアプリケーションを実行するのに能力の高いPCは不要で、ユーザーは世界中のどこへでも滑らかに移動することが可能で、美しい三次元描画による都市や風景は「まさに驚愕に値する」と記している。「グーグルアースは無料プラグラムであるにもかかわらず素晴らしい出来栄えで、第一印象では欠点を挙げるのも気が引けた」とマクラッケンは認めている。しかし、画像の解像度には大きなばらつきがあり、うまく移動できない場所もあった（マクラッケンは香港やパリのレストランを探すのにかなり苦労したという）。米国以外についてはデータが十分でない地域もあり、マクラッケンはアプリケーションの問題なのかそれ以外の問題なのか判別しがたいところもある、と問題点を指摘した。マクラッケンは、公開間近となっていたマイクロソフトのVirtual Earth《バーチャル・アース》が、グーグルアースに匹敵しうるのかどうか思いをめぐらせていたが、グーグルアースがベータ（試用）版で公開されたことを考慮すると、すぐに進化するに違いないと考えた。[53]

マクラッケンの理解では、グーグルアースはキーホールのアースビュアー（どちらも同じプログラムコードを利用していた）を効果的に更新したもので、両者の間にほとんど差はなかった。違いはグーグルアースの背後にある純粋なデータ量の差にあった。グーグルは数億ドルの投資を行って、商用衛星や航空写真による画像を購入してアップロードしたが、その範囲は他社が費用をかけることのなかった画像や目をつけていなかった画像にまで及んだ。アースビュアーのデモンストレーションを初めて見たセルゲイ・ブリンの最初の感想は、単に「格好いい《クール》」[54]というものであった。しかし、買収以前のグーグルの動きを見ると、他の要素については既に準備中であったことがうかがえる。キーホール買収のかなり前となる二〇〇二年頃から、グーグルはデジタルグローブ社などから高解像度衛星画像の購入を開始していた。同社の二機の周回衛星は、五〇センチメートル未満の解像度で、一〇〇万平方キロメートルにも及ぶ地球表面の画像を毎日撮影していた。グーグルはこのデータを一インチあたり一八〇〇ドット（一四ミクロン）の解像度のスキャナで取り込んでいた。画像にはカラー調整と地球表面の曲率を考慮した「湾曲処理」が施された後、ユーザーからアクセスできるように準備された。グーグルは衛星画像だけに頼っているわけではない。飛行機、熱気球、場合によっては凧も使い、高度四五〇〇―九〇〇〇メートルから撮影された航空写真も利用している。[55] 受信するデータはどうしても不鮮明になることがあるため、多様な写真データにアクセスできるようにしておく必要があるのである。二〇〇九年初めには、グーグルが米副大統領官邸などの機密に属する場所をぼかすことで検閲を行っているという報道があったが、これは正しくなかった。検閲は米軍から直接入手した初期データに施されていたもので、グーグルが行ったものではなかった。[56]

　グーグルの多様化の方針によって別の構想も進められていた。二〇〇四年一〇月にキーホールを買収する数週間前に、グーグルはまた、Where 2 Technologies《ホウェア・トゥ・テクノロジーズ》というオーストラリアを拠点とするデジタルマッピングの会社も買収して、新しいグーグルブランドの地図アプリケーションに取り組み始めていた。二〇〇五年二月、グーグルアースが市場に出る四カ月前には、Google Maps《グーグル・マップ》の公開が発表された。[57] 最終的には二つのアプリケーションの相乗効果によって、ユーザーは地表面の写真画質のリアルな画像の上にグラフィックスや仮想地図を重ねることが可能になり、現在ではユーザーがアクセスを希望する情報の種類に応じて、二つのアプリケーションの間を自由に行き来することができるようになっている。

　二〇〇五年の公開以来、グーグルアースは七つのバージョンを経て進化を遂げ、その写実性と解像度を高め、いまでは比類なき水準に到達している。二〇〇八年には、データを拡張する試みとして、グーグルはDigitalGlobe《デジタルグローブ》と商業利用契約を結び、またそのライバル企業であったGeoEye《ジオアイ》とも解像度五〇センチメートルの衛星データを使用する別の契約を結んだのである（同社はさらに精度の高い解像度四一センチメートルのデータを保有しているが、米国政府との使用許諾条項によりそのデータの商用提供は禁じられていた）。[58] そのため、衛星を周回軌道に投入する際にジオアイが使用したロケットには、グーグルのロゴが描かれていた。グーグルアースでの直近の課題は三次元地形モデリングの導入であった。当初、このアプリケーションでは、風景の三次元表示の上に覆いかぶせた衛星画像を効果的に表示していたが、二〇〇五年にマクラッケンが指摘したように、この方法では建物の外観を表示することができなかった。地球を水平方向または斜めの角度から見たときに、遠方を見通すのに必要となるデジタル情報は、上空から直接見下ろす古典的空気遠近法で必要とされる情報よりもさらに込み入ったものになる。グーグルの解決策は、幾何学的配置を利用して人の目を模倣する「レイトレーシング」と呼ばれる技法を使うことであった。アプリケーションは閲覧者が覗き込む視線の方向を特定し、目の周辺視野を特徴づける周囲のデータにアクセスする前に、画面上の視線方向の部分を最初に描くのである。

しかし、グーグルアースの新しい技術革新は、地理空間アプリケーション用に自社で計画した開発内容だけに留まらなかった。グーグルの現在の最高技術責任者でキーホールの共同創立者でもあるマイケル・T・ジョーンズは、現在グーグルマップのAPIが世界中の三五万以上のウェブサイトで使われていることを発表した。[59] 二〇〇八年六月、グーグルは地図アプリケーションとして、Map Maker《マップ・メーカー》と呼ばれる新製品を公開した。これにより、世界一八〇カ国以上で、誰でも自分の住む地域に道路、事業所、学校などの地物を追加・編集したうえで、グーグルマップに取り込むことが可能になったのである。提出された情報は、審査検証システム内で他のユーザーによる検討とグーグルによる確認が行われる。これによりユーザーは独自の地図を作ることができるだけでなく、事実上無料の地理データを享受することができる、とグーグルは説明している。

この取り組みから導かれる一つの重要な結論は、あまねく標準化された仮想的な世界地図が完成するという夢（あるいは不安）は決して実現しない、ということである。ロンドンを拠点に活躍するグーグルの地理空間技術者エド・パーソンズは、最初はグーグルも「世界を一つのグローバルな地図で表現できるという無邪気な考え[60]」を抱いていたことを認めている。しかし、どの国や地域のユーザーも、自然地理や人文地理の特徴を表現する何らかの方法を欲しがっていることがわかると、グーグルはユーザーが自身の文化固有のコードや記号を追加することができるように、地球の基本的な表現をモデル化することを決定した。評論家たちは、マップメーカーによる地図製作計画は英国陸地測量局のような組織による専門的な検討が欠けており、またグーグルはただ同然で情報を集めていると非難した。しかし、この技術革新によって人々は、地図製作史上に類を見ない方法で身近な環境を地図に描くことができるようになったことは間違いない。

グーグルアースがもたらした機能に人々が興奮するのも無理はない。このアプリケーションはいまだ完成の域には達していないが、将来的には世界を網羅して三次元モデリングの開発に取り組むことが既に計画されているため、縮尺一分の一で描くというボルヘスの空想（序章参照）もいまや技術的には可能になっているのである。パーソンズも「インターネットマッピングや地理空間技術に関わっている多くの人々に話を聞いてみるならば、縮尺一分の一の地図を作ることもできるという事実を認めないわけにはいかないだろう」と語っている。しかし、ボルヘスが空想した従来の紙の地図とは異なり、このような仮想的な世界地図では、「現実を複数のレベルで」操作することになる、とパースンズは言う。グーグルでは、いつでも取り出し可能な様々な種類の情報が保存され、縮尺一分の一の地理空間画像の上に幾重にも重ね合わされているため、人々の社会的ネットワーク、資本移動、地下輸送網、各種の商業情報に関するデータなどを、すべて瞬時に呼び出すことができるのである。「リアルな仮想現実」の世界像はグーグルアースによってすぐに提供可能になるが、軍事上および法律上の制約によって公開は制限されることになるだろう。米軍の基幹施設を含む高解像度の衛星画像については、商用のものも含め、そのデータへのアクセスは禁止されている。また、個人のプライバシーに関する懸案事項が地理空間の法律の中でどのように決着するのかもまだ明らかになっていない。衛星画像の解像度は一〇センチメートルになり、いまや個人の顔を識別することも可能になっているが、このようなデータを自由に利用できるのかどうかについて法的な判断が下されるまで、グーグルはデータの公開を待たなければならない。

その間にも、ウェブ上に巨大な地図を作り上げるために、グーグルは検索エンジンと並んで地理空間アプリケーションの開発を続けている。ブリンとペイジは、ページランクの理論を完成したときに、このような開発が行われることを予期していたが、仮想マッピングに対する彼らの当初の理解は、自然の地形を地図化する従来の地図製作の定義とは大きく異なるものであった。ウェブが「インターネットを介してアクセス可能なハイパーリンク文書のネットワークである」[61]とするならば、グーグルは拡大を続ける情報の世界を表現する無限の仮想地図を作ることになるだろう。グーグルアースはそのプロセスを支援する強力な付属物であり、これにより人々はまず自然の地形に注目し、さらに直接見ることのできない無数のデジタル情報層を掘り下げていくことができるのである。二〇一〇年四月、グーグルアースはより重要なアプリケーションとしてグーグルマップのサイトに組み込まれたため、ユーザーは両者の間を自由に行き来できるようになった。[62]グーグルが地理空間アプリケーションを開発する一つの理由は、地球のデジタル画像があらゆる情報へのアクセス媒体になるからである。二〇〇七年にマイケル・T・ジョーンズはこう記している。グーグルは「アプリケーションとしてのウェブブラウザの役割とコンテンツとしての地図の役割を逆転させ、結果的に地球そのものがブラウザとなるユーザー体験を生み出しているのである」[63]と。グーグルによれば、グーグルアースはユーザーが情報にアクセスして閲覧する際の入り口である。これは、少なくとも現時点では、グーグル独自の文化的な信念と前提に基づく世界地図の純粋な定義で、マウスのクリックだけですべての情報が利用できるのである。

仮想地図の上にアップロード可能なデータの規模が限界に達したという兆候はない。二〇一〇年にエド・パーソンズが発表した推計によれば、一九九七年までに人間によって記録されたあらゆるデータがデジタル化されたとすると、その後一三年間のインターネット利用によってデジタルデータの量は倍になっているという。今後、データ量は一年半で倍になるとパーソンズは予測している。推計によれば、現在のウェブのサイズは、一八〇〇エクサバイト（一エクサバイトは一〇の一八乗バイト、すなわち一〇〇京バイト）、通常の書籍であれば一二〇京ページに達する膨大な大きさとなっている。[64] しかし、容量が問題なのではない。「すべての惑星に現在の容量のインターネットがあったとしても、我々はすぐにそれを満杯にしてしまうだろう」とパーソンズは主張する。本当の課題は、地図製作の歴史において常にそうであったように、負担が過大になっても情報をどのように蓄積し続けていくのかという点にあった。グーグルと同社の地理空間アプリケーションは、驚異的なデータ増に対応できる能力を備えているが、そのデータを地図化する作業は、プトレマイオス、アル＝イドリーシーそしてカッシニが証明したように、終わりのない工程となるのである。

一九七〇年、米国の地理学者ウォルド・トブラーは、空間データの特徴について「どれも他のすべてのものに関連しているが、近いものは遠いものより密接に関連している」[65] と述べ、これを「地理学の第一法則」と呼んだ。トブラーはコンピュータ地図製作の先駆者で、この第一法則を提唱したのはデトロイトの人口増加のコンピュータシミュレーションに取り組んでいるときであった。トブラーの第一法則はインターネットを象徴するものであり、世界の相互関連性と人文地理学の地図化におけるコンピュータ技術の重要性を示唆することで、グーグルアースの地理空間技術者を開発に駆り立てる基本理念になっている。この第一法則は、プトレマイオス以来、地理学が常に自己中心的であった事実を物語っている。利用者は地図上で現在位置や自身の属する地域を探すことから始めるが、周辺領域の「遠くのもの」に対する興味はしだいに薄れて行く。グーグルアース（あるいは他の地理空間アプリケーション）にログインすると、多くの人は自身の位置を（地域、市、街あるいは通りなどの言葉で）入力することでこのアプリケーションを使い始める。地理学の知識を深めようと思って使い始めるわけではない。

グーグルにとってトブラーの第一法則は、オンライン上に世界地図を描く方法だけではなく、その情報から利益を生み出す方法をもたらす。エド・パーソンズは「我々にとってグーグルアースとグーグルマップは地理学を視覚化するものである。ほとんどすべての情報に地理学的な内容は含まれるが、多くは埋もれている」と指摘する。パーソンズの推定によれば、グーグル検索の三〇パーセント以上には、何らかの地理学的な要素が明示的に含まれているという。グーグルはその情報を文字や数字で表現するだけでなく、地理学的にも効果的に見えるよう構築している。いまでは地理空間アプリケーションはグーグル検索の中にしっかりと組み込まれている。検索を行うと、空間内に情報を位置づける方法であるマップアプリケーションによる比較がすぐに行える。例えば私が「中華料理店」と入力すると、地元の七軒の一覧がそれぞれの所在地を示すグーグルマップと共に表示される。ほとんどの地理学者は、グーグルアースやグーグルマップの地図製作ツールとしての側面ばかりに固執していたため、このようなアプリケーションに企業が投資することに気づかなかったのである。トブラーの第一法則を受けてパーソンズは、個人の機動性と地理空間アプリケーションへのアクセスの機動性が（携帯電話などによって）高まっていることは、「我々に身近な情報が遠くの情報よりも重要になりつつある」ことを意味すると述べている。彼が取り上げる例は広告である。ある商店が「店舗から一〇〇メートル以内に住み、過去にその店舗で商品を購入しようと思ったことがある人々に広告を見せることができるとしたら、これはかなり有効である。人々はこのような情報にお金を払うだろう」[66]とパーソンズは言う。グーグルの収入を見るとわかるように、企業はこのような情報に実際にお金を払っているのであった。グーグルの管理下に置かれて、クロード・シャノンの計数可能な情報の理論はついに市場性を見出したのである。遠くの場所も仮想的な画像の中では身近にあるため、グーグルにとっては極めて収益性が高いことが実証されている。

マイケル・T・ジョーンズは、キーホールを買収したわずか一年後の二〇〇六年五月に、パーソンズの指摘に期待を寄せて次のように語っている。

グーグルは金を儲けるためにグーグルアースを立ち上げたのではない、というのでは全くの筋違いである。グーグルは収益を上げている実在の企業である。グーグルアースはこれまでは決して実現できなかった方法で世界と世界の情報を結びつけ、何千万人もの人々の想像力を掻き立てている。これはグーグルにとって素晴らしいことである。仮に我々のビジネスモデルが、グーグルへの注目を集め人々に対価を払わせてグーグル検索を使わせるものだったとしても、かなりうまくいったに違いない。我々がグーグルアースに取り組んだ背景に金儲けの意図などないと感じている人々は、我々のビジネスを全く理解していない。我々のビジネスは我々の作ったＧＩＳコンポーネントに関するものではない。これらは我々がビジネスを構築するために使う道具にすぎない。[67]

エコノミストたちが「グーグルノミクス」と呼ぶ電子商取引のモデルもインターネットの成果の一つであったが、二〇〇二年にグーグルが開発したAdwords《アドワーズ》は、検索と連動したオンライン広告スペース販売で収益を上げる新たな手法で、「史上最も成功したビジネスアイデアかもしれない[68]」と言われている。アドワーズは複雑なアルゴリズムを用いてグーグル検索の一つ一つを分析し、検索結果ページの「スポンサーつきリンク」にどの広告主の広告を載せるのかを決定する。企業は世界最大最速のオークションで、ユーザーが自社の広告をクリックするたびにグーグルに対していくら支払うのか金額を伏せたまま入札を行う。次にグーグルは最も高い金額を支払う企業を決定し、金額に応じた順序でその企業の広告をスポンサーつきリンクに表示する。誰かがグーグルで検索を行うたびに、これらの企業は知らぬ間に数十億ドルの規模の世界的なオークションに絶えず参加しているのである。グーグルはこの仕組みを広告主に販売し、「潜在顧客が製品やサービスを検索しているときに顧客とつながることができる魔法の瞬間を提供するが、広告主が料金を支払うのは広告がクリックされたときだけ」[69]でよい。グーグルの広告販売部門の責任者はこれを「クリックの物理学」と呼んでいる。利益を追求するこの仕組みは、より多くのデータを収集する手段にもなっている。技術ジャーナリストのスティーブン・レヴィはこう書いている。

広告販売は利益を生み出すだけではなく、ユーザーの嗜好や習慣に関する膨大な量のデータをも生み出す。グーグルは将来の顧客動向を予測するため、このデータをふるいにかけて処理し、サービスを改良する方法を探り、さらに多くの広告を販売するのである。これがグーグルノミクスの真髄である。グーグルの将来のみならず、オンラインビジネスを行う人々の将来をも左右するのは、絶え間ない自己分析とデータに基づくフィードバックループを備えたシステムなのだ。[70]

グーグルノミクスの中心に位置するのは同社の地理空間アプリケーションである。アドワーズで企業が広告の対象をより効果的に絞り込むことができるように、グーグルアースとグーグルマップは販売する広告スペースを実空間と仮想空間の両方に配置している。マイケル・T・ジョーンズが「地図の新たな意義」を大々的に宣言した最近の講演の中で示唆したように、地理空間アプリケーションは究極の利用法を見出したのである。ジョーンズはオンラインマップを、企業が「すぐに役立つ情報」と交換で手に入れる「事業を行う場所」、すなわち「アプリケーションプラットフォーム」であると定義したのである。[71]同社の地理空間アプリケーション開発の背景には、利益追求の動機があることがしだいに明確になってきたが、ジョーンズの言う「地図の新たな意義」と事業との密接な関係性も彼らが考えるほど目新しいものではない。グーグルアースも交易のために地理情報を地図化した長きにわたる優れた地図製作の伝統の中から誕生したもので、その伝統は少なくとも地中海での必需品であったアル＝イドリーシーの地図にまで遡る。グーグルアースの根底にあるのは、インドネシア諸島での商取引で富を手に入れたいという動機に突き動かされたリベイロの世界地図であり、航海士のためのメルカトル図法やオランダの富裕な商人や中産階級のためのブラウの地図帳であり、さらには、しだいに競争が激化する市場をめぐる帝国の対立を描いたハルフォード・マッキンダーの世界地図だったのである。地図や地図製作者は地理学情報を追求するという公平無私な動機に裏打ちされているように見えるが、この情報を手に入れるためには、それを可能にする支援者、国家の資金あるいは商業資本が必要であった。地図製作と資金はいつの時代にも不可分の関係にあり、特定の支配者、国家、事業あるいは多国籍企業の既得権益を反映してきたが、これは資金提供された地図製作者が行った技術革新を必ずしも否定するものではない。

しかし、グーグルが行っていることと過去に行われてきたこととの間には決定的な違いがある。それは単なる規模の問題ではない。アドワーズやページランクのみならず地理空間アプリケーションを構築する際にも使われたコンピュータのソースコードに関するもので、代替可能な情報をやり取りする方法に関するクロード・シャノンの基本的な定式化に原則として忠実だという点にある。営業上の理由からグーグルはソースコードの詳細は明らかにしていないが、[72] 非公開で自由に利用できない情報に基づいて世界地図が作られたのは、地図製作史上初めてのことであった。これまでの地図製作の方法では、その手法と情報源はすべて最終的には公開されてきた。一六世紀から一七世紀にかけて、地図製作者たちは競争相手に対して詳細を秘匿しようとしたが、結果的には失敗に終わっている。この地図製作の例は、金銭的な利益を得るためだけに計画されたものではなく、公有財産《パブリックドメイン》の中であってもソースコードの配布を制限して然るべき大規模なデータを用いて構築されたものでもない。グーグルマップAPIによりユーザーはグーグルの地図を再現することはできるが、ソースコードを理解することはできない。これはアドワーズの場合と同じように、グーグルは地図の利用状況を追跡することによって、ユーザーの嗜好や習慣に関するデータベースを拡張することができるからである。グーグルマップAPIのライセンス条項には、将来のいかなる時点においても、同社の地図を利用するウェブサイト上には広告を配置する同社の権利が留保されている。挑戦的で議論を呼ぶ戦略ではあるが、グーグルはこれを排除することはないであろう。建築史学者のウィリアム・J・ミッチェルはこう述べている。「コードを支配するのは権力である。我々の日常生活をますます構造化するソフトウェアを誰が書くのだろうか。そのようなソフトウェアは何を可能にし、何を禁じるのだろうか。それによって誰に特権が与えられ、誰が取り残されるのだろうか。その規則を記す者はどのようにして説明責任を負うのか」[73]

これと似たような話に、世界中の図書館のデジタル化を目指して同社で進行中のグーグルブックスというプロジェクトがある。オンライン上で何の制約もなく瞬時に様々な知識にアクセスすることを可能にする試みであるが、グーグルを批判する人々は、データを効率よく独占することを意図したもので、データの利用には制限を設けている（グーグルブックスは印刷できないだけでなく、全体を閲覧することもできない。このような制限はユーザーが料金を支払った場合にのみ解除される）[74]と指摘し、集団訴訟にまで発展している。グーグルは一億五〇〇〇万冊を超える世界中の書籍をオンライン化するプロジェクトを進めるため、著者および出版社に対して著作権料の未払い分として一億二五〇〇万ドルを支払うという和解案を提示したが、二〇一一年三月、米連邦判事デニー・チンはこれを却下した。「競合他社に対する大きな優位性を与え、著作権保護されている作品の大規模な無許諾複製を容認し」、間違いなくグーグルに書籍検索市場における独占権を付与することになる、というのが理由であった[75]。また、グーグルは、オンライン検索市場における独占的な立場を利用して、今後数年にわたり成長すると思われる自社のサービスに優位な検索順位を与えているという非難に晒されており、二〇一一年九月、同社は米国上院司法委員会の公聴会にも出席を求められた[76]。

グーグルはそこで、オンライン検索情報の公平な提供者という地位を損ねて、顧客の信頼を失うつもりはないと答えている。また、書籍のデジタル化に関しては、著作権者は経済的な利益を得ることができると主張している。結局のところ、情報独占、政治的不公平あるいは検閲容認の動きは、ユーザー（およびグーグルアースコミュニティなどのオンライン登録グループ）が許さないのだという。しかしながら、書籍のみならず地理学の分野においてもグーグルの野望に対する懸念は残っている。同社のアプリケーションユーザーに関しては、情報の独占に抵抗する動機づけや組織化がなされることはないだろう。独占禁止法によって必要な検査を行い、均衡を保つことができるのは政府だけである。当面グーグルでは、経営面での緊急要件と進歩的な価値観との間でせめぎ合いが生ずることはなさそうである。この点において、グーグルの地理空間技術者は、地理情報に関する視野を広げるため政治的圧力や営利的圧力に抗しながら働いた、ディオゴ・リベイロやマルティン・ヴァルトゼーミュラーのような一六世紀の人文主義的な地図製作者に似ている。しかし、一六世紀と違うのは、近代市民社会には、グーグルのような企業を監視し、必要とあれば批判を行う政府やNGOやオンラインコミュニティがあるのである。

私たちはまた、地理空間アプリケーションの制約の中で生きなくてはならない。技術的な問題も残っている。グーグルは地球全体の標準的な高解像度データを提供する術を備え、そのカバー率を改善するという難題にも取り組んでいる。フィンランド人ITコンサルタント、アンヌ＝マリア・ニバラは同僚と共に四つの主要なオンラインマッピングサイト（グーグルアース、MSNマップス、マップクエスト、マルチマップ）を調査し、ユーザーを交えて一連の制御試験を実行して、検索操作上の課題からユーザーインターフェース、地図の視覚化およびツールの問題に至るまで四〇三個の問題点を特定した。オンラインマップは「複雑で、紛らわしく、画面上では絶えず動くため見づらい」ことが多い。投影図法は「独特」のもので、画像は「情報過多」になっているため、パンニングやズームも安定しない。レイアウトの質は悪く、データには一貫性がないため、閲覧者は「地図に含めるものと含めないものは誰が決めるのか」という、昔から繰り返されてきた質問を発することになる。[77]このような問題は競合する商用サイトで標準的な地図が採用されれば解決するが、近い将来そのようなことが起こる可能性は極めて低い。

　地理空間アプリケーションはいまも技術的な課題に直面しているが、昔からの懸案はいわゆる「情報格差《デジタルデバイド》」の問題である。グーグルアースは五億人以上の人々によってダウンロードされており、一九七〇年代以来推定で八〇〇〇万部以上が流通しているペータースの世界地図をはるかに上回っているが、この数字も世界の人口七〇億と対比させて考えることが必要である。彼らの多くはインターネットにアクセスできないばかりか、その存在すら認識していない。二〇一一年現在、約七〇億の世界人口のうちオンラインユーザーはおよそ二〇億人で、インターネットの普及率が五〇パーセントを越えているのは北アメリカとオーストラリアとヨーロッパだけである。平均普及率は世界全体で三〇パーセント、アジアでは二三・八パーセント、アフリカではわずか一一・四パーセントで、インターネットユーザー数は一億一〇〇〇万人にすぎない。[78] これは単なる技術へのアクセスの問題ではなく、情報へのアクセス（すなわち、開発学における「知識へのアクセス《アクセス・トゥ・ノレッジ》」[79]）の問題なのである。これらの数字は、グーグルアースのようなアプリケーションの有効利用が、大部分は西欧の教育水準の高いエリートに限られていることを意味する。また、このようなアプリケーションは、世界で何が起こっているのかをほとんど、あるいは全く知らない人々が住んでいる地域をも地図に描き出すことを意味する。

　グーグルアースは大きな可能性を秘めた素晴らしい独立した技術であるが、ユーザーは国々や市街地を描いた従来の地図や地図帳よりもオンラインGPS技術をしだいに好むようになっていることから、紙の地図は消滅するか、少なくともやがては精彩を失うということを示唆しているのかもしれない。現時点では、グーグルアースによってインターネットを利用する者は誰でも、かつてなかった地理情報にアクセスすることができるため、個人やNGO団体は様々な環境や政治状況の中でこのアプリケーションを利用してきた。グーグルは不要な部分を削除して個々の用途に適した地図を作るという、これまでにはなかった地図の利用法を開発している。さらに、パーソンズの言う「地図で表現された世界の画像の上に情報を重ねる拡張現実アプリケーション」[80]によって、伝統的な地図の概念の一歩先を行く未来の技術革新を約束している。

このような発展を遂げながらも、グーグルアースは伝統的な地図表現の方法との連続性を保持している。地球の全体像から始まり、大陸、国さらには個別の地域へと拡大していく表示方法は、メルカトルとブラウによって一般的になった地図帳の体裁を利用したものとなっている。地球を平面に投影するには数学の力が不可欠であると考えられていたように、この技術を使えば「鏡に映し出す」ように地球を表現できると考えることは、少なくともルネサンス以来、世界地図製作の重要な慣行となっていた。グーグルアースのホームページに表示される地球の全体像はリアルな衛星画像のように見えるが、これは平らなコンピュータ画面の上に投影された三次元オブジェクトである。画像の表示には、具体的な図法として汎用透視投影図法が選択されている。[81]グーグルアースがこの図法を選択したことで、本書の話題はこの図法の考案者プトレマイオス（第1章参照）に戻ることになる。プトレマイオスは『地理学』の中で、「黄道上の夏至点と冬至点を通る天の子午線の位置に視点があると仮定」[82]して、地球を平面上に投影する方法について述べている。この図法では、地球は宇宙空間内の有限の距離の点から見た垂直投影図または傾斜投影図として描かれる。当初、この図法は地球を詳細に表示することができなかったため、実用的な価値はほとんどなかった。しかし、写真や宇宙旅行によってこの図法は復活する。アポロ一七号などが撮影した地球の写真は、はるか彼方から見た地球の姿を再現する傾斜垂直投影図と同じだったからである。グーグルアースなどのアプリケーションにとって、汎用透視投影図法は三次元の地球を二次元で表現する理想的な方法であった。クリップマッピングやレイトレーシングのおかげで、地球を十分に精度の高い画像で表示できるだけでなく、閲覧者はズームしながら地上に接近し、上空を飛ぶようにして詳細に地表面を見ることもできる。ただし、グーグルアースは、地球の表示方法を決定するにあたっては、極領域の正確な表現などの地理的な特徴を犠牲にしている。地理空間アプリケーションは、地球をクロード・シャノンの理論に基づく一と〇のデータ列に変換し、さらにアルゴリズムによってこれを認識可能な世界の画像として描画する。グーグルアースの方法も同様だが、これは地球を上空から見るときの基本的な幾何学を用いて、緯度と経度の数値計算によって世界をデジタル表示したプトレマイオスの時代から変わっていない[83]。

グーグルアースのような地理空間アプリケーションの台頭と進化に対する懸念は、いまに始まったことではない。地図が石に刻まれていた時代から羊皮紙や紙への描画を経て、彩飾写本、木版印刷、銅版彫刻、石版印刷そしてコンピュータグラフィックスに至るまで、歴史の中で地図製作の表現手段が大きく転換したときには、いつも同じような懸念がつきまとっていた。そのたびごとに、地図の製作者と利用者はそれぞれの利害関係に基づいて、宗教的、政治的あるいは経済的な圧力を利用して、何とか地図を形にしようと目論んできたのである。グーグルと同社の地理空間アプリケーションに関する現在の議論は、同社による情報の無償提供や政府機関との対立が、長期にわたる独占的なビジネスモデルやインターネットの力に対する民主的な信念の結果なのか否かを問題視しており、いくつかの点で歴史的な傾向の強化を反映している。

将来の方向性に関しては、多くの多国籍企業と同様に、グーグル社内にもせめぎ合いがあることは間違いなく、表面的には民主的な理想を目指しつつ莫大な収益性を望むことはますます難しくなるであろう。クロード・シャノンの電子通信理論と同様に、グーグルを駆り立てた最初の衝動の前提となったのは、想像もできない規模で流通しうる定量化可能なノイズのない情報であった。しかし、グーグルは地理情報を定量化するだけでなく、そこに金銭的な価値を付与する方法の開発に一歩踏み出してしまったのである。地図の歴史を振り返ってみても、価値のある地理情報が一社の手に渡ってしまうような独占状態の可能性はこれまでなかったが、グローバルオンライン検索市場におけるグーグルのシェアが七〇パーセントにも達したため、インターネット業界の人々は懸念を抱き始めている。サイモン・グリーンマンは、「グーグルはグーグルアースで素晴らしい仕事を成し遂げたが、これまでの歴史では考えられなかった規模で世界の地図製作市場を支配する可能性をなおも秘めている。一〇年から二〇年先を考えたならば、世界の地図製作も地理空間アプリケーションもグーグルのものになるだろう」[84]と考えている。グーグルは好んでこう表現する。地球上のいかなる場所でもピンポイントで表示できるオンラインマップの能力のおかげで、私たちは道に迷うという言葉の意味を知る最後の世代になる、と。私たちはまた、地図製作が多くの個人や国家や組織によって行われたことを知る最後の世代となるかもしれない。私たちは新しい地理学を目前にしているが、定量化可能な情報を独占することで金銭的利益を蓄積することが優先されているため、この地理学はこれまでで最も大きなリスクに晒されている。

終章——歴史の視点？

本書で取り上げた地図はいずれも、それ自体が一つの世界を形成している。それぞれが製作された時代と場所を反映する独特の図像だが、一二点の地図に共通するある種の特徴を示すことができていたら幸いである。どの地図も外の世界の形や大きさがいかなるものであろうとも、その現実を受け入れている。外の世界を地図の形で図式的に再現したいという欲求は、ほぼすべての文化に共通する。しかし、世界に対する認識とその図式表現の方法は、ギリシャの円形から中国の方形や啓蒙思想に基づく三角形に至るまで大きく異なる。だが、いずれの方法も、地球全体を平面的な地図に描くのは不可能であることを（暗黙のうちに、あるいは明示的に）認めている。プトレマイオスは自身の投影図法ではこの問題に十分に対処できないことを認めていた。アル＝イドリーシーもこの難問を理解していたが、地域図を選択してこの問題を回避した。メルカトルが考えたのは最も有効な妥協案を示すことであった。また、ペータースはこの問題をわかりやすく明確化した。急速な普及が見込まれている地理空間アプリケーションでは、地図製作上の多くの欠点を克服する様々な地球の全体像が提示されている。

客観的な視点で世界をわかりやすく描いた究極の地図というものはなく、これからも存在しえないことは本書からおわかりいただけると思う。どの地図も製作者と利用者との間での交渉の産物だが、その交渉は世界に対する理解が変わるたびに繰り返されてきた。世界地図は常に製作中の状態にあり、パトロンや製作者や利用者らの相容れない利害関係と地図に描かれる世界との間で舵取りをしながら、製作過程は永遠に続いてゆくのである。したがって、地図を完成されたものと定義することは不可能である。カッシニ測量は地図製作の作業が際限なく続くことを示す最たる例であった。リベイロによる一五二〇年代の一連の世界地図も同様であった。ブラウも際限なく続いたであろう地図帳の第一巻を完成したにすぎなかった。地図は確固たる原理に基づいて世界を網羅しようとするが、世界は進化し続ける空間であるため、地図製作者の作業が完結するのをじっくりと待っているわけにはいかない。そのことをよく理解していたグーグルは、変化し続けることを競合他社に勝つための強みに変えたのであった。

　地図は世界を単に映し出すだけでなく世界に対する視座を示すが、それは優位に立っている特定の文化の前提や先入観に基づいて提示されるものである。地図とこのような前提や先入観とは相互に補い合う関係にあり、必ずしも固定的なものでも安定的なものでもない。ヘレフォードの世界図《マッパムンディ》は、キリスト教の理解に基づく天地創造と世界の終焉を提示している。また、混一疆理歴代国都之図《こんいつきょうりれきだいこくとのず》（疆理図）は、皇帝の権力が中心に据えられ、そこでは風水の「形と力」がこの世の存在の中核をなすという世界像を提示している。どちらも元となった文化と論理的な矛盾はないが、世界全体を包括的に捉えたいと願うあまり、信仰体系を外に広げすぎた感がある。この相補的な関係性は、本書で取り上げた一二点の地図すべてに共通する特徴である。どの地図も単に世界を表現しているだけでなく、それ自体が世界の一部なのだ。歴史家にとって、これらの地図はすべて広く行き渡った思想――宗教、政治、平等、寛容――を理解するための条件を創出するものであり、その条件を通して私たちは自身を理解し、同時に周囲の世界も理解するようになるのである。

　アーサー・ロビンソンなどの地図製作者たちは、地図が人々の考え方や思い描いている地理学を変える認知過程の説明を試みたが、地図が周囲の世界の空間情報を提示する方法を、人々がどのように自分のものにしているのかを明らかにすることは難しい。J・B・ハーレーとデビッド・ウッドワード（アーサー・ロビンソンの弟子）は著書『地図学の歴史《ヒストリー・オブ・カルトグラフィ》』の中で、「古代社会において地図が一定程度認識されていた、という証拠はほとんど存在していない」[1]ことを認めている。地図は確かに革新的なものとなりうるが、どうやら人々の世界認識に影響を及ぼすには至っていない。アル＝イドリーシーの地図は、イスラム教とキリスト教との文化交流から生まれた世界の理想を示したが、一二世紀シチリア島に生まれた多文化共生《コンビベンシア》の崩壊から明らかになったのは、この地図を見たと思われる者は極めて少なく、この世界観を受け入れることができた者はさらに少ない、ということである。これとは対照的なアルノ・ペータースの世界地図を専門家がどのように利用したのかを調査したところ、詳細部分の不備を把握していた者はほとんどいなかったが、地理学的な平等に対する要求は広く受け入れられたことがわかった。ときとして人々は、地図が大きな関心事や心配事に関わっていることを思いがけず知ることがある。一二世紀中国の詩人陸游《りくゆう》は、失われた神話の時代の帝国を示すものとして地図を詩に詠んだ。ナポレオン軍の兵士がカッシニ図の魔法のような潜在能力を説明したとき、小さな村の司祭が驚いたのは地図に示されたフランス全土の大きさであった。地図は、利用者により承認あるいは拒絶される文化を前提にしているが、それはこの前提が絶えず検証され、再検討されるものだからである。

　客観的で科学的な地図製作が一八世紀ヨーロッパに登場し、カッシニ一族とその信奉者たちを駆り立てることとなったが、その前提となったのが、いつかは広く受け入れられる標準的な世界地図が提案できる、という思いであった。今日では多数のオンライン地理空間アプリケーションがあるが、標準的な世界地図は存在しない。世界の区分地図を選択するときでも妥協しなければならず、このような地図でさえも「完全な形になることはなく、決して完成されない」[2]ことを認めざるを得ない。そこで最後に、全世界を地図に描くことを試みたものの、やむなく失敗に終わった究極の世界地図製作構想を紹介して本書を締めくくることとしたい。

一八九一年、世界的にも評価の高かったドイツの地形学者アルブレヒト・ペンクは、ベルンで開催された第五回国際地理学会議で新たな地図製作構想を提案した。一九世紀末の地理学の現状に対するハルフォード・マッキンダーの考えを見越して、地球表面の地図製作に関しては十分な情報が入手可能になったため、国際的な世界地図を作ってしかるべきだ、とペンクは論じたのである。ペンクの構想は「縮尺一〇〇万分の一の世界地図の製作」であった（カラー口絵56）。ペンクは、当時の世界地図が「縮尺も図法も製作スタイルも統一されておらず、世界中の様々な場所で出版されているが、入手が困難な場合も多い」[3]と指摘した。彼は解決策として、国際図（ＩＭＷ）と呼ばれる統一的な世界地図の製作プロジェクトの立ち上げを提案したのである。

彼の構想によれば、世界の主要な地図製作機関の国際協力に基づいて、ＩＭＷは世界全体を網羅する二五〇〇点の地図の製作に関わることになっていた。各地図は緯度四度と経度六度の範囲をカバーし、標準的な表現方法と記号を用いて、単一の図法（修正円錐図法）で描かれる。投影図法で地球全体を正確に表現する必要はなかった。ペンクは、アル＝イドリーシーの方法を彷彿とさせる論法で、二五〇〇点の地図すべてをつなぎ合わせるのは実用的でないと強調したのである。実際、アジアの地図だけでも二・八平方メートルの広さが必要であった。メルカトルやブラウの偉大な宇宙誌学を踏まえて、ペンクは自身が考えているのは「世界の地図帳」[4]とでも呼ぶべきものであると主張した。本初子午線はグリニッジを貫き、地名の表記にはラテン文字が使われる。政治的境界線の表示に使われる線の幅や、森や川などの自然の特徴を描くために選択される色に至るまで、自然地理と人文地理の表現は厳格に統一されることになっていた。

ペンクは「一〇〇〇部印刷した場合、一平方フィートあたりの製作コストは約九ポンドになる」と推定した。彼は「すべての図版を一枚あたり二シリングで販売したとすると、一〇万ポンドの赤字になる」と認めたうえで、各国政府は「一八四〇年代および五〇年代の北極探検や近年のアフリカ探検の出費」など、科学探検や植民地探検にはさらに巨額の費用を投じている、と指摘した。英国、ロシア、米国、フランスおよび中国などの大帝国は、地図の製作費の半分以上を負担することになっていた。文化やイデオロギーの違いを超えた国際協力を願いつつ、ペンクは「個人が作業を行わなければならない場合や、政府の代わりに地理学会が費用を負担する場合があったとしても、これらの国々がこの枠組みを承認するならば、成功は間違いない[5]」と考えていた。

これは、科学的に正確で標準化された写実表現に対する啓蒙主義的な信念を、『カッシニ図』によって示された国内地図製作の手法を世界規模で実践する、理想的な計画であった。しかし、この計画には二つの問題点があった。測量の経験がほとんどない国々が、必要な財源も不足している状態で、どうすればこのような事業を完遂できるのかが全く不明確であった。さらに、ペンクはこの地図の潜在的な利用価値について十分に説得力のある根拠を示すことができなかったのである。「我々の文化的生活を取り巻く状況と興味の対象を考えると、良質な地図が必要なことは間違いない。自国の地図は絶対的に不可欠なものである。通商上の利益、布教活動、および植民地事業により、外国の地図に対する需要も高まっている。また一方では、現代史の解説などの教育上の目的からも地図は必要になっている。理由を数え上げればきりがない[6]」とペンクは主張した。しかし、このプロジェクトに異を唱える多くの人々からすれば、不十分な説明であった。ある評論家は一九一三年にこう書いている。「この地図の厳格な目的を記載した明確な趣意書があるのかどうかもわからない。……仮に、専門的な地理学者が使用するためのものだと考えてもよいが、その場合にはその人物の役割は何なのかを明確にすべきであろう[7]」と。ペンクが確信していたこの地図の有用性は、当時の支配的な価値観に基づくものであった。すなわち、近代的な国民国家を定義し、グローバル資本主義を促進し、キリスト教を広めることができ、ヨーロッパの帝国諸国が植民地拡大を正当化できる、という価値観であった。ペンクが主張したように、「世界の統一地図は同時に大英帝国の統一地図となりうる」のであれば、英国人にとっては有益なものとなるが、他国の人々にとっては必ずしもそうではなかったのである。

ベルンでの国際地理学会議はIMWの推進を検討することで合意し、同会議はその後もこの提案に対して支持を表明したが、実質的な進展はほとんどなかった。ロンドンの英国外務省で（ペンクを含む）国際図委員会の会議が行われたのは一九〇九年のことであった。委員会を招集したのは、自国の利益に沿ってプロジェクトを具体化するのが有利と判断した英国政府であった。委員会は、プロジェクト全体の索引図や初期段階の地図製作プランなど、地図の詳細の決定に合意した。しかし、一九一三年までにヨーロッパの地図六点の草稿が作られただけで、各国代表の多くは国内事情や政治的理由により製作を拒絶した。それぞれの地図を統一するため第二回の会議が一九一三年にパリで開かれたが、米国が独自に南アメリカの一〇〇万分の一地図の製作を決めたという知らせにより、協議は大きく後退した。

IMWが頓挫したため、英国代表団は、英国陸地測量局が中心となって、表面上は政治とは無縁の民間基金を提供する王立地理学会と共に、プロジェクトを運営することを提案した。だが、この提案に惑わされる者はほとんどいなかった。この構想を支援していたのは、MO4とも呼ばれた英国政府諜報機関の一つで、軍用地図の収集・製作を担当していた参謀本部地理課（GSGS）だったからである。一九一四年に第一次世界大戦が起こると、英国陸地測量局は王立地理学会と参謀本部地理課の協力の下、連合国を支援するためヨーロッパ、中東および北アフリカの一〇〇万分の一の地図を製作した[8]。地図の製作においてペンクが超えようとしていた国や政治の違いは、最終的には戦争の道具と化してしまったのであった。

一九一八年以降、プロジェクトは足踏みしたが、ペンクはベルサイユ条約の政治的不公正（敗戦国ドイツには領土割譲が課せられた）に幻滅し、このプロジェクトから距離を置くようになった。プロジェクトの中央事務局の報告によれば、一九二五年までに縮尺一〇〇万分の一の地図は二〇〇点製作されたが、一九一三年にパリで各国代表団によって合意された当初の基準に適合する地図はわずか二一点であった[9]。その後、一九三九年までに新たに追加された地図は、一五〇点にすぎなかった。第二次世界大戦が勃発すると、英国陸地測量局のＩＭＷへの関与は事実上終了した。王立地理学会の事務局長アーサー・ヒンクスは、このプロジェクトの国際化の理念は誤っていたと結論し、こう記している。「教訓となったのは、大陸を網羅する一般図を一貫性のある形式で製作し、大量に配布したいのであれば、自国で作らなければだめだ、ということだ。それを国際的と呼ぶか否かは、好みの問題あるいは便宜上の問題にすぎない」[10]

第二次世界大戦によって軍事的制空権の重要性が明らかになると、英国陸地測量局の支援の下で作られていた比較的大きな縮尺の地図よりも、航空図が重要と見なされるようになった。英国陸地測量局自体も戦争により大きな被害を被ることとなった。一九四〇年一一月、サウサンプトンの爆撃により英国陸地測量局の多くの施設が破壊され、国際図に関連する多くの資料が失われた。一九四九年には、関係者らはＩＭＷを設立まもない国連に移管することを推奨した。国連憲章でも既に「正確な地図は世界の資源を適切に開発するためには欠くべからざるものである。……このような地図は国際貿易を促し、安全な航海を推進する。……そして、平和的な調停手段の研究……また、安全保障の適用に必要となる情報を提供できる」[11]ことが認識されていた。国連経済社会理事会（ＥＣＯＳＯＣ）は、一九五一年九月二〇日に開かれた第一三回会合で、ＩＭＷ中央事務局を国連事務局の地図製作部へ移管することを承認する決議412 AII（XIII）を採択し、一九五三年九月ＩＭＷを正式に国連の管理下に収めた。[12]国連が継承したＩＭＷプロジェクトは混乱した状態にあった。製作済みの地図は四〇〇点ほどで、プロジェクト完結に要する点数には遠く及ばなかった。国連は最初に、発行済み、改定済み、再発行済み、受領済みの地図と、今後製作が必要となる地図の概要を示す索引図を公表した。索引図は雑然としており、残りの作業を考えると気が遠くなるほどであった。[13]

一九五〇年代を通じて東西冷戦が深まると、国際図プロジェクトを推進してきた当初の国際協力の精神は形骸化してしまった。ソ連は一九五六年、ＥＣＯＳＯＣに対して二五〇万分の一の新たな世界地図の製作を

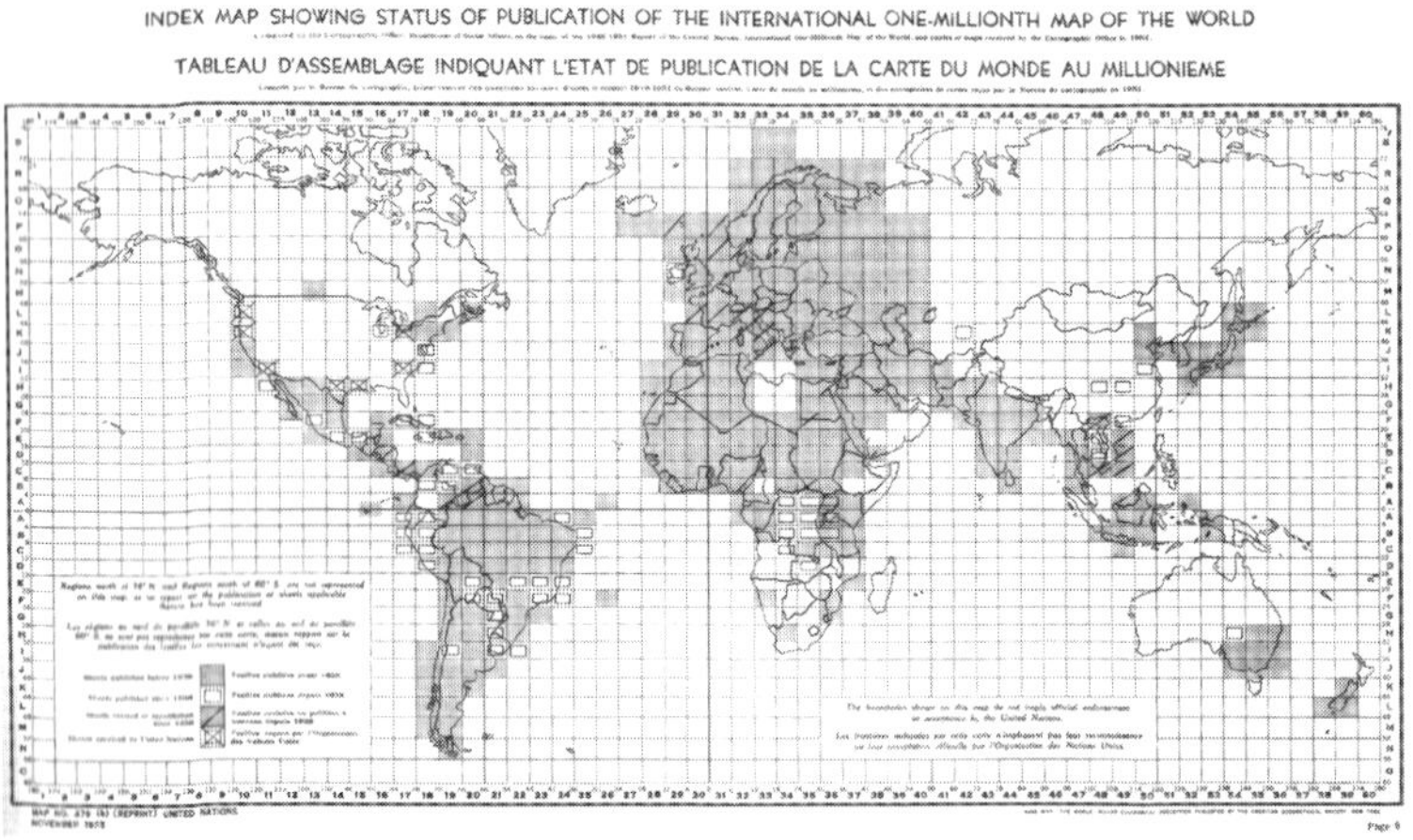

図38　IMWによる100万分の1国際図の出版状況を示す索引図（1952年）

提案した。当然のことながら、国連が既にＩＭＷに資金を投じていたことを考慮して提案は却下されたが、鉄のカーテンの背後にある共産主義国家と中国の支援を得て、ハンガリー国立土地地図局がプロジェクト参加に名乗りを挙げたのである。一九六四年に最初の地図が出版され、一九七六年にはすべての地図がモスクワで初めて展示された。二二四点の独立した地図と三九点の重複する地図で構成されたもので、ペンクが当初考えた縮尺や詳細は満たされず、東ヨーロッパ内でのみ流通することとなった。しかし、これはソビエト圏を誇示するためにロシアが資金提供して行った試みが、西側資本主義圏で製作されたものに匹敵することを示す象徴的な出来事であった。[14]

国連は一九六〇年代にＩＭＷを復活させようと努力したが、ほとんど効果はなかった。著名な地図製作者たちは色あせた国際プロジェクトをこぞって酷評した。アーサー・ロビンソンは「地図の壁紙」[15]にすぎないとしてこれを退けた。一九八九年、国連はついに断念して、このプロジェクトに終止符を打った。完成された地図は一〇〇〇点に満たず、その多くはもはや時代遅れとなっていた。世界は変化していたのである。米国政府は既に国立地理情報解析センターを立ち上げていたが、これも多くの政府機関の一つにすぎなかった。このような機関の登場は、オンライン地理空間アプリケーションの誕生のきっかけとなり、多数の国々が費用を負担して国際協力により世界地図を作るという夢が終わったことを意味した。

科学の進歩、帝国の支配、国際貿易、国民国家の権威など、IMWを鼓舞した一九世紀の価値観は、最終的には地図製作のバベルの塔を破壊する結果となった。矛盾するようだが、これまでは組織を作ればそれに見合った世界地図が得られた、ということがそもそも問題だったのだ。西洋の地図製作法が優れているという前提で帝国諸国が行った国際協力の要求水準は明らかに高すぎたため、プロジェクトに対する知的な志と科学的能力は押し潰されてしまったようである。技術資源も国家の財政支援もあり、世界地図の投影法という避けがたい難題に取り組む前の一二世紀においてすら、標準的な世界地図の製作は叶わなかった。ルイス・キャロルとボルヘスが描いた縮尺一分の一の地図が全くのおとぎ話であったように、一〇〇万分の一の世界地図も夢物語に終わるのであろう。

「デジタルアース」はアル・ゴアの夢でもあったが、現在オンライン地理空間アプリケーションは、このようなプロジェクトの再検討にほとんど興味を示していない。[16] 二〇〇八年には、日米政府の支援により、縮尺一〇〇万分の一の地図の夢をデジタルで実現する、日本主導のプロジェクトが立ち上げられた。「グローバルマップ」と呼ばれるもので、同プロジェクトのウェブサイトには「グローバルマップは人々が地球の現状を認識し、地球の将来に対して広い視野を持つためのプラットフォームである」[17]という設立の理念が謳われている。だが、読者の多くは「グローバルマップ」について聞いたこともないだろう。このことからわかるのは、プロジェクトの影響力を理解することが極めて重要だということである。グーグルアースの技術者でさえ、仮想オンライン世界地図を統一する夢は不可能であると認めている。理由は単純である。国際図が脱却しようとした国家や地域および言語の多様性を、彼らは維持することを望んでいるからである。今日の世界経済では、収益の可能性を秘めているのは多様性と差別化である。地図上で外国語と見慣れぬ記号で表記された地域の製品を誰も買いたいとは思わないだろう。

名もなき製作者が古代バビロニアの世界地図を粘土板に刻んで以来、三〇〇〇年以上にわたり人類は万人に受け入れられる世界地図の製作を夢見てきた。いまでもこれは理想主義者の夢物語にすぎず、誰もが認める地球の投影図を作ることが不可能であることから絶望的と見られている。グーグルアースの主張は別にしても、アブラハム・オルテリウスが望んだように、歴史における神の視点となりうる包括的で普遍的な世界地図を作ることは可能なのだろうか、また、それは望ましいことなのだろうか。

実用的な見地から、測量士や測地学者はこの問いに対して肯定的に答えるだろうが、その場合には投影図法や縮尺や実製作上の技術的な問題とは別に、このようなプロジェクトが必要とされる確固たる理由を提示しなければならない。ペンクは二〇世紀の厳しい政治的批判に十分に耐えうる理由を提示することはできなかった。また、「グローバルマップ」が目覚ましい成果を挙げていないことからも、漠然とした環境主義的な理念も答えにならないことは明らかである。本書で取り上げたすべての地図からわかるように、世界を理解するための提案は独自の視点から生まれる。ペンクや「グローバルマップ」にはそれが欠けていたのである。このような規模のプロジェクトを実施する場合には、何らかの形での国や企業の資金が必要となるが、地球や人々の多様性に対して単一のイメージを強いることになれば、政治的あるいは営利的な操作が繰り返し介入してくることは避けられないだろう。

しかし、先ほどの問いに対する否定的な答えは、避けられないグローバル化の流れに背を向け、地理学を通して世界共通の人間性を賛美しうる可能性を否定する、偏った視点を助長するようにも思える。本書で取り上げた一二の地図はどれも、このような偏った世界観と戦って生き残ってきたものである。どの文化も地図を通して世界を捉え、それを表現する独自の方法を備えている。これはグーグルアースにも、ヘレフォードの世界図《マッパムンディ》にも、彊理図にも等しくあてはまる。この問いに対する答えは、無条件に否定的なものではなく、懐疑的ではあるが肯定的なものであろう。世界地図はいつの時代にも存在する。将来のある時点では、地図の技術と体裁により世界地図は近代的な地図帳に収まるようになり、グーグルアースのホームページでさえも古代バビロニアの世界地図のように古風で馴染みのないものになっているかもしれない。しかし、世界地図はまた、否応なく独自の課題を追求し、可能な代替案を提示することによってある種の地理学的解釈を主張し、最終的には一つの方法で地球を定義するのである。世界は的確に表現されうるものではないため、地図が世界を「ありのままに」示すことは決してないだろう。正確な世界地図というものは存在しておらず、今後も存在しない。しかし、逆説的ではあるが、私たちは地図がなければ世界を知ることも、世界を明確に表現することもできないのである。

謝辞

読者諸氏は、本書のタイトルがニール・マクレガー著『History of the World in 100 Objects』(Penguin Books, 2010)(東郷えりか訳『100のモノが語る世界の歴史』筑摩書房)に似ていることに、少々驚かれたかもしれない。マクレガーの素晴らしい著書への称賛も度がすぎるのでは、と思われた方のためにお断りしておくが、私が出版社(同じペンギンブックスだが)と本書のタイトルについて合意したのは二〇〇六年のことで、同様のタイトルが先に使われていたことには全く気づいていなかった。これも時代精神《ツァイトガイスト》を捉えようとした自然の成り行きなのだろうか。本書の着想を得たのは六年前のことだが、地図に関する出版は構想からほぼ二〇年で実を結んだことになる。この間、私は幸運にも多くの友人や同僚と共に地図製作の歴史を学んできた。そのため、彼らは貴重な時間を割いて快く本書に目を通し、得がたい批評を加えてくれた。大英博物館のアーヴィン・フィンケルは、古代バビロニアの世界地図に関する膨大な知識を教示してくれただけでなく、わざわざこのテーマに関する資料を送付してくれた。マイク・エドワーズは労を厭わずプトレマイオスの章に目を通してくれた。エミリー・サヴェージ・スミスとはアル゠イドリーシーについて論ずることができた。ただ、彼女は必ずしも私の結論に同意しているわけでないと思う。ポール・ハーヴェイは中世の世界図《マッパムンディ》に関しては誰よりも詳しく、ヘレフォード図に関しては貴重なコメントを提供してくれた。また、ジュリア・ボッフィーとダン・タークラも原稿に目を通し、有益なアイデアを提示してくれた。ガリ・レッドヤードは朝鮮の彊理図《きょうりず》に関しては世界的な権威で、朝鮮初期の込み入った地図製作学の世界へ私を導いてくれた。ケネス・R・ロビンソンは彊理図と朝鮮史には不可欠の論文を提供してくれた。また、コーデル・イーの中国の資料に関する提言は洞察力に富むものであった。ティモシー・ブルックは彊理図の中国語の原典に関して力を貸してくれた。おかげで清濬《せいしゅん》の地図の複製を再現することができたが、これは私ではなく彼の発見である。米国議会図書館のジョン・ヘスラーは、ヴァルトゼーミュラーの『世界全図』の取得に関する資料の閲覧を許可してくれた。第5章の原稿に関しては鋭いコメントも頂いた。フィリップ・D・バーデンは、古地図に対する深い愛着と共に、ヴァルトゼーミュラーの地図の評価に関する驚くべき物語を語ってくれた。ホアキム・アルヴェス・ガスパールは、リベイロにとって有用であった一六世紀の投影図法に関する重要な研究成果を提供してくれた。ニック・クレーンのメルカトルに関する広範な知識には大いに助けられた。ジャン・ワーナーからは、ブラウを取り上げた第8章に関して、幅広いコメントを頂いた。デビッド・A・ベルはカッシニの資料に関して鋭い意見を披瀝し、ジョセフ・コンヴィッツはさらに難解な側面について明らかにしてくれた。マーク・モンモニアはメルカトルに関する第7章とアルノ・ペータースに関する第11章を透徹した眼で読んでくれた。グーグルアースの技術的な側面については、ミシックソフト社のデイブ・ヴェストの力を借りた。彼の専門知識には何度も助けられた。深く感謝している。サイモン・グリーンマンはまた、オンラインマッピングの立ち上げを当事者の視点で語り、パトリシア・シードは鋭い論評を加えてくれた。グーグルのエド・パーソンズはこのプロジェクト全体に対して非常に協力的で、時間を割いて私のインタビューに応じてくれた。紹介していただいた関係者も多数にのぼる。グーグルを取り上げた第12章にも目を通してくれた。本書ではグーグルの方法に関して懐疑的に捉えた点も多いが、エドは私の考えるグーグルアース物語の批判的な部分にも模範的に耳を傾けてくれたのである。アンジェロ・カッターニオ、マシュー・エドニー、ジョン・ポール・ジョーンズ三世、エディー・メース、ニック・ミレア、ヒルデ・デ・ウィアートほか、多くの方々が私の質問に答え、資料を提供してくれた。

本書が完成をみたのは、英国芸術・人文科学研究会議（http://www.ahrc.co.uk）からの寛大な研究休暇助成金による支援のおかげである。同会議は人類の文化と創造に対する理解を深めるための研究を支援しており、世界地図製作史に関する書籍もその対象に含まれていることに深く感謝している。また、J・B・ハーレー研究トラストの研究員として、地図製作史における世界有数の専門家たちと共同で研究を行う幸運にも恵まれた。ピーター・バーバー、サラ・ベンドール、キャサリン・デラノスミス、フェリックス・ドライバー、デビッド・フレッチャー、ポール・ハーヴェイ、ロジャー・ケイン、ローズ・ミッチェル、サラ・タイアッケ、チャールズ・ウィザーズには、彼らが考えている以上に助けられたことに感謝している。キャサリンは本プロジェクトを開始時から支援してくれただけでなく、数えきれないほど多くの疑問に答えてくれた。ピーターとトニー・キャンベルも同様である。特にピーターとキャサリンは、本書の目指すテーマを非常に早い段階から明確にしてくれた。これまでの彼らの支援と友情には深く感謝している。ピーターに本書の原稿すべてを読んでもらえたのは幸運で、彼の比類なき専門知識に大いに助けられた。

本書執筆中には嬉しいことに、BBCのテレビシリーズ『Maps: Power, Plunder and Possession（地図：権力、略奪および占有）』（全三回）への出演依頼があった。この番組のおかげで、本書に登場する多数の驚くべき地図との特別な関わりを持つことができただけでなく、私が本書で語ろうとした物語の重要性を再確認することもできた。このシリーズを担当した素晴らしい制作スタッフ、とりわけルイス・コールフィールド、トム・セブラ、アナベラ・ホブリー、ヘレン・ニクソン、アリ・ペアーズに、また編集責任者のアン・レイキングとリチャード・クラインに深く感謝している。

私はこれまで執筆したほぼすべての書籍で、ロンドン大学クイーン・メアリー校の支援に感謝しているが、本書も例外ではない。本書のための調査を完了するにあたって長期研究休暇《サバティカル・リーブ》を認めてくれた英文科をはじめ、ミシェル・バレット、ジュリア・ボッフィー、マークマン・エリス、アルフレッド・ハイアット、私にとっては教育ママ的な存在のリサ・ジャーディン、フィリップ・オグデン、クリス・リード、ペギー・レイノルズ、ビル・シュワルツ、モラッグ・シアックに特に感謝している。いまは亡きケビン・シャープに本書を読んでもらえなかったのは大いに残念だが、彼のことは決して忘れない。ミルトンやメルカトルに始まり一九八〇年代のインディーミュージックに至るまで、趣味が同じデイビッド・コルクラフは昔からの大親友で、変わらずに私を支えてくれた。改めて感謝したい。

若かりし頃、私の限られた蔵書を占めていたのは、大抵ピカドールやペンギンの本であったが、最終的にピーター・ストラウスが出版代理人に、スチュアート・プロフィットが担当編集者になるとは、夢にも思わなかった。ピーターは伝説的な代理人で、この五年間の彼の尽力には感謝したい。スチュアートは模範的な編集者で、彼の書籍に対する根気強い作業にはいつも驚かされてきた（この謝辞を書きながらも、彼が私の文章構成をどう見るのか心配でならない）。ピーターを始め、アレン・レーン（ペンギングループ）の社員の皆さんの努力に感謝したい。特に、本書を世に出すことを可能にしたスチュアートのアシスタントであるシャン・ヴァヒディには感謝している。エリザベス・ストラトフォードは見事に原稿を整理してくれたし、セシリア・マッケイは入手不可能と思われる図版をいともたやすく探し出してくれる、私の知る限り最高の資料収集担当者であった。

本書の執筆中、私に欠かせなかったのは、忍耐とユーモアと気晴らし、そして友人や家族の支えであった。期待以上に祖父母の役割を果たしてくれているソフィー・ベイゼルとドミニク・ベイゼル、キャッスルファーム「Shed」のエマ・ラムとジェームズ・ラムに加えて、私を信じてくれたブロトン家の全員——アラン、バーニス、ピーター、スーザン、ダイアン、タリク——に感謝したい。サイモン・カーチス、マシュー・ディモック、レイチェル・ギャリスティィーナ、ティム・マーロー、タニヤ・ハドソン、ロブ・ニクソン、グレイソン・ペリーとフィリッパ・ペリー、リチャード・スカラー、アイタ・マッカーシー、ジェームズ・スコット、ガイ・リチャード・スミット、レベッカ・チェンバレン、デーブ・ベストとエミリー・ベストは私の大事な友人たちで、重要な場面ではいつも私を助けてくれた。ダフィッド・ロバーツには重要な資料の翻訳で助けられた。また、マイケル・フィアーは根気よく研究アシスタントを務めてくれた。『ザ・ホワイトハウス』の情報を教えてくれたピーター・フローレンスは、文化地理学の知識を広める知的刺激を与えてくれる人物でもあり、彼がグラナダで祝ってくれた私の四〇歳の誕生日はいまだに忘れられない。本書の着想の一つは、いまは亡き友人デニス・コスグローブの研究成果からヒントを得たものである。彼は地図の広範囲に及ぶ卓越した可能性について多くのことを教えてくれたし、それは本書の中にも満ち溢れている。

幸運なことにアダム・ロウとは大の親友で、本書を後方から見守ってくれたこの天才に敬意を表したい。芸術の価値に絶望したときには、いつも私はアダムの仕事について考える。こうすることで私の心は驚嘆の念で満たされ、インスピレーションが湧いてくるのである。彼がいるおかげで、私は自分の世界をより良いものに変えていくことができるのである。私はほとんど毎日のように彼に感謝している。将来、彼と一緒に新しい世界を構築することができれば、と考えている。

私が妻シャーロットと二度目の出会いを果たしたのは六年前のことだった。それ以来、私の人生は彼女の愛情で満たされ、二人の子どもルビーとハーディの愛情にも満たされてきた。シャーロットがいなかったならば、本書はおろか、おそらく何の作品も生み出すことができなかったに違いない。彼女のおかげで、私はこれまで以上の情熱と思いやり、知性とやさしさを持って、歩み続けることができた。本書に取り組んでいる間、これほどまでに彼女を愛おしく思ったことはない。だから、本書を妻シャーロットに捧げる。

訳者あとがき

本書は、Jerry Brotton『A History of the World in Twelve Maps』(Penguin Books, 2012)の全訳である。著者はサセックス大学で英文学を学んだ後、エセックス大学で文学社会学を修め、さらにロンドン大学クイーン・メアリー校では、近代地図製作学の研究で博士号を取得している。ルネサンス研究の分野で高く評価され、二〇〇七年から同校の教授職に就いている。既に邦訳されている『The Renaissance: A Very Short Introduction』(Oxford University Press, 2006)(高山芳樹訳『はじめてわかるルネサンス』筑摩書房)を始め、ルネサンス研究に関しては複数の著書を上梓している。同時に、地図製作学の第一人者でもあり、謝辞で触れられているように、地図製作史の研究にも長年取り組んでいる。

地図は身近な題材でもある。地図のない生活は考えられないだろう。どこへ行くにも地図は必要で、そもそも地図がなければ、自分がどこにいるのかさえもわからない。この感覚は古代人でも同じであったに違いない。人はなぜ地図を描くのか。食料を得るためにも、外敵から身を守るためにも、周囲の環境を知り、それを記録し、伝えていくことが必要であったのだ。それだけではない。地図を描くことで、この世界を理解することが可能になるが、地図はまた、この世界をどう理解したのかを示すものでもある。理解のしかたが変われば、表現のしかたも変わる。地図はその時代の思想や権力システムをも反映してきた。恣意的な表現によって、誤った理解に導くこともできる。一枚の世界地図には、それを生み出すに至った歴史的必然が隠されている。しかし、それを読み解くことは容易ではない。科学、哲学、歴史、文学、芸術など幅広い分野の知識が要求されるからである。

古代から現代に至るまで様々な世界地図が存在するが、本書はその中から特徴的な一二点の地図にスポットをあて、それぞれが語る歴史物語を紐解きつつ、地図文化の本質に迫っていく。プトレマイオスの『地理学』を扱った第1章では、古代人が大地を球体と考え、その大きさをかなり正確に推定していたことがわかる。第3章のヘレフォードの世界図《マッパムンディ》については、これが聖書の世界観を具現化した地図であると同時に、一人の司教の名誉を回復するための裏の物語があったことが明らかになる。「混一疆理歴代国都之図《こんいつきょうりれきだいこくとのず》」を取り上げた第4章では、アジアにおける地図の特殊性が浮き彫りにされる。また、アメリカの出生証明書とも言われるヴァルトゼーミュラーの世界全図（第5章）にも、驚くべき秘話が隠されていたことが語られる。地図の投影図法にその名を残すゲラルドゥス・メルカトル（第7章）と、宗教改革を唱えたマルティン・ルターとの意外な結びつきにも驚かされるだろう。さらには、地政学の開祖ハルフォード・マッキンダー（第10章）が近代地理学をどのように捉えていたのかもわかる。読者は、本書の随所に散りばめられた歴史秘話を、良質のミステリーを読むかのごとく味わうことができるはずである。

地理学や歴史学を前提とした広範な知識と、政治や宗教、社会に対する鋭い感性がなければ、数千年にわたる地図の歴史をたどり、様々な世界地図から多くの物語を引き出すことはできなかったであろう。その意味で、ジェリー・ブロトンなくして本書は成立しえなかったことは間違いない。本書はまさに、〝地図の世界〟を知るための地図であり、歴史や文化の路地裏まで精通したガイドによって書かれた最高の案内書《ガイドブック》なのである。

本書に登場する歴史上の人物の人名については、書籍等で一般的に使われていると思われるものを採用した。それ以外については、なるべく原語の発音に近くなるようなカタカナ表記を基本とした。また、書籍の題名については、訳書がある場合や一般的に使われている定訳がある場合には、それを採用した。ただし、そうでないものについてもその内容がわかるよう基本的に題名は日本語訳し、適宜原文を併記するか、原語の読みをルビとして振った。極めて長い題名に関しては、原文併記やルビのないものもあるが、ご容赦いただきたい。

最後に、本書を翻訳する機会を与えて下さったバジリコ社長の長廻健太郎氏を始め、本書の刊行にあたってお世話になりました皆様に厚くお礼申し上げます。

二〇一五年五月

西澤正明

◉ 原注

序章

1.J. E. Reade, 'Rassam's Excavations at Borsippa and Kutha, 1879–82', Iraq, 48 (1986), pp. 105–16, および 'Hormuzd Rassam and his Discoveries', *Iraq*, 55 (1993), pp. 39–62.

2.地図の写本は、Wayne Horowitz, 'The Babylonian Map of the world', *Iraq*, 50 (1988), pp. 147–65, 同著者の*Mesopotamian Cosmic Geography* (Winona Lake, Ind., 1998), pp. 20–42, および I. L. Finkel and M. J. Seymour (編), *Babylon: Myth and Reality* (London, 2008), p. 17. より引用した。

3.Catherine Delano-Smith, 'Milieus of Mobility: Itineraries, Route Maps and Road Maps', in James R. Akerman (編), *Cartographies of Travel and Navigation* (Chicago, 2006), pp. 16–68.

4.Catherine Delano-Smith, 'Cartography in the Prehistoric Period in the Old World: Europe, the Middle East, and North Africa', in J. B. Harley and David Woodward (編), *The History of Cartography, vol. 1: Cartography in Prehistoric, Ancient, and Medieval Europe and the Mediterranean* (Chicago, 1987), pp. 54–101.

5.James Blaut, David Stea, Christopher Spencer and Mark Blades, 'Mapping as a Cultural and Cognitive Universal', *Annals of the Association of American Geographers*, 93/1 (2003), pp. 165–85.

6.Robert M. Kitchin, 'Cognitive Maps: What Are They and Why Study Them?', *Journal of Environmental Psychology*, 14 (1994), pp. 1–19.

7.G. Malcolm Lewis, 'Origins of Cartography', in Harley and Woodward, *History of Cartography*, vol. 1, pp. 50–53, at p. 51.

8.Denis Wood, 'The Fine Line between Mapping and Mapmaking', *Cartographica*, 30/4 (1993), pp. 50–60.

9.J. B. Harley and David Woodward, 'Preface', in Harley and Woodward, *History of Cartography*, vol. 1, p. xvi.

10.J. H. Andrews, 'Definitions of the Word "Map" ', 'MapHist'discussion papers, 1998, http://www.maphist.nl/discpapers.html. からアクセス可。

11.Harley and Woodward, *History of Cartography*, vol. 1, p. xvi.

12.Denis Cosgrove, 'Mapping the World', in James R. Akerman and Robert W. Karrow (編), *Maps: Finding our Place in the World* (Chicago, 2007), pp. 65–115.

13.Denis Wood, 'How Maps Work', *Cartographica*, 29/3–4 (1992), pp. 66–74.

14.Alfred Korzybski, 'General Semantics, Psychiatry, Psychotherapy and Prevention'(1941), in Korzybski, *Collected Writings, 1920–1950* (Fort Worth, Tex., 1990), p. 205. を参照。

15.Gregory Bateson, 'Form, Substance, and Difference', in Bateson, *Steps to an Ecology of Mind: Collected Essays in Anthropology, Psychiatry, Evolution, and Epistemology* (London, 1972), p. 460.

16.Lewis Carroll, *Sylvie and Bruno Concluded* (London, 1894), p. 169.

17.Jorge Luis Borges, 'On Rigour in Science', in Borges, *Dreamtigers*, 訳：Mildred Boyer and Harold Morland (Austin, Tex., 1964), p. 90.

18.Mircea Eliade, *Images and Symbols: Studies in Religious Symbolism*, 訳：Philip Mairet (Princeton, 1991), pp. 27–56. Frank J. Korom, 'Of Navels and Mountains: A Further Inquiry into the History of an Idea', *Asian Folklore Studies*, 51/1 (1992), pp. 103–25. を参照。

19.Denis Cosgrove, *Apollo's Eye: A Cartographic Genealogy of the Earth in the Western Imagination* (Baltimore, 2001).

20.Christian Jacob, The Sovereign Map: *Theoretical Approaches to Cartography throughout History* (Chicago, 2006), pp. 337–8.

21.Abraham Ortelius, 'To the Courteous Reader', in Ortelius, *The Theatre of the Whole World*, English translation (London, 1606), ページ表示なし。

22.David Woodward, 'The Image of the Spherical Earth', *Perspecta*, 25 (1989), pp. 2–15.

23.Stefan Hildebrandt and Anthony Tromba, *The Parsimonious Universe: Shape and Form in the Natural World* (New York, 1995), pp. 115–16.

24.Leo Bagrow, *The History of Cartography*, 2nd edn. (Chicago, 1985).

25.Matthew H. Edney, 'Cartography without "Progress" : Reinterpreting the Nature and Historical

Development of Mapmaking', *Cartographica*, 30/2–3 (1993), pp. 54–68.
26.James Welu, 'Vermeer: His Cartographic Sources', *Art Bulletin*, 57 (1975), pp. 529–47, at p. 547. より引用。
27.Oscar Wilde, 'The Soul of Man under Socialism'(1891), in Wilde, *The Soul of Man under Socialism and Selected Critical Prose*, 編：Linda C. Dowling (London, 2001), p. 141.
28.Denis Wood with John Fels, *The Power of Maps* (New York, 1992), p. 1.

第1章　科学　プトレマイオスの『地理学』　紀元150年頃

1.ファロスの石塔に関しては Rory MacLeod (編), *The Library of Alexandria: Centre of Learning in the Ancient World* (London and New York, 2000). を参照。
2.*The Cambridge Ancient History*, vol. 7, part 1: *The Hellenistic World*, 2nd edn., 編：F. W. Walbank *et al.* (Cambridge, 1984). を参照。
3.James Raven (編), Lost Libraries: *The Destruction of Great Book Collections in Antiquity* (Basingstoke, 2004), p. 15. より引用。
4.Bruno Latour, *Science in Action* (Cambridge, Mass., 1983), p. 227, および Christian Jacob, 'Mapping in the Mind', in Denis Cosgrove (編), *Mappings* (London, 1999), p. 33. を参照。
5.J. Lennart Berggren and Alexander Jones (編・訳), *Ptolemy's Geography: An Annotated Translation of the Theoretical Chapters* (Princeton, 2000), pp. 57–8. より引用。
6.同書, pp. 3–5.
7.同書, p. 82. より引用。
8.プトレマイオスの生涯については G. J. Toomer, 'Ptolemy', in Charles Coulston Gillispie (編), *Dictionary of Scientific Biography*, 16 vols. (New York, 1970–80), vol. 11, pp. 186–206. を参照。
9.Germaine Aujac, 'The Foundations of Theoretical Cartography in Archaic and Classical Greece', in J. B. Harley and David Woodward (編), *The History of Cartography*, vol. 1: *Cartography in Prehistoric, Ancient and Medieval Europe and the Mediterranean* (Chicago, 1987), pp. 130–47; Christian Jacob, *The Sovereign Map: Theoretical Approaches to Cartography throughout History* (Chicago, 2006), pp. 18–19; James Romm, *The Edges of the Earth in Ancient Thought* (Princeton, 1992), pp. 9–10. を参照。
10.Strabo, *The Geography of Strabo*, 1. 1. 1, 訳：Horace Leonard Jones, 8 vols. (Cambridge, Mass., 1917–32).
11.マロスのクラテスによる。Romm, *Edges of the Earth*, p. 14. より引用。
12.Richmond Lattimore (編・訳), *The Iliad of Homer* (Chicago, 1951). より引用。
13.P. R. Hardie, 'Imago Mundi: Cosmological and Ideological Aspects of the Shield of Achilles', *Journal of Hellenic Studies*, 105 (1985), pp. 11–31.
14.G. S. Kirk, *Myth: Its Meaning and Function in Ancient and Other Cultures* (Berkeley and Los Angeles, 1970), pp. 172–205; Andrew Gregory, *Ancient Greek Cosmogony* (London, 2008).
15.Aujac, 'The Foundations of Theoretical Cartography', p. 134. より引用。
16.Charles H. Kahn, *Anaximander and the Origins of Greek Cosmology* (New York, 1960), p. 87. より引用。
17.同書, pp. 76, 81. より引用。
18.オムファロスとペリプルスについては Jacob, 'Mapping in the Mind', p. 28; を参照。辞書見出しとしては John Roberts (編), *The Oxford Dictionary of the Classical World* (Oxford, 2005). を参照。
19.Herodotus, *The Histories*, 訳：Aubrey de Selincourt (London, 1954), p. 252.
20.同書, p. 253.
21.同書, p. 254.
22.Plato, *Phaedo*, 訳：David Gallop (Oxford, 1975), 108c–109b.
23.同書, 109b–110b.
24.同書, 110c.
25.Germaine Aujac, 'The Growth of an Empirical Cartography in Hellenistic Greece', in Harley and Woodward, *History of Cartography*, vol. 1, pp. 148–60, at p. 148. を参照。
26.Aristotle, *De caelo*, 2. 14.
27.Aristotle, *Meteorologica*, 訳：H. D. P. Lee (Cambridge, Mass., 1952), 338b.
28.同書, 362b.
29.D. R. Dicks, 'The Klimata in Greek Geography', *Classical Quarterly*, 5/3–4 (1955), pp. 248–55.
30.Herodotus, *The Histories*, pp. 328–9.

31.C. F. C. Hawkes, *Pytheas: Europe and the Greek Explorers* (Oxford, 1977). を参照。
32.Claude Nicolet, *Space, Geography, and Politics in the Early Roman Empire* (Ann Arbor, 1991), p. 73.
33.Jacob, *Sovereign Map*, p. 137.
34.Berggren and Jones, *Ptolemy's Geography*, p. 32.
35.Aujac, 'Growth of an Empirical Cartography', pp. 155–6.
36.Strabo, *Geography*, 1. 4. 6.
37.O. A. W. Dilke, *Greek and Roman Maps* (London, 1985), p. 35.
38.Harley and Woodward, *History of Cartography*, vol. 1, の12～14章および Richard J. A. Talbert, 'Greek and Roman Mapping: Twenty-First Century Perspectives', in Richard J. A. Talbert and Richard W. Unger (編), *Cartography in Antiquity and the Middle Ages: Fresh Perspectives, New Methods* (Leiden, 2008), pp. 9–28. を参照。
39.Strabo, *Geography*, 1. 2. 24.
40.同書, 1. 1. 12.
41.同書, 2. 5. 10.
42.同書, 1. 1. 18.
43.Nicolet, *Space, Geography, and Politics*, p. 31. より引用。
44.Toomer, 'Ptolemy'. を参照。
45.D. R. Dicks, *The Geographical Fragments of Hipparchus* (London, 1960), p. 53. より引用。
46.Ptolemy, *Almagest*, 2. 13, Berggren and Jones, *Ptolemy's Geography*, p. 19. より引用。
47.Ptolemy, *Geography*, 1. 5–6.
48.Jacob, 'Mapping in the Mind', p. 36.
49.Ptolemy, *Geography*, 1. 1.
50.同書, 1. 9–12; O. A. W. Dilke, 'The Culmination of Greek Cartography in Ptolemy', Harley and Woodward, *History of Cartography*, vol. 1, p. 184.
51.Ptolemy, *Geography*, 1. 23.
52.同書, 1. 20.
53.同書, 1. 23.
54.同書。
55.David Woodward, 'The Image of the Spherical Earth', *Perspecta*, 25 (1989), p. 9.
56.Leo Bagrow, 'The Origin of Ptolemy's *Geographia*', *Geografiska Annaler*, 27 (1943), pp. 318–87; を参照。この議論に関する最近の概要については O. A. W. Dilke, 'Cartography in the Byzantine Empire', in Harley and Woodward, *History of Cartography*, vol. 1, pp. 266–72. を参照。
57.Berggren and Jones, *Ptolemy's Geography*, p. 47.
58.T. C. Skeat, 'Two Notes on Papyrus', in Edda Bresciani *et al.* (編), *Scritti in onore di Orsolino Montevecchi* (Bologna, 1981), pp. 373–83.
59.Berggren and Jones, *Ptolemy's Geography*, p. 50.
60.Raven, *Lost Libraries*. を参照。
61.Ptolemy, *Geography*, 1. 1.

第2章　交流　アル=イドリーシー　1154年

1.Elisabeth van Houts, 'The Normans in the Mediterranean', in van Houts, *The Normans in Europe* (Manchester, 2000), pp. 223–78. を参照。
2.アル=イドリーシーの生涯と作品に関する最も詳細な英文資料としては S. Maqbul Ahmad, 'Cartography of al-Sharīf al-Idrīsī', in J. B. Harley and David Woodward (編), *The History of Cartography*, vol. 2, bk. 1: *Cartography in the Traditional Islamic and South Asian Societies* (Chicago, 1987), pp. 156–74. を参照。
3.Anthony Pagden, *Worlds at War: The 2,500-Year Struggle between East and West* (Oxford, 2008), pp. 140–42.
4.B. L. Gordon, 'Sacred Directions, Orientation, and the Top of the Map', *History of Religions*, 10/3 (1971), pp. 211–27.
5.同書, p. 221.
6.David A. King, *World-Maps for Finding the Direction and Distance of Mecca: Innovation and Tradition in*

Islamic Science (Leiden, 1999).
7.Ahmet T. Karamustafa, 'Introduction to Islamic Maps', in Harley and Woodward (編), *History of Cartography*, vol. 2, bk. 1, p. 7.
8.Ahmet T. Karamustafa, 'Cosmographical Diagrams', in Harley and Woodward, *History of Cartography*, vol. 2, bk. 1, pp. 71–2; S. Maqbul Ahmad and F. Taeschnes, 'Djugrafiya', in *The Encyclopaedia of Islam*, 2nd edn., vol. 2 (Leiden, 1965), p. 577.
9.同書, p. 574.
10.イスラムの初期の歴史については Patricia Crone and Martin Hinds, *God's Caliph: Religious Authority in the First Centuries of Islam* (Cambridge, 1986). を参照。
11.Gerald R. Tibbetts, 'The Beginnings of a Cartographic Tradition', in Harley and Woodward, *History of Cartography*, vol. 2, bk. 1, p. 95. より引用。
12.同書, pp. 94–5; André Miquel, 'Iklīm', in *The Encyclopaedia of Islam*, 2nd edn., vol. 3 (Leiden, 1971), pp. 1076–8.
13.同書, p. 1077. より引用。
14.Edward Kennedy, 'Suhrāb and the World Map of al-Ma'mūn', in J. L. Berggren *et al.* (編), *From Ancient Omens to Statistical Mechanics: Essays on the Exact Sciences Presented to Asger Aaboe* (Copenhagen, 1987), pp. 113–19. より引用。
15.Raymond P. Mercer, 'Geodesy', in Harley and Woodward (編), *History of Cartography*, vol. 2, bk. 1, pp. 175–88, at p. 178. より引用。
16.イブン・ホルダーズベと行政の伝統については Paul Heck, *The Construction of Knowledge in Islamic Civilisation* (Leiden, 2002), pp. 94–146, および Tibbetts, 'Beginnings of a Cartographic Tradition', pp. 90–92. を参照。
17.Ralph W. Brauer, 'Boundaries and Frontiers in Medieval Muslim Geography', *Transactions of the American Philosophical Society,* new series, 85/6 (1995), pp. 1–73.
18.Gerald R. Tibbetts, 'The Balkhī School of Geographers', in Harley and Woodward (編), *History of Cartography*, vol. 2, bk. 1, pp. 108–36, at p. 112. より引用。
19.Konrad Miller, *Mappae Arabicae: Arabische Welt- und Länderkasten des* 9.-13. *Jahrshunderts*, 6 vols. (Stuttgart, 1926–31), vol. 1, pt. 1.
20.コルドバに関しては Robert Hillenbrand, ' "The Ornament of the World" : Medieval Córdoba as a Cultural Centre', in Salma Khadra Jayyusi (編), *The Legacy of Muslim Spain* (Leiden, 1992), pp. 112–36, および Heather Ecker, 'The Great Mosque of Córdoba in the Twelfth and Thirteenth Centuries', *Muqarnas*, 20 (2003), pp. 113–41. を参照。
21.Hillenbrand, ' "The Ornament of the World" ', p. 112. より引用。
22.同書, p. 120. より引用。
23.Maqbul Ahmad, 'Cartography of al-Idrīsī', p. 156.
24.Jeremy Johns, *Arabic Administration in Norman Sicily: The Royal Dīwān* (Cambridge, 2002), p. 236.
25.Hubert Houben, *Roger II of Sicily: A Ruler between East and West* (Cambridge, 2002), p. 106. より引用。
26.Helen Wieruszowski, 'Roger II of Sicily, Rex Tyrannus, in Twelfth-Century Political Thought', *Speculum*, 38/1 (1963), pp. 46–78.
27.Donald Matthew, *The Norman Kingdom of Sicily* (Cambridge, 1992).
28.R. C. Broadhurst (編・訳), *The Travels of Ibn Jubayr* (London, 1952), pp. 339–41. より引用。
29.Charles Haskins and Dean Putnam Lockwood, 'The Sicilian Translators of the Twelfth Century and the First Latin Version of Ptolemy's Almagest', *Harvard Studies in Classical Philology*, 21 (1910), pp. 75–102.
30.Houben, *Roger II*, p. 102.
31.同書, pp. 98–113; Matthew, *Norman Kingdom*, pp. 112–28.
32.Ahmad, 'Cartography of al-Idrīsī', p. 159. より引用。
33.同書。
34.同書。
35.同書, p. 160.
36.Pierre Jaubert (編・訳), *Géographie d'Édrisi*, 2 vols. (Paris, 1836), vol. 1, p. 10. より引用。Jaubert の翻訳はやや一貫性に欠ける部分があるため Reinhart Dozy and Michael Jan de Goeje (編・訳), *Déscription de l'Afrique et de l'Espagne par Edrîsî* (Leiden, 1866).の部分訳との比較に基づいて訂正を行った。

37.S. Maqbul Ahmad, *India and the Neighbouring Territories in the 'Kitābnuzhat al-mushtāq fī khtirāq al-āfāq' of al-Sharīf al-Idrīsī* (Leiden, 1960), pp. 12–18.
38.Jaubert, *Géographie d'Édrisi*, vol. 1, p. 140. より引用。
39.同書, pp. 137–8. より引用。
40.同書, vol. 2, p. 156. より引用。
41.同書, p. 252. より引用。
42.同書, pp. 342–3. より引用。
43.同書, pp. 74–5. より引用。
44.Brauer, 'Boundaries and Frontiers', pp. 11–14.
45.J. F. P. Hopkins, 'Geographical and Navigational Literature', in M. J. L. Young, J. D. Latham and R. B. Serjeant (編), *Religion, Learning and Science in the 'Abbasid Period* (Cambridge, 1990), pp. 301–27, at pp. 307–11.
46.*The History of the Tyrants of Sicily by 'Hugo Falcandus' 1154–69*, 訳：Graham A. Loud and Thomas Wiedemann (Manchester, 1998), p. 59.
47.Matthew, *Norman Kingdom*, p. 112; フレデリックのシチリア島統治に関しては David Abulafia, *Frederick II: A Medieval Emperor* (Oxford, 1988), pp. 340–74. を参照。
48.Ibn Kaldūn, *The Muqadimah: An Introduction to History*, 訳：Franz Rosenthal (Princeton, 1969), p. 53.
49.Jeremy Johns and Emilie Savage-Smith, 'The Book of Curiosities: A Newly Discovered Series of Islamic Maps', *Imago Mundi*, 55 (2003), pp. 7–24, Yossef Rapoport and Emilie Savage-Smith, 'Medieval Islamic Views of the Cosmos: The Newly Discovered *Book of Curiosities*', *Cartographic Journal*, 41/3 (2004), pp. 253–9, および Rapoport and Savage-Smith, 'The Book of Curiosities and a Unique Map of the World', in Richard J. A. Talbert and Richard W. Unger (編), *Cartography in Antiquity and the Middle Ages: Fresh Perspectives, New Methods* (Leiden, 2008), pp. 121–38.

第3章　信仰　ヘレフォードの世界図　1300年頃

1.Colin Morris, 'Christian Civilization (1050–1400)', in John McManners (編), *The Oxford Illustrated History of Christianity* (Oxford, 1990), pp. 196–232.
2.カンティループの経歴およびペッカムとの対立については Meryl Jancey (編), *St. Thomas Cantilupe, Bishop of Hereford: Essays in his Honour* (Hereford, 1982). を参照。
3.Nicola Coldstream, 'The Medieval Tombs and the Shrine of Saint Thomas Cantilupe', in Gerald Aylmer and John Tiller (編), *Hereford Cathedral: A History* (London, 2000), pp. 322–30. を参照。
4.David Woodward, 'Medieval *Mappaemundi*', in J. B. Harley and David Woodward (編), *The History of Cartography*, vol. 1: *Cartography in Prehistoric, Ancient, and Medieval Europe and the Mediterranean* (Chicago, 1987), p. 287.
5.Scott D. Westrem, *The Hereford Map: A Transcription and Translation of the Legends with Commentary* (Turnhout, 2001), p. 21. 特に明記していない限り、地図に関する引用はすべて Westrem の著書による。
6.同書, p. 8.
7.Woodward, 'Medieval *Mappaemundi*', p. 299. より引用。
8.Natalia Lozovsky, *'The Earth is Our Book': Geographical Knowledge in the Latin West ca. 400–1000* (Ann Arbor, 2000), p. 11. より引用。
9.同書, p. 12. より引用。
10.同書, p. 49. より引用。
11.Sallust, *The Jugurthine War/The Conspiracy of Catiline*, 訳：S. A. Handford (London, 1963), pp. 53–4.
12.Evelyn Edson, *Mapping Time and Space: How Medieval Mapmakers Viewed their World* (London, 1997), p. 20.
13.Alfred Hiatt, 'The Map of Macrobius before 1100', *Imago Mundi*, 59 (2007), pp. 149–76.
14.William Harris Stahl (編), *Commentary on the Dream of Scipio by Macrobius* (Columbia, NY, 1952), pp. 201–3. より引用。
15.同書, p. 216.
16.Roy Deferrari (編), *Paulus Orosius: The Seven Books of History against the Pagans* (Washington, 1964), p. 7.
17.Edson, *Mapping Time and Space*, p. 38. より引用。

18.同書, p. 48. より引用。

19.Lozovsky, '*The Earth is Our Book*', p. 105; Edson, *Mapping Time and Space*, p. 49.

20.William Harris Stahl *et al.* (編・訳), *Martianus Capella and the Seven Liberal Arts*, vol. 2: *The Marriage of Philology and Mercury* (New York, 1997), p. 220.

21.Lozovsky, '*The Earth is Our Book*', pp. 28–34.

22.Erich Auerbach, *Mimesis: The Representation of Reality in Western Literature* (Princeton, 1953), pp. 73–4, 195–6.

23.Patrick Gautier Dalché, 'Maps in Words: The Descriptive Logic of Medieval Geography', in P. D. A. Harvey (編), *The Hereford World Map: Medieval World Maps and their Context* (London, 2006), pp. 223–42を参照。

24.Conrad Rudolph, ' "First, I Find the Center Point" : Reading the Text of Hugh of Saint Victor's *The Mystic Ark*', *Transactions of the American Philosophical Society*, 94/4 (2004), pp. 1–110.

25.Alessandro Scafi, *Mapping Paradise: A History of Heaven on Earth* (London, 2006), p. 123. より引用。

26.Woodward, 'Medieval *Mappaemundi*', p. 335. より引用。

27.Mary Carruthers, *The Book of Memory: A Study of Memory in Medieval Culture* (Cambridge, 2nd edn., 2007), p. 54. より引用。

28.Scafi, *Mapping Paradise*, pp. 126–7. より引用。

29.Westrem, *The Hereford Map*, pp. 130, 398.

30.Peter Barber, 'Medieval Maps of the World', in Harvey, *The Hereford World Map*, pp. 1–44, at p. 13.

31.Westrem, *The Hereford Map*, p. 326; G. R. Crone, 'New Light on the Hereford Map', *Geographical Journal*, 131 (1965), pp. 447–62.

32.同書, p. 451; P. D. A. Harvey, 'The Holy Land on Medieval World Maps', in Harvey, *The Hereford World Map*, p. 248.

33.Brouria Bitton-Ashkelony, *Encountering the Sacred: The Debate on Christian Pilgrimage in Late Antiquity* (Berkeley and Los Angeles, 2006), pp. 110–15; Christian K. Zacher, *Curiosity and Pilgrimage: The Literature of Discovery in Fourteenth-Century England* (Baltimore, 1976).

34.Robert Norman Swanson, *Religion and Devotion in Europe*, 1215–1515 (Cambridge, 1995), pp. 198–9.

35.Valerie J. Flint, 'The Hereford Map: Its Author(s), Two Scenes and a Border', *Transactions of the Royal Historical Society*, sixth series, 8 (1998), pp. 19–44.

36.同書, pp. 37–9.

37.Dan Terkla, 'The Original Placement of the Hereford Mappa Mundi', *Imago Mundi*, 56 (2004), pp. 131–51, および 'Informal Cathechesis and the Hereford *Mappa Mundi*', in Robert Bork and Andrea Kann (編), *The Art, Science and Technology of Medieval Travel* (Aldershot, 2008), pp. 127–42.

38.Martin Bailey, 'The Rediscovery of the Hereford Mappamundi: Early References, 1684–1873', in Harvey (編), *The Hereford World Map*, pp. 45–78.

39.Martin Bailey, 'The Discovery of the Lost Mappamundi Panel: Hereford's Map in a Medieval Altarpiece?', in Harvey (編), *The Hereford World Map*, pp. 79–93.

40.Daniel K. Connolly, 'Imagined Pilgrimage in the Itinerary Maps of Matthew Paris', *Art Bulletin*, 81/4 (1999), pp. 598–622, at p. 598. より引用。

第4章　帝国　混一疆理歴代国都之図　1402年頃

1.Martina Deuchlar, *The Confucian Transformation of Korea: A Study of Society and Ideology* (Cambridge, Mass., 1992).

2.John B. Duncan, *The Origins of the Chosŏn Dynasty* (Washington, 2000).

3.Tanaka Takeo, 'Japan's Relations with Overseas Countries', in John Whitney Hall and Takeshi Toyoda (編), *Japan in the Muromachi Age* (Berkeley and Los Angeles, 1977), pp. 159–78.

4.Joseph Needham *et al., The Hall of Heavenly Records: Korean Astronomical Instruments and Clocks* (Cambridge, 1986), pp. 153–9, および F. Richard Stephenson, 'Chinese and Korean Star Maps and Catalogs,' in J. B. Harley and David Woodward (編), *The History of Cartography*, vol. 2, bk. 2: *Cartography in the Traditional East and Southeast Asian Societies* (Chicago, 1987), pp. 560–68.

5.『大明混一図』(所蔵:第一歴史檔案館、北京)として知られる中国の地図には、疆理図と多数の類似点があるため、

一部の学者は1389年の作としている。ただし、このような早い時期に作られたとする物理的な証拠はないとして、16世紀後半から17世紀初めに複製されたとする学者もいる。Kenneth R. Robinson, 'Gavin Menzies, 1421, and the Ryŭkoku *Kangnido* World Map', *Ming Studies*, 61 (2010), pp. 56–70, の p. 62. を参照。この地図に関して文書で意見交換を行った Cordell Yee 氏に感謝している。

6.この地図の最新の詳細な説明については、Kenneth R. Robinson, 'Chosŏn Korea in the Ryŭkoku *Kangnido*: Dating the Oldest Extant Korean Map of the World (15th Century)', *Imago Mundi*, 59/2 (2007), pp. 177–92. を参照。

7.同書, pp. 179–82.

8.Joseph Needham, with Wang Ling, *Science and Civilisation in China*, vol. 3: *Mathematics and the Sciences of the Heavens and the Earth* (Cambridge, 1959), pp. 555–6.

9.同書, p. 555.

10.C. Dale Walton, 'The Geography of Universal Empire: A Revolution in Strategic Perspective and its Lessons', *Comparative Strategy*, 24 (2005), pp. 223–35.

11.Gari Ledyard, 'Cartography in Korea,' in Harley and Woodward, *The History of Cartography*, vol. 2, bk. 2, pp. 235–345, at p. 245. より引用。

12.Timothy Brook, *The Troubled Empire: China in the Yuan and Ming Dynasties* (Cambridge, Mass., 2010), pp. 164, 220. 彊理図の描写および関連事項の記述にあたっては Brook 教授に深く感謝する。

13.Kenneth R. Robinson, 'Yi Hoe and his Korean Ancestors in T'aean Yi Genealogies', *Seoul Journal of Korean Studies*, 21/2 (2008), pp. 221–50, at pp. 236–7.

14.Hok-lam Chan, 'Legitimating Usurpation: Historical Revisions under the Ming Yongle Emperor (r. 1402–1424)', in Philip Yuen-sang Leung (編), *The Legitimation of New Orders: Case Studies in World History* (Hong Kong, 2007), pp. 75–158.

15.Zheng Qiao (AD 1104–62), Francesca Bray, 'Introduction: The Powers of *Tu*', in Francesca Bray, Vera Dorofeeva-Lichtmann and Georges Métailié (編), *Graphics and Text in the Production of Technical Knowledge in China* (Leiden, 2007), pp. 1–78, at p. 1. より引用。

16.Nathan Sivin and Gari Ledyard, 'Introduction to East Asian Cartography', in Harley and Woodward, *The History of Cartography*, vol. 2, bk. 2, pp. 23–31, at p. 26.

17.Bray, 'The Powers of *tu*', p. 4.

18.Needham, *Science and Civilisation*, vol. 3, p. 217. より引用。

19.同書, p. 219.

20.John S. Major, *Heaven and Earth in Early Han Thought* (New York, 1993), p. 32. より引用。

21.John B. Henderson, 'Nonary Cosmography in Ancient China', in Kurt A. Raaflaub and Richard J. A. Talbert (編), *Geography and Ethnography: Perceptions of the World in Pre-Modern Societies* (Oxford, 2010), pp. 64–73, at p. 64.

22.Sarah Allan, *The Shape of the Turtle: Myth, Art and Cosmos in Early China* (Albany, NY, 1991).

23.Mark Edward Lewis, *The Flood Myths of Early China* (Albany, NY, 2006), pp. 28–30.

24.Needham, *Science and Civilisation*, vol. 3, p. 501. より引用。

25.Vera Dorofeeva-Lichtmann, 'Ritual Practices for Constructing Terrestrial Space (Warring States – Early Han)', in John Lagerwey and Marc Kalinowski (編), *Early Chinese Religion*, pt. 1: *Shang through Han (1250 BC–220 AD)* (Leiden, 2009), pp. 595–644.

26.Needham, *Science and Civilisation*, vol. 3, pp. 501–3.

27.William Theodore De Bary (編), *Sources of East Asian Tradition*, vol. 1: *Premodern Asia* (New York, 2008), p. 133. より引用。

28.Mark Edward Lewis, *The Construction of Space in Early China* (Albany, NY, 2006), p. 248. より引用。

29.Cordell D. K. Yee, 'Chinese Maps in Political Culture', in Harley and Woodward, *History of Cartography*, vol. 2, bk. 2, pp. 71–95, at p. 72. より引用。

30.Hung Wu, *The Wu Liang Shrine: The Ideology of Early Chinese Pictorial Art* (Stanford, Calif., 1989), p. 54.

31.Yee, 'Chinese Maps', p. 74. より引用。

32.同書, p. 74.

33.Nancy Shatzman Steinhardt, 'Mapping the Chinese City', in David Buisseret(編), *Envisioning the City: Six Studies in Urban Cartography* (Chicago, 1998), pp. 1–33, at p. 11; Cordell D. K. Yee, 'Reinterpreting

Traditional Chinese Geographical Maps', in Harley and Woodward, *History of Cartography*, vol. 2, bk. 2, pp. 35–70, at p. 37.
34.Craig Clunas, *Art in China* (Oxford, 1997), pp. 15–44.
35.Yee, 'Chinese Maps', pp. 75–6.
36.Needham, *Science and Civilisation*, vol. 3, pp. 538–40. より引用。
37.Cordell D. K. Yee, 'Taking the World's Measure: Chinese Maps between Observation and Text', in Harley and Woodward, *History of Cartography*, vol. 2, bk. 2, pp. 96–127.
38.同書, p. 113. より引用。
39.Needham, *Science and Civilisation*, vol. 3, p. 540. より引用。
40.同書, p. 546.
41.Alexander Akin, 'Georeferencing the Yujitu'（http://www.davidrumsey.com/china/Yujitu_Alexander_Akin.pdf でアクセス可）より引用。
42.Tsien Tsuen-Hsuin, 'Paper and Printing', in Joseph Needham, *Science and Civilisation in China*, vol. 5, pt. 1: *Chemistry and Chemical Technology: Paper and Printing* (Cambridge, 1985).
43.Patricia Buckley Ebrey, *The Cambridge Illustrated History of China* (Cambridge, 1996), pp. 136–63.
44.Vera Dorofeeva-Lichtmann, 'Mapping a "Spiritual" Landscape: Representation of Terrestrial Space in the *Shanhaijing*', in Nicola Di Cosmo and Don J. Wyatt (編), *Political Frontiers, Ethnic Boundaries, and Human Geographies in Chinese History* (Oxford, 2003), pp. 35–79.
45.Hilde De Weerdt, 'Maps and Memory: Readings of Cartography in Twelfth- and Thirteenth-Century Song China', *Imago Mundi*, 61/2 (2009), pp. 145–67, at p. 156. より引用。
46.同書, p. 159.
47.Ledyard, 'Cartography in Korea', p. 240. より引用。
48.同書, pp. 238–79.
49.Steven J. Bennett, 'Patterns of the Sky and Earth: A Chinese Science of Applied Cosmology', *Chinese Science*, 3 (1978), pp. 1–26, at pp. 5–6. より引用。
50.David J. Nemeth, *The Architecture of Ideology: Neo-Confucian Imprinting on Cheju Island, Korea* (Berkeley and Los Angeles, 1987), p. 114.
51.Ledyard, 'Cartography in Korea', p. 241. より引用。
52.Nemeth, *Architecture of Ideology*, p. 115. より引用。
53.Ledyard, 'Cartography in Korea', pp. 276–9.
54.同書, pp. 291–2.
55.この点に関する説明については Gari Ledyard に深く感謝している。
56.Dane Alston, 'Emperor and Emissary: The Hongwu Emperor, Kwŏn Kŭn, and the Poetry of Late Fourteenth Century Diplomacy', *Korean Studies*, 32 (2009), pp. 104–47, at p. 111. より引用。
57.同書, p. 112. より引用。
58.同書, p. 120.
59.同書, p. 125.
60.同書, p. 129.
61.同書, p. 131.
62.同書, p. 134.
63.Etsuko Hae-Jin Kang, *Diplomacy and Ideology in Japanese-Korean Relations: From the Fifteenth to the Eighteenth Century* (London, 1997), pp. 49–83.
64.Ledyard, 'Cartography in Korea', p. 245. より引用。
65.Robinson, 'Chosŏn Korea in the Ryūkoku *Kangnido*', pp. 185–8.
66.Bray, 'The Powers of *Tu*', p. 8.

第5章　発見　マルティン・ヴァルトゼーミュラーの世界全図　1507年

1.地図の取得に関連するこれ以降の引用は、米国議会図書館地理・地図部に保管されている資料から得たものである。資料の閲覧を許可してくれた地理・地図部の John Hessler と John Herbert ならびに地図の取得に関わる情報を電子メールで提供し、意見交換してくれた Philip Burden に感謝する。
2.Seymour I. Schwartz, *Putting 'America' on the Map: The Story of the Most Important Graphic Document in*

the History of the United States (New York, 2007), pp. 251–2. より引用。

3.*New York Times*, 20 June 2003.

4.http://www.loc.gov/today/pr/2001/01–093.html. を参照。

5.Jacob Burckhardt, *The Civilization of the Renaissance in Italy*, 訳：S. G. C. Middlemore (London, 1990), pp. 213–22.

6.John Hessler, *The Naming of America: Martin Waldseemüller's 1507 World Map and the 'Cosmographiae Introductio'* (London, 2008), p. 34. より引用。

7.同書, p. 17.

8.Samuel Eliot Morison, *Portuguese Voyages to America in the Fifteenth Century* (Cambridge, Mass., 1940), pp. 5–10.

9.印刷と印刷物の初期の歴史については Elizabeth Eisenstein, *The Printing Press as an Agent of Change*, 2 vols. (Cambridge, 1979), および Lucien Febvre, *The Coming of the Book*, 訳：David Gerard (London, 1976). を参照。

10.Barbara Crawford Halporn (編), *The Correspondence of Johann Amerbach* (Ann Arbor, 2000), p. 1. より引用。

11.この「画期的な」論文に対する懐疑的な見解の詳細については Adrian Johns, *The Nature of the Book: Print and Knowledge in the Making* (Chicago, 1998). を参照。

12.William Ivins, *Prints and Visual Communications* (Cambridge, Mass., 1953), pp. 1–50.

13.Robert Karrow, 'Centers of Map Publishing in Europe, 1472–1600', in David Woodward (編), *The History of Cartography*, vol. 3: *Cartography in the European Renaissance*, pt. 1 (Chicago, 2007), pp. 611–21.

14.Schwartz, *Putting 'America' on the Map*, p. 36. より引用。

15.Denis Cosgrove, 'Images of Renaissance Cosmography, 1450–1650', in Woodward, *History of Cartography*, vol. 3, pt. 1, pp. 55–98. を参照。

16.Patrick Gautier Dalché, 'The Reception of Ptolemy's *Geography* (End of the Fourteenth to Beginning of the Sixteenth Century)', in Woodward, *History of Cartography*, vol. 3, pt. 1 pp. 285–364.

17.Tony Campbell, *The Earliest Printed Maps, 1472–1500* (London, 1987), p. 1.

18.Schwartz, *Putting 'America' on the Map*, pp. 39–40. より引用。

19.Luciano Formisano (編), *Letters from a New World: Amerigo Vespucci's Discovery of America*, 訳：David Jacobson (New York, 1992). を参照。

20.Joseph Fischer SJ and Franz von Weiser, *The Cosmographiae Introductio of Martin Waldseemüller in Facsimile* (Freeport, NY, 1960), p. 88. より引用。

21.Hessler, *The Naming of America*, より引用したが、Charles George Herbermann (編), *The Cosmographia Introductio of Martin Waldseemüller* (New York, 1907) も参照。

22.Hessler, *Naming of America*, p. 88. より引用。

23.同書, p. 94.

24.同書, pp. 100–101. および Toby Lester, *The Fourth Part of the World: The Epic Story of History's Greatest Map* (New York, 2009). を参照。

25.Christine R. Johnson, 'Renaissance German Cosmographers and the Naming of America', *Past and Present*, 191/1 (2006), pp. 3–43, at p. 21. より引用。

26.Miriam Usher Chrisman, *Lay Culture, Learned Culture: Books and Social Changes in Strasbourg, 1480–1599* (New Haven, 1982), p. 6.

27.R. A. Skelton, 'The Early Map Printer and his Problems', *Penrose Annual*, 57 (1964), pp. 171–87.

28.Halporn (編), *Johann Amerbach*, p. 2. より引用。

29.David Woodward (編), *Five Centuries of Map Printing* (Chicago, 1975), ch. 1. を参照。

30.Schwartz, *Putting 'America' on the Map*, p. 188. より引用。

31.E. P. Goldschmidt, 'Not in Harrisse', in *Essays Honoring Lawrence C. Wroth* (Portland, Me., 1951), pp. 135–6. より引用。

32.J. Lennart Berggren and Alexander Jones (編・訳), *Ptolemy's Geography: An Annotated Translation of the Theoretical Chapters* (Princeton, 2000), pp. 92–3. より引用。

33.プトレマイオスの投影法に関しては、同書および O. A. W. Dilke, 'The Culmination of Greek Cartography in

Ptolemy', in J. B. Harley and David Woodward (編), *The History of Cartography*, vol. 1: *Cartography in Prehistoric, Ancient, and Medieval Europe and the Mediterranean* (Chicago, 1987), pp. 177–200. を参照。

34.「歪み多項式」と呼ばれる計算モデルと技法を利用して、Hessler は『世界全図』の製作の解明に役立つ興味深い証拠を提示して議論を巻き起こした。Hessler は、歪み多項式について、「初期の地図あるいは縮尺や幾何学的な格子が不明の地図など、歪んだ画像からよく知られている対象画像への数学的変換、すなわちマッピングである。その目的は、正しい画像が測定されるように、あるいは既知の地図や格子に対して測量基準を配置するように、空間的な変換を行うこと、すなわち歪みを起こすことにある」と説明している。John Hessler, 'Warping Waldseemüller: A Phenomenological and Computational Study of the 1507 World Map', *Cartographica*, 41/2 (2006), pp. 101–13.

35.Franz Laubenberger and Steven Rowan, 'The Naming of America', *Sixteenth Century Journal*, 13/4 (1982), p. 101. より引用。

36.Joseph Fischer SJ and Franz von Wieser (編), *The World Maps of Waldseemüller (Ilacomilus) 1507 and 1516* (Innsbruck, 1903), pp. 15–16. より引用。

37.Johnson, 'Renaissance German Cosmographers', p. 32. より引用。

38.Laubenberger and Rowan, 'The Naming of America'. を参照。

39.Johnson, 'Renaissance German Cosmographers', pp. 34–5.

40.Schwartz, *Putting 'America' on the Map*, p. 212. より引用。

41.Elizabeth Harris, 'The Waldseemüller Map: A Typographic Appraisal', *Imago Mundi*, 37 (1985), pp. 30–53.

42.Michel Foucault, 'Nietzsche, Genealogy, History', in Foucault, *Language, Counter-Memory, Practice: Selected Essays and Interviews*, 編・訳：Donald Bouchard (New York, 1977), pp. 140–64, at p. 142.

第6章　グローバリズム　ディオゴ・リベイロの世界地図　1529年

1.Quoted in Frances Gardiner Davenport and Charles Oscar Paullin (編), *European Treaties Bearing on the History of the United States and its Dependencies*, 4 vols. (Washington, 1917), vol. 1, p. 44. より引用。

2.同書, p. 95. より引用。

3.Francis M. Rogers (編), *The Obedience of a King of Portugal* (Minneapolis, 1958), p. 48. より引用。

4.Davenport and Paullin, *European Treaties*, vol. 1, p. 161. より引用。

5.Donald Weinstein (編), *Ambassador from Venice: Pietro Pasqualigo in Lisbon, 1501* (Minneapolis, 1960), pp. 29–30. より引用。

6.Sanjay Subrahmanyam and Luis Filipe F. R. Thomaz, 'Evolution of Empire: The Portuguese in the Indian Ocean during the Sixteenth Century', in James Tracey (編), *The Political Economy of Merchant Empires* (Cambridge, 1991), pp. 298–331. を参照。

7.W. B. Greenlee (編), *The Voyage of Pedro Alvares Cabral to Brazil and India* (London, 1937), pp. 123–4. より引用。

8.Carlos Quirino (編), *First Voyage around the World by Antonio Pigafetta and 'De Moluccis Insulis' by Maximilianus Transylvanus* (Manila, 1969), pp. 112–13. より引用。

9.Richard Hennig, 'The Representation on Maps of the Magalhães Straits before their Discovery', *Imago Mundi*, 5 (1948), pp. 32–7. を参照。

10.Edward Heawood, 'The World Map before and after Magellan's Voyage', *Geographical Journal*, 57 (1921), pp. 431–42. を参照。

11.Lord Stanley of Alderley (編), *The First Voyage around the World by Magellan* (London, 1874), p. 257.

12.Marcel Destombes, 'The Chart of Magellan', *Imago Mundi*, 12 (1955), pp. 65–88, at p. 68. より引用。

13.R. A. Skelton (編), *Magellan's Voyage: A Narrative Account of the First Circumnavigation,* 2 vols. (New Haven, 1969), vol. 1, p. 128. より引用。

14.Samuel Eliot Morison, *The European Discovery of America: The Northern Voyages,* A.D. *500–16* (Oxford, 1974), p. 473. より引用。

15.Quirino, *First Voyage around the World*, pp. 112–13; Julia Cartwright (編), *Isabella d'Este, Marchioness of Mantua 1474–1539: A Study of the Renaissance*, 2 vols. (London, 1903), vol. 2, pp. 225–6. より引用。

16.Morison, *European Discovery*, p. 472. より引用。

17.Peter Martyr, *The Decades of the Newe Worlde*, 訳：Richard Eden (London, 1555), p. 242.

18.Antonio Barrera-Osorio, *Experiencing Nature: The Spanish American Empire and the Early Scientific Revolution* (Austin, Tex., 2006), pp. 29–55; Maria M. Portuondo, *Secret Science: Spanish Cosmography and the New World* (Chicago, 2009).
19.Destombes, 'The Chart of Magellan', p. 78.
20.L. A. Vigneras, 'The Cartographer Diogo Ribeiro', *Imago Mundi*, 16 (1962), pp. 76–83.
21.Destombes, 'The Chart of Magellan', p. 78. より引用。
22.Bartholomew Leonardo de Argensola, *The Discovery and Conquest of the Molucco Islands* (London, 1708).
23.Emma H. Blair and James A. Robertson (編), *The Philippine Islands: 1493–1898*, 55 vols. (Cleveland, 1903–9), vol. 1, pp. 176–7. より引用。
24.Peter Martyr, *The Decades of the Newe Worlde*, p. 242.
25.Blair and Robertson, *The Philippine Islands*, vol. 1, pp. 209–10. より引用。
26.同書, p. 201.
27.同書, p. 197.
28.同書, p. 205.
29.Vigneras, 'Ribeiro', p. 77. より引用。
30.Armado Cortesão and Avelino Teixeira da Mota, *Portugaliae Monumenta Cartographica*, 6 vols. (Lisbon, 1960–62), vol. 1, p. 97. より引用。
31.Vigneras, 'Ribeiro', pp. 78–9.
32.Surekha Davies, 'The Navigational Iconography of Diogo Ribeiro's 1529 Vatican Planisphere', *Imago Mundi*, 55 (2003), pp. 103–12.
33.Bailey W. Diffie and George D. Winius, *Foundations of the Portuguese Empire, 1415–1580* (Minneapolis, 1977), p. 283.
34.Robert Thorne, 'A Declaration of the Indies', in Richard Hakluyt, *Divers Voyages Touching America* (London, 1582), sig. C3.
35.Cortesão and da Mota, *Portugaliae Monumenta Cartographica*, vol. 1, p. 100. より引用。
36.Davenport, *European Treaties*, p. 188. より引用。
37.同書, pp. 186–97.
38.Jerry Brotton, *Trading Territories: Mapping the Early Modern World* (London, 1997), pp. 143–4.
39.Cortesão and da Mota, *Portugaliae Monumenta Cartographica*, vol. 1, p. 102. より引用。
40.Konrad Eisenbichler, 'Charles V in Bologna: The Self-Fashioning of a Man and a City', *Renaissance Studies*, 13/4 (2008), pp. 430–39.
41.Jerry Brotton and Lisa Jardine, *Global Interests: Renaissance Art between East and West* (London, 2000), pp. 49–62.

第7章　寛容　ゲラルドゥス・メルカトルの世界地図　1569年

1.異端の処刑に関する最も包括的な説明に関しては、H. Averdunk and J. Müller-Reinhard, *Gerhard Mercator und die Geographen unter seinen Nachkommen* (Gotha, 1904). を参照。英語で書かれた最新のメルカトルの伝記に関しては、Nicholas Crane, *Mercator: The Man who Mapped the Planet* (London, 2003). を参照。
2.Paul Arblaster, ' "Totius Mundi Emporium" : Antwerp as a Centre for Vernacular Bible Translations, 1523–1545', in Arie-Jan Gelderblom, Jan L. de Jong and Marc van Vaeck (編), *The Low Countries as a Crossroads of Religious Belief* (Leiden, 2004), pp. 14–15.
3.William Monter, 'Heresy Executions in Reformation Europe, 1520–1565', in Ole Peter Grell and Bob Scribner (編), *Tolerance and Intolerance in the European Reformation* (Cambridge, 1996), pp. 48–64.
4.Karl Marx, 'The Eighteenth Brumaire of Napoleon Bonaparte'(1852), in David McLellan (編), *Karl Marx: Selected Writings* (Oxford, 2nd edn. 2000), pp. 329–55.
5.これ以前の数行と「自己成型」の概念については、Stephen Greenblatt, *Renaissance Self-Fashioning: From More to Shakespeare* (Chicago, 1980), pp. 1–2. に負うところが大きい。
6.Crane, *Mercator*, p. 193. より引用。
7.同書, p. 194.
8.同書, p. 44.

9.A. S. Osley (編), *Mercator: A Monograph on the Lettering of Maps, etc. in the 16th Century Netherlands with a Facsimile and Translation of his Treatise on the Italic Hand and a Translation of Ghim's 'Vita Mercatoris'* (London, 1969), p. 185. より引用。

10.Peter van der Krogt, *Globi Neerlandici: The Production of Globes in the Low Countries* (Utrecht, 1993), p. 42. より引用。

11.地球儀に関しては同書 pp. 53–5; Robert Haardt, 'The Globe of Gemma Frisius', *Imago Mundi*, 9 (1952), pp. 109–10. を参照。地球儀の製作費に関しては Steven Vanden Broeke, *The Limits of Influence: Pico, Louvain and the Crisis of Astrology* (Leiden, 2003). を参照。

12.Robert W. Karrow, Jr., *Mapmakers of the Sixteenth Century and their Maps: Bio-Bibliographies of the Cartographers of Abraham Ortelius, 1570* (Chicago, 1993), p. 377. より引用。

13.M. Büttner, 'The Significance of the Reformation for the Reorientation of Geography in Lutheran Germany', *History of Science*, 17 (1979), pp. 151–69, at p. 160. より引用。

14.以下の記述内容は Catherine Delano-Smith and Elizabeth Morley Ingram, *Maps in Bibles*, 1500–1600*: An Illustrated Catalogue* (Geneva, 1991), および Delano-Smith, 'Maps as Art and Science: Maps in Sixteenth Century Bibles', *Imago Mundi*, 42 (1990), pp. 65–83. に負うところが大きい。

15.Delano-Smith and Morley, *Maps in Bibles*, p. xxvi. より引用。

16.Delano-Smith, 'Maps as Art', p. 67.

17.Delano-Smith and Morley, *Maps in Bibles*, p. xxv. より引用。

18.Robert Karrow, 'Centers of Map Publishing in Europe, 1472–1600', in David Woodward (編), *The History of Cartography*, vol. 3: *Cartography in the European Renaissance*, pt. 1 (Chicago, 2007), pp. 618–19. より引用。

19.ルネサンス期の地図投影法の歴史については、Johannes Keuning, 'A History of Geographical Map Projections until 1600', *Imago Mundi*, 12 (1955), pp. 1–24; John P. Snyder, *Flattening the Earth: Two Thousand Years of Map Projections* (Chicago, 1993), および同著者の 'Map Projections in the Renaissance', in David Woodward (編), *The History of Cartography*, vol.3: *Cartography in the European Renaissance*, pt.1(Chicago, 2007), pp. 365–81. を参照。

20.Rodney W. Shirley, *The Mapping of the World: Early Printed World Maps, 1472–1700* (London, 1983), p. 84.

21.Robert L. Sharp, 'Donne's "Good-Morrow" and Cordiform Maps', *Modern Language Notes*, 69/7 (1954), pp. 493–5; Julia M. Walker, 'The Visual Paradigm of "The Good-Morrow" : Donne's Cosmographical Glasse', *Review of English Studies*, 37/145 (1986), pp. 61–5. を参照。

22.Eric Jager, *The Book of the Heart* (Chicago, 2000), pp. 139, 143.

23.William Harris Stahl (編), *Commentary on the Dream of Scipio by Macrobius* (Columbia, NY, 1952), pp. 72, 216.

24.Denis Cosgrove, *Apollo's Eye: A Cartographic Genealogy of the Earth in the Western Imagination* (Baltimore, 2001), p. 49. より引用。

25.Giorgio Mangani, 'Abraham Ortelius and the Hermetic Meaning of the Cordiform Projection', *Imago Mundi*, 50 (1998), pp. 59–83. メランヒトンに関しては Crane, *Mercator*, p. 96. を参照。

26.Osley, *Mercator*, p. 186. より引用。

27.Geoffrey Parker, *The Dutch Revolt* (London, 1979), p. 33. を参照。

28.Rolf Kirmse, 'Die grosse Flandernkarte Gerhard Mercators (1540) – ein Politicum?', *Duisburger Forschungen*, 1 (1957), pp. 1–44; Crane, *Mercator*, pp. 102–10.

29.Marc Boone, 'Urban Space and Political Conflict in Late Medieval Flanders', *Journal of Interdisciplinary History*, 32/4 (2002), pp. 621–40. を参照。

30.Diarmaid MacCulloch, *Reformation: Europe's House Divided, 1490–1700* (London, 2003), pp. 75, 207–8.

31.Rienk Vermij, 'Mercator and the Reformation', in Manfred Büttner and René Dirven (編), *Mercator und Wandlungen der Wissenschaften im 16. und 17. Jahrhundert* (Bochum, 1993), pp. 77–90, at p. 85. より引用。

32.Alison Anderson, *On the Verge of War: International Relations and the Jülich-Kleve Succession Crises* (Boston, 1999) , pp. 18–21.

33.Andrew Taylor, *The World of Gerard Mercator: The Man who Revolutionised Geography* (London, 2005), pp. 128–9.

34.Crane, *Mercator*, p. 160. より引用。

35.Karrow, *Mapmakers of the Sixteenth Century*, p. 386.

36.Crane, *Mercator*, p. 194. より引用。

37.16世紀の宇宙誌学の危機に関しては Frank Lestringant, *Mapping the Renaissance World: The Geographical Imagination in the Age of Discovery*, 訳：David Fausett (Oxford, 1994), および Denis Cosgrove, 'Images of Renaissance Cosmography, 1450–1650', in Woodward, *History of Cartography*, vol. 3, pt. 1; を参照。年代学に関しては Anthony Grafton, 'Joseph Scaliger and Historical Chronology: The Rise and Fall of a Discipline', *History and Theory*, 14/2 (1975), pp. 156–85, 'Dating History: The Renaissance and the Reformation of Chronology', *Daedalus*, 132/2 (2003), pp. 74–85, および *Joseph Scaliger: A Study in the History of Classical Scholarship*, vol. 2: *Historical Chronology* (Oxford, 1993). を参照。

38.同書, p. 13. より引用。

39.同書, p. 9.

40.Vermij, 'Mercator and the Reformation', p. 86. より引用。

41.メルカトルの『クロノロジア』に関しては Rienk Vermij, 'Gerard Mercator and the Science of Chronology', in Hans Blotevogel and Rienk Vermij (編), *Gerhard Mercator und die geistigen Strömungen des* 16. *und* 17. *Jahrhunderts* (Bochum, 1995), pp. 189–98. を参照。

42.同書, p. 192.

43.Grafton, 'Dating History', p. 75.

44.この宇宙誌学の見解については Cosgrove, *Apollo's Eye*; Lestringant, *Mapping the Renaissance World*. を参照。

45.地図の説明に関してはいずれも作者不詳の 'Text and Translation of the Legends of the Original Chart of the World by Gerhard Mercator, Issued in 1569', *Hydrographic Review*, 9 (1932), pp. 7–45. より引用。

46.斜航線に関しては James Alexander, 'Loxodromes: A Rhumb Way to Go', *Mathematics Magazine*, 7/5 (2004), pp. 349–56; Mark Monmonier, *Rhumb Lines and Map Wars: A Social History of the Mercator Map Projection* (Chicago, 2004), pp. 1–24. を参照。

47.Lloyd A. Brown, *The Story of Maps* (New York, 1949), p. 137. を参照。

48.Monmonier, *Rhumb Lines and Map Wars*, pp. 4–5.

49.William Borough, *A Discourse on the Variation of the Compass*, 引用は E. J. S. Parsons and W. F. Morris, 'Edward Wright and his Work', *Imago Mundi*, 3 (1939), pp. 61–71, at p. 63. より。

50.Eileen Reeves, 'Reading Maps', *Word and Image*, 9/1 (1993), pp. 51–65.

51.Gerardus Mercator, *Atlas sive cosmographicae meditationes de fabrica mundi et fabricate figura* (CD-ROM, Oakland, Calif., 2000), p. 106.

52.同書。

53.同書, p. 107.

54.Lucia Nuti, 'The World Map as an Emblem: Abraham Ortelius and the Stoic Contemplation', *Imago Mundi*, 55 (2003), pp. 38–55, at p. 54. より引用。

55.Lestringant, *Mapping the Renaissance World*, p. 130; Cosgrove, 'Images of Renaissance Cosmography', p. 98. を参照。

56.David Harvey, 'Cosmopolitanism and the Banality of Geographical Evils', *Public Culture*, 12/2 (2000), pp. 529–64, at p. 549.

第8章　マネー　ヨアン・ブラウの『大地図帳』　1662年

1.Maarten Prak, *The Dutch Republic in the Seventeenth Century* (Cambridge, 2005), p. 262. より引用。

2.ブラウの地図に関しては Minako Debergh, 'A Comparative Study of Two Dutch Maps, および東京国立博物館所蔵: Joan Blaeu's Wall Map of the World in Two Hemispheres, 1648 およびその改訂版 ca. 1678 by N. Visscher', *Imago Mundi*, 35 (1983), pp. 20–36. を参照。

3.Derek Croxton, 'The Peace of Westphalia of 1648 and the Origins of Sovereignty', *International History Review*, 21/3 (1999), pp. 569–91.

4.Oscar Gelderblom and Joost Jonker, 'Completing a Financial Revolution: The Finance of the Dutch East India Trade and the Rise of the Amsterdam Capital Market, 1595–1612', *Journal of Economic History*, 64/3 (2004), pp. 641–72; Jan de Vries and Ad van der Woude, *The First Modern Economy: Success, Failure and Perseverance of the Dutch Economy, 1500–1815* (Cambridge, 1997).

5.Kees Zandvliet, *Mapping for Money: Maps, Plans and Topographic Paintings and their Role in Dutch Overseas Expansion during the 16th and 17th Centuries* (Amsterdam, 1998), pp. 33–51.

6.Cornelis Koeman, Günter Schilder, Marco van Egmond and Peter van der Krogt, 'Commercial Cartography and Map Production in the Low Countries, 1500–ca. 1672', in David Woodward (編), *The History of Cartography*, vol. 3: *Cartography in the European Renaissance*, pt. 1 (Chicago, 2007), pp. 1296–1383.

7.Herman de la Fontaine Verwey, 'Het werk van de Blaeus', *Maandblad Amstelodamum*, 39 (1952), p. 103.

8.Simon Schama, *The Embarrassment of Riches: An Interpretation of Dutch Culture in the Golden Age* (London, 1987).

9.Svetlana Alpers, *The Art of Describing: Dutch Art in the Seventeenth Century* (Chicago, 1983).

10.Herman de la Fontaine Verwey, 'Dr Joan Blaeu and his Sons', *Quaerendo*, 11/1 (1981), pp. 5–23.

11.C. Koeman, 'Life and Works of Willem Janszoon Blaeu: New Contributions to the Study of Blaeu, Made during the Last Hundred Years', *Imago Mundi*, 26 (1972), pp. 9–16, によれば1617年となっている。正しい年代を指摘してくれた Jan Werner には感謝している。

12.Herman Richter, 'Willem Jansz. Blaeu with Tycho Brahe on Hven, and his Map of the Island: Some New Facts', *Imago Mundi*, 3 (1939), pp. 53–60.

13.Klaas van Berkel, 'Stevin and the Mathematical Practitioners', in Klaas van Berkel, Albert van Helden and Lodewijk Palm (編), *A History of Science in the Netherlands* (Leiden, 1999), pp. 13–36, at p. 19. より引用。

14.Peter Burke, *A Social History of Knowledge: From Gutenberg to Diderot* (Oxford, 2000), pp. 163–5.

15.Günter Schilder, 'Willem Jansz. Blaeu's Wall Map of the World, on Mercator's Projection, 1606–07 and its Influence', *Imago Mundi*, 31 (1979), pp. 36–54.

16.同書, pp. 52–3. より引用。

17.James Welu, 'Vermeer: His Cartographic Sources', *Art Bulletin*, 57 (1975), p. 529.

18.Nadia Orenstein et al., 'Print Publishers in the Netherlands 1580–1620', in *Dawn of the Golden Age*, exhibition catalogue, Rijksmuseum (Amsterdam, 1993), pp. 167–200.

19.Cornelis Koeman and Marco van Egmond, 'Surveying and Official Mapping in the Low Countries, 1500–ca. 1670', in Woodward, *History of Cartography*, vol. 3, pt. 1, pp. 1246–95, at p. 1270.

20.Zandvliet, *Mapping for Money*, pp. 97–8, および 'Mapping the Dutch World Overseas in the Seventeenth Century', in Woodward, *History of Cartography*, vol. 3, pt. 1, pp. 1433–62.

21.J. Keuning, 'The History of an Atlas: Mercator-Hondius', *Imago Mundi*, 4 (1947), pp. 37–62, Peter van der Krogt, *Koeman's Atlantes Neerlandici*, 3 vols. (Houten, 1997), vol. 1, pp. 145–208.

22.J. Keuning, 'Jodocus Hondius Jr', *Imago Mundi*, 5 (1948), pp. 63–71, Ir. C. Koeman, *Atlantes Neerlandici: Bibliography of Terrestrial, Maritime, and Celestial Atlases and Pilot Books, Published in the Netherlands up to 1800*, 6 vols. (Amsterdam, 1969), vol. 2, pp. 159–88.

23.J. Keuning, 'Blaeu's *Atlas*', *Imago Mundi*, 14 (1959), pp. 74–89, at pp. 76–7; Koeman, *Atlantes Neerlandici*, vol. 1, pp. 73–85; van der Krogt, *Koeman's Atlantes*, vol. 1, pp. 31–231. より引用。

24.Edward Luther Stevenson, *Willem Janszoon Blaeu, 1571–1638* (New York, 1914), pp. 25–6.

25.Günter Schilder, *The Netherland Nautical Cartography from 1550 to 1650* (Coimbra, 1985), p. 107.

26.Koeman *et al.*, 'Commercial Cartography', pp. 1324–30.

27.Keuning, 'Blaeu's *Atlas*', p. 77. より引用。

28.Jonathan Israel, 'Frederick Henry and the Dutch Political Factions, 1625–1642', *English Historical Review*, 98 (1983), pp. 1–27.

29.Zandvliet, *Mapping for Money*, p. 91.

30.Keuning, 'Blaeu's *Atlas*', pp. 78–9, Koeman, *Atlantes Neerlandici*, vol. 1, pp. 86–198, van der Krogt, *Koeman's Atlantes*, vol. 1, pp. 209–466.

31.Keuning, 'Blaeu's *Atlas*', p. 80. より引用。

32.Rienk Vermij, The Calvinist Copernicans: *The Reception of the New Astronomy in the Dutch Republic, 1575–1750* (Cambridge, 2002), pp. 107–8.

33.De Vries and van der Woude, *The First Modern Economy*, pp. 490–91; J. R. Bruin et al. (編), *Dutch-Asiatic Shipping in the 17th and 18th Centuries*, 3 vols. (The Hague, 1987), vol. 1, pp. 170–88.

34.Günter Schilder, 'Organization and Evolution of the Dutch East India Company's Hydrographic Office

in the Seventeenth Century', *Imago Mundi*, 28 (1976), pp. 61–78; Zandvliet, *Mapping for Money*, p. 120.
35.同書, pp. 122–4.
36.同書, p. 122.
37.同書, p. 124.
38.Ir. C. Koeman, *Joan Blaeu and his Grand Atlas* (Amsterdam, 1970), pp. 8–10.
39.Verwey, 'Blaeu and his Sons', p. 9.
40.Koeman, *Grand Atlas*, pp. 9–10.
41.Koeman, *Atlantes Neerlandici*, vol. 1, pp. 199–294, van der Krogt, *Koeman's Atlantes*, vol. 2, pp. 316–458.
42.Koeman, *Grand Atlas*, pp. 43–6, Peter van der Krogt, 'Introduction', in Joan Blaeu, *Atlas maior of 1665* (Cologne, 2005), pp. 36–7.
43.Koeman, *Grand Atlas*, pp. 53–91.
44.Joan Blaeu, *Atlas maior of 1665*, p. 12.
45.同書。
46.例えば Vermij, *The Calvinist Copernicans*, pp. 222–37. を参照。
47.Alpers, *The Art of Describing*, p. 159. より引用。
48.Herman de la Fontaine Verwey, 'The Glory of the Blaeu Atlas and "the Master Colourist" ', *Quaerendo*, 11/3 (1981), pp. 197–229.
49.Johannes Keuning, 'The *Novus Atlas* of Johannes Janssonius', *Imago Mundi*, 8 (1951), pp. 71–98.
50.Koeman, *Grand Atlas*, p. 95. より引用。
51.Koeman, *Atlantes Neerlandici*, vol. 1, pp. 199–200.
52.Peter van der Krogt and Erlend de Groot (編), *The Atlas Blaeu-Van der Hem*, 7 vols. (Utrecht, 1996); Verwey, 'The Glory of the Blaeu Atlas', pp. 212–19.

第9章　国民　カッシニ一族、フランスの地図　1793年

1.Monique Pelletier, *Les Cartes des Cassini: la science au service de l'état et des régions* (Paris, 2002), p. 167. より引用。
2.同書より引用。
3.Anne Godlewska, 'Geography and Cassini IV: Witness and Victim of Social and Disciplinary Change', *Cartographica*, 35/3–4 (1998), pp. 25–39, at p. 35. より引用。
4.四代にわたるカッシニ一族を混同しないよう、歴史家はカッシニ一世〜四世と記している。
5.Marcel Roncayolo, 'The Department', in Pierre Nora (編), *Rethinking France: Les Lieux de Mémoire,* vol. 2: *Space* (Chicago, 2006), pp. 183–231.
6.モンテスキューによる。David A. Bell, *The Cult of the Nation in France: Inventing Nationalism, 1680–1800* (Cambridge, Mass., 2001), p. 11. より引用。
7.Benedict Anderson, *Imagined Communities: Reflections on the Origin and Spread of Nationalism* (London, 1983, rev. edn. 1991).
8.James R. Akerman, 'The Structuring of Political Territory in Early Printed Atlases', *Imago Mundi*, 47 (1995), pp. 138–54, at p. 141; David Buisseret, 'Monarchs, Ministers, and Maps in France before the Accession of Louis XIV', in Buisseret (編), *Monarchs, Ministers, and Maps: The Emergence of Cartography as a Tool of Government in Early Modern Europe* (Chicago, 1992), pp. 99–124, at p. 119.
9.Jacob Soll, *The Information Master: Jean-Baptiste Colbert's Secret State Intelligence System* (Ann Arbor, 2009).
10.David J. Sturdy, *Science and Social Status: The Members of the Académie des Sciences, 1666–1750* (Woodbridge, 1995), p. 69. より引用。
11.同書, pp. 151–6.
12.David Turnbull, 'Cartography and Science in Early Modern Europe: Mapping the Construction of Knowledge Spaces', *Imago Mundi*, 48 (1996), pp. 5–24.
13.Pelletier, *Cassini*, p. 39. より引用。
14.同書, p. 40. 測量士の役割の変化に関しては E. G. R. Taylor, 'The Surveyor', *Economic History Review*, 17/2 (1947), pp. 121–33. を参照。
15.John Leonard Greenberg, *The Problem of the Earth's Shape from Newton to Clairaut* (Cambridge, 1995),

pp. 1–2.

16.Josef V. Konvitz, *Cartography in France, 1660–1848: Science, Engineering and Statecraft* (Chicago, 1987), pp. 5–6.

17.同書, p. 7.

18.Pelletier, *Cassini*, p. 54. より引用。

19.Mary Terrall, 'Representing the Earth's Shape: The Polemics Surrounding Maupertuis's Expedition to Lapland', *Isis*, 83/2 (1992), pp. 218–37.

20.Pelletier, *Cassini*, p. 79.

21.Terrall, 'Representing the Earth's Shape', p. 223. より引用。

22.Mary Terrall, *The Man who Flattened the Earth: Maupertuis and the Sciences in the Enlightenment* (Chicago, 2002), pp. 88–130.

23.Michael Rand Hoare, *The Quest for the True Figure of the Earth* (Aldershot, 2005), p. 157. より引用。

24.Pelletier, *Cassini*, p. 79. より引用。

25.Monique Pelletier, 'Cartography and Power in France during the Seventeenth and Eighteenth Centuries', *Cartographica*, 35/3–4 (1998), pp. 41–53, at p. 49. より引用。

26.Konvitz, *Cartography in France*, p. 14, Graham Robb, *The Discovery of France* (London, 2007), pp. 4–5.

27.Charles Coulston Gillispie, *Science and Polity in France: The Revolutionary and Napoleonic Years* (Princeton, 1980), p. 115, Konvitz, *Cartography in France*, p. 16.

28.Mary Sponberg Pedley, *The Commerce of Cartography: Making and Marketing Maps in Eighteenth-Century France and England* (Chicago, 2005), pp. 22–3. より引用。

29.Christine Marie Petto, *When France was King of Cartography: The Patronage and Production of Maps in Early Modern France* (Plymouth, 2007); Mary Sponberg Pedley, 'The Map Trade in Paris, 1650–1825', *Imago Mundi*, 33 (1981), pp. 33–45.

30.Josef V. Konvitz, 'Redating and Rethinking the Cassini Geodetic Surveys of France, 1730–1750', *Cartographica*, 19/1 (1982), pp. 1–15.

31.Pelletier, *Cassini*, p. 95. より引用。

32.地図の製作費に関するカッシニ三世の試算に関しては Konvitz, *Cartography in France*, pp. 22–4. を参照。年俸に関しては Peter Jones, 'Introduction: Material and Popular Culture', in Martin Fitzpatrick, Peter Jones, Christa Knellwolf and Iain McCalman (編), *The Enlightenment World* (Oxford, 2004), pp. 347–8. を参照。

33.Pelletier, *Cassini*, pp. 117–18. より引用。

34.同書, pp. 123–4.

35.同書, p. 128.

36.同書, p. 143.

37.同書, p. 144.

38.同書, pp. 232–3.

39.Pedley, *Commerce of Cartography*, pp. 85–6.

40.Pelletier, *Cassini*, p. 135. より引用。

41.同書, p. 140.

42.Bell, *The Cult of the Nation*, p. 70. より引用。

43.同書, p. 15.

44.Anne Godlewska, *Geography Unbound: French Geographic Science from Cassini to Humboldt* (Chicago, 1999), p. 80. より引用。

45.Bell, *The Cult of the Nation*, p. 69.

46.エマニュエル=ジョセフ・シエイエスによる。Linda and Marsha Frey, *The French Revolution* (Westport, Conn., 2004), p. 3. より引用。

47.Bell, *The Cult of the Nation*, p. 76. より引用。

48.同書, pp. 14, 22, 13–14.

49.Pelletier, *Cassini*, p. 165. より引用。

50.同書, p. 169.

51.Godlewska, *Geography Unbound*, p. 84. より引用。

52.Pelletier, *Cassini*, p. 170. より引用。

53.Robb, *Discovery of France*, pp. 202–3. より引用。
54.*London Literary Gazette*, no. 340, Saturday, 26 July 1823, p. 471.
55.Pelletier, *Cassini*, p. 244. より引用。
56.同書, pp. 246–7.
57.同書, p. 243.
58.Sven Widmalm, 'Accuracy, Rhetoric and Technology: The Paris–Greenwich Triangulation, 1748–88', in Tore Frängsmyr, J. L. Heilbron and Robin E. Rider (編), *The Quantifying Spirit in the Eighteenth Century* (Berkeley and Los Angeles, 1990), pp. 179–206.
59.Konvitz, *Cartography in France*, pp. 25–8; Gillispie, *Science and Polity*, pp. 122–30; Lloyd Brown, *The Story of Maps* (New York, 1949), pp. 255–65.
60.同書, p. 255.
61.ベルナール・ド・フォントネルによる。Matthew Edney, 'Mathematical Cosmography and the Social Ideology of British Cartography, 1780–1820', *Imago Mundi*, 46 (1994), pp. 101–16, at p. 104. より引用。
62.Godlewska, *Geography Unbound*, p. 83. より引用。
63.Pedley, *Commerce of Cartography*, p. 22.
64.Pelletier, *Cassini*, p. 133. より引用。
65.Bell, *The Cult of the Nation*, p. 6.
66.Anderson, *Imagined Communities*, pp. 11, 19.
67.Helmut Walser Smith, *The Continuities of German History: Nation, Religion and Race across the Long Nineteenth Century* (Cambridge, 2008), p. 47. より引用。
68.Anderson, *Imagined Communities*, p. 22. アンダーソンは第二版の改訂で地図を省略しているが、自身の分析を近代植民地国家による地図の利用に限定した。

第10章　地政学　ハルフォード・マッキンダー『歴史の地理学的な回転軸』 1904年

1. 'Prospectus of the Royal Geographical Society', *Journal of the Royal Geographical Society*, 1 (1831), pp. vii–xii.
2.同書, pp. vii–viii.
3.*Quarterly Review*, 46 (Nov. 1831), p. 55.
4.David Smith, *Victorian Maps of the British Isles* (London, 1985).
5.Walter Ristow, 'Lithography and Maps, 1796–1850', in David Woodward (編), *Five Centuries of Map Printing* (Chicago, 1975), pp. 77–112.
6.Arthur Robinson, 'Mapmaking and Map Printing: The Evolution of a Working Relationship', in Woodward, *Five Centuries of Map Printing*, pp. 14–21.
7.Matthew Edney, 'Putting "Cartography" into the History of Cartography: Arthur H. Robinson, David Woodward, and the Creation of a Discipline', *Cartographic Perspectives*, 51 (2005), pp. 14–29; Peter van der Krogt, ' "Kartografie" or "Cartografie"?', *Caert-Thresoor*, 25/1 (2006), pp. 11–12; 見出し語 'cartography' および 'cartographer'は *Oxford English Dictionary* による。
8.Matthew Edney, 'Mathematical Cosmography and the Social Ideology of British Cartography, 1780–1820', *Imago Mundi*, 46 (1994), pp. 101–16, at p. 112.
9.John P. Snyder, *Flattening the Earth: Two Thousand Years of Map Projections* (Chicago, 1993), pp. 98–9, 112–13, 150–54, 105.
10.Arthur Robinson, *Early Thematic Mapping in the History of Cartography* (Chicago, 1982), pp. 15–17.
11.同書, pp. 160–62.
12.Simon Winchester, *The Map that Changed the World* (London, 2001).
13.Karen Severud Cook, 'From False Starts to Firm Beginnings: Early Colour Printing of Geological Maps', *Imago Mundi*, 47 (1995), pp. 155–72, at pp. 160–62.
14.Smith, *Victorian Maps*, p. 13. より引用。
15.Matthew Edney, *Mapping an Empire: The Geographical Construction of British India*, 1765–1843 (Chicago, 1997), pp. 2–3.
16.Joseph Conrad, *Heart of Darkness*, 編：Robert Hampson (London, 1995), p. 25.
17.Halford Mackinder, *Britain and the British Seas* (London, 1902), p. 343.

18.Jeffrey C. Stone, 'Imperialism, Colonialism and Cartography', *Transactions of the Institute of British Geographers*, 13/1 (1988), pp. 57–64.

19.William Roger Louis, 'The Berlin Congo Conference and the (Non-) Partition of Africa, 1884–85', in Louis, *Ends of British Imperialism: The Scramble for Empire, Suez and Decolonization* (London, 2006), pp. 75–126, at p. 102. より引用。

20.T. H. Holdich, 'How Are We to Get Maps of Africa', *Geographical Journal*, 18/6 (1901), pp. 590–601, at p. 590.

21.Halford Mackinder, 'The Round World and the Winning of the Peace', *Foreign Affairs*, 21/1 (1943), pp. 595–605, at p. 595.

22.Gerry Kearns, *Geopolitics and Empire: The Legacy of Halford Mackinder* (Oxford, 2009), p. 37; E. W. Gilbert, 'The Right Honourable Sir Halford J. Mackinder, P.C., 1861–1947', *Geographical Journal*, 110/1–3 (1947), pp. 94–9, at p. 99.

23.Halford Mackinder, 'Geography as a Pivotal Subject in Education', *Geographical Journal*, 27/5 (1921), pp. 376–84, at p. 377.

24.Brian Blouet, 'The Imperial Vision of Halford Mackinder', *Geographical Journal*, 170/4 (2004), pp. 322–9; Kearns, *Geopolitics and Empire*, pp. 39–50.

25.Francis Darwin (編), *The Life and Letters of Charles Darwin, including an Autobiographical Chapter*, 3 vols. (London, 1887), vol. 1, p. 336.

26.Kearns, *Geopolitics and Empire*, p. 44. より引用。

27.同書, p. 47.

28.Denis Cosgrove, 'Extra-terrestrial Geography', in Cosgrove, *Geography and Vision: Seeing, Imagining and Representing the World* (London, 2008), pp. 34–48. を参照。

29.Charles Kruszewski, 'The Pivot of History', *Foreign Affairs*, 32 (1954), pp. 388–401, at p. 390. より引用。

30.Halford Mackinder, 'On the Scope and Methods of Geography', *Proceedings of the Royal Geographical Society*, 9/3 (1887), pp. 141–74, at p. 141.

31.同書, p. 145.

32.同書, pp. 159–60.

33. 'On the Scope and Methods of Geography – Discussion', *Proceedings of the Royal Geographical Society*, 9/3 (1887), pp. 160–74, at p. 166.

34.D. I. Scargill, 'The RGS and the Foundations of Geography at Oxford', *Geographical Journal*, 142/3 (1976), pp. 438–61.

35.Kruszewski, 'Pivot of History', p. 390. より引用。

36.Halford Mackinder, 'Geographical Education: The Year's Progress at Oxford', *Proceedings of the Royal Geographical Society*, 10/8 (1888), pp. 531–3, at p. 532.

37.Halford Mackinder, 'Modern Geography, German and English', *Geographical Journal*, 6/4 (1895), pp. 367–79.

38.同書, pp. 374, 376.

39.同書, p. 379.

40.Kearns, *Geopolitics and Empire*, p. 45. より引用。

41.Halford Mackinder, 'A Journey to the Summit of Mount Kenya, British East Africa', *Geographical Journal*, 15/5 (1900), pp. 453–76, at pp. 453–4.

42.Halford Mackinder, 'Mount Kenya in 1899', *Geographical Journal*, 76/6 (1930), pp. 529–34.

43.Mackinder, 'A Journey to the Summit', pp. 473, 475.

44.同書, p. 476.

45.Blouet, 'Imperial Vision', pp. 322–9.

46.Mackinder, *Britain and the British Seas*, p. 358.

47.同書, pp. 1–4.

48.同書, pp. 11–12.

49.同書, p. 358.

50.Max Jones, 'Measuring the World: Exploration, Empire and the Reform of the Royal Geographical Society', in Martin Daunton (編), *The Organisation of Knowledge in Victorian Britain* (Oxford, 2005), pp.

313–36.

51.Paul Kennedy, *The Rise and Fall of British Naval Mastery* (London, 1976), p. 190.

52.Halford Mackinder, 'The Geographical Pivot of History', *Geographical Journal*, 23/4 (1904), pp. 421–37, at pp. 421–2.

53.同書, p. 422.

54.同書, p. 431.

55.同書, pp. 435–6.

56.Pascal Venier, 'The Geographical Pivot of History and Early Twentieth Century Geopolitical Culture', *Geographical Journal*, 170/4 (2004), pp. 330–36.

57.Gearóid Ó Tuathail, *Critical Geopolitics: The Politics of Writing Global Space* (Minneapolis, 1996), p. 24.

58.Mackinder, 'Geographical Pivot', p. 436.

59.同書, p. 437.

60.Spencer Wilkinson *et al.*, 'The Geographical Pivot of History: Discussion', *Geographical Journal*, 23/4 (1904), pp. 437–44, at p. 438.

61.同書, p. 438.

62.Halford Mackinder, *Democratic Ideals and Reality: A Study in the Politics of Reconstruction* (1919; Washington, 1996), pp. 64–5.

63.同書, p. 106.

64.Mackinder, 'The Round World', p. 601.

65.同書, pp. 604–5.

66.Colin S. Gray, 'The Continued Primacy of Geography', *Orbis*, 40/2 (1996), pp. 247–59, at p. 258.

67.Kearns, *Geopolitics and Empire*, p. 8. より引用。

68.同書, p. 17.

69.同書, pp. 17–18.

70.Geoffrey Parker, *Western Geopolitical Thought in the Twentieth Century* (Beckenham, 1985), pp. 16, 31. より引用。

71.Colin S. Gray and Geoffrey Sloan (編), *Geopolitics, Geography and Strategy* (Oxford, 1999), pp. 1–2; Parker, Western Geopolitical Thought, p. 6.

72.Saul Bernard Cohen, *Geopolitics of the World System* (Lanham, Md., 2003), p. 11. より引用。

73.Alfred Thayer Mahan, *The Influence of Sea Power upon History, 1660–1783* (Boston, 1890), p. 42.

74.Kearns, *Geopolitics and Empire*, p. 4; Zachary Lockman, *Contending Visions of the Middle East: The History and Politics of Orientalism* (Cambridge, 2004), pp. 96–7.

75.Ronald Johnston *et al.* (編), *The Dictionary of Human Geography*, 4th edn. (Oxford, 2000), p. 27. より引用。

76.Woodruff D. Smith, 'Friedrich Ratzel and the Origins of Lebensraum', *German Studies Review*, 3/1 (1980), pp. 51–68.

77.Kearns, *Geopolitics and Empire*; Brian Blouet (編), *Global Geostrategy: Mackinder and the Defence of the West* (Oxford, 2005); David N. Livingstone, *The Geographical Tradition: Episodes in the History of a Contested Enterprise* (Oxford, 1992), pp. 190–96; Colin S. Gray, *The Geopolitics of Super Power* (Lexington, Ky., 1988), pp. 4–12; Gray and Sloan, *Geopolitics*, pp. 15–62; および *Geographical Journal*, 170 (2004). 特別号。

78.Kearns, *Geopolitics and Empire*, p. 62. より引用。

79.Livingstone, *Geographical Tradition*, p. 190.

80.Christopher J. Fettweis, 'Sir Halford Mackinder, Geopolitics and Policymaking in the 21st Century', *Parameters*, 30/2 (2000), pp. 58–72.

81.Paul Kennedy, 'The Pivot of History', *Guardian*, 19 June 2004, p. 23.

第11章　平等　ペータース図法　1973年

1.Nicholas Mansergh (編), *The Transfer of Power, 1942–47*, 12 vols. (London, 1970), vol. 12, no. 488, appendix 1. より引用。

2.Yasmin Khan, *The Great Partition: The Making of India and Pakistan* (New Haven, 2007), p. 125. より引用。

3.分割に関しては O. H. K. Spate, 'The Partition of the Punjab and of Bengal', *Geographical Journal*, 110/4

(1947), pp. 201–18, and Tan Tai Yong, ' "Sir Cyril Goes to India" : Partition, Boundary-Making and Disruptions in the Punjab', *Punjab Studies*, 4/1 (1997), pp. 1–20. を参照。

4.John Pickles, 'Text, Hermeneutics and Propaganda Maps', in Trevor J. Barnes and James S. Duncan (編), *Writing Worlds: Discourse, Text and Metaphor in the Representation of Landscape* (London, 1992), pp. 193–230, at p. 197. より引用。

5.Jeremy Black, *Maps and History: Constructing Images of the Past* (New Haven, 1997), pp. 123–8. を参照。

6.Denis Cosgrove, 'Contested Global Visions: One-World, Whole-Earth, and the Apollo Space Photographs', *Annals of the Association of American Geographers*, 84/2 (1994), pp. 270–94.

7.Ursula Heise, *Sense of Place and Sense of Planet: The Environmental Imagination of the Global* (Oxford, 2008), p. 23. より引用。

8.Joe Alex Morris, 'Dr Peters' Brave New World', *Guardian*, 5 June 1973.

9.Mark Monmonier, *Drawing the Line: Tales of Maps and Cartocontroversy* (New York, 1996), p. 10. を参照。

10.Arthur H. Robinson, 'Arno Peters and his New Cartography', *American Geographer*, 12/2 (1985), pp. 103–11, at p. 104.

11.Jeremy Crampton, 'Cartography's Defining Moment: The Peters Projection Controversy', *Cartographica*, 31/4 (1994), pp. 16–32.

12.*New Internationalist*, 124 (1983).

13.Jeremy Crampton, *Mapping: A Critical Introduction to Cartography and GIS* (Oxford, 2010), p. 92.

14.Derek Maling, 'A Minor Modification to the Cylindrical Equal-Area Projection', *Geographical Journal*, 140/3 (1974), pp. 509–10.

15.Norman Pye, review of the *Peters Atlas of the World* by Arno Peters, *Geographical Journal*, 155/2 (1989), pp. 295–7.

16.H. A. G. Lewis, review of *The New Cartography* by Arno Peters, *Geographical Journal*, 154/2 (1988), pp. 298–9.

17.Stephen Hall, *Mapping the Next Millennium: The Discovery of New Geographies* (New York, 1992), p. 380. より引用。

18.Robinson, 'Arno Peters', pp. 103, 106.

19.John Loxton, 'The Peters Phenomenon', *Cartographic Journal*, 22 (1985), pp. 106–10, at pp. 108, 110. より引用。

20.Monmonier, *Drawing the Line*, pp. 30–32. より引用。

21.Maling, 'Minor Modification', p. 510.

22.Lewis, review of *The New Cartography*, pp. 298–9.

23.David Cooper, 'The World Map in Equal Area Presentation: Peters Projection', *Geographical Journal*, 150/3 (1984), pp. 415–16.

24.*The West Wing*, (邦題：ザ・ホワイトハウス) シーズン2, エピソード16, 2001年2月28日放映。

25.Mark Monmonier, *Rhumb Lines and Map Wars: A Social History of the Mercator Map Projection* (Chicago, 2004), p. 15.

26.Arno Peters, 'Space and Time: Their Equal Representation as an Essential Basis for a Scientific View of the World', (ケンブリッジ大学における1982年3月29日の講演) 翻訳：Ward L. Kaiser and H. Wohlers (New York, 1982), p. 1. ペータースの伝記については *The Times*, 10 December 2002, に掲載された死亡記事を参照。また、彼の生涯とその業績を追悼するために公表された一連の記事に関しては*Cartographic Journal*, 40/1 (2003). を参照。

27.Stefan Muller, 'Equal Representation of Time and Space: Arno Peters's Universal History', *History Compass*, 8/7 (2010), pp. 718–29. より引用。

28.Crampton, 'Cartography's Defining Moment', p. 23. より引用。

29.Peters, 'Space and Time', pp. 8–9.

30.Crampton, 'Cartography's Defining Moment', p. 22; また *The Economist* に掲載された評論 *Peters Atlas*, 25 March 1989. を参照。

31.*The Freeman: A Fortnightly for Individualists*, Monday, 15 December 1952, p. 188.

32.Arno Peters, *The New Cartography* [*Die Neue Kartographie*] (New York, 1983), p. 146.

33.Norman J. W. Thrower, *Maps and Civilization: Cartogrophy in Culture and Society* (Chicago, 1996), p.

224.

34.Peters, *The New Cartography*, p. 102.

35.同書, pp. 102, 107–18.

36.Monmonier, *Drawing the Line*, pp. 12–13; Robinson, 'Arno Peters', p. 104; Norman Pye, review of 'Map of the World: Peters Projection', *Geographical Journal*, 157/1 (1991), p. 95. を参照。

37.Crampton, 'Cartography's Defining Moment', p. 24.

38.Pye, 'Map of the World', pp. 95–6.

39.Peters, *The New Cartography*, pp. 128, 148.

40.James Gall, *An Easy Guide to the Constellations* (Edinburgh, 1870), p. 3.

41.James Gall, 'Use of Cylindrical Projections for Geographical, Astronomical, and Scientific Purposes', *Scottish Geographical Journal*, 1/4 (1885), pp. 119– 23, at p. 119.

42.James Gall, 'On Improved Monographic Projections of the World', *British Association of Advanced Science* (1856), p. 148.

43.Gall, 'Use of Cylindrical Projections', p. 121.

44.Monmonier, *Drawing the Line*, pp. 13–14.

45.Crampton, 'Cartography's Defining Moment', pp. 21–2.

46.Gall, 'Use of Cylindrical Projections', p. 122.

47.*North-South: A Programme for Survival* (London, 1980). より引用。数値はhttp://www.stwr.org/special-features/the-brandt-report.html#setting. より引用。

48.Paul Krugman, *The Conscience of a Liberal* (London, 2007), pp. 4–5, 124–9.

49.J. B. Harley, 'Deconstructing the Map', in Barnes and Duncan, *Writing Worlds*, pp. 231–47.

50.David N. Livingstone, *The Geographical Tradition: Episodes in the History of a Contested Enterprise* (Oxford, 1992).

51.Alfred Korzybski, 'General Semantics, Psychiatry, Psychotherapy and Prevention', in Korzybski, *Collected Writings* (Fort Worth, Tex., 1990), p. 205.

52.J. B. Harley, 'Can There Be a Cartographic Ethics?', *Cartographic Perspectives*, 10 (1991), pp. 9–16, at pp. 10–11.

53.Peter Vujakovic, 'The Extent of the Adoption of the Peters Projection by "Third World" Organizations in the UK', *Society of University Cartographers Bulletin* (*SUC*), 21/1 (1987), pp. 11–15, および 'Mapping for World Development', *Geography*, 74 (1989), pp. 97–105.

第12章　情報　Google Earth　2012年

1.少なくともこのアプリケーションをヨーロッパで使用する場合、デフォルト設定ではログインしたユーザーの住む領域が中央に表示される。

2.http://weblogs.hitwise.com/heather-dougherty/2009/04/google_maps_surpasses_mapquest.html. この資料に関しては Simon Greenman に感謝している。

3.http://www.comscore.com/Press_Events/Press_Releases/2011/11/comScore_Releases_October_2011_U.S._Search_Engine_Rankings.

4.http://www.thedomains.com/2010/07/26/googles-global-search-share-declines/.

5.Kenneth Field, 'Maps, Mashups and Smashups', *Cartographic Journal*, 45/4 (2008), pp. 241–5.

6.David Vise, *The Google Story: Inside the Hottest Business, Media and Technology Success of Our Time* (New York, 2006), pp. 1, 3.

7.http://www.nytimes.com/2005/12/20/technology/20image.html.

8.http://spatiallaw.blogspot.com/.

9.Jeremy W. Crampton, *Mapping: A Critical Introduction to Cartography and GIS* (Oxford, 2010), p. 129.

10.Field, 'Maps, Mashups', p. 242.

11.このアプリケーションのこうした側面に関する見解、および「データ集積業者(データアグリゲータ)」という表現は Patricia Seed によるもので（2011年11月の個人的な電子メールのやりとりによる）深く感謝している。

12.David Y. Allen, 'A Mirror of our World: Google Earth and the History of Cartography', *Coordinates*, series b, 12 (2009), pp. 1–16, at p. 9.

13.Manuel Castells, *The Information Age: Economy, Society and Culture*, vol. 1: *The Rise of the Network Society*

(Oxford, 1998; second edn., 2007), p. 509.
14.Manuel Castells, *The Information Age: Economy, Society and Culture*, vol. 3: *End of Millennium* (Oxford, 1998), p. 1.
15.Castells, *The Rise of the Network Society*, pp. 501, 52, 508.
16.Matthew A. Zook and Mark Graham, 'Mapping DigiPlace: Geocoded Internet Data and the Representation of Place', *Environment and Planning B: Planning and Design*, 34 (2007), pp. 466–82.
17.Eric Gordon, 'Mapping Digital Networks: From Cyberspace to Google', *Information, Communication and Society*, 10/6 (2007), pp. 885–901.
18.James Gleick, *The Information: A History, a Theory, a Flood* (London, 2011), pp. 8–10.
19.http://www.google.com/about/corporate/company/.
20.Norbert Wiener, *Cybernetics: Or, Control and Communication in the Animal and the Machine* (Cambridge, Mass., 1948), p. 11.
21.同書, p. 144.
22.Ronald E. Day, *The Modern Invention of Information: Discourse, History and Power* (Carbondale, Ill., 2008), pp. 38–43.
23.Claude Shannon, 'A Mathematical Theory of Communication', *Bell System Technical Journal,* 27 (1948), pp. 379–423, at p. 379.
24.Crampton, *Mapping*, pp. 49–52.
25.同書, p. 58. より引用。
26.Castells, *The Rise of the Network Society*, p. 40.
27.Duane F. Marble, 'Geographic Information Systems: An Overview', in Donna J. Peuquet and Duane F. Marble (編), *Introductory Readings in Geographic Information Systems* (London, 1990), pp. 4–14.
28.Roger Tomlinson, 'Geographic Information Systems: A New Frontier', in Peuquet and Marble, *Introductory Readings*, pp. 15–27 at p. 17.
29.J. T. Coppock and D. W. Rhind, 'The History of GIS', in D. J. Maguire *et al.* (編), *Geographical Information Systems*, vol. 1 (New York, 1991), pp. 21–43.
30.Janet Abbate, *Inventing the Internet* (Cambridge, Mass., 2000).
31.Castells, *The Rise of the Network Society*, pp. 50–51.
32.同書, p. 61.
33.この映画は当初『*Rough Sketch*』という題名で1968年に製作された。1977年に現在の題名で発表された若干長いバージョンの原型となったものである。http://powersof10.com/. を参照。
34.Christopher C. Tanner, Christopher J. Migdal and Michael T. Jones, 'The Clipmap: A Virtual Mipmap', Proceedings of the 25th Annual Conference on Computer Graphics and Interactive Techniques, July 1998, pp.151–8, at p. 151.
35.Avi Bar-Zeev, 'How Google Earth [Really] Works',
http://www.realityprime.com/articles/how-google-earth-really-works. でアクセス可。
36.Mark Aubin, 'Google Earth: From Space to your Face . . . and Beyond',
http://www.google.com/librariancenter/articles/0604_01.html. でアクセス可。
37.http://msrmaps.com/About.aspx?n=AboutWhatsNew&b=Newsite.
38.Mark Aubin（キーホール社の共同創業者）の記事 'Notes on the Origin of Google Earth',
http://www.realityprime.com/articles/notes-on-the-origin-of-google-earth. でアクセス可。
39.Michael T. Jones, 'The New Meaning of Maps', 'Where 2.0'カンファレンスでの講演（2010年3月31日カリフォルニア州サンノゼ）http://www.youtube.com/watch?v=UWj8qtIvkkg. でアクセス可。
40.http://www.isde5.org/al_gore_speech.htm.
41.Simon Greenman との個人的な電子メール（2010年12月）による。Simon から地理空間アプリケーションの開発に関する知識が直接得られたことに感謝している。
42.Avi Bar-Zeev, 'Notes on the Origin of Google Earth',
http://www.realityprime.com/articles/notes-on-the-origin-of-google-earth. でアクセス可。
43. 'Google Earth Co-founder Speaks',
http://techbirmingham.wordpress.com/2007/04/26/googleearth-aita/. でアクセス可。

44. 'Tiny Tech Company Awes Viewers', *USA Today*, 21 March 2003, http://www.usatoday.com/tech/news/techinnovations/2003–03–20-earthviewer_x.htm. でアクセス可。

45.http://www.iqt.org/news-and-press/press-releases/2003/Keyhole_06–25–03.html.

46.http://www.google.com/press/pressrel/keyhole.html.

47.Jeremy W. Crampton, 'Keyhole, Google Earth, and 3D Worlds: An Interview with Avi Bar-Zeev', *Cartographica*, 43/2 (2008), pp. 85–93, at p. 89. より引用。

48.Vise, *The Google Story*.

49.Sergey Brin and Larry Page, 'The Anatomy of a Large-Scale Hypertextual Web Search Engine', Seventh International World-Wide Web Conference (WWW 1998), 14–18 April 1998, Brisbane, Australia, http://ilpubs.stanford.edu:8090/361/. でアクセス可。

50.http://ontargetwebsolutions.com/search-engine-blog/orlando-seo-statistics/. これらの数字は推定値で、グーグルによって検証されたものではない。

51.http://royal.pingdom.com/2010/02/24/google-facts-and-figures-massiveinfographic/.

52.グーグル創業時のポリシーに関しては http://www.google.com/corporate/ および http://www.google.com/corporate/tenthings.html. を参照。

53.Harry McCracken, 'First Impressions: Google's Amazing Earth', http://blogs.pcworld.com/techlog/archives/000748.html. でアクセス可。

54.2009年4月と2010年11月に行った Ed Parsons との個人的なインタビューによる。これ以降の発言の引用はこれらのインタビューに基づく。インタビューのために時間を割いてくれたことに感謝する。

55.Aubin, 'Google Earth', http://www.google.com/librariancenter/articles/0604_01.html. でアクセス可。

56.http://www.techdigest.tv/2009/01/dick_cheneys_ho.html.

57.http://googleblog.blogspot.com/2005/02/mapping-your-way.html.

58.http://media.digitalglobe.com/index.php?s=43&item=147, http://news.cnet.com/8301–1023_3–10028842–93.html.

59.Jones, 'The New Meaning of Maps'.

60.Ed Parsons との個人的なインタビュー（2010年4月）による。

61.Crampton, *Mapping*, p. 133.

62.http://googleblog.blogspot.com/2010/04/earthly-pleasures-come-to-maps.html.

63.Michael T. Jones, 'Google's Geospatial Organizing Principle', *IEEE Computer Graphics and Applications* (2007), pp. 8–13, at p. 11.

64.http://www.emc.com/collateral/analyst-reports/diverse-exploding-digitaluniverse; http://www.worldwidewebsize.com.

65.Waldo Tobler, 'A Computer Movie Simulating Urban Growth in the Detroit Region', *Economic Geography*, 46 (1970), pp. 234–40, at p. 236.

66.Ed Parsons との個人的なインタビュー（2010年4月）による。

67.http://www.gpsworld.com/gis/integration-and-standards/the-view-googleearth-7434.

68.Steven Levy, 'Secret of Googlenomics: Data-Fueled Recipe Brews Profitability', *Wired Magazine*, 17.06, http://www.wired.com/culture/culturereviews/magazine/17–06/nep_googlenomics?currentPage=all. でアクセス可。

69.https://www.google.com/accounts/ServiceLogin?service=adwords&hl=en_GB&ltmpl=adwords&passive=true&ifr=false&alwf=true&continue=https://adwords.google.com/um/gaiaauth?apt%3DNone%26ugl%3Dtrue&gsessionid=2-eFqz0_CDGDCfqiSMq9sQ.

70.Levy, 'Secret of Googlenomics'.

71.Jones, 'The New Meaning of Maps'.

72.Matthew A. Zook and Mark Graham, 'The Creative Reconstruction of the Internet: Google and the Privatization of Cyberspace and DigiPlace', *Geoforum*, 38 (2007), pp. 1322–43.

73.William J. Mitchell, *City of Bits: Space, Place and the Infobahn* (Cambridge, Mass., 1996), p. 112.

74.http://www.nybooks.com/articles/archives/2009/feb/12/google-the-futureof-books/?pagination=false#fn2–496790631.

75.http://online.wsj.com/article/SB10001424052748704461304576216923562033348.html?mod=WSJ_hp_LEFTTopStories.

76.http://www.heritage.org/research/reports/2011/10/google-antitrust-and-notbeing-evil.
77.Annu-Maaria Nivala, Stephen Brewster and L. Tiina Sarjakoski, 'Usability Evaluation of Web Mapping Sites', *Cartographic Journal*, 45/2 (2008), pp. 129–38.
78.http://www.internetworldstats.com/stats.htm.
79.Crampton, *Mapping*, pp. 139–40.
80.Ed Parsonsとの個人的なインタビュー（2009年11月）による。
81.Vittoria de Palma, 'Zoom: Google Earth and Global Intimacy', in Vittoria de Palma, Diana Periton and Marina Lathouri (編), *Intimate Metropolis: Urban Subjects in the Modern City* (Oxford, 2009), pp. 239–70, at pp. 241–2; Douglas Vandegraft, 'Using Google Earth for Fun and Functionality', *ACSM Bulletin*, (June 2007), pp. 28–32.
82.J. Lennart Berggren and Alexander Jones (編・訳), *Ptolemy's Geography: An Annotated Translation of the Theoretical Chapters* (Princeton, 2000), p. 117.
83.Allen, 'A Mirror of our World', pp. 3–8.
84.Simon Greenmanとの個人的な電子メールでのやりとり（2010年12月）による。

終章　歴史の視点？

1.J. B. Harley and David Woodward (編), *The History of Cartography*, vol. 1: *Cartography in Prehistoric, Ancient, and Medieval Europe and the Mediterranean* (Chicago, 1987), p. 508.
2.Rob Kitchin and Martin Dodge, 'Rethinking Maps', *Progress in Human Geography*, 31/3 (2007), pp. 331–44, at p. 343.
3.Albrecht Penck, 'The Construction of a Map of the World on a Scale of 1 : 1,000,000', *Geographical Journal*, 1/3 (1893), pp. 253–61, at p. 254.
4.同書, p. 256.
5.同書, p. 259.
6.同書, p. 254.
7.アーサー・ロバート・ヒンクスによる。G. R. Crone, 'The Future of the International Million Map of the World', *Geographical Journal*, 128/1 (1962), pp. 36–8, at p. 38. より引用。
8.Michael Heffernan, 'Geography, Cartography and Military Intelligence: The Royal Geographical Society and the First World War', *Transactions of the Institute of British Geographers*, new series, 21/3 (1996), pp. 504–33.
9.M. N. MacLeod, 'The International Map', *Geographical Journal*, 66/5 (1925), pp. 445–9.
10.Alastair Pearson, D. R. Fraser Taylor, Karen Kline and Michael Heffernan, 'Cartographic Ideals and Geopolitical Realities: International Maps of the World from the 1890s to the Present', *Canadian Geographer*, 50/2 (2006), pp. 149–75, at p. 157. より引用。
11.Trygve Lie, 'Statement by the Secretary-General', *World Cartography*, 1 (1951), p. v.
12.'Summary of International Meetings of Interest to Cartography (1951–1952)', *World Cartography*, 2 (1952), p. 103.
13. 'The International Map of the World on the Millionth Scale and the International Co-operation in the Field of Cartography', *World Cartography*, 3 (1953), pp. 1–13.
14.Sandor Rado, 'The World Map at the Scale of 1 : 2500000', *Geographical Journal*, 143/3 (1977), pp. 489–90.
15.Pearson *et al.*, 'Cartographic Ideals', p. 163. より引用。
16.David Rhind, 'Current Shortcomings of Global Mapping and the Creation of a New Geographical Framework for the World', *Geographical Journal*, 166/4 (2000), pp. 295–305.
17.http://www.globalmap.org/english/index.html. Pearson *et al.*, 'Cartographic Ideals', pp. 165–72. を参照。

【著者紹介】
ジェリー・ブロトン（Jerry Brotton）

ロンドン大学クイーン・メアリー校教授。専門はルネサンス研究で、地図の歴史とルネサンス期の地図製作学の第一人者でもある。著書に『The Sale of the Late King's Goods: Charles I and his Art Collection』（Macmillan, 2006）、『The Renaissance: A Very Short Introduction』（Oxford University Press, 2006）（高山芳樹訳『はじめてわかるルネサンス』筑摩書房）などがある。本書執筆中の2010年には、地図をテーマにしたBBCのテレビ番組『Maps: Power, Plunder and Possession』に出演し、プレゼンターとして好評を博した。

【訳者略歴】
西澤正明（にしざわ・まさあき）

筑波大学大学院修士課程修了。ソフトウェア開発者、テクニカルライター、出版社勤務を経て実務翻訳家に。IT、医学・薬学、電気・機械関連の翻訳を多数手掛ける。
著書に『超伝導ビジネス』（共著、プレジデント社）がある。

世界地図が語る12の歴史物語

2015年10月1日　初版第1刷発行
2015年12月17日　初版第2刷発行

著者　**ジェリー・ブロトン**
訳者　**西澤正明**
装丁　**岩瀬 聡**
発行人　**長廻健太郎**
発行所　**バジリコ株式会社**
〒130-0022
東京都墨田区江東橋 3-1-3
電話　03-5625-4420
ファクス　03-5625-4427
http://www.basilico.co.jp

印刷・製本　**モリモト印刷株式会社**

ISBN978-4-86238-223-8